[항공우주법 강좌 2]

항공법판례해설 Ⅱ

航空勞動法

권 창 영

한국항공대학교 겸임교수 · 법학박사

법무법인(유한) 지평 변호사

法 文 社

[The Lecture Series on the Air and Space Law 2]

THE COMMENTARY ON THE AVIATION LAW CASES II

-Aviation Labor Law-

by

Dr. Kwon, Chang Young

Adjunct Professor of Korea Aerospace University
Attorney at Law of JIPYONG LLC

2019

BUBMUNSA
Paju Book City, Korea

추 천 사

이 공 현

前 헌법재판관

법무법인(유한) 지평 대표변호사

항공은 사람이 탑승하는 항공기를 사용하여 공중을 항행하는 것이다. 20세기 초반 비행기가 등장하면서 항공운송이 급성장하기 시작하였고, 이제는 육상운송, 해상운송과 더불어 중요한 운송수단의 하나로 자리를 잡고 있다. 오늘날 인천국제공항이나 외국의 국제공항과 국내공항의 규모와 위상을 보면 국민이 느끼는 항공운송이나 관련 산업의 중요성은 더 말할 나위도 없다. 그리고 인천국제공항만 보더라도 현재 진행 중인 4단계 건설사업이 완공되면 연간 여객수용능력은 1억 3,000만 명, 화물처리능력은 580만t으로 늘어나게 된다.

종전에는 우리나라에서는 '항공법'과 '항공운송사업진흥법'을 두고 안전항공과 항공운송사업진흥을 도모하였다. 국제항공운송의 발전에 따라 '국제민간항공협약'이 탄생하게 되고, 우리나라도 2011년 상법에 항공운송편을 신설하여 항공운송인과 여객, 화주 기타 관련 당사자 사이의 법률관계를 규율하고 있다. 그리고 항공보안을 확보하기 위한 '항공보안법'과 안전항공과 항공기술발전을 위한 '항공안전법'을 정비하였다.

저자인 권창영 변호사는 2년여 전 법무법인(유한) 지평에 합류하여 법률실무에 종사하면서 한국항공대학교 항공우주법학과 겸임교수로 활약하고 있다. 금번 낯설게 느껴지는 항공우주법 분야 중 항공민사법과 항공노동법에 관한 판례해설을 모아 책자를 발간한 저자에게 경의를 표한다. 항공기 자체의 권리관계뿐만 아니라 항공기 운항으로 인한 소음 등 문제, 항공운송과 관련된 노동법문제를 다루고 있다. 앞으로도 항공운송과 항공행정 관련 문제에 이르기까지 아주 넓은 대상을 다룰 예정이다.

항공우주분야를 규율하는 법규범으로는 국제적인 항공협약이 있고, 이를 바탕으로 각국은 국내법을 제정하여 시행하여 오고 있다. 새로운 제도와 이론이 끊임없이 도입되고 있는 분야이다. 따라서 이 분야에 관심있는 법률가나 항공우주 실무가는 항공우주 관련 실무를 처리하면서 부딪칠 문제들에 대한 지침을 알려 줄 해설서가 절실하게 필요하다. 이러한 요청에 부응하여 다년간 이론과 실무를 연구한 저자가 변호사업무에 바쁜 와중에도 판례해설을 중심으로 항공우주법 강좌를 펴낸 것은 항공우주 관련업계와 법조계가 다함께 기뻐할 일이다.

이 책은 항공우주법에 관한 우리나라의 판례뿐만 아니라 미국 등 다른 나라의 판례를 소개하여 법조계와 항공우주관련 실무가에게 큰 도움을 주리라고 믿는다. 아울러 항공우주법 분야에서 이론과 실무의 발전을 염원하는 저자의 꿈과 바람이 법조계와 항공우주업계에 전하여져 활짝 꽃이 피길 기원한다.

서 문

인류는 오랜 옛날부터 하늘을 나는 것을 꿈꾸어 왔다. 1903년 라이트 형제가 역사적인 첫 비행에 성공한 이래 양차 세계대전을 거치면서 고정익항공기를 중심으로 항공산업이 눈부시게 발달하였다. 최근에는 무인항공기(Drone)의 등장으로 인류에게 새로운 희망을 주고 있다. 한편 우리나라는 지정학적으로 섬처럼 고립되어 있으므로 여객운송은 대부분 항공운송에 의존하고 있는데, 국력의 상승과 더불어 항공산업은 급격하게 발전하고 있다. 항공산업의 발달은 이를 적절하게 규율할 법령의 발전이 없으면 이루어질 수 없다. 이에 따라 항공법이 1961. 6. 8. 시행된 이래 많은 법령의 제정과 개정이 이루어졌다. 그럼에도 항공법에 관한 연구성과나 법학서는 다른 분야에 비해 매우 빈약하다.

저자는 최준선 항공우주정책·법학회 회장님의 소개로 2015년 가을 항공우주정책·법학회에서 항공기 집행에 관하여 주제 발표한 것을 계기로 항공법에 본격적으로 관심을 갖게 되었다. 그 후 저자는 한국항공대 황호원 교수님의 추천으로 2016년 2학기부터 한국항공대 대학원에서 항공법 강의를 담당하게 되었다. 주로 항공 관련 업무에 종사하면서 학업을 병행하는 수강생들의 경력이 다양하고 항공법에 대한 이해도에 차이가 컸기 때문에, 방대하고 복잡한 항공법을 체계적으로 설명하는데 가장 좋은 방법은 항공법에 관한 판례를 소개하고 이를 중심으로 강의하는 것이었다. 6학기 동안 강의를 하면서 항공법 전반에 관한 주제를 다루었고, 강의안도 점차 충실하게 되었다.

그동안 매번 필기의 어려움을 호소하면서 강의안을 정리하여 교재로 출판하여 달라는 수강생들의 요청에 부응하고자, 이번에 법문사의 도움으로 항공법판례해설서를 출간하게 되었다. 해설서는 국내외 대표적인 판례

200여 개를 주제별로 나누어, Ⅰ. 항공민사법, Ⅱ. 항공노동법, Ⅲ. 항공운송법, Ⅳ. 항공행정법 등 4권으로 순차적으로 출간될 예정이다. 최대한 국내 판례를 소개하려고 노력하였으나, 적절한 국내 판례가 없는 경우에는 외국 판례를 소개하였다. 독자들의 판례 접근의 어려움을 감안하여, 가급적 자세하게 사실관계와 판시사항을 기술하였고, 항공법 고유의 법리를 쉽게 이해할 수 있도록 해설부분을 집필하였다. 그러나 집필 착수 당시의 거창함에 비하여 출간을 앞둔 지금 부족한 점이 많이 보인다. 부족한 점이나 잘못된 점은 오로지 저자의 책임인바, 江湖諸賢의 기탄없는 질정과 매서운 비판을 기대한다.

이 책이 나오기까지 많은 분들의 도움이 있었다. 항공산업의 최전선에서 열심히 땀을 흘리고 계신 모든 항공인들, 김두환, 홍순길, 최준선 회장님, 황호원 교수님을 비롯한 항공우주정책·법학회 회원들, 수업 도중 질의와 현장경험을 바탕으로 한 토론을 통하여 항공의 특수성을 이해하게 해주신 수강생들께 감사드린다. 특히 한국항공대 항공운항관리학과(항공우주법 전공) 박사과정을 수료하고 박사논문 준비로 바쁜 와중에도 불구하고, 방대한 원고를 꼼꼼하게 검토해주신 아시아나항공의 김선아(金善娥) 부사무장님께 깊이 감사드리며, 학문적으로 대성하기를 기원한다. 또한 장지훈 부장님, 노윤정 차장님, 권혁기 대리님을 비롯한 法文社 관계자 분들은 어려운 출판환경에서도 법학 발전을 위한 사명감으로 방대한 분량의 원고를 이와 같이 멋진 책으로 만들어 주셨다. 이 책이 나오기까지 도움을 주신 모든 분들께 이 지면을 빌려 감사의 마음을 전한다.

3·1 운동 100주년을 맞이하는 2019년 봄
仁旺山에서 社稷壇을 바라보며
저자 識

차 례

제1장 국제항공노동법

제2장 근로관계와 인사이동

제3장 근로조건

제4장 징 계

제5장 근로관계의 종료

제6장 산업재해

제7장 노동3권

제 1 장

국제항공노동법

[1] 국제항공운송 승무원의 일상적 노무제공지

[2] 국제근로계약에 관한 국제재판관할

[3] 외국인 승무원의 국제근로계약 준거법

[4] 외국인 운항승무원의 공급계약

[5] 장애인고용부담금 산정기준에 해외 현지 외국인이 포함되는지 여부

[1] 국제항공운송 승무원의 일상적 노무제공지

CJEU, 2017. 9. 14., C-168/16, C-169/16

Sandra Nogueira and Others v. Crewlink Ltd

Miguel José Moreno Osacar v. Ryanair

Ⅰ. 사실관계

(1) 피고들의 지위

라이언에어(Ryanair)는 아일랜드(Ireland)에 본사를 둔 아일랜드 항공사로, 벨기에 소재 샤를루아 공항(Charleroi Airport)을 모기지(母基地, home base)[1)]로 하는 국제항공여객운송인이다. 크루링크(Crewlink)는 유럽 각국에서 객실승무원(cabin crew)[2)]으로 종사하려는 사람들을 채용하여 승무원 교육을 실시하고, 항공사에 취업을 알선해주는 아일랜드 회사이다.

(2) 근로계약의 체결

스페인, 포르투갈, 벨기에 국적을 가진 6명의 원고들은 2009년부터 2011년 사이에 (일부는 크루링크의 알선으로) 라이언에어에 객실승무원으로 취업하였다. 원고들과 라이언에어 사이에 스페인, 벨기에 등에서 체결된

---

1) 이곳에서 사용하는 '모기지'란 항공사의 영업활동의 근거가 되는 거점공항(據點空港)을 의미한다. 이는 "'모기지 항공사'란 항공사업법 제7조에 따라 국토교통부장관으로부터 국내항공운송사업 또는 국제항공운송사업 면허를 받거나 같은 법 제10조에 따라 국토교통부장관에게 소형항공운송사업 등록을 하고, 소속 항공기를 도내 공항에 주기(駐機)하여 국제·국내 노선을 운항하는 항공사를 말한다"고 규정하고 있는 「강원도 도내공항 모기지 항공사 육성 및 지원 조례」 제2조 제2호에 의하여 알 수 있다. 저자는 이와 같이 항공사의 항공기운항에 관련된 공항은 모기지보다 거점공항 또는 모항(母港)이라는 용어가 더 적절하다고 생각하지만, 현행법상 모기지라는 용어가 사용되고 있으므로, 이 책에서도 모기지라는 용어를 사용하기로 한다. 한편 모항(home port)은 해사법에서 선박의 주요 활동근거가 되는 항구를 의미한다. 허브(hub) 공항은 항공사가 항공편을 연결하는데 사용하는 중심공항을 의미한다[Western Airlines Inc. v. Port Authority of New York and New Jersey, 817 F.2d 222 (2nd Cir. 1987), cert. denied, 485 U.S. 1006 (1988)].

2) '객실승무원'이란 항공기에 탑승하여 비상시 승객을 탈출시키는 등 승객의 안전을 위한 업무를 수행하는 사람을 말한다(항공안전법 제2조 제17호).

근로계약서는 영어로 작성되었는데, 사용자측 및 일부 근로자의 최종 서명은 라이언에어의 본사 소재지인 아일랜드 더블린에서 이루어졌다. 근로계약[3]에 의하면, 근로계약의 준거법(準據法)은 아일랜드 법으로 지정하고, 근로관계에 관한 소송은 아일랜드 법원에 국제재판관할권이 있으며, 노무제공은 아일랜드에 등록된 라이언에어 소속 항공기에 탑승한 상태에서 이루어지므로 노무는 아일랜드에서 제공하는 것으로 간주하고, 원고들의 임금은 아일랜드 은행 계좌로 지급하도록 규정되어 있었다.

(3) 근로조건

원고들은 모두 벨기에로 인사발령을 받았고, 샤를루아 공항이 근로계약상 모기지[4]로 지정되었다. 원고들은 1시간 이내에 모기지에 도착할 수 있는 곳에 거주할 의무가 있었으므로, 벨기에로 이주하였다. 이와 같이 원고들은 아일랜드에 거주하지 않았고, 일부 원고는 계약서 서명과 아일랜드 은행 계좌 개설을 위하여 단 1회만 아일랜드를 방문한 경우도 있었다. 원고들은 샤를루아 공항에서 근무일(working day)의 업무(여객 안전 확보, 기내 면세품 판매, 기내 청소 등)를 시작하고 종료하였다. 또한 원고들은 사를루아 공항에서 라이언에어의 인트라넷 사이트(intranet site)를 통하여 업무지시를 받았고, 위 공항에서 질병 등을 이유로 한 결근사유서를 작성하거나 업무(징계 목적 포함)상 회의에 참석하였다. 라이언에어는 벨기에에 지사(branch office)를 설치하지 않았지만, 라이언에어와 크루링크는 샤를루아 공항에 있는 승무원실(crew room)을 공동으로 사용하였다.

(4) 제1심 법원의 판단

원고들은 근로계약이 종료된 후 2011년도에 라이언에어와 크루링크를 상대로 벨기에 샤를루아 노동법원(Tribunal du travail de Charleroi)에, 벨기에 법에 규정된 근로조건이 아일랜드 법에 규정된 근로조건보다 유리하

---

3) '근로계약'이란 근로자가 사용자에게 근로를 제공하고 사용자는 이에 대하여 임금을 지급하는 것을 목적으로 체결된 계약을 말한다(근로기준법 제2조 제1항 제4호).

4) 이곳에서 사용하는 '모기지(Home base)'란 운영자에 의해 승무원에게 지정되는 장소로 승무원이 정상적으로 하나의 근무시간 또는 연속근무시간(series of duty periods)을 시작하고 끝내는 장소를 말한다[고정익항공기를 위한 운항기술기준 8.1.2 70)].

다고 주장하면서, 벨기에 법령을 준거법으로 하여 근로관계 종료에 따른 미지급임금(연장근로수당, 야간근로수당, 연차휴가수당 등)으로 원고 1인당 2만 유로의 지급을 청구하는 소를 제기하였다. 피고들(라이언에어, 크루링크)은 근로계약에 아일랜드 법원을 국제재판관할권이 있는 법원으로 명시하였으므로, 벨기에 법원에는 이 사건의 관할권이 없다고 주장하였다. 샤를루아 노동법원은 2013. 11. 4. 피고들의 항변을 받아들여, 이 사건에 관한 국제재판관할은 아일랜드 법원에 있고, 샤를루아 노동법원에는 관할권이 없다고 판단하였다.

(5) 항소심 법원의 질의

원고들은 2013. 11. 28. 위 판결에 항소를 제기하였고, 항소심을 담당한 벨기에 몽스 고등노동법원(Cour du travail de Mons)은 2016. 3. 18. 유럽사법재판소(Court of Justice of the EU, 이하 'CJEU')에 "근로계약에서 약자인 근로자는 일반적 규정이 제공하는 것보다 근로자에게 더 유리한 관할규정에 의해 보호되어야 한다"는 규정[5]에 입각하여 이 사건에 관한 국제재판관할권을 결정할 목적으로, "1. 국제항공운송에 종사하는 근로자의 경우 브뤼셀 규정(Brussels I Regulation)의 '일상적 노무제공지(The place where the employee habitually carries out his/her work)'를 어떻게 해석해야 하는지, 2. 민간항공에 관한 EU 규정(Regulation No. 3922/91)[6]에서 규율하는 민간항공산업의 모기지가 일상적 노무제공지와 같은 개념인지 여부"에 관하여 질의하였다.

(6) 법무총장의 의견

법무총장(Advocate General)은 의견서에서, 국제재판관할을 결정할 때 승무원이 일상적으로 노무를 제공하는 곳은 항공법규에서 규정하고 있는 모기지와 유사하지 않고, '승무원이 사용자를 위하여 주로 업무를 수행하

5) Recital 13 of Regulation No 44/2001.

6) Council Regulation (EEC) No 3922/91 of 16 December 1991 on the harmonisation of technical requirements and administrative procedures in the field of civil aviation (OJ 1991 L 373, p. 4), as amended by Regulation (EC) No 1899/2006 of the European Parliament and of the Council of 12 December 2006.

는 곳(the place where or from which the worker principally carries out his obligations vis a vis his employer)'으로 해석하여야 한다고 주장하였다. 또한 '승무원이 사용자를 위하여 주로 업무를 수행하는 곳'을 결정하기 위해서는 법원은 (i) 승무원이 근무를 시작하고 종료하는 곳, (ii) 승무원이 업무를 수행하는 항공기가 주로 주기(駐機)된 곳, (iii) 사용자가 전달한 지시사항을 알게 되고 근무일(working day)을 조직하는 곳, (iv) 근로계약상 승무원이 거주할 의무가 있는 곳, (v) 사용자가 제공하고 승무원이 사용할 수 있는 사무실이 있는 곳, (vi) 승무원이 업무에 부적합하거나 징계사유가 발생할 때 참석할 의무가 있는 곳 등을 특별히 주의깊게 검토하여야 한다고 주장하였다.

II. 참조 조문

1. 국제사법

제28조(근로계약) ② 당사자가 준거법을 선택하지 아니한 경우에 근로계약은 제26조의 규정에 불구하고 근로자가 일상적으로 노무를 제공하는 국가의 법에 의하며, 근로자가 일상적으로 어느 한 국가 안에서 노무를 제공하지 아니하는 경우에는 사용자가 근로자를 고용한 영업소가 있는 국가의 법에 의한다.

③ 근로계약의 경우에 근로자는 자신이 일상적으로 노무를 제공하거나 또는 최후로 일상적 노무를 제공하였던 국가에서도 사용자에 대하여 소를 제기할 수 있으며, 자신이 일상적으로 어느 한 국가 안에서 노무를 제공하지 아니하거나 아니하였던 경우에는 사용자가 그를 고용한 영업소가 있거나 있었던 국가에서도 사용자에 대하여 소를 제기할 수 있다.

④ 근로계약의 경우에 사용자가 근로자에 대하여 제기하는 소는 근로자의 상거소가 있는 국가 또는 근로자가 일상적으로 노무를 제공하는 국가에서만 제기할 수 있다.

2. 브뤼셀 규정[7)]

> **제5절 근로계약에 관한 관할**
>
> **제18조** (1) 개별 근로계약에 관한 사건에 대한 관할은 이 절에 의하여 결정된다. 이 경우 제4조, 제5조 제5호에는 영향을 미치지 아니한다.
>
> (2) 근로자가 회원국에 주소를 갖지는 않으나 지점·대리점·기타 영업소를 갖는 사용자와 개별 근로계약을 체결하는 경우, 사용자는 지점·대리점·기타 영업소의 운영에서 발생하는 분쟁에 관하여는 그 회원국에 주소를 갖는 것으로 본다.
>
> **제19조** 회원국에 주소를 갖는 사용자에 대한 소는 아래의 법원에 제기할 수 있다.
>
> 1. 그가 주소를 갖는 회원국 또는
> 2. 다른 회원국의
>   (a) 근로자가 일상적으로 노무를 제공하거나 또는 최후로 일상적으로 노무를 제공하였던 곳의 법원 또는
>   (b) 근로자가 일상적으로 어느 한 국가 안에서 노무를 제공하지 아니하거나 아니하였던 경우에는 사용자가 그를 고용한 영업소가 있거나 있었던 장소의 법원

3. 시카고 협약

> **제17조(항공기국적)** 항공기는 등록한 국가의 국적을 가진다.

Ⅲ. 판시사항

(1) 근로계약에서 관할합의는 분쟁 발생 이후에 이루어진 경우 또는 근로자가 피고의 주소지국 또는 근로계약의 특별관할규정이 정한 법원 이외의 법원을 추가로 지정하기 위하여 이를 원용하는 경우에만 효력이 있

7) 민사 및 상사사건의 재판관할과 재판의 집행에 관한 유럽연합규정[Council Regulation (EC) No 44/2001 of 22 December 2000 on jurisdiction and the recognition and enforcement of judgments in civil and commercial matters].

는바,[8] 이 사건에서 분쟁 발생 이전에 아일랜드 법원에 국제재판관할권을 부여하기로 한 계약조항은 효력이 없다.

(2) 일상적 노무제공지는 승무원이 근로의무의 핵심적인 부분을 수행하는 곳을 의미하는바, 구체적으로는 승무원이 운송 관련 업무를 수행하는 곳, 승무원이 업무를 마치고 복귀하는 곳, 승무원이 사용자로부터 지시를 받거나 업무를 조직하는 곳, 승무원의 작업도구가 있는 곳 등을 종합적으로 고려하여야 한다.

(3) 국제항공운송에 종사하는 승무원의 일상적 노무제공지를 판단할 때 모기지를 가장 중요한 요소로 고려할 수는 있지만, 브뤼셀 규정에서 규율하고 있는 일상적 노무제공지와 민간항공에 관한 EU 규정(Regulation No. 3922/91)이 규율하는 모기지는 입법 목적이 서로 다르므로, 일상적 노무제공지와 모기지가 동일한 것은 아니다.

(4) 승무원들이 탑승하여 근로를 제공하는 항공기의 국적(機籍國, 시카고 협약 제17조가 규정하는 항공기 등록국)은 일상적 노무제공지를 판단할 때 고려할 사항은 아니다.[9]

(5) 위와 같은 점을 고려하면, 이 사건에서 원고들의 일상적 노무제공지는 모기지 소재국인 벨기에이므로, 이 사건의 국제재판관할권은 벨기에 법원에 속한다.

Ⅳ. 해 설

1. 의 의

국제사법에 의하면 일상적 노무제공지는 국제근로계약의 준거법 결정(제28조 제2항), 국제재판관할의 결정(제28조 제3항, 제4항)에서 중요한 역할을 수행한다. 그런데 선원근로계약에서는 선적국(船籍國)을 선원의 일상

8) 산세바스찬 개정 협약 제17조 제5항.

9) 이와 달리 프랑스 판례는 항공기는 국가의 영토에서 분리된 일부이므로, 항공기의 등록국을 노무제공지로 보고 있다. Cass. 1er civ., 18 oct. 1988, Air Afrique., precite. [川口美貴, 國際社會法の研究, 信山社(1999), 233면에서 재인용].

적 노무제공지로 볼 수 있으나,[10] 국내 항공사에 파견된 외국인 조종사의 경우에는 기적국(機籍國) 또는 항공사 소재지인 우리나라를 운항승무원의 일상적 노무제공지로 볼 수 없다는 선례[11]가 있을 뿐, 일상적 노무제공지의 개념을 정면으로 다룬 판례는 보이지 않는다.

대상사안에서 CJEU는 국제항공운송에 종사하는 객실승무원의 일상적 노무제공지에 관하여 최초로 판단기준을 제시하였는바, 이는 우리나라 국제사법의 모범이 되었던 브뤼셀 규정의 해석이므로, 국제항공운송 승무원에 관하여 국제사법상 일상적 노무제공지의 개념을 이해하는데 많은 도움이 될 것으로 보인다.

2. 브뤼셀 규정에 따른 일상적 노무제공지

가. 브뤼셀 규정의 성립과정[12]

(1) 브뤼셀 협약(Brussels Convention)[13]

EC 내에서 판결의 자유로운 유통 또는 이동을 보장하기 위하여 독일, 프랑스, 이탈리아 등 당시 EC의 6개 회원국은 1968. 9. 27. 브뤼셀 협약을 체결하였고 이는 1973. 2. 1. 발효되었다. 브뤼셀 협약은 당초 개별근로계약에 대하여는 특칙을 두지 않았으므로 그에 대해서도 통상의 계약에 관한 일반원칙이 적용되었다. 그러나 1989. 5. 26. 산세바스찬 협약(1989 San Sebastian Convention)[14]에 의한 개정 결과, 협약은 통상의 계약에 적용되는 일반원칙을 다소 수정하여, 개별근로계약의 경우는 근로자가 일상적으로 노무를 제공하는 곳, 근로자가 여러 개의 국가에서 노무를 제공하는 경우에는 그를 고용한 영업소가 있거나 있었던 곳의 법원이 관할권을 가진다는 규정을 제5조 제1호[15]에 추가하였다. 그러나 근로자의 상거소지

10) 대법원 2007. 7. 12. 선고 2005다39617 판결, 대법원 2007. 7. 12. 선고 2005다47939 판결.

11) 대법원 2004. 6. 25. 선고 2002다56130 판결.

12) 석광현, “개정루가노협약에 따른 계약사건의 국제재판관할”, 법학 제49권 제4호(2008. 12.), 서울대학교 법학연구소, 417~419면.

13) Convention on Jurisdiction and the Enforcement of Judgments in Civil and Commercial Matters done at Brussels on 27 September 1968.

14) 이는 스페인과 포르투갈의 가입을 계기로 체결된 1989. 5. 26. 가입협약을 말한다.

(常居所地)에 관할을 인정하지는 않는다.

(2) 루가노 협약(Lugano Convention)[16)]

1988년 당시 EEC 국가들과 EFTA(European Free Trade Association) 국가들은 판결의 승인 및 집행을 통한 EC와의 법적·경제적 협력을 강화하고자 1988. 9. 16. 루가노에서 당시 브뤼셀 협약을 기초로 작성한 루가노 협약을 체결하였는데 이를 병행협약(parallel convention)이라고 부른다. 루가노 협약의 결과 브뤼셀 협약의 적용범위가 EFTA 국가로 확대되었다.

(3) 브뤼셀 협약과 루가노 협약의 관계

브뤼셀 협약과 루가노 협약의 관계를 명시하는 루가노 협약 제54B조에 따르면, 루가노 협약은 브뤼셀 협약의 체약국들이 브뤼셀 협약을 적용하는데 원칙적으로 영향을 미치지 않는다. 그러나 일정한 경우 루가노 협약이 적용된다.[17)] EU 회원국의 확대에 따라 브뤼셀 규정의 중요성이 커졌다. 반면 루가노 협약의 중요성은 감소하였지만, EU 회원국과 EU에 가입하지 않은 국가의 관계에서 루가노 협약은 큰 의미가 있다.[18)]

---

15) [Article 5] A person domiciled in a Contracting State may, in another Contracting State, be sued:
1. in matters relating to a contract, in the courts for the place of performance of the obligation in question; in matters relating to individual contracts of employment, this place is that where the employee habitually carries out his work, or if the employee does not habitually carry out his work in any one county, the employer may also be sued in the courts for the place where the business which engaged the employee was or is now situated.

16) Convention on jurisdiction and the enforcement of judgments in civil and commercial matters.

17) 첫째, 법원의 관할에 관하여, 피고가 EU 회원국 아닌 루가노 협약의 체약국에 주소를 가지는 경우, 또는 EU 회원국이 아닌 루가노 협약의 체약국이 루가노 협약 제16조에 의하여 전속관할을 가지거나, 루가노 협약 제17조에 의하여 합의관할을 가지는 경우. 둘째, 소송경합 및 관련소송에 관하여는 소송이 EU에 속하지 않는 루가노 협약의 체약국과 EU에 속하는 체약국에 계속한 경우. 셋째, 재판의 승인 및 집행에 관하여는 재판국 또는 승인국이 EU의 회원국이 아닌 국가인 경우이다.

18) 루가노 협약 제54B조는 개정 루가노 협약에서는 제64조가 되었으나, 내용은 별 차이가 없다. 따라서 위 내용은 개정 루가노 협약에서도 타당하다.

(4) 브뤼셀 규정(Brussels I Regulation)[19]

브뤼셀 협약의 체약국들은 암스테르담 조약이 1999. 5. 1. 발효된 뒤 브뤼셀 협약의 법형식을 이사회 규정(Council Regulation)으로 전환하여 브뤼셀 규정으로 개정하였는데 이는 2002. 3. 1. 발효되었다. 이사회 규정은 수정이 용이하고, 모든 회원국에서 동시에 발효되며, 신규 회원국이 가입하더라도 가입협약을 체결하고 비준할 필요가 없다는 장점이 있다. 브뤼셀 협약을 브뤼셀 규정으로 대체함에 따라 루가노 협약을 개정하기 위한 작업이 1998년과 1999년에 있었으나 성사되지 않았다가, 마침내 개정 루가노 협약이 EC, 덴마크, EFTA 국가들에 의해 2007. 10. 30. 서명되었다.

(5) 국제근로계약에 관한 국제재판관할의 원칙

브뤼셀 규정은 개별근로계약의 관할에 관하여 II장 제5절(제18조~제21조)을 신설함으로써 산세바스찬 협약(제5조 제1호, 제17조)에 분산되어 있던 개별근로계약과 관련된 관할조항을 통합하고, 보험계약(II장 제3절)·소비자계약(III장 제4절)에 관한 조항과 조화롭게 수정하였다. 제5절은 근로자에게 유리한 관할을 인정하고 관할합의의 허용범위를 제한함으로써 국제재판관할의 차원에서 근로자를 보호하기 위한 것인데 내용적으로는 산세바스찬 협약과 차이가 없다.[20] 이하에서는 브뤼셀 협약과 산세바스찬 협약에 의한 개정 협약에 관하여 살펴보기로 한다.

나. 일상적 노무제공지

(1) 브뤼셀 협약상 국제재판관할

1968년 브뤼셀 협약은 국제재판관할의 일반원칙으로 피고가 체약국에 거주하는 경우에는 피고의 주소지 소재 법원에 관할권을 부여하였고(제2조

---

19) Council Regulation (EC) No 44/2001 of 22 December 2000 on Jurisdiction and the Recognition and Enforcement of Judgments in Civil and Commercial Matters.

20) 석광현, "민사 및 상사사건의 재판관할과 재판의 집행에 관한 유럽연합규정(브뤼셀 규정) -브뤼셀 협약과의 차이를 중심으로-", 한양대학교 법학논총 제20집 제1호(2003. 6.), 86면.

제1문), 피고가 체약국 외에 주소를 가진 경우에는 체약국에 주소를 가진 원고는 그 국적을 묻지 아니하고 원고의 주소지국법이 정한 과잉관할을 원용할 수 있었다(제2조 제2문). 한편 계약에 관하여는 피고가 체약국에 거주하는 경우 당해 피고는 의무이행지인 다른 체약국의 법원에 제소될 수 있었고(제5조 제1항), 근로계약에 관하여 별도의 규정이 없었으므로 위 규정이 근로계약사건에도 적용되었다.[21]

ECJ는 1976. 10. 6. 의무이행지의 결정에서 대상이 되는 의무는 소송에서 원인이 되는 의무이고,[22] 소송의 대상이 되는 의무에 적용되는 법에 의하여 의무이행지가 결정된다고 판시하였다.[23] 근로계약에서 의무의 해석과 관련하여 ECJ는 1982. 5. 26. 의무이행지의 결정에서 고려되는 의무는 근로계약의 특징적 의무인 노무제공의무라고 판시하였고,[24] 1987. 1. 15. 근로계약은 근로자를 계속적인 기간 동안 노무제공장소에 있는 기업조직에 편입시키는 것이므로 노무제공지(loci laboris)에 있는 법원이 재판관할을 갖는 것이 가장 적합하다고 판시하였다.[25] 그러나 노무가 체약국 이외의 제3국에서 이루어진 경우는 협약 제5조 제1항이 예정하고 있지 아니하므로, 관할규칙의 일반원칙에 따라 피고의 주소지 소재 법원이 관할법원이 된다.[26]

(2) 산세바스찬 협약에 의한 개정 협약

산세바스찬 협약에 의하여 채용된 규정은 1980. 6. 19. 계약채무준거법에 관한 로마협약 제6조가 당사자 선택이 없는 경우의 보충적 연결규칙으로서 노무제공지법(lex loci laboris)을 계약준거법으로 규정한 것에 영향을 받았고, 이로써 국제근로계약에 관하여 계약준거법과 국제재판관할이 일치하는 것을 기대할 수 있게 되었다.[27]

---

21) 川口美貴, 175면.
22) CJCE, 6 oct. 1976, aff. n° 14/76 [川口美貴, 190면에서 재인용].
23) CJCE, 6 oct. 1976, aff. n° 13/76 [川口美貴, 190면에서 재인용].
24) CJCE, 26 mai 1982, Ivnel, Rec. CJCE, aff. n° 133/81 [川口美貴, 190면에서 재인용].
25) CJCE, 15 janv. 1987, aff. n° 266/85 [川口美貴, 190면에서 재인용].
26) CJCE, 15 fev. 1989, aff. n° 32/88 [川口美貴, 190에서 재인용].
27) 川口美貴, 177면.

노무제공이 일상적으로 한 국가에서 이루어지는 경우에는 체약국에 주소를 가진 피고는 근로자가 노무를 제공한 다른 체약국의 법원에 제소될 수 있다(제5조 제1항 2문).[28] 즉 원고는 그가 사용자인 경우나 근로자인 경우에도 피고의 주소지뿐만 아니라 노무제공지국의 법원을 관할법원으로 선택할 수 있다.[29] 그러나 노무제공지국이 체약국 이외의 국가인 경우에는 피고의 주소지국의 법원이 재판관할국이 된다.

판례에 의하면, '일상적 노무제공지(gewohnlicher Arbeitsort)'란 근로자가 사업에 편입된 곳,[30] 영업활동이 이루어지는 곳,[31] 여러 국가에서 근무하는 경우에는 영업활동의 중심이 되는 곳,[32] 근로자가 대부분의 근로시간을 보내고 사무실이 있으며 사용자를 위하여 영업활동을 조직하고 외국출장에서 돌아오는 곳,[33] 근로자의 작업도구가 있는 곳[34] 등을 의미한다.

3. 승무원에 관한 모기지

가. EU의 모기지에 관한 규정

민간항공분야에서 기술적 요청과 행정절차의 조화를 위한 위원회 규정(Council Regulation No. 3922/91)[35] 부속서(Annex) Ⅲ subpart Q '비행시간 및 근무시간의 제한과 휴식 조건'(EU OPS subpart Q)에서는 모기지에 관하여 다음과 같이 규정하고 있다.

---

28) 브뤼셀 규정 제19조 제2항 (a)도 이와 같은데, 독일연방노동법원은 근로자가 오로지 한 국가 내에서 교대로 여러 장소에서 근로를 제공한 경우에도 위 규정이 적용된다고 판시하였다. BAGE 101, 244, 246 = NJW 2002, 3196.

29) 프랑스 법인의 독일 지점에 근무하는 사원은 거소지와 노무제공지인 독일에서 소를 제기할 수 있다. BAG RIW 1987, 464.

30) BAGE 16, 215, 222.

31) BAGE 100, 130, 136.

32) EuGH Slg. 1997 I 57 RnNr. 12ff.

33) EuGH Slg. 1997 I 57 = EuZW 1997, 143.

34) ECEU 2011. 3. 15. Koelzsch (C 29/10, EU:C:2011:151); ECEU 2011. 12. 15. Voogsgeerd (C 384/10, EU:C:2011:842).

35) Council Regulation (EEC) No 3922/91 of 16 December 1991 on the harmonisation of technical requirements and administrative procedures in the field of civil aviation (OJ 1991 L 373, p. 4), as amended by Regulation (EC) No 1899/2006 of the European Parliament and of the Council of 12 December 2006.

(1) 운영자는 승무원을 위하여 모기지를 지정하여야 한다(OPS 1.1090, point 3.1).

(2) 모기지란 운영자에 의해 승무원에게 지정되는 장소로 승무원이 정상적으로 하나의 근무시간(a duty period) 또는 연속근무시간(series of duty periods)을 시작하고 끝내는 장소로서, 통상적인 경우에는 운영자가 승무원의 숙박에 대하여 책임을 지지 않는 장소를 말한다(OPS 1.1095, point 1.7).

(3) 모기지에서 출발하는 비행근무시간(flight duty period)이 시작되기 전에 승무원에게 제공되어야 하는 최소휴식시간은 선행근무시간 또는 12시간 중 더 긴 시간 이상이어야 한다(OPS 1.1110, point 1.1).

(4) 모기지 이외의 공항에서 출발하는 비행근무시간이 시작되기 전에 승무원에게 제공되어야 하는 최소휴식시간은 선행근무시간 또는 10시간 중 더 긴 시간 이상이어야 하는데, 운영자는 모기지 이외의 장소에서 승무원에게 최소휴식시간을 부여할 때 이동 및 생리적 요구를 적절히 고려하여 8시간의 수면기회를 보장하여야 한다(OPS 1.1110, point 1.2).

나. EU에서 모기지의 개념[36)]

(1) EU의 사회보장영역에서 모기지란 운영자에 의해 승무원에게 지정되는 장소로서, 승무원이 근무시간 또는 연속근무시간을 정상적으로 시작하고 끝내는 곳이고, 통상적인 경우에는 운영자가 승무원의 숙박에 대하여 책임지지 않는다. 운항승무원 및 객실승무원에 대한 위원회 규정 Title II의 용이한 적용을 위하여, 승무원에게 적용법규(applicable legislation)를 결정하기 위한 기준으로 '모기지'라는 개념을 사용하는 것은 정당하다. 그러나 승무원에 대한 적용법규는 안정성을 유지하여야 하며, 모기지 원칙이 항공산업의 업무 패턴이나 계절적 요구를 이유로 적용법규의 잦은 변경을 초래해서는 안 된다(Recital 18b).

---

36) Regulation (EC) No 883/2004 of the European Parliament and of the Council of 29 April 2004 on the coordination of social security systems (OJ 2004 L 166, p. 1), as amended by Regulation (EU) No 465/2012 of the European Parliament and of the Council of 22 May 2012 (OJ 2012 L 149, p. 4).

(2) 여객운송과 화물운송에 종사하는 승무원의 활동은 위원회 규정(Council Regulation No. 3922/91) 부속서 Ⅲ에 정의된 모기지가 소재하는 회원국에서 행한 활동으로 본다[Article 11 (5)].

4. 국제사법상 일상적 노무제공지의 개념

가. 우리나라에서 모기지에 관한 규정

(1) 모기지(Home base)란 운영자에 의해 승무원에게 지정되는 장소로 승무원이 정상적으로 하나의 근무시간 또는 연속근무시간(series of duty periods)을 시작하고 끝내는 장소를 말한다[고정익항공기를 위한 운항기술기준 8.1.2 70)].

(2) 운항증명소지자의 명에 의거 승무원이 모기지로 또는 모기지부터 항공기까지 운송에 소요된 시간은 별표 8.4.9.3에서 정한 최소휴식시간으로 간주하지 않는다[고정익항공기를 위한 운항기술기준 8.4.9.3 다. 주2].

나. 국제사법상 일상적 노무제공지와 모기지와의 관계

(1) 국제항공운송에 종사하는 승무원은 업무의 성격상 여러 나라에서 근로를 제공하게 된다. 위에서 살펴본 바와 같이 일상적 노무제공지는 국제재판관할과 준거법의 결정을 위하여 EU에서 제창된 개념으로, 국제항공법에서 항공안전을 확보할 목적으로 승무원의 피로관리를 위해 도입된 개념인 모기지와 입법목적이 서로 달라, 일상적 노무제공지와 모기지는 같은 개념이라고 볼 수 없다.

(2) 승무원의 일상적 노무제공지를 결정하기 위해서는 (i) 승무원이 근무를 시작하고 종료하는 곳, (ii) 승무원이 업무를 수행하는 항공기가 주로 주기(駐機)된 곳, (iii) 사용자가 전달한 지시사항을 알게 되고 근무활동을 조직하는 곳, (iv) 근로계약상 승무원이 거주할 의무가 있는 곳, (v) 사용자가 제공하고 승무원이 사용할 수 있는 사무실이 있는 곳, (vi) 승무원이 업무에 부적합하거나 징계사유가 발생할 때 참석할 의무가 있는 곳 등을 종합적으로 고려하여야 한다.

(3) 대상사안에서도 CJEU는 승무원이 운송 관련 업무를 수행하는 곳, 승무원이 업무를 마치고 복귀하는 곳, 승무원이 사용자부터 지시를 받거나 업무를 조직하는 곳, 승무원의 작업도구가 있는 곳[37] 등을 종합적으로 고려하여 일상적 노무제공지를 결정하여야 한다고 판시하였다. 그런데 위에서 열거한 사항은 모두 모기지 소재지와 동일하므로, 승무원의 일상적 노무제공지를 결정할 때 모기지를 가장 중요한 요소로 고려하는 것이 타당하다. 이와 달리 기적국을 일상적 노무제공지로 보아서는 안 된다.[38]

다. 실무상 의미

(1) 외국인 승무원이 국적항공사와 근로계약을 체결한 경우 국적항공사가 국내 공항을 승무원의 모기지로 지정한 대한민국이 일상적 노무제공지로 인정될 가능성이 높기 때문에, 외국인 승무원이 국적 항공사를 상대로 근로관계에 관한 소를 대한민국 법원에 제기한다면 국제사법 제28조 제3항에 의하여 대한민국 법원에 국제재판관할권이 인정된다고 보아야 한다.

(2) 이와 달리 외국 공항을 승무원의 모기지로 지정한다면,[39] 그 모기지 소재지국이 일상적 노무제공지로 인정될 가능성이 높기 때문에, 승무원은 모기지 소재지국 법원에 근로관계에 관한 소를 제기할 수 있다.

---

37) 승무원의 업무는 주로 기내에서 이루어지므로 항공기를 작업도구로 볼 수 있으므로, 항공기가 주로 駐機된 곳이 작업도구가 있는 곳이 된다.

38) 항공기 등록국을 일상적 노무제공지로 보는 것이 타당하다는 종전의 견해[권창영, "국제근로계약에 관한 국제재판관할", 노동법실무연구 제1권(김지형 대법관 퇴임기념), 사법발전재단(2011), 412면]를 수정한다.

39) 예를 들면, 국적항공사가 중국인 승무원을 채용하고 베이징공항을 모기지로 지정한 경우라면, 승무원은 베이징공항이 소재하는 중국 법원에 근로관계에 관한 소를 제기할 수 있다.

[2] 국제근로계약에 관한 국제재판관할

대법원 2006. 12. 7. 선고 2006다53627 판결

Ⅰ. 사실관계

(1) 원고들(X, 중화인민공화국 국적)은 2002. 4. 29.경 피고 회사(Y, 대한민국 법인)의 중국내 현지법인인 대동모형소교 유한공사(Z)와 출국연수약정 명목으로 계약을 체결하고, 해외투자법인 산업연수생의 신분으로 국내에 입국하여 Y에서 2003. 9. 30.까지 근무하였다.

(2) X가 Z와 체결한 출국연수합의서 제8조는 "위 합의부터 야기되거나 위 합의와 관련되는 일체의 법률적 분쟁은 원칙적으로 쌍방의 협상으로 해결하고, 협상이 되지 않을 경우 중국 법률에 따라 노동중재를 통하여 해결하며, 노동중재 재결에 불복할 경우 소송을 할 수 있다"고 규정하고 있다.

(3) X는 2005. 1. 4. 창원지방법원에 2005가합53호로 Y에 대하여 근무일수에 따른 최저임금에서 실제 지급받은 임금을 공제한 차액과 계속근로기간 1년에 대하여 평균임금 30일분의 퇴직금의 지급을 구하는 소를 제기하였다.

(4) Y는 출국연수합의서 제8조를 근거로 X, Z 사이에 이 사건에 관련된 일체의 법률적 분쟁에 관하여 중국 법원만을 관할법원으로 하는 전속적 국제재판관할합의가 있으므로, 이 사건 소는 관할권이 없는 법원에 제기된 것이어서 부적법하다고 주장하였다.

II. 참조 조문

1. 국제사법

제2조(국제재판관할) ① 법원은 당사자 또는 분쟁이 된 사안이 대한민국과 실질적 관련이 있는 경우에 국제재판관할권을 가진다. 이 경우 법원은 실질적 관련의 유무를 판단함에 있어 국제재판관할 배분의 이념에 부합하는 합리적인 원칙에 따라야 한다.

② 법원은 국내법의 관할 규정을 참작하여 국제재판관할권의 유무를 판단하되, 제1항의 규정의 취지에 비추어 국제재판관할의 특수성을 충분히 고려하여야 한다.

제28조(근로계약) ③ 근로계약의 경우에 근로자는 자신이 일상적으로 노무를 제공하거나 또는 최후로 일상적 노무를 제공하였던 국가에서도 사용자에 대하여 소를 제기할 수 있으며, 자신이 일상적으로 어느 한 국가 안에서 노무를 제공하지 아니하거나 아니하였던 경우에는 사용자가 그를 고용한 영업소가 있거나 있었던 국가에서도 사용자에 대하여 소를 제기할 수 있다.

④ 근로계약의 경우에 사용자가 근로자에 대하여 제기하는 소는 근로자의 상거소가 있는 국가 또는 근로자가 일상적으로 노무를 제공하는 국가에서만 제기할 수 있다.

⑤ 근로계약의 당사자는 서면에 의하여 국제재판관할에 관한 합의를 할 수 있다. 다만, 그 합의는 다음 각 호 중 어느 하나에 해당하는 경우에 한하여 그 효력이 있다.

1. 분쟁이 이미 발생한 경우
2. 근로자에게 이 조에 의한 관할법원에 추가하여 다른 법원에 제소하는 것을 허용하는 경우

2. 브뤼셀 규정[1)]

제5절 근로계약에 관한 관할

제18조 (1) 개별 근로계약에 관한 사건에 대한 관할은 이 절에 의하여 결정된다. 이 경우 제4조, 제5조 제5호에는 영향을 미치지 아니한다.

(2) 근로자가 회원국에 주소를 갖지는 않으나 지점·대리점·기타 영업소를 갖는 사용자와 개별 근로계약을 체결하는 경우, 사용자는 지점·대리점·기타 영업소의 운영에서 발생하는 분쟁에 관하여는 그 회원국에 주소를 갖는 것으로 본다.

제19조 회원국에 주소를 갖는 사용자에 대한 소는 아래의 법원에 제기할 수 있다.

1. 그가 주소를 갖는 회원국 또는
2. 다른 회원국의
   (a) 근로자가 일상적으로 노무를 제공하거나 또는 최후로 일상적으로 노무를 제공하였던 곳의 법원 또는
   (b) 근로자가 일상적으로 어느 한 국가 안에서 노무를 제공하지 아니하거나 아니하였던 경우에는 사용자가 그를 고용한 영업소가 있거나 있었던 장소의 법원

제20조 (1) 사용자는 근로자가 주소를 갖는 회원국의 법원에서만 소를 제기할 수 있다.

(2) 이 절의 규정들은 이 절에 따라 본소가 계속 중인 법원에 반소를 제기할 수 있는 권리에 영향을 미치지 아니한다.

제21조 이 절의 규정은 다음 각 호의 1에 해당하는 합의에 의하여만 그 적용을 배제할 수 있다.

1. 분쟁 발생 후에 체결한 합의
2. 근로자에게 이 절에 규정된 법원 이외의 다른 법원에 제소하는 것을 허용하는 합의

---

1) 민사 및 상사사건의 재판관할과 재판의 집행에 관한 유럽연합규정(Council Regulation (EC) No 44/2001 of 22 December 2000 on jurisdiction and the recognition and enforcement of judgments in civil and commercial matters).

Ⅲ. 판시사항

국제사법 제2조 제1항에 의하면, 대한민국 법원은 당사자 또는 분쟁이 된 사안이 대한민국과 실질적 관련이 있는 경우에 국제재판관할권을 갖는 것이고, 같은 법 제28조 제5항에 의하면, 국제재판관할에 관한 합의는 분쟁이 이미 발생한 경우(제1호) 또는 근로자에게 이 조에 의한 관할법원에 추가하여 다른 법원에 제소하는 것을 허용하는 경우(제2호)에 한하여 허용되므로, 근로계약의 당사자가 분쟁이 발생하기 전에 대한민국 법원의 국제재판관할권을 배제하기로 하는 내용의 합의를 하였더라도, 그러한 합의는 국제사법 제28조 제5항에 위반하는 것이어서 아무런 효력이 없다.

Ⅳ. 해 설

1. 국제재판관할의 의의

(1) 외국인 승무원이 국적 항공사와 근로계약을 체결하고 근무하다가 대한민국 법원에 근로관계에 관련된 소를 제기하는 경우 법정지인 국내 법원에 재판관할권이 있는지 여부가 문제된다.[2] 이는 외국적 요소가 있는 법률관계이므로 국제사법이 적용되어야 하는데, 대상사안에서도 근로계약에 관한 국제재판관할과 재판관할합의의 효력이 문제되었다.[3]

---

2) 국제재판관할의 문제는 우리 법원에 국제적인 사건에 관하여 소가 제기된 경우 과연 우리 법원이 사건의 본안을 심리하기 위한 전제로서 국제재판관할을 가지는가라는 형태와, 외국 법원이 선고한 판결의 승인 및 집행이 우리 법원에서 다루어지는 경우에 판결을 선고한 국가가 국제재판관할을 가지는가라는 두 가지 형태로 제기되는데, 전자를 '직접국제재판관할' 또는 '직접관할', 후자를 '간접국제재판관할' 또는 '간접관할'이라고 한다. 이러한 구별은 프랑스의 'competence directe', 'competence indirecte'와 독일의 'direkte Zustandigkeit', 'indirekte Zustandigkeit'에 상응하는데 독일에서는 전자를 Entscheidungszustandigkeit(심리관할), 후자를 Anerkennungszustandigkeit(승인관할)라고도 한다[석광현, "국제재판관할에 관한 연구", 서울대 법학박사학위논문(2000), 24면]. 이 글에서는 직접관할에 한하여 논의를 진행한다.

3) 외국인 승무원이 국적항공사를 상대로 국내 법원에 소를 제기한 사례가 다수 있으나[대법원 2004. 6. 25. 선고 2002다56130 판결, 대법원 1998. 3. 27. 선고 97다49732 판결(제1심은 서울지방법원 1997. 2. 21. 선고 95가합45915 판결)], 국제재판관할권을 판시 대상으로 한 대법원 판례는 대상판결이 유일하므로, 부득이하게 이를 해설 대상으로 삼았다.

(2) 재판권(Gerichtsbarkeit)은 재판에 의하여 법적 쟁송사건을 해결할 수 있는 국가권력 또는 법질서 실현을 위한 국가의 권능으로서 법관으로 구성된 법원에 속한다.[4] 재판권은 국가주권에서 파생되는, 재판을 할 수 있는 국가의 권능인데, 국제재판관할은 어느 국가의 법원이 제기된 법적 쟁송을 재판해야 하는가 또는 재판임무를 전체로서 어느 국가에 배당할 것인가의 문제이므로, 국제재판관할규칙은 어느 국가가 그 안에서 자신의 재판권을 행사하고자 하는 범위의 확정 또는 자발적인 재판권의 제한을 의미한다. 독일에서는 재판권과 국제재판관할을 준별하고, 양자를 독립한 소송요건으로 보되 국제재판관할은 논리적으로 재판권의 존재를 전제로 한다고 본다. 따라서 재판권은 국제공법에 의하여 규율되는 국제공법상 문제임에 반하여, 국제재판관할은 국제재판관할규칙을 규정한 국제조약·협약을 제외하면 각국이 스스로 결정할 사항으로서 국내법상 문제이다.[5]

2. 법률관계의 성질결정

가. 의 의

채권계약 중에서도 용역제공을 둘러싼 법률관계로는 근로관계 이외에도 고용관계·도급관계·위임관계 등이 있고, 각국의 법에서 이러한 각 법률관계의 성질을 구분하는 기준을 달리할 수 있다. 국제사법 제28조 제3, 4, 5항은 채권계약 중에서도 '근로계약'에 관한 관할을 규정하고 있는데, 어떠한 채권계약이 위 규정의 적용대상으로서 근로계약에 해당하는지 여부는 어떠한 법에 준거하여 판단할 것인지가 문제된다. 이를 법률관계의 성질결정문제(Problem der Qualifikation)라고 한다.

나. 견해의 대립

(1) 법정지법설

이는 법률관계의 성질결정은 법정지(法廷地, lex fori)의 실질법에 의하

4) Rosenberg/Schwab/Gottwald, Zivilprozessrecht, 16. Auflage, C.H.Beck(2004), 59f.
5) 석광현, 2001년 개정 국제사법 해설(제2판), 지산(2003), 36~37면.

여 판단하여야 한다는 견해로서 Kahn과 Bartin에 의하여 주장되었다.[6] 법률관계의 성질결정을 법정지법에 의하지 아니하고 외국법에 의하게 되는 경우, 외국법의 적용을 받는 법률관계의 범위를 법정지법인 내국법에 의하지 않고 외국법에 의하여 결정하게 되는데, 이는 법정지국의 주권을 침해한다는 것을 그 근거로 한다. 독일의 다수 판례[7]와 일본의 판례[8]도 이와 같다.

(2) 준거법설

이는 법률관계의 성질은 국제사법에 의하여 당해 법률관계에 대한 준거법(lex causae)으로 결정된 국가의 실질법에 의하여 판단하여야 한다는 견해로서 Despagnet와 Wolff에 의하여 주장되었다.[9] 1966년 포르투갈 민법 제15조[10]와 독일의 소수 판례가 이 견해를 취하고 있다.[11] 그런데 이 견해는 논리적으로 순환론에 빠진다. 즉 법률관계의 성질이 결정되지 않으면 그 법률관계의 준거법은 결정되지 않기 때문에, 그 준거법에 의하여 법률관계의 성질을 결정한다는 것은 논리적으로 불가능하게 된다.[12]

(3) 국제사법 자주설

이는 법률관계의 성질결정은 특정 국가의 실질법에 의하지 아니하고

---

6) Kahn, Gesetzeskollisionen －Ein Beitrag zur Lehre des IPR, Jherings Jahrbuch für die Dogmatik des bürgerliches Rechts 30(1891), 130ff.; Bartion, De L'impossibilite d'arriver a la suppression definitive des conflits de lois, Journal du Droit International, begr. von Clunet annee 24(1897), 225ff.[Sonnenberger, Münchener Kommentar Bürgerliches Gesetzbuch, Band 10, C.H. Beck(2006), S.267.].

7) BGHZ 29, 139; BGHZ 44, 124 = NJW 1965, 2052; BGHZ 47, 324 = NJW 1967, 1177; OLG Dusseldorf OLGZ 1975, 458 = IPRspr. 1975 Nr. 47; OLG Hamm NJW 1970, 390.

8) 京都地裁 1956. 7. 7. 判決, 下民集 7권 7호, 1784면.

9) Despagnet, Des conflits de lois relatifs a la qualification des rapports juridiques, Journal du Droit International, begr. von Clunet annee 25(1898), 253ff.; Wolff, Das Internationale Privatrecht Deutschlands, 3. Aufl.(1954), 54ff.[Sonnenberger－Münchener Kommentar, S.267].

10) 山田鐐一, 國際私法(3판), 有斐閣(2004), 50면.

11) RG IPRspr. 1932 Nr. 6; OLG Munchen IPRspr. 1954/55 Nr. 87; LG Hamburg IPRspr. 1954/55 Nr. 88.

12) 溜池良夫, 國際私法講義(제3판), 有斐閣(2005), 131면.

국제사법 자체의 입장에서 독자적으로 판단하여야 한다는 견해로서 Rabel, Neuner, Kegel 등에 의하여 주장되었다.[13] 국제사법 자주설에 의하면, 각국의 실질법을 비교·검토하고 공통되는 법개념을 도출하거나, 국제사법 해당 규정을 그 입법 목적·취지 등에 따라 해석함으로써 규율대상인 법률관계의 성질을 판단하게 된다.[14] 일본 다수설이 국제사법 자주설을 취하고 있고,[15] 우리나라에서도 이를 주장하는 학자가 있다.[16]

(4) 근로계약에 관한 논의

근로계약에 관하여 보면, (i) 우리나라 판례는 노무제공을 둘러싼 계약관계가 근로계약에 해당하는지 여부를 판단할 때 그 계약의 형식이 고용계약인지 도급계약인지에 관계없이 그 실질에서 노무제공자가 노무수령자에게 사용종속적인 관계에서 근로를 제공하였는지 여부에 따라 판단하여야 한다고 해석하고 있고,[17] (ii) 이러한 판단기준은 대륙법계 및 영미법계 국가에서 거의 동일하게 적용되고 있으며,[18] (iii) 국제사법도 국제적 노무제공관계에서 근로자를 보호하려는 데 그 입법목적을 두고 이에 대해 저촉법적 규율을 하려는 것이므로 여전히 사용종속적인 노무제공관계를 대상으로 삼고 있다고 풀이된다. 따라서 근로계약의 해당성 여부를 법정지법설의 입장에 따라 우리의 노동법규에 의하여 판단하더라도 그 결론에서는 차이가 없다는 견해가 있다.[19]

---

13) Rabel, Zeitschrift fur auslandisches und internationales Privatrecht, 5(1931), 249, 287; Neuner, Der Sinn der internationalprivatrechtlichen Norm, 1932, S.27ff.; Kegel, Die Grenze von Qualifikation und Renvoi im internationalen Verjahrungsrecht, 1962, S.30ff.[Sonnenberger－Münchener Kommentar, S.267ff.].

14) 溜池良夫, 133~134면.

15) 米津孝司, 國際勞働契約法の研究, 尙學社(1997), 8~9, 157~158면.

16) 석광현a, "국제근로계약과 근로자보호 －개정 국제사법을 중심으로－", 노동법학 제13호(2001. 12.), 13면(다만 국제사법의 근로계약의 개념이 근로기준법의 그것과 반드시 일치하는 것은 아니라고 한다).

17) 대법원 2010. 4. 15. 선고 2009다99396 판결.

18) 米津孝司, 157~158면.

19) 김지형, "국제적 근로계약의 준거법", 저스티스 제68호(2002. 8.), 257면.

다. 판례: 법정지법설

대법원은 "산업기술연수사증을 발급받은 외국인이 정부가 실시하는 외국인 산업기술연수제도의 국내 대상 업체에 산업기술연수생으로 배정되어 대상 업체와 사이에 연수계약을 체결하였다 하더라도, 그 계약의 내용이 단순히 산업기술의 연수만으로 그치는 것이 아니고 대상 업체가 지시하는 바에 따라 소정시간 근로를 제공하고, 그 대가로 일정액의 금품을 지급받으며 소정시간 외의 근무에 대하여는 근로기준법에 따른 시간외 근로수당을 지급받기로 하고, 이에 따라 당해 외국인이 대상 업체의 사업장에서 실질적으로 대상 업체의 지시·감독을 받으면서 근로를 제공하고 수당 명목의 금품을 수령하여 왔다면 당해 외국인도 근로기준법상 근로자에 해당한다"고 판시하였다.[20] 이와 같이 대법원은 계쟁법률관계의 당사자나 계약이 근로자 또는 근로계약인지 여부를 법정지법인 국내법에 의하여 판단하고 있으므로, 판례는 법정지법설의 입장을 취한다고 평가할 수 있다. 하급심 판례도 이와 같다.[21]

3. 국제사법상 국제근로계약의 국제재판관할

가. 국제사법 제2조 제2항과 제28조 제3, 4, 5항의 관계

(1) 국제사법 제2조의 신설취지[22]

우리나라의 경우 종래 국제민사사건에서 제기되는 법적 쟁송에 대하여 어느 국가의 법원이 재판할 권한을 가지는가의 문제인 국제재판관할에 관하여, 구 섭외사법 하에서는 이를 직접 규정하는 성문법규가 없었고, 그에 관한 원칙은 판례에 의하여 발전되어 왔다. 국제재판관할의 문제는 법정

20) 대법원 1995. 12. 22. 선고 95누2050 판결, 대법원 2005. 11. 10. 선고 2005다50034 판결.

21) 해외투자기업 산업연수생의 자격으로 입국하여 국내 회사에서 근무하는 외국인들이 근로기준법의 적용을 받는 근로자라고 한 사례로는 서울서부지방법원 2006. 8. 24. 선고 2005나4141 판결, 부산지방법원 2006. 5. 12. 선고 2005나7747 판결, 서울남부지방법원 2009. 6. 5. 선고 2008가합13716 판결, 서울중앙지방법원 2010. 10. 5. 선고 2009가합89257 판결.

22) 석광현b, 국제사법 해설, 박영사(2013), 59면.

지 쇼핑(forum shopping)에 관한 논의에서 보는 바와 같이 국제민사소송이 빈번하게 된 오늘날 그 중요성이 날로 커지고 있으므로 명확한 기준 제시가 요청되었고, 이에 따라 국제사법에서는 이를 고려하여 국제재판관할에 관한 원칙을 규정하였다. 다만 국내에서는 국제재판관할에 관한 연구가 충분하지 않았고, 헤이그 국제사법회의의 차원에서 국제재판관할에 관한 세계적인 협약이 성안 중에 있었기 때문에 국내법에 완결된 규칙을 두기는 어렵다는 이유로, 국제사법에서는 과도기적인 조치로 총칙인 제2조에서 판례가 취해 온 입장을 반영하여 국제재판관할에 관한 일반원칙만 규정하였다. 이와는 별도로 각칙인 '채권의 장'(제5장)에서 사회·경제적 약자인 소비자와 근로자를 보호하기 위하여 국제재판관할에 관한 개별조항을 두었다.

(2) 제2조 제2항의 의미

국제사법 제2조 제2항은 "법원은 국내법의 관할 규정을 참작하여 국제재판관할권의 유무를 판단하되, 제1항의 규정의 취지에 비추어 국제재판관할의 특수성을 충분히 고려하여야 한다"고 규정하고 있다. 이는 제2조 제1항이 제시하는 기준이 추상적임을 고려하여 법원과 당사자들이 구체적으로 인식할 수 있는 더욱 구체적인 국제재판관할의 기준을 제시함으로써 법적 안정성을 보장하기 위한 것이다. '국제재판관할의 특수성'이란 국내관할 특히 토지관할과 구별되는 특성을 말하는데,[23] 토지관할은 단순한 관할의 장소적 배분문제이나, 국제재판관할의 경우 그에 추가하여 법원의 조직, 법관과 변호사의 자격, 소송절차 및 실체의 준거법, 재판의 집행가능성 등에 차이가 있음을 의미한다.

---

23) 당사자 간의 공평, 재판의 적정, 신속 및 경제를 기한다는 기본이념에 따라 국제재판관할을 결정하여야 하고, 구체적으로는 소송당사자들의 공평·편의·예측가능성 같은 개인적 이익뿐만 아니라 재판의 적정·신속·효율 및 판결의 실효성 등과 같은 법원 내지 국가의 이익도 함께 고려하여야 하며, 이러한 다양한 이익 중 어떠한 이익을 보호할 필요가 있을지 여부는 개별 사건에서 법정지와 당사자의 실질적 관련성 및 법정지와 분쟁이 된 사안과의 실질적 관련성을 객관적 기준으로 삼아 합리적으로 판단하여야 한다. 대법원 2008. 5. 29. 선고 2006다71908 판결, 대법원 2010. 7. 15. 선고 2010다18355 판결.

(3) 근로계약에 관하여는 제28조 제3, 4, 5항이 특별규정임

위와 같이 제2조 제2항은 국제재판관할에 관한 일반규정임에 비하여 제28조 제3, 4, 5항은 근로계약에 관한 국제재판관할에 관한 특별규정이므로, 국제근로계약에 관하여는 특별규정인 제28조가 우선 적용된다.[24] 대법원도 대상사안에서 제2조 제1항만을 언급하고, 제2조 제2항은 적시하지 아니하였으며, 제28조 제5항에 따라 관할위반 항변의 당부를 판단하였는바, 이에 비추어 보면 대법원도 제28조 제3, 4, 5항이 제2조 제2항의 특별규정이라는 점을 긍정한 것으로 보인다.

나. 제28조의 적용범위

(1) 개별근로계약에 한정됨

국제사법상 특례규정의 적용대상이 되는 '근로계약'은 개별근로계약의 법률관계를 의미하므로,[25] 노동조합 등 근로자단체와 사용자 사이에서 노동조합의 결성 및 활동, 단체교섭, 단체협약의 체결, 쟁의행위, 부당노동행위 등의 집단적 노동관계의 준거법 결정이나 재판관할의 결정에 관하여는 적용되지 않는다.[26] 또한 제28조는 고용계약 대신 근로계약이라는 용어를 사용하는데, 그 이유는 국제사법 차원에서 보호를 필요로 하는 자는 종속노동을 제공하는 근로자이기 때문이다. 따라서 제28조는 종속노동을 제공하는 근로계약(Arbeitsvertrag)에만 적용되고, 자주적인 노동을 제공하는 고용계약(Dienstvertag)에는 적용되지 않는다.[27]

---

24) 산세바스찬 협약에 의한 개정 협약과 루가노 협약상 근로계약에 관한 관할규정은 국제재판관할에 관한 특별규정이라고 해석하는 견해로는 Martiny, Münchener Kommentar Bürgerliches Gesetzbuch, Band 10, C.H.Beck(2006), S.2016.

25) 브뤼셀 규정 제5절은 'individual contracts of employment'라고 규정하여 개별근로계약에 한하여 적용됨을 명확히 하고 있다.

26) 석광현b, 357면. 국제사법의 위 규정은 노동조합 등 근로자단체와 사용자 또는 사용자단체 사이의 법률관계의 준거법 결정에 적용될 수 없다는 의미이므로, 집단적 노동관계를 규율하는 법규정 중 근로계약의 성립 및 유효성에 영향을 주는 강행법규가 준거법으로 적용될 수 있는 것은 별개의 문제이다. 김지형, 257면.

27) Martiny−Münchener Kommentar, S.1971.

(2) 사실적 근로관계에도 적용됨

독일 민법 시행법(EGBGB) 제30조는 그 적용대상을 근로계약과 근로관계(Arbeitsverhältnis)로 표현하고 있으나,[28] 국제사법 제28조는 근로계약이라고만 하고 있어 무효이거나 취소사유 있는 근로계약에 기초한 '사실적 근로관계'의 경우에는 적용되지 않는지 여부가 문제된다. 이에 관하여 근로계약의 법률관계에는 이러한 사실적 근로관계까지 포함되는 것으로 풀이하여 국제사법의 적용대상이 된다고 해석하는 견해[29]가 있는바, 입법취지 등에 비추어 보면 위 견해가 타당하다.

다. 근로자가 사용자에 대하여 소를 제기하는 경우

(1) 제28조 제3항의 의의

제28조 제3항은 근로계약에 관한 사건 중 근로자가 사용자에 대하여 소를 제기하는 경우 국제재판관할에 관한 특칙을 규정하고 있다. 그런데 제28조 제3항은 "국가에서도"라고 규정하여, 제2조에 따라 정립되는 국제재판관할에 관한 일반규칙에 따라 결정되는 관할국 이외의 다른 관할을 추가로 인정한 것이다. 따라서 근로자는 제3항에서 정한 노무제공지 또는 그를 고용한 영업소 소재지 외에 사용자의 주소지, 의무이행지 등 다른 곳에서도 소를 제기할 수 있다.[30]

(2) 근로자가 한 국가에서 일상적으로 노무를 제공하는 경우

근로자가 어느 한 국가에서 일상적으로 노무를 제공하는 경우에는 현재의 노무제공지에서도 사용자에 대한 소를 제기할 수 있고, 현재 그러한 노무제공지가 없는 경우에는 최종 노무제공지에서도 사용자에 대한 소를 제기할 수 있다(제28조 제3항 전단). 노무제공지가 의무이행지인지 여부를 묻지 않고 노무제공지의 국제재판관할을 인정한 것에 의의가 있다.

---

28) 따라서 EGBGB 제30조는 사실적 근로관계(faktische Arbeitsverhältnis)에도 적용된다. Martiny－Münchener Kommentar, S.1972.

29) 김지형, 257~258면.

30) 석광현b, 367면.

'일상적 노무제공지'란 근로자가 사업에 편입된 곳,[31] 영업활동이 이루어지는 곳,[32] 여러 국가에서 근무하는 경우에는 영업활동의 중심이 되는 곳,[33] 근로자가 대부분의 근로시간을 보내고 사무실이 있으며 사용자를 위하여 영업활동을 조직하고 외국출장에서 돌아오는 곳[34] 등을 의미한다.

(3) 근로자가 일상적으로 한 국가 안에서 노무를 제공하지 아니한 경우

근로자가 일상적으로 어느 한 국가 안에서 노무를 제공하지 아니하거나 아니하였던 경우에는 근로자는 사용자가 그를 고용한 영업소가 있거나 있었던 국가에서도 사용자에 대하여 소를 제기할 수 있다(제28조 제3항 전단).[35] 위 '영업소'를 근로기준법 제11조 등에 규정된 '사업 또는 사업장'의 개념과 동일한 것으로 보고, 회사가 여러 나라에 지점·지사·출장소 등을 두고 있다고 하더라도 그 경영주체가 동일한 법인격체이면 하나의 사업 또는 사업장이고, 이와 달리 다국적기업과 같이 각각 현지법인으로 별도로 설립되어 그 경영주체가 독립되어 있으면 수 개의 사업 또는 사업장이라고 해석하는 견해가 있다.[36]

(4) 구 섭외사법 당시의 판례

미합중국 하와이 주(州)의 법률에 의하여 설립된 외국법인의 서울 사무소에서 근무하던 외국인 직원들이 부당해고되었음을 이유로 손해배상을 청구하는 소송에서, 법원은 민사소송법 제12조[37] 소정의 재판적이 인정되므로 국내 법원에 재판관할권이 있다고 판시하였다.[38]

---

31) BAGE 16, 215, 222.
32) BAGE 100, 130, 136.
33) EuGH Slg. 1997 I 57 RnNr. 12ff.
34) EuGH Slg. 1997 I 57 = EuZW 1997, 143.
35) 선원관리사업자의 영업소 소재지도 사용자가 선원을 고용한 영업소로 인정한 사례로는 대법원 2008. 2. 1. 선고 2006다63990 판결.
36) 김지형, 262~263면.
37) 제12조(사무소·영업소가 있는 곳의 특별재판적) 사무소 또는 영업소가 있는 사람에 대하여 그 사무소 또는 영업소의 업무와 관련이 있는 소를 제기하는 경우에는 그 사무소 또는 영업소가 있는 곳의 법원에 제기할 수 있다.
38) 대법원 1992. 7. 28. 선고 91다41897 판결.

라. 사용자가 근로자에 대하여 소를 제기하는 경우

사용자가 근로자에 대하여 제기하는 소는 근로자의 상거소지 또는 일상적인 노무제공지에서만 제기할 수 있다(제28조 제4항). 사용자가 제기하는 소는 근로자가 제기하는 소의 경우가 추가적인 것과는 달리 전속적인 것이다.[39] 우리나라 국적의 종업원(피고)이 우리나라 국적의 업주(원고)와 일본에서 근로계약을 체결하고 일본 소재 주점에 취업하였고, 원고가 서울남부지방법원에 피고를 상대로 결근·지각·손님 동반의무 불이행시에는 일정 금액을 월급에서 공제하고 손님의 외상주대채무를 대신 변제하기로 하는 등의 약정에 기한 손해배상을 구하는 소를 제기한 사안에서, 법원은 재판관할권을 긍정하였는바,[40] 근로자의 상거소지가 국내인 점에 비추어 보면 위 결론은 타당하다.

마. 합의관할

민사소송법 제29조는 합의관할에 관하여 규정하고 있는바, 일반적으로 국제재판관할합의도 허용됨에는 의문이 없다.[41] 국제재판관할의 합의에 의하여 재판지에 관한 당사자의 예측가능성을 확보할 수 있다.[42] 국제사법 제28조 제5항은 근로자보호의 정신에 입각하여 근로자에게 부당한 재판관할합의를 방지하기 위하여 당사자 사이의 재판관할합의는 원칙적으로 사후합의만 허용하고, 예외적으로 사전합의일 경우 근로자에게 유리한 추가합의만 인정하고 있다. 방식은 민사소송법 제29조 제2항에 따라 서면으로 하여야 한다.[43]

---

39) 석광현b, 368면.

40) 대법원 2007. 11. 15. 선고 2006다72567 판결.

41) 대법원 2004. 3. 25. 선고 2001다53349 판결.

42) 廣江健司, 國際民事關係法 －國際私法·國際民事手續法·國際取引法－, 成文堂(2008), 33면.

43) 구두에 의한 합의는 효력이 없다. BAG NJW 1984, 1320.

4. 국제항공운송에 종사하는 승무원의 근로계약에 관한 국제재판관할

가. 일상적으로 한 국가 안에서 노무를 제공하는 경우

국제항공운송에 종사하는 승무원은 비록 여러 국가의 영공이나 영토를 경유하여 근로를 제공한다 하더라도 이를 일상적으로 한 국가 안에서 노무를 제공하지 아니한 경우에 해당하지 않는다. 오히려 승무원은 모기지 소재국을 제외한 나머지 국가에서는 업무의 특성상 일시적으로 체류하는 것으로 보아야 하므로, 한 국가에서 일상적으로 노무를 제공하는 것으로 보는 것이 타당하다. 이 경우 승무원은 사용자에 대하여 일상적 노무제공지, 사용자의 주소지, 의무이행지 등에 소를 제기할 수 있지만, 사용자는 승무원의 상거소지 또는 일상적 노무제공지에서 소를 제기할 수 있다.

나. 한 국가에서 일상적으로 노무를 제공하지 아니한다고 보는 경우

이와 달리, 국제항공운송에 종사하는 승무원은 한 국가에서 일상적으로 노무를 제공하지 아니한 경우에 해당한다고 보는 견해에 따르면, 승무원은 사용자가 그를 고용한 영업소 소재지, 사용자의 주소지, 의무이행지 등에 소를 제기할 수 있지만, 사용자는 오로지 승무원의 상거소지에서만 소를 제기할 수 있다.

다. 승무원의 일상적 노무제공지의 결정

승무원의 일상적 노무제공지를 결정하기 위해서는 (i) 승무원이 근무를 시작하고 종료하는 곳, (ii) 승무원이 업무를 수행하는 항공기가 주로 주기(駐機)된 곳, (iii) 사용자가 전달한 지시사항을 알게 되고 근무활동을 조직하는 곳, (iv) 근로계약상 승무원이 거주할 의무가 있는 곳, (v) 사용자가 제공하고 승무원이 사용할 수 있는 사무실이 있는 곳, (vi) 승무원이 업무에 부적합하거나 징계사유가 발생할 때 참석할 의무가 있는 곳 등을 종합적으로 고려하여야 한다. 그런데 위에서 열거한 고려사항은 대부분 모기지 소재지와 동일하므로, 승무원의 일상적 노무제공지를 결정할 때

모기지를 가장 중요한 요소로 고려하는 것이 타당하다.[44)]

5. 평 가

(1) 대상사안에서 X는 중국에서 파견계약을 체결하고 오로지 대한민국에서 근로를 제공하였으므로, 국제사법 제28조 제3항 전단에 의하여 대한민국 법원은 X의 일상적인 노무제공지국으로서 재판관할권을 가진다.

(2) Y는 중국 법원을 전속관할로 하는 합의(대한민국 법원의 관할권을 제한하는 배제적 합의)를 들어 관할위반의 항변을 하였으나, 위와 같은 합의는 시기상으로는 분쟁 이전에 성립한 것이고, 그 내용은 노무제공지국으로써 관할권을 갖는 대한민국 법원의 관할권을 배제하는 것이어서 국제사법 제28조 제5항에 의하여 그 효력을 인정할 수 없으므로, Y의 항변은 타당하지 않다. 따라서 Y의 항변을 배척한 대상판결의 결론은 타당하다.

---

44) CJEU 2017. 11. 14., Judgment in Joined Cases C−168/16 and C−169/16, Sandra Nogueira and Others v. Crewlink Ltd; Miguel José Moreno Osacar v. Ryanair.

[3] 외국인 승무원의 국제근로계약 준거법

대법원 2004. 6. 25. 선고 2002다56130 판결

Ⅰ. 사실관계

(1) 피고 Y 항공사(대한민국 회사)는 아일랜드 소재 파크 항공사(Parc Aviation Limited, 이하 'P')와 사이에, P는 항공기[1] 조종사들을 고용하여 Y에게 조종사들의 용역을 제공하고 Y는 그 대가로 P에게 조종사들의 급료 이외에 일정한 수수료를 지급하기로 하는 내용의 계약(이하 '제1차 계약')을 체결하였다. 제1차 계약은 위 계약기간 동안 Y에 파견된 조종사들과 P와의 고용관계가 유지되고, 조종사들의 업무중지, 정직 또는 해고 등의 징계권이 P의 권한에 속함을 명시하고 있다.

(2) Y는 제1차 계약이 종료한 후인 발칸 불가리아 항공사(Balkan Bulgarian Airlines, 이하 'B')와 사이에, B는 소속 조종사들을 Y에 파견하여 용역을 제공하고 Y는 조종사들의 급료 이외에 일정한 수수료를 지급하기로 하는 내용의 계약(이하 '제2차 계약')을 체결하였다. 제2차 계약도 파견 조종사들이 B 소속 직원임을 전제로 하고 있다.

(3) 항공기 조종사들인 원고들(불가리아 국적)은 P 또는 B에 고용되어 위 각 계약에 따라 Y에 파견되어 B737, B767기의 기장으로 Y에서 근무하였다. Y는 제1차 계약에 의하여 파견 수수료를 포함한 급여를 P에게 지급하고 원고들은 P로부터 자신들의 급여를 지급받았다. 원고들은 제2차 계약 체결 이후에는 B에 지급되는 수수료를 공제한 급여를 Y로부터 직접 지급받았다.

---

1) '항공기'란 공기의 반작용(지표면 또는 수면에 대한 공기의 반작용은 제외한다. 이하 같다)으로 뜰 수 있는 기기로서 최대이륙중량, 좌석 수 등 국토교통부령으로 정하는 기준에 해당하는 비행기, 헬리콥터, 비행선, 활공기와 그 밖에 대통령령으로 정하는 기기를 말한다(항공안전법 제2조 제1호).

(4) 원고들은 Y와 근로계약관계가 성립되었음을 주장하면서 퇴직금의 지급을 구하는 소를 우리나라 법원에 제기하였다.

Ⅱ. 참조 조문

1. 구 섭외사법

제9조(법률행위의 성립 및 효력) 법률행위의 성립 및 효력에 관하여는 당사자의 의사에 의하여 적용할 법을 정한다. 그러나 당사자의 의사가 분명하지 아니한 때에는 행위지법에 의한다.

2. 국제사법

제25조(당사자 자치) ① 계약은 당사자가 명시적 또는 묵시적으로 선택한 법에 의한다. 다만, 묵시적인 선택은 계약내용 그 밖에 모든 사정으로부터 합리적으로 인정할 수 있는 경우에 한한다.

④ 모든 요소가 오로지 한 국가와 관련이 있음에도 불구하고 당사자가 그 외의 다른 국가의 법을 선택한 경우에 관련된 국가의 강행규정은 그 적용이 배제되지 아니한다.

제28조(근로계약) ① 근로계약의 경우에 당사자가 준거법을 선택하더라도 제2항의 규정에 의하여 지정되는 준거법 소속 국가의 강행규정에 의하여 근로자에게 부여되는 보호를 박탈할 수 없다.

② 당사자가 준거법을 선택하지 아니한 경우에 근로계약은 제26조의 규정에 불구하고 근로자가 일상적으로 노무를 제공하는 국가의 법에 의하며, 근로자가 일상적으로 어느 한 국가 안에서 노무를 제공하지 아니하는 경우에는 사용자가 근로자를 고용한 영업소가 있는 국가의 법에 의한다.

Ⅲ. 판시사항

(1) 구 섭외사법(2001. 4. 7. 법률 제6465호 국제사법으로 전문 개정되기 전의 것) 제9조는 법률행위의 성립 및 효력에 관하여 당사자의 의사에 의

하여 법을 정하되 당사자의 의사가 분명하지 아니한 때에는 행위지법에 의하도록 규정하고 있는바, 근로계약의 당사자 사이에 준거법 선택에 관한 명시적인 합의가 없는 경우에서는 근로계약에 포함된 준거법 이외의 다른 의사표시의 내용이나 소송행위를 통하여 나타난 당사자의 태도 등을 기초로 당사자의 묵시적 의사를 추정하여야 하고, 그러한 묵시적 의사를 추정할 수 없는 경우에도 당사자의 국적, 주소 등 생활본거지, 사용자인 법인의 설립 준거법, 노무 급부지, 직무 내용 등 근로계약에 관한 여러 가지 객관적 사정을 종합하여 볼 때 근로계약 당시 당사자가 준거법을 지정하였더라면 선택하였을 것으로 판단되는 가정적 의사를 추정하여 준거법을 결정할 수 있다.

(2) 원고들과 Y 사이에 명시적인 근로계약이 체결되지 않은 이 사건에서, 항공기 조종사들인 원고들의 일상적인 노무급부지가 우리나라라고는 볼 수 없으나, 노무제공의 수령자인 Y가 우리나라 법인이고, 원고들이 우리나라 근로기준법에 기하여 이 사건 청구를 하고 있는 사정 등을 고려할 때 원고들과 Y 사이의 근로관계의 성립에 관한 준거법은 우리나라 법률이다.

Ⅳ. 해 설

1. 의 의

외국인 승무원(운항승무원,[2] 객실승무원[3])이 국적항공사에 취업하여 근무하는 경우 사용자에게 우리나라 노동법에 기한 청구권을 행사할 수 있는지 여부, 외국인 승무원이 외국법을 준거법으로 선택한 경우 그 근로조건이 우리 노동법보다 열악한 때에는 국내법상 근로조건이 적용되는지 여부가 문제된다. 위와 같은 경우는 외국인 승무원의 근로관계에 외국적 요

2) '운항승무원'이란 제35조 제1호부터 제6호까지의 어느 하나에 해당하는 자격증명을 받은 사람으로서 항공기에 탑승하여 항공업무에 종사하는 사람을 말한다(항공안전법 제2조 제16호).

3) '객실승무원'이란 항공기에 탑승하여 비상시 승객을 탈출시키는 등 승객의 안전을 위한 업무를 수행하는 사람을 말한다(항공안전법 제2조 제17호).

소가 있는 것이므로, 외국적 요소가 있는 사법상 법률관계에 대하여 적용될 수 있는 관련 국가들의 사법(私法) 가운데 어느 법규를 당해 사안에 적용할 것인가를 정한, 저촉법적 준칙을 정한 국제사법상 문제이다.

대상사안은 구 섭외사법이 적용되는 사례이고, 대상판결에서 외국인 승무원과 국적항공사 사이에 유효한 근로관계가 성립하지 않았다고 판단하지만, 아래에서는 이해의 편의상 현행 국제사법이 적용되는 국제근로계약임을 전제로 하여 국제근로계약에 관한 준거법[4]에 관하여 논의를 진행한다.

2. 저촉규정의 종류

가. 쌍방적 저촉규정

국제사법은 국제적 법률관계를 대상으로 하여 국내외 법을 불문하고 어느 나라의 법규가 적용되어야 할 것인지를 일정한 연결점에 기하여 정하고 있다. 이와 같이 개별 실질법과 독립하여 일반적인 저촉법적 준칙을 정하는 입법형식을 가리켜 '쌍방적 저촉규정(allseitige Kollisionsregel)'이라 하고, 국제사법과 독일의 1986. 9. 1. 개정된 독일 민법 시행법(Einführungsgesetz des Bürgerlichen Gesetzbuches, EGBGB) 등과 같이 대륙법계에서 통상 취하고 있다.

나. 일방적 저촉규정

자국의 개별 실질법에 당해 법규가 외국적 요소가 있는 때를 포함하여 일정한 경우에 적용된다거나 일정한 경우에는 적용되지 않는다는 취지를 정하고, 그러한 한도 안에서는 외국법과의 저촉이 있더라도 자국법이 적용된다거나 반대로 외국법과의 저촉이 있을 때 자국법의 적용이 배제되는 것으로 해석되는 규정을 둘 수도 있다. 이처럼 개별 실질법에 저촉법적

---

4) 직무발명에 관한 섭외적 법률관계에 적용될 준거법은 발생의 기초가 된 근로계약에 관한 준거법으로서 국제사법 제28조 제1항, 제2항 등에 따라 정하여지는 법률이라고 봄이 타당하고, 이러한 법리는 실용신안에 관하여도 마찬가지로 적용된다. 대법원 2015. 1. 15. 선고 2012다4763 판결.

준칙으로 작용할 개별 조항을 두는 입법형식을 가리켜 '일방적 저촉규정(einseitige Kollisionsregel)'이라고 한다. 이러한 입법형식은 대륙법계에서는 예외적인 경우에 해당하지만, 영미법계에서는 오히려 일반화되어 있다.[5)]

일방적 저촉규정의 경우에는 위와 같이 자국의 개별 실질법규가 외국적 요소가 있는 법률관계에 관하여 속지주의·속인주의 또는 그 밖의 원칙 등을 정할 때, 그 법이 그 법률관계와 관련되는 외국의 법규와 적용상 상호 충돌·저촉이 있더라도 오로지 자국법이 적용된다고 해석될 때(적극적 저촉규정)에는 그 범위 안에서 국제사법의 적용이 배제되고 위 실질법규에 따라 준거법이 결정되며, 외국적 요소가 있는 법률관계 중 일정한 경우에는 자국의 개별 실질법규의 적용이 배제·부정된다고 해석될 때(소극적 저촉규정)에는 그 개별 실질법규는 그에 해당하는 법률관계에는 적용될 수 없다.

3. 주관적 준거법

가. 명시적 합의

근로계약 당사자 사이에 준거법 선택에 관하여 명시적 합의가 있으면 이에 따라 준거법이 결정된다(국제사법 제25조 제1항 본문 전단).

나. 묵시적 합의

근로계약 당사자 사이에 준거법 선택에 관하여 묵시적인 합의가 있는 경우에도 이에 따라 준거법이 결정된다(국제사법 제25조 제1항 본문 후단). 묵시적인 선택은 계약내용 그 밖에 모든 사정으로부터 합리적으로 인정할 수 있는 경우에 한한다(국제사법 제25조 제1항 단서).

다. 소 결

그러므로 외국인 승무원과 국적항공사 사이에 대한민국 법을 준거법으

---

5) 米津孝司, 國際勞働契約法の研究, 尙學社(1997), 10~11면.

로 하는 명시적·묵시적 합의가 있으면 근로조건에 관하여도 대한민국 법이 적용된다.[6)]

라. 판 례

미합중국 델라웨어(Delaware)주 회사법에 의거하여 설립된 외국법인인 원고에게 대한민국 국적의 참가인[7)]이 원고의 대한민국 내 영업소에서의 근로제공을 내용으로 하는 근로관계는 외국적 요소가 있는 법률관계에 해당하므로, 우선 그 준거법이 결정되어야 한다. 원고와 참가인은 근로계약의 준거법을 대한민국 법으로 하는 계약을 체결하였으므로(근로계약서 8.5항), 근로관계의 준거법은 국제사법 제25조 제1항, 제28조 제1항의 규정에 따라 당사자가 준거법으로 선택한 대한민국 법이 된다.[8)]

4. 객관적 준거법

가. 일상적 노무제공지

(1) 당사자가 준거법을 선택하지 아니한 경우에 근로계약은 국제사법 제26조의 규정에 불구하고 근로자가 일상적으로 노무를 제공하는 국가의 법에 의하는 것을 원칙으로 한다(국제사법 제28조 제2항 전단).

(2) 원고(업주)와 피고(근로자) 사이의 근로계약에서 준거법에 관한 명시적 합의가 없는 경우, 원고와 피고 모두 우리나라 국적이기는 하나, 그 근로계약이 일본국에서 체결되었고, 근로제공의 사업장 또한 일본국에 소재하고 있는 점 및 당사자들의 합리적인 의사 등을 고려하면, 원고와 피고 사이에 체결된 근로계약의 효력에 관한 준거법은 일본국 법률로 보는 것이 상당하다.[9)]

---

6) 부산지방법원 2011. 9. 28. 선고 2010가합9767 판결(캄보디아국 선적의 선박에 승선하면서 명시적으로 대한민국 법을 준거법으로 지정한 경우), 부산지방법원 2014. 6. 12. 선고 2012가합21822 판결.

7) 부당해고와 부당노동행위 구제신청에 관한 중앙노동위원회의 재심판정에 불복하는 경우에는 중앙노동위원회 위원장이 피고가 되고, 원고와 대립되는 당사자는 피고보조참가인(이하 '참가인')으로 소송에 참여하게 된다. 근로자가 원고이면 사용자는 참가인이 되고, 사용자가 원고이면 근로자는 참가인이 된다.

8) 서울행정법원 2008. 6. 19. 선고 2007구합26322 판결.

(3) 승무원은 모기지 소재국을 제외한 나머지 국가에서는 업무의 특성상 일시적으로 체류하는 것으로 보아야 하므로, 한 국가에서 일상적으로 노무를 제공하는 것으로 보는 것이 타당하다.

(4) 승무원의 일상적 노무제공지를 결정하기 위해서는 (i) 승무원이 근무를 시작하고 종료하는 곳, (ii) 승무원이 업무를 수행하는 항공기가 주로 주기(駐機)된 곳, (iii) 사용자가 전달한 지시사항을 알게 되고 근무활동을 조직하는 곳, (iv) 근로계약상 승무원이 거주할 의무가 있는 곳, (v) 사용자가 제공하고 승무원이 사용할 수 있는 사무실이 있는 곳, (vi) 승무원이 업무에 부적합하거나 징계사유가 발생할 때 참석할 의무가 있는 곳 등을 종합적으로 고려하여야 한다. 그런데 위에서 열거한 고려사항은 대부분 모기지 소재지와 동일하므로, 승무원의 일상적 노무제공지를 결정할 때 모기지를 가장 중요한 요소로 고려하는 것이 타당하다.[10]

(5) 대상사안에서 원고들의 모기지가 어디인지 명확하지 않다. 그러나 국적 항공사가 외국인 운항승무원인 원고들에 대하여 국내 공항을 모기지로 지정한 경우라면, 모기지 소재지인 대한민국이 일상적 노무제공지가 되므로, 일상적 노무제공지인 대한민국 법이 이 사건 근로관계의 준거법이 된다. 따라서 이 사건에서 원고들의 모기지가 국내 공항이라면, 모기지 소재지국인 대한민국이 일상적 노무제공지가 아니라고 판시한 대상판결은 부당하다고 생각한다.

나. 사용자가 근로자를 고용한 영업소 소재지

(1) 근로자가 일상적으로 어느 한 국가 안에서 노무를 제공하지 아니하는 경우에는 사용자가 근로자를 고용한 영업소가 있는 국가의 법에 의한다(국제사법 제28조 제2항 후단). 국제항공운송에 종사하는 승무원은 한 국가에서 일상적으로 노무를 제공하지 아니한 경우에 해당한다고 보는 견해에 따르면, 사용자가 승무원을 고용한 영업소 소재지국 법령이 준거법

9) 대법원 2007. 11. 15. 선고 2006다72567 판결.

10) CJEU 2017. 11. 14., Judgment in Joined Cases C-168/16 and C-169/16, Sandra Nogueira and Others v. Crewlink Ltd; Miguel José Moreno Osacar v. Ryanair.

이 된다.

(2) 승무원을 항공사가 직접 고용한 것이 아니라 승무원 송출업체가 항공사의 대리인 또는 수임인의 자격으로 승무원을 고용한 경우, 송출업체의 소재지가 위에서 말하는 사용자가 승무원을 고용한 영업소 소재지에 해당하는지 문제된다.

공해상에서 주로 영업하거나 세계 각국을 전전하며 영업하는 선박에서의 선원들의 근무는 '일상적으로 어느 한 국가에서 노무를 제공하지 않는 경우'로 보고 사용자가 선원들을 고용한 영업소가 가장 밀접한 관련성을 가졌다고 보는 견해가 있다.[11] 이 경우 영업소는 사용자인 선박소유자의 영업소로 볼 것인지, 아니면 선박소유자부터 선원관리업무를 위임받은 선원관리사업자의 영업소로 볼 것인지 문제되나, 선원관리사업자는 실질적으로 선원의 고용·배승·해고 등의 권한을 선박소유자부터 위임받아 행사하고 있으므로, 선원관리사업자 또는 선원송출회사의 영업소 역시 준거법 결정의 표준이 될 수 있다는 견해가 있다.[12] 판례도 선원관리사업자의 영업소 소재지도 사용자가 선원을 고용한 영업소로 인정하고 있다.[13]

(3) 위와 같은 판례에 따르면, 항공사의 대리인 또는 수임인의 지위에 있는 송출업체의 소재지도 사용자가 승무원을 고용한 영업소 소재지에 해당한다고 보아야 한다. 따라서 대상사안에서 P, B를 송출업체라고 본다면,

---

11) 정해덕, "섭외사법 개정법률안의 검토 〈제7분과 토론자료〉 －제10장 해상－", 한국국제사법학회 8차 연차 학술대회(2001), 3면.

12) 김동진, "선박우선특권과 준거법", 판례연구 제20집(2009. 2.), 부산판례연구회, 801면; 김진권, "선원근로계약의 준거법에 관한 고찰", 해사법연구 제16권 제1호(2004. 10.), 143면.

13) 국내에 영업소가 있는 선박대리점이 외국의 선박소유자 등과 선박대리점계약을 체결하면서 준거법을 따로 선택하지 않은 경우, 위 계약에 따른 권리의무에 관한 사항에 적용할 준거법은 선박대리점의 영업소가 있는 우리나라 법이라고 판시한 사례로는 대법원 2012. 7. 16.자 2009마461 결정, 대법원 2008. 2. 1. 선고 2006다63990 판결; 구 섭외사법 하에서도 이와 같다. 피고(미국 법인)는 리베리아 선적의 유조선인 아틀란티아호의 소유자인데, 선원 A가 1995. 3. 22. 피고를 위하여 인사관리업무를 대행하는 선원관리사업자인 해외선박 주식회사와 사이에 근로계약을 체결하고 위 선박에 3등기관사로 승무하였고, 위 선박은 1996. 1. 28. 베네수엘라에서 원유를 적재하고 미국 루이지애나 머독스항으로 항해 중이었는데, A는 1996. 2. 1. 06:15경 갑판에서 시체로 발견되었다. A의 유족이 부산지방법원에 피고를 상대로 유족보상금의 지급을 구하는 소를 제기하였고, 법원은 재판관할을 긍정하였다. 대법원 2002. 6. 14. 선고 2001다2112 판결.

P, B가 있는 아일랜드 법 또는 불가리아 법이 이 사건 근로관계의 준거법이 된다.

다. 가장 밀접한 관련이 있는 국가의 법

(1) 국제사법 제8조

객관적 준거법이 해당 근로관계와 근소한 관련이 있을 뿐이고, 그 근로관계와 가장 밀접한 관련이 있는 다른 국가의 법이 명백히 존재하는 경우에는 그 다른 국가의 법에 의한다(국제사법 제8조).

(2) 해외취업선원의 경우

외국 선박에 승선하여 국제 화물·여객 운송업무에 종사하는 선원의 근로관계에 관한 객관적 준거법에 대하여는, 국제사법 제28조 제2항 후단에 의하여 일상적으로 어느 한 국가 안에서 노무를 제공하지 아니하는 경우에 해당한다고 보아 그 선원을 고용한 영업소가 있는 국가의 법에 의하여야 한다는 견해(제1설), 선원이 일상적으로 노무를 제공하는 곳은 선상이므로 국제사법 제28조 제2항 전단에 의하여 선박의 국적에 속하는 국가의 법에 의하여야 한다는 견해(제2설), 선원근로관계에서는 오히려 국제사법 제8조의 규정에 따라 가장 밀접한 관련이 있는 국가의 법에 의하는 것을 원칙으로 하여야 한다는 견해(제3설)[14] 등이 있다.[15]

판례는 선원근로계약에 관하여는 선적국을 선원이 일상적으로 노무를 제공하는 국가로 볼 수 있어 선원근로계약에 의하여 발생하는 임금채권에 관한 사항에 대하여는 특별한 사정이 없는 한 국제사법 제28조 제2항에 의하여 선적국법이 준거법이 된다[16]는 입장을 취하고 있다. 다만, "선원의 임금채권을 근거로 하는 선박우선특권의 성립 여부나 선박우선특권과 선박저당권 사이의 우선순위를 정하는 준거법은 원칙적으로 선적국법이나,

---

14) 편의치적선 삼호드림호에 관하여 선적국법인 마셜군도공화국 법은 선원근로관계와는 관련성이 거의 없고 대한민국 법이 가장 밀접한 관련성을 가지고 있으므로, 선원근로관계에는 대한민국 법이 적용되어야 한다고 판시한 사례로는 부산지방법원 2014. 6. 12. 선고 2012가합21822 판결.

15) 석광현, 국제사법 해설, 박영사(2013), 360면; 米津孝司, 93~94면.

16) 대법원 2007. 7. 12. 선고 2005다39617 판결.

선박이 편의치적이 되어 있어 그 선적만이 선적국과 유일한 관련이 있을 뿐이고, 실질적인 선박소유자나 선박운영회사의 국적과 주된 영업활동장소, 선박의 주된 항해지와 근거지, 선원들의 국적, 선원들의 근로계약에 적용하기로 한 법률, 선박저당권의 피담보채권을 성립시키는 법률행위가 이루어진 장소 및 그에 대하여 적용되는 법률, 선박경매절차가 진행되는 법원이나 경매절차에 참가한 이해관계인 등은 선적국이 아닌 다른 특정 국가와 밀접한 관련이 있어 앞서 본 법률관계와 가장 밀접한 관련이 있는 다른 국가의 법이 명백히 존재하는 경우에는 다른 국가의 법을 준거법으로 보아야 한다"고 판시하여 제3설의 입장을 취하고 있다.[17)]

(3) 사 례

객관적 준거법이 해당 근로관계와 근소한 관련이 있다고 볼 수 있는 사례로는, (i) 항공기의 등록국(機籍國)을 일상적 노무제공지로 보는 입장[18)]에서 항공기가 편의치적기(便宜治籍機, aviation flag of convenience)[19)]인 경우, (ii) 송출업체의 소재지도 사용자가 승무원을 고용한 영업소 소재지에 해당한다고 보는 입장에서 송출업체 소재지 법령이 객관적 준거법이 되는 경우 등을 들 수 있다. 위와 같은 사례에서 모기지 소재지국을 근로관계와 가장 밀접한 관련이 있는 국가라고 한다면, 기적국이나 영업소 소재지국 법은 해당 근로관계와 근소한 관련이 있을 뿐이므로, 모기지 소재지국 법이 준거법이 된다고 보아야 한다.

---

17) 대법원 2014. 7. 24. 선고 2013다34839 판결.

18) 프랑스 판례는 항공기는 국가의 영토에서 분리된 일부이므로, 항공기의 등록국을 노무제공지로 보고 있다. Cass. 1er civ., 18 oct. 1988, Air Afrique., precite. [川口美貴, 國際社會法の研究, 信山社(1999), 233면에서 재인용].

19) 편의치적이란 세무·노동·항공정책 등에 기한 국가의 각종 규제를 회피하려는 목적으로 규제가 느슨한 국가에 형식상 회사(paper company)를 설립한 뒤 그 회사 명의로 항공기의 소유권을 귀속시킨 다음 그 국가의 국적을 유지하는 것을 말한다. 민간항공기에 관한 해외등록(Offshore registry)은 Aruba, Bermuda, Ireland, Malta, Georgia, Cayman Islands, the Isle of Man, San Marino 등에서 점차 증가하고 있다. ICAO, "The Need for a Strategy to Address the Negative Consequences of Continued Liberalization: Would Maritime Style "Flags of Convenience" Contribute to Sustainable Aviation?", ATConf6/－WP99(2013. 3. 6.), 3면.

(4) 대상사안의 검토

대상사안에서 모기지 소재지국을 근로관계와 가장 밀접한 관련이 있는 국가라고 한다면, 비록 송출업체인 P, B가 있는 아일랜드 법 또는 불가리아 법이 이 사건 근로관계의 객관적 준거법이 된다 하더라도 해당 근로관계와 근소한 관련이 있을 뿐이므로, 모기지 소재지국인 대한민국 법이 준거법이 된다.

5. 강행규정의 적용

가. 강행규정에 의한 보호

(1) 근로계약의 경우 당사자가 준거법을 선택하더라도 앞서 본 바와 같이 당사자가 준거법을 선택하지 아니한 경우에 지정되는 객관적 준거법 소속 국가의 강행규정에 의하여 근로자에게 부여되는 보호를 박탈할 수 없다(국제사법 제28조 제1항). 강행규정은 근로자 보호를 정한 규정으로서 당사자가 계약에 의하여 그 적용을 배제할 수 없는 법규를 의미하므로, 승무원의 근로조건에 관한 규정도 강행규정에 해당한다.

(2) 그러므로 승무원과 사용자가 근로조건에 관하여 외국법을 준거법으로 선택하더라도 객관적 준거법이 우리나라 노동법인 경우에는, 외국법상 근로조건은 우리나라 노동법에 의하여 부여되는 보호기준에 도달하지 아니하는 한도 안에서는 그 효력을 가질 수 없다(유리성의 원칙).

(3) 참고로 스페인 국적의 승무원과 아일랜드 국적의 항공사 사이에 아일랜드 법을 근로계약의 준거법으로 약정하였다 하더라도, 모기지 소재지국인 벨기에 법이 객관적 준거법이라면,[20] 아일랜드 법상 근로조건은 벨기에 법에 의하여 부여되는 보호기준에 도달하지 아니하는 한도 안에서는 그 효력을 가질 수 없다.[21]

---

20) CJEU 2017. 11. 14., Judgment in Joined Cases C－168/16 and C－169/16, Sandra Nogueira and Others v. Crewlink Ltd; Miguel José Moreno Osacar v. Ryanair.

21) 위 사례에서 원고들은 벨기에 법에 규정된 근로조건이 아일랜드 법에 규정된 근로조건보다 유리하다고 주장하였다.

나. 국제적 강행규정

(1) 국제사법 제7조는, “입법목적에 비추어 준거법에 관계없이 해당 법률관계에 적용되어야 하는 대한민국의 강행규정은 이 법에 의하여 외국법이 준거법으로 지정되는 경우에도 이를 적용한다”고 규정하여, 법정지인 우리나라의 ‘국제적 강행규정’은 준거법에 관계없이 당연히 적용되어야 한다는 입장을 취하고 있다.

(2) 강행법규 가운데 국제적 강행규정을 구별하는 구체적인 기준에 관하여는 견해의 대립이 있는바, 노동법규가 노사관계의 공적(국가적, 경제정책적)인 이익에 주로 봉사하는 경우에는 국제적 강행규정이고, 이와 달리 주로 근로계약에 관여하는 당사자들 사이의 대립하는 이익의 조정에 봉사하는 경우에는 국내적 강행규정으로 구별하는 견해가 있다.[22] 이에 의하면, 우리나라의 노동법규 중 개별적 근로관계를 규율하는 규정의 대부분은 국내적 강행법규에 속하고, 집단적 노동관계를 규율하기 위하여 제정된 법규이지만 그것이 개별근로계약의 성립 및 효력에 영향을 주는 강행법규는 국제적 강행법규로 분류될 수 있으므로, 승무원의 근로조건에 관한 규정은 국제적 강행법규에 해당될 가능성은 적은 것으로 보인다.

---

22) 김용담, “국제계약의 준거법과 강행법규”, 재판자료 제33집(1986), 21~23면; 석광현, “국제근로계약과 근로자보호 - 개정 국제사법을 중심으로 -”, 노동법학 제13호(2001. 12.), 8면.

[4] 외국인 운항승무원의 공급계약

대법원 2004. 6. 25. 선고 2002다56130 판결

Ⅰ. 사실관계

(1) 피고 Y 항공사(대한민국 회사)는 1992. 8. 17. 아일랜드 소재 파크 항공사(Parc Aviation Limited, 이하 'P')와 사이에, P는 항공기 조종사들을 고용하여 Y에게 조종사들의 용역을 제공하고 Y는 그 대가로 P에게 조종사들의 급료 이외에 일정한 수수료를 지급하기로 하는 내용의 계약(이하 '제1차 계약')을 체결하였다. 제1차 계약은 위 계약기간 동안 Y에 파견된 조종사들과 P와의 고용관계가 유지되고, 조종사들의 업무중지, 정직 또는 해고 등의 징계권이 P의 권한에 속함을 명시하고 있다.

(2) Y는 제1차 계약이 종료한 후인 1994. 9. 20. 발칸 불가리아 항공사(Balkan Bulgarian Airlines, 이하 'B')와 사이에, B는 소속 조종사들을 Y에 파견하여 용역을 제공하고 Y는 조종사들의 급료 이외에 일정한 수수료를 지급하기로 하는 내용의 계약(이하 '제2차 계약')을 체결하였다. 제2차 계약도 파견 조종사들이 B 소속 직원임을 전제로 하고 있다.

(3) 항공기 조종사들인 원고들(불가리아 국적)은 P, B에 고용되어 위 각 계약에 따라 Y에 파견되어, 원고 1은 1993. 4. 20.부터 1998. 2. 18.까지 B767기의 기장으로, 원고 2는 1994. 4. 20.부터 1998. 3. 12.까지 B737기의 기장으로, 원고 3은 1994. 4. 15.부터 1998. 2. 18.까지 B767기의 기장으로 각 Y에서 근무하였다. Y는 제1차 계약에 의하여 파견 수수료를 포함한 급여를 P에게 지급하고 원고들은 P부터 자신들의 급여를 지급받았다. 원고들은 제2차 계약 체결 이후에는 B에 지급되는 수수료를 공제한 급여를 Y로부터 직접 지급받았다.[1)]

---

1) 원심(서울고등법원 2002. 9. 10. 선고 2002나15100 판결)은 이를 절차상 번잡을 피하

(4) Y는 파견된 조종사들이 Y의 업무규율에 따르지 않거나 중대한 업무태만 또는 비행을 저질렀을 경우 P, B에 대하여 조종사의 교체를 요구할 수 있는 권한이 있고, P, B는 Y의 교체 요구에 응할 의무를 부담하고 있다. 또한 제1, 2차 계약기간 및 계약기간 종료 후 일정기간 동안 Y는 P, B에서 파견된 조종사를 직접 고용할 수 없도록 규정하고 있다.

Ⅱ. 참조 조문

1. 직업안정법

제33조(근로자공급사업) ① 누구든지 고용노동부장관의 허가를 받지 아니하고는 근로자공급사업을 하지 못한다.

② 근로자공급사업 허가의 유효기간은 3년으로 하되, 유효기간이 끝난 후 계속하여 근로자공급사업을 하려는 자는 고용노동부령으로 정하는 바에 따라 연장허가를 받아야 한다. 이 경우 연장허가의 유효기간은 연장 전 허가의 유효기간이 끝나는 날부터 3년으로 한다.

③ 근로자공급사업은 공급대상이 되는 근로자가 취업하려는 장소를 기준으로 국내 근로자공급사업과 국외 근로자공급사업으로 구분하며, 각각의 사업의 허가를 받을 수 있는 자의 범위는 다음 각 호와 같다.

1. 국내 근로자공급사업의 경우는 「노동조합 및 노동관계조정법」에 따른 노동조합
2. 국외 근로자공급사업의 경우는 국내에서 제조업·건설업·용역업, 그 밖의 서비스업을 하고 있는 자. 다만, 연예인을 대상으로 하는 국외 근로자공급사업의 허가를 받을 수 있는 자는 「민법」 제32조에 따른 비영리법인으로 한다.

④ 고용노동부장관이 제3항에 따라 근로자공급사업을 허가하는 경우 국내 근로자공급사업에 대하여는 노동조합의 업무범위와 해당 지역별·직종별 인력수급상황 및 고용관계 안정유지 등을, 국외 근로자공급사업에 대하여는 해당 직종별 인력수급상황, 고용관계 안정유

고 송금비용 등의 절감을 위한 것으로 보았다.

지 및 근로자취업질서 등을 종합적으로 고려하여야 한다.

⑤ 제3항 제2호에 해당하는 자로서 국외 근로자공급사업을 하려는 자는 대통령령으로 정하는 자산과 시설을 갖추어야 한다.

⑥ 근로자공급사업 허가의 기준, 허가의 신청, 국외 공급 근로자의 보호, 국외 근로자공급사업의 관리, 국외 공급 연예인의 심사·선발 및 그 밖에 근로자공급사업의 허가 절차에 관하여 필요한 사항은 고용노동부령으로 정한다.

2. 근로기준법

제9조(중간착취의 배제) 누구든지 법률에 따르지 아니하고는 영리로 다른 사람의 취업에 개입하거나 중간인으로서 이익을 취득하지 못한다.

Ⅲ. 판시사항

(1) 직업안정법 제33조 제1항에서 원칙적으로 근로자공급사업을 금지하면서 노동부장관의 허가를 얻은 자에 대하여만 이를 인정하고 있는 것은 타인의 취업에 개입하여 영리를 취하거나 임금 기타 근로자의 이익을 중간에서 착취하는 종래의 폐단을 방지하고 근로자의 자유의사와 이익을 존중하여 직업의 안정을 도모하고 국민경제의 발전에 기여하자는 데 그 근본목적이 있는바, 노동부장관의 허가를 받지 않은 근로자공급사업자가 공급을 받는 자와 체결한 공급계약을 유효로 본다면, 근로기준법 제9조에서 금지하고 있는 법률에 의하지 아니하고 영리로 타인의 취업에 개입하여 이득을 취득하는 것을 허용하는 결과가 될 뿐만 아니라, 위와 같은 직업안정법의 취지에도 명백히 반하는 결과에 이르게 되므로 직업안정법에 위반된 무허가 근로자공급사업자와 공급을 받는 자 사이에 체결한 근로자공급계약은 효력이 없다고 보아야 한다.

(2) 원고용주에게 고용되어 제3자의 사업장에서 제3자의 업무에 종사하는 자를 제3자의 근로자라고 할 수 있으려면 원고용주는 사업주로서의 독자성이 없거나 독립성을 결하여 제3자의 노무대행기관과 동일시할 수 있

는 등 그 존재가 형식적·명목적인 것에 지나지 아니하고, 사실상 당해 피고용인은 제3자와 종속적인 관계에 있으며, 실질적으로 임금을 지급하는 자도 제3자이고 또 근로제공의 상대방도 제3자이어서 당해 피고용인과 제3자 간에 묵시적 근로계약관계가 성립되어 있다고 평가될 수 있어야 하므로, 직업안정법에 위반된 위법한 근로자공급의 경우에서도 근로공급사업자와 근로자 사이의 근로관계 여부와 상관없이 근로자와 공급을 받은 자와 사이에 바로 근로계약관계가 성립된다고 할 수는 없고, 위와 같은 묵시적 근로계약관계가 성립되었다고 평가될 수 있는 경우에만 공급을 받은 자의 업무에 종사하는 근로자를 공급을 받은 자의 근로자라고 할 수 있다.

(3) 원심이 인정한 사실 및 기록에 의하면, 원고들은 P, B에 고용된 조종사들로서 위 회사들의 지시에 의하여 Y에게 노무를 제공하고 위 회사들부터 급료를 수령하여 왔으며, Y는 원고들부터 노무제공을 받은 자로서 업무와 관련하여 지시·명령을 한 것 이외에 사용자로서의 일반적인 노무지휘권에 기하여 원고들에 대한 인사권이나 징계권 등을 행사한 사정이 전혀 없고, P, B가 독립성을 결여하여 Y의 노무대행기관으로 평가할 정도로 존재가 명목적이거나 형식적이라고 볼 만한 사정은 전혀 없으므로 원고들과 Y 사이에 묵시적인 근로계약관계가 성립되었다고 보기는 어렵다.

Ⅳ. 해 설

1. 중간착취의 배제

(1) 근로기준법 제9조는 제3자가 타인 간의 근로관계의 형성이나 존속에 개입함으로써 근로자가 제공하는 노무의 대가 중 일부를 취득하는 행위를 금지하고 있다. 근로자의 열등한 사회경제적 지위나 고용시장의 불완전성을 이용하여 그 취업이나 근로관계의 존속에 개입함으로써 이득을 취하는 형태는 오래된 봉건적 악습이다. 이는 낮은 임금으로 노무를 제공할 수밖에 없는 근로자들에게는 생존에 위협이 될 뿐만 아니라, 이를 매개로 한 여러 형태의 구속은 인신의 자유를 박탈하는 결과에 이르기 때문

에 근로자의 보호를 위한 법적 규율이 시작될 때부터 이러한 중간착취는 금지의 대상이 되어 왔다.[2)]

(2) 그러나 근로의 기회를 찾는 근로자와 노동력의 확보를 필요로 하는 사용자 사이에 완전한 상태의 정보교환이 이루어질 수 없는 노동시장의 현실과 여러 가지 사유로 노무를 제공하는 근로자에 대한 직접 고용을 회피하려는 사용자의 이해로 인하여 제3자가 타인 간의 근로계약관계에 개입하는 행위는 존재하기 마련이다. 근로기준법 제9조에서 제3자가 타인 사이의 근로계약관계의 성립, 존속에 개입하는 행위를 전면적으로 금지하지는 않으면서, 다른 법률을 통한 제도적 허용 가능성과 중간착취의 염려가 없는 비영리적 개입의 가능성은 열어두고 있는 것도 이 때문이다.[3)]

2. 근로자공급계약

가. 의 의

(1) 개 념

'근로자공급사업'은 공급계약에 따라 근로자를 타인에게 사용하게 하는 것을 말한다(직업안정법 제2조의2 제7호 본문). 이러한 근로자공급사업에 해당하기 위해서는 근로자공급사업자와 근로자 간에 고용 기타 유사한 계약에 의하거나 사실상 근로자를 지배하는 관계에 있어야 하고, 근로자공급

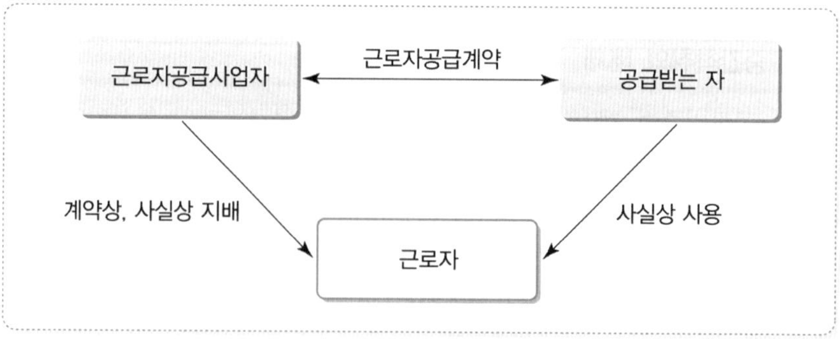

2) 근로기준법 주해 Ⅰ, 459면.
3) 근로기준법 주해 Ⅰ, 459면.

사업자와 공급을 받는 자(사용사업자) 사이에는 제3자의 노무제공을 내용으로 하는 공급계약이 있어야 하며 근로자와 공급을 받는 자 사이에는 사실상 사용관계에 있어야 한다.[4)]

(2) 취 지

근로자공급사업을 원칙적으로 금지한 취지는 타인의 취업에 개입하여 영리를 취하거나 임금 기타 근로자의 이익을 중간에서 착취하는 종래의 폐단을 방지하고 근로자의 자유의사와 이익을 존중하여 직업의 안정을 도모하고 국민경제의 발전에 기여하자는 데 그 근본 목적이 있다.[5)]

(3) 합헌성

헌법재판소는 근로자공급사업의 허가제와 관련하여 근로자공급사업은 사실상 또는 고용계약에 의하여 자기의 지배하에 있는 근로자를 타인의 지휘 아래 사용하게 하는 사업이므로 이를 자유로이 할 수 있도록 맡겨둘 경우 중간착취, 강제근로 및 인권침해의 가능성이 높을 뿐 아니라 약취·유인 및 인신매매 등 범죄와 연계될 수도 있다는 이유로 그 허가제를 합헌이라 판단하였다.[6)]

나. 무허가 근로자공급계약의 효력

(1) 견해의 대립

허가를 받지 않은 근로자공급사업에 따른 근로자공급계약의 효력에 대해서는 이를 금지한 직업안정법 제33조 제1항의 성격을 단속법규로 이해하는 견해(유효설)와 효력규정으로 이해하는 견해(무효설)가 대립하고 있다.[7)]

---

4) 대법원 1994. 10. 21. 선고 94도1779 판결, 대법원 1999. 11. 12. 선고 99도3157 판결.
5) 대법원 1993. 10. 22. 선고 93도2180 판결, 대법원 1994. 10. 21. 선고 94도1779 판결.
6) 헌법재판소 1998. 11. 26. 선고 97헌바31 결정.
7) 근로기준법 주해 I, 476~477면.

(2) 판례: 효력규정설(무효설)

대상판결은 "무허가 근로자공급사업자가 공급을 받는 자와 체결한 공급계약을 유효로 본다면, 근로기준법 제9조에서 금지하고 있는 법률에 의하지 아니하고 영리로 타인의 취업에 개입하여 이득을 취득하는 것을 허용하는 결과가 될 뿐만 아니라, 위와 같은 직업안정법의 취지에도 명백히 반하는 결과에 이르게 되므로, 직업안정법에 위반된 무허가 근로자공급사업자와 공급을 받는 자 사이에 체결한 근로자공급계약은 효력이 없다고 보아야 한다"고 하여 효력규정설(무효설)의 태도를 분명히 하였다.[8)]

(3) 관련 판례

이에 따라, 원고(근로자공급사업자)와 피고(근로자공급을 받은 자)가 체결한 근로자공급계약에 따라 원고가 피고에게 근로자를 공급하였으나 피고가 수수료를 지급하지 않자 피고를 상대로 주위적으로 수수료지급청구를, 예비적으로 원고가 근로자를 공급하는 데 지출한 비용 상당액을 부당이득으로 반환할 것을 청구한 사안에서, 법원은 "원고는 노동부장관의 허가를 받지 않고 근로자공급사업을 하는 사람이어서 위 근로자공급계약은 직업안정법 제33조 제1항의 강행법규에 위반하여 무효"라는 이유로 주위적 청구를 배척하고, "원고가 지출한 위 비용은 자신의 사업을 위하여 지출한 것일 뿐 이로 인하여 피고가 이득을 얻은 것은 아니"라는 이유로 예비적 청구도 배척하였다.[9)]

다. 원고용주에 고용된 자를 제3자의 근로자로 인정하기 위한 요건

원고용주에게 고용되어 제3자의 사업장에서 제3자의 업무에 종사하는 자를 제3자의 근로자라고 할 수 있으려면, 원고용주는 사업주로서의 독자성이 없거나 독립성을 결하여 제3자의 노무대행기관과 동일시 할 수 있는 등 그 존재가 형식적·명목적인 것에 지나지 아니하고, 사실상 당해 피고

---

8) 조경배, "위법한 근로자공급계약과 그 효력", 노동판례백선, 한국노동법학회, 박영사(2015), 219~221면.
9) 울산지방법원 2015. 4. 22. 선고 2014나5760 판결.

용인은 제3자와 종속적인 관계에 있으며, 실질적으로 임금을 지급하는 자도 제3자이고, 또 근로제공의 상대방도 제3자이어서 당해 피고용인과 제3자 간에 묵시적 근로계약관계가 성립되어 있다고 평가될 수 있어야 한다.[10)]

라. 근로자공급을 받은 자(사용사업자)와 근로자 사이의 법률관계

(1) 무허가 근로자공급사업에 해당하여 근로자공급계약이 무효인 경우에 해당 근로자와 사용사업자 사이에 근로관계가 성립한다고 볼 것인지 여부에 관하여, 일본에서는 묵시의 노동계약설, 사실적 노동계약관계설, 객관적 묵시의 노동계약성립설, 편면적 사실적 노동계약관계설, 직접고용설 등의 견해 대립이 있다.[11)]

(2) 대상판결은 근로자공급계약이 무효라는 사정만으로 당연히 해당 근로자와 사용사업자 사이에 근로관계가 성립한다고 볼 수는 없고, 다만 근로자공급사업자의 실체가 없어 사용사업자와 근로자 사이에 묵시적 근로관계가 성립하였다고 볼 수 있는 경우에만 직접 근로관계가 인정된다고 판시하였다.

(3) 구체적으로 대상판결은 (i) 원고들은 P 또는 B에 고용된 조종사들로서 위 회사들의 지시에 의하여 Y에게 노무를 제공하고 위 회사들부터 급료를 수령하여 온 점, (ii) 원고들은 제2차 계약 체결 이후에는 B에 지급되는 수수료를 공제한 급여를 Y로부터 직접 지급받았으나 이는 절차상 번잡을 피하고 송금비용 등의 절감을 위한 것으로 보이는 점, (iii) Y는 원고들부터 노무제공을 받은 자로서 업무와 관련하여 지시·명령을 한 것 이외에 사용자로서의 일반적인 노무지휘권에 기하여 원고들에 대한 인사권이나 징계권 등을 행사한 사정이 전혀 없는 점, (iv) P, B가 독립성을 결여하여 Y의 노무대행기관으로 평가할 정도로 존재가 명목적이거나 형식적이라고 볼 만한 사정은 전혀 없는 점 등을 근거로 원고들과 사용사업자

---

10) 대법원 2003. 9. 23. 선고 2003두3420 판결, 대법원 2008. 7. 10. 선고 2005다75088 판결.

11) 조경배, “위법한 근로자공급사업에 있어서 사용사업주와 공급근로자간의 근로계약 성립 여부”, 노동법의 쟁점과 과제(김유성 교수 화갑기념논문집), 법문사(2000), 78~83면.

Y 사이에 묵시적 근로계약관계가 성립되었다고 보기는 어렵다고 보았다.

(4) 이에 대하여 사용사업자에 대하여 근로기준법상 사용자로서 책임을 부정한 점을 비판하면서, 사용자와 근로자 사이에 사실상 근로관계의 성립을 인정하고 사용사업자를 사용자로서 1차적인 책임주체를 인정하여야 한다는 비판적인 견해도 있다.[12]

마. 근로자가 사용사업자와 사이에 고용계약을 체결한 경우[13]

(1) 사실관계

F, G는 모두 외국인으로서 보잉 737기를 조종할 수 있는 자격증을 가진 기장들이다. F는 피고 Y(대한민국 항공사)와 파키스탄 국제항공사(Pakistan Int'l Airlines) 사이에 1991. 2. 19. 체결된 인원교류협정에 따라 Y에 파견되어 노선기장(Line Captain)으로 근무하였고, G는 Y와 파크 에비에이션사(Parc Aviation Limited) 사이에 1992. 8. 17. 체결된 용역계약에 따라 Y에 파견되어 노선기장으로 근무하였다. F, G는 위 인원교류협정 또는 용역계약과 별도로 직접 Y와 고용계약을 체결하면서, Y의 다른 일반 조종사들이 수용하는 Y의 모든 근무규정을 준수하면서 Y가 작성하는 비행 및 훈련 계획(Schedule)에 따라 Y의 지시 감독을 받으며 노선기장으로 근무하되 위 고용계약의 준거법은 대한민국 법률로 하기로 하였다. F, G는 Y에 근무하면서 Y부터 퇴직 직전 3개월 동안 월급여, 일당수당 및 교통비 등을 지급받았고, Y의 급여규정 제21조에는 근속 1년 이상의 직원이 퇴직할 때에 퇴직금을 지급한다고 규정되어 있다.

(2) 판시사항

F, G는 임금을 받고 Y가 지시하는 업무를 수행하면서 Y의 구체적인 지휘·감독을 받아왔으므로 근로기준법 소정의 근로자이고(인원교류협정 또는 용역계약에 의하여 Y에 파견되었다 하여 달리 볼 것은 아니다), 위 고용계약의 준거법을 대한민국의 법률로 한 이상, 위 급여규정 제21조 또는 근

---

12) 조경배, "위법한 근로자공급계약과 그 효력", 노동판례백선, 221면.
13) 서울지방법원 1997. 2. 21. 선고 95가합45915 판결.

로기준법이 규정하고 있는 퇴직금 지급 조항은 F, G에게도 적용될 수 있어 특별한 사정이 없는 한 Y는 F, G에게 퇴직금을 지급할 의무가 있다.

(3) 검 토

위 사안에서 법원은 근로자공급계약이 설령 무효라 하더라도, 대상판결의 사안과는 달리 근로자와 사용사업자 사이에 명시적인 고용계약이 체결된 이상, 근로자와 사용사업 사이에는 근로관계가 성립한다고 판시하였다.

바. 외국인 조종사의 채용증가와 노동조합의 피해자성

(1) K항공 노동조합(청구인)이 파견근로자 보호 등에 관한 법률(이하 '파견법')의 직접적인 보호법익의 주체는 아니라고 하더라도 '범죄의 수단이나 행위의 상대방 등 문제되는 범죄 때문에 법률상 불이익을 받게 되는 자'인지 여부가 문제된 사안에서, 헌법재판소는 위 노동조합이 피해자가 아니라는 이유로 사용자에 대한 불기소처분의 취소를 구하는 헌법소원심판을 각하하였다.[14)]

(2) 파견법은 현실적으로 시행되고 있는 근로자파견제를 법제화함으로써 열악한 지위에 있는 파견근로자의 근로조건을 개선하고 기업의 인력관리에 신축성을 제고하기 위한 입법이지, 나아가 파견근로가 허용되지 않는 업종의 정규직 근로자나 그 노조를 보호하기 위한 것은 아니다. 이 사건 파견법위반 피의사실은 그 수단이나 상대방 등에 비추어 볼 때, 파견근로자의 사용으로 정규직 근로자를 대체할 수 있다는 점에서 정규직 근로자노조의 협상력 약화를 초래할 수는 있으나, 이는 사실적·경제적 불이익에 불과할 뿐 법적 지위의 변동과 같은 직접적 법률상 불이익은 아니다. 구체적 상황을 보더라도, K항공의 2011. 2. 1. 현재 조종사 2,521명 중 외국인 조종사는 394명으로 2006년(총 2,005명 중 199명)에 비해 그 수가 늘어났으나, 그동안 증가한 조종사 500여 명 중 외국인 조종사는 190여 명으로 오히려 국내 정규직 조종사의 수가 더 많이 증가하였고, K항공 조종사의 약 85%를 국내 정규직 조종사가 차지하고 있어 외국인 조종사

14) 헌법재판소 2013. 12. 26. 선고 2013헌마69 결정.

의 고용이 청구인의 법적 지위에 어떠한 영향을 미쳤다고 보기도 어렵다.

(3) 청구인은 파견법 제5조 제4항에서 같은 조 제2항에 따른 파견근로자의 일시사용의 경우에 사업장 근로자의 과반수로 조직된 노동조합이나 근로자의 과반수를 대표하는 자와 사전에 협의를 거치도록 하는 규정을 두고 있는 점에 비추어, 청구인이 파견법에 따른 형사피해자에 해당할 수 있다고 주장한다. 그러나 파견법 제5조 제4항은 입법 당시 노동계의 요구에 따라 일시적·간헐적 파견근로자 사용에서 해당 사업장 근로자들의 의견이 반영될 수 있도록 마련된 절차규정일 뿐, 청구인과 같은 정규직 노동조합에 어떠한 법률상 불이익을 준다는 근거가 되지는 않는다. 더구나 이 사건과 같은 외국인 조종사의 고용은 항공산업의 발전으로 숙련된 조종사 인력의 수요가 대폭 늘어남에 따른 것으로, 파견법 제5조 제2항의 '출산·질병·부상 등으로 결원이 생긴 경우 또는 일시적·간헐적으로 인력을 확보하여야 할 필요가 있는 경우'에 해당하지도 않는다.

(4) 대표적 국적 항공사인 K항공과 A항공의 조종사 채용인원의 동향을 살펴보면, 2006. 12. 당시 K항공의 내국인조종사는 1,806명, 외국인조종사는 199명이었으나, 2011. 8.에는 내국인조종사가 2,155명, 외국인조종사는 392명으로 5년 사이에 전체 조종사 인원이 542명 증가하였고, A항공의 경우에도 2006. 12. 당시 조종사 953명에서 2011. 8.에는 1,200명으로 247명이 증가하였다. 이처럼 항공산업의 발전에 따라 항공기 조종사의 수요가 대폭 늘어난 상황에서 숙련된 외국인 조종사들이 채용된 것이지 일시적·간헐적 인력확보 차원에서 고용된 것은 아니므로, 청구인은 파견법에 따른 형사피해자에 해당하지 않는다.

3. 대상판결의 평가

대상판결은 허가를 받지 않은 근로자공급사업에 따른 근로자공급계약의 효력을 무효로 판시하였다는 점과 무허가 근로자공급사업에 해당하여 근로자공급계약이 무효인 경우에 해당 근로자와 사용사업자 사이에 근로관계가 성립하기 위한 요건을 명확히 판시하였다는 점에서 의의가 있다.

[5] 장애인고용부담금 산정기준에 해외 현지 외국인이 포함되는지 여부

대법원 2010. 4. 8. 선고 2009두21055 판결

Ⅰ. 사실관계

(1) 원고는 국제항공운송사업[1]을 영위하는 회사로서 해외에 173개의 사무소를 두고 있고, 원고의 해외 사무소에서는 본사에서 파견된 대한민국 국민인 근로자들 외에도 현지에서 원고에 의하여 고용된 외국인 근로자(Regional Staff, 이하 '해외 현지채용 직원')들이 근무하여 왔다.

(2) 원고는 2005. 3. 25. 장애인고용촉진 및 직업재활법(이하 '장애인고용촉진법') 제33조 제1항에 따라 2004년도 장애인고용부담금을 신고·납부하였는데, 당시 장애인고용부담금의 산정근거인 장애인고용촉진법 제28조 제1항의 '근로자의 총수'를 산정할 때 해외 현지채용 직원은 포함시키지 아니하였다.

(3) 피고 한국장애인고용촉진공단은 '근로자의 총수'를 산정할 때 해외 현지채용 직원을 포함시켜 원고가 납부할 2004년도 장애인고용부담금을 다시 산정한 뒤, 이를 근거로 2008. 3. 31. 원고에게 "이미 납부된 2004년도 장애인고용부담금에 추가하여 장애인고용부담금 46,754,000원 및 가산금 4,675,400원, 합계 51,429,400원을 납부하라"고 통지하였다(이하 '이 사건 처분').[2]

---

1) 항공사업법 제2조 제11호 '국제항공운송사업'이란 타인의 수요에 맞추어 항공기를 사용하여 유상으로 여객이나 화물을 운송하는 사업으로서 국토교통부령으로 정하는 일정 규모 이상의 항공기를 이용하여 다음 각 목의 어느 하나에 해당하는 운항을 하는 사업을 말한다.
가. 국제 정기편 운항: 국내공항과 외국공항 사이 또는 외국공항과 외국공항 사이에 일정한 노선을 정하고 정기적인 운항계획에 따라 운항하는 항공기 운항
나. 국제 부정기편 운항: 국내공항과 외국공항 사이 또는 외국공항과 외국공항 사이에 이루어지는 가목 외의 항공기 운항.

2) 서울행정법원 2009. 2. 13. 선고 2008구합30571 판결.

Ⅱ. 참조 조문

1. 장애인고용촉진 및 직업재활법

제28조(사업주의 장애인 고용 의무) ① 상시 50명 이상의 근로자를 고용하는 사업주(건설업에서 근로자 수를 확인하기 곤란한 경우에는 공사 실적액이 고용노동부장관이 정하여 고시하는 금액 이상인 사업주)는 그 근로자의 총수(건설업에서 근로자 수를 확인하기 곤란한 경우에는 대통령령으로 정하는 바에 따라 공사 실적액을 근로자의 총수로 환산한다)의 100분의 5의 범위에서 대통령령으로 정하는 비율(이하 "의무고용률"이라 한다) 이상에 해당(그 수에서 소수점 이하는 버린다)하는 장애인을 고용하여야 한다.

② 제1항에도 불구하고 특정한 장애인의 능력에 적합하다고 인정되는 직종에 대하여는 장애인을 고용하여야 할 비율을 대통령령으로 따로 정할 수 있다. 이 경우 그 비율은 의무고용률로 보지 아니한다.

③ 의무고용률은 전체 인구 중 장애인의 비율, 전체 근로자 총수에 대한 장애인 근로자의 비율, 장애인 실업자 수 등을 고려하여 5년마다 정한다.

④ 제1항에 따른 상시 고용하는 근로자 수 및 건설업에서의 공사 실적액 산정에 필요한 사항은 대통령령으로 정한다.

제33조(사업주의 부담금 납부 등) ① 의무고용률에 못 미치는 장애인을 고용하는 사업주(상시 50명 이상 100명 미만의 근로자를 고용하는 사업주는 제외한다)는 대통령령으로 정하는 바에 따라 매년 고용노동부장관에게 부담금을 납부하여야 한다.

② 부담금은 사업주가 의무고용률에 따라 고용하여야 할 장애인 총수에서 매월 상시 고용하고 있는 장애인 수를 뺀 수에 제3항에 따른 부담기초액을 곱한 금액의 연간 합계액으로 한다.

Ⅲ. 판시사항

장애인고용의무제도는 대한민국 헌법 제32조 제1항, 제34조 제1항, 제

2항, 제5항에 근거하여 장애인인 국민의 사회적 기본권을 보장하기 위하여 계약자유의 원칙과 기업의 경제상 자유를 제한하는 제도인데 외국인은 원칙적으로 대한민국 헌법에 따른 사회적 기본권을 누릴 수 없거나 제한적으로밖에 누리지 못하는 점, 국내 법인이 해외의 현지에서 채용한 외국인 근로자는 국내 노동관계법의 적용을 받는 근로자가 아니므로 장애인고용촉진법의 적용대상이 되지 않는 점, 장애인고용촉진법 제28조 제3항의 의무고용률을 정하는 기준이 되는 '전체 인구', '장애인', '전체 근로자', '장애인 근로자', '장애인 실업자' 등의 수는 모두 대한민국 국민을 기준으로 산정하는 점 등 여러 사정과 관련 법 규정을 종합해보면, 국내 법인인 원고가 해외 사무소의 직원으로 채용한 현지 외국인 근로자는 특별한 사정이 없는 한 장애인의무고용 및 부담금을 정하는 기준이 되는 '근로자의 총수(總數)'에는 포함되지 않는다.

Ⅳ. 해 설

1. 장애인 의무고용 및 부담금제도

가. 장애인고용촉진법의 규정

장애인고용촉진법은 제28조 제1항에서 상시 50명 이상의 근로자를 고용하는 사업주는 그 근로자의 총수의 100분의 5의 범위에서 대통령령으로 정하는 비율(이하 '의무고용률') 이상에 해당하는 장애인을 고용하여야 한다고 규정하고, 제3항에서 의무고용률은 전체 인구 중 장애인의 비율, 전체 근로자 총수에 대한 장애인 근로자의 비율, 장애인 실업자 수 등을 고려하여 5년마다 정한다고 규정하고 있으며, 제33조 제1항에서 의무고용률에 못 미치는 장애인을 고용하는 사업주는 대통령령으로 정하는 바에 따라 매년 고용노동부장관에게 장애인 고용부담금(이하 '부담금')을 납부하여야 한다고 규정하고, 제2항에서 부담금은 사업주가 의무고용률에 따라 고용하여야 할 장애인 총수에서 매월 상시 고용하고 있는 장애인 수를 뺀 수에 제3항에 따른 부담기초액을 곱한 금액의 연간 합계액으로 한다고 규정함으로써 일정한 사업주에게 장애인고용의무와 부담금납부의무를 부과하고 있다.

나. 취지와 합헌 여부

(1) 장애인은 그 신체적·정신적 조건으로 말미암아 유형·무형의 사회적 편견 및 냉대를 받기 쉽고 이로 인하여 능력에 맞는 직업을 구하기가 지극히 어려운 것이 현실이므로, 장애인의 근로의 권리를 보장하기 위해서는 사회적·국가적 차원에서의 조치가 요구된다. 이러한 관점에서 볼 때, 자유민주적 기본질서를 지향하는 우리 헌법이 원칙적으로 기업의 경제활동의 자유를 보장(헌법 제119조 제1항)하고 개인의 계약자유의 원칙을 천명(헌법 제10조 전문)하고 있다 하더라도 일정한 범위에서 이러한 자유를 제약하는 것은 불가피한 조치이다. 계약자유의 원칙과 기업의 경제상 자유는 무제한의 자유가 아니라 헌법 제37조 제2항에 의하여 공공복리를 위해 법률로써 제한이 가능한 것이며, 국가가 경제주체간의 조화를 통한 경제의 민주화를 위해 규제와 조정을 할 수 있다고 천명(헌법 제119조 제2항)하고 있는 것은 사회·경제적 약자인 장애인에 대하여 인간으로서의 존엄과 가치를 인정하고 나아가 인간다운 생활을 보장하기 위한 불가피한 요구여서, 그로 인하여 사업주의 계약 자유 및 경제상 자유가 일정한 범위 내에서 제한된다고 하여 곧 비례의 원칙을 위반하였다고는 볼 수 없다.[3]

(2) 고용부담금제도는 장애인고용의무제의 실효성을 확보하는 수단이므로 입법목적의 정당성이 인정된다. 한편 고용부담금이 부과되는 집단은 일반국민이 아닌 특정집단인 사업주이고, 부담금은 장애인의 고용을 촉진하기 위하여 전액이 장애인고용촉진기금으로 귀속되며, 이 기금은 주로 고용지원금, 장려금 그리고 사업주의 장애인고용을 위한 시설·장비의 설치·수리에 필요한 비용과 융자·지원 등에 지출되고 있다. 부담금은 장애인고용의 경제적 부담을 조정하고 장애인을 고용하는 사업주에 대한 지원

3) 헌법재판소 2003. 7. 24. 선고 2001헌바96 결정.

을 위해 사용되고 국가의 일반적 재정수입에 포함되는 것이 아니므로 방법의 적정성도 인정할 수 있다. 고용부담금의 부담기초액은 최저임금의 100분의 60 이상으로 규정되어 있는바, 2018년에는 945,000원, 2019년에는 1,048,000원에 불과한 실정이다. 따라서 이 정도의 부담금이라면 사업주의 재산권 등을 과도하게 침해하는 것이라고 할 수 없고, 헌법상 요구되는 장애인의 고용촉진이라는 공익에 비추어 볼 때 법익의 균형성을 크게 잃었다고 볼 수도 없다.

(3) 고용부담금 규정은 일정한 요건에 해당하는 사업주에게는 일정한 방식에 따라 고용부담금을 차등없이 부과하고 있다. 따라서 고용의무제가 적용되는 사업주와 그렇지 아니한 사업주 간의 구분자체에 불합리한 차별이 있는지 여부는 별론으로 하고 고용부담금제도 자체의 차별성은 문제가 되지 않는다. 고용부담금제도는 그 자체가 고용의무를 성실히 이행하는 사업주와 그렇지 않는 사업주 간의 경제적 부담의 불균형을 조정하는 기능을 하기 때문이다.

(4) 사업주에게 일정한 비율의 장애인을 고용할 의무를 부과하고 이를 지키지 못한 사업주에게 부담금을 부과하는 것은 장애인고용을 촉진한다는 입법목적을 달성하기 위한 효과적인 방법이므로 방법의 적절성도 인정된다. 또한 달리 이보다 덜 침해적인 방법으로 사업주에게 장애인 고용의무를 강제할 방법을 찾기 어렵고, 장애인 의무고용률의 수준 또는 장애인 고용부담금의 금액이 과도하다고 볼 수 없어 최소침해성 원칙에 위반되지 아니하며, 장애인의 고용촉진이라는 공익은 그로 인하여 제한되는 사업주의 직업의 자유 및 재산권에 비하여 적지 않다고 할 것이어서 법익의 균형성도 충족한다. 그러므로 고용의무조항 및 고용부담금조항은 청구인의 직업의 자유 및 재산권을 침해하지 아니한다.[4)]

---

4) 헌법재판소 2012. 3. 29. 선고 2010헌바432 결정.

2. 대상사안의 검토

가. 외국인의 사회적 기본권 주체성

(1) 근로의 권리가 "일할 자리에 관한 권리"만이 아니라 "일할 환경에 관한 권리"도 함께 내포하고 있는바, 후자는 인간의 존엄성에 대한 침해를 방어하기 위한 자유권적 기본권의 성격도 갖고 있어 건강한 작업환경, 일에 대한 정당한 보수, 합리적인 근로조건의 보장 등을 요구할 수 있는 권리 등을 포함하므로 외국인 근로자라고 하여 이 부분에까지 기본권 주체성을 부인할 수는 없다. 즉 근로의 권리의 구체적인 내용에 따라, 국가에 대하여 고용증진을 위한 사회적·경제적 정책을 요구할 수 있는 권리는 사회권적 기본권으로서 국민에 대하여만 인정해야 하지만, 자본주의 경제질서하에서 근로자가 기본적 생활수단을 확보하고 인간의 존엄성을 보장받기 위하여 최소한의 근로조건을 요구할 수 있는 권리는 자유권적 기본권의 성격도 아울러 가지므로 이러한 경우 외국인 근로자에게도 그 기본권 주체성을 인정함이 타당하다.[5)]

(2) 장애인고용의무제도는 대한민국 헌법 제32조 제1항, 제34조 제1항, 제2항, 제5항에 따른 국민의 사회적 기본권을 보장하기 위하여 계약자유의 원칙과 기업의 경제상 자유를 제한하는 제도이다. 그런데 외국인은 원칙적으로 대한민국 헌법에 따른 사회적 기본권을 누릴 수 없거나 제한적으로밖에 향유하지 못하는바,[6)] '자신의 국적국에서만 생활·근무하는 외국인'이 단지 현지에서 대한민국의 법인과 근로계약을 체결하여 근무하고 있다는 사정만 가지고 그가 이러한 사회적 기본권을 모두 누릴 수 있다고 보기는 어렵다.

나. 보호대상인 장애인

장애인고용부담금은 장애인고용의무의 이행을 강제하기 위한 것인바,

---

5) 헌법재판소 2007. 8. 30. 선고 2004헌마670 결정.

6) 헌법재판소 2000. 8. 31. 선고 97헌가12 결정.

만약 그 산정근거에 해외 현지채용 직원이 포함된다고 해석한다면 사업주는 해외 현지채용 직원의 수에 따라 그 중 의무고용률에 따른 일부를 장애인으로 고용할 의무를 부담할 것이다. 그런데 장애인고용촉진법 제2조 제1호 및 같은 법 시행령 제3조는 장애인의 의미를 국내법에 따라 규정하고 있으므로, 사업주가 고용할 의무를 부담하는 장애인은 사실상 대한민국 국민에 국한될 것으로 보인다. 따라서 위의 해석에 따를 경우, 사업주는 그 경영상 판단에 따라 해외 현지채용 직원을 고용할 때 그 일부를 대한민국 국민인 장애인으로 고용하거나 국내의 사무소에서 그에 상응하는 수의 장애인을 고용하여야 하는데, 이는 해외 현지채용 직원의 고용목적에 비추어 볼 때 그 자체로 불합리할 뿐만 아니라 장애인고용촉진법의 입법 목적을 넘는 결과로 보인다.

다. 의무고용률의 산정

장애인고용촉진법 제28조 제3항에 따르면 의무고용률은 전체 인구 중 장애인의 비율, 전체 근로자 총수에 대한 장애인 근로자의 비율, 장애인 실업자 수 등을 고려하여 정하여지도록 규정되어 있는데, 의무고용률의 결정근거인 '전체 인구', '장애인', '전체 근로자', '장애인 근로자', '장애인 실업자' 등의 수는 모두 전세계가 아니라 국내만을 대상으로 산정된다.

라. 형평성

피고는 해외 현지채용 직원을 '근로자의 총수'에서 제외한다면, ① 국내 사업주가 장애인 고용의무를 피하기 위하여 해외 현지채용 직원의 고용을 늘리는 폐해가 발생할 가능성이 있고, ② 해외에서 사업이 많은 사업주의 경우 기업규모(고용능력)에 비하여 훨씬 적은 수의 장애인만을 고용할 의무를 부담하여 형평에 반할 수 있다고 주장하였다.

그러나 ①항의 가능성만으로 장애인고용촉진법을 달리 해석할 수는 없고, 장애인고용촉진법이 의무고용 장애인의 산정근거를 '기업규모(고용능력)'가 아닌 '근로자의 총수'로 특정하여 명시한 이상 ②항의 사정만 가지고 형평에 반하는 결과가 발생한다고 보기도 어렵다.

마. 결 론

따라서 장애인고용촉진법에는 장애인고용부담금의 산정근거인 '근로자의 총수'에서 해외 현지채용 직원을 제외시키는 취지의 명시적 규정이 없으나, 해외 현지채용 직원은 그가 대한민국 국내에서 과거에 근무하였거나 장차 근무할 가능성이 있는 등의 특별한 사정이 없는 이상 '근로자의 총수'에 포함되지 아니한다.

제 2 장

근로관계와 인사이동

[6] 객실승무원을 사무직으로 발령한 전직처분의 정당성

대법원 2013. 2. 28. 선고 2010다52041 판결

Ⅰ. 사실관계

(1) 피고 K항공은 국내외 항공운송업 등을 목적으로 하는 법인이고, 원고 A는 1992. 4. 13., 원고 B는 1995. 4. 27. 각 피고에 승무직으로 입사하여 객실승무원으로 근무해온 사람들이다.

(2) 원고들은 C, D, E와 함께 2000. 5. 31. 당시 청원경찰법에 의해 노동조합활동이 금지되어 있던 객실남자승무원들이 향후 신분 변경에 따라 객실남자승무원들의 단독 노동조합설립이 가능하다고 예상하고 이를 추진하기 위하여 '객실노동조합 설립추진위원회'[이하 '노추위(勞推委)']를 결성하여 피고의 객실남자승무원들 268명으로부터 1인당 1,000,000원씩을 받아 기금을 조성하였다.

(3) 그 후 2000. 6. 29.경 객실남자승무원의 청원경찰신분은 해지되었으나, K항공노동조합이 2000. 7. 11. 조합가입범위를 객실남자승무원까지 확대하였고 복수노동조합의 설립이 2006. 12. 31.까지 금지되는 관계로, 노추위는 일단 기존 노조에 가입하면서 향후 복수 노조 설립이 허용되면 다시 단독 노조를 결성하기로 하고, 기금을 C 명의의 통장에 보관하였다.

(4) 객실남자승무원들 중 일부가 2003. 5.경 피고에게 '기금이 사적인 용도로 사용되고 있으니 조사해 달라'는 진정을 제출함에 따라 피고가 자체조사를 실시한 결과, 원고들이 이 사건 기금의 모금, 관리 및 무단사용을 주도하였고 이는 취업규칙상 금지되는 '허가 없이 직원 상대로 금품모집'을 하는 경우에 해당함을 이유로, 피고는 2003. 9. 19. 객실승무원 자격심의위원회를 개최하여 원고들에게 파면의 징계를 결의하였으나 이를 시행하지는 아니 하였다.

(5) 피고는 2003. 12. 22. 자체 재심을 열어 원고들에 대하여는 각 권고사직의 징계를 결의하고 통보하였으며, 원고들에게 2004. 1. 1. 자택대기(home stand-by) 및 2004. 4. 17. 자택비행준비(ready flight)(이하 '제1차 자택대기명령')를 각 부여하였다. 원고들이 위 2003. 12. 22.자 재심결정에 대하여 2004. 1. 9. 피고에 징계재심을 신청하였고, 피고는 2005. 9. 15. 상벌심의본위원회를 개최하여 원고들에 대하여는 2005. 10. 4.자 파면의 징계처분(이하 '파면처분')을 하였다.

(6) 원고들은 2005. 11. 29. 서울지방노동위원회에 2005부해1258 내지 1261호, 2005부노164 내지 167호로 파면처분에 대하여 부당해고 및 부당노동행위 구제신청을 하였고, 서울지방노동위원회는 2006. 4. 3. 원고들에 대한 파면처분은 그 가담 정도를 고려할 때 징계사유와 징계처분 사이에 균형을 상실하여 부당해고라고 판단하였으나 부당노동행위 구제신청은 기각하였고, 중앙노동위원회는 2006. 12. 14. 원고들의 재심신청을 기각하였다.

(7) 피고는 서울지방노동위원회의 원직복직 명령에 따라 2006. 5. 17. 원고들에 대하여 파면취소 인사발령을 하였는데 원고들을 객실승원부로 복귀시키되 비행근무는 부여하지 않는 자택대기(home stand-by, 이하 '제2차 자택대기명령')를 부여하였고, 중앙노동위원회의 재심판정 이후인 2007. 3. 26.에는 위 2006. 5. 17.부 파면취소 인사발령을 확정하였다.

(8) 피고는 2007. 9. 17. 객실승무원 자격심의위원회를 개최하여 원고들이 취업규칙 1.1.6.조 및 4.3.1.조. 5.0.3.조 등을 위반하였음을 이유로 정직 3개월 및 객실승무직 부적합결정을 하였고, 이에 원고들은 재심을 신청하였으나, 상벌심의본의원회는 2008. 1. 14. 재심 결과 원심내용을 그대로 확정하였다.

(9) 피고는 2008. 6. 1. 원고 A를 '객실승원부 객실승무3급'에서 '사무1급 22호 외항사서비스센터'로, 원고 B를 '객실승원부 객실승무4급'에서 '사무2급 13호 인천여객서비스지점'으로 각 발령하였다(이하 '이 사건 전직처분').

Ⅱ. 참조 조문

1. 근로기준법

제17조(근로조건의 명시) ① 사용자는 근로계약을 체결할 때에 근로자에게 다음 각 호의 사항을 명시하여야 한다. 근로계약 체결 후 다음 각 호의 사항을 변경하는 경우에도 또한 같다.

5. 그 밖에 대통령령으로 정하는 근로조건

제23조(해고 등의 제한) ① 사용자는 근로자에게 정당한 이유 없이 해고, 휴직, 정직, 전직, 감봉, 그 밖의 징벌(懲罰)(이하 "부당해고등"이라 한다)을 하지 못한다.

2. 근로기준법 시행령

제8조(명시하여야 할 근로조건) 법 제17조 제1항 제5호에서 "대통령령으로 정하는 근로조건"이란 다음 각 호의 사항을 말한다.

1. 취업의 장소와 종사하여야 할 업무에 관한 사항

3. 인사관리규정

2.1. 직종변경, 보직변경, 전근 및 부임

① 직원의 직부, 직종, 직무, 근무지 및 근무부서, 근무형태 등은 회사가 지정한다. 회사는 업무상 필요시 직원의 직부, 직종, 직무, 근무지 및 근무부서, 근무 형태 등을 변경할 수 있으며 직원은 이에 순응하여야 한다.

Ⅲ. 판시사항

(1) 근로자에 대한 전직이나 전보처분은 근로자가 제공하여야 할 근로의 종류·내용·장소 등에 변경을 가져온다는 점에서 근로자에게 불이익한 처분이 될 수도 있으나 원칙적으로 인사권자인 사용자의 권한에 속하므로 업무상 필요한 범위 안에서는 상당한 재량을 가지며, 그것이 근로기준법

에 위반되거나 권리남용에 해당하는 등 특별한 사정이 없는 한 무효라고는 할 수 없고, 다만 근로계약에서 근로 내용이나 근무장소를 특별히 한정한 경우에 사용자가 근로자에 대하여 전보나 전직처분을 하려면 원칙적으로 근로자의 동의가 있어야 한다.

(2) 전직처분 등이 정당한 인사권의 범위 내에 속하는지 여부는 당해 전직처분 등의 업무상 필요성과 전직에 따른 근로자의 생활상 불이익을 비교·교량하고, 근로자가 속하는 노동조합(노동조합이 없으면 근로자 본인)과의 협의 등 그 전직처분을 하는 과정에서 신의칙상 요구되는 절차를 거쳤는지 여부에 의하여 결정되어야 하는데, 업무상 필요에 의한 전보 등에 따른 생활상 불이익이 근로자가 통상 감수하여야 할 정도를 현저하게 벗어난 것이 아니라면 이는 정당한 인사권의 범위 내에 속하는 것으로서 권리남용에 해당하지 않는다.

(3) 사용자가 전직처분 등을 할 때 요구되는 업무상 필요란 인원 배치를 변경할 필요성이 있고 그 변경에 어떠한 근로자를 포함시키는 것이 적절할 것인가 하는 인원선택의 합리성을 의미하는데, 여기에는 업무능률의 증진, 직장질서의 유지나 회복, 근로자 간의 인화 등의 사정도 포함된다.

(4) 전보처분 등을 할 때 근로자 본인과 성실한 협의절차를 거쳤는지 여부는 정당한 인사권의 행사인지 여부를 판단하는 하나의 요소라고는 할 수 있으나, 그러한 절차를 거치지 아니하였다는 사정만으로 전보처분 등이 권리남용에 해당하여 당연히 무효가 된다고 볼 수는 없다.

Ⅳ. 해 설

1. 인사이동

가. 개 념

기업내 전직(배치전환)에는 직무의 종류와 내용이 바뀌는 전보(轉補)와 근무장소가 변경되는 전근(轉勤)이 있다. 기업간 전직에는 근로자가 여전히 원래 고용된 기업에 소속되어 있으면서, 출장, 파견, 사외근무 등의 처분에 따라 근로제공의무를 면하고 다른 기업으로 옮겨 그 지휘감독 아래 업무에 종사하는 전출(轉出)과 원래 고용된 기업으로부터 다른 기업으로 적을 옮겨 그 소속이 완전히 달라지는 전적(轉籍)이 있다.

나. 이해관계의 대립

사용자의 입장에서는 적재적소에 노동력 배치를 통한 근로의욕의 증대와 경영의 능률증진, 각 부서간 인사교류를 통한 업무운영의 활성화, 기구개편에 따른 노동력의 수급조절 등 업무상 필요성에서 인사이동을 실시한다. 이에 대하여 근로자는 인사이동으로 근로조건의 변경, 생활근거지의변경 등으로 인한 통근시간의 증가, 가족과의 격리 등 생활상 불이익, 노동조합 활동의 제약 등 불이익을 받을 수도 있다. 이에 따라 인사명령의 정당성이 쟁송절차에서 핵심쟁점으로 부각되고 있다.

다. 정당성의 판단기준

근로자에 대한 전보나 전직은 원칙적으로 인사권자인 사용자의 권한에 속하므로 업무상 필요한 범위 내에서는 상당한 재량을 인정하여야 하지만, 그것이 근로기준법 등에 위반하거나 권리남용에 해당하는 등의 특별한 사정이 있는 경우에는 허용되지 않는다.[1] 전직처분이 정당한 인사권의 범위 내에 속하는지 여부는 (i) 전직명령의 업무상 필요성과 전직에 따른 근로자의 생활상 불이익과의 비교교량, (ii) 근로자 본인과의 협의 등 전직명령을 하는 과정에서 신의칙상 요구되는 절차를 거쳤는지의 여부 등에 의하여 결정되어야 한다.[2]

---

1) 전근명령은 근로자가 제공하여야 할 근로의 내용과 조건에 변경을 초래한다는 점에서 근로자에게 불이익한 처분이 될 수 있으나, 고용계약상 신분관계의 소멸을 내용으로 하는 해고처분과는 달리 원칙적으로 사용자의 권한에 속하므로 업무상 필요한 범위안에서 상당한 재량을 인정하여야 하고, 그 처분의 내용이 심히 부당하여 권리남용에 해당된다고 보여지는 등의 특별한 사정이 없는 한 이를 무효라고 할 수 없다. 대법원 1992. 12. 8. 선고 91누11025 판결.

2) 대법원 1997. 12. 12. 선고 97다36316 판결, 대법원 2015. 10. 29. 선고 2014다46969 판결.

2. 인사명령의 정당성에 관한 판례법리

가. 근로계약상 근로의 종류와 내용이 특정된 경우

근로계약에서 근로 내용이나 근무장소를 특별히 한정한 경우에 사용자가 근로자에 대하여 전보나 전직처분을 하려면 원칙적으로 근로자의 동의가 있어야 한다.[3)]

(1) 호텔의 전화교환원은 외국어 구사 능력과 전화교환기 조작 기능이 요구되는 특수전문직종이고, 사용자(T호텔)도 원고를 전화교환원으로서 직무내용을 특정하여 채용하였고 그간 8년 동안 계속 교환원으로 근무시켜 오고 있으므로, 원고가 교환주임의 지시를 위반하고 모욕적인 발언을 하였다는 이유로 원고와 사전 협의 또는 동의 없이 원고를 전화교환원이라는 자격·근무내용·보수가 다른 객실부 하우스키핑(Housekeeping) 내 오더테이커(Order Taker)로 전보한 사용자의 인사명령은 위법하여 무효이다.[4)]

(2) 피고가 구미시에 있는 피고 회사 생산부 보일러공으로 종사하여 온 원고에 대하여 서울 출장소의 영업부에서 근무하도록 한 조치는 중대한 근로조건의 변경으로서 원고의 사전 동의가 없는 한 무효이다.[5)]

(3) 근로계약상 근무장소가 특정되어 있는 경우에 이를 변경하는 전직이나 전보명령을 하려면 근로자의 동의가 있어야 하는데, 이 사건에서 원고 회사가 근로계약상 근무장소가 국회현장으로 되어 있는 참가인을 다른 곳으로 전직명령한 것은 이것이 승진이기는 하나 그의 의사에 반하여 이루어진 것으로서 인사권의 남용에 해당된다.[6)]

나. 근로자의 포괄적 동의가 있는 경우[7)]

참가인이 입사 당시 작성한 인사원서의 희망근무지란에 '서울'이라고

---

3) 대법원 2013. 2. 28. 선고 2010다52041 판결.
4) 대법원 1993. 9. 28. 선고 93누3837 판결.
5) 대법원 1994. 2. 8. 선고 92다893 판결.
6) 대법원 1992. 1. 21. 선고 91누5204 판결.
7) 대법원 1993. 9. 14. 선고 92누18825 판결.

기재한 사실은 인정되지만 이는 참가인의 일방적인 희망을 기재한 것이고, 면접과정에서 위 인정과 같이 지방근무를 명하면 이에 따르겠다고 답하여 참가인이 입사원서의 좌측 상단에 이를 기재한 사실이 인정되므로, 입사 당시에 근무지를 서울로 하는 근로계약이 명시적 또는 묵시적으로 체결되었다고 할 수도 없다. 따라서 참가인이 입사 당시 지방근무에 관하여 사전 동의를 하였고 서울지역을 취업장소로 특정하는 근로계약을 체결하였다고 볼 수 없다.

전보명령은 원고 회사가 지방에 정비업소를 신설함에 따라 인력관리 등 경영상 필요에 의하여 행한 인사조치이므로 업무상 필요성이 인정되고, 원고 회사가 참가인의 입사 당시 미리 참가인으로부터 지방근무에 대한 동의를 받은 이상 그 후 전보발령시마다 참가인의 동의를 받아야 하는 것은 아니며, 위 전보로 인하여 참가인에게 생활상의 불이익이 있다고 하더라도 위와 같은 업무상의 필요성에 비추어 보면 그러한 불이익만으로는 위 전보조치가 정당한 이유가 없다거나 권리남용에 해당한다고 볼 수 없으므로, 결국 원고 회사가 참가인에 대한 위 전보발령은 인사규정에 따라 인사권을 정당하게 행사한 것으로서 유효하다.

다. 생활상 불이익이 근로자가 통상 감수하여야 할 것인 경우

업무상 필요에 의한 전보 등에 따른 생활상 불이익이 근로자가 통상 감수하여야 할 정도를 현저하게 벗어난 것이 아니라면 이는 정당한 인사권의 범위 내에 속하는 것으로서 권리남용에 해당하지 않는다.[8)]

라. 근로자와 성실한 협의

전보처분 시에 근로자 본인과 성실한 협의절차를 거쳤는지의 여부는 정당한 인사권의 행사인지 여부를 판단하는 하나의 요소이지만, 그러한 절차를 거치지 아니하였다는 사정만으로 전보처분 등이 권리남용에 해당하여 당연히 무효가 된다고는 볼 수 없다.[9)] 사용자가 여러 차례 서울특별

---

8) 대법원 1995. 10. 13. 선고 94다52928 판결, 대법원 2009. 3. 12. 선고 2007두22306 판결.

시장의 감축운행 지시에 따른 전보발령의 필요성을 공고하고 노조지부와도 협의한 점에 비추어 사용자로서는 전보발령에 앞서 신의칙상 요구되는 절차도 거쳤다고 인정된다.[10)]

마. 인사명령과 부당노동행위

(1) 근로자에 대한 전근이 노동조합업무를 위한 정당한 행위를 이유로 한 불이익 처분인지 여부를 판단할 때는 그 처분을 한 시기, 사용자와 노동조합과의 관계, 동종 사례에서 조합원과 비조합원에 대한 제재의 불균형 여부, 사유의 정당성 유무, 종래의 관행에 부합여부, 기타 부당노동행위의사의 존재를 추정할 수 있는 제반 사정 등 외에 처분 후에 노동조합활동의 쇠퇴 여부도 비교 검토하여 판단하여야 한다.[11)]

(2) 참가인(근로자)에 대한 전보발령은 원고 회사가 근로자들의 권익옹호를 위한 활동에 열성적인 참가인의 노동조합가입 및 그 가입 후의 적극적인 노동조합활동을 우려한 나머지 이를 사전에 봉쇄하고자 소속 근로자들의 주된 노동조합활동 장소가 될 수밖에 없는 생산공장으로부터 참가인을 격리하여 노동조합활동에의 참여를 사실상 불가능하게 하려는 의도에서 내수사업부의 결원충원의 필요를 표면적인 사유로 하여 이를 행한 것으로 보이므로, 이는 노동조합 및 노동관계조정법 제81조 제1호 소정의 부당노동행위에 해당하는 것임이 분명하고, 위 전보발령이 부당노동행위에 해당하여 아무런 효력도 없는 것인 이상 이에 응하지 아니한 참가인의 행위를 징계사유로 삼아 이루어진 해고조치 역시 부당노동행위로서 부당해

---

9) 대법원 1995. 5. 9. 선고 93다51263 판결, 대법원 1997. 7. 22. 선고 97다18165 판결.

10) 대법원 2009. 3. 12. 선고 2007두22306 판결.

11) 대법원 1992. 12. 8. 선고 91누11025 판결. 위 판결에서 대법원은, 원고(근로자)에 대한 전근명령은 참가인 회사가 매년 행하는 정기인사이동의 일환으로서 참가인 회사의 업무상 필요에 따라 원고의 경력과 능력 및 연고지 등을 참작하여 직원직무이동규정에 정한 절차와 인사이동기준에 의하여 이루어진 것이고, 특별히 원고에 대하여 부당하게 이루어진 것으로 인정되지 아니하므로 비록 원고에 대한 전근명령이 노사협의기간 중에 이루어졌고, 원고가 노동조합측 단체교섭위원으로 활동하였다고 하더라도 그 점만으로 참가인 회사가 원고의 노동조합 활동을 이유로 원고를 전근시킨 것으로 단정할 수 없고, 원고에 대한 전근명령이 부당노동행위에 해당되지 않는 이상 원고가 참가인 회사의 계속적인 부임 촉구에도 불구하고 전근명령에 불응한 채 무단결근한 것은 징계해고의 상당한 사유가 된다고 판시하였다.

고에 해당한다.[12)]

3. 대상사안의 검토

가. 업무상 필요성

원고들이 기금 모집 및 보관, 사용에서 적절한 절차나 의견수렴과정을 거치지 아니함으로써 객실남자승무원들 사이에 반목이 생기게 된 원인을 제공한 점, 원고들에 대한 민·형사 사건이 종결되었음에도 객실남자승무원들과 원고들 사이에 여전히 반목이 지속되고 있는 점,[13)] 객실남자승무원들은 구성원이 적고 특정한 생활공간인 기내에서 많은 시간을 함께 보내며 해외체류가 잦은 업무의 특성상 동료 간의 감정적 다툼이 미치는 영향이 비교적 큰 점, 안전을 제일 중요시하는 비행에서 팀원들 간의 갈등은 사고의 주요한 원인이 될 수 있는 점 등에 비추어 볼 때에, 피고로서는 원고들을 객실승무직에서 사무직으로 전직처분을 할 때 업무능률의 증진, 직장질서의 유지나 회복, 근로자간의 인화 등의 업무상 필요성 있었음을 인정할 수 있다.

나. 원고들의 생활상 불이익과의 비교 교량

원고들이 객실승무원으로 입사하여 자신의 의사에 반하여 사무직으로 전직됨으로 인한 근무환경의 불편함 및 비행수당의 감소 등의 생활상 불이익을 받는다. 한편 피고의 일반직 직종은 종합직부, 전문직부, 서비스사무직부로 구분되는데 일반직 직종 내에서는 일정한 자격이 되면 직부(職部) 전환이 가능하고 임원으로 승진도 가능한 점, 원고들이 전직처분의 전후 급여차액 계산의 근거로서 제출한 자료에 따르더라도 기본급여와 상여금은 사무직이 많은 반면에 수당은 객실승무직이 많은 점, 전직처분이 원

12) 대법원 1992. 11. 13. 선고 92누9425 판결.

13) 제1심 판결(서울남부지방법원 2009. 8. 21. 선고 2008가합17626 판결)에 의하면, 객실승무원 배○○ 컴퓨터에 의해 객실승무원 스케줄 편조 시스템으로 이루어지고, 조 편성 과정에서 남녀를 구분하지 않기 때문에 국제선의 경우 한 비행기에 객실남자승무원이 2인 이상 배치되는 경우도 있으며, 현재(변론종결일인 2009. 7. 3.)까지도 피고의 객실남자승무원들 중 다수가 원고들의 객실승무직 복직을 반대하고 있다고 하였다.

고들의 행위에서 비롯된 결과인 점 등에 비추어 볼 때, 전직처분으로 인하여 원고들에게 발생하는 생활상 불이익이 원고들이 근로자로서 통상 감수하여야 할 정도를 현저하게 벗어난 것으로 볼 수 없다.

다. 성실한 협의절차

(1) 원고들은 최초 입사 당시의 직종만이 객실승무직으로 특정되었을 뿐 그 이후 근로계약 및 취업규칙 등에 의하여 직부(職部)가 변경될 수 있다는 점에 동의 또는 승낙하고 피고와 근로계약을 체결하였고, 원고들과 피고 사이의 근로계약이나 단체협약에 객실승무원직에서 전직처분을 할 경우 근로자의 동의를 요한다는 약정도 존재하지 아니하므로, 원고들의 동의는 전직처분의 효력요건은 아니다.

(2) 다만 전직처분이 정당한 인사권의 행사인지의 여부를 판단하는 하나의 요소로서 성실한 협의절차가 있었는지 여부가 문제될 수 있는데, 피고는 2007. 9. 17. 객실승무원자격심의위원회를 열었고 원고들의 신청으로 상벌심의본위원회에서 재심까지 열어 원고들에게 의견개진의 기회를 충분히 부여하였고 이를 청취하였으므로, 피고로서는 신의칙상 원고들과의 성실한 협의절차를 거친 것으로 보아야 한다.

라. 결 론

피고의 업무상 필요성, 원고들에 대한 생활상 불이익의 정도, 성실한 협의절차 등을 비교 교량해 볼 때, 피고의 전직처분은 인사권자인 피고의 사용자로서 권한에 속하는 것으로서 그 재량권의 일탈·남용에 해당하지 아니하여 유효하다.

[7] 운전원을 서울에서 제주로 전보한 처분의 정당성

대법원 1997. 12. 12. 선고 97다36316 판결

Ⅰ. 사실관계

(1) X는 1977. 11. 23. A항공 주식회사에 운전원으로 입사하였다가, 1986. 9. 1. 위 회사의 계열회사로서 항공화물의 하역업, 지상 조업 등을 목적으로 하는 Y의 장비지원과 운전반장으로 전입하여 근무하였다.

(2) Y는 비행기를 이용하는 승객에 대한 서비스의 질을 향상시킬 목적으로 램프(RAMP) 버스 운전원들에게 운행시 비행 행선지 안내방송을 할 것과 내부 교신을 위한 워키토키의 소음 방지를 위한 방안으로 이어폰을 착용하여 내부 교신을 들을 것을 교육·계도하였으나 X는 그 지시를 따르지 아니하였다.

(3) Y의 장비지원과장이 1995. 6. 7. 15:20경 X에게 행선지 안내방송 및 이어폰 착용을 철저히 할 것을 지시하자, X는 안전운전을 이유로 이어폰 착용을 거부하면서 다른 부서로 보내 달라고 반발하였다. 한편 운전자의 이어폰 착용은 안전운전에 방해가 된다는 것이 관할 관청의 견해이다.

(4) Y는 1995. 6. 12. 및 같은 달 15. 인사위원회를 개최하여 위의 지휘명령 위반의 건에 대하여 X에게 견책 및 타부서 전출을 할 것을 결정하고, 이에 따라 1995. 8. 23. X에 대하여 제주지점으로 전보명령을 하였다.

(5) X가 Y의 대표이사에게 위의 전보명령이 인사권을 남용하여 부당하다고 항의하는 서신을 보내면서 제주지점으로 부임하지 아니하고 결근하자, Y는 1995. 10. 9. 인사위원회를 개최하여, 회사는 업무상 필요에 따라 직종 변경, 보직 변경, 전근을 명할 수 있고, 직원이 무단결근을 10일 이상 계속하였을 때는 파면할 수 있다는 인사규정 및 취업규칙의 관계 규정을 적용하여 X를 파면하였다.

(6) X는 입사 이후 파면될 때까지 계속하여 서울지역에서 근무하면서, 1990. 8. 23. 연속 휴무 문제로 상사인 수석감독 B와 시비 끝에 B를 구타하여 전치 6주의 하악골골절상을 입혔고 이로 인하여 1990. 8. 25. 정직 3월의 징계처분을 받은 전력이 있다. X는 처와 12세, 15세 된 자녀를 두고 있으며 제주와는 아무런 연고가 없고, Y는 위의 전보명령을 할 때 X의 의사를 타진하거나 생활상 불이익에 관한 적절한 배려를 위한 협의를 하지 아니하였다.

II. 참조 조문

1. 근로기준법

제17조(근로조건의 명시) ① 사용자는 근로계약을 체결할 때에 근로자에게 다음 각 호의 사항을 명시하여야 한다. 근로계약 체결 후 다음 각 호의 사항을 변경하는 경우에도 또한 같다.

5. 그 밖에 대통령령으로 정하는 근로조건

제23조(해고 등의 제한) ① 사용자는 근로자에게 정당한 이유 없이 해고, 휴직, 정직, 전직, 감봉, 그 밖의 징벌(懲罰)(이하 "부당해고등"이라 한다)을 하지 못한다.

2. 근로기준법 시행령

제8조(명시하여야 할 근로조건) 법 제17조 제1항 제5호에서 "대통령령으로 정하는 근로조건"이란 다음 각 호의 사항을 말한다.

1. 취업의 장소와 종사하여야 할 업무에 관한 사항

III. 판시사항

(1) 근로자에 대한 전보나 전직은 원칙적으로 인사권자인 사용자의 권한에 속하므로 업무상 필요한 범위 내에서는 상당한 재량을 인정하여야 하지만, 그것이 근로기준법 등에 위반하거나 권리남용에 해당하는 등의

특별한 사정이 있는 경우에는 허용되지 않는다.

(2) 전직처분이 정당한 인사권의 범위 내에 속하는지 여부는 전직명령의 업무상 필요성과 전직에 따른 근로자의 생활상 불이익과의 비교 교량, 근로자 본인과의 협의 등 전직명령을 하는 과정에서 신의칙상 요구되는 절차를 거쳤는지의 여부 등에 의하여 결정되어야 한다.

(3) X가 근무지를 서울에서 제주로 변경하게 되면 주거나 교통, 자녀교육, 부부생활 등에서 상당한 생활상 불이익을 입을 것으로 보이고, Y는 제주지점에서 운전원을 필요로 하는 구체적 사정을 주장·증명하지 아니할 뿐만 아니라 제주지점의 운전원은 현지 채용이 원칙으로서 제주지점에서도 마지못해 X를 받아들였다는 점 등에 비추어 보면, X에 대한 전보명령은 X의 상당한 합리성이 있는 이어폰 착용 거부에 대한 보복의 수단으로서 실질적으로는 징계처분의 일환으로 이루어진 것으로 보이고, 전보로 인하여 X가 입는 생활상 불이익의 정도보다 전보에 대한 업무상 필요성이 크다고 볼 수 없어 X에 대한 전보처분은 무효이다.

Ⅳ. 해 설

1. 전적의 유효성

대상사안에서 X는 A회사에 근무하다가 Y로 전적(轉籍)하였다. 전적의 유효성에 관하여 판례법리를 요약하면 다음과 같다.

가. 근로자의 동의

근로자를 그가 고용된 기업으로부터 다른 기업으로 적을 옮겨 다른 기업의 업무에 종사하게 하는 전적은, 종래에 종사하던 기업과 간의 근로계약을 합의해지하고 이적하게 될 기업과 간에 새로운 근로계약을 체결하는 것이거나 근로계약상 사용자의 지위를 양도하는 것이므로, 동일 기업 내의 인사이동인 전근이나 전보와 달라, 특별한 사정이 없는 한 근로자의 동의를 얻어야 효력이 생긴다. 근로자의 동의를 전적의 요건으로 하는 이유는 근로관계에서 업무지휘권의 주체가 변경됨으로 인하여 근로자가 받

을 불이익을 방지하려는 데에 있다.[1]

나. 포괄적 사전동의

그룹 내의 기업에 고용된 근로자를 다른 계열기업으로 전적시키는 것은, 비록 형식적으로는 사용자의 법인격이 달라지더라도 실질적으로 업무지휘권의 주체가 변동된 것으로 보기 어려운 면이 있으므로, 사용자가 기업그룹 내부의 전적에 관하여 미리(근로자가 입사할 때 또는 근무하는 동안) 근로자의 포괄적인 동의를 얻어 두면 그때마다 근로자의 동의를 얻지 아니하더라도 근로자를 다른 계열기업으로 유효하게 전적시킬 수 있다. 근로기준법 제17조와 시행령 제8조 제1호에서 사용자는 근로계약 체결시에 근로자에 대하여 임금·근로시간·취업의 장소와 종사하여야 할 업무에 관한 사항 등의 근로조건을 명시하도록 한 취지에 비추어 볼 때, 사용자가 기업그룹 내의 전적에 관하여 근로자의 포괄적인 사전동의를 받는 경우에는 전적할 기업을 특정하고(복수기업이라도 좋다) 그 기업에서 종사하여야 할 업무에 관한 사항 등의 기본적인 근로조건을 명시하여 근로자의 동의를 얻어야 된다.[2]

다. 묵시적 동의

근로자의 동의는 명시적 동의에 한정되지 않고, 묵시적 동의로도 족하다. 참가인은 원고 회사부터 K개발로의 전적에 따르기로 하여 1990. 3. 6. 원고 회사부터 퇴직하는 절차를 마치고 K개발에 취업하는 서류를 작성·제출하고는, 그 후 3. 12.부터 5. 11.경까지 2개월 동안이나 K개발에서 정상적으로 근무하였다는 것이므로, 참가인이 그와 같은 과정에서 위 전적에 대하여 동의를 보류하는 의사를 표시하거나 참가인이 전적을 거부하는 경우에는 징계 등의 제재를 받게 될 것이라는 위협을 받아 부득이 전적한 것이라는 등의 특별한 사정이 없는 한, 참가인의 위와 같은 행동은 전적에 대한 동의를 전제로 행하여진 것이라고 봄이 논리와 경험의 법칙

1) 대법원 1993. 1. 26. 선고 92누8200 판결.
2) 대법원 1993. 1. 26. 선고 92다11695 판결, 대법원 1993. 1. 26. 선고 92누8200 판결.

에 합치된다.[3)]

라. 관행의 확립

(1) 사용자가 근로자의 동의를 얻지 아니하고 기업그룹 내의 다른 계열회사로 근로자를 전적시키는 관행이 있어서 그 관행이 근로계약의 내용을 이루고 있다고 인정하기 위해서는 그와 같은 관행이 기업사회에서 일반적으로 근로관계를 규율하는 규범적인 사실로서 명확히 승인되거나, 기업의 구성원이 일반적으로 아무런 이의도 제기하지 아니한 채 당연한 것으로 받아들여 기업 내에서 사실상의 제도로서 확립되어 있지 않으면 안 된다.[4)]

(2) 피고 보조참가인 조합 및 금산군산림조합을 비롯하여 전국에 별도의 법인으로 설립·운영되고 있는 144개 회원조합을 두고 있는 산림조합중앙회가 그 조정에 따라 소속 조합의 직원을 다른 조합으로 전적시키는 관행이 있었던 것은 분명해 보이지만, 더 나아가 직원의 동의를 얻지 아니하고 일방적으로 다른 조합으로 전적시키는 관행이 있었다거나 그러한 일방적인 전적의 관행이 산림조합중앙회 산하 지역조합들 내에서 일반적으로 근로관계를 규율하는 규범적 사실로서 명확히 승인되었거나 그 직원들이 일반적으로 아무런 이의도 제기하지 아니한 채 당연한 것으로 받아들여 사실상의 제도로 확립되어 있었다고 보기는 어렵다. 한편 피고 보조참가인이 산림조합중앙회의 조정에 따라 인사교류를 한다는 인사규정을 두고 있었다는 사정만으로 직원의 동의 없는 일방적인 전적의 관행이 규범적인 사실로서 명확히 승인되었거나 사실상의 제도로서 확립되어 있었다고 볼 수도 없다. 사정이 이와 같다면, 원고의 동의 없는 전적명령은 이러한 사유만으로도 전적의 유효요건 자체를 갖추지 못한 것으로서 무효이다.[5)]

---

3) 대법원 1993. 1. 26. 선고 92누8200 판결.
4) 대법원 1993. 1. 26. 선고 92다11695 판결.
5) 대법원 2006. 1. 12. 선고 2005두9873 판결.

2. 생활상 불이익

이 사건에서는 전보처분으로 인한 근로자의 생활상 불이익이 문제되었다. 그동안 재판상 근로자의 생활상 불이익이 근로자로서 통상 감수하여야 할 정도를 현저하게 벗어난 것인지 여부가 쟁점이 된 사례를 정리하면 다음과 같다.

가. 긍정된 사례

전직발령 당시 원고 회사 내에서는 기자들의 능력을 평가하는 객관적인 근무평정제도가 없었고, 참가인 등 전직 대상자들은 원고 회사에서 유능하다고 평가되는 기자들을 포함하여 상당수가 원고 회사 경영진에 대하여 비판적인 입장을 취하였던 기자들이며, 전직발령 직전에 신규기자모집 공고를 하여 9명의 기자를 포함한 11명의 신규직원을 채용하고 간부급사원 7명까지 외부에서 영입하여 채용한 점 등에 비추어 보면, 원고의 주장과 같이 회사의 적자운영을 더 이상 방치할 수 없는 상태에 이르러 감량경영의 일환으로 전직발령을 하였다고 할 수 없다. 더구나 원고 회사가 전직 대상자들의 선정에서의 구체적인 기준에 관하여 별다른 주장·증명을 못하고 있으며, 한편 언론사에서 기자의 신분과 업무직원의 신분은 일반적으로 상당한 차이가 있는 것으로 받아들여지고 있고, 그 업무의 내용도 상이하며, 참가인들은 원고 회사에 입사할 때 처음부터 기자직으로 입사하여 상당 기간 편집국에서 근무하여 오면서 장래에도 같은 직종에서 근무하리라고 생각하였고, 전직발령으로 참가인들의 급여 또한 종전보다 73만 원에서 110만 원까지 감액되는데도 원고 회사가 전직발령을 할 때 참가인들과 사전협의를 거치지 않고, 참가인들의 동의를 구한 바도 없었다. 그렇다면 참가인들에 대한 전직발령은 그 업무상 필요성이 그다지 크지 않은데 반하여 참가인들에게는 큰 생활상 불이익을 주는데다, 원고 회사가 전직발령을 하는 과정에서 신의칙상 요구되는 절차도 거치지 아니하였는바, 결국 원고 회사의 참가인들에 대한 전직발령은 정당한 이유가 없는 것으로 무효이다.[6)]

나. 부정된 사례

(1) 참가인(사용자)이 서울특별시장의 감축운행명령에도 불구하고 상당기간 노선별 운전기사의 수를 조정하지 않다가 감축운행의 기간이 만료되기 20일쯤 전에 전보발령을 하였다 할지라도, 2005년 1월의 근무현황에 따라 참가인의 영업소별 업무량과 만근수당에서 상당한 격차가 발생하였고 거기에 설 연휴기간 동안의 추가 감축운행으로 인하여 영업소에 따른 격차가 더 심해질 것으로 예상되는 상황이었으므로 참가인으로서는 뒤늦게라도 영업소별 근무인원을 조정하여 그 격차를 줄일 필요가 있었다고 보이는 점, 평소에도 서울특별시장의 운행 지시 변경에 따라 배치 인원의 수시 조정이 필연적으로 요청되고 있었고 원고를 비롯한 참가인의 근로자 대부분이 이러한 사정을 잘 알고 있던 점, 참가인은 원고 등을 전보대상자로 선정하면서 노무팀장 등을 통하여 비교적 단기간 내에 복귀될 수 있도록 노력하겠다고 설명하면서 협조를 요청하였고 실제 방학기간이 종료될 무렵인 2005. 3. 4.자로 모두 원래의 근무지로 복귀시킨 점, 전보발령으로 인한 원고의 생활상 불이익은 약 30분 정도 더 소요되는 출퇴근시간과 그에 따른 출퇴근비용인 점 등 여러 사정을 종합하여 볼 때, 참가인으로서도 전보발령을 할 업무상 필요가 있었고 이로 인하여 원고가 입게 되는 생활상 불이익이 근로자로서 통상 감수하여야 할 정도를 현저하게 벗어난 것이라고는 볼 수 없다.[7)]

(2) 서울에서 호텔 영업을 하는 피고는 부산에 법인을 설립하여 운영할 계획을 세우고 1994. 9.경 부산사업팀을 신설하고 부산에 일식당과 양식당을 두어 운영하기 시작한 사실, 피고는 1995. 9. 6. 부산사업팀으로부터 풍부한 경험을 가진 지배인을 추천하여 달라는 의뢰를 받고 원고가 적임자라고 판단하여 1995. 10. 2. 원고를 부산사업팀 소속 일식당의 지배인으로 전보발령한 사실, 그러나 원고가 위 전보발령에 불응하고 피고의 서울 본사로 출근하므로 피고는 1996. 1. 31.자로 원고에게 정직 3개월의

---

6) 대법원 2000. 4. 11. 선고 99두2963 판결.
7) 대법원 2009. 3. 12. 선고 2007두22306 판결.

징계처분을 하였고, 그 후 같은 해 4. 20.자로 원고를 다시 부산사업팀의 외식사업부로 전보발령하였다가 원고가 이에 불응하자 1996. 5. 22.자로 무단결근 및 명령불복종을 이유로 원고를 징계면직한 사실, 피고는 서울에 주거를 둔 직원들이 부산사업팀으로 전보되는 것을 좌천으로 받아들이는 분위기를 감안하여 그들에게 숙소를 제공하고 부산 근무수당 및 식사를 제공함과 아울러 대외 호칭을 1직급 상향조정하였는바, 원고를 부산사업팀에 전보발령할 무렵에는 서울 본사에서 부산사업팀에 파견되었던 직원 7명이 서울 본사로 복귀하여야 할 상황이었고, 1996년에도 부산 일식당의 직원 2명을 서울 본사로 복귀시킨 바 있었으며, 피고의 직원 중 부산사업팀의 직원 6명과 대전호텔○○의 직원 6명은 연고가 없는 지방근무자이고, 그 밖에 피고는 동경과 뉴욕 등에도 해외판촉사무소를 두고 있는 사실 등이 인정된다.

그렇다면 비록 원고가 20여 년 간 서울에서 거주하여 왔고, 85세의 노모를 모시면서 자녀들을 서울 시내의 중·고등학교에 보내고 있었으며, 1996년도에는 한국방송통신대학에 등록하였고, 그 동안 피고가 원고에 대하여 여러 차례 부당한 전직과 해고를 반복함에 따라 그 때마다 원고가 소송을 통하여 구제절차에 나선 것을 피고가 못마땅하게 여겨 온 사실이 있더라도, 피고가 업무상 필요에 따라 원고에게 전보발령을 함으로 말미암아 원고가 입게 되는 생활상 불이익이 원고가 근로자로서 통상 감수하여야 할 정도를 현저하게 벗어난 것이라고는 볼 수 없으므로, 원고에 대한 전보발령은 정당한 인사권의 범위 내에 속하는 것으로서 권리남용에 해당하지 않는다.[8)]

(3) 원고의 노모와 처 및 초등학생 자녀 등 5명의 가족들이 정착하기 위하여 구미에서 춘천으로 이사를 하여 전세를 얻어 살고 있고, 1991. 4. 경에 근로자복지주택을 분양받기 위하여 분양신청의 준비를 하고 있다는 점 등의 사정이 있으며 원고가 근무를 하도록 전보된 피고 회사의 서울 본사에 근로자를 위한 기숙사 등의 편의시설이 없고, 원거리 출퇴근 근로

8) 대법원 1997. 7. 22. 선고 97다18165 판결.

자를 위한 교통비 보조 등의 제도가 없다고 하더라도 원고가 춘천에 주택을 소유하고 있거나 근로자복지주택을 분양받은 것도 아닐 뿐만 아니라, 원고가 그 생활근거지인 춘천에서 서울 본사까지 원거리 출퇴근을 하는 것은 그 거리나 현재의 교통수단에 의한 소요시간 등에 비추어 현실적인 가능성이 거의 없다고 보이므로 피고가 원거리 출퇴근자를 위한 교통비 보조 등의 제도를 마련하지 아니하였다 하여 이를 잘못이라 할 수는 없으며, 전보된 근로자들을 위한 기숙사 시설이 일반적으로 보편화되어 있는 것도 아닌 점에서 전보에 따라 출퇴근과 숙식이 가능한 숙소나 주택을 새로이 마련하여 원고가 전보지인 서울 본사에 단신 부임하거나 가족을 대동하여 이사를 하여야 하는 생활상 불이익[9]이 있다고 하더라도 이러한 불이익은 전보나 전직에 따라 근로자가 통상 감수하여야 할 범위 내의 불이익에 불과하고 그것이 현저하게 그러한 범위를 벗어난 생활상 불이익이라고는 할 수 없다.[10]

(4) 차장에서 역무원으로 전보하는 내용의 인사명령으로 원고들은 일반열차 차장일 때보다 수당이 감소되고, 수십 년 동안 담당해 오던 열차 차장 업무에서 배제되는 생활상의 불이익이 발생하며, 인사명령을 할 때 사전 협의절차가 미흡하였던 사정은 인정하면서도, 다른 한편으로 피고가 종래의 인사운용 체제의 문제점과 경영환경의 변화 등으로 인하여 일반열차 차장을 역무원으로 전보발령할 필요성을 가지게 된 점, 경영환경의 변화에 따라 고객서비스 저하라든지 타성적 업무관행을 탈피하기 위한 필요성이 없다고 할 수는 없는 점 등에 비추어 볼 때 인사명령의 업무상 필요성이 인정되고, 역무원은 고정적으로 초과근로를 하여 야간수당·휴일수당을 받음으로써 수당 감소가 어느 정도 상쇄되는 점, 역무원과 일반열차 차장은 동일한 사무영업 직렬인 데다가 원고들은 과거에 역무원 업무를

9) 대법원은 현재의 교통수단을 고려하여 보면 원고가 서울이 아닌 출퇴근이 가능한 서울 외곽지역에서 주거를 마련할 수도 있는 것이며 서울에서의 주거비용을 포함한 생계비가 춘천에서의 그것보다는 다소 많이 소요된다고 하더라도 원고의 경제적 수준으로 서울에서 가족과 함께 생활하는 것 자체가 불가능하거나 현저히 어렵다고 할 수도 없다고 보았다.

10) 대법원 1995. 10. 13. 선고 94다52928 판결.

수행하였던 경험이 있는 점, 초임자들만 역무원으로 근무하는 것은 아니고 근무연수가 오래된 직원들도 상당수 있는 점, 일반열차 차장 직명이 폐지된 후 기존의 일반열차 차장을 여객전무 직무대리로 발령하여 승무업무를 하도록 하는 과도기적이고 임시적인 인사조치까지 거친 점 등에 비추어 볼 때, 인사명령에 따른 생활상 불이익 및 협의절차의 미흡 등의 문제점이 근로자가 통상 감수하여야 할 정도를 현저하게 벗어난 것으로 보기 어렵다.[11]

3. 대상사안의 검토

가. 업무명령의 부당성

사용자 Y는 근로자들에게 이어폰을 착용하라고 지시하였으나, X는 안전운전을 이유로 이어폰 착용을 거부하면서 다른 부서로 보내 달라고 반발하였다. 관할 관청에 의하면 운전자의 이어폰 착용은 안전운전에 방해가 된다. 그렇다면 X가 이어폰 착용을 거부한 것은 상당히 합리적인 근거가 있으므로, 이어폰 착용을 지시한 Y의 업무명령은 부당하다.

나. 전보처분의 업무상 필요성

Y는 제주지점에서 운전원을 필요로 하는 구체적 사정을 주장·증명하지 못하고 있고, 제주지점의 운전원은 현지 채용이 원칙으로서 제주지점에서도 마지못해 X를 받아들였다는 점 등에 비추어 보면, X에 대한 전보처분의 업무상 필요성은 인정되지 아니한다.

다. 생활상 불이익

X는 입사 이후 파면처분을 당할 때까지 계속하여 서울지역에서 근무하였고, X는 처와 12세, 15세 된 자녀를 두고 있으며 제주와는 아무런 연고가 없는 점 등에 비추어 보면, X가 근무지를 서울에서 제주로 변경하게 되면 주거나 교통, 자녀 교육, 부부생활 등의 점에서 상당한 생활상 불이

---

11) 대법원 2013. 6. 27. 선고 2013다9475 판결.

익을 입을 것으로 보인다.

라. 결 론

따라서 전보로 인하여 X가 입는 생활상 불이익이 전보에 대한 업무상 필요성보다 크다고 볼 수 있고, Y는 전보명령을 할 때 X의 의사를 타진하거나 생활상 불이익에 관한 적절한 배려를 위한 협의를 하지 아니하였으므로, 결국 X에 대한 전보처분은 무효이다.

[8] 전적(轉籍)과 종전 기업과의 근로관계

대법원 1996. 12. 23. 선고 95다29970 판결

Ⅰ. 사실관계

(1) 원고는 1980. 12. 15. H그룹 계열사인 피고 Y(H해운)에 입사하여 근무하다가 1986. 11. 30. 퇴직하였고, 그 다음날 같은 그룹 계열사인 주식회사 K항공(이하 'Z')에 입사하여 1988. 9. 30.까지 근무하다가 퇴직하였으며, 그 다음날부터 다시 Y에 재입사하여 근무하다가 1993. 4. 16. 최종적으로 퇴직하였다.

(2) Y, Z 및 주식회사 H 등 여러 개의 계열회사를 가지고 있는 H그룹은 1986. 6.경 Y에 최소한의 기본적인 조직과 그에 소속된 인원만을 남겨두고 나머지 기구와 그에 소속된 인원은 같은 그룹 내의 계열회사인 Z에 신설되는 해운사업부 또는 H, D 등 11개 기업에 입사시키기로 결정을 하였다.

(3) 위 결정에 따라 Y의 직원 260여 명 중 해무부·정비부·경리부·자재부와 일반관리부서에 소속된 직원들인 60여 명은 Y에 그대로 남아 있고, 나머지 직원 중 140명은 Z로, 30여 명은 H로, 10여 명씩은 D 등으로 각 전출되었다. Z로 전출된 원고를 포함한 140명의 직원들은 Y에 사직원을 제출하고 Z에 입사하는 형식적인 절차를 취하였으나 달리 입사시험을 치르는 등의 실질적인 절차는 거치지 아니하였으며, 위 직원들은 Z에서도 Y에서의 업무와 동일한 업무를 수행하였다.

(4) H그룹은 1988. 9.경 Z 등으로 전출된 직원들을 다시 Y로 전출시키기로 결정하였고, 위 결정에 따라 Z로 전출되었던 직원의 대부분은 Z에 사직원을 제출하고 Y에 입사하는 형식적인 절차를 취하였으나 달리 입사시험을 치르는 등의 실질적인 절차는 거치지 아니하였으며, 위 직원들은

종전의 Y의 근무부서에서 종전과 같은 업무를 수행하였다. 원고 등 Y로 다시 전출된 직원들은 Y에 처음으로 입사할 당시를 기준으로 직급, 호봉 및 승급을 인정받고 그 때부터 기산된 근속수당을 지급받고 있었다.

(5) 원고는 Y, Z 및 다시 Y에서의 근무는 그 계속성이 유지되는 단일 기간의 근로라고 보아 전체적으로 1개의 퇴직금이 지급되어야 한다고 주장하면서 소를 제기하였다.

(6) 원심[1]은, Z와 Y는 비록 그 법인격이 다른 별개의 회사이기는 하나 모두 H그룹 소속의 계열기업이고, 그 직원들에게 종전 회사에서의 계속 근무와 전출 중 어느 것을 택할 것인지 여부에 대한 자유로운 선택의 기회가 주어지지 아니한 채 H그룹의 경영방침에 의하여 근무부서에 따라 일률적으로 전출되면서 형식상으로만 종전 회사에서의 퇴직과 새로운 회사에서의 입사라는 절차를 취하였을 뿐 그 전후를 통하여 동일한 업무를 담당하고, 직급, 직책, 호봉 및 승급 등의 근로조건에 관하여도 최초의 입사일을 기준으로 하여 처리하여 왔으므로 달리 특별한 사정이 없는 한 원고의 Y, Z 및 다시 Y에서의 근무는 그 계속성이 유지되는 단일기간의 근로라고 보아 전체적으로 1개의 퇴직금이 지급됨이 상당하고, 원고가 Y 및 Z에서 각 퇴직할 당시 Y 및 Z에서의 근속연수만을 기초로 하여 산정한 퇴직금을 각 수령하였다는 사정만으로는 원고의 이 사건 청구가 신의칙에 반한다고 볼 수 없다고 판단하였다.

Ⅱ. 참조 조문

1. 근로기준법

> **제23조(해고 등의 제한)** ① 사용자는 근로자에게 정당한 이유 없이 해고, 휴직, 정직, 전직, 감봉, 그 밖의 징벌(懲罰)(이하 "부당해고등"이라 한다)을 하지 못한다.

---

1) 서울지방법원 1995. 5. 25. 선고 94나36345 판결.

2. 민 법

> **제657조(권리의무의 전속성)** ① 사용자는 노무자의 동의없이 그 권리를 제3자에게 양도하지 못한다.
> ② 노무자는 사용자의 동의없이 제3자로 하여금 자기에 갈음하여 노무를 제공하게 하지 못한다.
> ③ 당사자 일방이 전 2항의 규정에 위반한 때에는 상대방은 계약을 해지할 수 있다.

Ⅲ. 판시사항

(1) 전적은 종전 기업과의 근로관계를 합의해지하고 이적하게 될 기업과 사이에 새로운 근로계약을 체결하는 것이므로, 유효한 전적이 이루어진 경우에는 당사자 사이에 종전 기업과의 근로관계를 승계하기로 하는 특약이 있거나 이적하게 될 기업의 취업규칙 등에 종전 기업에서의 근속기간을 통산하도록 하는 규정이 있는 등의 특별한 사정이 없는 한 당해 근로자의 종전 기업과의 근로관계는 단절되는 것이고, 이적하게 될 기업이 당해 근로자의 종전 기업과의 근로관계를 승계하는 것은 아니다.

(2) 그룹 내 다른 계열사로의 전적을 명하면서 종전 기업에서의 근속연수만을 기초로 하여 산정한 퇴직금을 수령할 것인지 또는 그 퇴직금을 이적하게 될 기업으로 이체·적립하여 근속기간의 통산을 받을 것인지를 근로자에게 선택하도록 하였는데 근로자가 자의에 의하여 퇴직금을 수령하는 쪽을 선택한 경우, 근로자의 종전 기업에서의 퇴직은 근로자의 자유로운 의사에 의하여 결정된 것으로서 그 종전 기업에서의 근로관계는 퇴직금 수령으로 종결되고 달리 특별한 사정이 없는 한 전적 후 기업으로 승계되어 계속된다고 보기 어렵다.

Ⅳ. 해 설

1. 전적과 근로관계

가. 의 의

근로자를 그가 고용된 기업으로부터 다른 기업으로 적을 옮겨 다른 기업의 업무에 종사하게 하는 전적(轉籍)은, 종래에 종사하던 기업과 사이의 근로계약을 합의해지하고 이적하게 될 기업과 사이에 새로운 근로계약을 체결하는 것이거나 근로계약상의 사용자의 지위를 양도하는 것이므로, 동일 기업 내의 인사이동인 전근이나 전보와 달라 특별한 사정이 없는 한 근로자의 동의를 얻어야 효력이 생긴다.[2] 근로자의 동의는 명시적 동의에 한정되지 않고 포괄적 사전동의,[3] 묵시적 동의,[4] 관행의 확립[5] 등에 의하여도 정당성이 인정된다.

판례는 전적은 원칙적으로 근로관계의 단절을 수반하지만 계열회사간 전적시 계속근로의 취급에 관한 별도의 정함이나 합의가 있는 경우에는 역시 그 유효성을 인정하고 있다. 사례를 검토해 보더라도 계속근로의 인정 여부에 대해 특별히 인정한다거나 안 한다거나 하는 주목할 만한 경향이 있는 것 같지는 않다. 따라서 전적시 계속근로의 문제는 계열회사의 내부에서 어떠한 방침에 따라 운용되는가에 좌우된다.[6]

나. 계속근로를 인정한 사례

(i) 전적조치가 회사운영상의 편의를 위한 것이라는 점, 별도법인체이지만 계열사로서 퇴직금 등 근로조건이 동일한 기준이 적용되는 점, 인사·자금관리가 통합되어 있다는 점 등의 사정을 감안하여 조직확대를 위해 파견근무 중이던 근로자를 계열회사에 소속시키면서 중간 정산하게 하

2) 대법원 2006. 1. 12. 선고 2005두9873 판결.
3) 대법원 1993. 1. 26. 선고 92다11695 판결, 대법원 1993. 1. 26. 선고 92누8200 판결.
4) 대법원 1993. 1. 26. 선고 92누8200 판결.
5) 대법원 1993. 1. 26. 선고 92다11695 판결.
6) 정인섭, “퇴직금 산정시 계속근로에 관한 판례법리”, 노동법연구 제11호(1991), 130면.

였더라도 계열회사에 근무한 전 기간을 계속근로로 인정한 사례,[7] (ii) 계속근로의 합산에 대한 별도의 약정이 있으므로 계속근로의 통산이 인정된다고 한 사례,[8] (iii) 형식이 계열회사로의 전출이지만 실질적으로 기업의 경영방침에 따른 결정이므로 계속근로는 통산되어야 한다고 하면서 특히 그 과정에서 집단분규가 발생하자 중앙노동대책실무관계위원회에서 제시한 조정안을 수용한 것이라고 하더라도 계속근로의 단절에 대한 근로자의 동의라고는 볼 수 없다는 점을 밝힌 사례,[9] (iv) 계열사 이전 형식이지만 실질적으로는 모기업의 영업일부가 포괄적으로 물적·인적 동일성을 유지하면서 이전된 경우에 해당하므로 계속근로가 통산된다고 한 사례,[10] (v) 계열회사로 이전시키면서 두 기업 사이에 퇴직금적립금이 이전되었고 근로자에게 선택의 여지를 두었으며 계속근로를 합산하기로 하는 별도의 합의가 있었으므로 계속근로가 통산된다고 한 사례,[11] (vi) 인사관리가 통합 운영되고 있는 실태 및 실제로 중간정산이 행해지지 않았던 사정을 고려하여 계속근로가 통산된다고 한 사례[12] 등이 전적이라는 형식에도 불구하고 계속근로의 통산을 인정한 예이다.

다. 계속근로를 부정한 사례

근로자를 그가 고용된 기업으로부터 다른 기업으로 적을 옮겨 다른 기업의 업무에 종사하게 하는 전적은 종전 기업과의 근로관계를 합의해지하고 이적하게 될 기업과 사이에 새로운 근로계약을 체결하는 것이므로, 기업간 전적에 대하여 근로자가 동의함으로써 유효하게 이루어진 경우에는 당사자 간에 특약이 없는 한 종전 기업과의 근로관계는 단절되는 것으로

---

7) 대법원 1991. 3. 22. 선고 90다6545 판결. 이 판결은 구체적인 사정으로 회사운영상의 편의를 위한 것이라는 점, 별도법인체이지만 계열사로서 퇴직금등 근로조건이 동일한 기준이 적용되는 점, 인사·자금관리가 통합되어 있다는 점 등을 들고 있다. 유사한 사례로는 대법원 1992. 7. 14. 선고 91다40276 판결, 대법원 1997. 10. 24. 선고 96다12276 판결.
8) 대법원 1997. 12. 26. 선고 97다17575 판결.
9) 대법원 1997. 3. 28. 선고 95다51397 판결.
10) 대법원 1997. 6. 27. 선고 96다49674 판결.
11) 대법원 1997. 12. 26. 선고 97다17575 판결.
12) 대법원 1998. 12. 11. 선고 98다36924 판결.

서 종전 기업에서의 근로관계가 이적하는 다른 기업에 이전되거나 승계되지 아니하는 것이 원칙이다.[13)]

(i) 상법상 주주의 권리에 관한 법리를 길게 설시한 뒤 실질적으로 동일한 주주의 지배를 받고 있더라도 별개의 법인체이므로 계속근로는 단절된다고 한 사례,[14)] (ii) 사업양도와 계열회사 전출은 구분된다는 것을 전제로 해외근무를 위해 계열회사에 전적시키고 근로자의 동의를 얻어 중간정산한 경우에는 계속근로의 통산에 대한 별도의 합의가 없는 한 계속근로는 단절된다고 한 사례,[15)] (iii) 기업이 자회사를 설립하면서 출자된 영업이 아닌 다른 부분에 속한 근로자가 모기업을 퇴직하면서 퇴직금을 지급받고 자회사에 입사하는 형식을 취하였다면 특별한 사정이 없는 한 기업그룹사이의 전적과 같으며 모기업과의 근로관계는 단절된다고 한 사례,[16)] (iv) 계열회사로의 이전시 휴가근속기간을 인정하기로 하였더라도 퇴직금의 계속근로까지 인정한다는 취지라고는 볼 수 없다고 한 사례,[17)] (v) 계열사로의 전적이 자의에 의한 것이므로 특별한 합의가 없는 한 계속근로는 단절된다고 한 사례,[18)] (vi) 비록 전적 이후에 사간(社間) 전보자퇴직금처리지침을 통하여 그룹재직기간을 통산하는 방법이 마련되었다고 하더라도 이미 그 이전에 전적이 있었던 경우까지 계속근로의 통산이 인정되는 것은 아니라고 한 사례[19)] 등은 계속근로를 부정한 예이다.

2. 근로자의 사직 의사표시가 비진의 의사표시인지 여부

(1) 사용자와 근로자 사이의 근로관계도 당사자의 의사에 터잡아 이루어지는 것이 분명한 이상 그 의사에 따라 법률관계를 규율하는 것이 가장 합리적이지만 근로관계라는 것이 민사법상 이론만으로 규율할 수 없는 단

---

13) 대법원 1998. 12. 22. 선고 97누5435 판결.
14) 대법원 1984. 6. 26. 선고 84다카90 판결.
15) 대법원 1996. 5. 10. 선고 95다42270 판결.
16) 대법원 1997. 7. 8. 선고 96다38438 판결.
17) 대법원 1997. 9. 30. 선고 97다6322 판결.
18) 대법원 2000. 12. 22. 선고 99다21806 판결.
19) 대법원 2001. 3. 27. 선고 99다71276 판결.

체법적·사회법적 요소가 있음을 부인할 수 없다고 한다면 이와 같은 요소까지를 고려하여 그와 같은 사직(辭職)의 의사표시의 유·무효를 판단하여야 한다. 구체적 사실관계에서 근로자의 의사가 진의(眞意)였는지를 판단하는 것은 사실상 어려운 점이 많은데, 원칙적으로 그 당시의 당사자 의사를 고려하면서도 구체적 타당성의 입장에서 합목적적으로 근로자의 진의 여부를 가릴 수밖에 없다.

(2) 일반적으로 전적 당시의 상황이 상대적으로 우월한 지위에 있는 사용자의 일방적 방침에 의하여 근로자가 퇴직 또는 인사상의 불이익을 입게 될지도 모를 처지에 있었다면 그와 같은 상황에서 근로자가 최선이라고 판단하여 사직의 의사표시를 하였다 하더라도 이를 일률적으로 진의에서 이루어진 것으로 평가할 수는 없으나, 다른 한편 표의자가 의사표시의 내용을 진정으로 마음속에서 바라지는 아니하였다 하더라도 당시의 상황에서는 그것이 최선이라고 판단하여 그 의사표시를 하였을 경우에는 이를 내심의 효과의사 없는 진의 아닌 의사표시라고 할 수 없다.[20]

(3) 따라서 근로자의 진의 여부를 판단할 때는 퇴직할 상황이 누구의 귀책사유로 인하여 초래되었는지, 근로자가 퇴직으로 누리는 이익이 있었는지, 다른 선택권이 있었는지, 근로자의 의사가 반영될 기회가 있었는지, 해당 근로자의 전후의 태도는 어떠하였는지, 이를 둘러싼 노사 관행은 어떠하였는지 등을 종합적으로 고려하여야 한다.[21]

3. 전적과 근로관계의 계속 여부의 판단

(1) 판례는 영업양도, 기업의 합병·분할 등과 같이 근로관계가 포괄적으로 승계되는 경우의 중간퇴직에 관하여 그것이 근로자의 자유로운 의사에 기하여 이루어진 경우에 한하여 그 유효성, 즉 근로관계의 단절을 인정한다. 그렇지 아니한 경우에는 원래 당연히 계속되거나 포괄승계되는 근로관계를 근로자의 자의에 의하지 않고 단절되는 결과를 초래하므로, 이 경우 사직서 제출은 비진의 의사표시거나 통정허위표시로서 무효가 되

20) 대법원 2000. 4. 25. 선고 99다34475 판결.
21) 이기중, “전적과 계속근로기간”, 판례연구 제12집, 부산판례연구회(2001), 1102면.

는 것이므로 근로관계는 퇴사·입사라는 형식에 불구하고 단절되지 않고 계속된다.

이 경우 근로자가 자발적으로 퇴직과 그에 따른 퇴직금을 요구하거나, 사용자가 근로자에게 중간퇴직 여부를 선택하도록 한 때에는 자유로운 의사에 기한 퇴직으로 보고, 단순히 이의를 제기하지 않고 퇴직금을 수령한 사정만으로는 자유로운 의사에 의한 퇴직으로 보지 않는다.

(2) 이에 반하여 근로관계의 포괄승계가 이루어지지 아니하는 전적 등의 경우에는, 특별한 사정이 없는 한 당해 근로자의 종전 기업과의 근로관계는 단절되므로, 종전기업은 근로자에게 퇴직금을 지급하여야 하고, 새로운 회사가 당해 근로자의 종전 기업과의 근로관계를 승계한다고 볼 수 없다. 그러나 현실적으로 기업그룹 내에 계열사 간의 전적명령이 회사의 일방적 필요에 의하여 사실상 동일기업내의 인사권 행사처럼 빈번하게 이루어지고, 판례가 전적의 개념을 위와 같이 정의한 것은 그 논리적 귀결로서 원칙적으로 근로자의 동의가 없는 전적명령은 무효이고, 따라서 이에 불응하는 근로자에 대하여 해고 등의 징계를 할 수 없게 하여 사용자의 일방적인 전적명령으로부터 근로자를 보호하기 위한 것인 점에 비추어 볼 때, 어쩔 수 없이 그에 순응한 근로자의 퇴직시 그 퇴직금의 기초가 되는 근속기간을 산정할 때는 일정한 요건 하에서 전적 전의 근무기간도 통산하여 주는 것이 정의의 관념에 부합한다.[22)]

(3) 판례도 그러한 사정을 고려하여, 전적 등이 회사(모기업)의 일방적인 경영방침에 따른 인사명령에 의하여 빈번하게 이루어지고, 그 인사관리도 원래 회사가 계속하였으며, 전적 전후에 걸쳐 근로자들의 업무의 내용 및 업무처리 장소에 변동이 없고, 호봉승급이나 장기 근속 등에 대한 판단기준에서도 각 최초 입사일이 기준이 되는 등 그 실질이 동일기업 내의 전출·입 내지 배치전환과 유사한 경우에는 전적 시의 퇴직과 그에 따른 퇴직금의 수령이 근로자의 자유의사에 기한 것이 아니라는 이유로 근로관계의 계속을 인정한다. 대부분의 판례는 근로관계가 포괄적으로 승계

---

22) 민중기, "노동관계행정소송사건의 현황과 쟁점", 2000년도 특별실무법관 연수자료, 84면.

되느냐, 단절되느냐를 명확히 구분하지 아니한 채, 사직서의 제출과 퇴직금의 수령이 근로자의 자유로운 의사에 의하여 이루어졌는지 여부를 기준으로 하여 근로관계의 단절 여부를 판단하고 있다.

그러나 근로자의 자유로운 의사가 무엇인지 그 내용을 음미하여 보면, 합병·영업양도 등과 같이 근로관계가 포괄적으로 승계되는 경우에는 그 과정에서 근로자가 이의를 제기하지 아니하였다는 등의 소극적 사정만으로는 자유의사를 인정하지 아니하고 더 나아가 근로자의 자발적 요구나 선택 등과 같은 적극적 사정이 있어야만 그 유효성을 인정하고, 이에 반하여 전적 등과 같이 원칙적으로 근로관계가 단절되는 경우에는 위와 같은 적극적 사정이 없음은 물론, 그 전격이 동일기업 내에서의 전출·전입과 같이 기업집단의 경영방침에 따른 일방적 명령에 의하여 이루어진 경우에 한하여 근로관계의 계속을 인정하는 것으로 보인다. 이러한 경향은 최근에 이를수록 두드러지는바, 이는 현실의 산업현장에 전적의 유효요건이 어느 정도 알려져, 사용자측에서 과거와 같이 일방적 전적명령을 발하는 경우가 많이 줄었고, 근로자측에서도 그러한 명령에 불응하는 경우가 적지 아니하여, 비자발적인 전적이 많지 않게 되었기 때문으로 보인다.[23)]

4. 대상사안의 검토

가. 근로자의 선택권 행사

원고가 Y와 Z에서 각 퇴직할 당시 아무런 이의 없이 퇴직금을 수령하였다는 주장 외에 Z를 퇴직하고 Y로 재입사할 당시에는 Z에서의 근속연수만을 기초로 하여 산정한 퇴직금을 수령할 것인지 또는 그 퇴직금을 Y로 이체·적립하여 근속기간의 통산을 받을 것인지를 원고에게 선택하도록 하였는데 원고가 자의에 의하여 퇴직금을 수령하는 쪽을 선택하였다.

나. 종전 기업과 근로관계의 단절

원고의 Z에서의 퇴직은 원고의 자유로운 의사에 의하여 결정된 것으로

---

23) 민중기, 85면.

서 Z에서의 근로관계는 위 퇴직금 수령으로 종결되고 달리 특별한 사정이 없는 한 Y로 승계되어 계속된다고 보기는 어렵다. 또한 Z와 Y 사이에 영업양도나 기업의 합병·분할 등 근로관계를 포함한 권리의무관계의 포괄적인 승계가 있었음이 인정되지 아니하는 이 사건에서 단지 Y와 Z가 같은 기업 그룹에 속하는 회사이고, Y가 H그룹의 인사방침에 따라 원고의 Z에서의 근무경력을 감안하여 직급·호봉 및 근속기간을 Y에 최초로 입사한 때를 기준으로 인정하였다는 사정만으로 근로관계의 단절에 영향이 있다고 할 수 없다.

다. 결 론

위에서 살펴본 바와 같이 유효한 전적이 이루어진 경우에는 당사자 사이에 종전 기업과의 근로관계를 승계하기로 하는 특약이 있거나 이적하게 될 기업의 취업규칙 등에 종전 기업에서의 근속기간을 통산하도록 하는 규정이 있는 등의 특별한 사정이 없는 한 당해 근로자의 종전 기업과의 근로관계는 단절된다.[24] 이 사건에서는 위와 같이 근로관계의 통산을 인정할만한 특별한 사정이 인정되지 아니하고, 원고가 자유로운 의사에 기하여 퇴직금을 수령하는 쪽을 선택하였으므로, 원고와 Z 사이의 근로관계는 단절된 것으로 보아야 한다. 따라서 원고의 Y와 Z에서의 근무는 근로관계의 계속성이 유지되는 단일기간의 근무라고 보아 전체적으로 1개의 퇴직금을 지급하는 것이 상당하다고 판단한 원심은 부당하다.

---

24) 대법원 1998. 12. 11. 선고 98다36924 판결.

[9] 영업양도와 근로관계의 승계

대법원 1992. 7. 14. 선고 91다40276 판결

Ⅰ. 사실관계

(1) 원고는 1969. 6. 1. 주식회사 S에 입사하여 부산영업소에서 근무하다가, 1971. 6. 1. 회사의 경영방침에 따라 입사·퇴사의 절차를 거치지 않은 채 H그룹의 계열회사로서 S와 동일계열기업인 K항공으로 전출되어 항공유지보급소 부산급유소에서 근무하였는데 업무의 내용이 S에서와 동일하고, 직급·호봉 및 승급도 S의 입사일을 기준으로 삼았다.

(2) 그 후 K항공이 같은 계열기업인 피고(H항공)에게 항공기 급유의 영업부서를 이관하기로 하면서 위 부산급유소의 영업도 이관하기로 하고 그 물적 시설과 함께 원고를 비롯한 직원들의 소속도 변경시키기로 함에 따라, 원고는 1978. 5. 15. K항공을 사직하고 다음날인 5. 16. 피고에 입사하는 형식을 취하면서 그때까지의 근속기간에 대한 퇴직금 2,686,281원을 수령하였다.

(3) 원고가 형식적으로 사직원을 제출하였지만 실질적으로는 같은 장소에서 종전과 같은 내용의 업무를 처리하게 됨에 따라 피고는 원고가 단순한 보직변경에 의하여 전입된 것처럼 인사처리를 하면서 직급·호봉 및 승급 등은 S에 최초로 입사한 날부터 K항공에서의 근무기간까지를 통산하여 처리하였다.

(4) 원고는 1990. 6. 23. 피고 회사를 정년퇴직하였다. 피고는 원고의 퇴직금 산정의 기초가 될 근속기간에 대하여는 S에의 최초 입사일을 기준으로 한 근속기간을 통산하지 않고 전출 이후의 기간만으로 산정하여 퇴직금을 지급하였다.

(5) 원고는 위 3개 회사에서의 근무는 계속성이 유지되는 단일 기간의

근로이므로 이에 대하여는 전체적으로 1개의 퇴직금이 지급되어야 한다고 주장하면서, 원고가 최종적으로 사업을 양수한 피고에서 퇴직하였으므로 피고에게 합산한 계속근로기간에 상응하는 퇴직금에서 이미 지급된 퇴직금을 공제한 나머지 금원의 지급을 구하는 소를 제기하였다.

Ⅱ. 참조 조문

1. 구 근로기준법(법률 제4220호, 1990. 7. 14. 시행)

제28조(퇴직금제도) ① 사용자는 계속근로연수 1년에 대하여 30일분 이상의 평균임금을 퇴직금으로서 퇴직하는 근로자에게 지급할 수 있는 제도를 설정하여야 한다. 다만 근로년수가 1년 미만인 경우에는 예외로 한다.

② 제1항의 퇴직금제도를 설정함에 있어서 하나의 사업내에 차등제도를 두어서는 아니 된다.

2. 상 법

제41조(영업양도인의 경업금지) ① 영업을 양도한 경우에 다른 약정이 없으면 양도인은 10년간 동일한 특별시·광역시·시·군과 인접 특별시·광역시·시·군에서 동종영업을 하지 못한다.

② 양도인이 동종영업을 하지 아니할 것을 약정한 때에는 동일한 특별시·광역시·시·군과 인접 특별시·광역시·시·군에 한하여 20년을 초과하지 아니한 범위 내에서 그 효력이 있다.

Ⅲ. 판시사항

(1) 기업이 사업부문의 일부를 다른 기업에 양도하면서 그 물적 시설과 함께 양도하는 사업부문에 근무하는 근로자들의 소속도 변경시킨 경우에는 원칙적으로 해당 근로자들의 근로관계가 양수하는 기업에게 승계되어 그 계속성이 유지된다.

(2) 근로자가 자의에 의하여 계속근로관계를 단절할 의사로써 사업을 양도하는 기업에 사직서를 제출하고 퇴직금을 지급받은 다음 사업을 양수하는 기업에 입사하였다면 전자와의 근로관계는 일단 단절되고 근로자가 사업을 양수한 기업에서 근무하다가 퇴직하는 경우에는 그 기업에서의 근속기간에 상응하는 퇴직금만을 지급받게 되지만, 그것이 근로자의 자의에 의한 것이 아니라 사업을 양도하는 기업의 퇴직금을 지급하기 위한 방편이나 사업을 양도·양수하는 기업들의 경영방침에 의한 일방적인 결정에 따라 퇴직과 재입사의 형식을 거친 것에 불과하다면 이러한 형식을 거쳐서 퇴직금을 지급받았더라도 근로자에게 근로관계를 단절할 의사가 있었다고 할 수 없고 따라서 계속근로관계도 단절되지 않으므로, 이와 같은 경우에 근로자가 최종적으로 사업을 양수한 기업에서 퇴직하면 그 기업은 합산한 계속근로기간에 상응하는 퇴직금에서 이미 지급된 퇴직금을 공제한 나머지를 지급할 의무가 있다.

Ⅳ. 해 설

1. 영업양도의 개념

가. 상법상 영업양도

상법 제42조 제1항의 '영업(營業)'이란 일정한 영업목적에 의하여 조직화된 유기적 일체로서의 기능적 재산을 말하고, 여기서 말하는 유기적 일체로서의 기능적 재산이란 영업을 구성하는 유형·무형의 재산과 경제적 가치를 갖는 사실관계가 서로 유기적으로 결합하여 수익의 원천으로 기능한다는 것과 이와 같이 유기적으로 결합한 수익의 원천으로서의 기능적 재산이 마치 하나의 재화와 같이 거래의 객체가 된다는 것을 뜻하므로, 영업양도가 있다고 볼 수 있는지 여부는 양수인이 유기적으로 조직화된 수익의 원천으로서 기능적 재산을 이전받아 양도인이 하던 것과 같은 영업적 활동을 계속하고 있다고 볼 수 있는지 여부에 따라 판단되어야 한다.[1)]

상법상 영업양도가 이루어졌는가의 여부는 단지 어떠한 영업재산이 어느 정도로 이전되어 있는가에 의하여 결정되어야 하는 것이 아니고 거기에 종래의 영업조직이 유지되어 그 조직이 전부 또는 중요한 일부로서 기능할 수 있는가에 의하여 결정되어야 하므로, 영업재산의 일부를 유보한 채 영업시설을 양도했어도 그 양도한 부분만으로도 종래의 조직이 유지되어 있다고 사회관념상 인정되면 그것을 영업의 양도라 볼 수 있고, 이러한 영업양도는 반드시 영업양도 당사자 사이의 명시적 계약에 의하여야 하는 것은 아니며 묵시적 계약에 의하여도 가능하다.[2] 반면에 영업재산의 전부를 양도했어도 그 조직을 해체하여 양도했다면 영업의 양도로 볼 수 없다.[3]

나. 노동법상 영업양도

노동법학에서는 실정법(實定法)으로는 노동법에 고유한 영업 또는 기업 개념은 정의되고 있지 않고 다만 사업 또는 경영이라는 용어가 주로 사용되고 있고, 학설상으로는 영업의 의의에 대하여 일반적으로 인간노동력을 투입하여 일정한 노동기술상의 목적을 직접·계속적으로 추구하는 통일적 조직체를 의미한다고 하여 영업 또는 기업에 편입되어 있는 근로관계를 영업에 불가분적으로 결부되어 있는 것으로 파악하고 있다.[4]

영업양도란 일정한 영업목적에 의하여 조직화된 업체, 즉 인적·물적 조직을 그 동일성은 유지하면서 일체로서 이전하는 것으로 영업의 일부만의 양도도 가능하고,[5] 영업의 동일성 여부는 일반 사회관념에 의하여 결정되어야 할 사실인정의 문제이기는 하지만, 문제의 행위(양도계약관계)가 영업의 양도로 인정되느냐 안 되느냐는 단지 어떠한 영업재산이 어느 정도로 이전되어 있는가에 의하여 결정되어야 하는 것이 아니고, 거기에 종래의 영업조직이 유지되어 그 조직이 전부 또는 중요한 일부로서 기능할

1) 대법원 2005. 7. 22. 선고 2005다602 판결.
2) 대법원 2009. 1. 15. 선고 2007다17123 판결.
3) 대법원 2013. 2. 15. 선고 2012다102247 판결.
4) 이용구, "영업양도와 근로관계", 노동법연구 제6호(1997), 103~104면.
5) 대법원 1991. 8. 9. 선고 91다15225 판결, 대법원 1994. 11. 18. 선고 93다18938 판결.

수 있는가에 의하여 결정되어야 한다.[6)]

2. 영업양도와 근로관계의 승계

영업양도가 있을 때 기존 양도인이 영업을 수행하기 위해 고용하였던 근로자와의 근로관계는 양수인에게 포괄적으로 승계되는지 여부에 관하여는 견해대립이 있다.

가. 학 설

(1) 당연승계설

영업양도의 경우에도 근로관계에 관한 한 회사합병의 경우와 마찬가지로 영업양도 당사자 사이의 약정 여하에 관계없이 종래의 근로관계가 전체로서 포괄하여 법률상 당연히 영업양수인에게 승계되어 자동인수된다는 견해이다. 즉 근로관계가 양수인에게 승계되기 위하여는 영업양도 당사자 사이에 영업양도에 관한 법률행위만 존재하면 되고 또 그것으로 충분하다는 것이다. 따라서 영업양도 당사자 사이에 근로자의 전부 또는 일부를 승계하지 않기로 하는 내용의 합의는 무효라고 한다.[7)]

(2) 특약필요설

영업양도의 계약이 있다고 하여 양수인에게 종래부터 고용되어 있는 근로자의 근로관계가 양수인에게 당연히 승계되는 것이 아니라 영업양도 당사자 사이에 근로관계의 승계에 관하여 명시적인 특약 또는 묵시적인 합의가 있고, 근로자 역시 이에 동의하여야만 근로관계가 양수인에게 승계된다는 견해이다. 이 견해에 따르면 영업양도 당사자 사이의 자유로운 약정에 의하여 근로관계의 전부 또는 일부를 승계의 대상에서 제외할 수 있고, 승계의 대상에 포함되었다 하더라도 당해 근로자가 승계에 동의하지 않으면 그 근로관계는 승계되지 않는다고 한다.[8)]

---

6) 대법원 2005. 6. 9. 선고 2002다70822 판결.
7) 김지형, "영업양도와 근로관계의 이전", 민사재판의 제문제 제8권, 민사실무연구회(1994), 1035면.
8) 손주찬, 상법(상), 제5정증보판, 박영사(1996), 190면.

(3) 원칙승계설

근로관계의 승계 여부를 영업양도 당사자 사이의 의사해석의 문제로 보는 점에서는 특약필요설과 동일하나, 영업양도 당사자 사이에 반대의 특약이 없는 한 영업의 양도에 관한 합의 속에는 원칙적으로 근로관계를 포괄적으로 승계하기로 하는 내용의 합의가 포함되는 것으로 사실상 추정되고, 근로관계의 전부 또는 일부를 제외하는 것은 지극히 예외적인 경우에 해당하므로 이러한 승계 제외의 특약이 유효한 것이 되기 위해서는 영업양도시에 근로관계의 승계를 배제할 만한 합리적인 이유가 있어야 한다고 해석하는 견해이다.[9)]

나. 판 례

판례는 "영업이 포괄적으로 양도되면 반대의 특약이 없는 한, 양도인과 근로자 간의 근로관계도 원칙적으로 양수인에게 포괄적으로 승계된다. 영업양도 당사자 사이에 근로관계의 일부를 승계의 대상에서 제외하기로 하는 특약이 있는 경우에는 그에 따라 근로관계의 승계가 이루어지지 않을 수 있으나, 그러한 특약은 실질적으로 해고나 다름이 없으므로, 근로기준법 제23조 제1항 소정의 정당한 사유가 있어야 유효하며, 영업양도 그 자체만을 사유로 삼아 근로자를 해고하는 것은 정당한 이유가 있는 경우에 해당한다고 볼 수 없다"[10)]고 판시하여, 영업양도시 근로관계의 포괄승계, 승계배제특약무효 법리를 세우고 있다.

영업이 양도된 경우에 근로관계의 승계를 거부하는 근로자에 대하여는 그 근로관계가 양수하는 기업에 승계되지 아니하고 여전히 양도하는 기업과 사이에 존속되는 것이며, 이러한 경우 원래의 사용자는 영업 일부의 양도로 인한 경영상의 필요에 따라 감원이 불가피하게 되는 사정이 있어 정리해고로서의 정당한 요건이 갖추어져 있다면 그 절차에 따라 승계를 거부한 근로자를 해고할 수 있다.[11)]

---

9) 곽윤직, 채권각론(재전정판), 박영사(1989), 389면.
10) 대법원 1997. 6. 24. 선고 96다2644 판결.
11) 대법원 2010. 9. 30. 선고 2010다41089 판결.

영업양도에 의하여 양도인과 근로자 사이의 근로관계는 원칙적으로 양수인에게 포괄승계되는 것이지만 근로자가 반대의 의사를 표시함으로써 양수기업에 승계되는 대신 양도기업에 잔류하거나 양도기업과 양수기업 모두에서 퇴직할 수도 있는 것이고, 영업이 양도되는 과정에서 근로자가 일단 양수기업에의 취업을 희망하는 의사를 표시하였다고 하더라도 그 승계취업이 확정되기 전이라면 취업희망 의사표시를 철회하는 방법으로 위와 같은 반대의사를 표시할 수 있는 것으로 보아야 한다.[12)]

다. 근로관계 승계의 효과

(1) 양도인과의 근로관계상 지위가 그대로 양수인에게 포괄적으로 승계되므로, 양수인은 양도인의 근로계약상 권리의무를 포괄적으로 승계하는 것이고, 이는 고용승계는 물론 근로계약, 취업규칙, 단체협약 등을 통해 정해진 근로조건에 따라 임금을 지급하고 근로시간을 정하는 등 사용자로서의 의무를 양수인은 이행하여야 한다.[13)] 또한 양수인 사업에 근무하던 근로자와 승계된 근로자 사이에 근로조건의 차이가 발생하는 경우에도 근로기준법상 균등처우의 원칙, 퇴직금제도의 차등설정금지의 원칙 등의 적용이 배제된다.[14)] 포괄승계의 효과로 연차휴가, 퇴직금 등의 산정과 관련한 근로연수의 계산과 관련하여서도 영업양도 전후를 통산하여야 한다.[15)] 한편 근로계약상 책임 이외에 양도인이 근로자에 부담하고 있는 근로기준법상 재해보상책임, 근로관계에서 발생한 불법행위책임 역시 양수인이 이를 인수하게 된다. 그리고 양수인의 책임의 범위는 영업양도 전에 이미 발생한 채무인 이상 영업양도 당시 이행기의 도달 여부를 불문하고 단지 양도 전에 이미 퇴직한 경우에는 그 체불임금·퇴직금 등의 지급의무는 인수되지 아니한다.

(2) 영업양도 등에 의하여 근로계약관계가 포괄적으로 승계된 경우에는 근로자의 종전 근로계약상의 지위도 그대로 승계되므로, 승계 후의 퇴

---

12) 대법원 2002. 3. 29. 선고 2000두8455 판결.
13) 대법원 1995. 12. 26. 선고 95다41659 판결.
14) 대법원 1995. 12. 26. 선고 95다41659 판결.
15) 대법원 2001. 11. 13. 선고 2000다18608 판결.

직금 규정이 승계 전의 퇴직금 규정보다 근로자에게 불리하다면 구 근로기준법 제95조 제1항 소정의 당해 근로자집단의 집단적인 의사결정 방법에 의한 동의 없이는 승계 후의 퇴직금 규정을 적용할 수 없고, 구 법 제28조 제2항, 부칙(1980. 12. 31. 법률 제3349호) 제2항이 하나의 사업 내에 차등 있는 퇴직금제도의 설정을 금하고 있지만, 이는 하나의 사업 내에서 직종, 직위, 업종별로 퇴직금에 관하여 차별하는 것을 금하고자 하는 데 그 목적이 있으므로, 위와 같이 근로관계가 포괄적으로 승계된 후의 새로운 퇴직금제도가 기존 근로자의 기득 이익을 침해하는 것이어서 그들에게는 그 효력이 미치지 않고 부득이 종전의 퇴직금 규정을 적용하지 않을 수 없어서 결과적으로 하나의 사업 내에 별개의 퇴직금제도를 운용하는 것으로 되었다고 하더라도, 이러한 경우까지 위 제28조 제2항, 부칙 제2항이 금지하는 차등 있는 퇴직금제도를 설정한 경우에 해당한다고 할 수는 없다.[16]

3. 합병과 회사분할시의 근로관계

가. 합병과 근로관계

(1) 회사의 합병에 의하여 근로관계가 승계되는 경우에는 종전의 근로계약상 지위가 그대로 포괄적으로 승계된다. 근로관계가 포괄승계될 때 근로자가 자의에 의하여 사직서를 제출하고 퇴직금을 지급받았다면 계속근로의 단절에 동의한 것으로 볼 수 있지만, 그것이 근로자의 자의에 의한 것이 아니라 기업의 경영방침에 의한 일방적인 결정에 따라 퇴직과 재입사의 형식을 거친 것에 불과하다면, 이러한 형식을 거쳐서 퇴직금을 지급받았더라도 근로자에게 근로관계를 단절할 의사가 있었다거나 계속근로의 단절에 동의하였다고 볼 수 없고, 따라서 계속근로관계도 단절되지 아니한다.[17]

(2) 해산회사의 퇴직금규정이 흡수회사의 퇴직금규정보다 근로자들에게

16) 대법원 1997. 12. 26. 선고 97다17575 판결.
17) 대법원 2003. 4. 11. 선고 2001다39374 판결.

불리하다고 하더라도 합병 당시 취업규칙의 개정이나 단체협약의 체결 등을 통하여 합병 후 근로자들의 근로관계의 내용을 단일화하기로 변경·조정하는 새로운 합의가 없는 한 합병 후 흡수회사는 해산회사에 근무하던 근로자들에 대한 퇴직금 관계에 관하여 종전과 같은 내용으로 승계하는 것이라고 보아야 한다. 승계 후의 흡수회사 퇴직금규정이 승계 전의 해산회사의 퇴직금규정보다 근로자들에게 불리하다면 구 근로기준법(1996. 12. 31. 법률 제5245호로 개정되기 전의 것) 제95조 제1항 소정의 당해 근로자 집단의 집단적인 의사결정 방법에 의한 동의 없이는 승계 후의 흡수회사의 퇴직금규정을 적용할 수도 없다.[18)]

(3) 회사의 합병에 의하여 근로관계가 승계되어 종전 취업규칙 등이 그대로 적용되더라도 합병 후 노동조합과의 사이에 단체협약의 체결 등을 통하여 합병 후 근로자들의 근로관계 내용을 단일화하기로 변경·조정하는 새로운 합의가 있으면 그 새로운 단체협약 등이 유효하게 적용된다.[19)]

(4) 복수의 회사가 합병되더라도 피합병회사와 그 근로자 사이의 집단적인 근로관계나 근로조건 등은 합병회사와 합병 후 전체 근로자들을 대표하는 노동조합과 사이에 단체협약의 체결 등을 통하여 합병 후 근로자들의 근로관계 내용을 단일화하기로 변경·조정하는 새로운 합의가 있을 때까지는 피합병회사의 근로자들과 합병회사 사이에 그대로 승계되는 것이고, 합병회사의 노동조합이 유니언 숍의 조직형태를 취하고 있었다고 하더라도 위에서 본 바와 같은 피합병회사의 근로자들까지 아우른 노동조합과 합병회사 사이의 새로운 합의나 단체협약이 있을 때까지는 피합병회사의 근로자들이 자동적으로 합병회사의 노동조합의 조합원으로 되는 것은 아니다.[20)]

나. 회사분할시 근로관계[21)]

상법 제530조의10은 분할로 인하여 설립되는 회사(이하 '신설회사')는

18) 대법원 2001. 4. 24. 선고 99다9370 판결.
19) 대법원 2001. 10. 30. 선고 2001다24051 판결.
20) 대법원 2004. 5. 14. 선고 2002다23185 판결.
21) 대법원 2013. 12. 12. 선고 2011두4282 판결.

분할하는 회사의 권리와 의무를 분할계획서가 정하는 바에 따라서 승계한다고 규정하고 있으므로, 분할하는 회사의 근로관계도 위 규정에 따른 승계의 대상에 포함될 수 있다. 그런데 헌법이 직업선택의 자유를 보장하고 있고 근로기준법이 근로자의 보호를 도모하기 위하여 근로조건에 관한 근로자의 자기결정권(제4조), 강제근로의 금지(제7조), 사용자의 근로조건 명시의무(제17조), 부당해고 등의 금지(제23조) 또는 경영상 이유에 의한 해고의 제한(제24조) 등을 규정한 취지에 비추어 볼 때, 회사 분할에 따른 근로관계의 승계는 근로자의 이해와 협력을 구하는 절차를 거치는 등 절차적 정당성을 갖춘 경우에 한하여 허용되고, 해고의 제한 등 근로자 보호를 위한 법령 규정을 잠탈하기 위한 방편으로 이용되는 경우라면 그 효력이 부정될 수 있어야 한다.

따라서 둘 이상의 사업을 영위하던 회사의 분할에 따라 일부 사업 부문이 신설회사에 승계되는 경우 분할하는 회사가 분할계획서에 대한 주주총회의 승인을 얻기 전에 미리 노동조합과 근로자들에게 회사 분할의 배경, 목적 및 시기, 승계되는 근로관계의 범위와 내용, 신설회사의 개요 및 업무 내용 등을 설명하고 이해와 협력을 구하는 절차를 거쳤다면 그 승계되는 사업에 관한 근로관계는 해당 근로자의 동의를 받지 못한 경우라도 신설회사에 승계되는 것이 원칙이다. 다만 회사의 분할이 근로기준법상 해고의 제한을 회피하면서 해당 근로자를 해고하기 위한 방편으로 이용되는 등의 특별한 사정이 있는 경우에는, 해당 근로자는 근로관계의 승계를 통지받거나 이를 알게 된 때부터 사회통념상 상당한 기간 내에 반대 의사를 표시함으로써 근로관계의 승계를 거부하고 분할하는 회사에 잔류할 수 있다.

4. 대상사안의 검토

가. 근로관계의 승계

기업이 사업부문의 일부를 다른 기업에 양도하면서 그 물적 시설과 함께 양도하는 사업부문에 근무하는 근로자들의 소속도 변경시킨 경우에는 원칙적으로 해당 근로자의 근로관계가 양수하는 기업에게 승계되어 그 계속성이 유지된다. 이 사건에서는 K항공이 같은 계열기업인 피고에게 항공기 급유의 영업부서를 이관하기로 하면서 위 부산급유소의 영업도 이관하기로 하고 그 물적 시설과 함께 원고를 비롯한 직원들의 소속도 변경한 것이므로 영업양도에 해당하고, 원고의 근로관계는 피고에게 포괄적으로 승계된다.

나. 원고의 자의에 의한 퇴사인지 여부

(1) 근로자가 자의에 의하여 계속근로관계를 단절할 의사로써 사업을 양도하는 기업에 사직서를 제출하고 퇴직금을 지급받은 다음 사업을 양수하는 기업에 입사하였다면 전자와의 근로관계는 일단 단절되고 근로자가 사업을 양수한 기업에서 근무하다가 퇴직하는 경우에는 그 기업에서의 근속기간에 상응하는 퇴직금만을 지급받게 된다. 그러나 그것이 근로자의 자의에 의한 것이 아니라 사업을 양도하는 기업의 퇴직금을 지급하기 위한 방편이나 사업을 양도·양수하는 기업들의 경영방침에 의한 일방적인 결정에 따라 퇴직과 재입사의 형식을 거친 것에 불과하다면 이러한 형식을 거쳐서 퇴직금을 지급받았더라도 근로자에게 근로관계를 단절할 의사가 있었다고 할 수 없다.

(2) 원고가 근무한 3개 회사는 비록 그 법인격이 다른 별개의 회사이기는 하나 모두 H그룹 소속의 계열기업인 점, 원고는 그 자신의 필요나 희망에 의해서가 아니라 H그룹의 경영방침에 따라 동일계열기업군 내의 다른 기업으로 전출되어 근무하게 된 점, S에서 K항공으로의 전출에 대하여는 따로 입사·퇴사의 형식을 거친 바도 없는 점, K항공에서 피고로의 전출에 대하여는 실질적으로 그룹 내의 계열기업간의 업무조정이라는 목적을 달성하기 위한 수단으로서 입사·퇴사의 형식을 취하였을 뿐 전출 전후를 통하여 원고가 담당한 업무의 내용이 동일한 점, 원고에 대한 직급 및 호봉, 승급이나 장기근속표창 등의 근로조건에 관하여 위 S에의 최초 입사일을 기준으로 하여 처리한 점, 원고의 퇴직금 산정의 기초가 될 근속기간에 대하여는 위 근속기간을 통산하지 않고 전출 이후의 기간만으로

산정한다는 별도의 약정도 없는 점 등을 종합하면, 원고의 K항공 사직은 자의에 의한 것이 아니라 사업을 양도·양수하는 K항공과 S의 경영방침에 의한 일방적인 결정에 따라 퇴직과 재입사의 형식을 거친 것에 불과하다.

다. 결 론

따라서 원고의 계속근로관계는 단절되지 않으므로 원고의 위 3개 회사에서의 근무는 계속성이 유지되는 단일 기간의 근로라고 보아야 하고, 이에 대하여는 전체적으로 1개의 퇴직금이 지급되어야 한다. 그 결과 원고가 최종적으로 사업을 양수한 기업(피고)에서 퇴직하였으므로, 피고는 원고가 S에 최초로 입사한 날부터 최종적으로 피고부터 퇴직한 날까지 합산한 계속근로기간에 상응하는 퇴직금에서 이미 지급된 퇴직금을 공제한 나머지를 지급할 의무가 있다.

[10] 취업규칙의 불이익 변경

대법원 1996. 10. 15. 선고 95다53188 판결

Ⅰ. 사실관계

(1) 원고들은 1980. 7. 1. 피고 K공항공단에 청원경찰로 입사하여 근무하다가 1987. 2. 6.자로 사직원을 제출하여 그 달 15.자로 면직처리되고, 같은 날짜로 피고 공단의 고용원으로 신규 채용되어 주차관리요원으로 근무하다가 1995. 2. 8. 징계면직되었다.

(2) 피고 공단의 청원경찰대장이나 반장은 그 직책의 임기가 5년으로 정하여져 있는데, 피고 공단은 청원경찰대장이나 반장의 임기가 끝난 뒤 다른 부서로 발령받아 계속 근무하고자 할 때에는 일단 청원경찰로는 사직을 하고, 다른 직종으로 새로이 채용되는 절차를 거치도록 방침을 정하여 두었으므로, 원고들도 위와 같이 임기가 끝난 뒤 청원경찰직을 사직하고 고용원으로 새로 입사하는 절차를 거쳤다. 한편 원고들은 10년 이상의 장기근속자로서 기념품을 받았고, 단체협약에 정한 바에 따라 10년 이상의 장기근속자에게 주어지는 휴가를 사용하고 장기근속수당을 지급받기도 하였다.

(3) 피고 공단의 청원경찰대장이나 반장으로 근무하다가 임기가 만료된 자들은 본인의 자유의사에 따라 일반 청원경찰로 정년까지 근무할 수 있으나, 본인이 일반 청원경찰로 계속 근무하는 것을 꺼려서 다른 직종의 부서로 바꾸어 근무하고자 할 때에는 사직서를 제출하고 다른 직종으로 새로 채용되는 절차를 거치도록 해 왔는데, 지금까지 청원경찰대장이나 반장으로 근무하다가 임기가 만료된 자는 총 6명이고, 그 중에서 원고들을 포함한 3명은 일단 사직을 하고 고용원으로 신규채용되어 근무하였고, 나머지 3명은 일반 청원경찰로 계속 근무하고 있다.[1)]

(4) 피고 공단은 1980. 7. 1.부터 시행된 보수규정을 1981. 2.경 개정하면서 당초의 퇴직금지급률을 하향조정하였으나, 피고 공단이 위와 같이 보수규정을 개정하면서 전체 근로자 과반수의 동의 또는 과반수 근로자로 조직된 노동조합의 동의를 받지 아니하고, 교통부장관의 승인만을 얻어 이를 시행하였다.

Ⅱ. 참조 조문

1. 근로기준법

제94조(규칙의 작성, 변경 절차) ① 사용자는 취업규칙의 작성 또는 변경에 관하여 해당 사업 또는 사업장에 근로자의 과반수로 조직된 노동조합이 있는 경우에는 그 노동조합, 근로자의 과반수로 조직된 노동조합이 없는 경우에는 근로자의 과반수의 의견을 들어야 한다. 다만, 취업규칙을 근로자에게 불리하게 변경하는 경우에는 그 동의를 받아야 한다.

② 사용자는 제93조에 따라 취업규칙을 신고할 때에는 제1항의 의견을 적은 서면을 첨부하여야 한다.

Ⅲ. 판시사항

보수규정이 근로자 집단의 동의 없이 불이익하게 변경될 당시 청원경찰로 근무하던 근로자가 다른 직종으로의 전직을 위하여 자유로운 의사에 따라 청원경찰을 사직하고 그 다음날 신규채용 형식으로 고용원으로 재입사함으로써 근로관계가 단절된 경우, 그 재입사 당시 시행 중인 법규적 효력을 가진 취업규칙은 개정된 보수규정이므로 재입사 후의 근속기간에 적용되는 보수규정은 개정된 보수규정이며, 그 근로자의 최초 입사일이

1) 원고들은 사직서 제출이 통정허위표시로서 무효라고 주장하였으나, 원심(서울고등법원 1995. 10. 26. 선고 95나24090 판결)은 원고들이 자유로운 의사에 따라 청원경찰을 그만두고 고용원으로 새로 채용되는 것을 선택하였으므로, 원고들의 사직의 의사표시는 원고들의 진정한 의사에 기한 것으로서 그것이 실제로는 사직할 의사도 없이 형식적으로 사직의 절차만을 취한 통정허위표시에 해당한다고는 보기 어렵다고 판시하였다.

근로자 집단의 동의 없이 불이익하게 변경된 보수규정의 개정 이전이라고 하여 이와 달리 볼 것은 아니다.

Ⅳ. 해 설

1. 취업규칙

가. 개 념

취업규칙(就業規則)은 사용자가 기업경영권에 기하여 사업장에서 근로자의 복무규율이나 근로조건의 기준을 획일적·통일적으로 정립하기 위하여 작성하는 것으로서, 이는 근로기준법이 종속적 노동관계의 현실에 입각하여 실질적으로 불평등한 근로자의 입장을 보호 강화하여 그들의 기본적 생활을 보호 향상시키려는 목적의 일환으로 그 작성을 강제하고 이에 법규범성을 부여한 것이다.[2)]

근로조건이란 사용자와 근로자 사이의 근로관계에서 임금·근로시간·후생·해고, 그 밖에 근로자의 대우에 관하여 정한 조건을 말한다.[3)] 복무규율이란 근로자가 근로를 제공하는 과정에서 지켜야 할 작업질서에 관한 규칙과 이를 위반하였을 경우 가해지는 제재를 포함하는 개념이다. 사용자는 기업을 존립시키고 사업을 원활하게 운영하기 위하여 필요불가결한 기업 질서를 확립하고 유지하는 데 필요하고도 합리적인 것으로 인정되는 한 근로자의 기업질서 위반행위에 대하여 근로기준법 등 관련 법령에 반하지 않는 범위 내에서 이를 규율하는 취업규칙을 제정할 수 있다.[4)]

나. 취업규칙의 작성의무

(1) 근로기준법 제93조는 상시 10명 이상의 근로자를 사용하는 사용자에게 제1호 내지 제12호의 사항에 관한 취업규칙을 작성할 의무와 고용노동부장관에게 신고할 의무를 부과하고 있다. 이는 근로조건이나 복무규율

2) 대법원 1977. 7. 26. 선고 77다355 판결.
3) 대법원 1992. 6. 23. 선고 91다19210 판결.
4) 대법원 1994. 6. 14. 선고 93다62126 판결, 대법원 1999. 3. 26. 선고 98두4672 판결.

에 관한 기준을 명문화함으로써 사용자의 자의적 운용을 방지하고, 나아가 신고의무를 부과함으로써 국가가 감독하여 사업장에서 근로기준법 위반이 행해지는 것을 방지함으로써 취업규칙을 법적 제도로 편입시키고 이를 통하여 근로자를 보호하기 위한 것이다.[5)]

'상시 10명 이상'의 근로자를 사용하는 사업장이란 '상시 근무하는 근로자의 수가 10명 이상인 사업 또는 사업장'이 아니라 '사용하는 근로자의 수가 상시 10명 이상인 사업 또는 사업장'을 뜻하고, 이 경우 상시라 함은 상태(常態)라고 하는 의미로서 근로자의 수가 때때로 10명 미만이 되는 경우가 있어도 사회통념에 의하여 객관적으로 판단하여 상태적으로 10명 이상이 되는 경우는 이에 해당하며,[6)] 여기의 근로자에는 해당 사업장에 계속 근무하는 근로자뿐만 아니라 그때그때 필요에 따라 사용하는 일용근로자도 포함된다.[7)]

(2) 상시 4인 이하의 근로자를 사용하는 사업인 피고 대구광역시 태권도협회의 사무규정은 그 소정의 사유에 의하여서만 직원을 해임 또는 징계면직할 수 있도록 하여 직원의 신분을 보장하고 있고, 피고 협회는 직원에 대한 공정하고도 합리적인 인사관리를 목적으로 인사위원회규정을 마련하여, 직원의 해임 또는 징계에 관한 사항을 인사위원회가 심의·결정하되 그 심의대상자에게 변명의 기회를 부여할 수 있도록 규정하고 있으므로, 이러한 인사위원회규정은 이 사건 근로계약의 한 내용으로 편입되어 그 근로관계를 규율하고 있다.[8)] 이러한 인사위원회의 심의·결정 절차는 사무규정에 의한 해고의 공정성과 합리성을 확보함으로써 해고사유제한에 의한 직원의 신분보장을 실질적으로 구현하는 데 그 궁극적 목적이 있으므로, 이와 같은 위 절차의 기능과 목적 및 이에 대한 심의대상자의 기대 등을 고려하면 피고 협회가 빈법 제660조 제1항에 따른 해지통고가 아닌 사무규정에 의한 해고에 해당하는 이 사건 면직통고를 할 때 인사위원회의 심의·결정 절차를 전혀 거치지 않은 것은 절차적 정의에 반하는

5) 근로기준법 주해 Ⅲ, 453~454면.
6) 대법원 2008. 3. 27. 선고 2008도364 판결.
7) 대법원 2005. 2. 22. 선고 2005도7520 판결.
8) 대법원 2008. 3. 14. 선고 2007다1418 판결.

것이고, 따라서 이 사건 면직통고는 절차상 중대한 하자가 있는 해고로서 무효라고 보기에 충분하다.[9]

다. 취업규칙의 작성

사용자는 취업규칙의 작성 또는 변경에 관하여 해당 사업 또는 사업장에 근로자의 과반수로 조직된 노동조합이 있는 경우에는 그 노동조합, 근로자의 과반수로 조직된 노동조합이 없는 경우에는 근로자의 과반수의 의견을 들어야 한다(근로기준법 제94조 제1항 본문). 사용자의 의견 청취 의무는 근로자의 의견을 존중하여 취업규칙의 작성 또는 변경에 이를 반영시키기 위한 것에 그치는 것이므로, 이를 거치지 않고 취업규칙을 작성하거나 변경하였더라도 원칙적으로 근로조건을 불리하게 변경하는 것이 아닌 한 그 취업규칙이 무효로 되는 것은 아니다.[10]

라. 취업규칙의 불이익변경

(1) 의 의

취업규칙의 불이익변경이란 사용자가 종전의 취업규칙을 개정하거나 새로운 취업규칙을 신설하여 근로조건이나 복무규율에 관한 근로자의 기득권·기득이익을 박탈하고 근로자에게 저하된 근로조건이나 강화된 복무규율을 일방적으로 부과하는 것을 말한다.[11]

(2) 판단기준

대법원은 "취업규칙의 일부인 퇴직금 규정의 개정이 근로자들에게 유리한지 불리한지 여부를 판단하기 위해서는 퇴직금 지급률의 변화와 함께 그와 대가관계나 연계성이 있는 기초 임금의 변화도 고려하여 종합적으로 판단"[12]하여야 한다고 하여 대가관계나 연계성이 있는 경우 전체적·종합적 판단을 하여야 한다는 입장을 취하고 있다.

---

9) 대법원 2005. 2. 22. 선고 2005도7520 판결.
10) 대법원 1999. 6. 22. 선고 98두6647 판결.
11) 대법원 2004. 7. 22. 선고 2002다57362 판결.
12) 대법원 2004. 1. 27. 선고 2001다42301 판결.

취업규칙의 일부를 이루는 급여규정의 변경이 일부 근로자에게는 유리하고 일부 근로자에게는 불리한 경우 그러한 변경에 근로자 집단의 동의를 요하는지를 판단하는 것은 근로자 전체에 대하여 획일적으로 결정되어야 하고, 또 이러한 경우 취업규칙의 변경이 근로자에게 전체적으로 유리한지 불리한지를 객관적으로 평가하기가 어려우며, 같은 개정에 의하여 근로자 상호 간의 이·불리에 따른 이익이 충돌되는 경우에는 그러한 개정은 근로자에게 불이익한 것으로 취급하여 근로자들 전체의 의사에 따라 결정하게 하는 것이 타당하다.13)

취업규칙의 변경이 근로자들에게 유리한지 불리한지 여부를 판단하는 기준 시점은 취업규칙의 변경이 이루어진 시점이므로, 취업규칙 변경의 불이익 여부를 판단할 때에는 취업규칙 변경 이후에 나타난 사정 변경을 고려하여서는 안 된다.14)

(3) 집단적 동의

취업규칙의 변경에 의하여 기존 근로조건의 내용을 일방적으로 근로자에게 불이익하게 변경하려면 종전 취업규칙의 적용을 받고 있던 근로자 집단의 집단의사결정 방법에 의한 동의를 요하며, 그 동의 방법은 근로자 과반수로 조직된 노동조합이 있는 경우에는 그 조합의, 그와 같은 조합이 없는 경우에는 근로자들의 회의 방식에 의한 과반수의 동의가 없는 한 취업규칙의 변경으로서의 효력을 가질 수 없고, 따라서 그러한 취업규칙 변경에 대하여 개인적으로 동의한 근로자에 대하여도 효력이 없다.15)

근로자의 과반수로 조직된 노동조합이란 기존 취업규칙의 적용을 받고 있던 근로자 중 조합원 자격 유무를 불문한 전체 근로자의 과반수로 조직된 노동조합을 의미하고, 종전 취업규칙의 적용을 받고 있던 근로자 중 조합원 자격을 가진 근로자의 과반수로 조직된 노동조합을 의미하는 것이 아니다.16)

---

13) 대법원 2002. 6. 28. 선고 2001다47764 판결.
14) 대법원 2000. 9. 29. 선고 99다45376 판결.
15) 대법원 1977. 7. 26. 선고 77다355 판결, 대법원 1990. 4. 27. 선고 89다카7754 판결.
16) 대법원 2009. 11. 12. 선고 2009다49377 판결.

근로자의 과반수라 함은 기존의 근로조건 또는 취업규칙의 적용을 받는 근로자 집단의 과반수를 뜻한다.[17] 여러 근로자 집단이 하나의 근로조건 체계 안에 있어 비록 취업규칙의 불이익변경 시점에는 어느 근로자 집단만이 직접적인 불이익을 받더라도 다른 근로자 집단에게도 변경된 취업규칙의 적용이 예상되는 경우에는 일부 근로자 집단은 물론 장래 변경된 취업규칙 규정의 적용이 예상되는 근로자 집단을 포함한 근로자 집단이 동의 주체가 되고, 그렇지 않고 근로조건이 이원화되어 있어 변경된 취업규칙이 적용되어 직접적으로 불이익을 받게 되는 근로자 집단 이외에 변경된 취업규칙의 적용이 예상되는 근로자 집단이 없는 경우에는 변경된 취업규칙이 적용되어 불이익을 받는 근로자 집단만이 동의 주체가 된다.[18] 과반수의 동의는 회의 방식에 의하여야 하는데, 반드시 한 사업 또는 사업장의 전 근로자가 일시에 한 자리에 집합하여 회의를 개최하는 방식만이 아니라 한 사업 또는 사업장의 기구별 또는 단위부서별로 사용자측의 개입이나 간섭이 배제된 상태에서 근로자 상호간에 의견을 교환하여 찬반 의견을 집약한 후 이를 전체적으로 취합하는 방식도 허용된다.[19]

(4) 소급적 동의

퇴직금 지급률을 정한 취업규칙을 근속기간에 따라 누진되는 누진제에서 그 누진율을 인하하거나 단수제로 불이익하게 변경하는 것에 대하여 소급적으로 동의하더라도 이는 유효하다.[20] 취업규칙의 변경이 근로자에게 불이익함에도 불구하고 사용자가 근로자의 집단적 의사결정방법에 의한 동의를 받지 아니한 채 취업규칙을 변경함으로써 기득이익을 침해하게 되는 기존의 근로자에 대하여는 종전의 취업규칙이 적용되어야 하는 경우에도 노동조합이 사용자측과 사이에 새로운 내용의 단체협약을 체결한 경우에는 기득이익을 침해하게 되는 기존의 근로자에 대하여 종전의 취업규

---

17) 대법원 2005. 11. 10. 선고 2005다21494 판결.
18) 대법원 2009. 5. 28. 선고 2009두2238 판결, 대법원 2009. 11. 12. 선고 2009다49377 판결.
19) 대법원 1992. 2. 25. 선고 91다25055 판결.
20) 대법원 1997. 8. 22. 선고 96다6967 판결.

칙이 적용되어야 함을 알았는지 여부에 관계없이 원칙적으로 그 협약의 적용을 받게 될 노동조합원이나 근로자들에 대하여 효력이 생긴다.[21)]

2. 집단적 동의 절차에 위반된 취업규칙의 효력

가. 원칙적 무효[22)]

(1) 취업규칙의 작성·변경에 관한 권한은 원칙적으로 사용자에게 있으므로 사용자는 그 의사에 따라 취업규칙을 작성·변경할 수 있으나, 다만 근로기준법 제94조의 규정에 의하여 노동조합 또는 근로자 과반수의 의견을 들어야 하고 특히 근로자에게 불이익하게 변경하는 경우에는 그 동의를 얻어야 하는 제약을 받는바, 기존의 근로조건을 근로자에게 불리하게 변경하는 경우에 필요한 근로자의 동의는 근로자의 집단적 의사결정방법에 의한 동의임을 요하고 이러한 동의를 얻지 못한 취업규칙의 변경은 효력이 없다.

(2) 그러므로 사용자가 취업규칙에서 정한 근로조건을 근로자에게 불리하게 변경할 때 근로자의 동의를 얻지 않은 경우에 그 변경으로 기득이익이 침해되는 기존의 근로자에 대한 관계에서는 그 변경의 효력이 미치지 않게 되어 종전 취업규칙의 효력이 그대로 유지되지만, 그 변경 후에 변경된 취업규칙에 따른 근로조건을 수용하고 근로관계를 갖게 된 근로자에 대한 관계에서는 당연히 변경된 취업규칙이 적용되어야 하고, 기득이익의 침해라는 효력배제사유가 없는 변경 후의 취업근로자에 대해서까지 그 변경의 효력을 부인하여 종전 취업규칙이 적용되어야 한다고 볼 근거가 없다.

(3) 위와 같은 경우에 취업규칙변경 후에 취업한 근로자에게 적용되는 취업규칙과 기존근로자에게 적용되는 취업규칙이 병존하는 것처럼 보이지만, 현행의 법규적 효력을 가진 취업규칙은 변경된 취업규칙이고 다만 기존근로자에 대한 관계에서 기득이익침해로 그 효력이 미치지 않는 범위

21) 대법원 2005. 3. 11. 선고 2003다44691 판결.
22) 대법원 1992. 12. 22. 선고 91다45165 전원합의체 판결.

내에서 종전 취업규칙이 적용될 뿐이므로, 하나의 사업 내에 둘 이상의 취업규칙을 둔 것과 같이 볼 수는 없다.

나. 사회통념상 합리성이 인정되는 경우

취업규칙의 작성 또는 변경이 그 필요성 및 내용의 양면에서 보아 그로 인하여 근로자가 입게 될 불이익의 정도를 고려하더라도 여전히 해당 불이익변경 조항의 법적 규범성을 시인할 수 있을 정도로 사회통념상 합리성이 있다고 인정되는 경우에는 종전 근로조건 또는 취업규칙의 적용을 받던 근로자의 집단적 의사 결정 방법에 의한 동의가 없다는 이유만으로 그의 적용을 부정할 수는 없다.[23] 한편 여기에서 말하는 사회통념상 합리성의 유무는 취업규칙의 변경에 의하여 근로자가 입게 되는 불이익의 정도, 사용자측의 변경 필요성의 내용과 정도, 변경 후의 취업규칙 내용의 상당성, 대상조치 등을 포함한 다른 근로조건의 개선상황, 노동조합 등과의 교섭 경위 및 노동조합이나 다른 근로자의 대응, 동종 사항에 관한 국내의 일반적인 상황 등을 종합적으로 고려하여 판단하여야 한다.[24] 다만 취업규칙을 근로자에게 불리하게 변경하는 경우에는 그 동의를 받도록 한 근로기준법을 사실상 배제하는 것이므로 제한적으로 엄격하게 해석하여야 한다.[25]

3. 대상사안의 검토

가. 개정된 보수규정의 효력

피고 공단은 1980. 7. 1.부터 시행된 보수규정을 1981. 2.경 개정하면서 당초의 퇴직금지급률을 하향조정하였으나, 피고 공단이 위와 같이 보수규정을 개정하면서 전체 근로자 과반수의 동의 또는 과반수 근로자로

---

23) 대법원 2005. 11. 10. 선고 2005다21494 판결. 상시 10인 이하의 사업장에서 작성한 취업규칙에도 근로기준법 제94조가 적용되는바, 대법원 2016. 12. 15. 선고 2015다31476 판결에서는 전체 근로자가 6명인 사안에서 취업규칙 불이익변경에 관한 동의 여부와 사회통념상 합리성 여부를 판단하였다.

24) 대법원 2015. 8. 13. 선고 2012다43522 판결.

25) 대법원 2010. 1. 28. 선고 2009다32362 판결.

조직된 노동조합의 동의를 받지 아니하고, 교통부장관의 승인만을 얻어 이를 시행하였다. 피고 공단이 퇴직금지급률을 하향조정한 것은 근로자에게 불이익한 내용으로 취업규칙이 변경된 것에 해당하고, 그 경우 근로자 전체의 의사를 물어 동의를 얻지 못하는 한 변경된 취업규칙은 그 취업규칙의 변경 당시 근무 중이던 근로자들에 대하여는 효력이 없다.

한편 현행의 법규적 효력을 가진 보수규정은 변경된 보수규정이고, 다만 기존근로자에 대한 관계에서 기득이익침해로 그 효력이 미치지 않는 범위 내에서 종전 보수규정이 적용될 뿐이다.

나. 원고들에게 유효한 보수규정

(1) 피고 공단이 위 보수규정의 개정 당시 근로자 과반수의 동의를 얻지 아니하였으므로, 이는 그 개정 이전부터 피고 공단에 입사하여 근무하고 있던 근로자들에 대한 관계에서는 무효이다. 따라서 근로자들이 위 보수규정의 개정 이후에 퇴직하였다고 하더라도 근로자들에 대하여는 개정 전 보수규정의 지급기준율에 의하여 퇴직금을 산출하여야 한다.

(2) 원고들은 1차 근속기간의 만료로 일단 퇴직한 다음 그 다음날 재입사하였고, 이로서 근로관계가 단절된 것이라면 그 재입사 당시에는 이미 개정된 보수규정이 시행되고 있었으므로, 원고들의 2차 근속기간에 적용되는 보수규정은 개정된 보수규정이 되는 것이고, 원고들의 최초 입사일이 보수규정의 개정 이전이라고 하여 이와 달리 볼 수는 없다.

(3) 따라서 원고들에 대하여는 개정된 보수규정의 지급기준율에 의하여 퇴직금을 산출하여야 하므로, 원고들의 청구는 기각되어야 한다.

제 3 장

근로조건

[11] 비행수당의 통상임금 여부
[12] 이·착륙수당과 현지식비의 통상임금 여부
[13] 청원경찰로 임명된 객실승무원의 근로조건
[14] 공항공단 소속 청원경찰과 소방내원의 임금 차별
[15] 운항승무원의 교육훈련비 반환의무
[16] 외국인 조종사의 퇴직금 사전 포기
[17] 단체협약에 의한 근로자의 임금 포기
[18] 재고용 기대로 인한 체불임금 포기

[11] 비행수당의 통상임금 여부

대법원 1996. 5. 28. 선고 95다36817 판결

Ⅰ. 사실관계

(1) 원고들은 피고 회사(국적항공사)에 입사하여 항공기 조종사로 근무하다가 각 사직서를 제출하고서는 출근하지 않자, 피고는 원고들이 사직서를 제출한 날이 속한 달의 다음 달 말일에 이를 각 수리하여 퇴직처리하고 결근한 달에 해당하는 임금을 지급하지 아니하였다.

(2) 피고는 원고들의 사직서를 수리한 날 이전 3개월의 임금 합계액을 기초로 하여 원고들의 퇴직금을 산정할 때 연간 150%의 특별상여금과 차량유지비를 평균임금 산정의 기초가 되는 임금총액에서 제외하였다.

(3) 원고들은 퇴직금산정의 기준이 되는 평균임금을 산정하는 기간이 잘못되었고, 위 특별상여금과 차량유지비도 임금총액에 산입하여야 하며, 그와 같이 산정한 평균임금이 통상임금에 미달하므로 원고들에 대한 퇴직금은 통상임금에 의하여 산정하여야 한다고 주장하면서, 이에 따른 정당한 퇴직금의 지급을 구하는 소를 제기하였다.

(4) 원심[1]은 (i) 평균임금 산정기간은 정당하지만, (ii) 위 특별상여금과 차량유지비는 평균임금의 산정의 기초가 되는 임금총액에 포함시켜야 하며, (iii) 원고들의 시간급 통상임금 및 일급 통상임금을 산정할 때 비행수당도 운항승무원이 최저승무시간 이상을 근무하면 비행시간 60시간까지는 실제의 근로여부나 근무실적과 관련 없이 일률적으로 60시간분에 해당하는 보장비행수당을 지급받고, 운항승무원들이 비행스케줄에 따라 승무하는 경우 매월 최저승무시간에 미달하게 승무하는 예는 극히 드물고 원고들이 그 동안 최저승무시간을 초과하여 승무함으로써 보장비행수당 이상

1) 서울고등법원 1995. 7. 7. 선고 94나37976 판결.

의 비행수당을 지급받았으므로 원고들과 같은 일반승무원의 경우 보장비행수당은 매월 고정적으로 지급되는 것으로서 통상임금에 포함되고, (iv) 이에 따라 산정한 통상임금이 원고들에 대한 평균임금보다 다액이므로 위의 통상임금을 기준으로 원고들의 퇴직금을 산정하여야 한다고 판시하였다.

(5) 이에 대하여 피고는, 승무원에게 지급한 이 사건 비행수당은 기본적으로 실제의 승무시간에 따라 산정·지급되는 변동급 임금으로서 통상임금에 해당하기 위한 고정급 임금이 아님에도 불구하고 원심은 이와 달리 비행수당이 통상임금에 해당한다고 판시하였으니, 원심은 비행수당의 기본적 성격을 오해하여 통상임금으로 판단한 위법을 저질렀다는 이유로 상고를 제기하였다.

II. 참조 조문

1. 근로기준법

제2조(정의) ① 이 법에서 사용하는 용어의 뜻은 다음과 같다.

6. "평균임금"이란 이를 산정하여야 할 사유가 발생한 날 이전 3개월 동안에 그 근로자에게 지급된 임금의 총액을 그 기간의 총일수로 나눈 금액을 말한다. 근로자가 취업한 후 3개월 미만인 경우도 이에 준한다.

② 제1항 제6호에 따라 산출된 금액이 그 근로자의 통상임금보다 적으면 그 통상임금액을 평균임금으로 한다.

2. 근로기준법 시행령

제6조(통상임금) ① 법과 이 영에서 "통상임금"이란 근로자에게 정기적이고 일률적으로 소정(所定)근로 또는 총 근로에 대하여 지급하기로 정한 시간급 금액, 일급 금액, 주급 금액, 월급 금액 또는 도급 금액을 말한다.

② 제1항에 따른 통상임금을 시간급 금액으로 산정할 경우에는 다음 각 호의 방법에 따라 산정된 금액으로 한다.

1. 시간급 금액으로 정한 임금은 그 금액

2. 일급 금액으로 정한 임금은 그 금액을 1일의 소정근로시간 수로 나눈 금액
3. 주급 금액으로 정한 임금은 그 금액을 1주의 통상임금 산정 기준시간 수(1주의 소정근로시간과 소정근로시간 외에 유급으로 처리되는 시간을 합산한 시간)로 나눈 금액
4. 월급 금액으로 정한 임금은 그 금액을 월의 통상임금 산정 기준시간 수(1주의 통상임금 산정 기준시간 수에 1년 동안의 평균 주의 수를 곱한 시간을 12로 나눈 시간)로 나눈 금액
5. 일·주·월 외의 일정한 기간으로 정한 임금은 제2호부터 제4호까지의 규정에 준하여 산정된 금액
6. 도급 금액으로 정한 임금은 그 임금 산정 기간에서 도급제에 따라 계산된 임금의 총액을 해당 임금 산정 기간(임금 마감일이 있는 경우에는 임금 마감 기간을 말한다)의 총 근로 시간 수로 나눈 금액
7. 근로자가 받는 임금이 제1호부터 제6호까지의 규정에서 정한 둘 이상의 임금으로 되어 있는 경우에는 제1호부터 제6호까지의 규정에 따라 각각 산정된 금액을 합산한 금액

③ 제1항에 따른 통상임금을 일급 금액으로 산정할 때에는 제2항에 따른 시간급 금액에 1일의 소정근로시간 수를 곱하여 계산한다.

3. 단체협약[2)]

제44조(임금) 임금의 정의와 구성, 상여금, 비행수당 등에 관하여는 임금협약서에 정한 바에 따른다.

4. 임금협약서[3)]

제2조(임금의 구성) 임금은 조합원에게 지급하는 일체의 임금을 말하며, 그 구성과 용어의 정의는 다음과 같다.

---

2) 이 사건 당시 단체협약의 내용을 알 수 없어서, 참고로 2015. 6. 12.에 체결된 단체협약을 기재하였다.

3) 이 사건 당시 임금협약서의 내용을 알 수 없어서, 참고로 2013. 1. 1.부터 시행된 임금협약서를 기재하였다.

4. "비행수당"이라 함은 비행시간에 대하여 본 협약서 제4조의 비행수당 산정기준에 의해 산정되는 금액을 말하며, "기본비행보장수당"은 월 75시간[4]을 기준으로 한다.
5. "연장비행수당"이라 함은 연속된 8시간 초과 비행시간에 대하여 비행수당 단가의 50%를 가산하여 지급되는 금액을 말한다.

제3조(비행시간의 계산) 승무원의 비행시간은 이륙을 목적으로 항공기가 최초로 움직인 시각부터 비행완료 후 정지한 시각까지의 총시간을 말한다.

제4조(비행수당산정기준) ① 승무원의 시간당 비행수당 단가는 별도로 정하는 비행수당 단가표에 의한다.

② 비행수당은 비행수당 단가표상의 시간당 비행수당단가를 곱하여 산정한다.

③ 다음 각 호의 1에 해당되는 사유 없이 ACTUAL TIME 비행시간이 30시간 이상인 경우, ACTUAL TIME 비행시간 75시간까지는 실제 비행시간에 상관없이 75시간분의 비행수당을 지급한다.
1. 항공업무정지 이상의 징계를 받은 경우
2. MISS FLIGHT로 인하여 월비행시간이 30시간에 미달되는 경우
3. 승무가 불가능한 경우
4. 무단 결근하거나 승무명령을 거부한 경우
5. 회사에게 책임없는 사유로 인하여 30시간의 승무시간에 미달되는 경우(휴가 실시로 인한 경우는 제외한다)

④ 월비행시간이 75시간을 초과하는 경우, 75시간을 초과한 부분에 대하여 비행수당단가표상의 시간당 비행수당단가의 100%를 가산하여 산정한다. 단, 월비행시간 산정시 EXTRA TIME에 대하여는 75%를 적용한다.

제5조(비행수당산정 대상기간 및 방법) ① 비행수당의 산정기간은 현지 출발일 기준 매월 1일부터 말일까지로 한다.

② 비행수당은 해당 월 비행수당의 75시간 분을 선지급하고 익월에 정산한다. 단, 승격, 임면 등의 인사발령일이 당월 15일까지일 경우에 한하여 해당 월부터 적용하며, 발령일이 그 이후일 경우는 익월

4) 대상사안에서는 기본비행보장수당이 월 60시간이었다. 이하 같다.

부터 적용한다.

③ 입사자 및 사직자는 해당 월의 근무일수에 비례하여 조정한다.

제6조(비행수당의 지급) ① 행정승무원의 경우 다음 각 호의 구분에 따라 비행수당을 지급한다. 다만, 다음 각 호의 수당에는 연장비행수당 및 야근수당이 포함된 것이며, 할증은 적용되지 않는다.

1. 대형기 기장의 경우 120시간분, 중소형기 기장의 경우 110시간분에 해당되는 비행수당
2. 대형기 부기장의 경우 100시간분, 중소형기 부기장의 경우 90시간분에 해당되는 비행수당

② 훈련검열 및 모의비행장치교관승무원에 대한 비행수당 지급은 전항의 행정승무원의 예에 의한다.

③ 피교육자에 대하여는 월 75시간분의 비행수당을 지급한다. 다만, 교육기간 동안 징계를 받는 경우에는 징계 일수에 비례하여 비행수당을 조정 지급한다.

제7조(비행수당단가 지급율) ① LCP 및 DLCP의 검열 실행위시간에 대하여 130%, OE 실행위시간에 대하여 120%로 한다.

② 시험비행은 자기자격의 200%로 한다.

③ 3－PILOT 의 경우 비행시간이 8시간 이상 12시간 이하 편조의 경우(단협 제54조 제13항 포함)에는 125%, 12시간을 초과하는 편조의 경우에는 135%로 한다. 단, 비행시간은 편조용 BLOCK TIME을 기준으로 한다.

④ 전 각 항의 규정은 인사발령으로 확인된 자에 한하며, 제2항 자기자격이라 함은 해당 승무기종의 자격을 말한다.

제8조(AUDITOR의 비행시간 인정) AUDITOR의 지상근무에 대하여 1일당 5시간을 비행시간으로 산정한다. 단, 할증 대상시간에는 제외한다.

제9조(비행수당연한) ① 비행수당연한은 인사발령일(직책발령일)부터 만 1년이 경과하면 1년을 가산한다. 단, 만 1년이 되는 시점이 월 기준 15일 이내일 경우는 해당월부터 가산하며, 16일 이후일 경우는 익월부터 가산한다.

② 부기장에서 기장 승격시 기장 비행수당연한은 부기장 비행연한의 50%를 인정한다.

> ③ 비행휴, 징계 등 기타 사정으로 승무하지 아니한 기간은 비행수당 연한 계산시 제외한다.

Ⅲ. 판시사항

항공기 승무원에 대하여 지급되는 60시간분의 비행수당(이를 보장수당 또는 보장비행수당이라고 한다)은 일반승무원의 경우 월간 실제 승무시간이 최저 승무시간인 30시간 이상인 경우에 한하여 지급되고, 그 실제 승무시간이 최저 승무시간에 미달하는 경우에는 보장수당이 지급되지 않고, 월간 승무기준시간인 75시간을 초과하는 경우에는 75시간에 상당하는 비행수당과 초과 부분에 대하여 가산 지급되는 비행수당이 함께 지급되며, 승무결근자(Missed Flight 월 1회 이상인 자), 무단결근자, 승무불가능자(다만 의학적인 이유로 비행휴를 명받은 자 및 공상자 중 3개월을 초과하지 않는 자는 제외) 등에 대하여는 비록 그 실제 근무시간이 최저 승무시간을 초과하는 경우에도 보장수당이 지급되지 아니하는 점에 비추어 보면, 비행수당은 비록 보장수당의 경우에도 고정적으로 지급되는 것이 아니고 항공기 승무원의 실제 근무성적에 따라 지급여부나 지급액이 달라지므로 통상임금에 해당하는 임금이라 할 수 없다.

Ⅳ. 해 설

1. 통상임금의 의의

'통상임금'이란 근로자에게 정기적이고 일률적으로 소정근로 또는 총근로에 대하여 지급하기로 정한 시간급 금액, 일급 금액, 주급 금액, 월급 금액 또는 도급 금액을 말한다(근로기준법 시행령 제6조 제1항). 통상임금은 평균임금[5]의 최저한을 보장함과 아울러 근로기준법 소정의 시간외, 야간

---

5) 평균임금에 따라 임금이나 근로자에게 지급할 급여액을 산정하는 경우는 퇴직금, 휴업수당, 연차휴가수당, 재해보상 중 휴업보상, 장해보상, 유족보상, 장의비, 일시보상, 산재보험 보험급여 중 휴업급여, 장해급여, 유족급여, 상병보상연금, 장의비 등의 경우이고, 그 밖에 근로자 제재로서 감급 제한 규정에도 평균임금의 개념이 쓰이고 있다.

및 휴일근로에 대한 가산수당이나 해고예고수당 등의 산정근거가 된다.[6] 월급 금액으로 정한 통상임금을 시간급 금액으로 산정하는 방법에 관한 당사자의 주장은 자백의 대상이 되는 사실에 관한 진술이라 할 수 없다.[7]

2. 통상임금의 판단기준

판례[8]에 의하면 임금[9]이 통상임금에 속하는지 여부는 아래와 같이 여러 가지 사정을 종합하여 객관적으로 판단하여야 한다.

가. 객관적 성질에 따른 판단

어떠한 임금이 통상임금에 속하는지 여부는 그 임금이 소정근로의 대가로 근로자에게 지급되는 금품으로서 정기적·일률적·고정적으로 지급되는 것인지를 기준으로 객관적 성질에 따라 판단하여야 하고, 임금의 명칭이나 지급주기의 장단 등 형식적 기준에 의해 정할 것이 아니다. 여기서 소정근로의 대가라 함은 근로자가 소정근로시간에 통상적으로 제공하기로 정한 근로에 관하여 사용자와 근로자가 지급하기로 약정한 금품을 말한다. 근로자가 소정근로시간을 초과하여 근로를 제공하거나 근로계약에서 제공하기로 정한 근로 외의 근로를 특별히 제공함으로써 사용자부터 추가로 지급받는 임금이나 소정근로시간의 근로와는 관련 없이 지급받는 임금은 소정근로의 대가라 할 수 없으므로 통상임금에 속하지 아니한다. 위와 같이 소정근로의 대가가 무엇인지는 근로자와 사용자가 소정근로시간에 통상적으로 제공하기로 정한 근로자의 근로의 가치를 어떻게 평가하고 그에 대하여 얼마의 금품을 지급하기로 정하였는지를 기준으로 전체적으로 판단하여야 하고, 그 금품이 소정근로시간에 근무한 직후나 그부터 가까운 시일 내에 지급되지 아니하였다고 하여 그러한 사정만으로 소정근로의 대가가 아니라고 할 수는 없다.

---

6) 대법원 2018. 7. 12. 선고 2013다60807 판결.
7) 대법원 2014. 8. 28. 선고 2013다74363 판결.
8) 대법원 2013. 12. 18. 선고 2012다89399 전원합의체 판결.
9) '임금'이란 사용자가 근로의 대가로 근로자에게 임금, 봉급, 그 밖에 어떠한 명칭으로든지 지급하는 일체의 금품을 말한다(근로기준법 제2조 제1항 제5호).

나. 정기성

어떤 임금이 통상임금에 속하기 위해서 정기성을 갖추어야 한다는 것은 임금이 일정한 간격을 두고 계속적으로 지급되어야 함을 의미한다. 통상임금에 속하기 위한 성질을 갖춘 임금이 1개월을 넘는 기간마다 정기적으로 지급되는 경우, 이는 노사간의 합의 등에 따라 근로자가 소정근로시간에 통상적으로 제공하는 근로의 대가가 1개월을 넘는 기간마다 분할 지급되고 있는 것일 뿐, 그러한 사정 때문에 갑자기 그 임금이 소정근로의 대가로서 성질을 상실하거나 정기성을 상실하게 되는 것이 아님은 분명하다. 따라서 정기상여금과 같이 일정한 주기로 지급되는 임금의 경우 단지 그 지급주기가 1개월을 넘는다는 사정만으로 그 임금이 통상임금에서 제외된다고 할 수는 없다.

다. 일률성

어떤 임금이 통상임금에 속하기 위해서는 그것이 일률적으로 지급되는 성질을 갖추어야 한다. '일률적'으로 지급되는 것에는 '모든 근로자'에게 지급되는 것뿐만 아니라 '일정한 조건 또는 기준에 달한 모든 근로자'에게 지급되는 것도 포함된다. 여기서 '일정한 조건'이란 고정적·평균적인 임금을 산출하려는 통상임금의 개념에 비추어 볼 때 고정적 조건이어야 한다. 일정 범위의 모든 근로자에게 지급된 임금이 일률성을 갖추고 있는지 판단하는 잣대인 '일정한 조건 또는 기준'은 통상임금이 소정근로의 가치를 평가한 개념이라는 점을 고려할 때, 작업 내용이나 기술·경력 등과 같이 소정근로의 가치 평가와 관련된 조건이라야 한다.

라. 고정성

어떤 임금이 통상임금에 속하기 위해서는 그것이 고정적으로 지급되어야 한다. '고정성'이라 함은 '근로자가 제공한 근로에 대하여 업적, 성과 기타의 추가적인 조건과 관계없이 당연히 지급될 것이 확정되어 있는 성질'을 말하고, '고정적 임금'은 '임금의 명칭 여하를 불문하고 임의의 날에 소정근로시간을 근무한 근로자가 그 다음 날 퇴직한다 하더라도 그 하루의 근로에 대한 대가로 당연하고도 확정적으로 지급받게 되는 최소한의 임금'이라고 정의할 수 있다. 고정성을 갖춘 임금은 근로자가 임의의 날에 소정근로를 제공하면 추가적인 조건의 충족 여부와 관계없이 당연히 지급될 것이 예정된 임금이므로, 지급 여부나 지급액이 사전에 확정된 것이라 할 수 있다. 이와 달리 근로자가 소정근로를 제공하더라도 추가적인 조건을 충족하여야 지급되는 임금이나 조건 충족 여부에 따라 지급액이 변동되는 임금 부분은 고정성을 갖춘 것이라고 할 수 없다.

마. 노사합의의 효력

통상임금은 근로조건의 기준을 마련하기 위하여 법이 정한 도구개념이므로, 사용자와 근로자가 통상임금의 의미나 범위 등에 관하여 단체협약 등에 의해 따로 합의할 수 있는 성질의 것이 아니다. 따라서 성질상 근로기준법상 통상임금에 속하는 임금을 통상임금에서 제외하기로 노사간에 합의하였다 하더라도 그 합의는 효력이 없다.[10] 연장·야간·휴일 근로에 대하여 통상임금의 50% 이상을 가산하여 지급하도록 한 근로기준법의 규정은 각 해당 근로에 대한 임금산정의 최저기준을 정한 것이므로, 통상임금의 성질을 가지는 임금을 일부 제외한 채 연장·야간·휴일 근로에 대한 가산임금을 산정하도록 노사간에 합의한 경우 그 노사합의에 따라 계산한 금액이 근로기준법에서 정한 위 기준에 미달할 때에는 그 미달하는 범위 내에서 노사합의는 무효이고, 무효로 된 부분은 근로기준법이 정하는 기준에 따라야 한다.

3. 각종 수당이 통상임금인지 여부

가. 근속수당[11]

근속연수 1년 이상인 근로자에 대하여 매월 7일 이상 승무한 승무직

10) 대법원 2018. 7. 12. 선고 2013다60807 판결.
11) 대법원 1992. 2. 14. 선고 91다17955 판결.

종업원에게 1년 근무를 기준으로 매월 지급하기로 한 근속수당과 승무직종업원이 노선별 거리별로 일정기준거리를 초과하여 운행하는 경우에 승무직종별로 1km당 일정액을 지급하기로 한 킬로수당은 통상임금에 해당하지 아니한다.

나. 근무수당[12)]

(1) 염전회사의 직원보수규정에 월 20일 이상의 근무실적이 있는 자에 대하여는 시간외, 야간, 휴일근무의 수당조로 직급별 금액을 정하여 '근무수당'이란 이름으로 고정급으로 지급하고, 근무실적에 미달한 직원에게는 일할계산으로 또는 시간에 따른 일정비율로 계산하도록 되어 있었다.

(2) 위 근무수당은 실제 근무실적에 따라 지급되는 시간외·야간·휴일근무수당을 계산의 편의와 직원의 근무의욕을 고취시키는 취지에서 일정한 실제 근무시간을 기준으로 하여 매월 고정액 또는 감액조정액으로 지급하기로 한 것으로서 근로자에게 불이익한 것이 아닌 한 유효하다.

(3) 또한 위 근무수당은 월 근무일수가 20일 이상인 경우에 직급에 따라 고정급으로 지급되어 왔다고 하여도 실제 근무실적을 기초로 한 제법정수당의 성질을 띤 것이어서 통상임금에 포함시킬 수 없다.

다. 연료수당과 출근장려수당[13)]

단체협약상 조합원에게 월 출근공수에 따라 차등을 둔 소정의 연탄 장수(張數)를 현금으로 환산한 액수를 지급하는 연료수당과 월 일정출근공수 이상의 근로자에게 월 출근공수에 따라 차등을 두고 지급하는 출근장려수당은 실제 근로여부나 근무실적에 따라 지급액이 변동되는 것으로서 정기적·일률적으로 근로의 질이나 양에 대한 대가로 지급된 임금이 아니라 근로자들로 하여금 출근의욕을 고취시키기 위한 목적의 임금에 불과하므로 통상임금의 산정범위 내에 포함되지 않는다.

---

12) 대법원 1990. 11. 27. 선고 89다카15939 판결.
13) 대법원 1990. 11. 9. 선고 90다카6948 판결.

라. 행정해석과 고용노동부예규

(1) 행정해석

버스, 택시, 선박, 항공기 등의 승무종사자에게 지급되는 승무수당, 비행수당, 항해수당 등이 통상임금에 포함되는지에 관하여, 행정해석[14]은 "승무수당이 근무일과 관계없이 일정금액을 일률적으로 지급된다면 통상임금에 포함되나, 근무일에만 일정금액을 지급하는 승무수당은 통상임금에 포함되지 아니 한다"는 입장을 취하고 있다.

(2) 통상임금 산정지침 (고용노동부예규 제47호)

버스, 택시, 화물자동차, 선박, 항공기 등에 승무하여 운행·조종·항해·항공 등의 업무에 종사하는 자에게 근무일수와 관계없이 일정한 금액을 일률적으로 지급하는 수당(승무수당, 운항수당, 항해수당 등)은 통상임금 및 평균임금에 해당하지만(예규 제5조의2, [별표] 통상임금 및 평균임금 등의 판단기준 예시 2. ⑤), 근무일에 따라 일정금액을 지급하는 수당(승무수당, 운항수당, 항해수당, 입갱수당 등)은 평균임금에만 해당되고 통상임금에는 해당되지 아니한다(예규 제5조의2 [별표] 통상임금 및 평균임금 등의 판단기준 예시 3. ②).

4. 비행수당이 통상임금인지 여부

가. 인정사실

(1) 운항승무원(flight crew)에 대하여 지급되는 60시간분의 비행수당(보장수당)은 일반승무원의 경우 월간 실제 승무시간이 최저 승무시간인 30시간 이상인 경우에 한하여 지급된다.

(2) 실제 승무시간이 최저 승무시간인 30시간에 미달하는 경우에는 보장수당이 지급되지 않는다.

(3) 월간 승무기준시간인 75시간을 초과하는 경우에는 75시간에 상당

---

14) 1988. 2. 5. 근기 01254-1902.

하는 비행수당과 초과부분에 대하여 가산 지급되는 비행수당이 함께 지급된다.

(4) 승무결근자(Missed Flight 월 1회 이상인 자), 무단결근자, 승무불가능자(다만 의학적인 이유로 비행휴를 명 받은 자 및 공상자 중 3개월을 초과하지 않는 자는 제외) 등에 대하여는 비록 그 실제 근무시간이 최저 승무시간을 초과하는 경우에도 보장수당이 지급되지 아니한다.

나. 일률성

이 사건에서 운항승무원이 최저승무시간인 30시간 이상을 근무하면 비행시간 60시간까지는 실제의 근로여부나 근무실적과 관련 없이 일률적으로 60시간분에 해당하는 보장비행수당을 지급받았으므로, '일정한 조건 또는 기준에 달한 모든 근로자'에게 지급되는 것을 의미하는 일률성을 인정할 수 있다.

다. 고정성

(1) 고정성은 근로자가 제공한 근로에 대하여 업적·성과 기타 추가적 조건과 관계없이 당연히 지급될 것이 확정되어 있는 성질을 의미한다.

(2) 원심은 운항승무원들이 비행스케줄에 따라 승무하는 경우 매월 최저승무시간에 미달하게 승무하는 예는 극히 드물고, 원고들이 그 동안 최저승무시간을 초과하여 승무함으로써 보장비행수당 이상의 비행수당을 지급받았으므로, 보장비행수당은 매월 고정적으로 지급되는 것으로서 통상임금에 포함된다고 보았다.

(3) 그러나 (i) 운항승무원이 최저승무시간인 30시간 이상을 근무하여야 하는 점, (ii) 승무결근자, 무단결근자, 승무불가능자(다만 의학적인 이유로 비행휴를 명 받은 자 및 공상자 중 3개월을 초과하지 않는 자는 제외) 등에 대하여는 비록 그 실제 근무시간이 최저 승무시간을 초과하는 경우에도 보장수당을 지급하지 아니한 점 등을 종합하면, 고정성을 인정하기는 어렵다. 이는 위 판례들에서 본 월 20일 이상 근무한 자에게 지급하는 근무수당, 월 7일 이상 승무한 자에게 지급하는 근속수당, 일정기준거리를 초

과하여 운행하는 경우에 승무직종별로 1km당 일정액을 지급하기로 한 킬로수당이 통상임금에서 제외되는 것과 동일한 이치이다.

라. 소 결

따라서 비행수당은 비록 보장수당의 경우에도 고정적으로 지급되는 것이 아니고, 항공기 승무원의 실제의 근무성적에 따라 그 지급여부나 지급액이 달라지는 것이므로, 운항승무원의 성실한 승무의욕을 고취시키기 위한 임금으로서 통상임금에 해당한다고 볼 수는 없다.

마. 평 가

대상판결은 승무원이 최저승무시간을 초과하여 승무할 경우 실제의 승무실적에 관계없이 일률적으로 지급받은 일정시간분에 해당하는 보장비행수당도, 실제로 승무원이 최저승무시간에 미달하게 근무하는 예가 극히 드물고 원고들이 계속적으로 보장비행수당 이상의 비행수당을 지급받았다고 하더라도, 고정적으로 지급된 것이 아니어서 통상임금에 포함되지 아니한다는 것을 명확히 한 점에서 의의가 있다.[15)]

5. 객실승무원의 비행수당

가. 사실관계

이 사건과 동일한 항공사에 근무하는 객실승무원(cabin crew)에게 지급되는 비행수당은 실제 비행시간이 30시간 이상인 경우에 한하여 60시간의 비행수당(보장수당)이 지급되고, 60시간을 초과하는 경우에는 보장수당과 초과 부분에 대하여 가산 지급되는 비행수당이 함께 지급되며, 승무결근자(Missed Flight 1회 이상인 자)나 교육기간이 14일 이상인 자, 병가기간이 7일 이상인 자, 공상기간이 월 중 10일 이상인 자 등에 대하여는 보장수당이 적용되지 아니하였다.

---

15) 이국환, "항공기 승무원이 최저승무시간을 초과하여 승무할 경우 실제의 승무실적에 관계없이 일률적으로 지급받은 일정시간분에 해당하는 보장비행수당이 통상임금에 포함되는지 여부", 대법원판례해설 제25호, 339면.

나. 통상임금 부정설[16)]

위와 같이 객실승무원에게 지급되는 비행수당은 고정적으로 지급되는 수당이 아니라 실제의 근무성적에 따라 그 지급 여부 및 지급액이 달라지는 것이므로 통상임금에 해당하지 않는다.

다. 통상임금 긍정설[17)]

항공사 객실승무원은 항공기 승무를 통하여 본래의 업무를 수행하는 점에 비추어 보면, 실제 비행시간이 30시간 이상인 경우에 한하여 60시간의 비행수당을 보장수당으로 하는 것은 특별의 사정이 없는 한 최소한 보장수당은 통상적으로 지급한다는 것을 의미한다. 더욱이 원고의 월 승무시간이 평균 71시간 정도에 이르고 있는 사실에서도 예외적 경우를 제외하고는 객실승무원은 월 승무시간이 적어도 30시간 이상 된다. 따라서 항공기 승무원의 근무장소와 근무형태, 보장수당의 설정 의미, 통상의 승무실정 등을 고려할 때 보장수당은 통상임금에 포함시킬 수 있는 가능성도 있다.

---

16) 대법원 1996. 6. 28. 선고 95다24074 판결.

17) 하경효, "객실 남승무원의 연월차휴가청구권, 비행수당 등의 통상임금 인정여부: 대한항공사건", 노동판례평석집 제2권, 한국경영자총협회(2000), 71면.

[12] 이·착륙수당과 현지식비의 통상임금 여부

대법원 1996. 6. 28. 선고 95다24074 판결

Ⅰ. 사실관계

(1) 원고는 피고 항공사(대한민국 회사)에 1981. 1. 1. 입사한 이래 객실지원부 사원 및 객실승무원으로 계속 근무해 오고 있다. 그런데 원고는 연차휴가와 미사용 연차휴가 일수에 대한 연차휴가 근로수당은 지급받았으나 월차휴가수당을 받은 사실이 없으며, 피고가 연차휴가수당을 산정할 때 각종 수당, 특히 이·착륙수당, 해외현지 식비를 통상임금에서 제외하였으므로 이에 따른 연차휴가수당의 차액과 월차휴가수당을 지급할 것을 청구하는 소를 제기하였다.

(2) 이·착륙수당은 객실승무원이 국내선에 탑승하게 되는 경우에 한하여 이·착륙 횟수에 따라 지급되는 것이다.

(3) 현지식비(Per Diem)는 승무원이 국제선에 승무하는 경우에만 해외에서 체류하는 기간 동안 지급되는 것으로, 체류지역마다 그 지급 단가가 다르고, 그 지급액도 근로제공과는 무관하게 단지 체류시간에 비례하여 지급되는 것이다.

Ⅱ. 참조 조문

1. 근로기준법 시행령

제6조(통상임금) ① 법과 이 영에서 "통상임금"이란 근로자에게 정기적이고 일률적으로 소정(所定)근로 또는 총 근로에 대하여 지급하기로 정한 시간급 금액, 일급 금액, 주급 금액, 월급 금액 또는 도급 금액을 말한다.

2. 단체협약[1)]

> **제44조(임금)** 임금의 정의와 구성, 상여금, 비행수당 등에 관하여는 임금협약서에 정한 바에 따른다.
>
> **제68조(국내 및 해외 체류잡비)**
>
> ① 국내선 비행에 대한 국내 체류잡비는 기장: 20,000원, 부기장: 13,500원으로 하되 당일 편승한 구간 없이 다섯 구간을 비행한 경우 다섯째 구간에 대해 2배를 지급한다.
>
> ② 국제선 비행시 지급되는 해외체류잡비(퍼디움)에 대해서는 첨부와 같이 지급한다.

3. 해외체류잡비(Per Diem)[2)]

(단위 USD, 유럽은 EURO)

지역		A 그룹	B 그룹
미주	미국	3.01	2.81
	캐나다	2.81	2.62
유럽	ZRH	3.42	3.26
일본	전지역	2.72	2.57
중국	본토	1.95	1.80

Ⅲ. 판시사항

(1) 항공기 객실승무원에게 지급하는 이·착륙수당은 승무원이 국내선에 탑승하게 되는 경우에 한하여 이·착륙 횟수에 따라 지급되는 것이므로, 정기적·일률적으로 지급되는 것이라고 할 수 없어서 통상임금에 해당하지 않는다.

---

1) 이 사건 당시 단체협약의 내용을 알 수 없어서, 참고로 2015. 6. 12.에 체결된 단체협약을 기재하였다.

2) 당시 자료를 알 수 없어서, 참고로 2019. 3. 1. 현재 시행 중인 해외체류잡비표 중 일부를 기재하였다.

(2) 승무원이 해외에서 체류하는 기간 동안 지급하는 현지식비는 국제선에 승무하는 경우에만 지급되고, 더욱이 체류지역마다 그 지급 단가가 다를 뿐만 아니라 그 지급액도 근로제공과는 무관하게 단지 체류시간에 비례하여 지급되는 것이어서 통상임금에 해당하지 않는다.

Ⅳ. 해 설

1. 이·착륙수당

가. 판 례

(1) 회사가 임금협정에 따라 1989. 7. 1.부터 1990. 6. 30.까지 승무운전자에 한하여 근무 1일당 1,624원을 지급한 경우, 매 근무일마다 근로자에게 지급한 승무수당은 실제 근무일수나 근무실적에 따라 지급액이 변경되어 정기적·일률적으로 지급되는 고정적인 임금이 아니므로 통상임금에 포함되지 않는다.[3)]

(2) 승무수당은 매월 실제로 출근하여 승무한 날수만큼 하루당 시급 1시간 분을 지급하는 것으로서, 개별근로자의 월간 실제 근무일수 및 근무성적에 따라 부분적으로 차등 있게 지급되고 그 지급액도 매월 변동되는 것이므로, 위 수당은 근로의 질과 양에 따라 고정적·일률적이며 균등하게 지급되는 것이 아니어서 이를 통상임금에 포함시킬 수 없다.[4)]

나. 행정해석: 통상임금 산정지침 (고용노동부예규 제47호)

버스, 택시, 화물자동차, 선박, 항공기 등에 승무하여 운행·조종·항해·항공 등의 업무에 종사하는 자에게 근무일수와 관계없이 일정한 금액을 일률적으로 지급하는 수당(승무수당, 운항수당, 항해수당 등)은 통상임금 및 평균임금에 해당한다(예규 제5조의2, [별표] 통상임금 및 평균임금 등의 판단기준 예시 2. ⑤).

---

3) 대법원 2002. 7. 23. 선고 2000다29370 판결.
4) 서울민사지방법원 1992. 3. 3. 선고 91나19820 판결.

이와 달리, 근무일에 따라 일정금액을 지급하는 수당(승무수당, 운항수당, 항해수당, 입갱수당 등)은 평균임금에만 해당되고 통상임금에는 해당되지 아니한다(예규 제5조의2 [별표] 통상임금 및 평균임금 등의 판단기준 예시 3. ②).

다. 검 토

위에서 본 바와 같이, 판례와 행정해석은 근무일수와 관계없이 일정한 금액을 일률적으로 지급하는 수당은 통상임금에 해당하지만, 실제 근무일에 따라 일정금액을 지급하는 수당은 통상임금이 아니라고 보고 있다. 대상사안에서 객실승무원(cabin crew)에게 지급되는 이·착륙수당은 승무원이 국내선에 탑승하게 되는 경우에 한하여 이·착륙 횟수에 따라 지급되는 것이다. 따라서 통상임금의 요건인 정기적·일률적으로 지급될 것이라는 요건을 충족하지 못하므로, 이·착륙수당은 통상임금에 해당하지 않는다.

2. 현지식비

가. 임금이 아닌 식비

(1) 임금은 사용자가 근로자에게 근로의 대가로 지급하는 일체의 금품이다(근로기준법 제2조 제1항 제5호). 평균임금 산정의 기초가 되는 임금 총액에는 사용자가 근로의 대상으로 근로자에게 지급하는 금품으로서, 근로자에게 계속적·정기적으로 지급되고 단체협약, 취업규칙, 급여규정, 근로계약, 노동관행 등에 의하여 사용자에게 그 지급의무가 지워져 있는 것은 그 명칭 여하를 불문하고 모두 포함된다.[5] 그러나 근로자가 특수한 근무조건이나 환경에서 직무를 수행함으로 말미암아 추가로 소요되는 비용을 변상하기 위하여 지급되는 실비변상적 금원 또는 사용자가 지급의무 없이 은혜적으로 지급하는 금원 등은 평균임금 산정의 기초가 되는 임금 총액에 포함되지 아니한다.[6]

---

5) 대법원 2001. 10. 23. 선고 2001다53950 판결.
6) 대법원 2003. 4. 22. 선고 2003다10650 판결.

(2) 식비는 실비변상적 성질의 것이라면 임금이 아니라는 것이 판례의 입장이다. 따라서 (i) 단체협약에서 식사 제공을 복지후생이라 명시하였고, 사용자가 제공하는 식권은 2일 동안 유효하고 식사를 하지 않으면 다른 금품으로 대체 청구할 수 없으며, 실제 근무 근로자들에 한하여 식사를 현물로 제공하였다면 그 식사 제공은 임금이 아니고,[7] (ii) 출장 식대가 화물차 운전자에게만 지급되었고 이들이 회사 구내를 벗어나 작업하게 되어 가정이나 구내식당에서 식사를 하지 못하고 매식을 하는 경우에 지급된 것이라면 실비변상 명목의 돈이지 임금이 아니며,[8] (iii) 판매직 사원들에게만 지급되는 추가 중식 지원비도 임금이 아니고,[9] (iv) 상근자에 한하여 현물로 지급되며 현물을 제공받지 않은 근로자에 대하여 그에 상당하는 금품이 제공되지 않은 경우의 중식대는 통상임금에 포함되지 않는다.[10]

(3) 이러한 판례 취지 중 일률성이 갖추어지지 않았음을 이유로 한 것에 대하여는, 일률성은 모든 근로자를 대상으로 하는 경우에만 성립하는 것이 아니라 일정한 조건에 해당하는 근로자를 대상으로 하는 경우도 포함하는 것이어서, 운전사 전원 또는 판매직 전원에게 추가 식대를 지급하였다면 일률성을 갖추었다고 보아 임금으로 보아야 한다는 비판적인 견해가 있다.[11]

나. 임금인 식비

(1) 식비가 모든 근로자에게 계속적·정기적·일률적으로 지급되었다면 임금이라는 것이 판례의 입장이다.[12] 또한 근로계약·취업규칙 등에 규정된 급식비로써 근무일수에 관계없이 모든 근로자에게 일률적으로 지급하

---

7) 대법원 2002. 7. 23. 선고 2000다29370 판결.
8) 대법원 1998. 1. 20. 선고 97다18936 판결.
9) 대법원 2002. 7. 12. 선고 2001다82125 판결.
10) 대법원 2003. 4. 22. 선고 2003다10650 판결. 구내식당 설치 여부가 근로자의 근로가치에 대한 평가를 좌우하는 근로조건에 해당한다고는 볼 수 없는 점에서 중식대의 소정근로대가성을 인정할 수 없다(서울고등법원 2019. 2. 22. 선고 2017나28858 판결).
11) 문무기 외 3명, 임금제도개편을 위한 노동법적 과제, 한국노동연구원(2006), 24면.
12) 대법원 2003. 2. 11. 선고 2002다50828 판결.

는 경우에는 평균임금이라는 것이 행정해석이다(고용노동부예규 제5조의2, [별표] 통상임금 및 평균임금 등의 판단기준 예시 4. ④ 가.).

(2) 사용자는 근로자에게 출근일에 한하여 일정금액 상당의 식사를 현물로 제공하되, 식사를 제공받지 아니하는 근로자에게는 동액 상당의 구판장이용 쿠폰을 지급하여 온 경우, 위 식대보조비는 그 지급조건 및 내용 등에 비추어 근로의 대가로 정기적·일률적으로 지급된 것으로서 통상임금에 포함된다.[13]

다. 숙박비

(1) 출장에 필요한 여비나 숙박비로 지급되는 출장비는 실비변상적인 성질을 갖는 것으로서 임금에 해당하지 않는다.[14] 운송회사가 화물운전사들에게 지급한 작업출장비는 실비변상 성격의 돈이어서 임금이 아니다.[15]

(2) 운전자가 출근하여 실제 근로한 날에 대하여 1일 2,000원의 교통·목욕비를 지급한 경우, 교통·목욕비도 근무일수에 따라 그 지급액이 달라지기는 하지만 근무일에 소정근로를 제공하기만 하면 일정액을 지급받는 것이 확정되어 있으므로, 모두 정기적·일률적으로 지급되는 고정적인 임금인 통상임금에 해당한다.[16]

라. 선원의 선내 급식

(1) 선원법상 임금

근로기준법상 임금은 사용자가 근로자에게 근로의 대상으로 지급하는 일체의 '금품'을 의미하지만(근로기준법 제2조 제1항 제5호), 선원법에서는 물품을 제외한 일체의 '금전'만을 임금이라고 규정하고 있다(선원법 제2조 제10호). 이는 선원[17]이 선박 내에서 승무하는 동안 일체의 숙식을 선박소

---

13) 대법원 1993. 5. 27. 선고 92다20316 판결.
14) 대법원 1971. 10. 22. 선고 71다1982 판결.
15) 대법원 1998. 1. 20. 선고 97다18936 판결.
16) 대법원 2014. 8. 28. 선고 2013다74363 판결.
17) '선원'이란 이 법이 적용되는 선박에서 근로를 제공하기 위하여 고용된 사람을 말한다. 다만, 대통령령으로 정하는 사람은 제외한다(선원법 제2조 제1호).

유자[18]가 부담하기 때문에, 일반근로자처럼 물품을 임금에 포함하게 되면 선박소유자가 숙식에 필요한 모든 생활비까지 임금에 포함시키는 불합리한 결과가 초래되므로 물품을 임금에서 제외한 것이다.[19]

(2) 선내 급식에 관한 규정

선원법은 선박소유자에게 승무 중인 선원을 위하여 적당한 양과 질의 식료품과 물을 선박에 공급하고, 조리와 급식에 필요한 설비를 갖추어 선내 급식을 하여야 할 의무를 부과하고 있고(제76조 제1항), 선박소유자는 해양수산부장관의 승인을 받아 식료품 공급을 갈음하여 선내 급식을 위한 식료품의 구입비용을 선장[20]에게 지급하고, 선장에게 선내 급식을 관리하게 할 수 있다(제77조 제1항)고 규정하고 있다.

(3) 임금이 아님

선내 급식이 선박소유자가 근로의 대상으로 지급하는 것인지, 아니면 선박의 운항에 필요한 비품의 일종으로 볼 것인지 문제된다. 위와 같이 선박소유자가 선원에게 직접 선내 급식비를 금전으로 지급하는 것이 아니라 현물급식을 행하도록 한 것은 선내 급식이 근로의 대가라기보다는 선박항해의 특성상 선원의 건강유지를 위하여 선박소유자에게 그 의무를 부과한 것이고, 위에서 본 바와 같이 선원의 임금은 금전에 한정되고 현물은 제외되므로, 선내 급식은 선박운항에 필요한 비용으로 보아야 한다.[21]

(4) 임금으로 인정되는 경우

이와 달리, 식대비가 실제 근무일수와는 무관하게 선원에게 정기적·일률적으로 근로의 대가로 지급되는 경우에는 통상임금[22] 또는 승선평균임

---

18) '선박소유자'란 선주, 선주로부터 선박의 운항에 대한 책임을 위탁받고 이 법에 따른 선박소유자의 권리 및 책임과 의무를 인수하기로 동의한 선박관리업자, 대리인, 선체용선자(船體傭船者) 등을 말한다(선원법 제2조 제2호).

19) 조귀연, "선원법과 근로기준법과의 관계", 해양한국 제206호(1990. 11.), 77면.

20) '선장'이란 해원(海員)을 지휘·감독하며 선박의 운항관리에 관하여 책임을 지는 선원을 말한다(선원법 제2조 제3호).

21) 부산지방법원 2006. 9. 14. 선고 2006나880 판결; 민경태, "개정 선원법상 선원의 임금제도", 해양한국 제206호(1990. 11.), 82~83면.

금[23]에 해당한다.

마. 대상사안의 검토

현지식비(Per Diem)는 승무원이 국제선에 승무하는 경우에만 해외에서 체류하는 기간 동안 지급되고, 체류지역마다 그 지급 단가가 다르며, 그 지급액도 근로제공과는 무관하게 체류시간에 비례하여 지급된다. 이는 객실승무원이 해외체류라는 특수한 근무조건이나 환경에서 직무를 수행함으로 말미암아 추가로 소요되는 비용을 변상하기 위하여 지급되는 실비변상적 금원이므로, 통상임금에 해당하지 아니 한다.

---

22) 서울고등법원 2011. 1. 28. 선고 2010나31411 판결, 인천지방법원 2011. 11. 17. 선고 2009가합23036 판결.

23) 인천지방법원 2009. 7. 8. 선고 2008나19492 판결.

[13] 청원경찰로 임명된 객실승무원의 근로조건

대법원 1996. 6. 28. 선고 95다24074 판결

Ⅰ. 사실관계

(1) 피고(대한민국 항공사)는 1969년의 대한항공기 납북, 1971년의 여객기 납북기도 등의 항공범죄가 발생한 후에는 항공보안업무를 안전기획부에서 파견한 무장 경찰보안관과 항공사의 무장 보안승무원이 담당하도록 하여 왔다. 그 후 민간항공기에 무장 경찰관이 탑승하는 것이 국가가 민간기업에 대하여 보조하는 것과 같은 외양상 문제점이 발생하자 1980. 7.경 무장 경찰관을 철수시키고 무장 보안승무원이 총기를 휴대한 채 항공보안업무를 수행하였다.

(2) 민간항공기의 객실승무원이 무기를 휴대하는 것이 법률적으로 문제가 될 가능성이 있자, 피고는 정부의 정책에 따라 1983년부터 항공보안업무를 경찰관의 직무를 수행할 수 있는 청원경찰법 소정의 청원경찰이 담당하도록 하여 기존의 남자승무원 중에서 청원경찰의 임용조건에 맞는 자를 청원경찰로 임용하여 청원경찰로 하여금 항공보안업무를 담당하도록 하였다.[1)]

(3) 모두 청원경찰로 임용되어 있는 객실 남승무원은 1991. 11. 1. 이전에는 총기를 휴대하여 근무하여 왔고, 그 이후에는 가스총을 휴대한 채

1) 1970년대 초반에 일부 기장에 대해 청원경찰로 입명하여 왔다가, '사법경찰관리의 직무를 행할 자와 그 직무범위에 관한 법률' 제7조 제2항에 의해 경찰업무권한이 당연히 부여되자, 1975. 2.에 청원경찰의 임용을 일시 폐지한 바도 있었다. 그렇지만 1975. 5.에 조종사들을 다시 청원경찰로 지정한 바가 있는데 이는 청원경찰로 임명되면 조종사들이 노동조합에 가입할 수 없다는 점을 의도하였다는 추측이 가능하다는 견해로는 김홍영, "항공운수산업에서의 단결권과 파업권의 보장 - 노동기본권 보장의 보편화를 추구하면서-", 민주법학 제20호(2001), 110~111면. 2018. 9. 18.부터 시행된 현행 청원경찰법 제9조의4는 "청원경찰은 파업, 태업 또는 그 밖에 업무의 정상적인 운영을 방해하는 일체의 쟁의행위를 하여서는 아니 된다"고 규정하여, 청원경찰의 단결권과 단체교섭권을 인정하고 있다.

근무하도록 하면서, 그 밖에 수갑·방탄조끼·방폭담요·포승줄 등 항공보안 업무 수행에 필요한 장비를 휴대한 채 근무하였다.

(4) 피고는 항공기에 탑승하는 객실승무원의 구성에서 항공보안업무를 주된 임무로 하고 있는 객실 남승무원과 기내 서비스 업무에 중점을 두는 객실 여승무원의 비율을 국제선의 경우 1:3 이상으로 편성하였고, 국내선의 경우도 대체로 1:3 이상으로 편성하였다.

(5) 원고는 피고 회사에 1981. 1. 1. 입사한 이래 객실지원부 사원 및 객실승무원으로 계속 근무해 오고 있다. 그런데 원고는 연차휴가와 미사용 연차휴가 일수에 대한 연차휴가 근로수당은 지급받았으나 월차휴가수당을 받은 사실이 없다고 주장하면서 월차휴가수당을 지급할 것을 청구하는 소를 제기하였다.

(6) 피고는 월차휴가 및 수당에 관하여 원고가 1985. 11. 26.자로 피고의 청원경찰로 임명되어 근무하고 있기 때문에 청원경찰에 대하여는 청원경찰법, 경찰공무원 복무규정, 공무원 복무규정 등이 근로기준법에 우선하여 적용된다는 점을 근거로 근로기준법에 기한 원고의 청구에 응할 수 없다고 주장하였다.

(7) 원고에게는 보장휴일, 지정휴일, 해외 L/O, Home Stand By 등의 휴일에 따라 실제 한달 평균 12~15일의 휴일이 발생하므로, 이와는 별도로 이제 와서 월차휴가를 요구하는 것이 신의칙에 어긋난다는 피고의 주장은 보장휴일 등의 휴일제도가 그 성격상 근로기준법이 규정하고 있는 연월차휴가제도와 동일한 것이라고 보기 어렵다는 점을 근거로 항소심에서 배척되었다.

II. 참조 조문

1. 구 근로기준법(1997. 3. 13. 법률 제5305호로 폐지되기 전의 것)[2)]

제47조(월차 유급휴가) ① 사용자는 1월에 대하여 1일의 유급휴가를 주

2) 월차휴가는 1997. 3. 13. 법률 제5309호로 제정된 근로기준법에서는 제57조에서 규정되었다가, 2003. 9. 15. 법률 제6974호로 폐지되었다.

어야 한다.

② 제1항의 규정에 의한 유급휴가는 근로자의 자유의사로 1년간에 한하여 적치하여 사용하거나 분할하여 사용할 수 있다.

2. 구 청원경찰법(1983. 12. 30. 법률 제3677호 개정되어 1984. 1. 31. 시행된 것)

제2조(정의) 이 법에서 "청원경찰"이라 함은 다음 각 호의 1에 해당하는 기관의 장 또는 시설·사업장등의 경영자가 소요경비(이하 "청원경찰경비"라 한다)를 부담할 것을 조건으로 경찰의 배치를 신청하는 경우에 그 기관·시설 또는 사업장등의 경비를 담당하게 하기 위하여 배치하는 경찰을 말한다.

1. 국가기관 또는 공공단체와 그 관리하에 있는 중요시설 또는 사업장
2. 국내 주재 외국기관
3. 기타 내무부령으로 정하는 중요시설·사업장 또는 장소

제3조(청원경찰의 직무) 청원경찰은 청원주와 배치된 기관·시설 또는 사업장등의 구역을 관할하는 경찰서장의 감독을 받아 그 경비구역내에 한하여 경찰관직무집행법에 의한 경찰관의 직무를 행한다.

제5조(청원경찰관 임용등) ④ 청원경찰의 복무에 관하여는 경찰공무원에 관한 규정을 준용한다.

3. 청원경찰법

제5조(청원경찰의 임용 등) ③ 청원경찰의 임용자격·임용방법·교육 및 보수에 관하여는 대통령령으로 정한다.

④ 청원경찰의 복무에 관하여는 「국가공무원법」 제57조, 제58조 제1항, 제60조 및 「경찰공무원법」 제18조를 준용한다.

4. 청원경찰법 시행령

제7조(복무) 법 제5조 제4항에서 규정한 사항 외에 청원경찰의 복무에 관하여는 해당 사업장의 취업규칙에 따른다.

Ⅲ. 판시사항

(1) 항공기를 사용하여 유상으로 여객 또는 화물을 운송하는 항공운송사업에서 항공기의 납치·폭파와 같은 승객·승무원·항공기 및 항공보조시설 등의 항공재산에 대한 손상과 파괴행위를 포함한 승객·승무원·항공기 등의 안전을 위태롭게 하거나 할 수 있는 일체의 항공범죄행위부터 승객·승무원·항공기 및 항공관련시설 등을 안전하게 보호하기 위한 항공보안업무는 절대적이고 불가결한 요청이다. 이와 같은 항공보안업무는 위험상황을 방지하거나 탐지하기 위하여 행하는 보안사항 브리핑, 기내 보안점검, 항공기 이용자에 대한 거동의 관찰, 조종실의 출입통제 등과 같은 예방대책과 범죄행위자 또는 범죄용의자에 대한 대화·협상·회유·체포·사살, 폭발물의 제거·처리, 승객의 안전대피 등과 같은 구체적인 위험상황에서 대응 및 저지 대책을 포함한다. 항공운송에서 구체적인 위험상황이 초래되는 것은 승객·승무원·항공기 등의 안전에 치명적인 위험을 초래할 수 있고, 항공운송업 자체의 수행에도 중대한 영향을 초래할 수밖에 없으므로 통상의 항공보안업무에서는 예방대책이 그 주종을 이룬다.

(2) 이와 같은 항공보안업무의 특성, 청원경찰의 임용 경위나 그 직무의 성격에 비추어 항공보안업무는 청원경찰의 주된 임무이고, 객실승무원의 구성비율이나 근무실태를 보아도 청원경찰인 객실 남승무원은 항공보안업무를 주된 업무로 하고 있음에 반하여, 통상의 기내 서비스업무는 주로 객실 여승무원이 담당하고 있는 것으로 보인다.[3)]

(3) 청원경찰의 복무에 관하여 경찰공무원에 관한 규정을 준용하도록 규정하고 있는 청원경찰법 제5조 제4항에 따른 같은 법 시행령 제10조에 의하면 청원경찰의 복무에 관하여 공무원복무규정 제14조 내지 제19조를 준용하도록 되어 있고, 한편 경찰공무원복무규정 제20조는 경찰공무원의

3) 현재 국내 항공사의 경우 기내서비스는 남녀 구분 없이 같이 수행하고, 항공운송사업자는 남녀 구분 없이 일정 직급 이상의 승무원을 항공기내보안요원으로 지명하고 있으므로(항공보안법 제2조 제7호, 시행규칙 제3조의5 제1항 제1호 참조), 위의 판시내용은 더 이상 타당하다고 보기 어렵다.

복무에 관하여 그 영에서 규정한 사항 외에는 공무원복무규정을 적용한다고 되어 있으며, 공무원복무규정 제14조 내지 제19조는 공무원의 휴가에 관하여 근로기준법과는 달리 연가·병가·공가로 세분하여 별도의 규정을 두고 있는 터이므로, 결국 청원경찰의 경우 휴가에 관하여는 공무원복무규정 제14조 내지 제19조가 우선적으로 적용되고 근로기준법 소정의 휴가에 관한 규정은 그 적용이 배제된다.

(4) 그럼에도 불구하고 원심은, 원고가 청원경찰로 임용된 사실을 인정하면서도 청원경찰인 경우에도 근로기준법 소정의 휴가에 관한 규정이 당연히 적용되는 것임을 전제로 원고와 같은 객실 남승무원이 평상시에는 청원경찰로서의 임무수행보다는 승객안내 등의 객실 서비스업무를 주로 하고 있다고 인정하면서 원고의 경우 근로기준법 소정의 연·월차휴가에 관한 규정의 적용이 배제된다는 피고의 주장을 배척하였으니, 원심은 구 근로기준법 제47조의 적용대상에 관한 법리를 오해하고 나아가 원고와 같은 객실 남승무원이 수행한 주된 업무에 관한 사실을 잘못 인정한 위법을 저질렀다.

Ⅳ. 해 설

1. 청원경찰의 지위

가. 의 의

청원경찰이란 항공기 등 수송시설의 경영자가 경비(經費)를 부담할 것을 조건으로 경찰의 배치를 신청하는 경우 그 시설의 경비(警備)를 담당하게 하기 위하여 배치하는 경찰을 말한다(청원경찰법 제2조 제3호, 시행규칙 제2조 제1호). 청원경찰은 제4조 제2항에 따라 청원경찰의 배치 결정을 받은 자(이하 '청원주')와 배치된 시설의 구역을 관할하는 경찰서장의 감독을 받아 그 경비구역만의 경비를 목적으로 필요한 범위에서 경찰관 직무집행법에 따른 경찰관의 직무를 수행한다(청원경찰법 제3조). 청원경찰의 복무에 관하여는 국가공무원법 제57조,[4] 제58조 제1항,[5] 제60조[6] 및 경찰공무원법 제18조[7]를 준용한다(청원경찰법 제5조 제4항).

나. 헌법재판소 2017. 9. 28. 선고 2015헌마653 결정

(1) 청원경찰은 일반근로자일 뿐 공무원이 아니다. 청원경찰은 제한된 구역의 경비를 목적으로 필요한 범위에서 경찰관의 직무를 수행할 뿐이며, 그 신분보장은 공무원에 비해 취약하다. 또한 국가기관이나 지방자치단체 이외의 곳에서 근무하는 청원경찰은 근로조건에 관하여 공무원뿐만 아니라 국가기관이나 지방자치단체에 근무하는 청원경찰에 비해서도 낮은 수준의 법적 보장을 받고 있으므로, 이들에 대해서는 근로3권이 허용되어야 할 필요성이 크다.

(2) 청원경찰은 특정 경비구역에서 근무하며 그 구역의 경비에 필요한 한정된 권한만을 행사하므로, 청원경찰의 업무가 가지는 공공성이나 사회적 파급력은 군인이나 경찰의 그것과는 비교하여 견주기 어렵다. 그럼에도 심판대상조항[8]은 군인이나 경찰과 마찬가지로 모든 청원경찰의 근로3권을 획일적으로 제한하고 있다.[9] 이상을 종합하여 보면, 심판대상조항이

---

4) 제57조(복종의 의무) 공무원은 직무를 수행할 때 소속 상관의 직무상 명령에 복종하여야 한다.

5) 제58조(직장 이탈 금지) ① 공무원은 소속 상관의 허가 또는 정당한 사유가 없으면 직장을 이탈하지 못한다.

6) 제60조(비밀 엄수의 의무) 공무원은 재직 중은 물론 퇴직 후에도 직무상 알게 된 비밀을 엄수(嚴守)하여야 한다.

7) 제18조(거짓 보고 등의 금지) ① 경찰공무원은 직무에 관하여 거짓으로 보고나 통보를 하여서는 아니 된다.
② 경찰공무원은 직무를 게을리하거나 유기(遺棄)해서는 아니 된다.

8) 청원경찰의 복무에 관하여 국가공무원법 제66조 제1항을 준용함으로써 노동운동을 금지하는 청원경찰법(2010. 2. 4. 법률 제10013호로 개정된 것) 제5조 제4항 중 국가공무원법 제66조 제1항 가운데 '노동운동' 부분을 준용하는 부분. 위 심판대상조항은 2018. 9. 18. 법률 제15765호에 의하여 개정되었다.

9) 청원경찰을 형법 기타 법령의 적용에서는 공무원으로 의제하여 근로자인 청원경찰에게 근로3권을 제한 또는 금지하는 구 청원경찰법 제10조 제2항이 헌법 제10조, 제11조, 제33조 제1항 및 제37조 제2항에 위반된다고 할 수 없고, 피고인이 청원경찰의 신분에 있으면서도 K항공 운항승무원 노동조합을 인정해 달라는 집회를 개최함으로써 집단적 행위를 하였다는 공소사실에 대하여 청원경찰법 제11조, 국가공무원법 제66조 제1항, 형법 제8조 본문, 제1조 제2항, 제50조를 각 적용하여 피고인의 청원경찰법 위반의 범행을 유죄로 판단한 원심은 정당하다는 판결로는 대법원 2008. 9. 11. 선고 2004도746 판결.

모든 청원경찰의 근로3권을 전면적으로 제한하는 것은 과잉금지원칙을 위반하여 청구인들의 근로3권을 침해하는 것이다.

(3) 심판대상조항의 위헌성은 모든 청원경찰에 대해 획일적으로 근로3권 전부를 제한하는 점에 있으며, 입법자는 청원경찰의 구체적 직무내용, 근무장소의 성격, 근로조건이나 신분보장 등을 고려하여 심판대상조항의 위헌성을 제거할 재량을 가진다.

2. 근로기준법과 청원경찰법의 관계

가. 공무원과 근로기준법

(1) 공무원도 임금을 목적으로 근로를 제공하는 구 근로기준법 제14조[10] 소정의 근로자이므로, 공무원연금법, 공무원보수규정, 공무원수당규정 등에 특별한 규정이 없는 경우에는 공무원에 대하여도 성질에 반하지 아니하는 한 원칙적으로 근로기준법이 적용된다.[11]

(2) 지방공무원도 임금을 목적으로 근로를 제공하는 구 근로기준법 제14조의 근로자이므로 지방공무원법 등에 특별한 규정이 없는 경우에는 지방공무원에 대하여도 그 성질에 반하지 아니하는 한 근로기준법이 적용될 수 있으나, 지방공무원에 대한 임면 등의 인사와 복무 등에 관하여는 지방공무원법과 그 위임에 따라 제정된 지방공무원임용령 등 지방공무원에게 적용되는 특별한 규정이 있어서 지방공무원의 직권면직에 대하여 근로기준법이 적용될 수 없을 뿐 아니라, 지방자치단체와 지방공무원간의 공법상 근무관계에 대하여 사인간 근로관계의 해고에 관한 구 근로기준법 제30조, 제31조를 그대로 적용하거나 유추적용하는 것은 지방공무원의 근무관계의 성질에 반하는 것이어서 허용될 수 없다.[12]

---

10) 현행 근로기준법 제2조 제1호.

11) 대법원 1996. 4. 23. 선고 94다446 판결, 대법원 1998. 8. 21. 선고 98두9714 판결.

12) 대법원 2005. 4. 15. 선고 2004두14915 판결.

나. 국가나 지방자치단체에 근무하는 청원경찰

국가나 지방자치단체에 근무하는 청원경찰은 국가공무원법이나 지방공무원법상 공무원은 아니지만, 다른 청원경찰과는 달리 그 임용권자가 행정기관의 장이고, 국가나 지방자치단체부터 보수를 받으며, 산업재해보상보험법이나 근로기준법이 아닌 공무원연금법에 따른 재해보상과 퇴직급여를 지급받고, 직무상 불법행위에 대하여도 민법이 아닌 국가배상법이 적용되는 등의 특질이 있으며 그 외 임용자격·직무·복무의무 내용 등을 종합하여 볼 때, 그 근무관계를 사법상 고용계약관계로 보기는 어려우므로 그에 대한 징계처분의 시정을 구하는 소는 행정소송의 대상이지 민사소송의 대상이 아니다.[13)]

다. 학 설[14)]

청원경찰로 임명되어 있는 객실 남승무원의 주된 업무를 어떻게 이해하는가에 따라 휴가에 관하여 공무원 복무규정이 우선적으로 적용되느냐 아니면 근로기준법상 휴가규정의 적용을 받을 수 있느냐가 결정된다. 항소심에서는 객실 남승무원의 평상시 청원경찰로서의 임무수행보다는 승객안내 등의 객실서비스 업무를 주로 하고 있는 사실을 근거로 객실 남승무원으로서의 본래의 지위를 인정하여 근로기준법의 적용을 받는다고 판단한 반면, 대법원에서는 항공보안 업무를 객실 남승무원의 주된 임무로 파악하고 청원경찰의 복무에 관한 규정이 근로기준법에 우선 적용되어야 한다고 한 것이다.

결국 객실 남승무원의 경우 청원경찰로 이용하기 위해 채용한 것인지, 아니면 객실서비스 업무를 주로 하는 객실승무원으로 채용했으나 항공보안업무를 위해 부수적으로 청원경찰로 동시에 임용되도록 한 것인지에 대한 사실관계의 인정과 직접 관련되어 있다. 객실 남승무원은 객실승무원

---

13) 대법원 1993. 7. 13. 선고 92다47564 판결.

14) 하경효, "객실 남승무원의 연월차휴가청구권, 비행수당등의 통상임금 인정여부", 노동판례평석집 II, 한국경영자총협회(2000), 72면.

과 청원경찰로서 기능을 모두 수행하고 있다는 점을 고려하여 청원경찰로도 임용되어 있다는 사실부터 곧바로 근로기준법상 휴가규정의 적용을 배제할 것이 아니라, 청원경찰로서의 적용제한이라는 관점에서 접근함으로써 보다 조화로운 해석을 도출할 수 있다.

라. 검 토

(1) 항공기 객실승무원의 지위

'객실승무원'이란 항공기에 탑승하여 비상시 승객을 탈출시키는 등 승객의 안전을 위한 업무를 수행하는 사람을 말한다(항공안전법 제2조 제17호). 객실승무원은 '항공안전관련 중요임무 종사자'에 포함된다[운항기술기준 8.1.2. 41)]. '항공기내보안요원'이란 항공기 내의 불법방해행위를 방지하는 직무를 담당하는 사법경찰관리 또는 그 직무를 위하여 항공운송사업자가 지명하는 사람을 말하는데(항공보안법 제2조 제7호), 항공운송사업자 또는 항공기 소유자는 항공기의 보안을 위하여 필요한 경우에는 청원경찰법에 따른 청원경찰이나 경비업법에 따른 특수경비원으로 하여금 항공기의 경비를 담당하게 할 수 있다(항공보안법 제14조 제6항). 항공운송사업자는 객실승무원을 항공기내보안요원으로 지명하는데, 객실승무원은 승객 편의를 위해 서비스 업무도 수행하며 응급환자 발생 시에는 응급처지까지 해야 하는 1인 다역을 수행하고 있다.[15)]

(2) 객실승무원의 업무

국내 주요항공사의 객실승무원의 1일 업무 흐름과 내용은 다음과 같다.[16)]

---

15) 김선아/황호원, "객실승무원의 피로와 항공안전법상 근무시간에 관한 연구 －객실승무원 근무여건 향상을 위한 법적 개선방안 제시－", 한국항공경영학회지 제16권 제4호(2018. 8.), 89면.

16) 김종진, "항공사 승무원 감정노동, 무엇이 문제인가? －객실 승무원 조직운영 및 인사관리제도를 중심으로－", 항공 승무원 노동인권 개선 토론회 자료집(2015. 3. 19.), 24면.

■ 출근 전

· 준비 메이크업, 머리 손질(각 항공사별 이미지 메이킹, 헤어스타일)

· 집/숙소와 공항 거리별 차이 있으나 최소 공항 도착 3시간 전 기상

■ 공항 / 회사 도착 및 업무 확인(3시간 전 도착)

· 브리핑 1시간 전 공항/회사 출근 → 승무원 락커 룸 도착 → 유니폼 갈아입고 이미지 체크. 개인 스케줄별 출근 시간 각기 다름. 해외 체제(lay over) 비행기간 맞게 소지품 챙김. 당일 비행 공지사항, 새로운 업무 자료 리딩, team 구성 확인

· 탑승 기종 비행기 확인 : 비상출구, 응급구조세트 위치 등 비행기 관련 사항 숙지

■ 서비스 브리핑

· 서비스 브리핑 : 브리핑 룸(briefing room) 이동 전, 고참(senior)으로부터 기초 사항 체크(appearance check)

· 주요 내용 : 메이크업 상태, 립스틱 색, 손톱, 매니큐어, 앞치마 청결 등 검사

■ 객실 브리핑 (25분)

· 객실브리핑 : 사무장 주관, 당일 비행 승무원 만남. 스케줄 따라 다른 팀에 통합

· 주요 내용 : 안전과 보안 서비스 사항 전달, 노선 특징, 승객 수, 상위클래스 VIP 명단, 탑재 식사 현황 등. 객실 브리핑 이후 자신 물품(flight-bag, lay over-bag) 점검 → 승무원 전용 버스 타고 공항 운항 브리핑 룸(briefing room) 이동

■ 운항 브리핑 (15분) 점검 및 이동 (15분)

· 운항 브리핑 : 기장 주관. 운항 승무원과 객실승무원 함께 운항 브리핑

· 주요 내용 : 당일 기상상태와 비행시간, 주의사항 등 비행운항 전반 브리핑(비행 이동)

■ 승객 탑승 전 업무

· 점검(비상/보안장비 점검, 기타 장비 및 시스템 점검, 기내 청소 작업 상태 점검, 아이템 점검), 지상서비스 준비(신문 서비스, 잡지 서비스, 이어

폰 서비스), 승객 탑승 준비, 보딩 위치 및 기타 임무

■ 승객 탑승 및 이륙 전 업무

· 비상구 좌석 안내, 환영 인사/기내 방송, 안전 비행 안내 영상 및 시범, 서류 서비스, 이륙 준비 단계별 업무

■ 비행 중 업무

· 서비스 : 헤드폰, 메뉴 서비스(음료, 식사, 와인, 차&커피), 기내 판매, 객실 순회, 점검, 착륙 전 업무(착륙 40분 전)

■ 비행 착륙 후 업무

· 좌석벨트 착용 표시 등 전 승객 착석 유지, 승객 하기(下機) 후 기내 특이 사항 점검, 비행 후 브리핑 참석(각종 보고서 작성 제출), 기내 보안 점검

(3) 대상사안에서 객실승무원의 지위

이 사건에서 원고는 피고 회사에 1981. 1. 1. 입사한 이래 객실지원부 사원 및 객실승무원으로 계속 근무해 오다가, 1985. 11. 26.자로 피고의 청원경찰로 임명되었다. 원고는 피고의 근로자로 채용되어 기본적으로 객실승무원의 자격에서 근로를 제공하였고, 1985. 11. 26. 청원경찰로 임명되어 부수적으로 항공보안요원의 업무도 수행하였다.

청원경찰은 경비구역인 항공기내만의 경비를 목적으로 필요한 범위에서 경찰관직무집행법에 따른 경찰관의 직무를 수행하는 것이므로, 탑승하여 하기(下機)할 때까지로 한정된다. 이와 달리, 객실승무원의 근로는 공항의 브리핑 룸에 도착할 때부터 시작되어, 항공기가 착륙한 후 브리핑을 마칠 때까지(모기지 이외의 공항에서는 숙박시설에 체크인 할 때까지) 계속하여 이루어진다.

또한 항공안전을 위하여 객실승무원의 피로관리가 매우 중요한데,[17] 이

17) '피로(Fatigue)'란 항공기 안전운항 또는 안전관련 근무의 수행에 필요한 승무원의 경계 및 수행능력을 해칠 수 있는 수면부족, 일주리듬의 변동 또는 업무 과부하의 결과로 발생하는 정신적·신체적 수행능력이 저하된 생리적 상태를 말한다[운항기술기준 8.1.2.

를 위해서는 휴게·휴식·휴가제도를 엄격하게 준수하는 것이 매우 중요하다. 그런데 휴가는 사용자가 근로자의 근로제공의무를 면제하는 것이어서 청원경찰의 업무가 이루어지는 기내와는 관련이 없다.

3. 현행 청원경찰법에 의한 청원경찰의 근로조건

(1) 이 사건 당시 시행되던 청원경찰법 제5조 제4항에서는 "청원경찰의 복무에 관하여는 경찰공무원에 관한 규정을 준용한다"고 규정하고 있었다. 청원경찰법 시행령 제10조에 의하면 청원경찰의 복무에 관하여 공무원복무규정 제14조 내지 제19조를 준용하도록 되어 있고, 공무원복무규정 제14조 내지 제19조는 공무원의 휴가에 관하여 근로기준법과는 달리 연가·병가·공가로 세분하여 별도의 규정을 두고 있었다. 이에 따라 대법원은 청원경찰의 휴가에 관해서도 공무원복무규정이 우선한다고 판단한 것이다.

(2) 그러나 2018. 9. 18.부터 시행되고 있는 현행 청원경찰법 제5조 제4항에 의하여 청원경찰의 복무에 관하여 준용되는 조문을 국가공무원법 제57조,[18] 제58조 제1항,[19] 제60조[20] 및 경찰공무원법 제18조[21]로 한정하고 있다. 위 조문의 내용은 복종의무, 직장 이탈 금지 의무, 비밀 엄수 의무, 거짓 보고 금지 의무 등에 한정되고, 임금·휴가 등 근로조건에 관한

---

67)]. '피로위험관리시스템(Fatigue Risk Management System: FRMS)'이란 관련 직원이 충분한 각성상태에서 업무를 수행할 수 있도록 하기 위한 목적으로 운영 경험 및 과학적 원리·지식에 근거하여 피로관련 안전위험요소를 지속적으로 감시하고 관리하는 데이터 기반의 수단을 말한다[운항기술기준 8.1.2. 75)]. 객실승무원 피로관리는 항공안전법 제56조 제1항에 따라 국토교통부령으로 정하는 승무시간 등(승무시간, 비행근무시간, 근무시간 등)에 따른 제한기준을 따르는 방법과 피로위험관리 시스템을 마련하여 운용하는 방법 중 항공운송사업자가 하나 이상의 방법으로 승무원의 피로관리를 하도록 규정하고 있다.

18) 제57조(복종의 의무) 공무원은 직무를 수행할 때 소속 상관의 직무상 명령에 복종하여야 한다.

19) 제58조(직장 이탈 금지) ① 공무원은 소속 상관의 허가 또는 정당한 사유가 없으면 직장을 이탈하지 못한다.

20) 제60조(비밀 엄수의 의무) 공무원은 재직 중은 물론 퇴직 후에도 직무상 알게 된 비밀을 엄수(嚴守)하여야 한다.

21) 제18조(거짓 보고 등의 금지) ① 경찰공무원은 직무에 관하여 거짓으로 보고나 통보를 하여서는 아니 된다.
② 경찰공무원은 직무를 게을리하거나 유기(遺棄)해서는 아니 된다.

규정은 전무하다. 또한 청원경찰법 제5조 제2항에서는 청원경찰의 보수에 관하여는 대통령령으로 정한다고 규정하고 있고, 청원경찰법 시행령 제7조도 "법 제5조 제4항에서 규정한 사항 외에 청원경찰의 복무에 관하여는 해당 사업장의 취업규칙에 따른다"고 규정하고 있다.

따라서 현행법에 의하면, 청원경찰의 지위를 겸유하고 있는 객실승무원의 근로조건은 근로자의 지위에서 객실승무원의 근로조건에 관한 규정(근로계약, 취업규칙, 단체협약, 근로기준법 등)이 전면적으로 적용되므로, 구 법하의 대법원 판례는 더 이상 유지될 수 없다.

[14] 공항공단 소속 청원경찰과 소방대원의 임금 차별

대법원 1996. 7. 30. 선고 95다12804 판결

Ⅰ. 사실관계

(1) 피고 K공항공단의 청원경찰은 공항 내 초소를 돌면서 보호구역 등을 출입하는 인원·장비·차량 등에 대한 출입증 검사, 폭발물 등의 위험물 검색, 요인 경호, 승객 안내 및 구호, 거동수상자 동태 감시 및 검문, 소매치기 등 범인검거, 테러 예방 및 진압, 범죄예방 순찰, 화재예방 등 보안점검, 치안정보 수집 등의 집무를 행하고 있다. 한편 청원경찰이 순찰 중에 화재를 발견하여 진압하는 경우도 있었다.

(2) 피고 공단의 소방대는 소방법에 근거하여 설치된 것이 아니라 우리나라가 가입한 국제민간항공협약(시카고협약)에 의하여 공항 내 인명구조와 화재진압을 목적으로 설치된 것으로서 관할 소방관서의 감독이나 지시를 받지 않는다. 피고 공단의 일반구조물에 대한 화재예방 및 진압은 관할 소방서의 책임이고, 피고 공단의 소방직 근로자는 항공기사고와 이에 따른 화재 등의 경우에 인명구조 및 화재진압 업무를 전담하고 있으며, 이에 따라 실제 근무시에도 위 업무에 따른 장비점검 및 비상시에 대비한 교육 등에 주력하고 있다.

(3) 피고 공단의 청원경찰인 원고는 피고의 소방직 근로자와 동종 또는 유사한 직무를 수행하고 있다고 주장하며, 청원경찰의 보수가 당해 사업장에서 동종 또는 유사 직무 근로자에게 지급하는 임금보다 적어서는 아니 됨을 규정한 청원경찰법 제6조, 시행령 제8조 제1항을 근거로 공항 소방대원과의 임금 차액 상당의 금원의 지급을 구하는 소를 제기하였다.

Ⅱ. 참조 조문

1. 근로기준법

제6조(균등한 처우) 사용자는 근로자에 대하여 남녀의 성(性)을 이유로 차별적 대우를 하지 못하고, 국적·신앙 또는 사회적 신분을 이유로 근로조건에 대한 차별적 처우를 하지 못한다.

2. 구 청원경찰법(법률 제4369호, 1991. 7. 31. 시행)

제6조(청원경찰경비) ① 청원주는 다음 각 호의 청원경찰경비를 부담하여야 한다.

1. 청원경찰에게 지급할 봉급 및 제수당
2. 청원경찰의 피복비
3. 청원경찰의 교육비
4. 제7조의 규정에 의한 보상금 및 제7조의2의 규정에 의한 퇴직금

② 제1항 제1호의 최저부담기준액과 동항 제2호 및 제3호의 부담기준액은 경찰청장이 정하여 고시한다.

3. 구 청원경찰법 시행령 제8조

제8조(보수) ① 청원경찰의 봉급 및 제수당은 제6조 제1항의 규정에 의하여 경찰청장이 고시한 최저부담기준액 이상을 지급하여야 한다. 다만, 배치된 사업장에서 동종 또는 유사직무근로자에게 지급하는 임금보다 그 기준액이 적을 때에는 당해 사업장에서 동종 또는 유사직무근로자에게 지급하는 임금에 상당한 금액을 지급하여야 한다.

Ⅲ. 판시사항

한 사업장 내에서 근무하는 근로자라고 하더라도 그 업무의 내용과 성격, 업무의 난이도, 근로자의 경력 기타 모든 사정을 고려하여 그 직급과 직책을 나누어 이에 상응하는 보수를 책정하여 지급하는 것은 원칙적으로

사용자의 권한인데, K공항공단의 청원경찰과 소방대의 각 설치 근거 및 감독 관계가 서로 다르고 각 그 업무의 내용이 구별되어 있으므로, 청원경찰이 순찰 중에 화재를 발견하여 진압하는 경우가 있었더라도 그 점만으로 K공항공단 소속 청원경찰의 직무가 같은 공단 소방직 근로자인 공항소방대원의 직무와 동일 또는 유사하다고 볼 수 없어 이를 전제로 한 임금 차액 지급 청구는 이유 없다.

Ⅳ. 해 설

1. 균등처우의 원칙

가. 헌법상 평등권 보장

(1) 우리 헌법은 전문에서 "정치·경제·사회·문화의 모든 영역에 있어서 각인의 기회를 균등히 하고…", "국민생활의 균등한 향상을 기하고…"라고 적고 있으며, 제11조 제1항은 "모든 국민은 법 앞에 평등하다. 누구든지 성별·종교 또는 사회적 신분에 의하여 정치적·경제적·사회적·문화적 생활의 모든 영역에 있어서 차별을 받지 아니 한다"고 규정하고 있다. 이처럼 우리 헌법은 평등권 보장의 차원에서 차별을 금지하고 있으나, 평등·차별금지가 구체적으로 무엇을 의미하는지에 관하여는 정의하지 않고 이를 헌법 해석에 위임하고 있다. 평등 원칙은 국민의 기본권 보장에 관한 우리 헌법의 최고 원리 중 하나로서 국가가 입법을 하거나 법을 해석하고 집행할 때 따라야 할 기준인 동시에, 평등권은 모든 국민이 국가에 대하여 합리적 이유 없이 불평등한 대우를 하지 말 것과 평등하게 대우할 것을 요구할 수 있는 권리로서 국민의 기본권 중의 기본권이다.[1]

(2) 다만 평등원칙은 일체의 차별적 대우를 부정하는 절대적 평등을 의미하는 것이 아니라 입법과 법의 적용에서 합리적인 근거가 없는 차별을 금지하는 상대적 평등을 뜻하므로, 합리적 근거가 있는 차별 또는 불평등은 평등 원칙에 반하지 않는다.[2] 그리고 합리적 근거가 있는 차별인

---

1) 헌법재판소 1989. 1. 25. 선고 88헌가7 결정.

지 여부는 그 차별이 인간의 존엄성 존중이라는 헌법 원리에 반하지 않으면서 정당한 입법 목적을 달성하기 위해 필요하고도 적정한 것인가를 기준으로 판단한다.[3] 또한 국민의 기본권에 관한 차별에서 합리적 근거가 있는 차별이라고 하기 위해서는 우선 그 차별의 목적이 헌법에 합치되는 정당한 것이어야 하고, 다음으로 차별의 기준이 그 목적의 실현을 위하여 실질적인 관계가 있어야 하며, 차별의 정도 또한 적정한 것이어야 한다.[4]

(3) 평등의 원칙은 입법자에게 본질적으로 같은 것을 자의적으로 다르게, 본질적으로 다른 것을 자의적으로 같게 취급하는 것을 금하고 있다. 그러므로 비교의 대상을 이루는 두개의 사실관계 사이에 서로 상이한 취급을 정당화할 수 있을 정도의 차이가 없음에도 불구하고 두 사실관계를 서로 다르게 취급한다면, 입법자는 이로써 평등권을 침해하게 된다. 그러나 서로 비교될 수 있는 두 사실관계가 모든 관점에서 완전히 동일한 것이 아니라 단지 일정 요소에 있어서만 동일인 경우에 비교되는 두 사실관계를 법적으로 동일한 것으로 볼 것인지 아니면 다른 것으로 볼 것인지를 판단하기 위하여는 어떠한 요소가 결정적인 기준이 되는가가 문제된다. 두개의 사실관계가 본질적으로 동일한가의 판단은 일반적으로 당해 법률조항의 의미와 목적에 달려 있다.[5]

(4) 헌법상 기본권은 제1차적으로 개인의 자유로운 영역을 공권력의 침해부터 보호하기 위한 방어적 권리이지만 다른 한편으로 헌법의 기본적인 결단인 객관적인 가치질서를 구체화한 것으로서, 사법을 포함한 모든 법 영역에 그 영향을 미치는 것이므로 사인간의 사적인 법률관계도 헌법상의 기본권 규정에 적합하게 규율되어야 한다. 다만 기본권 규정은 그 성질상 사법관계(私法關係)에 직접 적용될 수 있는 예외적인 것을 제외하고는 사법상 일반원칙을 규정한 민법 제2조, 제103조, 제750조, 제751조 등의 내용을 형성하고 그 해석 기준이 되어 간접적으로 사법관계에 효력을 미치게 된다. 헌법 제11조는 평등의 원칙을 선언함과 동시에 모든 국

2) 헌법재판소 1999. 5. 27. 선고 98헌바26 결정.
3) 헌법재판소 1995. 2. 23. 선고 93헌바43 결정.
4) 헌법재판소 1996. 8. 29. 선고 93헌바57 결정.
5) 헌법재판소 1996. 12. 26. 선고 96헌가18 결정.

민에게 평등권을 보장하고 있다. 따라서 사적 단체를 포함하여 사회공동체 내에서 개인이 성별에 따른 불합리한 차별을 받지 아니하고 자신의 희망과 소양에 따라 다양한 사회적·경제적 활동을 영위하는 것은 그 인격권 실현의 본질적 부분에 해당하므로 평등권이라는 기본권의 침해도 민법 제750조의 일반규정을 통하여 사법상 보호되는 인격적 법익침해의 형태로 구체화되어 논하여질 수 있고, 그 위법성 인정을 위하여 반드시 사인간의 평등권 보호에 관한 별개의 입법이 있어야만 하는 것은 아니다.[6)]

나. 동일가치노동·동일임금의 원칙

(1) 의 의

임금의 평등 대우를 구현하려는 법원칙은 동일한 노동에 종사하는 근로자들에게는 동일한 임금이 지급되어야 한다는 '동일가치노동·동일임금의 원칙'에서 출발하였다. 동일가치노동·동일임금 원칙은 국제기구와 세계 많은 국가에서 보편적으로 채택되고 있는 노동법의 핵심기본원칙이다.[7)] 판례는 주로 남녀고용평등법상 동일가치노동·동일임금원칙을 적용하여 남녀 근로자의 임금차별을 인정하였는데, 판례를 참조하여 직종별 임금 차별의 정당성에 관하여 살펴보기로 한다.

(2) 동일가치노동·동일임금원칙의 판단 기준[8)]

동일가치의 노동이라 함은 당해 사업장 내의 서로 비교되는 직종 간의 노동이 동일하거나 실질적으로 거의 같은 성질의 노동 또는 그 직무가 다소 다르더라도 객관적인 직무평가 등에 의하여 본질적으로 동일한 가치가

---

6) 대법원 2011. 1. 27. 선고 2009다19864 판결.

7) ILO는 1919년 창립 당시부터 ILO 헌장에 근로조건을 개선하기 위한 방안으로 이 원칙의 이행이 필요함을 명시하였다. UN은 1966. 12. 16. 채택한 '경제적·사회적 및 문화적 권리에 관한 국제규약(International Covenant on Economic, Social and Cultural Rights. 이른바 'A규약')'에서 규약의 당사국이 모든 근로자에게 최소한으로 보수에 관하여 보장하여야 할 사항의 하나로 '공정하고 어떠한 종류의 차별도 없이 동일가치의 노동에 대한 동일 보수를 받는 것'과 '특히 여성들이 동일한 노동에 대한 동일한 보수와 함께 남성이 향유하는 것보다 열등하지 아니한 근로조건을 보장받는 것[제7조 (a)(i)]'을 규정하였다. 1976. 1. 3. 발효된 이 협약은 143개국에 의해 비준되고 있으며, 우리나라는 1990. 4. 10. 비준하였다.

8) 대법원 2013. 3. 14. 선고 2010다101011 판결.

있다고 인정되는 노동에 해당하는 것을 말하고, 동일가치의 노동인지 여부는 직무수행에서 요구되는 기술·노력·책임·작업조건을 비롯하여 근로자의 학력·경력·근속연수 등의 기준을 종합적으로 고려하여 판단하여야 한다.

'기술·노력·책임·작업조건'은 당해 직무가 요구하는 내용에 관한 것으로서, '기술'은 자격증, 학위, 습득된 경험 등에 의한 직무수행능력 또는 솜씨의 객관적 수준을, '노력'은 육체적 및 정신적 노력, 작업 수행에 필요한 물리적 및 정신적 긴장, 즉 노동 강도를, '책임'은 업무에 내재한 의무의 성격·범위·복잡성, 사업주가 당해 직무에 의존하는 정도를, '작업조건'은 소음, 열, 물리적·화학적 위험, 고립, 추위나 더위의 정도 등 당해 업무에 종사하는 근로자가 통상적으로 처하는 물리적 작업 환경을 말한다.

(3) 동일가치노동·동일임금원칙의 평가 방법[9)]

우리나라 대부분의 기업은 임금체계 중에서 연공급 또는 속인급의 성격이 강한 임금체계를 가지고 있다. 이는 학력과 성별이라는 인적 속성에 의해 큰 범위의 직무 배치, 즉 상위 사무관리직, 하위 사무관리직, 생산직 등을 결정하고 일단 배치된 이후에는 근속이라는 연공적 요소로 임금을 설정한다. 이러한 임금제도는 대체로 직군별로 별도의 임금표를 가지고 직급과 호봉으로 임금을 결정한다.

직무급은 직무에 대한 임금이며 각 직무에 대해서 임금 수준이 다르게 결정된다. 각 직무에 임금 수준을 설정하는 방식은 먼저 직무를 분석하여 표준화시키고, 표준화된 직무는 상대적으로 평가하여 서열화한다. 그 후 서열화된 직무의 등급마다 임금률을 적용하여 임금 수준을 설정한다. 따라서 직무급에서는 직무 가치에 따라 임금이 결정된다.

직능급은 직무수행능력 향상에 대한 보상 항목으로 개인의 직무수행능력 향상 정도를 평가하고 그 결과에 따라 급여를 차등 지급하는 제도로서 기능 정도와 직무 능력에 비례하여 급여를 차별화·차등화한다. 이러한 직능급은 대부분 직능 자격 제도와 함께 도입된다. 직능 자격 제도는 현재 직무수행능력과 잠재적인 직무수행능력을 파악하기 위해 실시한 직무조사

9) 근로기준법 주해 Ⅰ, 338~339면.

를 기초로 구축된다. 따라서 엄밀한 의미의 직능급 제도에서는 직무를 전제로 한 직무수행능력을 기초로 임금이 결정된다.

동일가치노동·동일임금원칙을 적용할 때, 직무 가치에 따라 임금을 지불하는 직무급은 별다른 문제가 발생하지 않는다. 그러나 속인적인 요소로 임금을 지불하는 연공급이나 직무 가치를 전제로 했으나 실제 직무수행능력을 기준으로 임금을 지불하는 직능급의 경우는 직무 가치가 달라도 임금 결정 기준만 동일하면 동일한 임금을 지불하기 때문에 동일임금원칙을 적용하는 데에 한계가 있다.

다. 대법원 2019. 3. 14. 선고 2015두46321 판결

(1) 원고 A는 2014. 2. 안동대학교와 시간강사 근로계약을 체결하고 2014학년도 1학기에 매주 2시간, 매월 8시간의 강의를 담당하였고, 학교로부터 전업 시간강사 단가를 기준으로 2014년 3월분 강사료로 64만 원을 지급받았다. A와 안동대가 체결한 근로계약에 의하면, 강의료는 직위와 강의시수에 따라 지급하는데, 2014학년도 1학기 강의료의 단가는 전업 시간강사의 경우 시간당 8만 원, 비전업(非專業) 시간강사의 경우 시간당 3만 원이었다.

(2) 안동대학교 총장은 2014. 4.경 국민연금공단으로부터 "A가 부동산 임대사업자로서 국민건강보험 지역사업자로 등록되어 있어 별도의 수입이 있는 사람에 해당한다"는 통보를 받고, A를 비전업 시간강사로 보아 A에게 이미 지급한 3월분 전업 시간강사료 64만 원 중 40만 원을 반환하라고 통보하였고, 4월분 강사료로 전업 시간강사료보다 40만 원 감액한 비전업 시간강사료 23만 2,460원, 5월분 강사료로 비전업 시간강사료 23만 6,100원만 지급하였다. 이에 A는 2014. 6. 27. 안동대 총장을 피고로 하여 시간강사를 전업강사와 비전업강사로 구분하여 강사료를 차등지급하는 것은 부당한 차별적 대우로서 근로기준법 위반이라는 이유로 시간강사료 반환처분 등 무효확인의 소를 제기하였다(대구지방법원 2014구합21600호).

(3) 대법원은, 먼저 '전업(專業)'의 의미와 관련하여 사전적인 뜻은 여러 가지가 있지만, 여기에서는 '한 가지 일이나 직업에 전념하여 일함 또

는 그 일이나 직업'을 의미하는 것으로 사용된 것으로 보이는데, 원고와 피고가 맺은 근로계약서상의 전업 · 비전업 기준이 국립대학교인 안동대에 전속되어 일하여야 한다는 것인지, 출강은 어느 대학이든 자유로 할 수 있으나 시간강사 외의 일은 하지 않아야 한다는 것인지, 강사료 외에는 다른 소득이 없어야 한다는 것인지 분명하지 않고, 나아가 이를 어떻게 이해하더라도, 시간제 근로자인 시간강사에 대하여 근로제공에 대한 대가로서 기본급 성격의 임금인 강사료를 근로의 내용과 무관한 사정에 따라 차등을 두는 것은 합리적이지 않고, 대학측이 시간강사에 대한 열악한 처우를 개선할 의도로 강사료 단가를 인상하고자 하였으나 예산사정으로 부득이 전업 여부에 따라 강사료 단가에 차등을 둔 것이라고 하더라도, 그와 같은 사용자측의 재정상황은 시간제 근로자인 시간강사의 근로내용과는 무관한 것으로서 동일한 가치의 노동을 차별적으로 처우하는 데 대한 합리적인 이유가 될 수 없다고 판시하였다.

2. 대상사안의 검토

가. 공항소방대의 설치 근거

(1) 시카고협약 부속서 14(Annex 14 Aerodromes, Volume I Aerodrome Design and Operations)에서 공항당국이 수행해야 할 업무를 규정하고 있고, ICAO Airport Services Manual Part 1. Rescue & Fire Fighting (Document 9137)에서는 보호등급, 구조 및 소방 활동 관련 공항시설 등에 관하여 기술하고 있다.[10)] 공항소방대는 공항 또는 공항주변에서 (i) 항공기가 착륙, 이륙, 지상이동, 주기 중에 발생한 화재, (ii) 항공기사고 직후에 발생한 화재, (iii) 구조활동 중에 발생한 화재 등을 진압하기 위하여 항상 준비상태를 갖추어야 한다(ICAO Airport Services Manual Part 1. Rescue & Fire Fighting 1.1.2).

(2) 공항시설법 제31조 제1항에서는 "공항시설 또는 비행장시설을 관

10) 한재연/정기연, "국내 공항 구조 및 소방 업무 개선방안 연구", 한국항공운항학회지 제16권 제4호(2008. 12.), 70면.

리·운영하는 자는 시설의 보안관리 및 기능유지에 필요한 사항 등 국토교통부령으로 정하는 시설의 관리·운영 및 사용 등에 관한 기준(이하 '시설관리기준')에 따라 그 시설을 관리하여야 한다"고 규정하고 있고, 시행규칙 제19조 제1항은 "법 제31조 제1항에서 '시설의 보안관리 및 기능유지에 필요한 사항 등 국토교통부령으로 정하는 시설의 관리·운영 및 사용 등에 관한 기준'이란 별표 4의 기준을 말한다"고 규정하고 있다. 또한 [별표 4] 공항시설·비행장시설 관리기준 제6호는 "항공기의 화재나 그 밖의 사고에 대처하기 위하여 필요한 소방설비와 구난설비를 설치하고, 사고가 발생했을 때에는 지체 없이 필요한 조치를 할 것. 다만, 공항에 대해서는 (i) 공항 및 공항 주변 항공기사고, (ii) 항공기의 비행 중 사고와 지상에서의 사고, (iii) 폭탄위협 및 불법납치사고, (iv) 공항의 자연재해, (v) 응급치료를 필요로 하는 사고 등의 비상사태에 대처하기 위하여 국제민간항공조약 부속서 14에 따라 공항 비상계획을 수립하고 이에 필요한 조직·인원·시설 및 장비를 갖추어 비상사태가 발생하면 지체 없이 필요한 조치를 할 것"이라고 규정하고 있다.

(3) 피고 공단에 설치된 소방대는 소방법에 근거를 둔 것이 아니라, 시카고협약과 공항시설법에 의하여 공항 내 인명구조와 화재진압을 목적으로 설치된 것으로서 관할 소방관서의 감독이나 지시를 받지 않는다. 이와 달리 피고 공단의 일반구조물에 대한 화재예방 및 진압은 관할 소방서의 책임이고, 피고 공단의 소방직 근로자는 항공기사고와 이에 따른 화재 등의 경우에 인명구조 및 화재진압 업무를 전담하고 있으며, 이에 따라 실제 근무시에도 위 업무에 따른 장비점검 및 비상시에 대비한 교육 등에 주력하고 있다.

나. 피고 공단 소속 청원경찰의 직무

(1) 청원경찰이란 (i) 국가기관 또는 공공단체와 그 관리하에 있는 중요 시설 또는 사업장, (ii) 국내 주재 외국기관, (iii) 그 밖에 행정안전부령으로 정하는 중요 시설, 사업장 또는 장소의 어느 하나에 해당하는 기관의 장 또는 시설·사업장 등의 경영자가 경비(經費)를 부담할 것을 조건

으로 경찰의 배치를 신청하는 경우 그 기관·시설 또는 사업장 등의 경비(警備)를 담당하게 하기 위하여 배치하는 경찰을 말한다(청원경찰법 제2조). 청원경찰은 청원경찰의 배치 결정을 받은 자와 배치된 기관·시설 또는 사업장 등의 구역을 관할하는 경찰서장의 감독을 받아 그 경비구역만의 경비를 목적으로 필요한 범위에서 '경찰관 직무집행법'에 따른 경찰관의 직무를 수행한다(청원경찰법 제3조).

(2) 피고 공단 소속 청원경찰은 공항 내 초소를 돌면서 보호구역 등을 출입하는 인원·장비·차량 등에 대한 출입증 검사, 폭발물 등의 위험물 검색, 요인 경호, 승객 안내 및 구호, 거동수상자 동태 감시 및 검문, 소매치기 등 범인검거, 테러 예방 및 진압, 범죄예방 순찰, 화재예방 등 보안점검, 치안정보 수집 등의 집무를 행하고 있다. 청원경찰이 순찰 중에 화재를 발견하여 진압하는 경우도 있다.

다. 소방직과 청원경찰 직무의 동일성 여부

위에서 본 바와 같이, 소방대와 청원경찰은 설치근거가 다르고, 소방대는 주로 항공기사고시 구조와 화재진압을 주로 수행하고, 청원경찰은 공항시설에서 경비업무를 주로 수행한다는 점에서 직무내용에도 많은 차이가 있기 때문에, 피고 공단 소속 청원경찰의 직무가 공항 소방대 소속 소방직의 직무와 동일 또는 유사하다고 볼 수 없다.

라. 근로조건의 차이가 차별에 해당하는지 여부

근로기준법에서 말하는 차별적 처우란 본질적으로 같은 것을 다르게, 다른 것을 같게 취급하는 것을 말하며, 본질적으로 같지 않은 것을 다르게 취급하는 경우에는 차별 자체가 존재한다고 할 수 없다. 따라서 근로기준법에서 금지하는 차별적 처우에 해당하기 위해서는 우선 그 전제로서 차별을 받았다고 주장하는 사람과 그가 비교대상자로 지목하는 사람이 본질적으로 동일한 비교집단에 속해 있어야 한다.[11]

그런데 청원경찰의 직무가 소방직의 직무와 동일 또는 유사하다고 볼

11) 대법원 2015. 10. 29. 선고 2013다1051 판결.

수 없는 한, 청원경찰인 원고가 비교대상자로 지목하는 소방대와 본질적으로 동일한 비교집단에 속해 있다고 볼 수 없다. 또한 각 근로자의 직급 및 직책에 따른 보수는 원칙적으로 사용자가 그 업무의 내용과 성격, 업무의 난이도, 근로자의 경력 기타 모든 사정을 고려하여 결정할 권한이 있다. 따라서 피고 공단이 소방직이나 수위직이 청원경찰보다 많은 보수를 받아야 하는 합리적인 이유를 제시하지 아니하였다고 하더라도, 거기에 합리적 이유 없이 청원경찰인 원고와 소방직을 차별대우하였다고 보기는 어렵기 때문에 원고의 청구는 타당하지 않다.

[15] 운항승무원의 교육훈련비 반환의무

대법원 1992. 2. 25. 선고 91다26232 판결

Ⅰ. 사실관계

(1) 원고는 국내외 여객과 화물의 항공운송사업을 목적으로 설립된 항공사로서 그 영업활동을 위하여 여러 기종의 항공기를 다수 보유하고 있으면서 그 업무의 원활한 수행을 위하여 직원들로 하여금 항공기의 운항 및 정비에 관한 필요한 지식과 기능을 습득하게 할 목적으로 여러 가지 과정과 내용의 교육훈련을 실시하고 있다.

(2) 교육훈련에 관한 사항을 규정하고 있는 원고의 취업규칙·교육훈련규정·위탁교육관리세칙에 의하면, 원고에서 실시하는 위탁교육훈련(단 운항승무원의 경우는 모든 교육훈련)을 이수하는 직원에 대하여 교육훈련비를 원고가 그 직원에게 대여하는 것으로 하여 우선 부담하고 나중에 상환받는 것으로 하되, 위탁교육훈련(직장훈련을 제외한 사내교육도 포함됨)을 이수한 직원에 대하여는 해당 교육수료일자부터 일정한 기간 원고 회사에 재직할 의무가 지워지고, 그 기간이 경과하기 전에 부득이한 사유 없이 퇴직할 때에는 의무재직기간에 대한 잔여 의무재직기간의 비율에 의하여 산정한 교육훈련비용을 환급받도록 되어 있다.

(3) 교육훈련대상자는, 기장·부조종사 등 운항승무원의 경우는 원고의 운항승무원자격심의위원회에서 경력·자격·교육성적·안전포상 여부·근무성적 등을 선발기준으로 삼아 부조종사·기장으로의 승격이나 하위기종으로부터 상위기종으로 기종전환(機種轉換)하는 승격·전환훈련요원을 선발하고, 정비사의 경우도 근무성적 등이 우수한 자를 위탁교육대상자로 선발하게 되는바, 교육훈련대상자를 선발하면 일단 그 선발된 대상자에게 선발사실을 개별적으로 통보하여 특별히 반대의 의사표시가 없으면 그 교육

훈련을 받도록 인사명령을 한다(운항승무원의 경우는 교육훈련명령 이전에 훈련요원명령을 별도로 낸다).

(4) 위와 같이 훈련대상자로 선발되어 그 교육훈련을 이수하고 나면 승격이나 상위기종으로의 전환이 있게 되고, 이는 승진 및 보수의 인상과 연결될 뿐만 아니라 그 능력을 인정받는 징표라는 점에서 원고 회사 직원들은 훈련대상자로 선발되는 것을 선망하고 있다.

(5) 피고들은 원고 회사에 재직 중 위와 같은 방법으로 훈련대상자로 선발되어 교육훈련규정·위탁교육관리세칙의 규정에 따르는 조건으로 위탁교육과 사내교육을 받았는바, 교육훈련의 내용은 (i) 원고가 외국에서 새로 도입하는 모의비행장치의 운용에 필요한 정비교육, (ii) 부조종사로 있다가 F27기종의 기장으로 승격하기 위하여 필요한 훈련, (iii) 상위기종의 기장이 되기 위한 기종전환훈련, (iv) 수습조종사부터 부조종사가 되기 위하여 필요한 훈련, (v) 원고가 외국에서 도입하는 상위기종의 부조종사로 되기 위한 기종전환훈련 등이었다.

(6) 피고들은 위의 각 위탁교육을 받기에 앞서 위탁교육관리세칙에서 정한 대로 교육훈련비대여신청서·차용증·서약서를 각기 제출하였고, 피고들은 위의 각 교육을 이수한 후 의무재직기간이 경과하기 전에 퇴직하였다.

(7) 원고는, 피고들이 원고의 취업규칙·교육훈련규정·위탁교육관리세칙에 의하여 위와 같은 교육훈련을 이수하였으면 의무재직기간 동안 원고 회사에서 근무하여야 하는데도 그 기간이 경과하기 전에 퇴직하였으므로, 원고의 취업규칙·교육훈련규정·위탁교육관리세칙에 따라 교육훈련비의 일부씩을 원고에게 상환할 책임이 있다고 주장하면서, 교육훈련비의 반환을 구하는 소를 제기하였다.

Ⅱ. 참조 조문

1. 근로기준법

제7조(강제 근로의 금지) 사용자는 폭행, 협박, 감금, 그 밖에 정신상 또는 신체상의 자유를 부당하게 구속하는 수단으로써 근로자의 자유의사에 어긋나는 근로를 강요하지 못한다.

제20조(위약 예정의 금지) 사용자는 근로계약 불이행에 대한 위약금 또는 손해배상액을 예정하는 계약을 체결하지 못한다.

제21조(전차금 상계의 금지) 사용자는 전차금(前借金)이나 그 밖에 근로할 것을 조건으로 하는 전대(前貸)채권과 임금을 상계하지 못한다.

2. 구 직업훈련기본법(1999. 1. 1. 폐지된 것)

제13조(훈련비부담) 직업훈련에 필요한 비용은 직업훈련을 실시하는 자(위탁에 의하여 직업훈련을 실시하는 경우에는 그 위탁자)가 부담한다. 다만, 공공직업훈련 또는 인정직업훈련의 경우에는 노동부장관의 승인을 얻어 직업훈련에 필요한 비용의 전부 또는 일부를 훈련생에게 부담하게 할 수 있다.

Ⅲ. 판시사항

(1) 기업체가 고도의 전문성을 요하는 영역에서 다액의 훈련비를 소요해 가면서 해외에 있는 전문교육기관에 위탁하여 근로자에게 실시하는 훈련은 직업훈련기본법에서 말하는 '직업훈련'에 포함되는 것이 아니다.

(2) 기업체에서 비용을 부담 지출하여 직원을 해외에 파견하여 위탁교육을 시키고 이를 이수한 직원이 교육 수료일자부터 일정한 의무재직기간 이상 근무하지 아니할 때에는 기업체가 부담한 해당 교육비용의 전부 또는 일부를 상환하도록 하되 위 의무재직기간 동안 근무하는 경우에는 이를 면제하기로 한 기업체의 교육훈련규정·위탁교육관리세칙의 규정은 근

로기준법 제20조에서 금지된 위약금 또는 손해배상 예정의 약정은 아니고, 또한 위 의무재직기간은 구 근로기준법 제16조[1]에서 말하는 근로계약기간이 아니라 교육비용반환채무의 면제기간을 정한 것으로 봄이 상당하므로 위 규정 등이 같은 법 제16조, 제20조에 위배된다고 할 수 없다.

(3) 위의 경우 기업체의 규정 등이 근로기준법 제7조가 금지하는 사용자가 정신 또는 신체상 자유를 부당하게 구속하는 수단으로써 근로자의 자유의사에 반하는 근로를 강요하는 것이거나 같은 법 제21조가 금지하는 전차금 기타 근로할 것을 조건으로 하는 전대채권과 임금을 상계하기로 하는 내용의 것이 아니다.

Ⅳ. 해 설

1. 위약 예정의 금지

가. 의 의

근로기준법 제20조는 근로계약 불이행에 대한 위약금 또는 손해배상액을 예정하는 계약을 금지하고 있다. 위약금이란 계약불이행의 경우에 근로자가 사용자에게 일정액을 지불하는 금액이고, 손해배상액의 예정이란 근로자의 계약불이행의 경우에 근로자가 사용자에게 실제 손해의 발생 여부 및 손해의 액수에 관계없이 일정액을 지불할 것을 미리 약정하는 것이다.

이러한 위약금 또는 손해배상액 예정 금지 규정을 둔 입법 취지는 근로자가 근로계약을 불이행한 경우 반대급부인 임금을 지급받지 못하는 것에 추가하여 위약금이나 손해배상을 지급하도록 예정되어 있다면 그 근로계약의 구속에서 쉽사리 벗어날 수 없으므로, 이러한 위약금이나 손해배상액 예정의 약정을 금지함으로써 근로자가 퇴직의 자유를 제한받아 부당하게 근로의 계속을 강요당하는 것을 방지하고, 근로자의 직장 선택 자유를 보장하는 데 있다.[2]

---

1) 구 근로기준법 제16조는 2007. 7. 1. 폐지되었다.

위약예정금지는 실제 발생한 손해액과 관계없이 일정액을 미리 정하여 근로자에게 배상하게 하는 근로계약을 금지하는 것이다. 따라서 근로자의 불법행위 등으로 사용자에게 손해가 발생했을 때 사용자가 근로자에게 이에 대한 손해배상을 실제로 청구하거나 청구할 수 있도록 근로계약에 명시하거나 단체협약·취업규칙 등에 정하는 것은 가능하며 근로기준법 제20조에 위배되지 아니한다.[3)]

나. 교육훈련비의 반환

기업체가 직원에 대하여 일정 기간 교육, 연수, 훈련 등을 시키면서 그에 소요되는 비용을 지급하거나 또는 그 기간 동안 임금을 지급하고 만일 직원이 그 교육 수료일자부터 일정 의무재직기간 이상 근무하지 아니할 때에 그 지급한 비용 또는 임금의 전부 또는 일부를 상환하도록 하되 의무재직기간 동안 근무하는 경우에는 이를 면제하기로 약정한 경우, 이러한 약정이 근로기준법 제20조가 금지하는 위약 예정에 해당하는지 여부가 문제된다.

다. 판 례

(1) 비용의 성질에 따른 판단

판례는 상환의 대상이 교육, 연수 또는 훈련비용에 해당하는 것인지 아니면 임금에 해당하는지에 따라 달리 판단한다. 즉 교육, 연수 또는 훈련 등에 소요되는 비용은 본래 근로자가 부담하여야 할 것으로서 우선 사용자가 지출하는 경우에는 그 반환을 청구할 수 있으므로, 그러한 비용 상환 약정 또는 의무 재직 기간 근무시 상환 의무 면제 약정은 근로기준법 제20조에서 금지된 위약금 또는 손해배상을 예정하는 계약이 아니어서 유효하지만, 임금을 반환하도록 약정한 부분은 기업체가 근로자에게 근로의 대상으로 지급한 임금을 채무불이행을 이유로 반환하기로 하는 약정으로서 실질적으로는 위약금 또는 손해배상액을 예정하는 계약이므로 근로기

2) 대법원 2004. 4. 28. 선고 2001다53875 판결.
3) 근로기준법 주해 Ⅱ, 58면.

준법 제20조에 위반되어 무효라고 본다.[4] 또한 근로자가 업무를 수행하면서 필수 불가결하게 지출이 예정되어 있는 비용 등은 사용자가 부담하여야 하므로, 그 부담을 근로자에게 전가시켜 이를 반환하도록 한 약정도 근로기준법 제20조에 위반된다.

(2) 신영와코루 사건[5]

직원이 간 해외연수 여행의 주된 실질이 교육 훈련이 아니라 출장 업무를 수행한 것에 불과한 경우 이러한 해외 출장 업무에 대하여 지급한 금품은 출장이라고 하는 특수한 근로의 대상으로서 일종의 임금에 해당하거나 또는 업무를 수행하면서 필요 불가결하게 지출할 것이 예정되어 있는 경비를 보전해준 것에 불과하다.

(3) 아남반도체 사건[6]

직원이 간 해외 파견 근무의 주된 실질이 연수나 교육 훈련이 아니라 기업체의 업무상 명령에 따른 근로장소 변경에 불과한 경우, 이러한 해외 근무 기간 동안 직원과 그 동반 가족을 위하여 지급 또는 지출한 부임 여비와 기타 체재비는 장기간의 해외 근무에 대한 대가이거나 업무를 수행하면서 필요 불가결하게 지출할 것이 예정되어 있는 경비에 해당한다.

(4) 한국석유개발공사 사건[7]

직원이 해외 교육 훈련 파견에 앞서 해외파견자관리규정에 따라 기업체와의 사이에 해외 교육 훈련을 종료한 후 의무 근무 기간이 경과하기 전에 사직하였을 경우 변상하기로 약정한 '파견에 직접 소요된 경비'에는 기준 임금은 포함되지 않고, 설사 당사자가 기준 임금까지 포함하여 '파견에 직접 소요된 경비'로서 변상하기로 약정하였다고 하더라도 기업체의 보수 규정에 의하면 기준 임금은 기업체의 필요에 의한 6개월 이상의 해외 교육 훈련 파견자에 대하여 당연히 지급하도록 규정되어 있어 그와 같은

---

4) 대법원 1992. 2. 25. 선고 91다26232 판결, 대법원 1996. 12. 6. 선고 95다24944 판결.
5) 대법원 2003. 10. 23. 선고 2003다7388 판결.
6) 대법원 2004. 4. 28. 선고 2001다53875 판결.
7) 대법원 1996. 12. 6. 선고 95다13104 판결.

반환 약정은 보수규정에 반하는 것으로서 효력이 없다. 그러므로 기업체는 기준 임금으로 지급된 금액 상당에 대하여는 그것이 근로제공의 대가인 임금에 해당하는지 여부에 관계없이 반환 청구권을 가지게 된다고 할 수 없다.

(5) 검 토

판례는 교육, 연수, 훈련을 위하여 지급되는 비용의 반환 약정과 관련하여 그 비용이 본래 사용자가 부담하여야 할 경우에는 위약금 약정으로 보고 있으므로 그 반대의 경우, 즉 본래 근로자가 부담하여야 할 성질의 것일 경우에는 위약금 약정에 해당하지 않는 것으로 해석할 수 있다.

이와 같이 비용 부담 주체를 중심으로 위약금 약정 해당 여부를 판단하는 경우에는 일단 근로자가 부담할 비용으로 판단되기만 하면 사용자와 한 비용 반환 약정과 일정 기간 의무 근무를 통한 면제 약정이 근로기준법 제20조에 위반되지 않는 결론에 이르게 되고, 결국 사용자는 이러한 의무 근무 약정을 통하여 근로자에 대하여 장기간 근로를 사실상 강제할 우려가 있다. 근로기준법 제20조의 취지가 강제 노동 또는 퇴직 자유에 대한 제한을 금지하고자 하는 데에 있다는 점을 고려하면, 위와 같은 기준만으로 판단하는 것은 다소 부족하고 아울러 교육, 연수, 훈련 등을 하게 된 동기, 경위, 교육·연수·훈련의 기간, 의무 근무 기간의 장단, 의무 근무 기간이 교육기간에 비례하여 합리적으로 정해졌는지 여부 등을 실질적으로 고려하여 구체적으로 판단하여야 한다.[8]

라. 반환할 비용의 범위

E항공은 부기장 지원요건 중 하나인 최소 250시간의 비행시간과 B737 한정자격을 소지하지 않은 교육생들을 모집하여 자체적으로 교육시키되 해당 교육에 필요한 경비 8,000만 원은 교육생이 부담하는 방식으로 수습부기장 교육 프로그램을 운영하였다. 원고 9명은 2013. 10. E항공과 사이에 수습부기장으로 2년간 근무하기로 하는 내용의 고용 및 교육계약을 맺

8) 강성태, "교육훈련비등의 상환약정의 효력", 노동법률 제111호(2000. 8.), 45~48면.

은 뒤 입사하였고, 합격자 오리엔테이션에 참석해서야 훈련비를 선납해야 한다는 것을 고지받았다. 원고들은 서류전형, 지식평가, 기량평가, 1차 면접, 2차 면접을 거쳐 최종 선발된 상태에서 훈련비를 선납하지 않으면 합격하기까지 들인 노력과 비용, 채용기회를 상실할 처지였기 때문에, 원고들은 회사의 훈련비 요구를 받아들였고, 퇴직하면 이를 되돌려 받지 않겠다는 내용이 포함된 고용계약서에도 서명했다. 원고들은 계약기간 2년을 채우지 못하고 2015년 2월부터 5월 사이에 모두 퇴사하였다. 원고들은 회사를 상대로 훈련비가 실제보다 과다하게 산정되었다고 주장하면서 부당이득금 반환을 구하는 소를 제기하였다. 법원은 근로계약 중 훈련비반환금지약정은 불공정한 법률행위로서 무효이고, 피고는 실제 훈련비로 사용한 것으로 추산되는 3000여만 원 이외에 과다 계상해 청구한 50,971,045원씩을 원고들에게 반환하여야 한다고 판시하였다.[9)]

마. 근로자에게 귀책사유 없이 근로관계가 종료된 경우[10)]

원고(항공사)는 운항승무원 연봉, 근무조건, 수당에 관한 지침을 제정하고, 교육 훈련비의 상환은 위 지침에 따른다는 내용의 연봉 및 근로계약서를 작성한 후, 재직 중이던 운항승무원 101명의 동의를 받았다. 위 지침에는 “부기장의 의무근무기간은 훈련 완료 후 4년이다. 모든 운항승무원은 개인별 교육훈련비에 대한 상환의무가 있다. 개인별 교육훈련비에 대한 상환의무는 상기 지정된 의무근무기간까지 유효하다. 의무 근무기간을 미충족할 시에는 위약금(=직접훈련비용+간접훈련비용) 전액을 상환해야 한다”는 규정이 포함되어 있다.

교육훈련비상환규정은 운항승무원의 장기근속을 유도하기 위한 것으로, 일정기간의 의무(복무)기간을 설정하고 이를 위반하여 퇴직하는 운항승무원에 대하여는 일종의 위약벌로 지출된 교육훈련비를 상환하도록 하는 규정이다. 따라서 일정기간 복무할 의무를 지고 있는 운항승무원이 자의로

---

9) 전주지방법원 군산지원 2016. 8. 26. 선고 2015가합11191 판결. 위 판결은 항소 기각[광주고등법원(전주부) 2018. 1. 11. 선고 2016나12088 판결], 상고 기각(대법원 2019. 1. 31. 선고 2018다209706 판결)으로 확정되었다.

10) 부산지방법원 2017. 3. 15. 선고 2016나49655 판결.

이를 이행하지 않고 퇴사하였음을 요건으로 한다고 보아야 한다. 그런데 원고와 피고(부기장)는 계약기간을 1년으로 하여 근로계약을 체결하였고, 계약기간이 끝나자 원고가 재계약을 원하지 않아 피고가 퇴사하게 된 것으로, 의무근무(복무)기간을 채우지 못한 것에 대해 피고에게는 아무런 잘못이 없어 위약벌을 부과할 여지도 없다. 즉 교육훈련비상환규정이 이 사건과 같은 경위로 퇴사하게 된 피고의 경우에는 적용이 없는 것이다. 그러므로 위 교육훈련비상환규정에 따라 이 사건 교육훈련비의 상환을 구하는 원고의 주장은 이유 없다.

바. 비채변제

민법 제742조의 비채변제(非債辨濟)는 지급자가 채무 없음을 알면서도 임의로 지급한 경우에만 성립하고, 채무 없음을 알고 있었다 하더라도 변제를 강제당한 경우나 변제거절로 인한 사실상 손해를 피하기 위하여 부득이 변제하게 된 경우 등 그 변제가 자기의 자유로운 의사에 반하여 이루어진 것으로 볼 수 있는 사정이 있는 때에는 지급자가 그 반환청구권을 상실하지 않는다. 위탁교육 후의 의무재직기간 근무 불이행시 급여를 반환토록 한 약정에 따라 근로자가 연수기간 중 지급받은 급여 일부를 반환한 사안에서, 그 급여 반환이 반환의무 없음을 알면서 자유로운 의사에 기하여 이루어진 것이 아니라는 이유로 민법 제742조의 비채변제에 해당하지 아니하고, 나아가 그와 같은 강행법규에 위반한 무효의 약정에 기한 채무의 변제를 민법 제744조의 도의관념에 적합한 비채변제라고 할 수도 없다.[11]

2. 대상사안의 검토

가. 이 사건 교육훈련이 직업훈련기본법상 직업훈련인지 여부

(1) 피고들의 주장

(i) 이 사건 교육훈련은 모두 구 직업훈련기본법상 직업훈련에 해당하

---

11) 대법원 1996. 12. 20. 선고 95다52222 판결.

는데 같은 법 제13조에 의하면 직업훈련에 필요한 비용은 직업훈련을 실시하는 자가 부담하도록 규정되어 있고, (ii) 이 사건 교육훈련은 원고가 영업상 필요로 피고들의 의사와 관계없이 일방적으로 교육명령을 발령함으로써 시행된 것으로 이에 따른 경비는 원고가 부담하여야 할 필요경비이며, (iii) 구 항공법이나 이에 기한 원고의 운항규정·정비규정·훈련심사규칙에 의하면 원고로서는 피고들에 대하여 일정한 교육훈련을 시켜야 될 공의무(公義務)를 부담하고 있어 그 비용은 공의무를 이행하는 비용인바, 위와 같이 이 사건 교육훈련비는 원고가 부담하여야 할 성질의 것인데도 교육훈련규정 등을 내세워 피고들에게 이를 전가시키는 것은 사회질서에 반하는 행위로서 무효이다.

(2) 판 단

(i) 구 직업훈련기본법 제1조, 제2조, 제5조, 제8조, 제9조 등의 각 규정취지에 비추어 보면, 같은 법에서 말하는 '직업훈련'이란 근로자의 지위향상을 도모하고 국민경제의 발전에 기여함을 목적으로 하여 기능사, 감독자, 관리자, 사무·서비스직 종사자, 직업훈련교사를 양성하고자 노동부장관이 기본계획을 수립하고, 그 훈련과정의 내용, 과정별 훈련생의 자격과 교과과정 및 시설 등에 관한 기준을 정하여 근로자에게 직업에 필요한 직무수행능력을 습득 향상하게 하기 위하여 실시하는 훈련을 지칭하는 것으로서, 이 사건과 같이 고도의 전문성을 요하는 영역에서 다액의 훈련비를 소요해 가면서 해외에 있는 전문교육기관에 위탁하여 실시하는 훈련까지 포함하는 것은 아니다.

(ii) 구 항공법 제22조, 제24조, 제25조, 제26조의 각 규정에 의하면, 항공종사자에 대하여는 교통부장관이 기능증명을 행하며, 항공종사자 중 피고들과 같은 운송용조종사나 항공정비사 등의 자격에 대한 기능증명을 할 때에는 항공기의 종류·등급·형식에 대한 한정을 할 수 있고, 이러한 기능증명을 가진 자가 아니면 항공업무에 종사하지 못하거나 제한되며, 기능증명을 얻기 위해서는 소정의 학과시험과 실기시험에 합격하여야 되도록 규정되어 있다.

(iii) 원고의 훈련심사규칙 제5조 제3항과 정비규정 12-5-5항에 의하면, 운항승무원이 기종을 전환하여 승무하고자 할 때에는 그 전환승무에 필요한 훈련을, 신기종이 도입되는 경우에는 항공정비사에게 해당기종 운용에 필요한 교육을 실시하도록 정해져 있으며, 이 사건 각 교육 훈련이 원고에서 신기종을 도입하거나 피고들이 승무할 기종을 전환시킴에 따라 피고들로 하여금 그에 적합한 기능증명을 취득하도록 하기 위하여 실시된 것이다.

(iv) 교육훈련은 피고 등 항공종사자가 종래의 자격을 계속 유지하기 위하여 받아야 하는 정기훈련·정기심사와는 성질이 다른 것이고(위 정기훈련 등의 비용은 원고가 부담하고 있다), 피고들은 이 사건과 같은 승격 및 기종전환훈련을 받음으로써 승진과 보수인상 등의 혜택을 얻을 수 있을 뿐만 아니라, 이를 통하여 다수의 기능증명을 취득함으로써 그들 자신의 근로상품가치도 높아지는 이점이 있어 피고들도 이 사건 교육명령에 대하여 아무런 이의를 제기하지 아니하였고 나아가 그 교육을 받기를 선호하였다.

(v) 피고들이 위의 각 훈련을 받지 아니하여 필요한 기능증명을 취득하지 못하면 원고로서는 그들을 승진 또는 기종전환시킬 수 없으나, 그러한 훈련을 거쳐 필요한 기능증명을 갖춘 자를 고용함으로써 이에 대처할 수 있었다.

(vi) 이러한 점을 종합하면, 위의 각 훈련에 따른 비용을 원고가 전적으로 부담하여야 할 원고의 필요경비라거나, 원고가 자격이 없는 사람을 고용해서는 아니 된다는 의무 이외에 나아가 그러한 자를 고용하기 위하여 소정의 교육을 시켜 주어야 할 의무까지 부담한다고 할 수는 없으므로, 이 사건 교육훈련이 직업훈련기본법상 직업훈련이라거나, 그 시행이 원고의 공의무이며, 그 비용은 원고의 필요경비라는 전제하에서 하는 피고들의 위 주장은 부당하다.

나. 교육훈련비 상환규정이 무효인지 여부

(1) 피고들의 주장

원고가 교육훈련규정 및 위탁교육관리세칙에 따라 이 사건 교육의 실시에 즈음하여 피고들에게 교육훈련비용을 대여하는 것으로 하면서 의무재직기간을 설정하여 그 기간 내에 퇴직하면 대여한 비용을 상환하도록 한 것은 강행규정인 근로기준법 제7조, 제16조, 제20조, 제21조의 각 규정에 위배되며, 또 양성훈련을 이수한 자라도 훈련기간의 2배에 해당하는 기간만을 취업하도록 한 구 직업훈련기본법 제17조에 위배되어 무효이고, 설령 위 각 조항에 직접적으로 위배되지 아니하더라도 이를 회피하기 위한 방편으로 마련된 것이므로 탈법행위로서 무효이다.

(2) 판 단

(i) 근로기준법 제16조, 제20조의 규정취지는 근로자의 퇴직의 자유를 제한하여 근로의 계속을 강요하는 것을 방지하기 위함에 있고, 원고와 같은 기업체에서 비용을 부담 지출하여 직원을 해외에 파견하여 각종 교육훈련을 시키는 목적은 교육훈련을 마치고 돌아온 직원이 습득한 지식과 기능을 기업체를 위하여 활용하고자 함에 있고 이를 위하여 일정한 기간 근무하게 할 필요가 있다.

(ii) 위탁교육훈련을 이수한 직원이 교육수료일자부터 일정한 의무재직기간 이상 원고에 근무하지 아니할 때에는 원고가 우선 부담한 해당 교육비용의 전부 또는 일부를 상환하도록 하되 위 의무재직기간 동안 근무하는 경우에는 이를 면제하기로 한 원고의 교육훈련규정 및 위탁교육관리세칙의 규정은 근로기준법 제20조에서 금지된 위약금 또는 손해배상예정의 약정은 아니다.[12)]

(iii) 의무재직기간은 근로기준법 제16조에서 말하는 근로계약기간이 아니라 교육비용반환채무의 면제기간을 정한 것이므로, 위와 같은 규정이나 관리세칙이 근로기준법 제16조, 제20조에 위배된다고 할 수 없다.

12) 대법원 1996. 12. 20. 선고 95다52222 판결.

(iv) 위의 규정내용이 근로기준법 제7조가 금지하는 사용자가 정신 또는 신체상의 자유를 부당하게 구속하는 수단으로써 근로자의 자유의사에 반하는 근로를 강요하는 것이거나 같은 법 제21조가 금지하는 전차금 기타 근로할 것을 조건으로 하는 전대채권과 임금을 상계하기로 하는 내용의 것이 아님은 명백하며, 이 사건 교육훈련이 구 직업훈련기본법상 직업훈련이 아닌 이상 위 의무재직기간이 구 직업훈련기본법 제17조의 기간을 초과한다고 하여 같은 법 조항에 위배된다고도 할 수 없고, 또한 위의 규정 등이 근로기준법이나 구 직업훈련기본법을 회피하기 위한 방편으로 마련되었다고 볼 수도 없다.

다. 결 론

근로자가 일정기간 근무하지 않은 경우 교육훈련비용을 상환하기로 하는 약정은 당해 계약의 내용 및 실정, 사용자의 의도, 그 약정이 근로자의 심리에 미치는 영향, 기본이 되는 근로계약의 내용 및 이에 대한 관련성 등의 점에서 종합적으로 검토하여 근로기준법에서 금지하는 위약금 또는 손해배상액의 예정에 해당하는지를 판단하여야 한다. 대법원은 일관하여 근로자의 해외파견 연수비용을 지출하고 일정기간 계속하여 근무하지 않은 경우 이를 상환시키는 취지의 특약은 이를 사용자가 근로자에게 파견훈련비를 대여하고 이를 상환할 의무가 있는 근로자가 그 상환방법으로 약정기간 사용자에게 근무하면 그 상환의무를 면제한다는 약정으로 보아 근로기준법 제20조에서 금지하는 위약금 또는 손해배상액 예정의 약정은 아니라고 보는 입장을 취하고 있다.

이 사건에서 원고가 비용을 부담 지출하여 피고들에 대하여 교육훈련을 시키고 이를 이수한 피고들이 교육 수료일자부터 일정한 의무재직기간 이상 근무하지 아니할 때에는 원고가 우선 부담한 해당 교육비용의 전부 또는 일부를 상환하도록 하되 의무재직기간 동안 근무하는 경우에는 이를 면제하기로 하는 약정은 근로기준법 제20조에서 금지된 위약금 또는 손해배상의 약정이 아니므로 유효하다고 보아야 한다.

[16] 외국인 조종사의 퇴직금 사전 포기

대법원 1998. 3. 27. 선고 97다49732 판결

Ⅰ. 사실관계

(1) 외국인 조종사인 원고들은 피고(국내 항공사)와 사이에 근로계약을 체결하면서, 피고로부터 지급받기로 한 임금은 일정한 근무시간을 기준으로 지급되는 월급여, 그 근무시간을 초과하여 근무한 때에 지급되는 연장근무수당, 당번근무를 할 경우에 지급되는 일당수당, 그 밖에 교통비와 휴가보상금으로 한정하기로 하였다. 또한 원고들은 고용기간 종료시 피고에 대하여 어떠한 추가적인 보상을 요구하지 않기로 합의하였다.

(2) 외국인 조종사들이 내국인 조종사들에 비하여 높은 임금을 받은 것은 피고의 기장 수급, 외국인 기장의 높은 기술숙련도, 기타 제반 복지비용이 포함되어 있는 관계로 말미암은 것으로서, 피고가 원고들과 근로계약을 체결할 때 원고들의 임금수준을 국내 조종사에 비하여 높게 정함으로써 그 임금 속에 퇴직금이 포함되는 것으로 생각하였지만, 원고들과 사이에 이 점에 관한 의사합치는 없었다.

(3) 원고들은 피고 회사를 퇴사한 후 퇴직금 지급을 구하는 소를 제기하였다. 이에 대하여 피고는, 원고들이 고용기간 종료시 피고에 대하여 어떠한 추가보상을 요구하지 않기로 합의하였고 이 합의는 위 근로계약에서 열거한 금원 이외에 퇴직금 등 일체의 추가적 임금청구권을 포기한 것이거나 향후 이에 관한 민사상 소제기를 하지 않겠다는 부제소특약을 한 것이라고 주장하였다.

Ⅱ. 참조 조문

1. 근로기준법

제15조(이 법을 위반한 근로계약) ① 이 법에서 정하는 기준에 미치지 못하는 근로조건을 정한 근로계약은 그 부분에 한하여 무효로 한다.
② 제1항에 따라 무효로 된 부분은 이 법에서 정한 기준에 따른다.

제34조(퇴직급여 제도) 사용자가 퇴직하는 근로자에게 지급하는 퇴직급여 제도에 관하여는 「근로자퇴직급여 보장법」이 정하는 대로 따른다.

2. 근로자퇴직급여 보장법

제8조(퇴직금제도의 설정 등) ① 퇴직금제도를 설정하려는 사용자는 계속근로기간 1년에 대하여 30일분 이상의 평균임금을 퇴직금으로 퇴직 근로자에게 지급할 수 있는 제도를 설정하여야 한다.
② 제1항에도 불구하고 사용자는 주택구입 등 대통령령으로 정하는 사유로 근로자가 요구하는 경우에는 근로자가 퇴직하기 전에 해당 근로자의 계속근로기간에 대한 퇴직금을 미리 정산하여 지급할 수 있다. 이 경우 미리 정산하여 지급한 후의 퇴직금 산정을 위한 계속근로기간은 정산시점부터 새로 계산한다.

제9조(퇴직금의 지급) 사용자는 근로자가 퇴직한 경우에는 그 지급사유가 발생한 날부터 14일 이내에 퇴직금을 지급하여야 한다. 다만, 특별한 사정이 있는 경우에는 당사자 간의 합의에 따라 지급기일을 연장할 수 있다.

Ⅲ. 판시사항

퇴직금은 사용자가 일정기간을 계속근로하고 퇴직하는 근로자에게 그 계속근로에 대한 대가로서 지급하는 후불적 임금의 성질을 띤 금원으로서 구체적인 퇴직금청구권은 계속근로가 끝나는 퇴직이라는 사실을 요건으로 하여 발생되는 것인바, 최종 퇴직시 발생하는 퇴직금청구권을 사전에 포기하거나 사전에 그에 관한 민사상 소를 제기하지 않겠다는 부제소특약을 하는 것은 강행법규인 근로기준법에 위반되어 무효이다.

Ⅳ. 해 설

1. 퇴직금제도

가. 퇴직금의 법적 성질

판례는 퇴직금은 사회보장적 성격과 공로보상적 성격이 포함되어 있기는 하지만, 사용자와 근로자의 관계에서는 근로의 대가인 임금의 성질을 갖는 것으로 보아, 사용자가 근로자에게 지급하는 퇴직금은 근로자의 근로제공에 대한 미지급임금이 축적된 것이 그 재원이 된 것으로서 본질적으로는 후불적 임금의 성질을 가지고,[1] 근로자에 대한 퇴직금은 근로기준법상 고용주와 피용자의 관계에서는 근로의 대가인 임금적인 성질을 지닌 것이어서 피해자인 피용자의 일실이익에 퇴직금을 산정할 수 있다고 한다.[2]

퇴직금 채권의 발생 시기에 관하여 판례는 퇴직시에 비로소 발생하는 불확정 기한부 채권으로 보고 있다.[3] 다만 퇴직금 채권의 피전부적격(被轉付適格)을 인정하고 있는 것으로 보아 퇴직 전이라도 퇴직금 채권을 추상적인 채권에 불과한 것으로 보지는 않는다.[4]

나. 퇴직금제도의 설정의무

(1) 구 근로기준법 제34조(2005. 1. 27. 법률 7379호로 개정되기 전의

---

1) 대법원 1975. 7. 22. 선고 74다1840 판결, 대법원 2007. 3. 30. 선고 2004다8333 판결.
2) 대법원 1969. 12. 30. 선고 69다1977 판결.
3) 대법원 1991. 6. 28. 선고 90다14560 판결.
4) 대법원 1975. 7. 22. 선고 74다1840 판결은 "퇴직금은 근로자가 사망 또는 퇴직한 때에 근로자에게 지급되는 것이기는 하나 근로기준법, 단체협약, 취업규칙, 근로계약 등에서 미리 그 지급조건이 명확화되어 있어 그 권리성이 부여되어 있고 근로자의 사망 또는 퇴직시에 지급될 것이 확실시되는 것이므로 근로자의 사망 또는 퇴직 전의 퇴직금 급여 청구권을 추상적인 청구권에 불과한 것이라고 볼 수는 없다"라고 판시하고 있다. 대법원 1977. 9. 28. 선고 77다1137 전원합의체 판결도 같은 취지이다.

것), 근로자퇴직급여 보장법(이하 '근퇴법') 제8조 제1항은 사용자로 하여금 일률적으로 근로자에게 계속근로기간 1년에 대해 30일분 이상의 평균임금을 지급하는 제도를 설정하도록 규정하고 있다. 근퇴법은 근로자퇴직급여 제도의 설정 및 운영에 필요한 사항을 정하기 위해 근로기준법이 정하고 있던 퇴직금제도를 분리하여 별도로 제정되었고, 그 시행일인 2005. 12. 1.부터 사용자의 퇴직금 지급의무 및 그 위반으로 인한 처벌에 관하여 근퇴법이 적용된다. 근퇴법은 근로기준법과 달리 2010. 12. 1.부터는 상시 4인 이하의 근로자를 사용하는 사업에도 적용된다.[5)]

(2) 근퇴법은 "퇴직금제도를 설정하려는 사용자는 계속근로기간 1년에 대하여 30일분 이상의 평균임금을 퇴직금으로 퇴직 근로자에게 지급할 수 있는 제도를 설정하여야 한다"라고 규정하고 있으므로(제8조 제1항), 퇴직금 계산의 기본요건은 계속근로기간, 퇴직금 지급률, 퇴직시 평균임금 세 가지이다. 퇴직자의 근무기간 중의 직류 변경에 불구하고 계속 근무하여 온 전 기간을 계속근로기간으로 보고, 퇴직금 계산의 기초가 되는 평균임금도 법의 규정에 의하여 퇴직 전 3개월간의 임금을 기준으로 하여 산정한 평균임금, 즉 직류 변경 후인 퇴직시의 평균임금을 기준으로 하여 퇴직금을 계산하여야 하는 이상, 그 지급률도 마땅히 퇴직 당시 직류의 지급률로 함이 근퇴법의 취지에 맞다.[6)]

계속근로기간이 1년에 미달하는 경우에는 근퇴법에 의한 퇴직금청구권이 발생하지 아니한다.[7)] 계속근로기간은 원칙적으로 근로자의 재직기간을 말하므로 재직기간 중 일부를 퇴직금 산정의 기초가 되는 근속기간에서 제외하는 것은 그러한 내용이 단체협약이나 취업규칙으로 규정되어 있고, 그와 같이 하여 산정한 퇴직금 액수가 근퇴법에 따라 산정한 퇴직금 액수 이상이라는 등의 특별한 사정이 없는 한 허용될 수 없다.[8)] 평균임금의 계산은 퇴직시를 기준으로 하여 근로기준법 제2조 제1항 제6호에 따라 산정

5) 근로기준법 시행령 제7조의2 규정은 근로자퇴직급여 보장법 적용에 관한 상시 근로자 수 산정에는 적용되지 아니한다. 대법원 2013. 12. 26. 선고 2012도10902 판결.

6) 대법원 1995. 7. 11. 선고 93다26168 전원합의체 판결.

7) 대법원 2016. 12. 29. 선고 2016다236285 판결.

8) 대법원 2011. 10. 27. 선고 2011다42324 판결.

한다. 계속근로기간 중에 신분이 바뀌거나 임금체계가 바뀌어도 퇴직금 지급률과 평균임금은 퇴직 당시를 기준으로 함이 원칙이다.[9)]

다. 포괄임금제와 퇴직금

(1) 기본임금을 미리 산정하지 아니한 채 제(諸)수당을 합한 금액을 월 급여액이나 일당임금으로 정하거나 매월 일정액을 제수당으로 지급하는 내용의 포괄임금제에 관한 약정이 성립하였는지는 근로시간, 근로형태와 업무의 성질, 임금 산정의 단위, 단체협약과 취업규칙의 내용, 동종 사업장의 실태 등 여러 사정을 전체적·종합적으로 고려하여 구체적으로 판단하여야 한다. 이때 단체협약이나 취업규칙 및 근로계약서에 포괄임금이라는 취지를 명시하지 않았음에도 묵시적 합의에 의한 포괄임금약정이 성립하였다고 인정하기 위해서는, 근로형태의 특수성으로 인하여 실제 근로시간을 정확하게 산정하는 것이 곤란하거나 일정한 연장·야간·휴일근로가 예상되는 경우 등 실질적인 필요성이 인정될 뿐 아니라, 근로시간, 정하여진 임금의 형태나 수준 등 제반 사정에 비추어 사용자와 근로자 사이에 정액의 월급여액이나 일당임금 외에 추가로 어떠한 수당도 지급하지 않기로 하거나 특정한 수당을 지급하지 않기로 하는 합의가 있었다고 객관적으로 인정되는 경우이어야 한다.[10)]

(2) 사용자와 근로자가 매월 지급하는 월급이나 매일 지급하는 일당과 함께 퇴직금으로 일정한 금원을 미리 지급하기로 약정(이하 '퇴직금 분할 약정')하였다면, 그 약정은 근퇴법 제8조 제2항 전문에서 정한 퇴직금 중간정산으로 인정되는 경우가 아닌 한 최종 퇴직시 발생하는 퇴직금청구권을 근로자가 사전에 포기하는 것으로서, 강행법규인 같은 법 제8조에 위배되어 무효이다. 한편 사용자가 근로자에게 퇴직금 명목의 금원을 실질적으로 지급하였음에도 불구하고 정작 퇴직금 지급의 효력이 인정되지 아니할 뿐만 아니라 임금 지급의 효력도 인정되지 않는다면, 근로자는 수령

---

9) 대법원 1995. 7. 11. 선고 93다26168 전원합의체 판결, 대법원 2004. 1. 16. 선고 2003다49276 판결.

10) 대법원 2016. 10. 13. 선고 2016도1060 판결.

한 퇴직금 명목의 금원을 부당이득으로 사용자에게 반환하여야 한다고 보는 것이 공평의 견지에서 합당하다.[11] 다만 퇴직금 제도를 강행법규로 규정한 입법 취지를 고려할 때, 위와 같은 법리는 사용자와 근로자 사이에 실질적인 퇴직금 분할 약정이 존재함을 전제로 하여 비로소 적용할 수 있다. 따라서 사용자와 근로자가 체결한 해당 약정이 그 실질은 임금을 정한 것에 불과함에도 사용자가 퇴직금 지급을 면탈하기 위하여 퇴직금 분할 약정의 형식만을 취한 것인 경우에는 위와 같은 법리를 적용할 수 없다. 즉 사용자와 근로자 사이에 월급이나 일당 등에 퇴직금을 포함하고 퇴직시 별도의 퇴직금을 지급하지 않는다는 취지의 합의가 존재할 뿐만 아니라, 임금과 구별되는 퇴직금 명목 금원의 액수가 특정되고, 위 퇴직금 명목 금원을 제외한 임금 액수 등을 고려할 때 퇴직금 분할 약정을 포함하는 근로계약 내용이 종전 근로계약이나 근로기준법 등에 비추어 근로자에게 불이익하지 아니하여야 하는 등 사용자와 근로자가 임금과 구별하여 추가로 퇴직금 명목으로 일정한 금원을 실질적으로 지급할 것을 약정한 경우에 한하여 위와 같은 법리가 적용된다.[12]

11) 구 근로기준법(2005. 1. 27. 법률 제7379호로 개정되기 전의 것) 제42조 제1항 본문에 의하면 임금은 통화로 직접 근로자에게 그 전액을 지급하여야 하므로 사용자가 근로자에 대하여 가지는 채권으로써 근로자의 임금채권과 상계를 하지 못하는 것이 원칙이고, 이는 경제적·사회적 종속관계에 있는 근로자를 보호하기 위한 것인바, 근로자가 받을 퇴직금도 임금의 성질을 가지므로 역시 마찬가지이다. 다만 계산의 착오 등으로 임금을 초과 지급한 경우에, 근로자가 퇴직 후 그 재직 중 받지 못한 임금이나 퇴직금을 청구하거나, 근로자가 비록 재직 중에 임금을 청구하더라도 위 초과 지급한 시기와 상계권 행사의 시기가 임금의 정산, 조정의 실질을 잃지 않을 만큼 근접하여 있고 나아가 사용자가 상계의 금액과 방법을 미리 예고하는 등으로 근로자의 경제생활의 안정을 해할 염려가 없는 때에는, 사용자는 위 초과 지급한 임금의 반환청구권을 자동채권으로 하여 근로자의 임금채권이나 퇴직금채권과 상계할 수 있다. 그리고 이러한 법리는 사용자가 근로자에게 이미 퇴직금 명목의 금원을 지급하였으나 그것이 퇴직금 지급으로서의 효력이 없어 사용자가 같은 금원 상당의 부당이득반환채권을 갖게 된 경우에 이를 자동채권으로 하여 근로자의 퇴직금채권과 상계하는 때에도 적용된다. 한편 민사집행법 제246조 제1항 제5호는 근로자인 채무자의 생활보장이라는 공익적, 사회 정책적 이유에서 '퇴직금 그 밖에 이와 비슷한 성질을 가진 급여채권의 2분의 1에 해당하는 금액'을 압류금지채권으로 규정하고 있고, 민법 제497조는 압류금지채권의 채무자는 상계로 채권자에게 대항하지 못한다고 규정하고 있으므로, 사용자가 근로자에게 퇴직금 명목으로 지급한 금원 상당의 부당이득반환채권을 자동채권으로 하여 근로자의 퇴직금채권을 상계하는 것은 퇴직금채권의 2분의 1을 초과하는 부분에 해당하는 금액에 관하여만 허용된다고 봄이 상당하다. 대법원 2010. 5. 20. 선고 2007다90760 전원합의체 판결.

12) 대법원 2012. 12. 13. 선고 2012다77006 판결.

라. 퇴직금의 중간정산

근퇴법 제8조 제2항에 의한 퇴직금의 중간정산은 근로자가 기왕의 계속근로기간의 전부 또는 일부에 대하여 퇴직금의 중간정산을 요구하고 사용자가 그 요구기간에 대한 중간정산을 승낙함으로써 성립하고, 이 때 그 대상 근로기간에 대한 중간정산퇴직금청구권이 발생한다.[13] 따라서 퇴직금의 중간정산이 성립한 후에 중간정산의 기준일 이전으로 소급하여 임금을 인상하기로 하는 내용의 노사간 합의에 따라 임금인상의 효력이 소급하여 발생한다고 하더라도 사용자와 근로자 사이에 인상된 임금을 기초로 다시 퇴직금을 중간정산하기로 하는 등의 특별한 사정이 없는 한 소급적인 임금인상의 효력이 이미 성립한 퇴직금 중간정산에 관한 법률관계에 당연히 영향을 미친다고 볼 수는 없다.[14] 퇴직금 중간정산 제도의 입법취지와 퇴직금의 성격 등을 종합하여 볼 때 반드시 근로자가 먼저 중간정산을 적극적으로 요구한 경우에만 퇴직금 중간정산 합의가 유효한 것은 아니며, 퇴직금 중간정산 합의가 개별 근로자의 자유로운 의사에 따라 이루어진 것이면 퇴직금 중간정산은 유효하다.[15]

중간퇴직이 유효하다고 인정되는 경우에는 위 중간퇴직으로 인한 퇴직금청구권과 그 후 재입사일부터 최종퇴직시까지의 근속기간에 대한 퇴직금청구권은 당사자만 동일할 뿐 계속근로의 기간과 퇴직의 시점을 달리하는 것이어서 별개의 퇴직금청구권이고, 이들 청구권의 실행을 위한 소송상의 청구도 독립된 별개의 청구이다.[16]

사용자와 근로자의 합의로 퇴직금 중간정산이 성립한 일부 근로기간에 대하여는 중간정산 시점에 중간정산퇴직금청구권이 발생하고 소멸시효도 그때부터 기산되지만, 중간정산 합의가 없었던 나머지 근로기간에 대하여는 최종 퇴직시에 퇴직금청구권이 발생하고, 소멸시효도 최종 퇴직 시점부터 진행한다.[17]

---

13) 대법원 2008. 2. 1. 선고 2006다20542 판결.
14) 대법원 2014. 12. 11. 선고 2011다77290 판결.
15) 대법원 2012. 10. 25. 선고 2012다41045 판결.
16) 대법원 2005. 10. 13. 선고 2004다13755 판결.

마. 퇴직금 차등 제도 금지

근퇴법 제4조 제2항은 "퇴직급여제도를 설정함에 있어 하나의 사업 안에 차등제도를 두어서는 아니 된다"고 규정하고 있다. 이를 위반하여 하나의 사업 안에 퇴직급여 제도를 차등하여 설정한 자는 2년 이하의 징역 또는 1천만 원 이하의 벌금에 처한다(근퇴법 제32조). 동일한 사업 안이라면 직위, 직종은 물론 작업 부서나 장소가 다른 근로자 사이에도 차등 제도를 두어서는 아니 된다. 경영상 일체를 이루면서 조직상 유기적으로 운영되는 지점·출장소·공장 등은 모두 하나의 사업으로 파악해야 하며, 국내·해외 등 장소적인 관념에 따라 결정될 문제는 아니다.[18]

차등 금지 조항은 앞에서 설명한 것처럼 퇴직금제도와 퇴직연금제도 사이에 적용되는 것이 아니라, 퇴직금제도 안에서 적용되는 것으로서 퇴직금제도 안에서 차별을 금지하는 것으로 보아야 한다. 다만 모든 근로자에게 동일하게 적용되는 퇴직금제도 안에서 근속기간 차이에 따라 구체적인 지급률이나 지급액에 차이가 나거나, 근로자의 직종·직위에 차이가 있어 결과적으로 지급액에 차이가 나는 것은 금지의 대상이 아니다.[19]

바. 퇴직금 청구권의 사전 포기

퇴직금은 사용자가 일정 기간을 계속근로하고 퇴직하는 근로자에게 계속근로에 대한 대가로서 지급하는 후불적 임금의 성질을 띤 금원으로서 구체적인 퇴직금청구권은 근로관계가 끝나는 퇴직이라는 사실을 요건으로 발생한다. 최종 퇴직시 발생하는 퇴직금청구권을 미리 포기하는 것은 강행법규인 근로기준법, 근퇴법에 위반되어 무효이다.[20]

사. 퇴직금 청구권의 사후 포기

근로자가 퇴직하여 더 이상 근로계약관계에 있지 않은 상황에서 퇴직

---

17) 대법원 2008. 2. 1. 선고 2006다20542 판결.
18) 대법원 1999. 8. 20. 선고 98다765 판결.
19) 근로기준법 주해 II, 492면.
20) 대법원 2018. 7. 12. 선고 2018다21821 판결.

시 발생한 퇴직금청구권을 나중에 포기하는 것은 허용되고, 이러한 약정이 강행법규에 위반된다고 볼 수 없다.[21] 따라서 A가 B주식회사에 고용되어 근무하다가 퇴직한 후 약 10개월에 걸쳐 미지급 급여와 퇴직금 등 명목으로 돈을 지급받으면서 "본인은 귀사에 밀린 급료(퇴직금 포함)를 모두 정리하였으므로 더 이상의 추가 금액을 요구하지 않을 것을 약속합니다"라는 각서를 작성·교부한 사안에서, A가 퇴직일부터 수개월이 지난 후 각서를 작성한 것을 비롯하여 각서의 작성경위와 문언 등에 비추어 A가 각서를 통해서 퇴직금청구권을 미리 포기하였음을 확인한 것이 아니라 퇴직으로 발생한 퇴직금청구권을 사후에 포기한 것으로 보아야 하므로, B가 A에게 퇴직금을 지급할 의무가 없다.[22]

2. 개별 근로자에 의한 임금 포기

가. 사전 포기

근로자가 사전에 자신의 임금청구권을 포기하는 것은 허용될 수 없는 것이 근로기준법의 정신에 부합한다.[23] 이와 같이 임금청구권을 사전에 포기하는 것은 강행법규인 근로기준법에 위배되어 무효이므로, 지급청구권이 발생하지 아니한 임금의 소급삭감은 효력이 없고,[24] 근로자와 사용자가 장래의 연장근로수당 등 법정 수당청구권을 포기하기로 합의한 것도 무효이다.[25]

나. 사후 포기

구체적으로 그 지급청구권이 발생한 임금은 근로자의 사적 재산영역으로 옮겨져 근로자의 처분에 맡겨진 것이기 때문에, 근로자로부터 개별적인 동의나 수권을 받지 아니한 이상, 노동조합이 사용자와 체결한 단체협약만으로 이에 대한 포기나 지급유예와 같은 처분행위를 할 수는 없다.[26]

21) 대법원 2018. 7. 12. 선고 2018다21821 판결.
22) 대법원 2018. 7. 12. 선고 2018다21821 판결.
23) 대법원 2002. 12. 10. 선고 2000다25910 판결.
24) 대법원 2015. 12. 23. 선고 2013다209039 판결.
25) 대법원 2016. 8. 24. 선고 2014다5098 판결.

근로자들이 임금피크제 선택 여부 확인서를 제출할 당시 이미 구체적으로 그 지급청구권이 발생하여 근로자들의 사적 재산 영역으로 옮겨져 근로자의 처분에 맡긴 것이므로, 근로자들이 소급삭감에 동의한 이상 그 소급삭감은 유효하다.[27)]

3. 대상사안의 검토

가. 임금에 퇴직금이 포함되어 있는지 여부

피고는 원고들과 근로계약을 체결할 때 원고들의 임금수준을 국내 조종사에 비하여 높게 정함으로써 그 임금 속에 퇴직금이 포함되어 있다고 주장하였다. 근로계약서에 포괄임금이라는 취지를 명시하지 않았음에도 묵시적 합의에 의한 포괄임금약정이 성립하였다고 인정하기 위해서는, 근로형태의 특수성으로 인하여 실제 근로시간을 정확하게 산정하는 것이 곤란하거나 일정한 연장·야간·휴일근로가 예상되는 경우 등 실질적인 필요성이 인정될 뿐 아니라, 근로시간, 정하여진 임금의 형태나 수준 등 제반 사정에 비추어 사용자와 근로자 사이에 정액의 월급여액이나 일당임금 외에 추가로 어떠한 수당도 지급하지 않기로 하거나 특정한 수당을 지급하지 않기로 하는 합의가 있었다고 객관적으로 인정되는 경우이어야 한다.[28)] 또한 사용자와 근로자가 매월 지급하는 월급이나 매일 지급하는 일당과 함께 퇴직금으로 일정한 금원을 미리 지급하기로 약정하였다면, 그 약정은 근퇴법 제8조 제2항 전문에서 정한 퇴직금 중간정산으로 인정되는 경우가 아닌 한 최종 퇴직시 발생하는 퇴직금청구권을 근로자가 사전에 포기하는 것으로서, 강행법규인 같은 법 제8조에 위배되어 무효이다. 따라서 대상사안에서는 포괄임금약정이 성립되었다고 볼 수 없고, 퇴직금 중간정산으로 인정되지도 아니하므로, 피고의 주장은 부당하다.[29)]

---

26) 대법원 2017. 12. 28. 선고 2017다2359 판결.
27) 대법원 2015. 12. 23. 선고 2013다209039 판결.
28) 대법원 2016. 10. 13. 선고 2016도1060 판결.
29) 원심은, 원고들과 피고 사이에 원고들의 임금 속에 퇴직금 상당액을 포함시키기로 하는 의사합치가 이루어졌다고 하더라도 이는 하나의 사업장에 두 개의 퇴직금제도가 존재하게 되는 결과가 되어 퇴직금차등제도를 금지하는 구 근로기준법 제28조 제2항에 위배

나. 퇴직금 청구권 사전 포기의 효력

퇴직금은 사용자가 일정기간을 계속근로하고 퇴직하는 근로자에게 그 계속근로에 대한 대가로서 지급하는 후불적 임금의 성질을 띤 금원으로서 구체적인 퇴직금청구권은 계속근로가 끝나는 퇴직이라는 사실을 요건으로 하여 발생되는 것이다. 그런데 이 사건과 같이 원고들이 피고와 사이에 최종 퇴직시 발생하는 퇴직금청구권을 사전에 포기하거나 사전에 그에 관한 민사상 소를 제기하지 않겠다는 부제소특약을 하는 것은 강행법규인 근로기준법, 근퇴법에 위반되어 무효이다. 따라서 피고는 원고들에게 근로기준법 소정의 퇴직금을 지급할 의무가 있다.

되어 무효라고 판단하였다.

[17] 단체협약에 의한 근로자의 임금 포기

대법원 2002. 4. 12. 선고 2001다41384 판결

Ⅰ. 사실관계

(1) 피고 회사(국내 항공사)는 1998. 3.경 같은 달 31일로 종료되는 1996년 단체협약을 대체할 새로운 단체협약과 임금협약을 체결하기 위한 노사협의를 피고 회사 노동조합에 요청하였으나 노동조합에서는 이를 계속하여 연기하여 왔다. 피고 회사는 IMF 경제위기에 따른 일정 범위의 고용조정이 불가피함을 주장하였으므로 노동조합에서도 대량해고를 피할 수 있는 고용안정협약의 체결이 선결과제였다.

(2) 1998. 5. 7.에 이르러서야 1998년 단체협약과 더불어 1998. 4. 상여금 100%는 지급하지 않기로 하고 1998. 12. 상여금 100%도 경영실적에 따라 지급하지 않을 수도 있다는 내용의 임금협약 및 경영상의 이유로 조합원들을 해고하지 않는다는 내용의 고용안정합의서를 동시에 작성하여 서명 날인하였다. 피고 회사와 노동조합 사이에 체결된 1998. 4. 1.자 단체협약에 의하면 매년 2월, 4월, 6월, 8월, 10월, 12월 및 추석에 기본급, 주휴수당, 근속수당 및 통근수당의 액수를 합한 액수(100%)에 상당하는 상여를 지급하도록 규정되어 있다.

(3) 피고 회사와 노동조합은 1998. 5. 7. "1998. 4. 상여 100%는 회사 경영상의 어려움을 감안하여 지급하지 않기로 하고, 1998. 경영실적이 적자일 경우 1998. 12. 상여 100%를 추가로 지급하지 않기로 한다"는 내용의 임금협약을 체결하였고, 또 1998. 12. 18. 1998년도 4/4분기 노사협의회 및 단체교섭 결과 "1998. 12. 상여 50%를 지급하기로 한다"는 내용의 합의를 하였다.

(4) 피고 회사는 위 합의에 따라 소속 근로자들인 원고에게 1998. 4.

상여금 100% 및 12. 상여금 50%를 지급하지 아니하였다. 한편 종전의 단체협약에도 2월, 4월, 6월, 8월, 10월, 12월, 추석에 상여금 100%씩을 지급하도록 규정되어 있었고, 피고 회사는 1997. 12. 이전까지는 대체로 추석 때를 제외한 나머지 상여금을 기본급과 제수당의 지급일인 해당 월의 21일에 지급하였으나 때에 따라서는 그 지급일을 달리 한 때도 있었다.

(5) 원고는 1998. 4. 상여금 100%를 지급하지 않기로 한 1998. 5. 7.자 임금협약은 이미 개개의 근로자들이 취득한 상여금지급청구권을 포기하는 내용의 합의로서 근로자들의 개별적인 수권이 있어야 함에도 이러한 수권이 없이 이루어진 것이므로 무효라고 주장하면서 상여금을 구하는 소를 제기하였다.

II. 참조 조문

1. 노동조합 및 노동관계조정법(이하 '노조법')

제29조(교섭 및 체결권한) ① 노동조합의 대표자는 그 노동조합 또는 조합원을 위하여 사용자나 사용자단체와 교섭하고 단체협약을 체결할 권한을 가진다.

② 제29조의2에 따라 결정된 교섭대표노동조합(이하 "교섭대표노동조합"이라 한다)의 대표자는 교섭을 요구한 모든 노동조합 또는 조합원을 위하여 사용자와 교섭하고 단체협약을 체결할 권한을 가진다.

③ 노동조합과 사용자 또는 사용자단체로부터 교섭 또는 단체협약의 체결에 관한 권한을 위임받은 자는 그 노동조합과 사용자 또는 사용자단체를 위하여 위임받은 범위 안에서 그 권한을 행사할 수 있다.

④ 노동조합과 사용자 또는 사용자단체는 제3항에 따라 교섭 또는 단체협약의 체결에 관한 권한을 위임한 때에는 그 사실을 상대방에게 통보하여야 한다.

제33조(기준의 효력) ① 단체협약에 정한 근로조건 기타 근로자의 대우에 관한 기준에 위반하는 취업규칙 또는 근로계약의 부분은 무효로 한다.

> ② 근로계약에 규정되지 아니한 사항 또는 제1항의 규정에 의하여 무효로 된 부분은 단체협약에 정한 기준에 의한다.

2. 근로기준법

> **제43조(임금 지급)** ② 임금은 매월 1회 이상 일정한 날짜를 정하여 지급하여야 한다. 다만, 임시로 지급하는 임금, 수당, 그 밖에 이에 준하는 것 또는 대통령령으로 정하는 임금에 대하여는 그러하지 아니하다.

3. 근로기준법 시행령

> **제23조(매월 1회 이상 지급하여야 할 임금의 예외)** 법 제43조 제2항 단서에서 "임시로 지급하는 임금, 수당, 그 밖에 이에 준하는 것 또는 대통령령으로 정하는 임금"이란 다음 각 호의 것을 말한다.
> 1. 1개월을 초과하는 기간의 출근 성적에 따라 지급하는 정근수당
> 2. 1개월을 초과하는 일정 기간을 계속하여 근무한 경우에 지급되는 근속수당
> 3. 1개월을 초과하는 기간에 걸친 사유에 따라 산정되는 장려금, 능률수당 또는 상여금
> 4. 그 밖에 부정기적으로 지급되는 모든 수당

Ⅲ. 판시사항

협약자치의 원칙상 노동조합은 사용자와 사이에 근로조건을 유리하게 변경하는 내용의 단체협약뿐만 아니라 근로조건을 불리하게 변경하는 내용의 단체협약을 체결할 수 있으므로, 근로조건을 불리하게 변경하는 내용의 단체협약이 현저히 합리성을 결하여 노동조합의 목적을 벗어난 것으로 볼 수 있는 경우와 같은 특별한 사정이 없는 한 그러한 노사간의 합의를 무효라고 볼 수는 없고, 노동조합으로서는 그러한 합의를 위하여 사전에 근로자들로부터 개별적인 동의나 수권을 받을 필요가 없으나, 이미 구체적으로 그 지급청구권이 발생한 임금(상여금 포함)은 근로자의 사적 재

산영역으로 옮겨져 근로자의 처분에 맡겨진 것이기 때문에, 노동조합이 근로자들로부터 개별적인 동의나 수권을 받지 않는 이상, 사용자와 사이의 단체협약만으로 이에 대한 포기나 지급유예와 같은 처분행위를 할 수 없다.

Ⅳ. 해 설

1. 단체협약에 의한 근로조건의 불리한 변경

가. 협약자치의 원칙

(1) 단체협약은 노동조합이 사용자 또는 사용자 단체와 근로조건 기타 노사관계에서 발생하는 사항에 관하여 체결하는 협정이다. 단체협약으로 무엇을 정할 것인가는 원칙적으로 협약 당사자의 자유에 맡겨져 있고, 이를 협약자치의 원칙이라고 한다. 그러나 협약자치에도 일정한 한계가 있다. 협약자치의 한계에 관한 논의는 단체협약을 통한 노동조합의 근로조건 규제권한을 인정하면서도 이에 대해 일정한 한계를 설정함으로써 근로자 개인의 고유한 권리·이익을 보호하고자 하는 것이고, 근로조건에 대한 노동조합의 집단적 규제권한이 규범적 효력(노조법 제33조)의 승인으로 나타나는 우리나라에서는 협약자치의 한계는 결국 규범적 효력의 한계를 말하는 것이다.[1)]

(2) 강행법규에 반하는 단체협약의 내용은 무효이기 때문에 그 규범적 효력이 없다. 근로기준법에 정한 기준에 달하지 못하는 근로조건을 정한 근로계약은 그 부분에 한하여 무효이므로 그것이 단체협약에 의한 것이라거나 근로자들의 승인을 받은 것이라고 하여 유효로 볼 수 없다.[2)]

강행법규 위반에 따른 단체협약의 무효를 인정한 판례로는, (i) 남녀를 차별하여 정년을 규정한 협약조항이 근로기준법과 남녀고용평등법에 위배되어 무효라고 본 사례,[3)] (ii) 성질상 통상임금에 산입되어야 할 수당을

---

1) 김유성, 노동법 Ⅱ－집단적 노사관계법－(전정증보판), 법문사(1999), 171면.
2) 대법원 1990. 12. 21. 선고 90다카24496 판결.
3) 대법원 1993. 4. 9. 선고 92누15765 판결.

통상임금에서 제외하기로 하는 노사의 합의는 근로기준법이 정한 기준에 미달하는 근로조건을 정한 것으로서 무효라고 본 사례,[4] (iii) 평균임금에 포함될 수 있는 급여를 퇴직금 산정의 기초로 하지 아니하기로 하는 노사간 합의에 따라 산정한 퇴직금액이 구 근로기준법이 보장한 하한을 하회하는 경우 그 합의가 무효라고 본 사례,[5] (iv) 중간퇴직이 무효라면 퇴직금 중간정산의 효력을 인정한 노사협의회 합의사항이 단체협약과 동일한 효력을 가진다고 하더라도 최종 퇴직시 발생하는 퇴직금청구권의 일부를 사전에 포기하게 하는 것으로서 강행법규인 근로기준법에 위반하여 무효라고 본 사례,[6] (v) 회사가 직원들을 유상증자에 참여시키면서 퇴직시 출자 손실금을 전액 보전해 주기로 약정한 경우 그러한 내용의 '손실보전합의 및 퇴직금 특례지급기준'은 유상증자에 참여하여 주주의 지위를 갖게 될 회사의 직원들에게 퇴직시 그 출자 손실금을 전액 보전해 주는 것을 내용으로 하고 있어서 회사가 주주에 대하여 투하자본의 회수를 절대적으로 보장하는 셈이 되고 다른 주주들에게 인정되지 않는 우월한 권리를 부여하는 것으로서 주주평등의 원칙에 위반되어 무효라고 본 사례,[7] (vi) 노동조합이 당해 사업장에 종사하는 근로자의 2/3 이상을 대표하고 있지 아니함에도 불구하고 근로자가 그 노동조합의 조합원이 될 것을 고용조건으로 하는 단체협약을 체결하는 것은 노조법에 위반되어 허용되지 아니한다고 본 사례[8] 등이 있다.

나. 근로조건의 불리한 변경

(1) 협약자치의 원칙상 노동조합은 사용자와 사이에 근로조건을 유리하게 변경하는 내용의 단체협약뿐만 아니라 근로조건을 불리하게 변경하는 내용의 단체협약을 체결할 수 있으므로, 근로조건을 불리하게 변경하는 내용의 단체협약이 현저히 합리성을 결하여 노동조합의 목적을 벗어난

4) 대법원 1993. 5. 11. 선고 93다4816 판결.
5) 대법원 2007. 9. 20. 선고 2007다32993 판결.
6) 대법원 1997. 7. 25. 선고 96다22174 판결.
7) 대법원 2007. 6. 28. 선고 2006다38161 판결.
8) 대법원 1997. 4. 11. 선고 96누3005 판결.

것으로 볼 수 있는 경우와 같은 특별한 사정이 없는 한 그러한 노사간의 합의를 무효라고 볼 수는 없고, 노동조합으로서는 그러한 합의를 위하여 사전에 근로자들로부터 개별적인 동의나 수권을 받을 필요가 없다.9)

(2) 그러나 근로조건을 불리하게 변경하는 내용의 단체협약이 현저히 합리성을 결하여 노동조합 목적을 벗어난 것으로 볼 수 있는 특별한 사정이 있는 경우에는 그러한 합의는 무효라고 보아야 하고, 이때 단체협약이 현저히 합리성을 결하였는지는 단체협약 내용과 체결경위, 협약체결 당시 사용자측 경영상태 등 여러 사정에 비추어 판단하여야 한다.10)

(3) 단체협약의 개정에도 불구하고 종전의 단체협약과 동일한 내용의 취업규칙이 그대로 적용된다면 단체협약의 개정은 그 목적을 달성할 수 없으므로, 개정된 단체협약에는 당연히 취업규칙상 유리한 조건의 적용을 배제하고 개정된 단체협약이 우선적으로 적용된다는 내용의 합의가 포함된 것이라고 봄이 당사자의 의사에 합치한다.11)

다. 구체적으로 지급청구권이 발생한 임금의 포기나 지급유예

(1) 이미 구체적으로 그 지급청구권이 발생한 임금은 근로자의 사적 재산영역으로 옮겨져 근로자의 처분에 맡겨진 것이기 때문에, 노동조합이 근로자들로부터 개별적인 동의나 수권을 받지 않는 이상, 사용자와 사이의 단체협약만으로 이에 대한 포기나 지급유예와 같은 처분행위를 할 수 없다.12)

(2) 단체협약은 근로자의 경제적·사회적 지위 향상을 위하여 노동조합과 사용자가 단체교섭을 거쳐 체결하는 것이므로, 그 명문 규정을 근로자에게 불리하게 해석하여서는 아니 된다.13) 한편 근로자의 임금채권은 근로기준법에 따라 강력한 보호를 받는 것이므로 임금채권에 관하여 근로자

9) 대법원 2002. 11. 26. 선고 2001다36504 판결.
10) 대법원 2011. 7. 28. 선고 2009두7790 판결.
11) 대법원 2002. 12. 27. 선고 2002두9063 판결.
12) 대법원 2002. 4. 12. 선고 2001다41384 판결, 대법원 2017. 12. 28. 선고 2017다2359 판결.
13) 대법원 2014. 2. 13. 선고 2011다86287 판결, 대법원 2017. 12. 28. 선고 2017다2359 판결.

에게 불리할 수 있는 의사표시에 관하여는 이를 엄격하게 해석하여야 한다.[14)]

라. 단체협약에 의한 퇴직금의 불리한 변경

단체협약에 의해 퇴직금지급기준이 불리하게 변경된 경우 그 변경 이전까지의 계속근로기간에 대한 근로자의 기득권을 침해하는 것으로 볼 수 있는지가 문제된다. 구체적인 퇴직금청구권은 퇴직을 요건으로 하여 발생하므로 특별한 사정이 없는 한 전체의 근무기간에 대하여 퇴직 당시에 유효한 퇴직금규정을 적용하여야 한다.[15)] 사용자가 근로자의 집단적 동의 없이 취업규칙 중 퇴직금조항을 불리하게 변경한 경우에도 노동조합이 변경된 퇴직금조항을 따르기로 하는 내용의 단체협약을 체결한 경우에는 기득이익을 침해받게 되는 기존의 근로자에 대하여 종전의 퇴직금조항이 적용되어야 함을 알았는지의 여부에 관계없이 그 협약의 적용을 받게 되는 기존의 근로자에 대하여도 변경된 퇴직금조항을 적용하여야 한다.[16)]

2. 대상사안의 검토

가. 근로자에게 지급되는 상여금이 구체적인 지급청구권으로 되는 시기

(1) 근로기준법 제43조 제2항, 시행령 제23조 제3호 등의 규정을 종합하면, 사용자가 근로의 대상으로 근로자에게 지급하는 상여금 중 1월을 초과하는 기간에 의하여 산정되는 것은 반드시 일정한 기일을 정하여 지급하지 않아도 되는 것이어서 원칙적으로는 그 상여금 지급기간의 말일까지 지급하면 된다. 다만 위와 같은 상여금을 해당 월의 일정한 기일에 지급하는 것이 노사관행으로 확립된 경우에는 그 관행에 따라 지급하여야 한다.

(2) 1998년도 단체협약에는 2월, 4월, 6월, 8월, 10월, 12월, 추석에

14) 대법원 1997. 7. 22. 선고 96다38995 판결, 대법원 2013. 4. 11. 선고 2012다105505 판결.

15) 대법원 2005. 7. 8. 선고 2003다40798 판결.

16) 대법원 2005. 3. 11. 선고 2003다27429 판결.

상여금 100%씩을 지급하도록 규정되어 있었고, 피고 회사는 1997. 12. 이전까지는 대체로 추석 때를 제외한 나머지 상여금을 기본급과 제수당의 지급일인 해당 월의 21일에 지급하였으나 때에 따라서는 그 지급일을 달리 한 때도 있었다. 1998. 2. 상여금은 IMF체제로 인한 경제사정의 변화와 경영상태의 악화로 인하여 노동조합과의 합의에 의하여 2. 27.에 지급하였고, 1998. 4. 상여금은 해당 월 21일에 지급하지 아니한 채 단체협약 및 임금협약에 관한 단체교섭을 계속하다가 1998. 4. 29. 노동조합과 사이에 1998. 4. 상여금은 지급하지 아니하고 임금협약에서 연간 상여총지급률 및 지급시기에 관한 노사합의가 이루어지면 그 결과에 따른다고 합의함으로써 1998. 4. 상여금의 지급을 연기하는 합의를 하였다.

(3) 따라서 추석에 지급되는 상여금을 제외한 나머지 상여금은 2개월의 기간을 두고 정기적으로 지급되는 것이어서 이를 2개월간 근로에 대한 임금의 성질을 가지고 있는 것으로 봄이 상당하나, 그 산정기간이 1개월을 초과하므로 일정한 기일에 지급할 필요는 없다. 한편 피고 회사에 상여금을 기본급 및 제수당과 함께 해당 월의 21일에 지급하는 관행이 지속되었다고 보기 어려우므로, 결국 피고 회사에서 매 2개월마다 지급되는 상여금의 지급기일은 해당 월의 말일로 봄이 상당하다.

나. 원고의 임금청구권이 구체적으로 발생하였는지 여부

(1) 1998. 4.의 상여금

피고 회사와 노동조합 사이에 1998. 4. 상여금의 구체적인 지급청구권이 발생하는 4월 말일 전인 1998. 4. 29. '1998. 4. 상여금'의 지급을 임금협약이 성립할 때까지 연기하기로 하는 유효한 합의를 하였으므로, '1998. 4. 상여금'을 지급하지 않기로 하는 임금협약이 체결된 1998. 5. 7. 까지 '1998. 4. 상여금'에 관한 근로자들의 구체적인 지급청구권이 발생하였다고 할 수 없다. 따라서 '1998. 4. 상여금'을 지급하지 않기로 하는 1998. 5. 7.의 임금협약이 원고 등에게 이미 발생한 구체적인 임금청구권을 포기하거나 지급유예한 것이라고 할 수는 없다.

(2) 1998. 12. 상여금

'1998. 12. 상여금'의 지급기일을 12월 말일로 보아야 하므로, 12월 상여금을 50%만 지급하기로 하는 임금협약이 체결된 것으로 인정되는 1998. 12. 24.까지 '1998. 12. 상여금'에 관한 구체적인 지급청구권이 발생하였다고 할 수 없다. 그러므로 1998. 12. 24.의 임금협약도 원고 등에게 발생한 구체적인 임금청구권을 포기하거나 지급유예한 것이라고 할 수 없다.

다. 결 론

따라서 1998. 5. 7. 및 1998. 12. 24.의 각 임금협약이 개별적 수권 없이 원고의 구체적인 임금청구권을 포기한 것이어서 무효라는 원고의 주장은 부당하다.

[18] 재고용 기대로 인한 체불임금 포기

대법원 2012. 12. 13. 선고 2012다65317 판결

Ⅰ. 사실관계

(1) 원고는 피고 T항공의 항공기 조종사로 근무하다가 2009. 6. 20. 퇴직하였고, 피고는 경영난으로 인하여 2008. 8.경부터 소속 근로자들에게 임금을 제대로 지급하지 못한 채 2008. 10. 18. 운항중단 사태에 이르렀다.

(2) S창업투자 주식회사는 피고가 회생절차를 거칠 것을 전제로 150억원을 투자하기로 하면서 피고에 퇴직자들에 대한 체불임금 중 1/2만을 지급하고 나머지는 개별적 합의를 통하여 면제받을 것을 요구하는 한편, 피고의 운항중단 이후 퇴직한 근로자들은 우선적으로 재고용하고 3년간 고용을 보장할 것을 피고와 약정하였다.

(3) 이후 피고에 대한 회생절차가 개시되었는데, 그 당시 피고는 재기를 위하여 S가 요구하는 조건을 충족시켜야만 하는 절박한 상황이었으므로 퇴직자들과 체불임금에 관한 합의를 하는 것이 당면과제였다. 이에 피고의 관리인 등은 원고를 비롯한 퇴직자들에게 S가 요구하는 기준에 따른 체불임금에 관한 합의를 요청하는 과정에서 S와의 고용보장 약정에 근거하여 퇴직자들에게 체불임금의 50% 정도를 포기해 주면 회생계획안이 통과될 것이며, 그리하여 피고가 살아나면 개별적으로 재취업 의사를 확인하여 빠른 시일 내에 재고용이 이루어지도록 노력하겠다고 강조하였다.

(4) 이에 원고는 재고용이 될 것으로 생각하여 2009. 12.경 피고부터 체불임금 중 45.69%에 해당하는 20,281,750원만을 지급받고 나머지 체불임금을 포기하는 내용의 이 사건 합의에 이르게 되었다.

(5) 그 후 피고에 대한 회생계획이 인가되고 2010. 4. 29. 회생절차가

종결되었으나, 피고는 일반적인 채용공고를 하는 외에 원고 등 퇴직자들을 상대로 직접 개별적으로 재취업 의사를 묻거나 확인하지는 않았고, 경력직 채용에서 피고의 퇴직자들만을 대상으로 하는 재고용의 기회를 부여하지 않았다. 또한 피고는 기존 퇴직자들 중 80여 명만을 선별적으로 재고용하고, 나머지 필요 인력은 다른 항공사 출신의 경력자를 채용하거나 신규채용을 통하여 충원하였으며, 원고는 피고에 재취업을 원하였음에도 피고가 이를 거부하였다.

Ⅱ. 참조 조문

1. 민 법

제109조(착오로 인한 의사표시) ①의사표시는 법률행위의 내용의 중요부분에 착오가 있는 때에는 취소할 수 있다. 그러나 그 착오가 표의자의 중대한 과실로 인한 때에는 취소하지 못한다.

② 전항의 의사표시의 취소는 선의의 제3자에게 대항하지 못한다.

2. 근로기준법

제24조(경영상 이유에 의한 해고의 제한) ① 사용자가 경영상 이유에 의하여 근로자를 해고하려면 긴박한 경영상의 필요가 있어야 한다. 이 경우 경영 악화를 방지하기 위한 사업의 양도·인수·합병은 긴박한 경영상의 필요가 있는 것으로 본다.

② 제1항의 경우에 사용자는 해고를 피하기 위한 노력을 다하여야 하며, 합리적이고 공정한 해고의 기준을 정하고 이에 따라 그 대상자를 선정하여야 한다. 이 경우 남녀의 성을 이유로 차별하여서는 아니 된다.

③ 사용자는 제2항에 따른 해고를 피하기 위한 방법과 해고의 기준 등에 관하여 그 사업 또는 사업장에 근로자의 과반수로 조직된 노동조합이 있는 경우에는 그 노동조합(근로자의 과반수로 조직된 노동조합이 없는 경우에는 근로자의 과반수를 대표하는 자를 말한다. 이하 "근로자대표"라 한다)에 해고를 하려는 날의 50일 전까지 통

보하고 성실하게 협의하여야 한다.
④ 사용자는 제1항에 따라 대통령령으로 정하는 일정한 규모 이상의 인원을 해고하려면 대통령령으로 정하는 바에 따라 고용노동부장관에게 신고하여야 한다.
⑤ 사용자가 제1항부터 제3항까지의 규정에 따른 요건을 갖추어 근로자를 해고한 경우에는 제23조 제1항에 따른 정당한 이유가 있는 해고를 한 것으로 본다.
제25조(우선 재고용 등) ① 제24조에 따라 근로자를 해고한 사용자는 근로자를 해고한 날부터 3년 이내에 해고된 근로자가 해고 당시 담당하였던 업무와 같은 업무를 할 근로자를 채용하려고 할 경우 제24조에 따라 해고된 근로자가 원하면 그 근로자를 우선적으로 고용하여야 한다.
② 정부는 제24조에 따라 해고된 근로자에 대하여 생계안정, 재취업, 직업훈련 등 필요한 조치를 우선적으로 취하여야 한다.

Ⅲ. 판시사항

민법 제109조에서 규정한 바와 같이 의사표시에 착오가 있다고 하려면 법률행위를 할 당시에 실제로 없는 사실을 있는 사실로 잘못 깨닫거나 아니면 실제로 있는 사실을 없는 것으로 잘못 생각하듯이 표의자의 인식과 그 대조사실이 어긋나는 경우라야 하므로, 표의자가 행위를 할 당시 장래에 있을 어떤 사항의 발생이 미필적임을 알아 그 발생을 예기한 데 지나지 않는 경우는 표의자의 심리상태에 인식과 대조의 불일치가 있다고 할 수 없어 이를 착오로 다룰 수는 없다.

Ⅳ. 해 설

1. 착오에 의한 의사표시와 취소

가. 의 의

착오에 의한 법률행위의 취소가 인정되려면 법률행위 내용의 중요부분에 착오가 있어야 한다(민법 제109조 제1항). 여기서 착오가 법률행위 내용의 중요부분에 있다고 하기 위해서는 의사표시를 한 사람이 추구하는 목적을 고려하여 합리적으로 판단하여 볼 때 표시와 의사의 불일치가 객관적으로 현저하여야 하고, 보통의 일반인이 의사표시를 한 사람의 입장에 섰더라면 그와 같은 의사표시를 하지 아니하였으리라고 여겨질 정도로 중요한 부분에 관한 것이어야 한다.[1)]

나. 동기의 착오

(1) 동기(動機)의 착오가 법률행위의 내용 중 중요부분의 착오에 해당함을 이유로 표의자가 법률행위를 취소하려면 그 동기를 당해 의사표시의 내용으로 삼을 것을 상대방에게 표시하고 의사표시의 해석상 법률행위의 내용으로 되어 있다고 인정되면 충분하고 당사자들 사이에 별도로 그 동기를 의사표시의 내용으로 삼기로 하는 합의까지 이루어질 필요는 없지만, 그 법률행위의 내용 착오는 보통 일반인이 표의자의 입장에 섰더라면 그와 같은 의사표시를 하지 아니하였으리라고 여겨질 정도로 그 착오가 중요한 부분에 관한 것이어야 한다.[2)]

(2) 보험회사 또는 보험모집종사자가 설명의무를 위반하여 고객이 보험계약의 중요사항에 관하여 제대로 이해하지 못한 채 착오에 빠져 보험계약을 체결한 경우, 그러한 착오가 동기의 착오에 불과하다고 하더라도 그러한 착오를 일으키지 않았더라면 보험계약을 체결하지 않았거나 아니면 적어도 동일한 내용으로 보험계약을 체결하지 않았을 것이 명백하다면, 위와 같은 착오는 보험계약의 내용의 중요부분에 관한 것에 해당하므로 이를 이유로 보험계약을 취소할 수 있다.[3)]

다. 증명책임

착오를 이유로 의사표시를 취소하는 자는 법률행위의 내용에 착오가

---

1) 대법원 2018. 4. 12. 선고 2017다277818 판결.
2) 대법원 2015. 5. 28. 선고 2014다24327 판결.
3) 대법원 2018. 4. 12. 선고 2017다229536 판결.

있었다는 사실과 함께 착오가 의사표시에 결정적인 영향을 미쳤다는 점, 즉 만일 착오가 없었더라면 의사표시를 하지 않았을 것이라는 점을 증명하여야 한다.[4)]

라. 표의자의 중대한 과실로 인한 착오

민법 제109조 제1항 단서는 의사표시의 착오가 표의자의 중대한 과실로 인한 때에는 그 의사표시를 취소하지 못한다고 규정하고 있는데, 위 단서 규정은 표의자의 상대방의 이익을 보호하기 위한 것이므로, 상대방이 표의자의 착오를 알고 이를 이용한 경우에는 착오가 표의자의 중대한 과실로 인한 것이라고 하더라도 표의자는 의사표시를 취소할 수 있다.[5)]

마. 비진의 의사표시

진의 아닌 의사표시에서의 '진의'란 특정한 내용의 의사표시를 하고자 하는 표의자의 생각을 말하는 것이지 표의자가 진정으로 마음속에서 바라는 사항을 뜻하는 것은 아니므로, 표의자가 의사표시의 내용을 진정으로 마음속에서 바라지는 아니하였다고 하더라도 당시의 상황에서는 그것이 최선이라고 판단하여 그 의사표시를 하였을 경우에는 이를 내심의 효과의사가 결여된 진의 아닌 의사표시라고 할 수 없다.[6)]

바. 오표시(誤表示) 무해의 원칙

계약당사자 쌍방이 모두 동일한 물건을 계약 목적물로 삼았으나 계약서에는 착오로 다른 물건을 목적물로 기재한 경우 계약서에 기재된 물건이 아니라 쌍방 당사자의 의사합치가 있는 물건에 관하여 계약이 성립한 것으로 보아야 한다. 이러한 법리는 계약서를 작성하면서 계약상 지위에 관하여 당사자들의 합치된 의사와 달리 착오로 잘못 기재하였는데 계약당사자들이 오류를 인지하지 못한 채 계약상 지위가 잘못 기재된 계약서

---

4) 대법원 2018. 10. 25. 선고 2016다239345 판결.
5) 대법원 2014. 11. 27. 선고 2013다49794 판결.
6) 대법원 2015. 8. 27. 선고 2015다211630 판결.

에 그대로 기명날인이나 서명을 한 경우에도 동일하게 적용될 수 있다.[7)]

2. 대상사안의 검토

가. 원고의 주장

피고가 이 사건 합의 과정에서 원고에게 재고용을 명시적으로 약정하지는 않았더라도 마치 재고용이 당연히 이루어질 것처럼 행동하여 이에 원고는 재고용이 될 것으로 굳게 믿고 이 사건 합의에 이르렀으므로 피고는 재고용의 보장에 관하여 원고를 착오에 빠뜨린 것이다. 원고는 위와 같은 착오가 없었더라면 이 사건 합의를 체결하지 아니하였을 것이므로 원고는 법률행위의 중요부분에 착오를 일으켜 이 사건 합의에 이른 것이다. 나아가 동기의 착오가 상대방에 의하여 유발된 경우에는 그 착오로 인한 의사표시를 취소할 수 있으므로 이 사건 합의는 원고의 취소의 의사표시에 따라 적법하게 취소되어야 한다.

나. 유사 선례

X 공사가 Y 주식회사와 체결한 송전선로 이설계약(移設契約)에 따라 Y 회사와 같은 그룹에 속한 계열사인 Z 주식회사가 운영하는 골프장의 상공을 지나가는 송전선로를 골프장 외곽으로 이설하는 공사를 마친 다음 Y 회사에 이설비용의 지급과 신설 선로부지에 대한 지상권 등의 설정을 구하자, Y 회사는 X 공사가 기존 선로부지에 대한 적법한 권원을 가지고 송전선로를 설치하였던 것으로 잘못 알고 착오로 이설계약을 체결하였다며 착오를 이유로 계약을 취소한다고 항변한 경우, 법원은 Y 회사가 착오에 빠졌다거나 착오가 없었더라면 이설계약을 체결하지 않았을 것이라고 보기 어렵다고 보았다.[8)]

다. 법률행위의 중요부분에 착오가 있는지 여부

피고는 이 사건 합의 당시 피고의 회생계획이 인가되어 피고 회사가

---

7) 대법원 2018. 7. 26. 선고 2016다242334 판결.
8) 대법원 2017. 11. 14. 선고 2014다21021 판결.

정상화되면 원고를 비롯한 퇴직자들의 재고용을 위하여 노력하겠다고 하였을 뿐이다. 이 사건 합의 당시 원고가 피고의 정상화 이후에 재고용이 이루어질 것으로 굳게 믿고 이 사건 합의를 하였다가 피고에 의한 재고용이 이루어지지 않게 되었더라도, 이는 원고의 인식과 그 대조사실이 어긋난 경우가 아니라 원고의 미필적 인식에 기초한 재고용의 기대가 이루어지지 아니한 것에 불과하고, 따라서 이를 이 사건 합의에서 법률행위의 중요부분에 착오가 있는 것으로 볼 수 없다. 따라서 이 사건 합의는 원고의 취소의 의사표시에 의하더라도 취소될 수 없다.

라. 체불임금 포기의 효력

구체적으로 그 지급청구권이 발생한 임금은 근로자의 사적 재산영역으로 옮겨져 근로자의 처분에 맡겨진 것이기 때문에, 근로자로부터 개별적인 동의나 수권을 받지 아니한 이상, 노동조합이 사용자와 체결한 단체협약만으로 이에 대한 포기나 지급유예와 같은 처분행위를 할 수는 없고,[9] 근로자들이 임금피크제 선택 여부 확인서를 제출할 당시 이미 구체적으로 그 지급청구권이 발생하여 근로자들의 사적 재산 영역으로 옮겨져 근로자의 처분에 맡긴 것이므로, 근로자들이 소급삭감에 동의한 이상 그 소급삭감은 유효하다.[10] 이와 같이 판례는 임금청구권의 사후 포기를 인정하고 있으므로, 대상사안에서 원고가 체불임금 일부를 포기한 것은 유효하다.

마. 근로기준법 제25조의 우선적 재고용의무

(1) 구 근로기준법 제31조의2는 “정리해고를 한 사용자는 정리해고일부터 2년 이내에 근로자를 채용하고자 할 때에는 정리해고된 근로자가 원하는 경우 해고 전의 직책 등을 감안하여 그 근로자를 우선적으로 고용하도록 노력하여야 한다”고 규정하고 있었다. 대법원은, 위 규정은 사용자가 신규채용의 기회가 생기기만 하면 반드시 정리해고자를 우선 재고용하여야 한다는 법적 의무를 부과한 것이 아니라, 사용자가 신규채용하고자 하

9) 대법원 2017. 12. 28. 선고 2017다2359 판결.
10) 대법원 2015. 12. 23. 선고 2013다209039 판결.

는 직책에 맞는 정리해고자가 있으면 그를 우선적으로 고용하도록 노력하라는 취지에 불과하므로, 정리해고자가 사용자가 신규채용하려는 직책에 맞는 사람이라고 볼 만한 사정이 인정되지 아니한다면 사용자가 합리적 경영판단에 의하여 다른 근로자를 채용하였다고 하더라도 근로기준법이 정한 위 우선재고용 노력의무를 위반하였다고 평가할 수는 없다고 판시하였다.[11)]

(2) 그러나 2007. 4. 11.부터 시행되고 있는 현행 근로기준법 제25조 제1항은 "제24조에 따라 근로자를 해고한 사용자는 근로자를 해고한 날부터 3년 이내에 해고된 근로자가 해고 당시 담당하였던 업무와 같은 업무를 할 근로자를 채용하려고 할 경우 제24조에 따라 해고된 근로자가 원하면 그 근로자를 우선적으로 고용하여야 한다"고 규정하고 있으므로, 사용자는 경영상 이유로 해고된 근로자를 신규 근로자보다 우선 고용할 의무가 있다. 그러므로 대상사안에서 사용자가 원고를 배제하고 다른 근로자를 채용한 것은 근로기준법 제25조 제1항을 위반한 것이어서 위법하다고 보아야 한다.

---

11) 대법원 2006. 1. 26. 선고 2003다69393 판결.

제 4 장

징 계

[19] 턱수염을 기른 기장에 대한 비행정지처분

대법원 2018. 9. 13. 선고 2017두38560 판결

Ⅰ. 사실관계

(1) 원고는 1988. 2. 17. 설립되어 국내외 항공운송업 등을 영위하는 회사이고, 참가인은 1997. 7. 1. 원고 회사에 입사하여 비행업무에 종사하여 왔다.

(2) 원고의 취업규칙인 '임직원 근무복장 및 용모 규정' 제5조는 "임직원의 용모는 단정하고 청결을 유지하여야 한다"라고 하면서, 제1항 제2호에서 남자 직원의 경우 "안면은 항시 면도가 된 청결한 상태를 유지하며, 수염을 길러서는 아니 된다. 다만 관습상 콧수염이 일반화된 외국인의 경우에는 타인에게 혐오감을 주지 않는 범위 내에서 이를 허용한다"라고 규정하고 있다(이하 '이 사건 조항').

(3) 참가인은 A320 비행기 기장으로 근무하던 2014. 9.경 턱수염을 기르고 있었다. 참가인이 속한 원고의 A320 안전운항팀 팀장은 2014. 9. 12. 참가인에게 '참가인이 턱수염을 기르는 것은 이 사건 조항에 위배되므로 면도를 하라'고 지시하였으나, 참가인은 위 조항이 참가인과 외국인 직원을 부당하게 차별하고 참가인의 자유를 침해한다는 등의 이유로 위 지시에 계속 불응하였다.

(4) 이에 원고는 2014. 9. 12.부터 2014. 9. 말까지 참가인의 비행업무를 일시적으로 정지시켰다(이하 '이 사건 비행정지'). 이후 참가인이 면도를 하고 비행업무에 복귀하고 싶다는 의사를 표시하자, 원고는 2014. 10. 8.부터 같은 달 10일까지 비행임무 전 지상근무 관찰기간을 거쳐 같은 달 11일부터 참가인을 다시 비행업무에 복귀시켰다.

(5) 참가인은 2014. 12. 9. "이 사건 비행정지가 부당한 인사처분에 해

당한다"고 주장하면서 서울지방노동위원회에 구제신청을 하였으나 기각되자, 2015. 3. 6. 중앙노동위원회에 재심신청을 하였다. 중앙노동위원회는 2015. 5. 14. "이 사건 조항은 유효성에 논란이 있을 수 있고, 이 사건 비행정지에 업무상 필요성이나 합리적 이유가 없고 그로 인하여 참가인이 입은 생활상 불이익이 크다"는 등의 이유를 들어 위 초심판정을 취소하고, 이 사건 비행정지가 부당한 처분임을 인정하는 등의 판정을 하였다.

Ⅱ. 참조 조문

1. 헌 법

제10조 모든 국민은 인간으로서의 존엄과 가치를 가지며, 행복을 추구할 권리를 가진다. 국가는 개인이 가지는 불가침의 기본적 인권을 확인하고 이를 보장할 의무를 진다.

제15조 모든 국민은 직업선택의 자유를 가진다.

제32조 ③ 근로조건의 기준은 인간의 존엄성을 보장하도록 법률로 정한다.

2. 민 법

제2조(신의성실) ① 권리의 행사와 의무의 이행은 신의에 좇아 성실히 하여야 한다.

② 권리는 남용하지 못한다.

제103조(반사회질서의 법률행위) 선량한 풍속 기타 사회질서에 위반한 사항을 내용으로 하는 법률행위는 무효로 한다.

3. 근로기준법

제96조(단체협약의 준수) ① 취업규칙은 법령이나 해당 사업 또는 사업장에 대하여 적용되는 단체협약과 어긋나서는 아니 된다.

Ⅲ. 판시사항

'수염을 길러서는 안 된다'고 정한 취업규칙 조항은 항공운송업을 영위하는 사기업으로서 항공사에 대한 고객의 신뢰와 만족도 향상, 직원들의 책임의식 고취와 근무기강 확립 등을 위하여 소속 직원들의 용모와 복장들을 제한할 수 있는 원고 회사의 영업의 자유와 근로자인 참가인의 일반적 행동자유권이 충돌하는 결과를 가져오는데, 위 취업규칙 조항이 두 기본권에 대한 이익형량이나 조화로운 조정 없이 영업의 자유와 관련한 필요성과 합리성의 범위를 넘어 일률적으로 소속 직원들의 일반적 행동자유권을 전면적으로 제한하고 있는 것은 기본권 충돌에 관한 형량과 기본권의 상호조화 측면에서 문제가 있는 점, 오늘날 개인 용모의 다양성에 대한 사회 인식의 변화 등을 고려할 때 원고 회사 소속 직원들이 수염을 기른다고 하여 반드시 고객에게 부정적인 인식과 영향을 끼친다고 단정하기 어려운 점, 더욱이 기장의 업무 범위에 항공기에 탑승하는 고객들과 직접적으로 대면하여 서비스를 제공하는 것이 당연히 포함되어 있다고 볼 수 없으며, 참가인이 자신의 일반적 행동자유권을 지키기 위해서 선택할 수 있는 대안으로는 원고 회사에서 퇴사하는 것 외에는 다른 선택이 존재하지 않는데도 수염을 일률적·전면적으로 기르지 못하도록 강제하는 것은 합리적이라고 볼 수 없는 점 등에 비추어 보면, 원고가 헌법상 영업의 자유 등에 근거하여 제정한 위 취업규칙 조항은 참가인의 헌법상 일반적 행동자유권을 침해하므로 근로기준법 제96조 제1항, 민법 제103조 등에 따라서 무효이다.

Ⅳ. 해 설

1. 사법질서에서 기본권의 효력

가. 기본권의 제3자적 효력

(1) 헌법상 기본권은 원칙적으로 개인의 자유로운 영역을 공권력의 침

해로부터 보호하기 위한 방어적 권리이다. 사인간의 사적인 법률관계도 헌법상 기본권 규정이 적용되는지 문제된다. 이는 독일에서 기본권의 제3자적 효력(Drittwirkung der Grundrechte)이라는 주제로 논의되었고,[1] 미국에서는 국가행위이론(State Action Theory)으로 알려져 있다.

(2) 기본권의 제3자적 효력에 관하여는 직접적용설[2]과 간접적용설[3]의 견해 대립이 있는데, 대법원은 학교의 종교교육의 자유와 학생의 종교의 자유가 충돌하는 사건에서 아래와 같이 간접적용설을 채택하였다.

헌법상 기본권은 제1차적으로 개인의 자유로운 영역을 공권력의 침해로부터 보호하기 위한 방어적 권리이지만 다른 한편으로 헌법의 기본적인 결단인 객관적인 가치질서를 구체화한 것으로서, 사법(私法)을 포함한 모든 법 영역에 그 영향을 미치는 것이므로 사인간의 사적인 법률관계도 헌법상의 기본권 규정에 적합하게 규율되어야 한다. 다만 기본권 규정은 성질상 사법관계에 직접 적용될 수 있는 예외적인 것을 제외하고는 관련 법규범 또는 사법상의 일반원칙을 규정한 민법 제2조, 제103조 등의 내용을 형성하고 그 해석기준이 되어 간접적으로 사법관계(私法關係)에 효력을 미치게 된다.[4]

나. 기업의 영업자유와 근로자의 일반적 행동자유권의 충돌

(1) 헌법 제15조는 "모든 국민은 직업선택의 자유를 가진다"라고 규정하여 직업선택의 자유를 보장하고 있고, 이 규정에 의하여 보장되는 자유에는 선택한 직업에 종사하면서 그 활동의 내용·태양 등에 관하여도 원칙적으로 자유로이 결정할 수 있는 직업활동의 자유도 포함된다. 아울러 헌법 제15조 제1항, 제23조 제1항, 제119조 제1항의 취지를 기업 활동의 측면에서 보면, 모든 기업은 그가 선택한 사업 또는 영업을 자유롭게 경영하고 이를 위한 의사를 결정할 자유를 가지며 이는 헌법에 의하여 보장되

1) 김대환, "사법질서에서의 기본권의 효력 －독일에서의 논의를 중심으로－", 헌법학연구 제16권 제4호(2010. 12.), 117~164면.
2) BAGE 1, 185, 193; BAGE 4, 274.; BGHZ 13, 334.
3) BVerfGE 7, 198.; BGHZ 33, 145, 149f.
4) 대법원 2010. 4. 22. 선고 2008다38288 전원합의체 판결.

고 있다.

(2) 헌법 제10조는 "모든 국민은 인간으로서의 존엄과 가치를 가지며, 행복을 추구할 권리를 가진다"라고 규정한다. 이러한 행복추구권에서 파생되는 일반적 행동자유권은 모든 행위를 하거나 하지 않을 자유를 내용으로 하고, 그 보호 영역에는 개인의 생활방식과 취미에 관한 사항도 포함된다. 이에 따라 헌법 제32조 제3항 역시 '근로조건'의 기준이 '인간의 존엄성'을 보장하도록 법률로 정한다고 규정하고 있고, 제33조 제1항은 근로자의 근로조건 향상을 위하여 노동3권을 인정하고 있다. 이러한 조항들은 기업의 경영에 관한 의사결정의 자유가 무제한적인 것이 아니라 그 의사결정과 관계되는 또 다른 기본권 주체인 근로자와의 관계 속에서 그 존엄성을 인정하는 방향으로 조화롭게 조정되어야 함을 당연히 전제하고 있다. 헌법 제119조 제2항이 국가로 하여금 경제주체 간의 조화를 통한 경제의 민주화를 위하여 경제에 관한 규제와 조정을 할 수 있도록 규정한 취지 역시 이와 궤를 같이한다.

(3) 두 기본권이 충돌하는 경우에는 헌법의 통일성을 유지하기 위하여 상충하는 기본권 모두 최대한으로 그 기능과 효력을 발휘할 수 있도록 조화로운 방법이 모색되어야 한다.[5] 이 사건에서 기업의 경영에 관한 의사결정의 자유 등 영업의 자유와 근로자들이 누리는 일반적 행동자유권 등이 '근로조건' 설정을 둘러싸고 충돌하고 있는데, 근로조건과 인간의 존엄성 보장 사이의 헌법적 관련성을 염두에 두고 구체적인 사안에서의 사정을 종합적으로 고려한 이익형량과 함께 기본권들 사이의 실제적인 조화를 꾀하는 해석 등을 통하여 이를 해결하여야 하고, 그 결과에 따라 정해지는 두 기본권 행사의 한계 등을 감안하여 두 기본권의 침해 여부를 살피면서 근로조건의 최종적인 효력 유무 판단과 관련한 법령 조항을 해석·적용하여야 한다.

---

5) 헌법재판소 2011. 12. 29. 선고 2010헌마293 결정.

2. 비행정지

가. 승무정지처분

(1) 여객운수회사의 단체협약상 징계의 종류로서 열거된 '승무(출근)정지'는 원래 승무정지가 출근의무까지 면제되는 것은 아니라는 점과 당해 취업규칙이나 상벌위원회운영규정에서 '정직' 또는 '정직(출근정지)'이라고 규정하고 있는 점을 참작하여 보면 출근정지를 수반하는 승무정지 즉 '정직'을 의미한다.[6]

(2) 운송사업체에서의 승무정지처분은 사용자가 경영권 행사의 일환으로 업무수행을 위하여 근로자에 대하여 행하는 업무명령인 승무지시의 소극적 양태이고, 이러한 승무정지처분이 경영상 필요나 업무수행의 합리적인 이유에 기인한 경우에는 이는 정당한 업무명령에 속하므로,[7] 비록 단체협약에 승무정지가 징계사유로 열거되어 있다고 하여도 징계로서의 승무정지와는 별도로 업무명령으로서의 승무정지도 가능하다.[8]

(3) 버스회사의 운전사에 대한 승무정지조치나 대기기사로의 발령이 특별한 경영상 필요나 업무수행의 합리적 이유에 기인한 것이 아니고 운전사가 회사를 상대로 근로기준법 위반 혐의를 들어 노동부에 진정을 한 것과 관련하여 일종의 보복 내지는 징벌로 행해진 것으로 보여지고, 또한 운전사로 하여금 승무를 전혀 하지 못하도록 하거나 또는 고정기사로 계속 승무할 수 없도록 함으로써 금전상 불이익까지 입도록 하게 하였다면 이는 인사권의 남용으로서 위법하다.[9]

---

6) 대법원 1997. 11. 25. 선고 96누13231 판결.

7) 대법원 1994. 8. 12. 선고 94누1890 판결은 이러한 승무정지처분이 단체협약이나 취업규칙에서 징계처분의 하나로 규정되어 있지 아니한 이상, 이로 인하여 근로자에게 금전상의 불이익 등이 있다는 사정만으로 이를 단체협약 소정의 정직이라는 징계처분과 실질적으로 동일하다고 할 수 없다고 판시하였다.

8) 대법원 1997. 11. 25. 선고 96누13231 판결.

9) 대법원 1991. 3. 22. 선고 90다18944 판결.

나. 비행정지명령이 정당한 경우

근로자가 기장으로 헬기를 조종하는 과정에서 탑승고객 및 동료 조종사의 생명에 심각한 위험을 줄 수 있는 준사고(準事故)[10]를 유발하였고, 이에 대한 조사 및 징계절차 개시에 앞서 대기발령 성격으로 행하여진 점에 비추어 보면 비행정지 명령의 업무상 필요성은 인정되고, 비행정지기간 중 급여가 지급되어 생활상 불이익이 있다고 보기 어려우며, 면담을 진행한 후 명령을 내린 점 등으로 볼 때, 비행정지명령은 정당하다.[11]

다. 비행정지가 대기발령의 성질을 갖는 경우

대기발령은 근로자가 현재의 직위 또는 직무를 장래에 계속 담당하게 되면 업무상 장애 등이 예상되는 경우에 이를 예방하기 위하여 일시적으로 당해 근로자에게 직위를 부여하지 아니함으로써 직무에 종사하지 못하도록 하는 잠정적 조치를 의미한다.[12]

대기발령 등 근로자에게 불이익한 처분이라도 취업규칙이나 인사관리규정 등에 징계처분의 하나로 규정되어 있지 않다면, 이는 원칙적으로 인사권자인 사용자의 고유권한에 속하는 인사명령의 범주에 속하는 것이라고 보아야 하고, 인사명령에 대하여는 업무상 필요한 범위 안에서 사용자에게 상당한 재량을 인정하여야 한다. 따라서 위와 같은 처분은 그것이 근로기준법에 위반되거나 권리남용에 해당하는 등의 특별한 사정이 없는 한, 단지 징계절차를 거치지 아니하였다는 사정만으로 위법하다고 할 수는 없다. 한편 사용자의 인사명령에 속하는 불이익한 처분이 대기발령이나 보직의 해제와 같은 잠정적 처분인지, 전보 등 확정적 처분인지는 명칭과 상관없이 처분이 이루어진 구체적인 경위, 그로 인한 근로자 지위의 변화, 변경된 근로의 내용, 업무의 지속성 여부, 처분 당시 사용자의 의사 등 제반 사정을 종합하여 판단한다.[13]

---

10) '항공기준사고(航空機準事故)'란 항공안전에 중대한 위해를 끼쳐 항공기사고로 이어질 수 있었던 것으로서 국토교통부령으로 정하는 것을 말한다(항공안전법 제2조 제9호).

11) 서울지방노동위원회 2017. 2. 3. 2016부해2509.

12) 대법원 2011. 10. 13. 선고 2009다86246 판결.

대기발령과 같은 잠정적 인사명령이 명령 당시에는 정당한 경우라고 하더라도, 그러한 명령의 목적과 실제 기능, 유지의 합리성 여부 및 그로 인하여 근로자가 받게 될 신분상·경제상 불이익 등 구체적인 사정을 모두 참작하여 그 기간은 합리적 범위 내에서 이루어져야 한다. 따라서 대기발령 등의 인사명령을 받은 근로자가 상당한 기간에 걸쳐 근로의 제공을 할 수 없다거나 근로제공을 함이 매우 부적당한 경우가 아닌데도, 사회통념상 합리성이 없을 정도로 부당하게 장기간 동안 잠정적 지위의 상태로 유지하는 것은 특별한 사정이 없는 한 정당한 이유가 있다고 보기 어려우므로 그와 같은 조치는 무효라고 보아야 한다. 그리고 위와 같은 법리는, 대기발령처럼 근로자에게 아무런 직무도 부여하지 않아 근로의 제공을 할 수 없는 상태에서 단순히 다음 보직을 기다리도록 하는 경우뿐 아니라, 당해 근로자의 기존의 직무범위 중 본질적인 부분을 제한하는 등의 방식으로 사실상 아무런 직무도 부여하지 않은 것과 별 차이가 없는 경우 등에도 마찬가지로 적용된다고 보아야 한다.[14)]

3. 대법원 판결의 요지

가. 취업규칙의 한계

원고는 항공운송업 등을 영위하는 사기업으로서 항공사에 대한 고객의 신뢰와 만족도 향상, 직원들의 책임의식 고취와 근무기강 확립 등 필요에 따라 합리적 범위 내에서 취업규칙을 통하여 소속 직원들을 상대로 용모와 복장 등을 제한할 수도 있다. 일반적 행동자유권 역시 무제한적인 것이 아니기 때문이다. 다만 이러한 취업규칙은 근로자의 기본권을 침해하거나 헌법을 포함한 상위법령 등에 위반될 수는 없다는 한계를 가진다.

나. 근로자의 기본권 제한

이 사건 조항은, 일부 외국인 직원의 콧수염 이외에는 참가인을 포함한 원고 소속 직원들이 수염을 기르는 것을 전면적으로 금지함으로써 참가인

13) 대법원 2013. 5. 9. 선고 2012다64833 판결.
14) 대법원 2013. 5. 9. 선고 2012다64833 판결.

의 일반적 행동자유권을 제한하고 있다. 이러한 제한으로 인하여 원고의 영업의 자유와 참가인의 일반적 행동자유권이 충돌하는 결과를 초래한다. 그런데, 이 사건 조항은 원고의 영업의 자유와 참가인의 일반적 행동자유권에 대한 이익형량이나 조화로운 조정 없이 일부 외국인의 콧수염에 관한 예외를 제외하고는 원고 소속 모든 직원들이 수염을 기르는 것 자체를 전면적으로 금지하고 있다. 이처럼 영업의 자유와 관련한 필요성과 합리성의 범위를 넘어서 일률적으로 그 소속 직원들의 일반적 행동자유권을 제한하고 있는 것은 기본권 충돌에 관한 형량과 기본권의 상호조화 측면에서 문제가 있다.

다. 법익 형량

(1) 오늘날 개인 용모의 다양성에 대한 사회 인식의 변화 등을 고려할 때, 원고 소속 직원들이 수염을 기른다고 하여 반드시 고객에게 부정적인 인식과 영향을 끼친다고 단정하기 어렵다. 오히려 해당 직원이 타인에게 혐오나 불쾌감을 주지 않는 범위 내에서 자신의 외모 및 업무 성격에 맞게 깔끔하고 단정하게 수염을 기른다면 그것이 고객의 신뢰나 만족도 등에 긍정적인 영향을 미칠 수도 있다. 이 사건 조항에 따라서 직원들에게 수염을 기르지 못하도록 한 결과 직원들의 책임의식이나 고객의 신뢰도가 더 높아졌다고 볼 합리적 이유와 자료도 찾아볼 수 없다. 따라서 수염 자체로 인하여 언제나 영업의 자유에 미치는 위해나 제약이 있게 된다고 단정할 수는 없다.

(2) 참가인은 항공기의 조종을 책임지는 기장으로 근무하고 있는데, 기장의 업무 범위에 항공기에 탑승하는 고객들과 직접적으로 대면하여 서비스를 제공하는 것이 당연히 포함되어 있다고 볼 수 없다. 참가인이 자신의 일반적 행동자유권을 지키기 위해서 선택할 수 있는 대안으로는 원고 회사에서 퇴사하는 것 외에는 다른 선택이 존재하지 않는다. 그럼에도 이처럼 수염을 일률적·전면적으로 기르지 못하도록 강제하는 것은 합리적이라고 볼 수 없어, 참가인의 일반적 행동자유권을 과도하게 제한한다고 볼 수 있다.

(3) 원고는 항공운항의 안전을 위하여 항공기 기장의 턱수염을 전면적으로 금지할 필요가 있다는 취지로 주장하나, 이러한 주장을 뒷받침할 만한 별다른 합리적 이유와 근거도 찾아보기 어렵다. 오히려 원고는 항공기 기장을 포함한 원고 소속 외국인 직원들에게는 수염을 기르는 것을 부분적으로 허용하여 왔고, 다른 항공사들도 운항승무원이 수염을 기르는 것을 전면적으로 금지하고 있지 않다. 아울러 원고가 취업규칙을 개정하여 개별적인 업무의 특성과 필요성을 고려하여, 구체적·개별적으로 수염의 형태를 포함하여 용모와 복장 등을 합리적으로 제한하는 것이 불가능하거나 어려워 보이지 않는다.

라. 결 론

따라서 이 사건 조항은 원고가 보유하는 영업의 자유의 한계를 넘어서 참가인의 일반적 행동자유권을 과도하게 제한하는 것으로서, 참가인 등 근로자의 일반적 행동자유권을 침해한다. 이와 같이 이 사건 조항이 참가인의 일반적 행동자유권을 침해하여 근로기준법 제96조 제1항 등에 위반되어 무효이므로, 참가인이 이와 같이 위헌·위법인 이 사건 조항을 준수하지 않았음을 전제로 이루어진 이 사건 비행정지처분도 위법하다.

4. 검 토

가. 항공안전법상 산소마스크 착용 의무

항공안전법에 따른 운항기술기준에서는 다음과 같이 비상시에는 운항승무원이 즉시 사용할 수 있는 산소마스크를 구비하여야 한다.

> ▪ **운항기술기준**
>
> **7.1.14.6 산소저장 및 분배장치(Oxygen Storage and Dispensing Apparatus)**
>
> 가. 산소사용이 요구되는 고도에서 운항하고자 하는 항공기는 항공안전법 시행규칙 제114조에 따라 적절하게 산소를 저장하고 분배해

주는 장비를 갖추어야 한다.

나. 산소장치, 최소 산소흐름율, 산소공급은 국토교통부장관이 승인한 항공기 형식증명 감항성 기준을 충족하여야 한다.

다. 운항증명소지자는 1만피트를 초과하는 고도로 운항하고자 하는 경우 운항승무원이 임무수행 중에 즉시 사용할 수 있는 곳에 산소마스크를 구비하여야 한다.

라. 운항증명소지자는 2만 5천 피트를 초과(또는 대기기압이 376hPa 미만의 고도 위로 비행시)하는 고도로 여압장치가 있는 항공기를 운항시키고자 할 경우 다음 사항을 충족하여야 한다.

1) 운항승무원의 산소마스크는 즉시 착용이 가능한 형태(Quick-donning type of oxygen mask)[15]이어야 한다.

2) 객실의 여압이 상실될 경우 객실승무원이 위치에 관계없이 즉시 산소를 이용할 수 있도록 여분의 산소 배출구와 마스크 또는 산소마스크를 장착한 휴대용 산소용구가 당해 항공기에 탑승해야 할 최소 객실승무원 수만큼 객실 전체에 고르게 분포되어야 한다.

3) 산소공급 단말장치(Terminal)와 연결된 산소분배기구는 각 사용자가 어느 좌석에 있던지 즉시 사용할 수 있도록 장착되어야 하며, 분배기구 및 산소배출구의 전체수량은 좌석수의 10% 이상이어야 하고, 여분의 산소용구는 객실 전체에 고르게 구비되어야 한다.

마. 운항증명소지자는 특정 운항에 필요한 보조 산소량을 운항규정(Operations Manual)에서 정한 운항절차, 운항노선, 비상절차에 해당되는 비행고도와 비행시간에 근거하여 결정해야 한다.

바. 비여압 항공기와 여압항공기에 필요한 보조 산소량은 별표 7.1.14.6에서 규정한다.

7.3.5.2 호흡보호장비 (Protective Breathing Equipment)

가. 항공기사용사업자는 최대인가이륙중량이 5,700kg을 초과하거나 최대인가좌석수가 19석을 초과하는 항공기에 다음의 장비를 구비하여야 한다.

---

15) Quick-donning형 산소마스크 : 자신의 임무좌석에서 한 손으로 5초 이내에 착용하여 사용가능하고 승무원 상호간 통신이 가능한 형태의 산소마스크.

> 1) 운항승무원이 조종실에서 근무하는 동안 각 운항승무원의 눈, 코, 입을 보호할 수 있고 최소한 15분 이상의 산소를 공급할 수 있는 호흡보호장비 또는 산소마스크
> 2) 최소 객실승무원의 눈, 코, 입을 보호할 수 있고 최소한 15분 이상의 산소를 공급할 수 있는 휴대용 호흡보호장비
>
> 나. 가항의 규정에 의한 호흡보호장비(PBE)에 공급되는 산소는 추가산소장비로 제공될 수 있다.
>
> 다. 운항승무원이 사용할 호흡보호장비는 조종실내의 편리한 곳에 비치하여 운항승무원이 근무위치에서 즉시 사용할 수 있도록 하여야 한다.
>
> 라. 손쉽게 사용할 수 있는 휴대용 호흡보호장비는 휴대용 소화기와 같이 또는 인접한 곳에 있어야 한다. 그러나 소화기가 화물칸 내부에 있는 경우 호흡보호장비는 외부에 설치되어야 하나 화물칸 출입구와 인접해야 한다.
>
> 마. 호흡보호장비 사용시 통신에 지장을 주어서는 아니 된다.

나. 항공안전을 이유로 한 운항승무원의 수염 금지

대부분의 항공사는 운항승무원 턱수염(beards)과 콧수염(mustache)을 기르지 못하도록 규정하고 있다. 운항승무원이 수염을 기른 상태에서는 산소마스크가 얼굴과 완전히 밀착되지 아니하여 운항승무원에게 공급되는 산소의 양이 줄어들고, 이로 인하여 호흡이 빨라져서 항공안전에 막대한 지장을 초래할 수 있기 때문이다.[16] 다만 Air Canada는 Simon Fraser University의 Environmental Medicine and Physiology Unit의 연구결과를 토대로 2018. 9.부터 “최대 12.5㎜ 이내이고, 단정하게 정리된 턱수염”은 허용하기로 하였다.[17]

---

16) FAA, 1987. 1. 27., AC 120-43 - The Influence of Beards on Oxygen Mask Efficiency.

17) https://www.avweb.com/avwebflash/news/Pilot-Beard-Ban-Debunked-231536-1.html.

다. 외국의 사례

(1) 미국 연방항공청(Federal Aviation Administration)의 권고

얼굴에 난 수염(턱수염, 콧수염)은 산소마스크를 얼굴에 밀착시킬 수 없어서 산소공급이 필요한 고도에 도달할 경우 운항승무원을 최고의 상태로 유지할 수 없으므로, 항공안전에 적합하지 않다.[18] 턱수염은 조종사가 산소마스크 착용시 산소의 흡입량을 지속적으로 감소시키고 호흡을 빠르게 하여 운항승무원의 의식, 능력, 임무수행에 부정적인 영향을 미치고, 그로 인하여 운항승무원의 임무와 관련된 안전을 확보하는 능력을 감소시킬 수 있는 신체증상을 초래할 수 있다.[19]

(2) Jane F. Garvey v. Ronald R. Macko[20]

델타항공사의 운항승무원인 피신청인 Ronald R. Macko는 1996. 6. 16. 애틀란타에서 사반나로 갈 예정인 델타항공 1471호기의 기장으로 지정되었다. 출발 전에 FAA 소속 항공안전감독관 Steven Groover가 운항 중 검사(en route inspection)를 실시할 예정이라고 피신청인에게 통지하였다. 1995. 8. 31. 작성된 델타항공의 운항규정(FOM)에는 콧수염을 기른 사람은 조종실에 들어 갈 수 없다고 규정되어 있었다.

Dress Code
Note; for safety reasons, beards are not acceptable in the cockpit.

피신청인은 감독관이 콧수염을 기르고 있었기 때문에 조종실 보조좌석에 앉는 것을 거부하였다. 피신청인은 위와 같은 결정을 내리기 전에 애틀란타에 있는 델타항공 수석기장실에 연락을 취하였고, 부수석기장으로부터 피신청인이 운항규정을 제대로 숙지한 것이라는 설명을 들었다. 피신

18) 1982. 4. 27. Advisory Circular No. 91－88.
19) 1987. 1. 27. Advisory Circular No. 120－43.
20) NTSB Order No. EA－4804.

청인은 FAA의 승인을 받은 운항규정을 준수하지 아니하면 연방항공규정(FAR) Section 121.548를 위반하게 되고, 상사의 지시에 불복종하게 되는 것뿐만 아니라, 콧수염을 기른 사람을 조종실에 들어오게 하는 것은 기장으로서 가장 중요한 의무인 최고 수준의 항공안전 확보의무를 위반하는 것이라고 주장하였다.

행정법 판사는 피신청인이 연방항공규정 121.548조, 49 C.F.R. Part 121을 위반하였다는 이유로 15일간 조종사 자격을 정지하였다. 그러나 연방교통안전위원회(NTSB)는 피신청인이 안전을 이유로 콧수염을 기른 사람의 조종실 출입을 거부한 것은 정당하고, 연방항공청 소속 감독관이라도 예외는 없다고 판단한 것은 정당하다고 결정하면서, 행정법 판사의 자격정지처분을 취소하였다.

(3) Association of Professional Flight Attendants v. American Airlines, Inc.[21)]

턱수염을 기르지 못하게 한 American Airlines의 방침에 위반하여, 휴가 중 턱수염을 기르고 회사에 출근한 운항승무원 Brian Joseph Hagerty에게, 회사는 만약 턱수염을 면도하지 않으면 해고하겠다고 통지하였다. Brian은 턱수염을 전면적으로 금지하는 것을 중단하고, 깔끔하고 단정하게 정리된 턱수염을 허용하는 합리적인 방안을 수립해 달라는 취지로 고충처리(grievance)를 신청하였다.[22)]

4인 중재위원회(the four-member System Board of Adjustment for arbitration)는 턱수염금지는 항공안전에 관한 것이므로, 고충처리의 대상이 되지 않는다는 이유로 신청을 기각하였다. 항공사의 노무담당이사는 고충처리 사건의 심리를 1984. 3. 29. 개최하기로 하였다. 그러나 항공사는 턱수염금지규정이 항공안전에 관한 것이어서 노동중재로 해결될 사안이 아니라는 이유로 중재를 거부하였다. 이에 Brian이 소속된 항공조종사연합회(Association of Professional Flight Attendants)는 연방지방법원에 중재를

21) 767 F.2d 1331 (9th. Cir. 1985).

22) 항공운송산업(airline industry)의 노동관계에 대하여는 전국노동관계법(National Labor Relations Act)이 아니라 철도노동법(Railway Labor Act)이 적용된다.

명하는 신청을 제기하였다. 연방지방법원은 1984. 8. 28. 신청을 인용하여 회사에게 중재에 응할 것을 명령하였다. 위 결정에 대하여 회사가 항소를 제기하였다.

연방항소법원은 FAA의 권고에는 턱수염이 항공안전에 부정적인 영향을 미친다는 것은 명확하게 나타나 있지만, 턱수염을 전면적으로 금지하는 내용은 있지 않고, 이 경우 턱수염금지조항에 관한 고충처리가 노동중재대상이 아니라고 볼 만한 명백한 자료가 없는 이상,[23] 이 사건 고충신청은 노동중재의 대상이 되는 것으로 보아야 한다고 판시하였다.

(4) 캐나다 교통부의 상업항공 권고 제185호[24]

턱수염, 무성한 안면수염, 긴 머리카락은 조종사가 산소마스크 착용시 산소의 흡입량을 지속적으로 감소시키고, 밀착되지 않는 곳으로 연기 등 유독가스가 들어 올 수 있으며, 운항승무원의 호흡을 빠르게 하여, 수염을 기르지 아니한 운항승무원보다 의식유지시간이 40% 정도 단축된다.

라. 대상사안의 검토

(1) 원고의 취업규칙에서 "다만 관습상 콧수염이 일반화된 외국인의 경우에는 타인에게 혐오감을 주지 않는 범위 내에서 이를 허용한다"고 규정한 것은 항공안전을 저해하지 않는 범위 내에서, 문화적·종교적 이유로 콧수염을 장려하는 외국인을 보호한다는 점에서 타당하다. 그러나 한국인 임직원에게만 콧수염을 기르지 못하게 한 것은 합리적 이유 없이 국적을 이유로 한국인 임직원을 차별하는 것이므로 헌법 제11조 제1항, 근로기준법 제6조에 위반된다.[25]

---

23) 특정 분쟁이 중재가능한지 여부가 불분명한 경우에는 중재적합성을 인정하여야 한다. Laborers International Union Local 252 v. Town Concrete Pipe of Washington, Inc., 680 F.2d 1284, 1285 (9th Cir.), cert. denied, 459 U.S. 1039, 103 S. Ct. 453, 74 L. Ed. 2d 606 (1982).

24) Transport Canada, Commercial and Business Aviation Advisory Circular (CBAAC) No. 0185, 2001. 6. 11.

25) 독일연방노동법원은 2014. 9. 30. 선고한 판결에서 항공사 남성조종사에게 모자착용을 의무화하는 항공사의 사업장협정은 무효라고 판시하였다(BAG Urteil vom 30. 9. 2014 - 1 AZR 1083/12). 원고는 항공기조종사로 근무하고 있는 남성이다. 항공사에

(2) 대법원이 원고의 보호 법익이 영업의 자유라고 판단한 것은 수긍하기 어렵다. 대법원이 이와 같은 판단을 하게 된 것은, 원고가 항공운항의 안전을 위하여 항공기 기장의 턱수염을 전면적으로 금지할 필요가 있다는 취지로 주장하였으나, 이러한 주장을 뒷받침할 만한 별다른 합리적 이유와 근거를 찾아보기 어렵다고 보았기 때문이다. 그러나 위에서 본 바와 같이 항공안전을 이유로 운항승무원에게 턱수염을 기르지 못하게 하는 것은 항공산업 종사자에게는 상식에 속하는 것이고, 미국과 캐나다 사례를 보더라도 보편적인 법리로 인식되고 있다. 그럼에도 법원이 변론주의라는 이름하에 항공법상 기본원리를 배척한 것은, 기본적으로 원고가 주장·증명 등 소송수행을 잘못한 것이 그 원인이겠지만, 법원도 너무 쉽게 원고의 주장을 배척함으로써 보편적인 항공안전규범과 모순되는 결론을 도출하였다는 점에서 타당하다고 보기 어렵다.

(3) 항공사가 항공안전을 위하여 운항승무원들에게 턱수염을 기르지 못하게 할 필요가 있다는 점을 적극적으로 주장·증명한다면, 항공안전이라는 공익적 법익이 운항승무원의 일반적 행동자유권보다 우월한 법익으로 평가될 수 있기 때문에 대상판결의 결론은 더 이상 유지되기 어렵다. 다만 에어 캐나다 사례에서 본 바와 같이, 의학적으로 산소마스크의 정상적인 작동을 저해하지 않는 한도에서 턱수염의 길이를 제한하여 단정하게 기르는 것을 허용한다면, 그와 같은 취업규칙의 내용은 유효하다고 평가될 가능성이 높다.

는 사업장평의회법(BetrVG) 및 단체협약에 근거하여 항공직원대표조직(das fliegende Personal Personalvertretungen)이 조직되어 있다. '유니폼에 관한 사업장협정(Betriebsvereinbarung Dienstbekleidung)'에 따르면 남자조종사들은 운항하는 동안 유니폼을 입어야 하고, 유니폼에는 모자도 포함되는데, 특히 남자조종사들은 공항구역으로 들어가는 동안 일반 대중들 앞에서 모자를 착용해야 한다. 반면 여자조종사들은 모자 착용여부를 자유롭게 결정할 수 있다. 여자조종사들의 유니폼에는 모자가 포함되지 않는다. 원고는 이와 같이 남녀조종사간에 다르게 정해져 있는 유니폼규정은 무효라고 주장했다. 법원은 위와 같이 모자착용의무를 각기 다르게 정한 것은 사업장평의회법상 평등대우원칙에 위반하여 무효라고 판단하였다.

[20] 직원에게 폭언하여 승객들의 불안감을 조성한 기장에 대한 정직처분

서울행정법원 2013. 7. 3. 선고 2012구합38411 판결

Ⅰ. 사실관계

(1) 참가인 회사는 항공운송업을 경영하는 국내 항공사이고, 원고는 2000. 3. 1. 참가인 회사에 입사하여 안전운항3팀 소속 기장(조종사)으로 근무하다가, 2012. 1. 31. 아래와 같은 징계사유로 정직 3개월의 처분을 받았다.

(2) 참가인은 마닐라 현지에 투숙하는 조종사 및 승무원들의 숙소를 제공하고자 2010. 11. 4. 마닐라에 있는 S호텔과 호텔이용계약을 체결하면서, S호텔에 투숙하는 참가인 회사의 조종사 등이 식사나 음료를 주문할 경우 가격을 30% 할인받기로 하였다.

(3) 원고는 2011. 6. 30. S호텔에 투숙할 당시 호텔 직원에게 무료로 조식제공이 가능한지 문의하였고, 직원은 참가인 회사와의 이용계약상 무료 조식 제공이 안 된다고 답변하였다. 원고는 2011. 7. 3. 투숙시에도 무료 조식을 요구하였다가 거절되자 'complimentary bread'(원고는 이를 '무료로 제공되는 간단히 먹을 수 있는 빵'을 의미하는 단어로 사용하였다)를 요청하였다. 이 과정에서 원고는 책임자에게 전화를 걸어 이에 대한 답변을 요구하였는데 통화 도중 상대방이 먼저 전화를 끊자, 원고는 무시당했다고 생각하고 다시 전화를 걸어 "어떻게 손님하고 이야기하다 그냥 끊을 수 있느냐, 인종차별 하는 것이냐"라는 취지의 말을 하였고, 원고는 2011. 7. 4. 메모를 작성하여 호텔 총지배인에게 전달하기도 하였다.

(4) S호텔은 2011. 7. 5. 참가인의 마닐라 현지 직원인 T에게 이메일을 보내 "원고가 호텔과의 계약내용을 이해하고 호텔 직원들에게 예의 바르게 행동하겠다는 조건을 수락할 때까지 호텔에 투숙시킬 수 없다"고 통

보하였고, T는 2011. 7. 6. 참가인의 마닐라공항 지점장 U에게 위 이메일을 전달하였다. U는 2011. 7. 7. 및 같은 달 13. 참가인의 안전운항팀에 원고에 대한 S호텔의 입장을 보고하면서, "원고에 대하여 스케줄 조정(마닐라 취항 금지)을 하든지 아니면 본사 담당자가 마닐라 현지에 와서 운항승무원에 대한 호텔 이용계약을 별도로 진행해 달라"고 요청하였다.

(5) 원고는 U가 참가인 본사에 위와 같이 보고한 사실을 알고, 2011. 7. 12. U에게 "안전운항팀에 메일을 보낼 때는 일방의 이야기만 듣고 성급하게 보내지 마시고 적어도 당사자에게 확인하는 절차를 거쳐서 사태를 알아보고 보내주시면 감사하겠습니다. … 이 같은 메일로 한 사람을 당혹스럽게 만드시니 난감할 따름입니다"라는 내용의 이메일을 보냈다.

(6) 참가인의 안전운항2팀장은 U의 요청과 관련하여 원고를 면담하였다. 2팀장은 이 사건이 기본적으로 의사소통의 문제와 문화적 차이에서 생긴 오해에서 비롯되었다고 보고, 원고에게 호텔이용계약 내용에 대해 개인 자격으로 호텔과 접촉하는 것은 부적절함을 지적한 후, 원고가 이 문제를 더 이상 거론하지 않는 조건으로 이 사건을 매듭짓고 원고에게 마닐라행 비행임무를 부여하기로 하였고, 원고도 이에 동의하였다.

(7) 원고는 2011. 7. 18. U에게 이메일을 보내 원고 본인에게 확인하지 않고 호텔측의 주장만을 여과 없이 본사에 전달한 것에 대하여 재차 항의하였다.

(8) 원고는 2011. 9. 7. 11:17경 마닐라공항에서 운항준비 중인 OZ702편(마닐라공항 → 인천공항, 출발예정시간: 12:35) '항공기의 외부 점검'[1]을 위해 조종실 밖으로 나가다 기내에서 U와 마주쳤다. 원고는 U에게 운항승무원 휴식좌석의 옆좌석을 공석(block)으로 했는지를 물었고 U가 공석으로 해 놓았다고 하자, 원고는 과거에 옆 좌석을 공석으로 하지 않고 승

---

1) 기장은 국토교통부령으로 정하는 바에 따라 항공기의 운항에 필요한 준비가 끝난 것을 확인한 후가 아니면 항공기를 출발시켜서는 아니 된다(항공안전법 제62조 제2항). 항공안전법 제62조 제2항에 따라 기장이 확인하여야 할 사항 중에는 '해당 항공기와 그 장비품의 정비 및 정비 결과'가 있는데, 기장은 위 항목을 확인하는 경우에는 (i) 항공일지 및 정비에 관한 기록의 점검, (ii) 항공기의 외부 점검, (iii) 발동기의 지상 시운전 점검, (iv) 그 밖에 항공기의 작동사항 점검 등을 하여야 한다(항공안전법 시행규칙 제136조 제1항 제7호, 제2항).

객을 배정한 것에 대하여 이의를 제기하였고, 이 과정에서 원고와 U 사이에 언쟁이 발생하였다. U는 언쟁을 피해 항공기객실 뒤쪽으로 이동하였고, 원고는 외부점검을 위해 비행기 밖으로 나갔는데, 외부점검을 마친 원고는 탑승구 쪽으로 가서 U를 만나 과거 휴식좌석 옆좌석을 공석으로 하지 않은 것과 본인의 확인 없이 S호텔 측의 항의를 본사에 보고한 것을 문제 삼았고, 대화를 피하려는 U에게 원고가 계속 항의를 하면서 그 과정에서 둘 사이에 반말과 고성이 오갔다. 원고와 U가 언쟁한 통로는 승객대기장소 바로 옆으로, 승객 대기장소와 사이에는 유리벽이 설치되어 있었는데 유리벽이 천장까지 연결되어 있지 않아서 대기장소에서 기다리는 승객들이 원고와 U가 통로에서 언쟁하는 것을 보고 들을 수 있었다.

(9) 원고는 U와의 언쟁 직후 항공기로 돌아오던 중 탑승교에서 T와 마주쳤고 원고는 유니폼에 부착된 명찰을 보고 T임을 알게 되자, S호텔 건의 보고와 관련하여 당시 업무처리 과정에 대한 문제를 언급하며 일방적으로 소리를 지르고 큰 목소리로 항의하였다. 원고가 T에게 항의하는 것을 참가인 회사 마닐라공항지점 직원·조업담당자·정비사·청소하는 직원들이 목격하였으며, 원고가 T에게 항의한 장소는 승객 대기장소에서 보이는 곳은 아니었지만, 원고는 그의 목소리가 탑승대기 중이던 승객들에게도 들릴 정도의 큰 소리로 항의를 하였다.

(10) 탑승 대기 중이던 승객들은 직원들로부터 소리를 지른 사람이 기장이라는 사실을 전해 듣자 그 중 승객 3명은 자기감정을 조절하지 못하는 기장이 모는 비행기에 안전을 맡기고 탑승할 수 없다면서 끝까지 탑승을 거부하였고, 결국 참가인은 이들이 경쟁사인 K항공편(출발예정시간: 12:20)을 이용할 수 있도록 조치하였다. 한편 원고는 본인의 고성으로 인해 승객들의 동요가 있었음을 그 직후 정비사와 마닐라지점 직원으로부터 보고받아 알게 되었다.

(11) 참가인은 위와 같은 징계사유의 행위에 대하여 2011. 11. 15. 운항본부 인사소위원회를 개최하여 원고에 대해 '강격(降格)' 처분을 의결하였고, 소위원회에서 감급 이상의 의결을 할 경우 인사본위원회에서 이를 심의해야 한다는 인사위원회운영규정 제8조 제2항에 따라 2012. 1. 10.

인사본위원회를 개최하여 원고에 대하여 정직 3개월의 처분을 하기로 최종 결정하였다.

Ⅱ. 참조 조문

1. 근로기준법

제23조(해고 등의 제한) ① 사용자는 근로자에게 정당한 이유 없이 해고, 휴직, 정직, 전직, 감봉, 그 밖의 징벌(懲罰)(이하 "부당해고등"이라 한다)을 하지 못한다.

2. 취업규칙

제4조(용어의 정의)

5. '강격'이라 함은 사원의 직급을 격하시키는 것을 말한다.
6. '정직'이라 함은 사원이 해당 직무에 종사하지 못하도록 출근을 정지시키는 것을 말하며, 정직자는 사원으로서의 신분은 유지하나 급여는 지급하지 아니한다.

제14조(금지사항) 사원은 다음의 행위를 하여서는 아니 된다.

8. 회사의 명예를 훼손하거나 손해를 초래하는 행위

제73조(징계사유)

3. 고의 또는 중대한 과실로 업무에 장애를 초래한 경우
9. 폭언, 폭행, 업무방해 및 기타 회사의 질서와 풍기를 문란시킨 경우
10. 공사간의 비행으로 인하여 회사의 위신을 실추시킨 경우
18. 전 제14조의 금지사항을 위반한 경우

제74조(징계의 종류) 징계의 종류는 다음과 같다.

1. 해고
2. 강격
3. 정직
   (1) 유기정직 : 30일 이내
   (2) 무기정직 : 30일 초과

4. 감급 : 감급은 1회의 금액이 평균임금 1일분의 반액을 초과하거나 당해 총액은 1임금지급기에 있어서 임금총액의 10분의 1을 초과할 수 없다.
5. 업무정지
   (1) 항공업무 정지: 항공관계법이 정하는 항공업무종사자로서의 본연의 업무를 정지시킨다.
   (2) 지상근무: 승무원에 대하여 승무를 정지시키고 지상근무에 종사하게 한다.
   (3) 국제선 승무정지: 승무원에 대하여 국제선 승무를 정지시킨다.
   (4) 노선제한: 승무원에 대하여 특정 노선의 승무를 정지시킨다.
6. 견책
7. 경고

제75조(징계절차) ① 사원이 전 제73조의 징계사유에 해당하는 경우 소속부서장은 이를 조사한 후 보고서를 작성, 사원이 작성한 경위서를 첨부하여 인사부서장에게 송부하여야 한다.
② 인사부서장은 전 제1항의 보고서 및 경위서의 내용을 심사한 후 인사위원회에 회부한다.
③ 인사위원회는 회부된 사안을 심의하여 징계여부를 의결한다.
⑤ 징계는 사장의 결재를 득하여 확정한다.

제76조(항변 및 재심청구) ① 징계대상자는 징계혐의에 대하여 소명 또는 항변할 수 있다.
② 징계처분에 대하여 불복하는 자는 그 결정을 번복할 수 있는 사실을 입증하는 경우에 한하여 징계결정 통지일부터 30일 이내에 재심을 청구할 수 있다. 다만, 징계의 재심청구는 1회에 한한다.

Ⅲ. 판시사항

(1) 비행기 조종사인 원고가 해외지점장과 큰 소리로 언쟁을 하였고, 이를 지켜 본 탑승대기승객 중 일부는 자기감정을 조절하지 못하는 기장이 모는 비행기에는 탑승할 수 없다면서 탑승을 거부하였고, 결국 다른 항공사의 비행기에 탑승하는 사태가 발생하였다면, 이는 취업규칙상 징계

사유(회사의 명예를 훼손하거나 손해를 초래하는 행위 등)에 해당한다.

(2) 승객들의 생명과 안전을 책임져야 하는 기장의 지위에 있는 원고가 감정을 조절하지 못하고 흥분함으로써 승무원·승객들에게 불안감을 야기한 것은 기장으로서 기본적인 책무에 반하는 행위인 점, 위와 같은 행위로 인하여 원고는 회사에 금전적 손해를 끼쳤을 뿐만 아니라 회사의 명예를 크게 실추시킨 점 등을 감안하면 정직 3월의 징계처분이 사회통념상 현저히 타당성을 잃은 것이라 볼 수 없다.

Ⅳ. 해 설

1. 정직처분의 정당성

가. S호텔의 항의 유발이 징계사유가 되는지 여부

(1) 원고의 S호텔에 대한 항의와 S호텔의 참가인에 대한 항의는 서로의 오해에서 비롯된 것으로서 이것이 징계의 대상이 될 정도의 행위라고 볼 수 없을 뿐만 아니라, 참가인은 원고가 이 문제를 더 이상 거론하지 않는 조건으로 원고에 대하여 아무런 조치를 취하지 않기로 하였다. 이와 같이 근로자의 비위행위에 관하여 징계를 하지 않기로 하는 면책합의를 한 이상, S호텔의 항의유발 건을 징계사유에 포함시킨 것은 부당하다.

(2) 근로자의 비위행위에 관하여 징계를 하지 않기로 하는 면책합의를 하였다 하더라도 이는 그 비위행위를 징계사유로 삼는 것을 허용하지 않는 것일 뿐, 그 밖의 다른 비위행위를 징계사유로 하여 근로자를 징계할 때 면책합의된 비위행위가 있었던 점을 징계양정의 판단자료로 삼는 것까지 금지하는 것은 아니다.[2] 또한 징계시효가 지난 비위행위라 하더라도 그러한 비위행위가 있었던 점을 징계양정의 판단자료로 삼는 것까지 금지하는 것은 아니므로, 그러한 근무내력도 징계의 정당성을 판단하는 자료로 삼을 수 있다.[3]

---

2) 대법원 1994. 9. 30. 선고 94다4042 판결, 대법원 2008. 10. 9. 선고 2006두13626 판결.
3) 대법원 1995. 9. 5. 선고 94다52294 판결.

나. U, T에 대한 폭언과 승객들에 대한 불안감 유발이 정당한 징계사유인지 여부

원고의 마닐라 공항지점장 U에 대한 폭언, 마닐라 공항지점 현지 직원 T에 대한 폭언, T에 대한 폭언으로 탑승대기 승객들에게 불안감을 조성하여 승객 3명이 당사 항공편의 탑승을 거부하여 경쟁사 항공편을 이용하게 한 행위는 모두 취업규칙상 징계사유인 "회사의 명예를 훼손하거나 손해를 초래하는 행위 등"에 해당하므로, 정당한 징계사유가 된다.

다. 징계양정의 정당성

(1) 원고의 주장

승객들이 원고와 현지 직원 사이의 언쟁을 듣고 탑승을 거부한 것이 사실이라 해도, 승객들이 대기하던 곳의 위치상 원고가 T가 아닌 U와 언쟁하는 것을 들었던 것일 텐데, 참가인 회사는 언쟁을 발생시킨 데에 더 큰 책임이 있는 U에 대하여는 징계조차 하지 않았고, 원고에 대한 정직 3월은 과거 다른 조종사들에 대한 징계내용(성희롱: 정직 2월, 미허가 활주로 착륙: 항공업무정지 1월, 고도처리미숙 착륙 후 활주로 이탈: 항공업무정지 2월 등)에 비해 지나치게 가혹하므로, 참가인 회사는 징계재량을 일탈·남용하였다.

(2) 징계처분이 재량권의 범위를 벗어난 위법한 처분인지 여부의 판단 기준

피징계자에게 징계사유가 있어서 징계처분을 하는 경우, 어떠한 처분을 할 것인가 하는 것은 징계권자의 재량에 맡겨진 것이고, 다만 징계권자가 재량권의 행사로서 한 징계처분이 사회통념상 현저하게 타당성을 잃어 징계권자에게 맡겨진 재량권을 남용한 것이라고 인정되는 경우에 한하여 그 처분은 위법하다. 징계처분이 사회통념상 현저하게 타당성을 잃어 재량권의 범위를 벗어난 위법한 처분이라고 할 수 있으려면 구체적인 사례에 따라 징계의 원인이 된 비위사실의 내용과 성질, 징계에 의하여 달성하려고 하는 목적, 징계양정의 기준 등 여러 요소를 종합하여 판단할 때

에 그 징계 내용이 객관적으로 명백히 부당하다고 인정할 수 있는 경우라야 한다.[4)]

(3) 대상사안의 검토

(i) T는 S호텔의 항의메일을 상급자인 마닐라지점장 U에 전달만 하였고 본사에 대한 보고는 U에 의해 이루어져 원고는 T에게 항의할 아무런 이유가 없는 점, (ii) 운항 직전의 원고가 감정을 조절하지 못하고 흥분함으로써 승무원과 승객들에게 불안감을 야기한 것은 이들의 생명과 안전을 책임져야 하는 기장으로서의 기본적인 책무에 반하는 행위인 점, (iii) 이러한 원고의 행위는 다른 직원들과 탑승대기 승객들에 의해 목격되었고, 원고가 기장임을 알게 된 승객 중 일부가 탑승을 거부하여 회사는 이들에게 K항공사의 항공편을 제공하게 됨으로써, 원고는 참가인에 금전적 손해를 끼쳤음은 물론 참가인의 이미지에 악영향을 미치고 회사의 명예를 크게 실추시킨 점, (iv) 참가인이 징계사유로 삼은 중 제1징계사유(S호텔의 항의 유발)는 위에서 본 것처럼 사안이 가장 경하여 이를 징계사유에서 제외하더라도 정직 3월의 징계를 낮춰야 한다고 보이지 않는 점, (v) 제2징계사유와 관련하여 고성이 오가게 된 것은 말다툼을 피하려는 U에게 원고가 계속적으로 항의하였던 것이 주된 원인이라고 보여 U에 대하여 징계를 하지 않았다 하여 형평에 반하는 것은 아닌 점 등의 사정을 종합해 보면, 원고에 대한 정직 3개월의 징계처분이 징계대상이 된 비위행위의 내용과 결과, 다른 비위관계자나 과거의 조종사에 대한 징계와의 형평성 등에 비추어 사회통념상 현저하게 타당성을 잃은 것이라 볼 수 없다.

라. 징계절차의 정당성

(1) 원고의 주장

취업규칙 제76조의2 제2항은 “징계처분에 대하여 불복하는 자는 그 결정을 번복할 수 있는 사실을 입증하는 경우에 한하여 징계결정 통지일부터 30일 이내에 재심을 청구할 수 있다”고 규정하고 있는데, 이는 재심

4) 대법원 2002. 8. 23. 선고 2000다60890 판결.

인사위원회를 개최하여 심의해야 할 사항을 재심청구 요건으로 규정하여 재심제도를 둔 취지에 반하므로, 재심청구가 있으면 일단 재심 인사위원회를 개최하여 기존 결정을 번복할 수 있는 증거가 있는지를 심리하여야 한다고 위 규정을 해석해야 하고, 참가인은 원고의 재심청구에 대하여 재심 인사위원회를 개최하지 않고 이를 각하하였으므로 원고에 대한 징계는 재심에 관한 절차를 위반하여 위법하다.

(2) 대상사안의 검토

취업규칙 제76조 제2항은 "징계처분에 대하여 불복하는 자는 그 결정을 번복할 수 있는 사실을 입증하는 경우에 한하여 징계결정 통지일부터 30일 이내에 재심을 청구할 수 있다"고 규정하고 있다. 이와 같이 참가인은 초심이 잘못된 사실을 전제로 징계를 한 경우에 이를 시정하는 절차로서 재심절차를 마련하였는데, 단체협약이나 취업규칙 등에 징계처분에 대하여 재심을 청구할 수 있는 규정을 두지 않고 있는 경우 재심을 거치지 않은 징계가 유효한 점에 비추어 보면, 위 취업규칙 규정과 같이 재심청구의 요건을 엄격하게 제한하는 규정이 무효라고 볼 수 없다.

이 사건에서 원고가 재심을 청구하면서 원심이 사실관계를 잘못 인정하였음을 증명할 자료를 제출하였다고 인정할 증거가 없으므로, 원고의 재심청구를 각하한 것을 두고서 참가인이 징계절차를 위반하였다고 할 수 없다.

2. 부당노동행위에 해당하는지 여부

가. 원고의 주장

원고에 대한 징계의 진정한 사유는 원고의 노력으로 비조합원이었던 공군사관학교 출신의 조종사들이 집단적으로 노동조합에 가입하게 되자 원고의 영향력을 막기 위한 것으로 이는 부당노동행위에 해당한다.

나. 불이익처분과 부당노동행위

(1) 사용자의 행위가 노동조합 및 노동관계조정법에서 정한 부당노동

행위에 해당하는지는 사용자의 부당노동행위 의사의 존재 여부를 추정할 수 있는 모든 사정을 전체적으로 심리 검토하여 종합적으로 판단하여야 하고, 부당노동행위에 대한 증명책임은 이를 주장하는 근로자 또는 노동조합에 있다. 그러므로 필요한 심리를 다하였어도 사용자에게 부당노동행위 의사가 존재하였는지 여부가 분명하지 아니하여 그 존재 여부를 확정할 수 없는 경우에는 그로 인한 위험이나 불이익은 그것을 주장한 근로자 또는 노동조합이 부담할 수밖에 없다. 이와 관련하여 사용자가 근로자에게 징계나 해고 등 기타 불이익한 처분을 하였지만 그에 관하여 심리한 결과 그 처분을 할 만한 정당한 사유가 있는 것으로 밝혀졌다면, 사용자의 그와 같은 불이익한 처분이 부당노동행위 의사에 기인하여 이루어진 것이라고 섣불리 단정할 수 없다.[5)]

(2) 사용자가 근로자를 해고할 때 표면적으로 내세우는 해고사유와는 달리 실질적으로는 근로자의 정당한 노동조합활동을 이유로 해고한 것으로 인정되는 경우에는 그 해고는 부당노동행위라고 보아야 하지만, 정당한 해고사유가 있어 근로자를 해고한 경우에는 비록 사용자가 근로자의 노동조합활동을 못마땅하게 여긴 흔적이 있다거나 사용자에게 반노동조합 의사가 추정된다고 하더라도 당해 해고사유가 단순히 표면상 구실에 불과하다고 할 수는 없으므로, 부당노동행위에 해당한다고 할 수 없다.[6)]

다. 대상사안의 검토

참가인이 원고에 대하여 정직 3월의 처분을 한 것에는 앞서 본 바와 같은 정당한 이유가 있는 이상, 원고가 노동조합의 사무국장으로서 조종사들에게 조합가입을 적극적으로 권유해 왔고, 이 사건 징계로 인하여 노동조합 가입자가 줄어들었다는 등 원고가 주장하는 사정만으로는 원고에 대한 징계가 부당노동행위에 해당한다고 볼 수 없다.

5) 대법원 2018. 6. 15. 선고 2014두12598 판결.
6) 대법원 2000. 6. 23. 선고 98다54960 판결.

[21] 개그맨을 조종실에 출입시킨 기장에 대한 징계

서울고등법원 2012. 5. 21. 선고 2010나109291 판결[1)]

Ⅰ. 사실관계

(1) 피고 J항공은 상시 근로자 350여 명을 고용하여 국내외항공운송업을 영위하는 회사이고, 원고는 2006. 3. 30. 피고에 입사하여 운항본부 운항승무팀 기장으로 근무한 사람이다.

(2) 원고는 2008. 10. 30. 7C 121편(김포공항발 ○○공항행) 및 7C 122편(○○공항발 김포공항행) 항공기의 기장으로 비행근무를 하면서 조종사 모자와 재킷을 착용하지 아니한 채 위 각 항공기에 탑승하여 이를 운항하였다.

(3) 원고는 2008. 11. 7. 7C 110편(제주공항발 김포공항행) 항공기의 기장으로 비행근무를 하면서, 평소 자신이 좋아하던 개그맨 K가 위 항공기에 승객으로 탑승하게 된 것을 알고, K를 조종실에 탑승시킨 채 제주공항에서 김포공항까지 위 항공기를 운항하였다.

(4) 피고는 2009. 1. 7. 인사위원회를 개최하여 원고에 대하여 항공안전의무 위반(승객을 무단으로 조종실에 출입시키고, 모자·재킷을 임의로 탈의하여 규정을 위반함) 등의 징계사유[2)]로 비행정지 및 권고사직 처분을 하되, 2009. 1. 7.부터 30일 내에 사직하지 않을 경우 징계해고하기로 의결하고,

---

1) 제1심(서울남부지방법원 2010. 10. 22. 선고 2009가합22809 판결)은 피고의 징계해고가 부당하다고 판결하였으나, 항소심은 징계해고가 정당하다고 판단하였고, 위 판결은 대법원 2012. 8. 30.자 2012다48688 판결로 심리불속행으로 상고기각되어 확정되었다.

2) 이외에도 고객서비스의무 위반(원고는 2008. 10. 30. 7C 122편 항공기에 탑승한 승객들에게 "음료서비스를 하지 않겠다"고 말하는 등 기장으로서 해서는 안 되는 언동을 함), 직원보호의무 위반(① 2008. 5.경 여성 객실승무원(부사무장) G에게 인격모독 및 성희롱의 소지가 있는 발언을 함, ② 2008. 8.경 여성 객실승무원 L이 항공기 운항중 정상적인 기내방송을 하였음에도 이를 질책하여 L로 하여금 피고 회사에서 자진하여 퇴사하도록 함)도 징계사유에 포함되었으나, 법원은 징계사유에 해당하지 않는다고 판시하였다.

같은 날 원고에게 위 징계의결내용을 통보하면서 비행정지 및 권고사직 처분을 하였다.

(5) 원고는 위 징계처분에 불복하여 2009. 1. 12. 피고 인사위원회에 재심을 신청하였으나, 피고 인사위원회는 2009. 1. 14. "재심 여부는 피고 인사위원회의 위원장이 결정한다"는 이유로 '재심 없음' 결정을 하였다.

(4) 원고가 2009. 1. 7.부터 30일이 경과하도록 피고에게 사직서를 제출하지 아니하자, 피고는 위 2009. 1. 7.자 징계의결에 따라 2009. 2. 9. 원고를 해고하였다.

Ⅱ. 참조 조문

1. 항공안전법

제43조(자격증명·항공신체검사증명의 취소 등) ① 국토교통부장관은 항공종사자가 다음 각 호의 어느 하나에 해당하는 경우에는 그 자격증명이나 자격증명의 한정(이하 이 조에서 "자격증명등"이라 한다)을 취소하거나 1년 이내의 기간을 정하여 자격증명등의 효력정지를 명할 수 있다. 다만, 제1호 또는 제31호에 해당하는 경우에는 해당 자격증명등을 취소하여야 한다.

25. 제77조 제2항을 위반하여 같은 조 제1항에 따른 운항기술기준을 준수하지 아니하고 비행을 하거나 업무를 수행한 경우

제77조(항공기의 안전운항을 위한 운항기술기준) ① 국토교통부장관은 항공기 안전운항을 확보하기 위하여 이 법과 「국제민간항공협약」 및 같은 협약 부속서에서 정한 범위에서 다음 각 호의 사항이 포함된 운항기술기준을 정하여 고시할 수 있다.

1. 자격증명
2. 항공훈련기관
3. 항공기 등록 및 등록부호 표시
4. 항공기 감항성
5. 정비조직인증기준
6. 항공기 계기 및 장비

7. 항공기 운항
8. 항공운송사업의 운항증명 및 관리
9. 그 밖에 안전운항을 위하여 필요한 사항으로서 국토교통부령으로 정하는 사항

② 소유자등 및 항공종사자는 제1항에 따른 운항기술기준을 준수하여야 한다.

제91조(항공운송사업자의 운항증명 취소 등) ① 국토교통부장관은 운항증명을 받은 항공운송사업자가 다음 각 호의 어느 하나에 해당하는 경우에는 운항증명을 취소하거나 6개월 이내의 기간을 정하여 항공기 운항의 정지를 명할 수 있다. 다만, 제1호, 제39호 또는 제49호의 어느 하나에 해당하는 경우에는 운항증명을 취소하여야 한다.

35. 제77조 제2항을 위반하여 같은 조 제1항에 따른 운항기술기준을 준수하지 아니하고 운항하거나 업무를 한 경우

2. 고정익항공기를 위한 운항기술기준

8.4.3 승무원의 임무와 책임(Crew Member Duties and Responsibilities)

8.4.3.1 조종실 출입문의 잠금(Locking of Flight Deck Compartment Door)

항공운송사업을 목적으로 운항하는 항공기의 기장은 승객을 태우고 운항하는 동안 조종실 출입문을 항상 잠궈야 한다. 다만, 기장이 운항 및 비상탈출을 위하여 필요하다고 판단하는 경우와 8.4.3.2 가항에서 정한 자가 출입을 해야 하는 경우에는 그러하지 아니하다.

8.4.3.2 조종실 출입(Admission to the Flight Deck)

가. 항공운송사업을 위해 운항을 하는 항공기의 조종실 출입은 다음 각 호에서 정한 자로 제한한다.
1) 임무 중인 승무원
2) 각종 증명, 자격증명 또는 안전감독업무를 수행하는 검사의 권한을 갖는 정부의 관계자 (공무수행 시에만 해당된다)
3) 운항규정에서 정한 절차에 따라 허가를 받은 자

나. 기장은 조종실 출입을 허가하기 전에 다음 사항을 확인하여야 한다.
1) 안전운항의 관점에서 조종실 출입 허가가 항공기 운항에 지장을

주거나 주의를 산만하게 하는지의 여부

2) 조종실에 탑승한 모든 사람들이 관련된 안전절차를 숙지하고 있는지의 여부

3. 피고 운항일반교범

제5장 승무원

5.14 승무원의 제복

모든 비행업무(시험비행, 훈련비행, Ferry 비행 포함)에 임하는 승무원은 반드시 정해진 제복을 착용해야 한다.

제7장 보안

7.2 항공기 조종실 출입제한

2. 조종실 출입 인가(Authentication of Access to Cockpit) (운항기술기준 8.1.8.11)

가. 지상에서의 준수사항

1) 지상에서는 누구도 J항공 직원(반드시 승무원일 필요는 없음)의 안내 없이 조종실출입을 할 수 없다.

2) 국가 항공 관련기관 및 해당 국가 안전점검관이 지상에서 조종실 출입을 요청하면 기장에게 연락한다(조종실 출입 여부의 최종 결정은 기장이 한다).

나. 비행 중 준수사항

1) 비행 중 조종실 출입을 다음의 경우에 한하여 허용하고 있으며, 조종실 출입 여부에 대하여 반드시 기장에게 사전 연락하여야 한다.

가) 해당 편 승무원

나) J항공 운항본부로부터 '조종실 출입인가'를 받은 자

2) 항공안전감독관이 항공기 탑승시 객실사무장에게 출입의사를 밝히는 경우 지체없이 기장에게 보고하고, 조종실 출입시에는 항공안전본부장이 발행한 항공안전감독관증의 본인 여부를 확인 후 Interphone을 통해 기장에게 보고한다.

3) 항공안전감독관은 항공안전본부장이 발행한 항공안전감독관증 및 항공기 출입요구서(Request for Access to Aircraft)를 기장

에게 제시하여야 한다(운항기술기준 8.1.8.11).

다. 조종실 문 잠금장치 및 감시

1) 객실 쪽에서 조종실 문을 열 수 있는 잠금장치를 설치하고 그 열쇠는 객실 내에 안전하게 보관하여야 한다. 다만 조종실에서는 객실 쪽에서 열 수 없도록 하는 강제잠금장치가 있어야 한다. 또한 잠금장치는 어느 조종석에서도 전자적으로 개폐가 가능하여야 한다.

2) 운항승무원은 조종실에 출입하고자 하는 자를 명확히 확인하고 출입하고자 하는 자가 강박상태인지 판단할 수 있도록 하는 조종실 문 감시시스템을 해당 비행기에 설치하여야 한다.

3) 조종실의 감시 목적을 위해 조종실 내에서 객실 쪽을 감시하는 자를 두어야 한다. 조종실 내의 감시자는 다른 임무가 부여되지 아니한 자 또는 임무가 부여되지 않은 운항승무원 혹은 객실승무원이 될 수 있다. 감시자는 조종실 바깥쪽 진입문 지역 전체를 직접 볼 수 있는 시각수단이 있어야 하고 그에 따른 상황을 조종사에게 조언하여야 한다.

4) 3)항의 규정에 의한 적용은 다음 각 호의 사항에 유의하여야 한다.

가) 비행기의 내구연한(또는 제작일자)

나) 승무원 정원

다) 운항형태 및 항속시간

라) 조종실 문 바깥쪽 전면감시는 주방 및 기타 서비스 구역을 포함 2 내지 3미터

마) 투시경 광학수준은 객실 내 어떠한 조명에서도 조종실 출입자 인식이 가능

라. 조종실 문 감시자에 대하여 교육훈련실시 및 감시책임을 부여하여야 한다.

마. 조종실 문 개폐에 대한 결정권한은 기장에게 있다. 다만 기장이 부재시 결정권한은 부조종사에게 있다.

바. 조종실 보안을 위한 전반적인 기능이 있는 원격잠금장치 및 감시시스템이 없는 경우의 비행허가는 다음 각 호의 사항을 고려하여 결정하여야 한다.

1) 비행성격(여객운송, 화물운송, 비행기이동 등)
2) 보안위험 수준
3) 비행기 결함의 수준(전체, 부분)
4) 조종실 보호에 관한 적절한 절차의 유무

사. 비행 중 잠금장치 및 감시시스템이 부작동할 경우 그에 대한 절차를 수립하여야 한다.

3. 항공기 및 조종실 출입(Aircraft Entry/Exit)

항공기의 안전운항을 확보하기 위하여 객실승무원은 항공기 출입자의 신원을 반드시 확인해야 하고 신원이 불분명한 자는 즉시 기장에게 보고하여 지상직원, 공항경찰대 또는 Security를 통하여 적절한 조치가 취해질 수 있도록 해야 한다. 다음 절차 이외의 세부절차는 보안업무교범 6.5.3을 따른다.

가. 다음의 항공기 출입자를 통제하여야 한다.

1) 탑승권을 소지하지 않거나 신원이 불분명한 승객
2) 신분증을 패용하지 않은 정비사, 지상직원, 청소원, Catering 조업사, Security 등 항공사 종사 직원 및 용역직원
3) 적합한 신분증을 패용하지 않은 국가 항공 관련기관[3]

나. 조종실 출입 절차(Cockpit Entry/Exit)

1) 조종실 출입은 해당 편 승무원과 운항본부부터 출입허가를 사전에 득한 자에 한한다. 불필요한 자의 조종실 출입은 안전운항에 막대한 지장을 주기 때문에 조종실을 통제구역으로 설정하고, 조종실 출입문은 운항 중 항상 잠금상태를 유지하여야 한다. 또한 조종실 출입시는 다음의 절차를 따라야 한다.
   가) 객실사무장 또는 다른 승무원은 출입 전에 Cockpit Door 앞에서 주변감시, 신분확인, 신체 및 휴대물품을 검색한다.
   나) 검색이 끝나면 객실승무원은 조종실에 Interphone으로 Door Open을 요청하고, 방문자가 들어간 후 반드시 Door의 Lock 상태를 확인하여야 한다.
   다) 객실승무원이 조종실에 출입할 때는 먼저 통신장치를 이용하여 조종실과 연락 후에 객실커튼을 치고 조종실 문을 3회

3) 국가 항공 관련기관: 항공안전본부, 국가정보원, 각 지방항공청, 공항경찰대.

knock를 한 후 조종실에 들어간다.

2) 조종실에서 나올 때

가) 조종실과 객실간 Interphone을 이용 사전 연락한다.

나) 조종실에서 객실로 나갈 경우에 Viewing Port를 통해 주변 상태를 확인하며 커튼이 쳐져 있는지 육안으로 확인해야 한다.

다) 외부에 이상이 없는 경우 객실로 나온 후 출입문의 잠금상태를 확인한다.

라) 상기 절차는 가능한 한 일반 승객이 인지하지 못하도록 해야 한다.

다. 운항승무원의 조종석 이탈시 객실승무원 협조사항

운항승무원 중 한 명이 개인적인 용무(화장실 사용 등)로 불가피하게 조종실을 이탈하게 될 경우 객실승무원 중 한 명은 조종실을 이탈하는 운항승무원이 조종실로 복귀할 때 Cockpit Door를 Open하여야 한다.

4. 피고의 취업규칙

제65조(징계의 종류) 징계의 종류는 다음과 같다.

1. 견책 : 훈계 후 시말서를 제출케 하고 장래를 훈계한다.
2. 감봉 : 1회의 감봉액이 평균임금 1일분의 반액을 초과하지 못하고 총액이 1임금지급기에 있어서의 임금총액의 10분의 1을 초과하지 않게 감한다.
3. 노선제한 : 승무원에 대한 특정노선의 승무를 정지시킨다.
4. 지상근무 : 승무원에 대하여 승무를 정지시키고 지상근무케 한다.
5. 항공업무 정지 : 항공종사자로서의 본연의 업무를 정지시킨다.
6. 출근정지 : 1개월 이내의 출근을 정지하고 그 기간 동안 무급으로 한다.
7. 정직 : 1개월 이상 2개월 이내의 기간을 출근 정지하고 무급으로 한다.
8. 징계해고 : 해고 처분 결정 후 10일 이내에 해고한다.

제67조(징계사유) 회사는 사원이 다음 각 호의 1에 해당할 때에는 이를

> 징계한다.
> 1. 회사의 제규칙을 위반한 때
> 7. 폭행, 협박, 상해, 모욕 등으로 동료들에게 폐를 끼친 때

Ⅲ. 판시사항

항공기 운항은 그 특성상 사소한 실수가 치명적인 대량 인명피해를 야기할 수 있고 특히 조종사의 안전은 항공기에 탑승한 승객 전체의 안전과 직결되어 있으므로, 항공기에 승객을 태우고 운항하는 동안에는 조종실 출입문을 잠그고 조종실 출입을 엄격히 통제할 필요성이 있는 점, 특히 2001년 미국에서 발생한 소위 9.11 테러 이후 세계 각국에서는 조종실 출입통제를 강화하는 경향을 보이고 있고, 구 항공법의 위임에 따른 구 운항기술기준 및 피고 운항일반교범에서도 정해진 절차를 밟지 않는 이상 조종사 아닌 자의 항공기 조종실 출입을 통제하도록 규정하고 있는 점, 피고 소속 항공종사자가 구 운항기술기준을 준수하지 아니할 경우 피고의 운항증명이 취소되거나 일정 기간 동안 항공기 운항이 정지되는 등 피고의 사업운영에 큰 지장을 초래할 수 있고, 이러한 사실이 외부에 알려지거나 언론에 보도될 경우 신생 저가항공사인 피고의 명예나 신용에 타격을 줄 수 있는 점 등을 종합하여 보면, 원고가 조종실 출입인가를 받지 아니한 일반승객을 항공기 조종실에 탑승시킨 채 운항한 행위에 대하여는 중한 징계가 불가피하다.

Ⅳ. 해 설

1. 권고사직과 해고의 상호관계

가. 판 례[4)]

징계의 종류로서 징계해고와 권고사직 등이 있고 권고사직은 권고로

4) 대법원 1991. 11. 26. 선고 91다22070 판결.

사직원을 제출하게 하여 퇴직조치하되 1개월 이내에 사직원을 제출하지 않은 경우에는 징계해고조치한다고 되어 있는 경우, 징계조치로서의 권고사직과 이에 따른 자동징계해고는 권고사직조치일부터 1개월 이내에 사직원을 제출하여 퇴직조치되지 아니함을 조건으로 하여 효력을 발생하는 징계해고이거나 서로 불가분의 관계에 있는 것으로서 1개의 징계조치로 볼 것이지, 권고사직조치가 징계해고를 하기 위한 전단계의 독립된 단순한 절차라고 볼 것은 아니다. 권고사직 및 이에 따른 해고의 무효확인을 청구하는 것은 이와 같이 불가분의 관계에 있는 하나의 징계조치의 무효확인을 구하는 것이므로 그 소송의 적부도 이를 하나의 징계조치로서 파악하여 판단하여야지, 권고사직조치부분을 자동징계해고의 효력발생과 따로 떼어서 볼 것은 아니다.

나. 대상사안의 검토

비록 '권고사직'이 피고 취업규칙 제65조에서 정한 징계의 종류에 포함되지는 않는다고 하더라도, 피고의 2009. 1. 7.자 징계의결 및 그에 기초하여 같은 날 행하여진 권고사직처분은 '권고로 사직원을 제출하게 하여 퇴직조치하되, 2009. 1. 7.부터 30일 내에 사직원을 제출하지 않을 경우 징계해고한다'는 의미임이 분명하고, 원고가 위 기간 내에 사직원을 제출하지 아니하자 피고는 위 징계의결에 따라 원고를 징계해고하였으므로, 피고의 2009. 1. 7.자 권고사직과 2009. 2. 9.자 해고는 서로 불가분의 관계에 있는 1개의 징계처분에 해당한다.

2. 승객을 무단으로 조종실에 출입시킨 행위

가. 조종실 무단 출입 금지

(1) 항공안전법 제77조의 위임에 따라 고시된 운항기술기준 8.4.3.2 가.항에서는 "항공기의 조종실 출입은 임무 중인 승무원, 소정의 증명 내지 권한을 갖는 정부 관계자 및 소정의 절차에 따라 허가를 받은 자로 제한한다"고 규정하고 있고, 같은 조 나.항에서는 "기장은 조종실 출입을 허

가하기 전에 조종실 출입 허가가 항공기 운항에 지장을 주거나 주의를 산만하게 하는지 여부 및 조종실에 탑승하는 사람이 안전절차를 숙지하고 있는지 여부를 확인하여야 한다"고 규정하고 있다. 또한 피고 운항일반교범 7.2의 2. 나.항에서는 "해당 편 승무원 또는 피고 운항본부로부터 조종실 출입인가를 받은 자가 아니면 비행 중 조종실에 출입할 수 없다"고 규정하고 있고, 위 교범 7.2의 3. 나.항에서는 "조종실 출입은 해당 편 승무원과 운항본부로부터 출입허가를 사전에 득한 자에 한한다"고 규정하면서 주변감시, 신분확인, 신체 등 검색, 인터폰을 통한 조종실 내부와의 사전 연락 등 엄격한 조종실 출입절차에 관하여 규정하고 있다.

(2) 항공기 운항은 그 특성상 사소한 실수가 치명적인 대량 인명피해를 야기할 수 있고 특히 조종사의 안전은 항공기에 탑승한 승객 전체의 안전과 직결되어 있으므로, 항공기에 승객을 태우고 운항하는 동안에는 조종실 출입문을 잠그고 조종실에의 출입을 엄격히 통제할 필요성이 있는 점, 특히 2001년 미국에서 발생한 9.11 테러 이후 세계 각국에서는 조종실 출입통제를 강화하는 경향을 보이고 있다.

(3) 9.11 테러 이후 국내 항공사인 K항공, A항공에서도 조종실 무단출입 사례가 발생하여, K항공은 2005년 자신의 어머니를 조종실에 무단 탑승시킨 기장에 대하여 정직 1월의 징계처분을, A항공은 2007년 비인가자를 조종실에 무단 탑승시킨 기장에 대하여 정직 3월의 징계처분을 각 내린 바 있다.

나. 대상사안의 검토

(1) 징계사유에 해당하는지 여부

피고의 7C 110편 항공기 기장으로 비행근무를 하는 원고로서는 관계 법령 및 피고 운항일반교범에 따라 위 7C 110편 항공기의 승무원과 피고 운항본부부터 조종실 출입인가를 받은 자 외에는 조종실에 출입하지 못하도록 하여야 함에도, 사전에 피고 운항본부부터 조종실 출입인가를 받지 않은 승객인 K를 조종실에 탑승시킨 채 위 항공기를 운항하였으므로, 원고의 위와 같은 행위는 피고 취업규칙 제67조 제1호에서 정한 징계사유에 해당한다.

(2) 제1심의 판단

원고가 K를 위 7C 110편 항공기 조종실에 탑승시킨 행위는 순간적인 판단착오 내지 무사안일에서 비롯되어 단 1회 저질러진 우발적인 행동으로 보이고, K를 조종실에 탑승시킴으로써 그에 대한 대가를 요구·수수하는 등의 개인적 이익을 취하였음을 인정할 자료는 없는 점, 조종실에 탑승한 K는 일반인에게 어느 정도 알려진 연예인으로서 당시 원고 입장에서는 그가 조종실 내에서 운항안전을 저해할 만한 행위를 할 가능성이 높지 않다고 판단할 수 있는 인물이고, 실제로 K가 위 7C 110편 항공기 운항 중에 소란을 피우거나 항공기 운항을 방해할 만한 행위를 하였음을 인정할 자료도 없는 점, 원고는 위와 같은 행위가 최초 문제되자마자 사건경위를 묻는 피고 안전보안실장의 추궁에 대하여 자신의 잘못을 순순히 인정하고 선처를 바란 점 등을 종합하면, 다른 항공사의 징계수위와 비교해 볼 때 피고의 징계양정(해고)은 과도하다.

(3) 항소심의 판단

항공기 운항의 특성상 사소한 실수가 치명적인 대량 인명피해로 이어질 수 있고 특히 조종실 내부는 승객 전체의 안전과 직결돼 있어 출입을 엄격히 통제할 필요성이 있는 점, 조종실 내부는 좌석이 있는 공간을 제외하면 계기판 등 각종 기계장치로 가득 차 있고 비좁기까지 한 점, 기장과 부기장 외의 다른 사람을 탑승시키는 것 자체가 비행 안전에 심각한 문제를 일으킬 수 있는 점 등에 비추어 보면 원고의 비위 정도가 가볍지 않기 때문에, 원고를 해고한 것은 정당하다.

3. 모자와 제복을 착용하지 아니한 행위

가. 제복과 모자의 착용의무

일본에서는 승합버스운전사에게 모자착용을 의무지우는 취업규칙 위반을 이유로 운전사에 대하여 한 감급처분의 유효성이 다투어졌다.[5] 법원은

"승합버스사업이 불특정 다수의 공중에 대한 운송의 편의를 제공하고, 승객의 생명·신체·재산의 안전에 직접적으로 연계되어 있는 공공성이 있는 사업이라는 점에 비추어, 승무원에 대하여 제복이나 모자를 착용시킴으로써 그 임무와 책임을 깨닫게 함과 동시에 이것을 이용하는 공중에 대하여 정규의 승합버스의 승무원이라는 인식을 주어 신뢰감을 줄 수 있으므로 그 자체로서 합리성이 있는 조치이며, 모자의 착용이 운전사에게 생리적 고통을 주어 안전운전에 지장이 생기는 것은 아니다"라고 함으로써 감급처분을 유효로 판단하였다.

나. 조종사 모자 미착용

피고 운항일반교범 5.14에서 "모든 비행업무(시험비행, 훈련비행, Ferry 비행 포함)에 임하는 승무원은 반드시 정해진 제복을 착용해야 한다"고 규정하고 있다.[6] 조종사 모자는 피고 운항본부 운항훈련팀으로부터 재킷 등과 함께 조종사에게 지급되는 품목에 해당한다. 따라서 7C 121편 및 7C 122편 항공기의 기장으로 비행근무에 임하는 원고로서는 항공기 탑승·하기 및 이를 위한 공항내 이동시에 피고의 제복인 조종사 모자를 착용하여야 함에도, 위 7C 121편에 탑승하기 위하여 이동할 때부터 위 각 항공기의 비행근무를 마치고 위 7C 122편에서 내려 이동할 때까지 조종사 모자를 착용하지 아니하였으므로, 원고의 위와 같은 행위는 피고 취업규칙 제67조 제1호에서 정한 징계사유에 해당한다.

다. 조종사 재킷 미착용

조종사 재킷은 피고 운항일반교범 5.14에서 말하는 '제복'에 해당한다. 한편 피고가 2008. 9. 5.경 운항승무팀·운항표준팀·운항훈련팀·운항기술팀 소속 모든 직원에게 '2008. 10. 1.부터 2008. 10. 30.까지 와이셔츠 긴팔 또는 재킷 착용(단 재킷 착용시는 기장·부기장 모두 통일)'이라는 내용이

---

5) 横浜地裁 1994. 9. 27. 判決, 勞經速 1543호 3면, 神奈川中央交通事件.

6) 선원법은 해운법 제3조에 따른 해상여객운송사업에 종사하는 선박에 근무하는 선원은 선원법 제82조 제7항에 따라 선박소유자가 제공한 제복을 입고 근무하여야 한다고 규정하고 있다(제83조 제3항, 시행령 제23조의2).

담긴 유니폼 혼착 공지를 한 점, 원고가 2008. 10. 30. 7C 121편 및 7C 122편 항공기 운항을 위한 합동브리핑을 할 당시 부기장에게 "조종사 모자와 재킷을 착용하지 않는 게 어떠냐"고 제안하자, 부기장은 "재킷은 착용하지 않겠으나, 모자는 착용할 테니 모자 착용 여부는 기장님이 알아서 판단하라"고 말한 점 등이 인정되었다. 따라서 원고가 유니폼 혼착 공지에 따라 조종사 재킷을 착용하지 아니한 채 비행 근무한 것을 두고 징계사유에 해당한다고 보기는 어렵다.

[22] 비행 전 음주한 기장에 대한 항공업무정지

서울행정법원 2015. 5. 28. 선고 2014구합67086 판결

Ⅰ. 사실관계

(1) 참가인 K항공은 상시근로자 10,000여명을 고용하여 국내외 항공운송업 등을 영위하는 회사이고, 원고는 1996. 5. 13. 참가인 회사에 입사하여 항공기 기장으로 근무하는 사람이다.

(2) 참가인의 비행운영규정(Flight Operations Manual) 4.5.3.2.는 "회사는 항공종사자(조종연습을 하는 자 포함) 및 객실승무원이 알코올 성분의 음료 복용 후 12시간 이내인 경우 이들에게 임무를 부여하여서는 아니 된다"고 규정하고 있다(이하 '이 사건 규정').

위 규정의 변천과정을 보면, 참가인의 비행운영규정이 제정된 2006. 5. 15.부터 17차 개정(2010. 5. 1.)전까지는 "임무를 부여받은 승무원은 출두(Show Up) 12시간 전부터 운항 완료시까지 음주를 해서는 아니 된다"고 규정되어 있다가, 17차 개정시 "회사는 알코올 성분의 음료 복용 후 12시간 이내인 항공종사자 등에게 임무를 부여하여서는 아니 된다"는 것으로 변경되었다. 이후 21차 개정(2011. 4. 21.)시 국토교통부 고시인 운항기술기준이 음주제한 시간을 8시간으로 규정하고 있는 것과 궤를 같이하여 이 사건 규정상 음주제한시간을 '알코올 성분의 음료복용 후 8시간 이내'로 단축하였다.

그러나 21차 개정 이후 항공기 조종사가 음주단속에 적발되는 사례가 자주 발생하면서 항공기 조종사의 음주운항이 사회적 문제로 대두되었고, 그에 따라 국토교통부는 2012. 1. 26. 항공법을 개정하여 항공종사자 등에 대한 혈중알코올 농도 단속 기준치를 0.04%에서 0.03%로 강화하였다. 이에 참가인도 비행운영규정에 대한 24차 개정(2012. 3. 23.)시 항공종사

자 등의 음주제한시간을 종전과 같이 '알코올 성분의 음료복용 후 12시간 이내'로 변경함으로써 소속 항공종사자 등의 임무개시 전 음주제한을 강화하였고, 당시 조종사노동조합으로부터 위 개정에 관한 동의를 받았다.

(3) 참가인은 사내포털 인트라넷인 '크루월드' 공지사항란에 2010. 9. 16.과 2011. 9. 9. 항공사 승무원의 음주규정 위반 사례를 소개하면서 "승무원은 Show Up 12시간 전부터 임무완료시까지 주정음료 섭취를 금지한다"는 내용의 글을 게시하였다.

(4) 원고는 2013. 9. 25. 부기장과 함께 김포공항을 출발하여 같은 날 11:00경 광주공항에 도착하였는데, 원고와 부기장은 그 다음날인 2013. 9. 26. 06:40까지 광주공항에 출두한 후 07:30 광주공항을 출발하여 김포공항에 도착하는 항공기를 조종할 예정이었다. 원고는 2013. 9. 25. 광주공항에 도착하여 호텔에서 휴식을 취한 후 부기장과 함께 같은 날 15:30경부터 19:00경까지 광주 시내 홍어집에서 막걸리 5병을 나눠 마셨다. 이후 두 사람은 호텔로 돌아가던 중 치킨집에 들러 바비큐치킨과 각자 맥주 500cc를 시켜 마시고, 19:46경 술값을 결제한 후 치킨집에서 나와 호텔로 복귀하였다.

(5) 원고와 부기장은 2013. 9. 26. 06:40경 출두시간에 맞춰 광주공항에 도착한 후 06:50경 국토교통부 소속 감독관으로부터 'PASS/FAIL 모드' 음주측정을 받았는데, 원고는 PASS 판정을 받았으나, 부기장은 FAIL 판정을 받았다. 부기장에 대해 '수치모드' 음주측정을 실시한 결과 혈중알콜농도가 0.01% 로 나와서 음주측정기를 교체한 후 두 사람을 상대로 다시 'PASS/FAIL 모드'로 음주측정이 실시되었고, 이번에는 두 사람 모두 PASS 판정을 받아 김포공항까지 비행임무를 수행하였다. 참가인의 안전운항팀은 원고와 부기장이 같은 날 11:00경 김포공항에 도착하여 비행임무를 마치자 두 사람을 상대로 곧바로 사실관계를 조사하였다.

(6) 참가인은 원고가 이 사건 규정에 정한 음주제한시간을 어겨 술을 마신 것으로 판단하고, 인사위원회의 의결을 거쳐 2013. 12. 31. 원고를 "부기장과 함께 다음 비행 출두시각(Show Up Time)으로부터 12시간 전인 2013. 5. 25. 18:40을 넘겨 같은 날 19:45경까지 술을 마심으로써 참

가인의 FOM 4.5.3.2.를 위반하였다"는 징계사유로 항공업무정지 2개월에 처하는 징계처분을 하였다.

Ⅱ. 참조 조문

1. 항공안전법

제43조(자격증명·항공신체검사증명의 취소 등) ① 국토교통부장관은 항공종사자가 다음 각 호의 어느 하나에 해당하는 경우에는 그 자격증명이나 자격증명의 한정(이하 이 조에서 "자격증명등"이라 한다)을 취소하거나 1년 이내의 기간을 정하여 자격증명등의 효력정지를 명할 수 있다. 다만, 제1호 또는 제31호에 해당하는 경우에는 해당 자격증명등을 취소하여야 한다.

13. 제57조 제1항을 위반하여 주류등의 영향으로 항공업무를 정상적으로 수행할 수 없는 상태에서 항공업무에 종사한 경우

제57조(주류등의 섭취·사용 제한) ① 항공종사자(제46조에 따른 항공기 조종연습 및 제47조에 따른 항공교통관제연습을 하는 사람을 포함한다. 이하 이 조에서 같다) 및 객실승무원은 「주세법」 제3조 제1호에 따른 주류, 「마약류 관리에 관한 법률」 제2조 제1호에 따른 마약류 또는 「화학물질관리법」 제22조 제1항에 따른 환각물질 등(이하 "주류등"이라 한다)의 영향으로 항공업무(제46조에 따른 항공기 조종연습 및 제47조에 따른 항공교통관제연습을 포함한다. 이하 이 조에서 같다) 또는 객실승무원의 업무를 정상적으로 수행할 수 없는 상태에서는 항공업무 또는 객실승무원의 업무에 종사해서는 아니 된다.

② 항공종사자 및 객실승무원은 항공업무 또는 객실승무원의 업무에 종사하는 동안에는 주류등을 섭취하거나 사용해서는 아니 된다.

③ 국토교통부장관은 항공안전과 위험 방지를 위하여 필요하다고 인정하거나 항공종사자 및 객실승무원이 제1항 또는 제2항을 위반하여 항공업무 또는 객실승무원의 업무를 하였다고 인정할 만한 상당한 이유가 있을 때에는 주류등의 섭취 및 사용 여부를 호흡측정기 검사 등의 방법으로 측정할 수 있으며, 항공종사자 및 객실승무원은

이러한 측정에 응하여야 한다.

④ 국토교통부장관은 항공종사자 또는 객실승무원이 제3항에 따른 측정 결과에 불복하면 그 항공종사자 또는 객실승무원의 동의를 받아 혈액 채취 또는 소변 검사 등의 방법으로 주류등의 섭취 및 사용 여부를 다시 측정할 수 있다.

⑤ 주류등의 영향으로 항공업무 또는 객실승무원의 업무를 정상적으로 수행할 수 없는 상태의 기준은 다음 각 호와 같다.

1. 주정성분이 있는 음료의 섭취로 혈중알코올농도가 0.02% 이상인 경우
2. 「마약류 관리에 관한 법률」 제2조 제1호에 따른 마약류를 사용한 경우
3. 「화학물질관리법」 제22조 제1항에 따른 환각물질을 사용한 경우

⑥ 제1항부터 제5항까지의 규정에 따라 주류등의 종류 및 그 측정에 필요한 세부 절차 및 측정기록의 관리 등에 필요한 사항은 국토교통부령으로 정한다.

제93조(항공운송사업자의 운항규정 및 정비규정) ① 항공운송사업자는 운항을 시작하기 전까지 국토교통부령으로 정하는 바에 따라 항공기의 운항에 관한 운항규정 및 정비에 관한 정비규정을 마련하여 국토교통부장관의 인가를 받아야 한다. 다만, 운항규정 및 정비규정을 운항증명에 포함하여 운항증명을 받은 경우에는 그러하지 아니하다.

② 항공운송사업자는 제1항 본문에 따라 인가를 받은 운항규정 또는 정비규정을 변경하려는 경우에는 국토교통부령으로 정하는 바에 따라 국토교통부장관에게 신고하여야 한다. 다만, 최소장비목록, 승무원 훈련프로그램 등 국토교통부령으로 정하는 중요사항을 변경하려는 경우에는 국토교통부장관의 인가를 받아야 한다.

③ 국토교통부장관은 제1항 본문 또는 제2항 단서에 따라 인가하려는 경우에는 제77조 제1항에 따른 운항기술기준에 적합한지를 확인하여야 한다.

④ 국토교통부장관은 제1항 본문 또는 제2항 단서에 따라 인가하는 경우 조건 또는 기한을 붙이거나 조건 또는 기한을 변경할 수 있다. 다만, 그 조건 또는 기한은 공공의 이익 증진이나 인가의 시행

에 필요한 최소한도의 것이어야 하며, 해당 항공운송사업자에게 부당한 의무를 부과하는 것이어서는 아니 된다.

⑤ 항공운송사업자는 제1항 본문 또는 제2항 단서에 따라 국토교통부장관의 인가를 받거나 제2항 본문에 따라 국토교통부장관에게 신고한 운항규정 또는 정비규정을 항공기의 운항 또는 정비에 관한 업무를 수행하는 종사자에게 제공하여야 한다. 이 경우 항공운송사업자와 항공기의 운항 또는 정비에 관한 업무를 수행하는 종사자는 운항규정 또는 정비규정을 준수하여야 한다.

제146조(주류등의 섭취·사용 등의 죄) 다음 각 호의 어느 하나에 해당하는 사람은 3년 이하의 징역 또는 3천만 원 이하의 벌금에 처한다.

1. 제57조 제1항을 위반하여 주류등의 영향으로 항공업무(제46조에 따른 항공기 조종연습 및 제47조에 따른 항공교통관제연습을 포함한다) 또는 객실승무원의 업무를 정상적으로 수행할 수 없는 상태에서 그 업무에 종사한 항공종사자(제46조에 따른 항공기 조종연습 및 제47조에 따른 항공교통관제연습을 하는 사람을 포함한다. 이하 이 조에서 같다) 또는 객실승무원
2. 제57조 제2항을 위반하여 주류등을 섭취하거나 사용한 항공종사자 또는 객실승무원
3. 제57조 제3항을 위반하여 국토교통부장관의 측정에 응하지 아니한 항공종사자 또는 객실승무원

2. 참가인의 비행운영규정(Flight Operations Manual)

4.5.3.2. 회사는 항공종사자(조종연습을 하는 자 포함) 및 객실승무원이 알코올 성분의 음료 복용 후 12시간 이내인 경우 이들에게 임무를 부여하여서는 아니 된다.

7.1.1.2 'Show Up'이란 '운항승무원이 회사가 정한 장소 및 시간에 출두하였음'을 의미하고, 운항승무원은 비행계획상 출발예정시각으로부터 국내선 김포공항, 인천공항의 경우 1시간 전, 그 밖에 국내선 Layover station의 경우에는 50분 전에 회사가 지정한 장소에 Show Up하여야 한다.

Ⅲ. 판시사항

(1) 비행운영규정(FOM) 중 이 사건 규정에 의하면 항공종사자 등은 임무개시 12간 전부터 알코올 성분의 음료를 복용하는 것이 금지되고 만일 이를 어기는 경우에는 회사 규정을 위반한 것이 되어 징계사유에 해당하는바, 이 사건 규정은 근로자에 대한 복무규율에 관한 사항을 담고 있으므로, 비행운영규정 가운데 적어도 이 부분은 그 명칭에 관계없이 근로기준법 소정의 취업규칙에 해당한다.

(2) 항공종사자 등의 음주비행을 금지함으로써 항공기 안전운항과 승객의 안전을 확보하기 위한 이 사건 규정의 취지와 그로 인하여 침해되는 항공종사자 등의 법익 침해의 정도 등을 종합하면, 이 사건 규정이 헌법상 과잉금지의 원칙에 반하여 국민의 사생활의 자유 또는 일반적 행동의 자유를 과도하게 침해하는 위헌적인 규정이라고 볼 수 없다.

Ⅳ. 해 설

1. 항공종사자의 음주 금지

2018. 11. 14. 오전 6시 30분쯤 청주공항 J에어 사무실에서 국토교통부 안전감독관이 실시한 음주 측정에서 부기장 A가 혈중알코올농도 기준치인 0.02% 이상에 해당하는 '불가(Fail)' 판정을 받았다. 국토교통부 행정처분심의위원회는 조종사의 음주비행은 안전에 심각한 위협을 주는 행위라며 A에 대하여 90일간 자격증명의 효력정지처분을 하고, 관리·감독 책임이 있는 항공사에는 4억 2,000만 원의 과징금을 부과하였다.[1] 항공기 안전운항과 승객의 안전을 확보하기 위해서는 항공종사자 등의 음주비행을 엄격하게 단속하여야 할 필요성이 있기 때문에, 항공안전법은 비행 전 음주를 제한하고 있다(제57조 제1항).

---

1) 한국일보 2018. 12. 28.자 기사(http://www.hankookilbo.com/News/Read/201812281528049936).

2. 이 사건 규정의 성질과 효력

가. 취업규칙인지 여부

(1) 근로기준법 제9장에 규정된 취업규칙이란 명칭을 불문하고 근로자에 대한 근로조건과 복무규율에 관한 기준을 통일적으로 설정하기 위하여 사용자가 일방적으로 작성한 준칙을 말한다.[2]

(2) 비행운영규정은 항공안전법 제93조에 의하여, 항공운송사업자가 항공안전을 위하여 준수하여야 할 항공기의 운항에 관한 규정으로서, 국토교통부장관의 인가를 받은 것을 말한다.

(3) FOM 중 이 사건 규정에 의하면 항공종사자 등은 임무개시 12간 전부터 알코올 성분의 음료를 복용하는 것이 금지되고 만일 이를 어기는 경우에는 회사 규정을 위반한 것이 되어 징계사유에 해당한다. 따라서 이 사건 규정은 근로자에 대한 복무규율에 관한 사항을 담고 있으므로, 비행운영규정 가운데 적어도 이 부분은 그 명칭에 관계없이 근로기준법 소정의 취업규칙에 해당한다.[3] 다만 그 법적 성질이 취업규칙에 해당한다 하더라도, 항공안전법 제93조 제1항에 따라 국토교통부장관의 인가를 받은 이상, 근로기준법 제93조 제1항에 따라 고용노동부장관에게 신고할 의무는 없다고 해석하여야 한다.

나. 이 사건 규정의 위헌 여부

항공종사자 등의 음주비행을 금지함으로써 항공기 안전운항과 승객의 안전을 확보하기 위한 이 사건 규정의 취지와 그로 인하여 침해되는 항공

---

2) 대법원 1998. 11. 27. 선고 97누14132 판결. 사용자가 회사 업무수행 중에 발생한 사고에 대하여 그 처리의 책임과 절차를 규정함으로써 신속하고 합리적인 사고 처리를 기하기 위하여 '사고처리규정'을 제정·시행한 후, 3번에 걸쳐 노사 쌍방의 합의를 거쳐 각 개정·시행하고 있는 사고처리규정이 조합원 이외의 직원의 근로관계도 직접 규율하는 것으로 규정되어 있고, 유효기간에 관한 규정이 없이 계속하여 시행되어 왔을 뿐만 아니라, 노사 쌍방의 서명날인도 되어 있지 아니한 점에 비추어 취업규칙에 해당한다고 판시한 사례로는 대법원 1997. 4. 25. 선고 96누5421 판결.

3) 2020. 1. 16.부터 시행되는 산업안전보건법 제28조는 "안전보건관리규정에 관하여 이 법에서 규정한 것을 제외하고는 그 성질에 반하지 아니하는 범위에서 근로기준법 중 취업규칙에 관한 규정을 준용한다"고 규정하고 있다.

종사자 등의 법익 침해의 정도 등을 종합하면, 이 사건 규정이 헌법상 과잉금지의 원칙에 반하여 국민의 사생활의 자유 또는 일반적 행동의 자유를 과도하게 침해하는 위헌적인 규정이라고 볼 수 없다.

3. 근로자 동의를 결여한 이 사건 규정의 효력

가. 문제의 소재

참가인이 2012. 3. 23.이 사건 규정 중 항공종사자 등의 음주제한시간을 종전 8시간에서 12시간으로 불리하게 개정하면서 근로기준법 제94조 제1항 단서가 규정하고 있는 근로자 등의 동의를 얻지 아니하였다. 이 사건 규정의 개정 과정에서 이러한 동의를 얻지 못한 이 사건 규정의 효력이 인정될 수 있는지 여부가 문제된다.

나. 취업규칙의 불이익 변경

사용자가 일방적으로 새로운 취업규칙의 작성 변경을 통하여 근로자가 가지고 있는 기득의 권리나 이익을 박탈하여 불이익한 근로조건을 부과하는 것은 원칙적으로 허용되지 아니하지만, 당해 취업규칙의 작성 또는 변경이 그 필요성 및 내용의 양면에서 보아 그에 의하여 근로자가 입게 될 불이익의 정도를 고려하더라도 여전히 당해 조항의 법적 규범성을 시인할 수 있을 정도로 사회통념상 합리성이 있다고 인정되는 경우에는 종전 근로조건 또는 취업규칙의 적용을 받고 있던 근로자의 집단적 의사결정방법에 의한 동의가 없다는 이유만으로 그 적용을 부정할 수는 없다.[4)]

다. 대상사안의 검토

항공기 안전운항과 승객의 안전을 확보하기 위해서는 항공종사자 등의 음주비행을 엄격하게 단속하여야 할 필요가 절실한 점, 비행운영규정이 제정된 2006. 5. 15.부터 21차 개정(2011. 4. 21.)전까지 이 사건 규정상 음주제한시간은 줄곧 12시간이었고, 21차 개정시 잠시 음주제한시간이 8

4) 대법원 2001. 1. 5. 선고 99다70846 판결, 대법원 2010. 1. 28. 선고 2009다32362 판결.

시간으로 단축되었으나 이후 항공기 조종사의 음주비행이 사회문제화되고 항공종사자 등에 대한 혈중알콜농도가 단속기준치가 강화되면서 24차 개정(2012. 3. 23.)시 음주제한 시간을 종전과 같이 12시간으로 정하게 된 것인 점, 참가인은 그 개정과정에서 조종사노동조합의 동의를 받기까지 한 점, 국내 다른 항공사들도 대부분 이 사건 규정과 같이 비행임무 12시간 전부터 항공종사자 등의 알코올 섭취를 금지하고 있는 점 등을 종합하면, 이 사건 규정으로의 개정은 그에 의하여 근로자가 입게 될 불이익의 정도를 고려하더라도 여전히 위 규정의 규범성을 시인할 수 있을 정도로 사회통념상 합리성이 있으므로, 비록 참가인 소속 근로자들의 집단적 의사결정방법에 의한 동의가 없었다고 하더라도 그 효력이 인정된다.

4. 음주제한시간의 기산점

가. 문제의 소재

이 사건 규정에 의하면 항공종사자 등은 임무개시 12시간 전부터 알코올 성분의 음료를 복용하는 것이 금지되는바, 음주제한의 기산점인 항공종사자 등의 임무개시 시점을 '출두시각(Show Up Time)'으로 보아야 할지, 아니면 '비행기 출발예정시각'으로 보아야 할지 문제된다.

나. 검 토

(1) 비행운영규정에 의하면, 승무원이 비행임무를 수행하기 위하여 회사에서 지정한 장소에 도착한 법정 출두시각(Show Up Time)부터 비행이 종료되어 최종적으로 비행기가 정지한 때(Ramp In & Engines Shut Down)까지의 총 시간을 '비행근무시간(Flight Duty Periods)'으로 정의하고 있다.

(2) 구 항공법 제50조 제1항 제2호에 의하면, 기장은 항공기의 비행안전에 대하여 책임을 지는 사람으로서 항공기의 승무원을 지휘감독하고 항공기의 운항에 필요한 준비가 끝난 것을 확인한 후가 아니면 항공기를 출발시켜서는 아니 되며, 비행운영규정 4.1.2.2.와 7.1.3.에 의하면 기장은

운항 전 운항승무원의 Show Up 상태 등을 확인하고 승무원 등을 상대로 합동 브리핑(Joint Briefing)을 실시하는 등 모든 비행 전 준비를 주관하고 이를 감독하여야 하는데, 이러한 기장의 운항 전 임무가 충실하게 수행되도록 비행운영규정 7.1.1.2 에서는 운항승무원으로 하여금 국내선 출발예정시각으로부터 50분 또는 1시간 전에 참가인이 지정하는 장소에 출두할 것을 규정하고 있다.

(3) 참가인은 2010. 9. 16.과 2011. 9. 9. 사내포탈 인트라넷인 '크루월드'를 통해 이 사건 규정상 음주제한시간의 기산점이 출두시각이라는 점을 공지하였다.

(4) 참가인 안전운항팀 소속 승무원과 국토교통부 감독관 또는 항공기 조종사의 비행근무가 시작되는 시기가 출두시각임을 전제로 통상 조종사가 공항에 출두하여 항공기에 탑승하기 전 사이에 조종사를 상대로 음주측정을 실시하고 있다.

(5) 위와 같은 사정들을 종합하면, 참가인 소속 항공기 조종사의 임무는 항공기 출발예정시각이 아닌 출두시각부터 개시된다. 따라서 항공기 조종사인 원고는 다음 비행의 출두시각인 2013. 9. 26. 06:40으로부터 12시간 전인 2013. 9. 25. 18:40부터 음주를 해서는 아니 될 의무를 부담한다.

다. 원고의 음주종료시점

원고가 부기장과 함께 치킨집에서 맥주를 마신 후 2013. 9. 25. 19:46경 술값을 결제하고 치킨집을 나왔으므로, 경험칙상 원고는 치킨집을 나온 19:46경까지 맥주를 마신 것으로 보아야 한다.

라. 소 결

따라서 원고는 다음 비행 출두시각인 2013. 9. 25. 18:40을 넘기면서까지 술을 마심으로써 이 사건 규정을 위반하였으므로, 취업규칙 제73조 제2호에서 정한 징계사유에 해당한다. 설령 원고가 그 주장처럼 2013. 9. 25. 19:30경까지 술을 마셨다고 하더라도 여전히 이 사건 규정을 위반하여 음주를 한 것임은 의문이 없다.

5. 징계양정의 적정성

항공기 안전운항과 승객의 안전을 확보하기 위해서 항공종사자 등의 음주비행을 엄격하게 단속하여야 할 필요가 있는 점, 특히 원고와 같은 항공기 기장의 경우 항공기에 탑승한 승객들의 생명 신체에 대한 막중한 책임을 지고 있는 점, 그럼에도 원고는 부기장과 함께 음주제한시간에 관한 이 사건 규정을 위반하여 술을 마신 점, 원고와 부기장이 함께 마신 술의 양이 막걸리 5병, 맥주 1000cc 로 적지 않은 점, 원고가 주장하는 유리한 사정을 고려하여 인사본위원회에서 징계양정을 정직 1개월에서 항공업무정지 2개월로 감경한 점, 부기장에게도 항공업무정지 15일의 징계처분이 내려진 점 등을 종합하면, 원고를 항공업무정지 2개월에 처한 이 사건 징계처분이 징계재량권을 일탈하거나 남용한 것이라고 볼 수 없다.

6. 항공안전법상 행정처분과 징계의 관계

국토교통부장관은 항공종사자가 (i) 제57조 제1항을 위반하여 주류 등의 영향으로 항공업무를 정상적으로 수행할 수 없는 상태에서 항공업무에 종사한 경우, (ii) 제57조 제2항을 위반하여 항공업무에 종사하는 동안에 같은 조 제1항에 따른 주류 등을 섭취하거나 사용한 경우, (iii) 제57조 제3항을 위반하여 같은 조 제1항에 따른 주류 등의 섭취 및 사용 여부의 측정 요구에 따르지 아니한 경우에는 그 자격증명이나 자격증명의 한정(이하 '자격증명등')을 취소하거나 1년 이내의 기간을 정하여 자격증명등의 효력정지를 명할 수 있다(항공안전법 제43조 제1항 제13호, 제14호, 제15호). 이와 같은 행정처분은 항공종사자의 항공안전법 위반행위에 대하여 공법상 제재를 의미한다.

이와 별도로 사용자가 기업경영의 질서를 유지하기 위하여 정당한 사유가 있는 경우에는 징벌을 가할 수 있는데, 이는 사법상 제재라는 점에서 이중징계라고 볼 수 없다.

제 5 장

근로관계의 종료

[23] 자택대기명령이 정당한 원직복직인지 여부

대법원 2013. 2. 28. 선고 2010다52041 판결

Ⅰ. 사실관계

가. 당사자 관계 및 원고들의 노동조합 설립 추진

(1) 피고는 국내외 항공운송업 등을 목적으로 하는 법인이고, 원고 A는 1992. 4. 13., 원고 B는 1995. 4. 27. 각 피고 회사에 승무직으로 입사하여 객실승무원으로 근무해온 사람들이다.

(2) 원고들은 C, D, E와 함께 2000. 5. 31. 당시 청원경찰법에 의해 노동조합활동이 금지되어 있던 객실남자승무원들이 향후 신분 변경에 따라 객실남자승무원들의 단독 노동조합설립이 가능하다고 예상하고, 이를 추진하기 위하여 '객실노동조합 설립추진위원회'[이하 '노추위(勞推委)']를 결성하고 피고의 객실남자승무원들 268명으로부터 1인당 1,000,000원씩을 받아 기금을 조성하였다.

(3) 그 후 2000. 6. 29.경 객실남자승무원의 청원경찰신분은 해지되었으나, K항공노동조합이 2000. 7. 11. 조합가입범위를 객실남자승무원까지 확대하였고 복수노동조합의 설립이 2006. 12. 31.까지 금지되는 관계로, 노추위는 일단 기존 노조에 가입하면서 향후 복수노조 설립이 허용되면 다시 단독노조를 결성하기로 하고, 기금을 C 명의의 통장에 보관하였다.

나. 객실남자승무원들 사이의 분쟁 발생 과정

(1) F는 2000. 11. 29. 기존 노조의 부위원장으로 선출되었는데, 2001. 2. 초순경 자신을 따르는 객실승무지부 대의원들의 주도로 기존 노조 위원장에 대한 불신임안을 제출하였으나 다른 지부 대의원들의 참여가 미미

하여 대의원대회 상정이 무산되는 등 기존 노조 집행부와 객실승무지부 사이의 갈등이 심해지자, 본부 사무실에 출근하지 아니하는 등 기존 노조의 각종 행사나 단체협상 등에 거의 참석하지 아니하였고, 이에 피고는 2002. 5. 17. 무단결근을 이유로 F를 파면하였다.

(2) 이에 원고들은 기금을 F의 생계비 및 변호사 선임비용으로 사용하기로 하고, 2002. 6.부터 2002. 9.까지 사이에 기금 납부자 중 160명으로부터 '기금을 조건 없이 F가 사용하도록 후원한다'라는 내용의 서면동의서를 받거나 일부 구두동의를 받아, F에게 기금 중 2002. 7. 13. 1억 3,000만 원, 2002. 10. 15. 1억 100만 원 등 모두 2억 3,100만 원을 송금하였다.

(3) 객실남자승무원 15명은 2003. 11. 11. F, D가 이 사건 기금의 목적이 소멸되었음에도 이를 반환하지 아니하고 임의로 다른 용도에 사용하였음을 이유로 이들을 서울남부지방검찰청에 고소하였고, 검찰은 2005. 1. 31. F, D를 횡령 혐의로 기소하였으나, 서울남부지방법원은 2006. 5. 4. 2005고단278로 객실남자승무원들 중 다수의 동의가 있었음을 이유로 이들에 대하여 무죄를 선고하였고, 이 판결은 2006. 9. 6. 같은 법원 2006노605로 항소기각되었으며, 2007. 2. 8. 대법원 2006도6352로 상고기각되어 확정되었다.

(4) 객실승무원 50명은 2004. 2. 27. 서울남부지방법원에 F, D을 상대로 기금의 반환을 구하는 소를 제기하였는데, 같은 법원은 2006. 11. 17. 2004가단13155로 D 등이 금원을 편취하거나 임의사용하였다는 증거가 없고, 기금의 목적이 소멸하였다고 볼 수도 없다는 이유로 원고들의 청구를 모두 기각하였고, 이 판결은 2007. 7. 5. 같은 법원 2007나212로 항소기각되어 그 무렵 확정되었다.

다. 피고의 원고들 등에 대한 징계 및 소송 경과

(1) 객실남자승무원들 중 일부가 2003. 5.경 피고에게 '기금이 사적인 용도로 사용되고 있으니 조사해 달라'는 진정을 제출함에 따라 피고가 자체조사를 실시한 결과, 원고들이 이 사건 기금의 모금·관리 및 무단사용

을 주도하였고 이는 취업규칙상 금지되는 '허가 없이 직원 상대로 금품모집'을 하는 경우에 해당함을 이유로, 피고는 2003. 9. 19. 객실승무원 자격심의위원회를 개최하여 원고들에게 파면 징계를 결의하였으나 이를 시행하지는 아니 하였다.

(2) 피고는 2003. 12. 22. 자체 재심을 열어 원고들에 대하여는 각 권고사직의 징계를 결의하고 통보하였으며, 원고들에게 2004. 1. 1. 자택대기(home stand-by) 및 2004. 4. 17. 자택비행준비(ready flight)(이하 '제1차 자택대기명령')를 각 부여하였다.

(3) 원고들은 제1차 자택대기명령 무효확인의 소를 제기하였으나, 서울중앙지방법원 2005. 9. 29. 선고 2004가합63670 판결, 서울고등법원 2006. 7. 14. 선고 2005나96148 판결, 대법원 2008. 10. 9. 선고 2006다50604 판결에서 모두 패소하였다.

(4) 원고들이 위 2003. 12. 22.자 재심결정에 대하여 2004. 1. 9. 피고에 징계재심을 신청하였고, 피고는 2005. 9. 15. 상벌심의본위원회를 개최하여 원고들에 대하여는 2005. 10. 4.자 파면의 징계처분(이하 '파면처분')을 하였다.

(5) 원고들은 2005. 11. 29. 서울지방노동위원회에 2005부해1258 내지 1261호, 2005부노164 내지 167호로 파면처분에 대하여 부당해고 및 부당노동행위 구제신청을 하였고, 서울지방노동위원회는 2006. 4. 3. 원고들에 대한 파면처분은 그 가담 정도를 고려할 때 징계사유와 징계처분 사이에 균형을 상실하여 부당해고라고 판단하였으나 부당노동행위 구제신청은 기각하였고, 중앙노동위원회는 2006. 12. 14. 원고들의 재심신청을 기각하였다.

(6) 원고들은 재심판정취소의 소를 제기하였고, 이에 대하여 서울행정법원 2008. 1. 15. 선고 2007구합764 판결은 청구기각을, 서울고등법원 2008. 11. 20. 선고 2008누5331 판결은 항소기각을 각 선고하였고, 대법원 2009. 4. 9. 선고 2008두22211 판결은 파면처분에 대한 부당노동행위 부분의 상고를 기각하였다.

(7) 피고는 서울지방노동위원회의 원직복직 명령에 따라 2006. 5. 17.

원고들에 대하여 파면취소 인사발령을 하였는데 원고들을 객실승원부로 복귀시키되 비행근무는 부여하지 않는 자택대기(home stand-by, 이하 '제2차 자택대기명령')를 부여하였고, 중앙노동위원회의 재심판정 이후인 2007. 3. 26.에는 위 2006. 5. 17.부 파면취소 인사발령을 확정하였다.

(8) 피고는 2007. 9. 17. 객실승무원 자격심의위원회를 개최하여 원고들이 취업규칙 1.1.6.조 및 4.3.1.조., 5.0.3.조 등을 위반하였음을 이유로 정직 3개월 및 객실승무직 부적합결정을 하였고, 이에 원고들은 재심을 신청하였으나, 상벌심의본의원회는 2008. 1. 14. 재심 결과 원심내용을 그대로 확정하였다.

Ⅱ. 참조 조문

1. 근로기준법

제23조(해고 등의 제한) ① 사용자는 근로자에게 정당한 이유 없이 해고, 휴직, 정직, 전직, 감봉, 그 밖의 징벌(懲罰)(이하 "부당해고등"이라 한다)을 하지 못한다.

제28조(부당해고등의 구제신청) ① 사용자가 근로자에게 부당해고등을 하면 근로자는 노동위원회에 구제를 신청할 수 있다.

제30조(구제명령 등) ① 노동위원회는 제29조에 따른 심문을 끝내고 부당해고등이 성립한다고 판정하면 사용자에게 구제명령을 하여야 하며, 부당해고등이 성립하지 아니한다고 판정하면 구제신청을 기각하는 결정을 하여야 한다.

② 제1항에 따른 판정, 구제명령 및 기각결정은 사용자와 근로자에게 각각 서면으로 통지하여야 한다.

③ 노동위원회는 제1항에 따른 구제명령(해고에 대한 구제명령만을 말한다)을 할 때에 근로자가 원직복직(原職復職)을 원하지 아니하면 원직복직을 명하는 대신 근로자가 해고기간 동안 근로를 제공하였더라면 받을 수 있었던 임금 상당액 이상의 금품을 근로자에게 지급하도록 명할 수 있다.

2. 취업규칙

> 1.1.6. **(금지사항)** 직원은 다음의 행위를 하여서는 아니 된다.
> 21) 회사의 허가 없이 직원을 상대로 금품을 모금하거나 자선바자회 등을 개최하는 것

3. 인사관리규정

> **2.1. 직종변경, 보직변경, 전근 및 부임**
> ① 직원의 직부, 직종, 직무, 근무지 및 근무부서, 근무형태 등은 회사가 지정한다. 회사는 업무상 필요시 직원의 직부, 직종, 직무, 근무지 및 근무부서, 근무 형태 등을 변경할 수 있으며 직원은 이에 순응하여야 한다.

Ⅲ. 판시사항

(1) 사용주가 지방노동위원회의 권고에 따라 해고되었던 근로자를 복직시키면서 해고 이후 복직시까지 해고가 유효함을 전제로 이미 이루어진 인사질서, 사용주의 경영상 필요, 작업환경의 변화 등을 고려하여 복직 근로자에게 그에 합당한 일을 시킨 경우, 그 일이 비록 종전의 일과 다소 다르더라도 이는 사용주의 고유권한인 경영권의 범위에 속하는 것이므로 정당하게 복직시킨 것으로 보아야 한다.

(2) 원심판결 이유와 기록에 의하면, 피고는 2006. 5. 22. 지방노동위원회의 원직복직 명령에 따라 2006. 5. 17.자로 이 사건 파면처분을 취소하면서 원고들을 원직인 객실승원부로 복귀시킨 사실, 다만 피고는 지방노동위원회의 원직복직 명령사유가 징계사유와 징계처분 사이에 균형을 상실하였다는 것일 뿐 원고들이 취업규칙을 위반한 사실 자체는 인정되었기 때문에 향후 원고들에 대한 후속 징계절차가 예정되어 있어 그 절차가 마무리될 때까지 제2차 자택대기명령을 한 사실, 제2차 자택대기명령은 객실승무원에게 수시로 부여되는 근무형태 중 하나로서 실제 비행기에 탑

승하여 승무업무를 수행하지 않을 뿐 장거리 비행준비를 하고 정해진 시간까지 회사와 연락할 수 있는 방법을 유지시키고 자택에서 대기하는 것으로 그 고유의 업무 내용을 가지고 있는 사실 등을 알 수 있으므로, 피고가 지방노동위원회의 원직복직 명령에 따라 원고들을 원직인 객실승원부로 복귀시키면서 제2차 자택대기명령을 하였다는 사정만으로 지방노동위원회의 원직복직 명령을 위반하였다고 볼 수 없다.

Ⅳ. 해 설

1. 노동위원회의 원직복직명령

해고, 배치전환, 강직(降職) 등의 불이익취급에 대한 구제로는 그 원상회복으로서 당해 근로자를 원직에 복직시키는 명령이 적절하고, 대부분의 구제신청 사건에서도 원직복직 명령을 발령한다. 원직복직은 근로관계의 계속을 인정하는 원상회복조치이므로 원직복직을 재고용의 형식으로 하는 것은 원상회복의 취지에 어긋나고, 해고 이후의 조직개편으로 원직으로의 복직이 불가능한 경우에는 원직에 상응하는 지위로의 복직을 명하여야 한다.[1] 해고되지 않았더라면 다른 근로자와 마찬가지로 진급할 것이 확실한 경우에는 진급하였어야 할 지위로의 복직을 명하여야 한다.[2]

해고된 근로자에 대한 원직복직의 명령은 장래에 향하여 작위를 명하는 것이지, 해고일에 소급하여 원직에 복직시키는 것은 아니다. 그러나 차별대우로 승진에서 누락한 근로자를 승진시키라는 명령은 승진되었어야 할 시점에 소급하여 승진시키라는 내용이 되어야 한다.[3]

---

1) 김유성, 노동법 Ⅱ(전정판증보), 법문사(1999), 376면. 조직개편이 없었더라도 원활한 복직에 필요한 경우(당해 근로자를 다른 근로자가 대체한 경우 등)에는 신청취지 및 당해 근로자의 의사에 반하지 않는 한 제급여, 근로의 태양, 작업환경 등을 고려하여 원직과 상응한 정도의 지위로의 복귀를 명할 수 있다. 일본에서는 원직 복귀와 더불어 원직 상당직에의 복귀를 병기하는 것이 일반적이다. 노동조합 및 노동관계법 주해 Ⅲ, 189면.
2) 東京大學勞働法硏究會, 注釋 勞働組合法(下), 有斐閣(1984), 1010면.
3) 注釋 勞働組合法(下), 1010면.

2. 원직복직의 정당성

가. 예비기사로 발령한 것이 정당하다고 인정한 사례[4)]

(1) 피고 택시회사가 1994. 12. 11. 영업용 택시의 고정기사로 근무하던 원고를 징계해고하였으나, 강원도지방노동위원회가 피고 회사에게 원고를 복직시킬 것을 권고하여, 피고는 1995. 1. 21. 원고에게 1995. 1. 22.부터 영업용 택시의 주간 예비기사로 복직할 것을 통보한 사실, 1994년 말 및 1995년 초경 피고가 운행하는 영업용 택시는 약 30대이고, 각 영업용 택시마다 고정기사가 1인씩 지정되어 있어 피고의 고정기사는 약 30명이며, 예비기사는 약 7명인 사실, 피고는 고정기사가 결원되는 경우 즉시 예비기사 중 가장 먼저 입사한 기사를 고정기사로 지정하고 있는데, 1994. 12. 11. 고정기사였던 원고를 해고한 후 위 인사방침에 따라 예비기사 중 1인을 고정기사로 지정하여 영업용 택시를 운행하게 한 사실, 원고를 복직시킬 당시인 1995. 1. 22. 피고가 운행하는 모든 영업용 택시에 이미 고정기사가 지정되어 있어서 피고는 원고를 예비기사로 복직시킨 사실, 예비기사는 고정기사가 휴무하는 경우 그 고정기사에게 지정된 영업용 택시를 운행하게 되는데, 고정기사의 근무일수와 예비기사의 근무일수는 큰 차이가 없는 사실 등이 인정되었다.

(2) 사용자가 해고되었던 근로자를 복직시키면서 해고 이후 복직시까지 위 해고가 유효함을 전제로 이미 이루어진 인사질서, 사용주의 경영상 필요, 작업환경의 변화 등을 고려하여 복직 근로자에게 그에 합당한 일을 시킨다면 그 일이 비록 종전의 일과 다소 다르더라도 이는 사용자의 고유권한인 경영권의 범위에 속하는 것이므로 정당하게 복직시킨 것으로 보아야 한다.

피고는 원고를 종전과 같이 운전기사로 복직시켰으므로 원고에게 합당한 직책을 부여한 것이고, 다만 피고가 원고를 종전의 직책인 고정기사가 아닌 예비기사로 복직시켰다 하더라도 이는 1994. 12. 11.자 해고 이후

---

4) 대법원 1997. 5. 16. 선고 96다47074 판결.

위 해고가 유효함을 전제로 하여 이미 이루어진 인사질서 및 피고의 경영상의 필요에 비추어 불가피한 조치였으므로, 원고가 위와 같은 복직을 거부하면서 계속 결근한 행위는 피고의 취업규칙상 해고사유인 3일 이상 무단결근에 해당하므로 원고에 대한 해고는 정당하다.

나. 직위해제 및 대기발령이 부당하다고 인정한 사례[5)]

(1) 노동위원회는 구제신청에 관하여 필요한 조사를 마친 후 부당해고 등이 성립한다고 판정하면 사용자에게 구제명령을 하여야 하고, 부당해고 등의 원칙적인 구제명령은 원직복직(原職復職)인데, 이와 같은 노동위원회의 구제명령은 사용자의 근로자에 대한 해고 등 불이익처분에 대하여 부당성을 인정함으로써 사용자의 처분으로 인하여 침해된 근로자의 권리를 일응 원상으로 회복시키고자 하는 것이고, 이러한 원상회복은 형식적인 원상회복이 아닌 실질적인 원상회복이 되어야 하므로, 일반적으로 신분상 침해된 근로자의 권리가 회복되는 원직복직 명령과 부당해고기간 동안의 근로자의 경제적 불이익에 대한 회복조치로서 임금상당액의 지급 명령이 함께 부과된다. 원직복직 명령을 이행하였다고 하기 위해서는 사용자가 근로자에게 해고 전과 실질적으로 동일하거나 적어도 유사한 직무를 부여하여야 한다.

(2) 원고는 피고로부터 참가인에 대한 원직복직 명령을 받았음에도 참가인에 대하여 직위해제 및 대기발령을 하였는바, 이는 형식적으로 참가인의 근로자로서의 지위를 회복시켜 준 것으로 볼 수는 있을지라도 실질적으로 참가인에게 아무런 직무를 부여하지 아니하였으므로, 해고 전과 동일하거나 적어도 유사한 직무를 부여하여야 하는 원직복직 명령을 이행하였다고 볼 수는 없다.

다. 원직복직의 정당성의 판단기준[6)]

노동위원회의 구제명령은 사용자의 근로자에 대한 해고 등 불이익처분

5) 서울행정법원 2012. 12. 13. 선고 2012구합19601 판결.
6) 대법원 1998. 12. 22. 선고 97누5435 판결, 대법원 2000. 4. 11. 선고 99두2963 판결.

에 대하여 부당성을 인정함으로써 사용자의 처분으로 인하여 침해된 근로자의 권리를 일응 원상으로 회복시키고자 하는 것이고, 이러한 원상회복은 형식적인 원상회복이 아닌 실질적인 원상회복이 되어야 하므로, 원직복직 명령을 이행하였다고 하기 위해서는 원칙적으로 사용자가 근로자에게 해고 전과 실질적으로 동일하거나 적어도 유사한 직무를 부여하여야 한다.

다만 사용자는 업무상 필요성을 고려하여 동일한 직무가 아닌 다른 직무를 부여할 수도 있는데 이는 전보조치에 해당한다. 근로자에 대한 전보나 전직은 원칙적으로 인사권자인 사용자의 권한에 속하므로 업무상 필요한 범위 내에서 사용자는 상당한 재량을 가지며 그것이 근로기준법 등에 위반되거나 권리남용에 해당되는 등의 특별한 사정이 없는 한 무효라고 할 수 없고, 전보처분 등이 권리남용에 해당하는지의 여부는 전보처분 등의 업무상의 필요성과 전보 등에 따른 근로자의 생활상의 불이익을 비교, 교량하고 근로자측과의 협의 등 그 전보처분 등의 과정에서 신의칙상 요구되는 절차를 거쳤는지 여부를 종합적으로 고려하여 결정하여야 한다.

3. 대기발령

가. 의 의

대기발령은 근로자가 현재의 직위 또는 직무를 장래에 계속 담당하게 되면 업무상 장애 등이 예상되는 경우에 이를 예방하기 위하여 일시적으로 당해 근로자에게 직위를 부여하지 아니함으로써 직무에 종사하지 못하도록 하는 잠정적 조치를 의미한다. 이는 근로자의 과거 비위행위에 대하여 기업질서 유지를 목적으로 행하여지는 징벌적 제재로서 징계와는 성질이 다르므로, 근로자에 대한 대기발령의 정당성은 근로자에게 당해 대기발령 사유가 존재하는지 여부나 대기발령에 관한 절차규정의 위반 여부 및 그 정도에 의하여 판단하여야 한다.[7)]

사용자의 인사명령에 속하는 불이익처분이 대기발령이나 보직의 해제

7) 대법원 2011. 10. 13. 선고 2009다86246 판결.

와 같은 잠정적 처분인지, 전보 등 확정적 처분인지는 명칭과 상관없이 처분이 이루어진 구체적인 경위, 그로 인한 근로자 지위의 변화, 변경된 근로의 내용, 업무의 지속성 여부, 처분 당시 사용자의 의사 등 제반 사정을 종합하여 판단한다.[8)]

나. 직위해제와 차이점

직위해제는 일반적으로 근로자가 직무수행능력이 부족하거나 근무성적 또는 근무태도 등이 불량한 경우, 근로자에 대한 징계절차가 진행 중인 경우, 근로자가 형사사건으로 기소된 경우 등에 있어서 당해 근로자가 장래에서 계속 직무를 담당하게 될 경우 예상되는 업무상 장애 등을 예방하기 위하여 일시적으로 당해 근로자에게 직위를 부여하지 아니함으로써 직무에 종사하지 못하도록 하는 잠정적인 조치로서의 보직 해제를 의미한다.

근로자의 과거의 비위행위에 대하여 기업질서 유지를 목적으로 행하여지는 징벌적 제재로서의 징계와는 그 성질이 다르므로, 근로자에 대한 직위해제처분의 정당성은 근로자에게 당해 직위해제사유가 존재하는지 여부나 직위해제에 관한 절차규정을 위반한 것이 당해 직위해제처분을 무효로 할 만한 것이냐에 의하여 판단하고, 단지 당해 직위해제처분이 근로자에게 가혹하고 다른 근로자의 유사한 비위행위에 대한 징계처분 등에 비추어 형평에 어긋난다는 사정만으로 그 정당성이 없는 것이라고 단정할 수 없다.[9)]

다. 대기발령의 정당성의 판단기준

기업이 활동을 계속적으로 유지하기 위하여는 노동력을 재배치하거나 수급을 조절하는 것이 필요불가결하므로, 대기발령을 포함한 인사명령은 원칙적으로 인사권자인 사용자의 고유권한에 속한다. 따라서 이러한 인사명령에 대하여는 업무상 필요한 범위 안에서 사용자에게 상당한 재량을 인정하여야 하며, 이것이 근로기준법 등에 위반되거나 권리남용에 해당하

---

8) 대법원 2013. 5. 9. 선고 2012다64833 판결.
9) 대법원 2004. 10. 28. 선고 2003두6665 판결.

는 등의 특별한 사정이 없는 한 위법하다고 할 수 없다.[10)]

대기발령이 정당한 인사권의 범위 내에 속하는지 여부는 대기발령의 업무상 필요성과 그에 따른 근로자의 생활상 불이익과의 비교교량, 근로자와의 협의 등 대기발령을 하는 과정에서 신의칙상 요구되는 절차를 거쳤는지의 여부 등에 의하여 결정되어야 하며, 근로자 본인과 성실한 협의 절차를 거쳤는지의 여부는 정당한 인사권의 행사인지의 여부를 판단하는 하나의 요소라고는 할 수 있으나 그러한 절차를 거치지 아니하였다는 사정만으로 대기발령이 권리남용에 해당되어 당연히 무효가 된다고는 볼 수 없다.[11)]

한편 직장질서의 유지나 회복, 또는 근로자간의 인화를 위한 배치전환도 업무상 필요성이 있다고 인정되므로 정당한 이유가 있는 경우에는 허용되는데, 비록 배치전환에 당해 근로자에 대한 제재적인 의미가 내포되어 있다고 하더라도 그 자체가 단체협약이나 취업규칙 등에서 정한 징계절차를 요하는 징계로서 규정되지 아니한 이상 그러한 징계절차를 거치지 않았다고 하더라도 효력에 영향이 없다.[12)]

라. 대기발령의 기간[13)]

대기발령과 같은 잠정적인 인사명령이 명령 당시에는 정당한 경우라고 하더라도, 그러한 명령의 목적과 실제 기능, 유지의 합리성 여부 및 그로 인하여 근로자가 받게 될 신분상·경제상 불이익 등 구체적인 사정을 모두 참작하여 그 기간은 합리적인 범위 내에서 이루어져야 한다. 따라서 대기발령 등의 인사명령을 받은 근로자가 상당한 기간에 걸쳐 근로의 제공을 할 수 없다거나 근로제공을 함이 매우 부적당한 경우가 아닌데도, 사회통념상 합리성이 없을 정도로 부당하게 장기간 동안 잠정적 지위의 상태로 유지하는 것은 특별한 사정이 없는 한 정당한 이유가 있다고 보기 어려우므로 그와 같은 조치는 무효라고 보아야 한다. 그리고 위와 같은 법리는,

10) 대법원 2005. 2. 18. 선고 2003다63029 판결.
11) 대법원 2005. 2. 18. 선고 2003다63029 판결.
12) 대법원 1998. 12. 22. 선고 97누5435 판결.
13) 대법원 2013. 5. 9. 선고 2012다64833 판결.

대기발령처럼 근로자에게 아무런 직무도 부여하지 않아 근로의 제공을 할 수 없는 상태에서 단순히 다음 보직을 기다리도록 하는 경우뿐 아니라, 당해 근로자의 기존의 직무범위 중 본질적인 부분을 제한하는 등의 방식으로 사실상 아무런 직무도 부여하지 않은 것과 별 차이가 없는 경우 등에도 마찬가지로 적용된다.

4. 대상사안의 검토

가. 당사자의 주장

(1) 원고들은, 서울지방노동위원회가 이 사건 파면처분 등을 부당해고로 인정하고 원직복직을 명하였음에도 피고 회사가 2006. 5. 17.자 파면취소 인사발령에서 원직인 객실승원부에 복직시키지 않고 제2차 자택대기명령을 내린 것은 부당하므로, 피고는 2006. 6.부터 2008. 2.까지 객실승무원으로 근무하였다면 지급받았을 급여와 실제로 지급받은 급여 사이의 차액으로, 원고 A에게 17,157,518원, 원고 B에게 16,921,327원 및 각 이에 대한 지연손해금을 지급할 의무가 있다고 주장하였다.

(2) 피고는 자택대기 형태의 근무도 원직복직의 한 형태이고 자택대기기간 동안 월 60시간의 비행수당을 지급하였으며, 이 사건 전직처분이 정당한 이상 자택대기명령도 정당하고 그 밖에 재량권의 일탈·남용 사유가 없으므로 위 급여차액을 지급할 의무가 없다고 주장하였다.

나. 피고의 업무상 필요

업무상 필요성이란 인원 배치를 변경할 필요성이 있고 그 변경에 어떠한 근로자를 포함시키는 것이 적절할 것인가 하는 인원선택의 합리성을 의미하는데,[14] 여기에는 업무능률의 증진, 직장질서의 유지나 회복, 근로자간의 인화 등도 포함된다. 이 사건에서는 원고들을 다른 객실남자승무원들과 함께 비행근무를 하지 못하도록 한 것은 업무능률의 증진, 직장질서의 유지나 회복, 근로자간의 인화 측면에서 업무상 필요성이 인정된다.

14) 대법원 1993. 9. 14. 선고 92누18825 판결.

다. 원고들의 생활상 불이익

(1) 원고들은 (i) 노동위원회의 부당해고 판정 이후 피고 회사에 지속적으로 원직복직 등의 직위회복을 요청해 온 사실, (ii) 위 기간 동안 원고들에 대하여 피고 회사의 정보시스템 이용 등이 제한되어 온 사실, (iii) 피고는 서울지방노동위원회의 부당해고 판정에 대해서 중앙노동위원회에 재심신청을 하였고, 2006. 5. 17. 원고들에 대하여 잠정적으로 파면취소 결정 통보를 하면서 이 사건 파면처분의 효력이 확정되기 전까지는 원고들이 비행근무를 하는 것이 부적절하다고 판단하여 제2차 자택대기명령을 내린 점, (iv) 중앙노동위원회의 재심판정에 대하여 불복하여 서울행정법원에 취소의 소를 제기한 것은 원고들이며 피고는 이에 불복하지 아니한 점, (v) 2006. 12. 14. 중앙노동위원회의 재심판정 이후인 2007. 3. 26. 피고가 원고들에 대해 위 2006. 5. 17. 파면취소결정을 확정한 점, (vi) F, D에 대한 형사소송은 2007. 2. 8. 확정되었고 민사소송은 2007. 7. 5. 항소기각으로 확정되었으나 위 소송들에서 원고들은 당사자가 아니었던 점, (vii) 2007. 3. 26.까지 자택대기발령기간만으로도 10개월이 넘고 실제로는 2003년부터 계속되어 온 피고의 권고사직 내지는 파면처분으로 인하여 원고들이 객실승무원으로서 비행근무를 하지 못한 것은 2003. 6. 19.부터이므로 4년 가까이 대기발령이 계속되어 온 점 등을 종합하면, 제2차 자택대기발령은 최소한 2007. 3. 26. 파면취소결정 확정 통고 이후부터는 원고들에게 그로 인한 생활상 불이익이 통상 감수하여야 할 정도를 현저하게 벗어난 것으로 보아야 한다.[15)]

(2) 대법원은 원고들이 수령한 급여 및 비행수당 등에 비추어 볼 때 이로 인하여 원고들이 입은 생활상 불이익이 현저히 크다고 할 수 없다고 판단하였으나, 원고들에게 4년 가까이 대기발령이 장기간 계속되어 왔고,[16)] 이로 인하여 원고들이 객실승무원으로서 노무제공권이 형해화되었

---

15) 서울남부지방법원 2009. 8. 21. 선고 2008가합17626 판결(제1심).

16) 사회통념상 합리성이 없을 정도로 부당하게 장기간 동안 잠정적 지위의 상태로 유지하는 것은 특별한 사정이 없는 한 정당한 이유가 있다고 보기 어려우므로 그와 같은 조치는 무효라고 보아야 한다. 대법원 2013. 5. 9. 선고 2012다64833 판결.

다는 점[17]을 간과한 것이어서 동의하기는 어렵다.

라. 성실한 협의절차

피고는 2007. 3. 26. 이 사건 파면처분 취소통고 확정 이후 원고들의 원직복직 요청이 계속됨에도 이에 대하여 정당한 설명이나 성실한 협의절차를 거치지 아니하였다. 한편 대법원은 제2차 자택대기명령이 통상적인 업무수행명령에 해당하는 이상 원고들과의 협의절차는 필요하지 아니하다고 판단하였으나,[18] 자택대기명령은 징계절차의 진행을 전제로 구체적인 직무를 부여하지 않는 것으로 그 실질은 직무의 내용을 변경하는 전보처분에 해당하고 위에서 본 바와 같이 원고들에게 생활상 불이익이 인정되는 인사명령에 해당하며, 대기명령의 발령시에는 원칙적으로 근로자와 성실한 협의를 거쳐야 한다는 것이 판례의 입장이므로,[19] 대상판결의 입장에는 동의하기 어렵다.

---

17) 사용자는 특별한 사정이 없는 한 근로자와 사이에 근로계약의 체결을 통하여 자신의 업무지휘권·업무명령권의 행사와 조화를 이루는 범위 내에서 근로자가 근로제공을 통하여 참다운 인격의 발전을 도모함으로써 자신의 인격을 실현시킬 수 있도록 배려하여야 할 신의칙상의 의무를 부담한다. 따라서 사용자가 근로자의 의사에 반하여 정당한 이유 없이 근로자의 근로제공을 계속적으로 거부하는 것은 이와 같은 근로자의 인격적 법익을 침해하는 것이 되어 사용자는 이로 인하여 근로자가 입게 되는 정신적 고통에 대하여 배상할 의무가 있다(대법원 1996. 4. 23. 선고 95다6823 판결). 독일연방노동법원은 1955. 11. 10. 선고한 판결에서, 인격법적 공동체관계(personenrechtliches Gemeinschaftsverhältnis)인 근로관계의 법적 성질에 기초한 사용자의 의무, 독일 기본법상 보호되고 있는 인격권, 근로자의 인간으로서 존엄성 존중 및 그 실현으로서 직업상 활동보장 등을 근거로 취업청구권을 일반적으로 인정하고, 다만 근로자의 취로에 의한 이익과 그에 반대되는 사용자의 이익을 비교형량하여 일정한 제한을 가할 수 있는 것으로 하였다[BAG v. 10. 11. 1955; BAG AP Nr. 2 zu §611 BGB Beschäftigungspflicht]. 독일연방노동법원 대합의부(der Große BAG - Senat)의 1985. 2. 27. 판결은 독일 민법 제242조의 신의칙을 근거로 한 사용자의 근로계약상의 배려의무에서 취업청구권의 인정근거를 찾고 있다[BAG (GS) 27. 2. 1985 E 48, 122=AP BGB § 611 Beschäftigungspflicht Nr. 14=AuR 1986, 326 (Anm. Ramm)=ZIP 1985, 1214, 1361 (Schwerdtner)=BB 1986, 795 (Berkowsky)].

18) 항소심(서울고등법원 2010. 6. 4. 선고 2009나88060 판결)은 제2차 자택대기명령은 통상적인 업무수행명령의 하나로 봄이 상당하다는 이유로, 제2차 자택대기명령이 직위 또는 보직 자체를 부여하지 아니하는 일반적인 대기발령 또는 징계에 해당한다는 원고들의 주장을 배척하였다.

19) 대법원 2005. 2. 18. 선고 2003다63029 판결.

마. 결 론

(1) 따라서 제2차 자택대기명령은 비록 피고의 업무상 필요성이 있다고 하더라도 원고들이 입는 생활상 불이익 및 협의절차의 정도 등과 비교형량해 볼 때 재량권의 남용에 해당하여 무효라고 보아야 한다.[20] 이와 다른 결론에 도달한 대상판결은 자택대기명령의 법적 성질을 오해하고, 원고들의 생활상 불이익과 협의절차에 관하여 현행 대법원 판례와는 다른 법리를 적용한 것이므로, 더 이상 타당하다고 할 수 없다.

(2) 한편 제1심은 위와 같은 결론에 도달하여 제2차 자택대기명령은 무효라고 판단하였음에도, 부당한 자택대기명령으로 인한 급여차액의 지급을 구하는 것은 근로자의 노무제공이 사용자의 책임 있는 사유에 의해 이행할 수 없게 됨을 이유로 상대방인 사용자의 급여지급채무의 이행을 구하는 것이므로(민법 제538조 참조), 지급받을 급여 내역에 대하여는 청구권자인 원고들에게 증명책임이 있는데, 원고들은 2009. 4. 14.자 청구취지 및 청구원인변경 신청서에서 급여 차액의 계산 기준을 별지 도표로 제시하고 있을 뿐이고 그 계산의 근거에 관한 아무런 증거를 제출하지 아니하였을 뿐 아니라 동직급자 평균 급여 산출 기준이 되는 기간이 제2차 자택대기명령이 무효가 되는 2007. 3. 26.부터 2008. 2.까지인지 여부도 알 수 없어서, 결국 원고들의 제2차 자택대기명령기간 동안의 급여차액 청구부분은 이를 인정할 만한 증거가 없다는 이유로 원고들의 청구를 기각하였다.

---

20) 서울남부지방법원 2009. 8. 21. 선고 2008가합17626 판결(제1심).

[24] 노동위원회 구제명령 불이행과 이행강제금

서울행정법원 2015. 6. 26. 선고 2013구합28763 판결

Ⅰ. 사실관계

(1) 원고 E항공은 상시근로자 약 500명을 고용하여 항공운송업 등을 영위하는 회사이다. B는 2009. 5. 17. 원고 회사에 입사하여 항공기 부기장으로 근무하였다.

(2) 원고는 구 항공법 제51조 등에 따라 소속 조종사들로 하여금 6개월마다 운항자격심사를 받도록 하고 있다. B는 2013. 2. 27. 국토교통부장관으로부터 심사관으로 위촉받고 원고 소속 조종사 C부터 운항자격심사를 받았다. C는 위 심사 과정에서 B에 대하여 총 33개 평가항목 중 12개 항목을 '만족'으로, 9개 항목을 '보통'으로, 12개 항목을 '불만족'으로 평가하였고, 운항승무원 평가지침에 따라 B는 위 심사에 불합격하였다.

(3) 원고의 구 운항승무원 관리규정(2013. 3. 11. 개정되기 전의 것) 제74조에 따르면 B와 같이 정기기량심사에서 불합격등급을 받은 자에 대해서는 자동적으로 1회의 재훈련 및 재심사 기회가 부여되므로, 원고는 B에게 재심사기간을 2013. 3. 14.로 지정하여 통보하였다.

(4) 그러나 원고는 2013. 3. 11. 위 구 운항승무원 관리규정 제74조를 개정하여서 B와 같이 불합격등급을 받은 자에 대해 1회의 재훈련 및 재심사 기회를 부여하되, 자격심의 위원회의 판단으로 대상자의 불합격 사유가 1회의 훈련으로 교정될 수 없다고 여겨질 경우 이를 제한할 수 있도록 하였다. 원고는 위와 같이 운항승무원 관리규정이 개정된 날 자격심의위원회를 개최하여 개정규정에 따라 B의 불합격 사유가 1회의 훈련으로 교정될 수 없다고 함으로써 B로부터 재훈련 및 재심사 기회를 박탈하였다.

(5) B는 2013. 3. 20. 국토교통부에 민원을 제기하였는바, 원고는 2013. 5. 9. B에 대하여, B가 국토교통부에 민원을 제기하는 등의 방법으로 직장 질서를 문란하게 하였다는 등의 이유로 정직 3월의 징계(이하 '이 사건 징계')를 하였고, 2013. 6. 1. B를 운송지원팀 김포지점 과장으로 인사발령(이하 '이 사건 전보명령')하였다.

(6) B는 2013. 6. 10. 피고 서울지방노동위원회에 이 사건 징계 및 전보명령이 부당하다고 주장하면서 구제신청을 하였고, 피고는 2013. 7. 31. 구제신청을 받아들여, 다음과 같은 내용의 판정(이하 '이 사건 판정')을 하였다.

1. 원고가 2013. 5. 9.자 B에게 행한 정직 3개월의 징계는 부당징계이며, 정직기간 종료 후 타부서 배치를 부당한 전보임을 인정한다.
2. 원고는 이 판정서를 송달받은 날부터 30일 이내에 B에 대한 정직 3개월 처분 및 정직기간 종료 후 타부서 배치를 취소하고, 원직(운항승무팀 부기장)에 복직시키며, 징계기간 동안 정상적으로 근로하였다면 받을 수 있었던 임금상당액을 지급하라.

(7) 원고는 이에 불복하여 2013. 8. 22. 중앙노동위원회에 2013부해739호로 재심신청을 하였다. 중앙노동위원회는 2013. 11. 1. 원고의 재심신청을 기각하였다. 원고는 서울행정법원 2013구합62688호로 위 재심판정의 취소를 구하는 소를 제기하였으나, 위 법원도 2015. 1. 22. 원고의 청구를 기각하였고, 이에 대한 원고의 항소(서울고등법원 2015누34948) 또한 기각되었다.

(8) 피고 서울지방노동위원회는 2013. 10. 22. 원고가 이 사건 판정을 이행하지 않고 있음을 이유로 근로기준법 제33조에 따라 이행강제금 250만 원을 부과하였다(이하 '이 사건 처분').

Ⅱ. 참조 조문

1. 근로기준법

제33조(이행강제금) ① 노동위원회는 구제명령(구제명령을 내용으로 하는 재심판정을 포함한다. 이하 이 조에서 같다)을 받은 후 이행기한까지 구제명령을 이행하지 아니한 사용자에게 2천만 원 이하의 이행강제금을 부과한다.

② 노동위원회는 제1항에 따른 이행강제금을 부과하기 30일 전까지 이행강제금을 부과·징수한다는 뜻을 사용자에게 미리 문서로써 알려 주어야 한다.

③ 제1항에 따른 이행강제금을 부과할 때에는 이행강제금의 액수, 부과 사유, 납부기한, 수납기관, 이의제기방법 및 이의제기기관 등을 명시한 문서로써 하여야 한다.

④ 제1항에 따라 이행강제금을 부과하는 위반행위의 종류와 위반 정도에 따른 금액, 부과·징수된 이행강제금의 반환절차, 그 밖에 필요한 사항은 대통령령으로 정한다.

⑤ 노동위원회는 최초의 구제명령을 한 날을 기준으로 매년 2회의 범위에서 구제명령이 이행될 때까지 반복하여 제1항에 따른 이행강제금을 부과·징수할 수 있다. 이 경우 이행강제금은 2년을 초과하여 부과·징수하지 못한다.

⑥ 노동위원회는 구제명령을 받은 자가 구제명령을 이행하면 새로운 이행강제금을 부과하지 아니하되, 구제명령을 이행하기 전에 이미 부과된 이행강제금은 징수하여야 한다.

⑦ 노동위원회는 이행강제금 납부의무자가 납부기한까지 이행강제금을 내지 아니하면 기간을 정하여 독촉을 하고 지정된 기간에 제1항에 따른 이행강제금을 내지 아니하면 국세 체납처분의 예에 따라 징수할 수 있다.

⑧ 근로자는 구제명령을 받은 사용자가 이행기한까지 구제명령을 이행하지 아니하면 이행기한이 지난 때부터 15일 이내에 그 사실을 노동위원회에 알려줄 수 있다.

2. 근로기준법 시행령

제12조(이행강제금의 납부기한 및 의견제출 등) ① 노동위원회는 법 제33조 제1항에 따라 이행강제금을 부과하는 때에는 이행강제금의 부과통지를 받은 날부터 15일 이내의 납부기한을 정하여야 한다.

② 노동위원회는 천재·사변, 그 밖의 부득이한 사유가 발생하여 제1항에 따른 납부기한 내에 이행강제금을 납부하기 어려운 경우에는 그 사유가 없어진 날부터 15일 이내의 기간을 납부기한으로 할 수 있다.

③ 법 제33조 제2항에 따라 이행강제금을 부과·징수한다는 뜻을 사용자에게 미리 문서로써 알려줄 때에는 10일 이상의 기간을 정하여 구술 또는 서면(전자문서를 포함한다)으로 의견을 진술할 수 있는 기회를 주어야 한다. 이 경우 지정된 기일까지 의견진술이 없는 때에는 의견이 없는 것으로 본다.

④ 이행강제금의 징수절차는 고용노동부령으로 정한다.

제13조(이행강제금의 부과기준) 법 제33조 제4항에 따른 위반행위의 종류와 위반정도에 따른 이행강제금의 부과기준은 별표 3과 같다.

제14조(이행강제금의 부과유예) 노동위원회는 다음 각 호의 어느 하나에 해당하는 사유가 있는 경우에는 직권 또는 사용자의 신청에 따라 그 사유가 없어진 뒤에 이행강제금을 부과할 수 있다.

1. 구제명령을 이행하기 위하여 사용자가 객관적으로 노력하였으나 근로자의 소재불명 등으로 구제명령을 이행하기 어려운 것이 명백한 경우
2. 천재·사변, 그 밖의 부득이한 사유로 구제명령을 이행하기 어려운 경우

제15조(이행강제금의 반환) ① 노동위원회는 중앙노동위원회의 재심판정이나 법원의 확정판결에 따라 노동위원회의 구제명령이 취소되면 직권 또는 사용자의 신청에 따라 이행강제금의 부과·징수를 즉시 중지하고 이미 징수한 이행강제금을 반환하여야 한다.

② 노동위원회가 제1항에 따라 이행강제금을 반환하는 때에는 이행강제금을 납부한 날부터 반환하는 날까지의 기간에 대하여 고용노동

> 부령으로 정하는 이율을 곱한 금액을 가산하여 반환하여야 한다.
> ③ 제1항에 따른 이행강제금의 구체적 반환절차는 고용노동부령으로 정한다.

Ⅲ. 판시사항

사용자가 지방노동위원회의 구제명령을 이행하지 않으면, 그 구제명령이 중앙노동위원회의 재심판정이나 법원의 확정판결로 취소되기 전까지는 그 당부에 관계없이 이행강제금이 부과될 수 있는바, 노동위원회의 구제명령이 취소되지 않은 이상 당사자가 노동위원회의 구제명령이 부당하다고 아무리 다툰들 이는 이행강제금부과처분의 적법여부에 영향을 미칠 수 없다.

Ⅳ. 해 설

1. 이행강제금제도

가. 연 혁

노사관계법·제도선진화위원회는 2003. 11. '부당해고 구제명령 실효성 제고 방안을 강구'할 것을 제안하면서 그러한 방안의 내용으로 '확정된 구제명령 불이행에 대한 제재'를 예시하였으나 구제명령의 이행을 확보하는 방안에 대해 구체적인 제안은 포함되지 아니한 '노사관계법·제도선진화방안'을 마련하였고, 노사정대표자(민주노동조합총연맹 제외)는 2006. 9. 11. "부당해고 벌칙조항을 삭제하되, 노동위원회가 구제명령에 대해 이행을 명하도록 하고 이행담보 수단으로 이행강제금을 부과하며, 확정된 이행명령을 이행하지 않을 경우 형사처벌 또는 과태료를 부과하도록 한다"는 내용이 포함된 노사관계선진화 방안에 대해 합의하였으며, 위와 같은 합의내용을 입법화한 근로기준법 개정법률이 2007. 1. 26. 법률 제8293호로 시행되었다. 그 후 근로기준법은 2007. 4. 11. 법률 제8372호로 전문 개정되었고, 부당해고 구제명령 불이행에 대한 이행강제금제도는 2007. 7. 1.

이후 최초로 발생한 해고부터 적용된다(근로기준법 부칙 제12조).[1)]

이행강제금제도는 근로관계에 관하여 전문적·중립적인 노동위원회가 발령한 구제명령의 실효성을 확보하여 부당해고의 법적 효과를 잠정적으로 부인함으로써, 사용자의 경제적 자유와 근로자의 생존권을 적절히 조화시키고, 이를 통하여 균형있는 국민경제의 발전을 도모하기 위한 것이다.[2)]

나. 법적 성질

이행강제금[3)]은 행정법상 부작위의무 또는 비대체적 작위의무를 이행하지 않은 경우에 '일정한 기한까지 의무를 이행하지 않을 때에는 일정한 금전적 부담을 과할 뜻'을 미리 계고(啓告)함으로써 의무자에게 심리적 압박을 주어 장래를 향하여 의무의 이행을 확보하려는 간접적인 행정상 강제집행 수단이고, 노동위원회가 근로기준법 제33조에 따라 이행강제금을 부과하는 경우 그 30일 전까지 하여야 하는 이행강제금 부과예고는 이러한 '계고'에 해당한다.[4)]

다. 합헌성[5)]

이행강제금은 행정상 간접적 강제집행 수단의 하나로서, 과거의 일정한 법률위반 행위에 대한 제재인 형벌이 아니라 장래의 의무이행 확보를 위한 강제수단일 뿐이어서, 범죄에 대하여 국가가 형벌권을 실행하는 과벌(科罰)에 해당하지 아니한다. 따라서 이행강제금에 관한 근로기준법 제33조 제1항, 제5항은 이중처벌금지원칙에 위배되지 아니한다.

부당해고등이 있으면 근로자는 생계의 곤란을 겪게 되어 신속한 구제

---

1) 권창영, "근로기준법상 이행강제금부과처분 취소소송", 재판자료 제120집, 행정재판실무연구 Ⅲ, 법원도서관(2010), 563~564면.
2) 권창영, 565면.
3) 이행강제금(Zwangsgeld)은 행정법상 의무를 이행하지 아니한 때에 일정한 액수의 금전이 부과될 것임을 의무자에게 미리 계고함으로써 심리적으로 압박을 주어 공법상 의무의 이행을 확보하는 강제수단이다. 홍정선, 행정법특강(제8판), 박영사(2009), 444면.
4) 대법원 2015. 6. 24. 선고 2011두2170 판결.
5) 헌법재판소 2014. 5. 29. 선고 2013헌바171 결정.

가 필요한 반면, 이행강제금과 같은 강제수단이 없다면 사용자는 분쟁기간이 길어지더라도 실질적인 불이익이 크지 않아 구제명령을 이행하지 아니하거나 이행을 지연할 개연성이 높다. 행정상 강제집행수단의 선택에는 입법재량이 인정되고, 심판대상조항은 이행강제금의 금액을 2천만 원 이하로 정하면서 부과횟수는 연 2회, 최장 2년간 부과할 수 있도록 한도를 정하고 있으며, 사용자는 집행정지신청을 통하여 구제명령의 효력을 정지시켜 이행강제금이 부과·징수되지 않도록 할 수 있다. 따라서 위 근로기준법 조항은 재산권을 침해하지 아니한다.

라. 구제명령의 특정

(1) 근로기준법 제33조 제1항에서 정한 이행강제금은 근로자를 신속하게 구제하고 노동위원회가 발령한 구제명령의 실효성을 보장하기 위하여 구제명령을 이행하지 아니한 사용자로 하여금 이를 이행하도록 하는 행정상 간접강제수단으로서 일정한 금원을 납부하게 하는 침익적 행정행위에 해당하므로 이행강제금 부과처분의 전제가 되는 구제명령은 그 내용을 구체적으로 특정하는 것이 바람직하다. 그러나 위 구제명령이 그 자체로 집행력이 발생하는 것은 아니고 그 수범자인 사용자의 행위에 의하여 실현되는 점을 감안할 때, 그 내용의 특정 여부에 관하여 지나치게 엄격하게 해석하거나 이를 요구할 필요까지는 없다.

(2) 구제명령의 이행이 불가능할 정도로 불특정되었는지 여부를 판단할 때는 사용자가 평균임금을 기초로 하여 부당해고기간 동안 정상적으로 근로를 제공하였다면 받을 수 있었던 임금 상당액을 용이하게 산정할 수 있거나 또는 취업규칙이나 임금지급 관행에 의하여 임금액을 특정할 수 있는지, 임금을 정확히 특정할 수 없는 사정이 있는 경우에는 사용자가 일응 합리적 근거가 있는 산정기준을 적용하여 산정한 금액을 임의로 지급하거나 법원에 공탁함으로써 구제명령 불이행의 책임을 면할 수 있다고 볼 여지가 있는지 등의 사정과 함께 부당해고 등으로 일정 기간 근로를 제공하지 못하여 임금을 받지 못한 근로자들의 생활고를 잠정적으로나마 신속·간이하게 해결하기 위하여 구제명령 및 이행강제금 부과제도를 규정

한 취지 등을 충분히 고려하여야 한다.[6)]

(3) 노동위원회가 근로자들에 대하여 부당한 승무정지와 해고의 징계처분을 한 택시회사에 근로자들을 원직에 복직시키고 '부당한 징계 및 해고기간 동안 정상적으로 근무하였다면 받을 수 있었던 임금상당액을 지급하라'는 구제명령을 하고 구제명령 불이행을 이유로 이행강제금을 부과한 경우, 위 구제명령은 자체로 집행력이 발생하는 것은 아니고 수범자인 사용자의 행위에 의하여 실현되는 것이므로 내용의 특정 여부에 관하여 지나치게 엄격하게 해석할 필요가 없고 사용자는 평균임금을 기초로 하여 부당해고 기간 동안 정상적으로 근로를 제공하였다면 받을 수 있었던 임금상당액을 용이하게 산정할 수 있는 것으로 보이는 점 등에 비추어, 구제명령에서 지급의무의 대상이 되는 '임금상당액'의 액수를 구체적으로 특정하지 않았다고 하더라도 구제명령의 이행이 불가능할 정도로 불특정하여 위법·무효라고 할 수 없으므로, 이행강제금 부과처분이 적법하다.[7)]

(4) 사용자가 이행하여야 할 행정법상 의무의 내용을 초과하는 것을 '불이행 내용'으로 기재한 이행강제금 부과 예고서에 의하여 이행강제금 부과 예고를 한 다음 이를 이행하지 않았다는 이유로 이행강제금을 부과하였다면, 초과한 정도가 근소하다는 등의 특별한 사정이 없는 한 이행강제금 부과 예고는 이행강제금 제도의 취지에 반하는 것으로서 위법하고, 이에 터 잡은 이행강제금 부과처분 역시 위법하다.[8)]

마. 구제명령 이행 여부의 확인

근로자는 구제명령을 받은 사용자가 이행기한까지 구제명령을 이행하지 아니하면 이행기한이 지난 때부터 15일 이내에 그 사실을 노동위원회에 알려 줄 수 있다(근로기준법 제33조 제8항). 이는 노동위원회가 사용자의 구제명령 이행 여부를 쉽게 파악할 수 있도록 근로자가 협조할 수 있다는 취지일 뿐이고, 근로자에게 이행 여부를 노동위원회에 알려 줄 의무

6) 대법원 2014. 12. 11. 선고 2011두23481 판결.
7) 대법원 2010. 10. 28. 선고 2010두12682 판결.
8) 대법원 2015. 6. 24. 선고 2011두2170 판결.

를 부과한 것은 아니다. 따라서 이행기한이 지난 때부터 15일 이내로 한정한 위 규정은 별다른 의미가 없다. 노동위원회는 부당해고 등 구제명령의 이행기한이 지나면 지체 없이 그 이행 여부를 확인하여야 한다(노동위원회 규칙 제78조).

2. 행정처분의 공정력

(1) 행정행위는 공정력(公定力)과 불가쟁력(不可爭力)의 효력이 있어 설령 행정행위에 하자가 있는 경우에도 그 하자가 중대하고 명백하여 당연무효로 보아야 할 사유가 있는 경우 이외에는 그 행정행위가 행정소송이나 다른 행정행위에 의하여 적법히 취소될 때까지는 단순히 취소할 수 있는 사유가 있는 것만으로는 누구나 그 효력을 부인할 수는 없다.[9] 이러한 행정행위의 공정력은 판결의 기판력과 같은 효력은 아니지만 그 공정력의 객관적 범위에 속하는 행정행위의 하자가 취소사유에 불과한 때에는 그 처분이 취소되지 않는 한 처분의 효력을 부정하여 그로 인한 이득을 법률상 원인 없는 이득이라고 말할 수 없다.[10]

(2) 하자 있는 행정처분이 당연무효가 되기 위해서는 그 하자가 법규의 중요한 부분을 위반한 중대한 것으로서 객관적으로 명백한 것이어야 하며, 하자가 중대하고 명백한지 여부를 판별할 때는 그 법규의 목적·의미·기능 등을 목적론적으로 고찰함과 동시에 구체적 사안 자체의 특수성에 관하여도 합리적으로 고찰함을 요한다. 행정청이 어느 법률관계나 사실관계에 대하여 어느 법률의 규정을 적용하여 행정처분을 한 경우에 그 법률관계나 사실관계에 대하여는 그 법률의 규정을 적용할 수 없다는 법리가 명백히 밝혀져 그 해석에 다툼의 여지가 없음에도 불구하고 행정청이 위 규정을 적용하여 처분을 한 때에는 그 하자가 중대하고도 명백하지만, 그 법률관계나 사실관계에 대하여 그 법률의 규정을 적용할 수 없다는 법리가 명백히 밝혀지지 아니하여 그 해석에 다툼의 여지가 있는 때에는 행정관청이 이를 잘못 해석하여 행정처분을 하였더라도 이는 그 처분

---

9) 대법원 1991. 4. 23. 선고 90누8756 판결.

10) 대법원 2007. 3. 16. 선고 2006다83802 판결.

요건사실을 오인한 것에 불과하여 그 하자가 명백하다고 할 수 없다.[11)]

3. 대상사안의 검토

가. 원고의 주장

(1) B는 항공안전법상 받아야 하는 운항자격심사에 불합격함에 따라 더 이상 항공기를 운행할 수 있는 지위인 운항승무팀 부기장직을 수행할 수 없음에도, 피고는 이 사건 판정을 통해 B을 원직(운항승무팀 부기장)에 복직하도록 명하였다. 따라서 원고가 이 사건 판정을 따르지 않았다고 하여 이행강제금을 부과할 수 없다.

(2) 또한 원고에 대한 정직의 징계는 정당한 징계에 해당하므로, 피고는 원고가 이 사건 판정을 따르지 않았다고 하여 원고에게 이행강제금을 부과할 수 없다.

나. 검 토

(1) 근로기준법 제32조는 “노동위원회의 구제명령, 기각결정 또는 재심판정은 제31조에 따른 중앙노동위원회에 대한 재심신청이나 행정소송 제기에 의하여 그 효력이 정지되지 아니한다”고 규정하고 있고, 근로기준법 시행령 제15조 제1항은 “노동위원회는 중앙노동위원회의 재심판정이나 법원의 확정판결에 따라 노동위원회의 구제명령이 취소되면 직권 또는 사용자의 신청에 따라 이행강제금의 부과·징수를 즉시 중지하고 이미 징수한 이행강제금을 반환하여야 한다”고 규정하고 있다.

(2) 이와 같이 지방노동위원회는 재심 신청이나 소 제기에 관계없이 이행강제금을 부과·징수할 수 있고, 다만 그 구제명령이 중앙노동위원회나 법원에 의해 취소된 경우에 이행강제금의 부과·징수를 중지해야 한다.

(3) 사용자가 지방노동위원회의 구제명령을 이행하지 않으면, 그 구제명령이 중앙노동위원회의 재심판정이나 법원의 확정판결로 취소되기 전까지는 그 당부에 관계없이 이행강제금이 부과될 수 있다(행정처분의 공정

---

11) 대법원 2006. 10. 26. 선고 2005다31439 판결.

력). 이 사건에서 피고의 구제명령이 취소되지 않은 이상 원고가 피고의 구제명령이 부당하다고 아무리 다툰들 이는 이 사건 처분의 적법 여부에 영향을 미칠 수 없다. 따라서 원고가 피고의 구제명령을 이행하지 않았음을 이유로 이행강제금을 부과한 이 사건 처분은 적법하다.

[25] 사직에 따른 근로관계의 종료

대법원 2003. 4. 25. 선고 2001두6081 판결

Ⅰ. 사실관계

(1) 원고는 K항공(피고보조참가인)의 운항승무원으로 근무하던 중, "K항공이 기준없는 조종술 심사 등 부당한 처사에 대하여 이의를 제기하였다는 이유로 승진자격을 충분히 갖춘 원고를 기장 승진에서 누락시키고, 원고보다 경력이 짧고 나이가 어리며 원고의 부하였던 무자격자를 기장으로 합격·승진시킨 후 원고를 이들과 같이 근무하게 하였다"고 주장하였다.

(2) 원고는 위와 같은 주장이 K항공의 사장 등 최고경영자에 의하여 받아들여질 가능성이 없다는 판단 아래, 1999. 1. 6. 사직원을 제출하였고, 참가인은 1999. 1. 31.자로 사직원을 수리하였다.

(3) 원고는 참가인이 원고에게 심한 정신적 충격을 가함으로써 사직의 의사없는 원고로 하여금 어쩔 수 없이 사직서를 작성·제출하게 한 후 이를 수리하는 이른바 의원면직의 형식을 취하여 원고를 해고시켰다고 주장하면서 노동위원회에 부당해고구제를 신청하였다.

Ⅱ. 참조조문

1. 민 법

제107조(진의 아닌 의사표시) ① 의사표시는 표의자가 진의 아님을 알고 한 것이라도 그 효력이 있다. 그러나 상대방이 표의자의 진의 아님을 알았거나 이를 알 수 있었을 경우에는 무효로 한다.
② 전항의 의사표시의 무효는 선의의 제3자에게 대항하지 못한다.

> **제660조(기간의 약정이 없는 고용의 해지통고)** ① 고용기간의 약정이 없는 때에는 당사자는 언제든지 계약해지의 통고를 할 수 있다.
> ② 전항의 경우에는 상대방이 해지의 통고를 받은 날부터 1월이 경과하면 해지의 효력이 생긴다.
> ③ 기간으로 보수를 정한 때에는 상대방이 해지의 통고를 받은 당기 후의 일기(一期)를 경과함으로써 해지의 효력이 생긴다.
> **제661조(부득이한 사유와 해지권)** 고용기간의 약정이 있는 경우에도 부득이한 사유있는 때에는 각 당사자는 계약을 해지할 수 있다. 그러나 그 사유가 당사자 일방의 과실로 인하여 생긴 때에는 상대방에 대하여 손해를 배상하여야 한다.

Ⅲ. 판시사항

근로자가 사직서를 작성하여 사용자에게 제출한 경우에는 그 사직서에 사직의 의사표시라고 볼 수 없는 단순한 농담만을 기재한 것으로 인정되는 등의 특별한 사정이 없는 한 그 사직서는 사용자와의 근로계약관계를 해지하는 의사표시를 담고 있고, 따라서 사용자가 사직의 의사 없는 근로자로 하여금 어쩔 수 없이 사직서를 작성·제출하게 한 후 이를 수리하는 이른바 의원면직의 형식을 취하여 근로계약관계를 종료시키는 경우처럼 사용자의 사직서 수리행위를 실질적으로 사용자의 일방적 의사에 의하여 근로계약관계를 종료시키는 해고라고 볼 수 있는 경우가 아닌 한, 당사자 사이의 근로계약관계는 사용자가 그 사직서 제출에 따른 사직의 의사표시를 수락하여 합의해지(의원면직)가 성립하거나 민법 제660조 소정의 일정 기간의 경과로 그 사직서 제출에 따른 해지의 효력이 발생함으로써 종료되고, 이와 같은 경우 사용자의 근로자에 대한 근로계약관계의 소멸통지는 관념의 통지에 불과하여 이를 근로기준법상 해고라고 할 수 없다.

Ⅳ. 해 설

1. 사 직(辭職)

가. 의 의

근로관계가 법률행위에 의하여 종료되는 경우는 (i) 사용자의 근로자에 대한 단독행위인 해고, (ii) 근로자의 사용자에 대한 단독행위인 사직, (iii) 당사자 쌍방의 의사 합치가 이루어진 합의해지의 세 가지로 나누어진다. '사직'(해약고지)이란 근로자가 일방적 법률행위에 의해 사용자와의 사이에 존재하는 근로계약을 장래에 향하여 종료시키는 것을 말한다. 사직은 부득이한 사유가 있는 경우에 즉시 근로관계를 종료하는 즉시해약(민법 제661조)과 근로관계를 일방적 해약의 고지 방법에 의하여 종료시키는 것(민법 제660조)으로 나눌 수 있다. 사직과 관련해서 근로기준법은 아무런 제한 규정도 두고 있지 않으므로, 원칙적으로 근로자는 자유로이 사직할 수 있다.

나. 요 건

(1) 사직은 상대방 있는 단독행위이므로 그 의사표시가 상대방에게 도달함으로써 성립하고 그 효력을 발생한다. 법률행위로서 사직의 의사표시는 확정적으로 표명되어야 한다. 단지 근로조건에 대한 불만 등을 제시하는 과정에서 그 표현의 한 방법으로서 그만두겠다는 말을 하였다면, 이를 근로관계의 종료를 위한 일방적 의사표시로 보기는 어렵다.

(2) 사직의 경우 사용자에게 그 의사표시가 도달한 시점에 해약고지로서 효과가 발생하므로, 그 이후에 근로자는 사직 의사표시를 철회할 수 없고, 사용자의 동의가 있는 경우에만 철회가 가능하다.[1] 즉 근로자의 근로관계 종료의 의사표시가 사직에 해당할 경우, 그 사직의 의사표시가 사용자에게 도달하면 근로자로서는 사용자의 동의 없이는 비록 민법 제660조 제2항, 3항 소정의 기간이 경과하기 이전이라 하더라도 사직의 의사표

1) 대법원 2000. 9. 5. 선고 99두8657 판결.

시를 철회할 수 없다(민법 제543조 제2항).[2)]

다. 효 과

근로자의 사직 의사표시는 단체협약, 취업규칙, 근로계약 등에서 달리 정하고 있는 경우를 제외하고는,[3)] 그 의사표시가 사용자에게 도달한 날부터 1월이 경과하면 효력이 발생하고 근로계약은 해지된다(민법 제660조 제2항, 제3항). 취업규칙 등에서 일정한 기간 내에 사용자의 승인을 얻도록 하고 있는 경우, 근로자가 사직원을 제출하였는데도 사용자가 합리적 이유 없이 승인하지 않을 때에는 민법 제660조 소정의 기간(취업규칙 등에서 이보다 짧은 기간을 규정한 때에는 그 기간)이 경과함으로써 근로관계는 종료된다.[4)]

2. 사직과 해고제한의 법리

가. 의사표시의 하자와 사실상 해고

(1) 근로자가 사직서를 작성하여 사용자에게 제출한 경우에는 그 사직서에 사직의 의사표시라고 볼 수 없는 단순한 농담만을 기재한 것으로 인정되는 등의 특별한 사정이 없는 한 그 사직서는 사용자와의 근로계약관계를 해지하는 의사표시를 담고 있는 것이므로, 당사자 사이의 근로계약관계는 사용자가 그 사직서 제출에 따른 사직의 의사표시를 수락하여 합의해지(依願免職)가 성립하거나 민법 제660조 소정의 일정 기간의 경과로 그 사직서 제출에 따른 해지의 효력이 발생함으로써 종료되고, 이와 같은 경우 사용자의 근로자에 대한 근로계약관계의 소멸 통지는 관념의 통지에 불과하여 이를 근로기준법상 해고라고 할 수 없다.[5)]

(2) 이와 달리 사용자가 근로자로부터 사직서를 제출받고 이를 수리하

---

2) 대법원 2000. 9. 5. 선고 99두8657 판결.

3) 사직의 효력 발생 시기를 정한 민법 제660조는 근로자의 퇴직의 자유를 보장하는 규정으로서 근로자에게 불리하지 않는 한 그 기간이나 절차에 관하여 취업규칙에서 이와 달리 규정하는 것도 가능하다. 대법원 1997. 7. 8. 선고 96누5087 판결.

4) 대법원 1997. 7. 8. 선고 96누5087 판결.

5) 대법원 1996. 7. 30. 선고 95누7765 판결, 대법원 2003. 4. 11. 선고 2002다60528 판결.

는 의원면직의 형식을 취하여 근로계약관계를 종료시킨 경우, 사직의 의사 없는 근로자로 하여금 어쩔 수 없이 사직서를 작성·제출케 하였다면 실질적으로 사용자의 일방적인 의사에 의하여 근로계약관계를 종료시키는 것이어서 해고에 해당하나, 그렇지 않은 경우에는 사용자가 사직서 제출에 따른 사직의 의사표시를 수락함으로써 사용자와 근로자의 근로계약관계는 합의해지에 의하여 종료되는 것이므로 사용자의 의원면직처분을 해고라고 볼 수 없다.6)

(3) 이때 의원면직이 실질적으로 해고에 해당하는지는 근로자가 사직서를 제출하게 된 경위, 사직서의 기재 내용과 회사의 관행, 사용자측의 퇴직권유 또는 종용의 방법, 강도 및 횟수, 사직서를 제출하지 않을 경우 예상되는 불이익의 정도, 사직서 제출에 따른 경제적 이익의 제공 여부, 사직서 제출 전후의 근로자의 태도 등을 종합적으로 고려하여 판단하여야 한다.7)

(4) 진의(眞意) 아닌 의사표시에서 '진의'란 특정한 내용의 의사표시를 하고자 하는 표의자의 생각을 말하는 것이지 표의자가 진정으로 마음속에서 바라는 사항을 뜻하는 것은 아니므로, 표의자가 의사표시의 내용을 진정으로 마음속에서 바라지는 아니하였다고 하더라도 당시의 상황에서는 그것이 최선이라고 판단하여 그 의사표시를 하였을 경우에는 이를 내심의 효과의사가 결여된 진의 아닌 의사표시라고 할 수 없다.8)

나. 증명책임

(1) 사직 또는 합의해지에 의해 근로관계가 종료된 경우 해당 근로자가 그 효력을 다투는 경우, 법원은 먼저 사직 또는 합의해지가 존재하는지 여부 및 그 의사표시가 비진의 의사표시에 해당하는지 여부를 검토하고, 만약 그것이 비진의 의사표시에 해당하는 경우 이는 사실상 해고에 해당하므로 해고의 정당요건을 갖추어 유효한지 여부를 살피는 순서로 판

6) 대법원 2003. 4. 11. 선고 2002다60528 판결.
7) 대법원 2017. 2. 3. 선고 2016다255910 판결.
8) 대법원 2015. 8. 27. 선고 2015다211630 판결.

단한다.[9]

(2) 이 과정에서 근로자가 해고 사실을 주장함에 대하여 사용자가 사직 의사표시 또는 근로계약의 합의해지에 따라 근로관계가 종료되었다고 주장하는 경우, 사용자가 해당 근로자와의 근로관계 종료 원인이 해고가 아니라는 점을 증명해야 한다.[10] 이렇게 사용자에게 증명책임을 부과하는 이유는 증거에 대한 거리, 증거 접근의 난이도 등을 고려할 때 사용자가 사직 등의 사실을 증명하는 것이 수월하기 때문이다.[11]

(3) 사용자가 사직 또는 합의해지의 존재를 증명하였다면, 이후에는 근로자가 그 의사표시가 비진의 의사표시이거나 강요에 의한 것이라는 점을 주장·증명해야 한다.[12]

다. 사실상 해고로 인정된 사례

(1) 노사 합의 및 인사위원회의 의결에 따라 구조조정대상자로 선정되는 문제직원들에 대하여 스스로 사직원을 제출하지 아니할 경우 총무관리처로의 대기발령, 직위해제 및 해고예고 절차를 거쳐 직권면직시킨다는 인사방침이 확정·공고되었고, 근로자가 문제직원으로 선정된 후 이에 불복하여 사직원을 제출하지 아니하였다는 이유로 총무관리처로 무보직 대기발령을 받고 공사(公社)의 거듭된 종용에 따라 사직서를 작성·제출한 경우, 그 근로자는 원래 사직의 의사가 없었음에도 어쩔 수 없이 사직원을 작성·제출하였다고 보이고, 공사가 이를 수리하여 퇴직처리한 것은 실질적으로 사용자의 일방적 의사에 의하여 근로계약관계를 종료시키는 것이어서 해고에 해당한다.[13]

(2) 회사가 특정 근로자들을 정상적인 근로를 제공할 수 없을 정도로

---

9) 홍진영, "희망퇴직 의사표시의 해석 및 그 효력에 관한 고찰", 재판자료 제118집, 법원도서관(2009), 120면.

10) 서울행정법원 2008. 1. 31. 선고 2007구합19195 판결, 서울행정법원 2008. 5. 23. 선고 2007구합39120 판결.

11) 김동욱, "최근 노동쟁송 실무상의 쟁점과 흐름", 노동법학 제35호, 한국노동법학회(2010), 45~46면.

12) 서울행정법원 2008. 12. 4. 선고 2008구합33587 판결.

13) 대법원 2002. 6. 14. 선고 2001두11076 판결.

열악한 부서로 전속시키고, 근로자들이 그러한 근로조건하에서 회사의 사직서 제출 종용을 견디지 못하고 사직서를 제출한 경우, 사직원의 제출이 특정 사원에 대한 위법한 해고를 회피하기 위한 회사의 적극적인 강요에 의한 것이었고 사실상 퇴직 대상 사원이 회사의 의사에 의하여 확정되었으며 이들에게는 퇴직 이외에는 다른 선택의 여지가 없었다고 봄이 상당하므로, 그 근로자들의 퇴직은 실질적으로 사직의 의사가 없는 근로자의 근로계약관계를 사용자가 일방적 의사표시에 의하여 종료시킨 것으로서 사실상 해고에 해당한다.[14]

(3) 회사가 특정 근로자들을 인원 감축 대상자로 선정하고, 그들만을 대상으로 퇴직 설명회를 개최하는 등 사직서 제출을 종용하였으며, 이에 응하지 않은 사람에 대해서는 보직해임 및 대기발령을 한 후 끝까지 사직서를 제출하지 않은 사람들을 모두 해고한 경우, 그 근로자들은 위법한 해고를 회피하기 위한 회사의 사직원 제출 요구를 견디지 못하고 사직 이외에는 다른 선택의 여지가 없는 상황에서 사직원을 제출하였다고 볼 것이고, 따라서 원고들의 퇴직은 자발적인 사직의 의사에 따른 것이 아니라 피고가 일방적인 의사표시에 의하여 근로계약관계를 종료시킨 것으로서 사실상 해고에 해당한다.[15]

라. 사실상 해고가 아니라고 인정한 사례

(1) 회사가 희망퇴직제를 실시하는 과정에서 당시 또는 앞으로 다가올 어려운 상황을 다소 과장하거나 위 퇴직 권유에 응하지 않을 경우 어떤 불이익을 입을 수도 있다는 취지의 설명을 하였다는 사정만으로는 회사가 근로자들에게 기망행위나 강박행위를 하였다고 보기 어렵고, 근로자들이 이로 인하여 사직의 의사표시를 하였다고 볼 수도 없다.[16]

(2) 회사 소속의 '구조조정비상대책회의'가 인력구조조정의 일환으로 명예퇴직 제도와 함께 순환휴직명령 제도를 실시하기로 결정하면서 순환

---

14) 대법원 2003. 10. 10. 선고 2001다76229 판결.
15) 대법원 2005. 11. 25. 선고 2005다38270 판결.
16) 대법원 2001. 1. 19. 선고 2000다51919 판결.

명령휴직 대상자를 선정하기 위하여 기준을 정하였고, 이 기준에 해당하여 내부적으로 순환명령휴직 대상자로 선정된 근로자가 명예퇴직 신청서를 제출한 경우, 사직원을 제출한 것은 진정으로 마음속에서 명예퇴직을 바란 것은 아니라 할지라도 그 당시 상황에서 명예퇴직을 하는 것이 최선이라고 판단하여 스스로의 의사에 기하여 사직원을 제출한 것이라고 봄이 상당하다.[17)]

(3) 회사에서는 노동조합과 사전협의를 거쳐 희망퇴직자들에게 퇴직금 등의 지급조건을 우대하여 주는 내용으로 희망퇴직제를 실시하기로 한 뒤, 근로자들에게 희망퇴직 의사를 물어 명시적인 퇴직의사에 기하여 면직처분을 하였고, 그 과정에서 희망퇴직제의 실패로 정리해고를 시행할 경우 적용될 연령이나 근속기간 등의 정리기준을 고려할 때에 정리해고 대상자에 포함될 가능성이 상당한 근로자들에게 희망퇴직을 적극적으로 권유한 것에 지나지 않는 점 등에 비추어 보면, 근로자들이 사직의 의사가 없었음에도 불구하고 회사측의 강요에 의하여 공포심을 느낀 결과 어쩔 수 없이 사직서를 제출하였다고 보기 어렵다.[18)]

(4) 회사가 경영여건을 개선하고 정부 지시에 부응하기 위하여 노동조합과 사전협의를 거쳐 희망퇴직자들에 대한 배려 방안 및 고용조정기준을 마련하고 그 기준에 따라 희망퇴직자 대상자를 선정한 경우, 근로자들이 그 당시의 국내 경제상황, 회사의 구조조정계획, 회사가 제시하는 희망퇴직 조건, 퇴직할 경우와 계속 근무할 경우의 이해관계 등을 종합적으로 고려하여 희망퇴직 신청을 한 것이다.[19)]

(5) 근로자들이 특별퇴직을 신청하는 과정에서 구조조정에 관한 경영상 의지 표명 및 간부 직원들을 통한 권유로부터 영향을 받은 점은 인정되지만, 그러한 경영상 의지 표명 또는 권유의 정도를 넘어 사직의 의사가 전혀 없는 근로자들로 하여금 어쩔 수 없이 특별퇴직을 신청하게 하였다고 볼 수 있을 정도의 강압이나 퇴직의 종용이 있었다고 볼 수 없다.

---

17) 대법원 2003. 4. 25. 선고 2002다11458 판결.
18) 대법원 2003. 4. 11. 선고 2002다60528 판결.
19) 대법원 2005. 9. 9. 선고 2005다34407 판결.

근로자들로서는 그 당시 은행의 경영상태 및 장래의 전망, 구조조정에 관한 경영진의 확고한 의지, 은행이 제시한 특별퇴직의 조건, 각 개인들의 개별적 사정과 장래의 불확실성, 특별퇴직을 할 경우와 하지 않을 경우의 이해관계 등 제반 사정을 종합적으로 고려하여 특별퇴직을 신청하였다.[20]

3. 대상사안의 검토

가. 법원의 인정사실

법원은 먼저 원고의 사직서 제출은 진의 아닌 의사표시에 해당하여 무효라는 원고의 주장에 대하여 위와 같은 주장을 인정할 증거가 없다고 보았다. 다음으로 법원은 원고의 사직서 제출의 경위 등에 비추어 원고가 심한 정신적 충격으로 인하여 부득이 사직서를 작성·제출하였다고 보기 어렵고, 원고가 사직서를 제출한 것은 인사상 불이익을 입었다는 자신의 주장이 참가인의 사장 등 최고경영자에 의하여 받아들여질 가능성이 없다는 판단 아래 사직의 의사를 명백히 한 것으로 보았다.

나. 증명책임의 분배에 따른 원고의 불이익

(1) 증명책임(Beweislast)은 소송에서 증거조사의 결과 어느 사실의 존부가 확정되지 않을 때 그 사실이 존재하지 않는 것으로 취급되는 당사자의 일방적 불이익 내지 위험을 말한다.[21] 법률요건분류설에 의하면, 권리를 주장하는 자는 권리발생사실에 대하여 증명책임을 부담하고, 상대방은 권리장애·소멸·저지 사유에 대한 증명책임을 부담한다.[22] 민사소송이나 행정소송에서 사실의 증명은 추호의 의혹도 있어서는 아니 되는 자연과학적 증명은 아니나, 특별한 사정이 없는 한 경험칙에 비추어 모든 증거를 종합적으로 검토하여 어떤 사실이 있었다는 점을 시인할 수 있는 고도의 개연성을 증명하는 것이고, 그 판정은 통상인이라면 의심을 품지 아니할 정도일 것을 필요로 한다.[23]

---

20) 대법원 2010. 3. 25. 선고 2009다95974 판결.
21) 호문혁, 민사소송법(제13판), 법문사(2016), 530면.
22) 호문혁, 532~533면.

(2) 의사표시의 해석은 당사자가 그 표시행위에 부여한 객관적인 의미를 명백하게 확정하는 것으로서, 계약당사자 사이에 어떠한 계약 내용을 처분문서의 서면으로 작성한 경우에, 서면에 사용된 문구에 구애받지는 아니하지만 어디까지나 당사자의 내심적 의사의 여하에 관계없이 서면의 기재 내용에 의하여 당사자가 그 표시행위에 부여한 객관적 의미를 논리와 경험의 법칙에 따라 합리적으로 해석하여야 하며, 이 경우 문언의 객관적인 의미가 명확하다면, 그 기재 내용을 부인할 만한 분명하고도 수긍할 수 있는 반증이 있는 등의 특별한 사정이 없는 한, 문언대로 의사표시의 존재와 내용을 인정하여야 한다.[24)]

(3) 사용자의 근로자에 대한 해고는 정당한 이유가 없으면 무효이고(근로기준법 제23조), 그러한 정당한 이유가 있다는 점은 사용자가 주장·증명하여야 한다.[25)] 이와 달리 처분문서인 사직서가 제출된 이 사건에서는 원고가 사직의 의사표시가 비진의표시라거나 심한 정신적 충격으로 인하여 부득이하게 제출된 것(하자 있는 의사표시 또는 무효인 의사표시)이라는 점을 증명하여야 한다.

다. 결 론

위 인정사실에 의하면, 원고는 의사표시가 진의가 아니라거나 심한 정신적 충격으로 부득이하게 사직서를 작성·제출하였다는 점을 증명하지 못하였으므로, 이로 인한 소송상 불이익을 감수하여야 한다. 따라서 법원은 원고와 참가인 사이의 근로관계는 1999. 1. 6.자 원고의 사직원이 같은 해 1. 31.자로 수리됨으로써 같은 날 종료되었다고 판단하였다.

---

23) 대법원 2016. 11. 24. 선고 2015두54759 판결.
24) 대법원 2016. 12. 1. 선고 2015다228799 판결.
25) 대법원 2015. 1. 29. 선고 2013다13146 판결.

[26] 무단결근과 사고발생 등을 이유로 한 징계 해고

대법원 1996. 9. 24. 선고 95다11504 판결

Ⅰ. 사실관계

(1) 피고는 주식회사 K항공의 자회사로서 김포, 김해, 제주 등 국제공항과 대부분의 지방공항에서 K항공기 및 국내에 취항하는 외국항공기의 입출항 유도, 수하물의 적재·적하, 항공기 시동 등 지상조업 업무를 전담하는 국내 항공운송사업체이고, 원고는 1990. 6. 1. 피고 회사에 조업사원으로 채용되었다.

(2) 피고는 1992. 8. 12. 원고가 (i) 1992. 5. 26. 13:20경 차장 P에게 조퇴를 신청하였다가 허가를 받지 못하였음에도 불구하고 같은 날 14:47부터 무단이탈하였고, (ii) 1992. 7. 25. 09:00경 그 소속인 국제조업부 국제조업 2과 15조(組) 조업장 J에게 당일의 월차휴가를 신청하였다가 허가를 받지 못하였음에도 불구하고 같은 날 10:20부터 무단이탈하였으며, (iii) 1992. 7. 5. 면허 없이 상하역장비(CGO Loader)[1)]를 작동하다가 위 장비에 실려 있던 컨테이너를 지상으로 추락시키는 사고를 일으켰다는 것 등을 징계사유로 들어 원고를 권고사직처분하였다.

(3) 원고가 재심을 청구하였으나 재심인사위원회는 원고에 대하여 소명의 기회를 준 다음 1992. 10. 20. 이를 기각하였다. 피고는 위 권고사직처분 이후 1992. 8. 25. 원고의 보직을 해임하는 본사부 명령을 하였고, 원고가 위 재심청구가 기각된 이후에도 사직서를 제출하지 아니하자 1992. 11. 25. 파면처분을 하였다.

(4) 피고의 취업규칙에서는 징계의 종류로 파면, 해임, 권고사직, 강등,

1) CGO는 일반적으로 우편물 또는 수하물을 제외한, 항공기로 운송하는 모든 물품(Cargo)을 말한다.

정직, 감봉, 견책, 경고를 두고(제53조), 그 외에 정상적인 업무수행이 불가능하다고 판단될 때는 해당 근로자의 보직을 해임하는 본사부 명령을 할 수 있도록 규정하고 있으며(제54조), 징계의 사유에 관하여는 취업규칙 제52조에서 형사소송의 원인이 되는 위법행위를 한 자(제1호), 서약서 또는 회사 제규정을 위반하거나 직무에 배치되는 행위를 한 자(제2호), 고의 또는 과실로 업무상의 장해를 야기시키고 회사업무의 정상적인 수행을 저해하는 원인을 조장함으로써 회사의 손실을 초래케 한 자(제3호), 직원을 선동하는 과격한 발언이나 행동으로 사업장의 분쟁을 야기시켜 회사 업무수행을 저해하는 요인을 조장함으로써 회사의 손실을 초래케 한 자(제4호), 이 규칙 제8조 및 제11조의 규정을 위반한 자(제5호)로 제한하여 규정하고, 해임사유의 하나로 본사부 명령을 받은 날부터 3개월이 경과하여도 재보임되지 아니한 때를, 파면사유의 하나로 인사위원회의 심의에서 결정된 권고사직에 불응하였을 때를 들고 있으며(제46조 제2항 제5호, 제3항 제3호), 피고 회사 인사위원회규정에서는 징계사유를 62개항으로 세분하여 각 항목별로 징계양정기준을 정하고 있다.

II. 참조조문

1. 근로기준법

> **제23조(해고 등의 제한)** ① 사용자는 근로자에게 정당한 이유 없이 해고, 휴직, 정직, 전직, 감봉, 그 밖의 징벌(懲罰)(이하 "부당해고등"이라 한다)을 하지 못한다.

III. 판시사항

회사의 징계조치로서의 권고사직과 이에 따른 잠정적 조치로서 본사부 명령 및 당연히 뒤따르는 파면처분은 서로 불가분의 관계에 있는 것으로서 그 각각을 독립된 징계처분으로 볼 것이 아니라 권고사직이라는 1개의 징계처분으로 봄이 상당하다.

Ⅳ. 해 설

1. 징계해고

가. 의 의[2)]

기업은 인적·물적 조직의 유기적 결합체로서 그 사업목적을 달성하기 위해서는 다수의 근로자들에게 일률적으로 적용되는 일정한 질서를 확립하고 유지할 필요가 있다. 징계는 근로자의 기업 질서 위반행위에 대하여 불이익을 가하는 제재를 말한다. 징계는 사업장의 질서유지를 목적으로 그 질서 위반자에 대해 가해지는 질서벌(秩序罰)이라는 점에서 계약 위반에 대해 가해지는 계약벌(契約罰)과 구별된다. 그리하여 징계는 단순한 근로계약상의 의무 위반에 대한 책임 추궁보다는 기업 내부에서 권력적 작용을 전제로 하는 제도적 규범에 의한 제재로 나타난다. 그리고 형태면에서도 계약벌은 채무불이행에 따른 재산적 손해를 배상하는 금전적 보상의 형태인 데에 반해 질서벌은 금전적 보상보다는 징계해고나 출근 정지 또는 휴직과 같이 직장에서의 지위에 가해지는 신분상 제재형태로 나타난다.

제재의 수단으로는 경고, 감급, 출근 정지, 징계해고 등이 있다. 여기서 징계해고는 사업장에서 사용자가 정한 복무규율을 위반하는 등 징계사유가 있는 근로자에 대하여 사업의 정상적인 운영과 기업의 질서유지를 위하여 더 이상 근로관계를 계속하기 곤란한 경우에 그 근로관계를 끝맺겠다고 하는 사용자의 일방적인 의사표시이다. 근로자의 입장에서 보면 사용자가 징계권을 남용할 경우 가혹한 불이익을 받게 되고 징계해고의 경우에는 근로자의 생계에 위협을 받게 되므로 징계권 행사에는 일정한 법적 한계가 있다.

나. 법적 근거

판례는, 근로자의 상벌 등에 관한 인사권은 사용자의 고유권한으로서

2) 근로기준법 주해 Ⅱ, 146~147면.

그 범위에 속하는 징계권 역시 기업운영 또는 근로계약의 본질상 당연히 사용자에게 인정되는 권한이기 때문에 그 징계규정의 내용이 강행법규나 단체협약의 내용에 반하지 않는 한 사용자는 그 구체적 내용을 자유롭게 정할 수 있고,[3] 기업질서의 확립·유지에 필요하고 합리적인 것인 한 근로기준법 등 관계법령에 반하지 않는 범위 내에서 그 위반행위에 대한 규율을 취업규칙으로 정할 수 있으며,[4] 사용자의 본질적 권한에 속하는 피용자에 대한 징계권 행사[5]라고 하여, 기본적으로 징계권의 근거를 사용자의 고유권에서 찾는다.[6]

다. 징계해고의 정당성

징계해고가 정당하기 위해서는 먼저 징계사유가 존재해야 하고, 다음으로 그 징계사유에 해당하는 근로자의 비위 행위가 사회통념상 근로계약을 유지할 수 없을 정도이어야 한다.[7] 따라서 징계해고의 정당성을 판단할 때에는 징계사유의 존재 여부를 살피고, 다음으로 그 징계해고가 징계 재량권을 일탈·남용했는지 여부를 살핀다.

(1) 징계사유의 존재

단체협약이나 취업규칙에 근로자에 대한 징계해고사유가 제한적으로 열거되어 있는 경우에는 그와 같이 열거되어 있는 사유 이외의 사유로는 징계해고할 수 없다.[8] 취업규칙에서 징계사유로 규정하고 있을 뿐 징계해고사유로 규정되어 있지 않은 사유를 이유로 근로자를 징계해고한 것 역시 정당성 없는 해고로서 무효이다.[9] 하나의 단체협약이나 취업규칙 내에서 서로 상충되는 규정이 있고, 그 어느 하나에 근로자에게 유리한 규정

3) 대법원 1994. 9. 30. 선고 94다21337 판결.
4) 대법원 1994. 6. 14. 선고 93다26151 판결.
5) 대법원 1993. 9. 28. 선고 91다30620 판결.
6) 근로기준법 주해 Ⅱ, 151면.
7) 대법원 1992. 5. 22. 선고 91누5884 판결.
8) 대법원 1992. 7. 14. 선고 91다32329 판결, 대법원 1994. 12. 27. 선고 93다52525 판결.
9) 대법원 1992. 7. 14. 선고 91다32329 판결.

이 있는 경우에는 근로자에게 유리한 규정이 적용된다.[10] 하나의 징계사유나 징계절차에 관하여 단체협약과 취업규칙이 서로 저촉하는 경우 단체협약이 우선한다.[11] 단체협약에 의한 사유 외에는 징계할 수 없다는 취지로 단체협약에 제한이 있지 않다면, 취업규칙에서 단체협약과는 다른 사유를 해고사유로 규정하는 것이 단체협약 위반이라 할 수 없고, 단체협약에서 해고사유와 해고 이외의 징계사유를 나누어 구체적으로 열거하고 있더라도 취업규칙에서 이와 다른 사유를 해고사유로 규정하는 것이 단체협약에 반할 수 없으며, 그러한 취업규칙상 징계사유에 터잡아 징계가 가능하다.[12] 일정한 사유가 취업규칙 등에 정한 징계해고사유에 해당하더라도 그와 같은 사유를 징계해고사유로 한 취업규칙 등의 규정은 적법하여야 한다. 근로계약이나 취업규칙 또는 단체협약 등의 징계해고 규정이 법에 위배되거나 신의칙에 위반한다거나 권리남용에 해당하는 내용을 징계해고사유로 규정하고 있다면, 그 규정을 가지고 징계해고하는 것은 정당성이 없다.[13]

(2) 징계양정의 적정성

해고는 근로자에게 가장 불이익한 제재이다. 해고보다 가벼운 제재 조치로 징계의 목적을 달성할 수 있음에도 해고 조치를 하였다면 이는 사용자가 징계에 관한 재량권을 남용한 경우로서 정당한 해고라 할 수 없다. 외형상으로 적법한 징계해고사유가 있다고 해도 그 징계해고가 반드시 정당한 것이라고는 말할 수 없다. 그리하여 사용자가 취업규칙 등의 징계에 관한 규정을 구체적으로 적용하여 징계처분 중 가장 무거운 해고처분이 정당하다고 말할 수 있으려면, 그 징계사유에 해당하는 근로자의 비위행위가 '사회통념상 근로계약을 계속시킬 수 없을 정도로 근로자에게 책임 있는 사유'에 해당하여야 한다. 사회통념상 근로계약을 계속시킬 수

10) 대법원 1994. 5. 27. 선고 93다57551 판결.
11) 대법원 1994. 6. 14. 선고 93다26151 판결, 대법원 1997. 7. 25. 선고 97다7066 판결.
12) 대법원 1999. 3. 26. 선고 98두4672 판결, 대법원 2016. 1. 28. 선고 2015다57126 판결.
13) 대법원 1987. 4. 14. 선고 86다카1875 판결, 대법원 1991. 10. 11. 선고 91다20173 판결.

없을 정도인지 여부는 당해 사용자의 사업 목적과 성격, 사업장의 여건, 당해 근로자의 지위 및 담당 직무의 내용, 비위 행위의 동기와 경위, 이로 인하여 기업의 위계질서가 문란하게 될 위험성 등 기업 질서에 미칠 영향, 과거의 근무 태도 등 여러 사정을 종합적으로 검토하여 판단하여야 한다.[14]

라. 무단결근

무단결근이란 정당한 사유 없이 근로일에 사업장에 나오지 않은 것을 말한다. 어떠한 경우가 무단결근에 해당하는가는 징계해고사유로 정한 취업규칙 등의 규정에 따라 가려보아야 한다. 판례는 무단결근, 불성실 근무 등을 징계해고사유로 규정한 취업규칙 등은 특별한 사정이 없는 한 근로기준법에 위반되어 무효라고 할 수 없으므로 무단결근 등을 징계해고의 사유로 삼아 근로자를 해고하는 것은 정당한 이유가 있다고 한다.[15] 결근이나 지각, 조퇴 등의 횟수에 의한 해고사유를 취업규칙 등에서 정하였더라도 그 횟수만으로 해고의 정당성을 논하는 것은 옳지 않다. 그러한 무단결근 등이 사용자의 작업 배치나 일시적인 업무 변경 등을 불가능하게 하고 장래에도 안정적인 근로의 제공을 기대할 수 없어 사회통념상 근로관계를 계속 유지할 수 없을 정도로 근로자에게 책임이 있는지 여부에 따라서 해고의 정당성을 구체적이고 개별적으로 판단하여야 한다.[16]

마. 중대한 사고의 발생

취업규칙 등에 '과실로 중대한 사고를 일으킨 경우'를 징계사유로 규정하였다면, 이는 중대한 과실로 사고를 일으키고 이로 인하여 발생한 인명피해나 물적 손해 등이 중대한 경우를 말하는 것으로 한정하여 해석해야 한다.

---

14) 대법원 2013. 10. 31. 선고 2013두13198 판결, 대법원 2017. 3. 15. 선고 2013두26750 판결.

15) 대법원 1989. 9. 26. 선고 89다카5475 판결, 대법원 1992. 4. 24. 선고 91다17931 판결.

16) 대법원 1989. 3. 14. 선고 87누980 판결.

시내버스 운전사가 회사 주차장에서 브레이크 대신 가속 페달을 밟아 동료를 사망케 하고 여러 대의 차량을 파손시킨 행위는 해고사유가 된다.[17] 또한 원목 수입·판매 담당자가 매출채권 관리내규 등의 제규정에 따른 조치를 취하지 아니하고 거래처와 신용거래를 시작하였고, 그 후 자체 감사에서 불량채권 과다, 매출채권 잔액 대비 담보 미달 등에 대한 시정지시를 받았으며, 또한 거래처의 신용상태가 악화되고 있다는 사정을 충분히 알 수 있었음에도 그에 대한 적절한 조치 없이 신용거래를 계속하다가 거래처의 부도로 회사에 대하여 중대한 손해를 발생케 하였다면, 그에 따른 해고는 징계권 일탈이 아니다.[18]

3. 대상 사안에 대한 법원의 판단

가. 취업규칙상 징계사유에 해당하는지 여부

(1) 징계사유 (i)항은 P가 처음에는 원고에게 조퇴를 허락하였다가 곧이어 원고가 조퇴 후 피고로부터 해고된 T가 제기한 해고무효확인소송의 법정방청을 가려고 한다는 것을 간파하고 조퇴를 불허한 것이기는 하나 이는 징계양정기준 제7호의 무단이탈의 징계사유에 해당한다.

(2) 징계사유 (ii)항은 원칙적으로 월차휴가는 근로자가 지정하는 시기에 주어야 하나 근로자가 지정하는 시기에 월차휴가를 실시하면 사업운영에 심대한 지장이 생길 경우에는 사용자는 그 시기를 변경할 수 있는데 원고의 월차휴가가 불허되었으므로, 이는 징계양정기준 제7호의 무단이탈의 징계사유에 해당한다.

(3) 징계사유 (iii)항은 컨테이너 추락사고의 주된 원인은 컨테이너 내의 화물이 앞쪽으로 집중하여 탑재된 데 있었고, 위 사고로 인하여 위 컨테이너의 앞쪽 표면이 10㎝×20㎝ 정도 찢어지고 안쪽으로 5㎝ 정도 우그러졌을 뿐 그 내용물에는 손상이 없었고, 평소 위 상하역장비의 작동스위치를 누르는 정도의 단순한 조작은 운전면허 없는 조업사원들도 종종 이를 행하였는바, 위와 같은 추락사고의 원인, 무면허운전의 동기, 손상

17) 대법원 1997. 4. 8. 선고 96다33556 판결.

18) 대법원 1997. 4. 25. 선고 96누9508 판결.

정도 및 평소의 작업형태 등 제반 사정에 비추어 볼 때 그 책임 정도는 비교적 가볍기는 하나, 이는 징계양정기준 제40호의 '기계류 및 차량 조작 소홀'의 징계사유에 해당한다.

나. 징계양정의 적정성

(1) 피고 회사의 징계양정기준에 의하면, (i) 무단이탈에 대하여는 정직, 견책, 감봉의 징계가, (ii) 기계류 및 차량조작 소홀에 대하여는 파면, 권고사직, 강등, 정직, 감봉, 견책의 징계가 각 가능하고, (iii) 1년에 2회 이상 징계해당자에 대하여는 가중 처벌할 수 있다.

(2) 원고는 위 무단이탈 당시 오후 근무시간이 시작된 이후에 비로소 오후 조퇴를 신청하였고, P가 원고마저 조퇴하면 정상적인 업무수행이 불가능하여 조퇴를 불허하였으며, 원고는 위와 같은 사정을 잘 알면서도 피고 회사 해고근로자가 제기한 해고무효확인소송의 법정방청이라는 꼭 필요하지도 아니한 사유로 무단이탈한 점, 피고 회사의 항공기 유도 및 화물의 상하역작업은 항공기 이·착륙시간에 맞추어 차질 없이 수행되어야 하는 것인바, 위의 작업에서의 차질은 곧바로 항공기의 연발·연착 및 결항으로 연결될 수 있는 것으로서 이 경우 피고 회사의 대외적인 신용도의 훼손이나 경제적 손실 및 승객의 불편이 상당할 것으로 예상되므로, 항공기 운항의 특수성·공익성에 비추어 이 부분 징계사유는 가볍게 평가될 수 없는 점(비록 이 사건에서 다른 조의 인력지원으로 15조의 업무가 무사히 수행되었다고 하더라도 이는 원고의 무단이탈로 인한 업무상 장애를 제거하기 위한 피고 회사의 노력의 결과이다), 원고가 규정을 무시하고 면허 없이 상하역장비의 스위치를 작동함으로 인하여 발생한 컨테이너 추락사고의 위험성 정도(컨테이너 추락시 인명사고나 고가 화물의 손괴 등의 위험성이 있으므로 피고 회사의 조업기준서에 의하면 컨테이너의 하역작업은 대형운전면허소지자로 하여금 항상 조심하여 안전에 유의하여 작업하도록 주의사항을 명기하고 있는 점에 비추어 보면, 비록 위 추락사고로 인한 현실적인 피해정도가 그다지 크지 아니하였다고 하더라도 원심 판시와 같이 이에 대한 원고의 책임 정도가 가볍다고 할 수 없다) 등을 종합하여 보면, 원고에 대한 위의 징계사유는

사회통념상 고용관계를 계속 유지할 수 없을 정도로 근로자에게 책임 있는 사유에 해당한다.

(3) 따라서 이 사건 징계처분이 징계권을 남용하거나 징계재량의 범위를 벗어난 것으로서 정당한 이유 없이 이루어진 것이라고는 할 수 없다.

[27] 공항리무진 운전사의 경영상 해고

대법원 2003. 9. 26. 선고 2001두10776 판결

Ⅰ. 사실관계

(1) 원고는 상시근로자 590여 명을 고용하여 일반여행업, 전세여객자동차 운송사업 등을 영위하는 법인이고, 참가인들은 1994. 9. 5. 주식회사 K의 리무진버스 운행업무를 대행하던 K개발 주식회사에 입사하여 리무진버스의 승무원(운전기사)으로 근무하여 왔는데, 원고는 1998. 4. 1. K개발을 흡수합병한 후 1999. 3. 16. 참가인들을 정리해고[1]하였다.

(2) K개발은 K와 사이에 리무진서비스 운영도급계약을 체결하고, K가 서울·부산 지역의 도심과 공항 사이를 운행하는 리무진버스운행사업을 경영하는 데 필요한 승무원과 관리직원 등의 인력을 제공하여 K의 리무진버스 운행업무를 대행하고, 그 대가로 K로부터 사전에 협의, 조정된 용역인원수에 따라 계산된 용역비(업무대행료)를 지급받아 소속 직원들의 급여 등에 충당하는 형태의 사업을 운영하여 왔다.

(3) 원고의 조직은 관리본부, 외국인사업본부, 해외여행사업본부, 버스사업본부, 화물사업본부 등으로 구성되어 있었는데, 원고는 1998. 4. 1. K개발을 흡수합병한 후 리무진버스사업부를 신설하여 종전의 K개발과 같은 방식으로 K부터 용역비를 지급받으면서 그 사업을 계속 수행하였으나, 기존의 다른 사업부문으로부터 인적·물적 시설을 독립시키거나 회계 및 경영을 분리하는 독립채산제로 운영하지는 아니하였다.

(4) K는 1998. 2. 27.경 1997년과 대비하여 1998년도의 리무진버스 수송실적이 20% 감소할 경우 약 38억 원의 적자가 예상된다는 이유로,

---

1) 근로기준법 제24조에서는 '경영상 이유에 의한 해고'라는 용어를 사용하고 있는데, 대상판결은 정리해고라는 용어를 사용하고 있다.

리무진버스 13대(서울영업소: 총 55대 중 7대, 부산영업소: 총 20대 중 6대)를 감차하고 이에 소요되는 인력을 감축하되, 유휴인력 중 승무원은 H그룹내 계열사와 협의하여 필요한 인력을 전출하고, 일반관리직원은 직무전환조치를 취할 수 있도록 K개발과 협의하기로 하는 등의 방침을 세운 바 있었다. 그 후 같은 해 3. 20. K개발을 흡수합병할 예정인 원고와 사이에 서울·부산의 리무진버스노선을 일부 조정·폐지하여 리무진버스 20대(서울영업소의 7대와 부산영업소의 6대 등 합계 13대를 감차하려던 계획에서 증가한 것이다)의 감차를 고려하여 이에 따른 예상잉여인력 약 50명을 감축하되, 우선 명예퇴직제를 실시하기로 협의하였다.

(5) 이에 따라 원고는 1998. 3. 24. 당시 K개발의 노동조합(K개발이 흡수합병되기 전 리무진버스사업부 소속 근로자를 대상으로 한 조직된 노동조합, 이하 '리무진노동조합') 간부들과 노사협의회를 개최하여 리무진버스 20대의 운행감축에 따른 정리대상 잉여인력의 인원수는 추후 논의하기로 하고, 우선 잉여인원 정리기준을 1995. 1. 1.부터 1998. 3. 31.까지 기간 동안, ① 소정의 근로일수를 충족하였는지 여부(징계로 인한 정직, 면허정지기간 등), ② 사고다발자 및 대형사고 유발 여부, ③ 회사지시사항 이행여부 등으로 하고, 위 기준의 우선순위 및 세부 항목별 징계점수는 회사에서 방침을 확정하여 시행하기로 합의하였다.

(6) 리무진버스의 배차간격조정에 따라 K는 원고에, 1998. 5. 29. 부산영업소의 리무진버스 20대 중 6대의 감차와 이에 소요되는 승무원 20명 및 일반관리직원 10명의 감원을 같은 해 6. 1.자로 하라는 통보를 하였고, 6. 9. 서울영업소의 리무진버스 55대 중 13대의 감차와 이에 소요되는 승무원 23명 및 일반관리직원 27명의 감원을 같은 달 20.자로 하라는 통보를 하였다. 위 통보에 따라 원고는 같은 해 5. 29.과 같은 해 6. 12. 리무진노동조합의 간부들과 노사협의회를 개최하여 부산영업소에서는 매월 승무원 18명씩, 서울영업소에서는 매월 승무원 9명씩을 1개월씩 순환휴직시키기로 결정하고, 1998. 8. 25.에는 승무원들의 상여금 100%의 반납에 합의하였다. 그 과정에서 부산영업소의 승무원 7명, 서울 영업소의 일반직원 25명 및 승무원 23명이 명예퇴직을 하였고, 참가인들도 2개월 동안 순환

휴직을 하였다. 그 후 원고는 1998. 12. 28.경 리무진버스사업부 서울영업소에 승무원 3명의 결원이 발생하였다는 이유로 참가인들을 포함한 3명을 1999. 1. 5.자로 서울영업소로 전보조치하였다.

(7) K가 1999. 1. 10. 원고에 같은 해 2. 1.자로 서울지역의 리무진버스 중 일부 노선의 배차간격을 연장함에 따라 서울영업소의 리무진버스 5대의 감축 및 이에 따른 잉여 승무원 12명을 감원하라고 통보하자, 원고는 같은 해 1. 14. 리무진노동조합에 승무원 중 잉여인력에 대하여 징계, 근태, 근속연수 등의 기준에 따라 구조조정할 계획임을 통보하였다. 원고와 리무진노동조합은 같은 달 19. 및 같은 달 22. 개최된 노사협의회를 거쳐 같은 달 25. 고용조정인원을 서울영업소의 승무원 11명, 부산영업소의 승무원 6명 등 17명으로 하고, 그 선정기준은 원고에서 제시하였던 징계, 근태, 지시이행 및 근무태도, 근속기간, 소속장의 근무평정으로 하되, 먼저 같은 달 28.까지 명예퇴직신청을 받아 명예퇴직을 하는 승무원에게는 위로금으로 통상임금의 500%를 지급하나 그 이후 정리해고 대상자에게는 해고수당 1개월분 이외에는 별도의 위로금을 지급하지 아니하며, 명예퇴직자(정리해고자는 제외)는 차후 결원발생시 노조의 의견을 적극 참조하여 우선 채용하기로 합의하기에 이르렀으나, 위와 같은 고용조정 대상자 선정기준을 적용하기 위한 구체적인 평가기간이나 평가항목별 배점에 관하여는 별다른 명시적인 합의를 하지 아니하였다.

(8) 그 후 명예퇴직신청을 받은 결과 승무원 10명(서울영업소 8명, 부산영업소 2명)이 명예퇴직을 하자, 원고는 승무원에 대하여는 1995. 1. 1.부터 1998. 12. 31.까지, 일반관리직원에 대하여는 1997. 1. 1.부터 1998. 12. 31.까지를 기준으로 하여, 원고 회사가 정한 세부항목과 배점기준에 따른 평가결과를 토대로 1999. 1. 28. 참가인들을 포함한 승무원 8명(서울영업소 3명, 부산영업소 5명)을 정리해고하기로 결정하고, 같은 해 2. 1. 해고예고절차를 거친 후 그 중 승무원 7명을 같은 해 3. 16.자로 정리해고하였다(부산영업소의 승무원 1명은 나중에 명예퇴직을 신청함에 따라 결국 승무원 7명이 정리해고되었다).

(9) 원고가 참가인들을 정리해고 대상자로 선정하면서 적용한 구체적

인 선정기준은 정리해고 대상자 선정기준인데, 그 중 징계와 관련하여, 참가인 1은 1996. 9. 1. 정직 75일, 1997. 8. 1. 및 1998. 7. 6. 각 감봉의 징계처분을 받아 총점 104점 중 67점을, 참가인 2는 1995. 6. 1. 경고 및 같은 해 12. 20. 정직 3월의 징계처분을 받아 총점 83점 중 60점을 각 받게 되어 해고서열 3, 4위에 해당하게 되었다.

(10) A회계법인에서 원고에 대하여 실시한 회계감사결과에 의하면, 원고의 1998. 1. 1.부터 같은 해 12. 31.까지의 영업수익 중 리무진사업부문의 수입은 4,457,998,232원이고, 영업비용 중 리무진사업부문의 비용은 4,104,101,921원이며, 원고 전체의 경상이익은 3,001,468,081원이고, 당기순이익은 1,406,268,259원이며, 같은 해 12. 31.을 기준으로 한 이익잉여금의 합계는 4,283,823,338원이고, 자산 총계는 29,976,559,636원, 부채총계는 13,192,582,659원이며, 자기자본에 대한 부채의 비율은 78.6%에 불과하였다.

(11) 원고는 참가인들을 정리해고한 후에는 추가적인 인력감축 조치를 취한 바 없고, 오히려 부산영업소의 승무원이던 A가 1999. 9. 8., B가 같은 해 11. 8., C가 2000. 3. 11. 각 사직하여 공석이 발생하자 참가인들에게 복직의사를 묻지 아니한 채 1999. 11. 24. D, E 등 2명을, 2000. 4. 11. F를 각 신규채용하였고, 과거 K개발과 노조 사이의 단체협약체결시 구두합의에 따라 1999년 말을 기준으로 정년이 초과하는 2명의 승무원을 계약직으로 다시 채용하여 계속 근무하도록 하였다. 나중에 K가 2001. 3. 31.자로 원고와의 리무진버스운영도급계약을 해지하고 주식회사 H서비스가 이를 대신하게 되자, 원고는 같은 해 4. 1.경 리무진버스사업팀을 해체하였는데, 최근 인천국제공항의 개항으로 운행되는 리무진버스가 대폭 증차되었다.

Ⅱ. 참조 조문

1. 근로기준법

제24조(경영상 이유에 의한 해고의 제한) ① 사용자가 경영상 이유에 의하여 근로자를 해고하려면 긴박한 경영상의 필요가 있어야 한다. 이 경우 경영 악화를 방지하기 위한 사업의 양도·인수·합병은 긴박한 경영상의 필요가 있는 것으로 본다.

② 제1항의 경우에 사용자는 해고를 피하기 위한 노력을 다하여야 하며, 합리적이고 공정한 해고의 기준을 정하고 이에 따라 그 대상자를 선정하여야 한다. 이 경우 남녀의 성을 이유로 차별하여서는 아니 된다.

③ 사용자는 제2항에 따른 해고를 피하기 위한 방법과 해고의 기준 등에 관하여 그 사업 또는 사업장에 근로자의 과반수로 조직된 노동조합이 있는 경우에는 그 노동조합(근로자의 과반수로 조직된 노동조합이 없는 경우에는 근로자의 과반수를 대표하는 자를 말한다. 이하 "근로자대표"라 한다)에 해고를 하려는 날의 50일 전까지 통보하고 성실하게 협의하여야 한다.

④ 사용자는 제1항에 따라 대통령령으로 정하는 일정한 규모 이상의 인원을 해고하려면 대통령령으로 정하는 바에 따라 고용노동부장관에게 신고하여야 한다.

⑤ 사용자가 제1항부터 제3항까지의 규정에 따른 요건을 갖추어 근로자를 해고한 경우에는 제23조 제1항에 따른 정당한 이유가 있는 해고를 한 것으로 본다.

Ⅲ. 판시사항

(1) 정리해고의 요건이 되는 긴박한 경영상 필요라 함은 반드시 기업의 도산을 회피하기 위한 경우에 한정되지 아니하고, 장래에 올 수도 있는 위기에 미리 대처하기 위하여 인원삭감이 객관적으로 보아 합리성이 있다고 인정되는 경우도 포함된다.

(2) 사용자가 정리해고를 실시하기 전에 다하여야 할 해고회피노력의 방법과 정도는 확정적·고정적인 것이 아니라 당해 사용자의 경영위기의 정도, 정리해고를 실시하여야 하는 경영상 이유, 사업의 내용과 규모, 직급별 인원상황 등에 따라 달라지고, 사용자가 해고를 회피하기 위한 방법에 관하여 노동조합 또는 근로자대표와 성실하게 협의하여 정리해고 실시에 관한 합의에 도달하였다면 이러한 사정도 해고회피노력의 판단에 참작되어야 한다.

(3) 무엇이 합리적이고 공정한 해고의 기준인가는 당해 사용자가 직면한 경영위기의 강도와 정리해고를 실시하여야 하는 경영상 이유, 정리해고를 실시한 사업 부문의 내용과 근로자의 구성, 정리해고 실시 당시의 사회경제상황 등에 따라 달라지고, 사용자가 해고의 기준에 관하여 노동조합 또는 근로자대표와 성실하게 협의하여 해고의 기준에 관한 합의에 도달하였다면 이러한 사정도 해고의 기준이 합리적이고 공정한 기준인지의 판단에 참작되어야 한다.

Ⅳ. 해 설

1. 경영상 해고의 의미와 요건

(1) 정리해고는 긴급한 경영상 필요에 의하여 기업에 종사하는 인원을 줄이기 위하여 일정한 요건 아래 근로자를 해고하는 것으로서 기업의 유지·존속을 전제로 그 소속 근로자들 중 일부를 해고하는 것을 가리킨다.[2)]

(2) 사용자가 경영상 이유에 의한 해고, 즉 정리해고를 하고자 하는 경우에는 긴박한 경영상 필요가 있어야 하고, 해고를 피하기 위한 노력을 다하여야 하며, 합리적이고 공정한 기준에 따라 그 대상자를 선정하여야 하고, 해고를 피하기 위한 방법과 해고의 기준 등을 근로자의 과반수로 조직된 노동조합 또는 근로자대표에게 해고실시일 50일 전까지 통보하고 성실하게 협의하여야 하는데, 위 각 요건의 구체적 내용은 확정적·고정적

2) 대법원 2003. 4. 25. 선고 2003다7005 판결.

인 것이 아니라 구체적 사건에서 다른 요건의 충족 정도와 관련하여 유동적으로 정해지므로, 구체적 사건에서 정리해고가 위 각 요건을 모두 갖추어 정당한지 여부는 위 각 요건을 구성하는 개별 사정들을 종합적으로 고려하여 판단하여야 한다.[3)]

(3) 근로기준법 제24조 제3항이 해고를 피하기 위한 방법과 해고의 기준을 해고실시 50일 이전까지 근로자대표에게 통보하게 한 취지는, 소속 근로자의 소재와 숫자에 따라 그 통보를 전달하는 데 소요되는 시간, 그 통보를 받은 각 근로자들이 통보 내용에 따른 대처를 하는데 소요되는 시간, 근로자대표가 성실한 협의를 할 수 있는 기간을 최대한으로 상정·허여하자는 데 있는 것이고, 50일 기간의 준수는 정리해고의 효력요건은 아니어서, 구체적 사안에서 통보 후 정리해고 실시까지의 기간이 그와 같은 행위를 하는 데 소요되는 시간으로 부족하였다는 등의 특별한 사정이 없으며, 정리해고의 그 밖의 요건은 충족되었다면 그 정리해고는 유효하다.[4)]

(4) 근로기준법 제28조에 의하여 부당해고구제재심판정을 다투는 소송의 경우에는 해고의 정당성에 관한 증명책임은 이를 주장하는 사용자가 부담하므로,[5)] 정리해고에서도 사용자가 정리해고의 정당성을 비롯한 정리해고의 요건을 모두 증명해야 한다.[6)]

2. 원심[7)]의 판단

(1) 원고의 사업부문 전체를 기준으로 한 1998 사업연도 경영성과나 부채비율, 이익잉여금, 특히 리무진버스사업부문의 영업실적, 원고의 리무진버스사업팀은 K개발의 흡수합병에 따라 버스사업본부 소속으로 신설된

---

3) 대법원 2011. 1. 27. 선고 2008두13972 판결. 이와 같이 근로기준법에 규정된 4가지 요소를 종합적으로 고려한다는 입장을 종합적 고려설 또는 판단요소설이라고 한다. 학설상으로는 4가지 요건을 모두 갖추어야 경영상 해고가 정당하다는 4요건설이 다수설이다. 김유성, "산업구조조정과 경기변동에 따른 근로자의 보호", 노동법연구 제2권 제1호(1992), 11~17면.
4) 대법원 2004. 10. 15. 선고 2001두1154 판결.
5) 대법원 1999. 4. 27. 선고 99두202 판결.
6) 대법원 2017. 6. 29. 선고 2016두52194 판결.
7) 서울고등법원 2001. 11. 14. 선고 2001누1026 판결.

조직이기는 하지만, 기존의 사업부문과 인적·물적 시설을 독립하여 운영하여 오지 않았고 또한 소속근로자들이 수행하는 업무의 내용에 비추어 다른 사업부문과 전혀 인적교류가 곤란하였을 것으로 볼 수 없음에도 원고가 참가인들에 대한 해고에 앞서 참가인들을 다른 사업부문으로 전환배치하는 등으로 해고를 회피하려고 노력하였던 자료를 찾아볼 수 없다.

(2) 참가인들을 해고한 후 얼마 지나지 아니하여 승무원의 공석이 발생하여 명예퇴직자를 포함하여 승무원들을 신규채용하거나 정년초과자들을 계약직으로 다시 채용하여 계속 근무하도록 하였고, 참가인들에 대한 해고를 전후하여 원고의 경영실적이 현저히 악화되었다는 사정을 인정할 만한 증거도 없는 점 등에 비추어 보면, 원고가 리무진버스사업팀 소속 승무원을 정리해고할 수밖에 없는 긴급한 경영상 필요가 있었다거나 객관적·합리적인 이유가 있었다고 보기 어렵다.

(3) 원고가 노동조합과의 협의를 거쳐 순환휴직, 명예퇴직, 참가인들의 서울영업소로의 전보 등의 조치를 거쳐 해고인원을 결정한 후 참가인들을 정리해고하였다는 것만으로 원고가 사용자로서 해고범위를 최소화하기 위하여 가능한 모든 조치를 취하였다고 보기 어렵다.

(4) 1999. 1. 25. 개최된 노사협의회에서 정리해고자 선정기준을 원고의 의견에 따라 징계, 근태, 지시이행 및 근무태도, 근속기간, 소속장의 근무평정으로 하기로 합의하였으나 그 선정기준을 적용하기 위한 구체적인 평가기간이나 평가항목별 배점에 관하여는 별다른 명시적인 합의를 하지 아니하였음에도, 원고는 승무원에 대하여는 1995. 1. 1.부터 1998. 12. 31.까지, 일반관리직원에 대하여는 1997. 1. 1.부터 1998. 12. 31.까지를 기준으로 하여 원고가 임의로 정한 세부항목과 배점기준에 따른 평가결과를 토대로 참가인들을 포함한 승무원들을 정리해고 대상자로 결정하였는바, 승무원들에 대한 평가대상기간을 일반관리직과 달리 설정할 별다른 합리적인 사유도 찾아 볼 수 없으므로 원고의 정리해고 대상자 선정기준이 합리성과 공정성을 갖춘 것이라고 단정하기 어렵다.

(5) 따라서 원고의 참가인들에 대한 해고는 정리해고의 요건을 충족하지 못한 부당해고에 해당한다.

3. 긴박한 경영상 필요

가. 의 의

정리해고의 요건이 되는 긴박한 경영상의 필요라 함은 반드시 기업의 도산을 회피하기 위한 경우에 한정되지 아니하고, 장래에 올 수도 있는 위기에 미리 대처하기 위하여 인원삭감이 객관적으로 보아 합리성이 있다고 인정되는 경우도 포함된다.[8]

나. 대법원의 판단

(1) 원고는 리무진버스에 관한 여객자동차운송사업 면허를 받은 K와 리무진운영도급계약을 체결하고 K가 그 소유의 리무진버스를 제공하면 필요한 승무원과 관리직원 등의 인력을 투입하여 K의 리무진버스 운행업무를 대행하여 그 대가로 쌍방협의에 의하여 조정될 수 있는 용역인원수에 따라 계산된 용역비를 K로부터 지급받는 형태의 사업을 그 한 사업부분으로 삼고 있었다.

그런데 K는 1998. 5. 및 6.경과 1999. 1.경에 이르러 관할관청으로부터 리무진버스의 경기침체에 대응하여 원가절감을 위한 방안으로 리무진버스를 감차하고 배차시간을 조정하는 내용의 사업변경 인가를 받은 다음 원고에 대하여 감차와 관련된 용역인원의 감축에 관한 협의를 각 요구하게 되었다.

사정이 그러하다면 K의 리무진버스 사업을 대행하는 원고로서는 사업내용의 특성상 K에 대한 사업의존도가 절대적일 수밖에 없어 그 사업에 제공될 리무진버스의 감차에 관한 K의 기본방침에 벗어나 그 대행사업을 영위할 수는 없는 지위에 있고, 따라서 조정된 용역인원에 상응하는 용역비를 감축하여 지급받고서도 계속 용역인원에 대한 고용을 유지한다면 필경 그 사업부문에서의 영업수지가 악화될 것임은 명백하였다.[9]

---

8) 대법원 2015. 5. 28. 선고 2012두25873 판결, 대법원 2017. 6. 29. 선고 2016두52194 판결.

9) 제1심(서울행정법원 2000. 12. 8. 선고 99구31779 판결)은, “원고가 K개발의 흡수합병

(2) 원고의 경우 각 사업부문별 영업이익과 영업비용 외에 일반관리비가 따로 계상되어 있고, 이와 같은 경우에는 어느 사업부문의 영업이익의 발생 여부는 당해 사업부문의 영업수입에서 그 영업비용과 일반관리비의 합계를 공제한 금액으로 하여야 하는데, 감사보고서에는 1998년도 원고회사 리무진버스 사업부의 영업수입은 4,457,998,232원, 그 영업비용은 4,104,101,921원으로 기재되어 있으나 일반관리비는 각 사업부문의 합계인 2,326,223,077원만 기재되어 있고 각 사업부문별 일반관리비는 기재되어 있지 않으므로, 위 일반관리비 중 리무진버스 사업부의 일반관리비가 어느 정도를 점하고 있는지를 더 나아가 파악해 보지 아니하고서는 리무진버스 사업부문에서 영업이익이 실현된 것이라고 단정하기에는 부족하다. 당시의 경제여건과 리무진버스의 운영실태에 비추어 일반관리비까지 감안하는 경우 오히려 영업손실이 발생하였을 개연성이 있었다.

(3) K가 1998. 2. 27.경 예측한 바에 따르면 1997년도와 대비하여 1998년도의 리무진버스 수송실적이 20% 감소할 것으로 예상되어 이 사업부문에서만 무려 38억 원의 적자가 발생할 것을 우려하였다.

(4) 원고 역시 인원감축 등 특단의 조치를 취하지 아니하고서는 리무진버스 사업부의 경영위기를 타개할 수는 없었음을 추지할 수 있는 점 등을 종합해 볼 때, 참가인들을 정리해고할 시점에 원고로서는 인원삭감이 객관적으로 보아 불가피한 긴박한 경영상의 필요가 있었다고 볼 여지가 있다.

(5) 원고가 1999. 11. 24. 2명을, 2000. 4. 11. 1명을 신규채용하고

을 통하여 고용을 승계한 소속 직원들을 리무진버스운영사업에 직접 종사시켰다는 점에서 적어도 리무진버스운행 대행업무에 관한 한 실질적으로는 K에 대하여 리무진버스의 운행 및 관리를 위한 근로자의 파견 내지 공급사업을 수행한 것에 다름 아니라 할 것인데, 파견근로자보호 등에 관한 법률 제5조 제2항 제5호, 제4항, 같은 법시행령 제2조 제2항 제5호 및 직업안정법 제33조, 같은 법 시행령 제33조의 규정을 종합하면 근로자의 고용안정과 보호를 위하여 여객자동차운송사업의 운전업무에 종사시킬 목적으로 근로자를 파견할 수 없고, 노동조합으로서 노동부장관의 허가를 받지 않는 한 근로자공급사업을 할 수 없다고 해석된다. 따라서 원고가 현행법상 근로자의 고용보장 측면에서 허용되지 않는 근로자 파견 내지 공급사업을 탈법적으로 경영하였던 이상, K의 리무진버스운영사업 축소 방침 및 이에 따른 감차, 감원통보가 있었다는 이유로 리무진버스사업팀의 소속 근로자를 정리해고할 수밖에 없는 급박한 경영상의 필요가 있었다고 단정할 수 없다"고 판시하였다.

1999년 말을 기준으로 정년이 초과하는 2명의 승무원을 계약직으로 다시 채용한 것은 이 사건 정리해고 후 8개월 가량 경과된 시점에서 생긴 결원을 보충하기 위한 것이었으므로, 이를 들어 이 사건 정리해고에 긴박한 경영상 필요가 없었다고 단정할 수는 없다.[10)]

4. 해고회피 노력

가. 내 용

사용자가 정리해고를 실시하기 전에 다하여야 할 해고회피노력의 방법과 정도는 확정적·고정적인 것이 아니라 당해 사용자의 경영위기의 정도, 정리해고를 실시하여야 하는 경영상 이유, 사업의 내용과 규모, 직급별 인원상황 등에 따라 달라지는 것이고,[11)] 사용자가 해고를 회피하기 위한 방법에 관하여 노동조합 또는 근로자대표와 성실하게 협의하여 정리해고 실시에 관한 합의에 도달하였다면 이러한 사정도 해고회피노력의 판단에 참작되어야 한다.[12)]

나. 대법원의 판단

(1) 원고 회사에는 당시 리무진버스사업부 근로자만으로 조직된 H관광 리무진노동조합(가입대상 인원 172명 중 93명 가입)과 관광버스 운전원·안내원·정비사 등을 가입대상으로 하는 관광버스 노동조합(가입대상 인원 34명 중 27명 가입)이 있었고, 그 외에 본사·화물·면세점의 직원을 대상으로 하는 H관광 노동조합(가입대상인원 417명 중 255명 가입)이 존재하고 있었는데, 위 3개 노동조합은 각자 구성원 근로자들을 대표하여 원고 회사와 독립된 단체협약을 체결하고 노사협의를 하여 왔다.

(2) 원고는 1년 가까이 리무진노동조합과 인원감축에 관하여 협의하여 오면서 명예퇴직 실시, 순환휴직제, 상여금 삭감 등의 조치를 취하였는데,

---

10) 사용자가 부득이한 경영상의 필요성을 이유로 근로자에 대한 정리해고를 한 경우에 그 타당성 여부의 판단은 정리해고를 한 당시를 기준으로 하여야 하며 그 후 경영상태의 호전여부는 고려될 것이 아니다. 대법원 1992. 11. 10. 선고 91다19463 판결.

11) 대법원 2017. 6. 29. 선고 2016두52194 판결.

12) 대법원 2002. 7. 9. 선고 2001다29452 판결.

당시 원고 회사나 리무진노동조합 모두 관광버스 운전원으로의 배치전환 등 주장은 없었다.

(3) 원고는 물론 리무진버스사업부의 근로자들조차도 리무진버스 사업과 관광버스 사업을 별개의 사업으로 인식하고 있었다.

(4) 원고는 1998. 2. 25.부터 리무진버스 사업부분 외의 나머지 사업부문에 대해서도 구조조정을 단행하여 명예퇴직 형식으로 상당한 인원을 감축하였고, 당시 관광버스 25대를 운영하고 있었으나 참가인들을 관광버스 운전원으로 받아들일 여력이 없었다.

(5) 리무진버스 승무원과 관광버스 운전원의 채용조건, 근무형태나 임금체계 등 근로조건, 관광버스 운전원의 공석 여부 등 관광버스 사업팀으로의 배치전환 가능성은 거의 없었다.

(6) 이러한 사정에 비추어 보면, 원고로서는 해고회피를 위한 노력을 다한 것으로 보아야 한다.

5. 해고기준의 정당성

가. 내 용

무엇이 합리적이고 공정한 해고의 기준인가는 당해 사용자가 직면한 경영위기의 강도와 정리해고를 실시하여야 하는 경영상 이유, 정리해고를 실시한 사업 부문의 내용과 근로자의 구성, 정리해고 실시 당시의 사회경제상황 등에 따라 달라지고, 사용자가 해고의 기준에 관하여 노동조합 또는 근로자대표와 성실하게 협의하여 해고의 기준에 관한 합의에 도달하였다면 이러한 사정도 해고의 기준이 합리적이고 공정한 기준인지의 판단에 참작되어야 한다.[13)]

나. 대법원의 판단

(1) 원고와 리무진노동조합 사이의 1999. 1. 25. 노사협의회 합의에 이르게 된 경위와 그 합의의 내용 등에 비추어 보면, 위 노사협의회에서 리

---

13) 대법원 2002. 7. 9. 선고 2001다29452 판결.

무진버스의 감축에 따른 고용조정인원을 서울영업소의 11명, 부산영업소의 6명 등 17명으로 하고, 그 선정기준은 원고 회사에서 제시하였던 징계, 근태, 지시이행 및 근무태도, 근속기간, 소속장의 근무평정으로 하기로 하면서도 고용조정대상자 선정기준을 적용하기 위한 구체적인 평가기간이나 평가항목별 배점에 관하여는 별다른 명시적인 합의를 하지 아니한 것은 그 구체적인 평가기간이나 평가항목별 배점 등에 관한 사항을 원고에 일임한 취지라고 봄이 상당하다.

(2) 버스승무원과 일반관리직원은 각 업무의 성질과 내용이 다르므로 그들 사이에 징계나 근태 또는 지시이행 등의 평가기간을 달리 한다고 하여 합리성이나 공정성이 없다고는 할 수 없다.

6. 대법원의 결론

대법원은 위와 같은 판시이유를 들어, 이 사건 정리해고가 긴박한 경영상 필요나 해고회피 노력 없이 이루어지고 해고대상자 선정기준에 합리성과 공정성이 없다는 원심판결은 부당하다고 판단하였다.

[28] 장기복무 공군장교에 대한 전역제한처분

대법원 2011. 9. 8. 선고 2009다77280 판결

Ⅰ. 사실관계

(1) 원고들은 공군사관학교를 42기로 졸업한 장기복무 조종병과(操縱兵科) 장교들로서 군인사법이 정한 10년의 의무복무기간, 공군이 인력정책에 따라 운영하는 3년의 추가복무기간 합계 13년의 복무기간이 만료되는 자들이다. 2007. 3. 31.부 전역(轉役) 희망원을 제출하였으나, 공군본부는 2002년부터 2006년도 사이 공군 조종사의 연평균 전역인원이 68.8명이었던 것에 비하여 원고를 비롯한 2007년도에 전역을 희망한 조종사가 128명으로 늘어남에 따라, 전역을 제한하는 조치를 취하지 아니하면 국가안보 내지 군 전투력 유지에 차질을 초래할 수 있다는 이유로, 2007. 10. 31.부로 전역을 명하였다.

(2) 공군본부는 전역희망자 중 비(非)공군사관학교 출신을 우선하고 공군사관학교 출신 중에는 생년월일이 앞선 자를 우선한 결과, 전역희망자 중 전역제한처분을 받게 된 자는 공군사관학교 출신 전역희망자 62명 중 생년월일이 상대적으로 늦은 38명이 남게 되었다. 생년월일을 전역제한자를 선별하는 기준으로 삼은 것은 민간항공사의 취업가능연력이 연차적으로 하향화되는 추세여서 전역 후의 취업가능 기간을 고려하였기 때문이다.

(3) 원고들을 비롯한 전역제한처분을 받은 자는 모두 2008년도에 전역허가가 될 것으로 예상되므로 전역이 지연되는 기간은 1년 정도일 것으로 예상되었다.

(4) 원고들은 전역제한처분이 위법하다는 이유로 대한민국을 상대로 손해배상을 구하는 소를 제기하였다. 제1심에서는 “공군측이 전역제한처

분의 근거로 삼은 적정유출 인원 산정 기준이 불명확할 뿐만 아니라 전역제한 기준이 군인사법 제35조 제1항 단서가 규정하는 전시·사변 등의 국가비상시 또는 그에 준하는 사유에도 해당되지 않는 점에 비추어 볼 때, 공군측의 전역제한처분은 재량권을 일탈·남용한 것으로서 위법하다"라고 하여 원고가 승소하였으나, 원심과 대법원에서는 원고가 패소하였다.[1)]

Ⅱ. 참조 조문

1. 구 군인사법(1992. 12. 2. 법률 제4506호로 개정되기 전의 것)

제7조(의무복무기간) ① 장교, 준사관 및 하사관의 의무복무기간은 다음과 같다. 다만, 전시, 사변 등의 국가비상시에는 예외로 한다.

1. 장기복무장교는 10년으로 하되 제5연차에 1회의 전역지원을 할 수 있다.

제35조(원에 의한 전역) ① 제7조에 규정된 복무기간을 마친 자는 원에 의하여 현역으로부터 전역할 수 있다. 다만, 전시, 사변 등의 국가비상시에는 예외로 한다.

2. 국가배상법

제2조(배상책임) ① 국가나 지방자치단체는 공무원 또는 공무를 위탁받은 사인(이하 "공무원"이라 한다)이 직무를 집행하면서 고의 또는 과실로 법령을 위반하여 타인에게 손해를 입히거나, 「자동차손해배상 보장법」에 따라 손해배상의 책임이 있을 때에는 이 법에 따라 그 손해를 배상하여야 한다. 다만, 군인·군무원·경찰공무원 또는 예비군대원이 전투·훈련 등 직무 집행과 관련하여 전사(戰死)·순직(殉職)하거나 공상(公傷)을 입은 경우에 본인이나 그 유족이 다른 법령에 따라 재해보상금·유족연금·상이연금 등의 보상을 지급받을 수 있을 때에는 이 법 및 「민법」에 따른 손해배상을 청구할 수 없다.

---

1) 이에 대한 평석은 민정석, "공군장교에 대한 전역제한처분의 위법성 판단기준", 올바른 재판 따뜻한 재판(이인복 대법관 퇴임기념 논문집), 사법발전재단(2016), 3~25면.

> ② 제1항 본문의 경우에 공무원에게 고의 또는 중대한 과실이 있으면 국가나 지방자치단체는 그 공무원에게 구상(求償)할 수 있다.

Ⅲ. 판시사항

(1) 구 군인사법 관련 규정의 문언 및 형식, 그 규정의 취지 등에 비추어 보면, 의무복무기간을 모두 마친 장기복무장교가 전역을 지원할 경우, 전시·사변 등의 국가비상시가 아닌 이상 전역권자는 원칙적으로 전역을 허가하여야 하나, 전역 희망 의사의 확인 또는 업무 공백의 방지 등 공익적 목적을 위하여 필요한 한도 내에서 전역일을 조정하는 등 조치를 취할 수는 있다.

(2) 생년월일을 전역제한자 선별 기준으로 삼은 것은 민간항공사 취업가능연령의 하향화 추세로 전역 후 취업가능 기간을 고려하였기 때문인 점과 공군 조종사의 인력 부족은 국가안보에 공백이 생기는 중대한 결과를 초래할 수 있는 데 비하여 전역제한처분으로 전역이 지연되는 기간이 1년 정도일 것으로 예상되는 점 등을 고려하면 위 전역제한처분은 위법하지 않다.

(3) 의무복무기간을 마친 장기복무장교의 군복무관계는 전역지원자의 전역지원과 전역권자의 전역허가에 의해 종료된다. 전역권자는 장기복무장교의 의무복무기간이 종료되더라도 자체적으로 인력수급사정을 참작하여 그 장교가 원에 의한 전역의 의사표시를 하지 않는 한 복무기간을 연장하여 지속적으로 근무하게 할 수 있으므로, 단지 공군이 법규상 근거 없이 관행에 의해 추가복무기간을 운영하였다는 사정만으로 위 행위를 위법하다고 하기 어렵다.

Ⅳ. 해 설

1. 전역제한처분

가. 재량행위와 기속행위의 구분

행정행위가 그 재량성의 유무 및 범위와 관련하여 이른바 기속행위 내지 기속재량행위와 재량행위 내지 자유재량행위로 구분된다고 할 때, 그 구분은 당해 행위의 근거가 된 법규의 체제·형식과 그 문언, 당해 행위가 속하는 행정 분야의 주된 목적과 특성, 당해 행위 자체의 개별적 성질과 유형 등을 모두 고려하여 판단하여야 한다. 이렇게 구분되는 양자에 대한 사법심사는, 전자의 경우 그 법규에 대한 원칙적 기속성으로 인하여 법원이 사실인정과 관련 법규의 해석·적용을 통하여 일정한 결론을 도출한 후 그 결론에 비추어 행정청이 한 판단의 적법여부를 독자적 입장에서 판정하는 방식에 의하게 되나, 후자의 경우 행정청의 재량에 기한 공익판단의 여지를 감안하여 법원은 독자의 결론을 도출함이 없이 당해 행위에 재량권의 일탈·남용이 있는지 여부만을 심사하게 되고, 이러한 재량권의 일탈·남용 여부에 대한 심사는 사실오인, 비례·평등의 원칙 위배, 당해 행위의 목적 위반이나 동기의 부정 유무 등을 그 판단 대상으로 한다.[2)]

나. 전역 관련 처분에 관한 판례

(1) 해군 항공장교인 원고의 현역근무정년이 약 11개월 남았고 그 후임자가 항공장교의 최고서열인 항공처장에 재직하고 있는 사정하에서 약 2년반 이상 항공업무에 종사하지 못한 원고에 대하여 항공업무를 위한 재교육조치를 취할 가치가 있는지의 여부에 대한 판단 및 원고가 금전갹출과 차용행위등으로 인하여 부하의 신뢰와 존경심을 상실하게 되어 지휘및 통솔능력이 부족한 자에 해당하는지의 여부 등은 해군참모총장이나 전역심사위원회등 관계기관에서 원칙적으로 자유재량에 의하여 판단할 사항으로서 군의 특수성에 비추어 명백한 법규위반이 없는 이상 군당국의 판

2) 대법원 2001. 2. 9. 98두17593 판결, 대법원 2018. 10. 4. 선고 2014두37702 판결.

단을 존중하여야 한다.[3)]

(2) 군인사법상 현역복무 부적합 여부를 판정할 때는 참모총장이나 전역심사위원회 등 관계 기관에서 원칙적으로 자유재량에 의하여 판단할 사항으로서 군의 특수성에 비추어 명백한 법규위반이 없는 이상 군 당국의 판단을 존중하여야 한다.[4)]

다. 대상자에게 원하는 시기에 전역할 권한이 있는지 여부

군인사법 시행령 제47조에서 본인의 의사에 따르지 아니한 전역에 관하여 제1항에서 "법 제37조 제1항 제1호, 제2호 및 제4호에 해당하는 사람은 전역심사위원회가 전역을 의결한 날부터 3개월 이내에 전역하고, 법 제37조 제1항 제3호에 해당하는 사람은 1년 이내에 전역한다"고 규정하고 있다. 이에 비추어 보면, "조사 또는 심사대상자는 전역심사위원회의 심사를 받기 전에 법 제35조의 규정에 의하여 지원전역을 할 수 있다"는 군인사법 시행규칙 제63조의 규정은 전역심사위원회의 심사로 원에 의하지 아니하는 전역을 할 가능성이 있는 대상자로 하여금 원에 의한 전역을 할 기회를 부여한다는 것이지, 전역심사위원회의 의결에도 불구하고 대상자에 대하여 대상자가 원하는 시기에 원에 의한 전역을 할 수 있는 권한을 부여한 것이라고는 볼 수 없다.[5)]

라. 검 토

종래 대법원은 일반 공무원이나 사법상 근로관계에서 직권면직에 대하여는 그 사유인정이나 적용에 관하여 비교적 엄격한 태도를 보인 것과는 달리, 현역 군인에 대한 군인사법상 전역처분이나 전역제한처분에 대하여는 상당히 폭넓은 재량을 인정하여 왔다. 이러한 대법원의 태도는 직업군인에서도 그 직에서 배제하거나 전역을 제한하는 것은 그 생존 내지 생활의 주된 근거를 잃게 하거나 직업선택의 자유를 제한하는 중대한 불이익

---

3) 대법원 1980. 9. 9. 선고 80누291 판결.

4) 대법원 1997. 5. 9. 선고 97누2948 판결, 대법원 1998. 10. 13. 선고 98두12253 판결.

5) 대법원 1997. 12. 23. 선고 96누1719 판결, 대법원 2004. 4. 27. 선고 2004두107 판결.

처분임이 분명하지만, 군인의 직무나 근무조건 등이 여타 직역과는 현저하게 다른 특수성이 있음을 고려하여(군인사법 제1조), 그 신분 유지에 대하여 임용권자에게 폭넓은 재량을 인정하는 취지라고 할 수 있다.[6)]

2. 군의관에 대한 전역거부처분의 적법성[7)]

가. 사실관계

(1) 원고는 1989. 2. 조선대학교 의과대학을 졸업하고 1990. 4. 14. 군의(軍醫) 20기로 중위로 임관하여 제27사단에서 근무하던 중 장기복무신청을 하여 1991. 6. 10. 장기복무 의무장교(醫務將校)로 임용된 후 그 무렵부터 1995. 2.경까지 국군 수도병원에서 안과 전문의학 과정 수습을 받았으며, 1996. 12. 1. 소령으로 진급하여 현재 육군 특수전사령부 의무근무대장으로 근무하고 있다.

(2) 원고는 구 군인사법(1997. 1. 13. 법 제5267호로 개정되기 전의 것) 제7조 제1항 제1호의 규정에 의하여 장기복무 의무장교로 임용된 1991. 6. 10.을 기준으로 제5년차인 1996. 4. 30.에 전역희망일자를 1997. 4. 30.로 하여 피고 앞으로 전역지원서를 제출하였다.

(3) 그러나 육군본부 전역심사위원회는 1997. 1. 28. 원고에 대한 전역여부를 심의한 결과, 원고가 전역지원의 시기를 상실하였을 뿐 아니라 의무장교의 인력운영 수준이 매우 저조하여 장기활용가능 자원인 원고를 의무복무기간 중 군에서 계속하여 활용할 필요가 있다는 등의 이유로 원고를 전역대상자에서 제외하기로 의결하였고, 이에 따라 피고(국방부장관)는 같은 해 2. 10. 위와 같은 이유로 원고에 대하여 전역거부처분을 하였다.

(4) 1997년도에 전 병과를 통하여 제5년차 전역지원을 한 인원 중 전역허가처분을 받은 인원이 123명 중 113명에 이르는 등 지원자의 대부분에 대하여 전역이 허가되었고, 1996년도의 육군 군의병과 대위에서 소령

---

6) 김의환, "군인사법의 개정으로 징계처분 중 감봉이 중징계에서 경징계로 변경된 경우, 군인사법에 의한 전역심사를 함에 있어 확정된 감봉처분을 중징계로 볼 것인지 아니면 경징계로 볼 것인지 여부의 기준 법률(=전역심사 당시의 법률)", 대법원판례해설 제36호, 607면.

7) 대법원 1998. 10. 13. 선고 98두12253 판결.

으로의 진급대상인원은 78명이고 진급인원은 14명이며, 1997년도의 진급대상인원은 64명이고 진급인원은 20명이었다.

나. 판 단

(1) 위에서 인정한 사정이나 의무병과인 원고에 대하여 전역승인을 거부하였다는 점만으로는 이 사건 처분이 다른 병과와의 형평성을 상실한 것이라거나 평등의 원칙에 어긋나는 것이라고 볼 수는 없다.

(2) 국군수도병원의 경우만 해도 환자수가 1996년에 68,511명, 1997년에 72,971명에 이르는데, 원고가 전역을 희망한 1997년도에 군의병과 중소령의 인력운영수준은 정원의 56.9%에 불과한 점을 고려하면, 장기자원인 원고를 군에 계속 복무하게 할 필요가 있으므로, 피고가 위와 같은 사정 등을 종합하여 한 전역거부처분은 그 재량의 범위 내에서 이루어진 처분이고, 위 처분이 헌법상 보장된 원고의 직업선택의 자유를 부당하게 제한하거나 행복추구권·평등권을 침해하는 것으로서 재량권의 한계를 일탈한 것이라고는 볼 수 없다.

(3) 장교 등 군인의 전역허가 여부는 전역심사위원회 등 관계 기관에서 원칙적으로 자유재량에 의하여 판단할 사항으로서 군의 특수성에 비추어 명백한 법규 위반이 없는 이상 군 당국의 판단을 존중하여야 하는데, 원고에 대한 전역거부처분에서 군 당국의 법규 위반이 있다고 보이지 않고, 또한 원고가 주장하는 바와 같은 헌법상 보장된 원고의 직업선택의 자유, 행복추구권, 평등권 등 기본적 인권보호의 필요성을 고려하더라도 장기복무 의무장교의 확보 필요성 등에 비추어 볼 때 위 처분이 재량의 범위를 일탈하였거나 남용하였다고 할 수도 없다.

3. 대상사안의 검토

가. 전역에 관한 재량권 일탈 여부

(1) 구 군인사법 관련 규정의 문언 및 형식, 그 규정의 취지 등에 비추어 보면, 의무복무기간을 모두 마친 장기복무장교가 전역을 지원할 경우,

전시·사변 등의 국가비상시가 아닌 이상 전역권자는 원칙적으로 전역을 허가하여야 하나, 전역 희망 의사의 확인 또는 업무 공백의 방지 등 공익적 목적을 위하여 필요한 한도 내에서 전역일을 조정하는 등 조치를 취할 수 있다.

(2) 이 사건에서 공군본부는 2002년부터 2006년도 사이 공군 조종사의 연평균 전역인원이 68.8명이었던 것에 비하여 원고들을 비롯한 2007년도에 전역을 희망한 조종사가 128명으로 늘어남에 따라, 전역을 제한하는 조치를 취하지 아니하면 국가안보 내지 군 전투력 유지에 차질을 초래할 수 있고 판단하였다.

(3) 공군본부가 생년월일을 전역제한자를 선별하는 기준으로 삼은 것은 민간항공사의 취업가능연령이 연차적으로 하향화되는 추세이어서 전역 후의 취업가능 기간을 고려하였기 때문인데, 원고들을 비롯한 전역제한처분을 받은 자는 모두 2008년도에 전역허가가 될 것으로 예상되므로 전역이 지연되는 기간은 1년 정도일 것으로 예상된다.

(4) 따라서 이 사건 전역제한처분으로 인하여 국가가 얻게 되는 국가안보 또는 군 전투력 유지 등 공익이 원고들이 부담하는 직업선택의 자유의 제한이라는 사익보다 우월적 법익인 점, 전역대상자 선발에 재량권을 일탈했다고 볼 만한 사정이 없는 점, 원고들의 전역이 지연되는 기간은 1년 정도라는 점 등을 고려하면, 전역제한처분이 위법하다고 볼 수 없다.

나. 추가복무기간 운영의 적법성

장기복무장교의 의무복무기간이 종료됨에 따라 군복무관계가 당연히 해소된다고 할 수 없고, 전역지원자의 전역지원과 전역권자의 전역허가에 의하여 군복무관계가 종료된다. 전역권자는 장기복무장교의 의무복무기간이 종료되었다고 하더라도 자체적으로 인력수급사정을 참작하여 의무복무기간이 만료된 장기복무장교가 원에 의한 전역의 의사표시를 하지 아니하는 한 복무기간을 연장하여 장기복무장교를 지속적으로 근무하게 할 수 있다. 이 사건에서 원고들은 의무복무기간 만료 후 추가복무기간 만료 전에 전역하겠다는 의사표시를 하지 않았으므로, 공군이 법규상 근거가 없이 관행에 의해 추가복무기간을 운영하였다는 사정만으로 그와 같은 행위를 위법하다고 보기 어렵다.

다. 결 론

따라서 이 사건 전역제한처분이 위법한 것으로 볼 수 없으므로, 이와 다른 전제에 선 원고들의 손해배상청구는 부당하다.[8)]

---

8) 제1심(서울중앙지방법원 2008. 10. 1. 선고 2007가합3150 판결)은, 공군측은 연평균 f/c형 조종사 양성인원을 142명으로 산정하고, 소령에서 중령으로 진급될 대상자 및 비행대대장 보임관리 적정인원을 52명으로 산정하여 그에 따라 연간 적정유출 인원을 90명으로 산정한 후, 위 적정유출 인원이 넘는 전역희망자에 대하여 공군사관학교출신 중 기수가 낮고, 생년월일이 늦은 순서로 전역을 제한함에 따라 원고들이 이 사건 전역제한처분을 받게 된 사실을 인정할 수 있는바, 위와 같이 공군측이 전역제한처분의 근거로 삼은 적정유출 인원 산정 기준이 불명확할 뿐만 아니라 전역제한 기준이 군인사법 제35조 제1항 단서가 규정하는 전시, 사변 등의 국가비상시 또는 그에 준하는 사유에도 해당되지 않는 점에 비추어 볼 때, 공군측의 이 사건 전역제한처분은 재량권을 일탈·남용한 것으로서 위법하므로, 피고는 국가배상법 제2조 제1항 본문에 의하여 원고들에게 원고들이 피고 소속 공무원들의 직무집행상의 고의 또는 과실로 인한 위법행위인 이 사건 전역제한처분으로 말미암아 전역이 늦어지게 됨에 따라 입게 된 손해를 배상할 의무가 있다고 판시하였다.

[29] 운항승무원자격심의위원회의 수습조종사요원에 대한 부적격 의결

대법원 1996. 8. 23. 선고 95누1439 판결

Ⅰ. 사실관계

(1) 원고는 1990. 1. 17. 피고 보조참가인 K항공(국내 항공사)의 기초비행훈련원 조종훈련생으로 선발되어, 1992. 6. 1. 위 훈련과정을 수료하고 같은 날 K항공 운항훈련원의 수습조종사요원으로 채용되어 제트비행훈련을 받았다.[1)]

(2) 원고는 1992. 10. 13.과 같은 달 27. 실시된 Falcon－20 제트비행기에 의한 조종사 입과(入課) 자질비행심사에서 심사관들부터 비행경력에 비하여 항공기 조작이 급격하다는 등의 총평과 함께 '부족' 총평정을 받았다.

(3) 원고는 1992. 11. 10. 위 심사관들의 총평과 총평정을 주요 자료로 삼은 운항승무원자격심의위원회에서 '조종요원 부적격' 의결을 받아, 1993. 2. 27. K항공으로부터 취업규칙 제46조 제2항 제4호에 해당한다는 이유로 해임예고를 받았다가, 1993. 3. 31. 해고되었다.

(4) 원고는 서울지방노동위원회에 부당해고구제신청을 하였으나 1993. 6. 15. 기각되어 중앙노동위원회에 93부해159호로 재심신청을 하자, 피고(중앙노동위원회 위원장)는 1993. 8. 16. 원고의 재심신청을 기각하는 판정을 하였다.

(5) 원고는, K항공 운항규정의 해석상 운항승무원의 심사를 담당하는 검열운항승무원은 적어도 해당 기종 자격증명 한정을 소지하여야 하는데,

1) 수습(修習) 기간은 정식 채용된 근로자의 직업능력 양성·교육을 목적으로 하는 것이고, 시용(試用) 기간은 정식 채용을 전제로 직업능력과 기업적응성을 판단하기 위한 것이므로 개념상 구별된다. 채용내정이란 사용자가 공개시험이나 추천 등을 통하여 채용예정자를 미리 선정·확정하고 일정한 시점에 정규사원으로 입사시키는 것을 말한다.

원고에 대하여 조종사 입과 자질비행심사를 한 심사관들은 팰콘-20 제트 비행기에 관한 자격증명 한정을 소지하지 않았으므로 위 심사관들은 검열 운항승무원으로서의 자격이 없는 자이고, 자격이 없는 자가 한 평가를 자료로 삼은 위 운항승무원자격심의위원회의 '조종요원 부적격'의 의결을 근거로 원고가 취업규칙 제46조 제2항 제4호가 규정한 '근태가 불량하거나 근무성적 또는 교육훈련 성적이 불량하거나 직원으로서의 부적합이 인정될 때'에 해당한다고 보고 이루어진 이 사건 해고는 부당하다고 주장하였다.

Ⅱ. 참조 조문

1. 구 항공법(1991. 12. 14. 법률 제4435호로 전문 개정된 것)

제116조(운항규정 및 정비규정의 인가) 정기항공운송사업자는 교통부령이 정하는 항공기의 운항 및 정비에 관한 운항규정 및 정비규정을 정하여 교통부장관의 인가를 받아야 한다. 이를 변경하고자 하는 경우에도 또한 같다.

2. 항공안전법

제93조(항공운송사업자의 운항규정 및 정비규정) ① 항공운송사업자는 운항을 시작하기 전까지 국토교통부령으로 정하는 바에 따라 항공기의 운항에 관한 운항규정 및 정비에 관한 정비규정을 마련하여 국토교통부장관의 인가를 받아야 한다. 다만, 운항규정 및 정비규정을 운항증명에 포함하여 운항증명을 받은 경우에는 그러하지 아니하다.

② 항공운송사업자는 제1항 본문에 따라 인가를 받은 운항규정 또는 정비규정을 변경하려는 경우에는 국토교통부령으로 정하는 바에 따라 국토교통부장관에게 신고하여야 한다. 다만, 최소장비목록, 승무원 훈련프로그램 등 국토교통부령으로 정하는 중요사항을 변경하려는 경우에는 국토교통부장관의 인가를 받아야 한다.

③ 국토교통부장관은 제1항 본문 또는 제2항 단서에 따라 인가하려는

경우에는 제77조 제1항에 따른 운항기술기준에 적합한지를 확인하여야 한다.

④ 국토교통부장관은 제1항 본문 또는 제2항 단서에 따라 인가하는 경우 조건 또는 기한을 붙이거나 조건 또는 기한을 변경할 수 있다. 다만, 그 조건 또는 기한은 공공의 이익 증진이나 인가의 시행에 필요한 최소한도의 것이어야 하며, 해당 항공운송사업자에게 부당한 의무를 부과하는 것이어서는 아니 된다.

⑤ 항공운송사업자는 제1항 본문 또는 제2항 단서에 따라 국토교통부장관의 인가를 받거나 제2항 본문에 따라 국토교통부장관에게 신고한 운항규정 또는 정비규정을 항공기의 운항 또는 정비에 관한 업무를 수행하는 종사자에게 제공하여야 한다. 이 경우 항공운송사업자와 항공기의 운항 또는 정비에 관한 업무를 수행하는 종사자는 운항규정 또는 정비규정을 준수하여야 한다.

3. 구 항공법 시행규칙(1993. 2. 13. 교통부령 제999호로 전문 개정되기 전의 것)

제237조(운항규정과 정비규정의 인가신청) 법 제83조의 규정에 의한 운항규정과 정비규정의 설정 또는 변경의 인가를 받고자 하는 자는 다음 사항을 기재한 운항규정설정(변경)인가신청서 또는 정비규정설정(변경)인가신청서 1통을 교통부장관에게 제출하여야 한다.

1. 성명과 주소
2. 설정 또는 변경하고자 하는 운항규정(변경의 경우에는 신구대조를 명시할 것)

4. 항공안전법 시행규칙

제266조(운항규정과 정비규정의 인가 등) ① 항공운송사업자는 법 제93조 제1항 본문에 따라 운항규정 또는 정비규정을 마련하거나 법 제93조 제2항 단서에 따라 인가받은 운항규정 또는 정비규정 중 제3항에 따른 중요사항을 변경하려는 경우에는 별지 제96호 서식의 운항규정 또는 정비규정 (변경)인가 신청서에 운항규정 또는 정비규정(변경의 경우에는 변경할 운항규정과 정비규정의 신·구내용

대비표)을 첨부하여 국토교통부장관 또는 지방항공청장에게 제출하여야 한다.

② 법 제93조 제1항에 따른 운항규정 및 정비규정에 포함되어야 할 사항은 다음 각 호와 같다.

1. 운항규정에 포함되어야 할 사항: 별표 36에 규정된 사항
2. 정비규정에 포함되어야 할 사항: 별표 37에 규정된 사항

③ 법 제93조 제2항 단서에서 "최소장비목록, 승무원 훈련프로그램 등 국토교통부령으로 정하는 중요사항"이란 다음 각 호의 사항을 말한다.

1. 운항규정의 경우: 별표 36 제1호 가목 6)·7)·38), 같은 호 나목 9), 같은 호 다목 3)·4) 및 같은 호 라목에 관한 사항과 별표 36 제2호 가목 5)·6), 같은 호 나목 7), 같은 호 다목 3)·4) 및 같은 호 라목에 관한 사항
2. 정비규정의 경우: 별표 37에서 변경인가대상으로 정한 사항

④ 국토교통부장관 또는 지방항공청장은 제1항에 따른 운항규정 또는 정비규정 (변경)인가신청서를 접수받은 경우 법 제77조 제1항에 따른 운항기술기준에 적합한지의 여부를 확인 한 후 적합하다고 인정되면 그 규정을 인가하여야 한다.

제267조(운항규정과 정비규정의 신고) ① 법 제93조 제2항 본문에 따라 인가 받은 운항규정 또는 정비규정 중 제3항에 따른 중요사항 외의 사항을 변경하려는 경우에는 별지 제97호 서식의 운항규정 또는 정비규정 변경신고서에 변경된 운항규정 또는 정비규정과 신·구 내용 대비표를 첨부하여 국토교통부장관 또는 지방항공청장에게 신고하여야 한다.

② 국토교통부장관 또는 지방항공청장은 제1항에 따른 신고를 받은 날부터 10일 이내에 수리 여부 또는 수리 지연 사유를 통지하여야 한다. 이 경우 10일 이내에 수리 여부 또는 수리 지연 사유를 통지하지 아니하면 10일이 끝난 날의 다음 날에 신고가 수리된 것으로 본다.

제268조(운항규정 및 정비규정의 배포 등) 항공운송사업자는 제266조 및 제267조에 따라 인가받거나 신고한 운항규정 또는 정비규정에 최신의 정보가 수록될 수 있도록 하여야 하며, 항공기의 운항 또는

> 정비에 관한 업무를 수행하는 해당 종사자에게 최신의 운항규정 및 정비규정을 배포하여야 한다.

5. 운항규정

> **제4장 4-3조** 검열운항승무원은 다음 자격을 구비한 자로서 기종별, 직종별 검열소요에 따라 사장이 임명한다.
> 1. 해(該)기종 자격증명 한정을 소지한 자

Ⅲ. 판시사항

(1) K항공의 위 운항규정은 참가인 회사의 취업규칙, 상벌심의위원회 규정, 운항승무원자격심의위원회 운영세칙 등 해고절차에 관한 규정과는 별도로 구 항공법 제116조(현행 항공안전법 제93조) 및 구 항공법 시행규칙 제237조(현행 항공안전법 시행규칙 제266조)에 의거하여 작성된 것이므로 위 운항규정은 형식적으로도 해고절차를 규정한 것이라고 볼 수 없다.

(2) 운항규정은 항공기 운항의 안전을 도모하기 위하여 정기항공운송사업자인 K항공이 정하여 당국의 인가를 받은 것으로서 직접적으로 운항승무원자격심의위원회가 행하는 의결의 공정성을 도모하기 위한 규정은 아니다.

(3) K항공 취업규칙 제46조 제2항 제4호, 운항승무원자격심의위원회 운영세칙 제5조, 제7조 등 관계 규정을 살펴보아도 운항승무원자격심의위원회[2)]가 의결을 할 때 기초로 삼을 수 있는 자료에 대하여 아무런 제한을 가하고 있지 아니하고 있으므로, 위 운항승무원자격심의위원회가 수습조종사요원에 대한 부적격 여부를 판단할 때 반드시 검열운항승무원의 자격이 있는 자에 의한 평가자료만에 의하여야 하는 것은 아니다. 따라서 심사관들이 위 운항규정 4－3조 소정의 자격요건을 구비하지 못하였다 하더라도 그와 같은 사유만으로 위 심사관들의 평가 및 이에 기초한 위 위원회의

2) 단체협약 제36조는 "회사는 운항승무원자격심의위원회에 조합원 대표 3명을 위원으로 참석시킨다"고 규정하고 있다.

의결이 부당하다고 단정할 수는 없다.

Ⅳ. 해 설

1. 운항승무원의 자격제도

가. 의 의

운항승무원은 항공기 운항에 필수적인 임무를 수행하는 자로 항공기 운항에 필요한 자격증명은 물론 지속적인 안전운항임무 수행을 위한 전문 지식 및 기량을 습득함은 물론 숙달 및 유지가 필요하다. 이에 따라 항공기의 조종사는 다음과 같은 두 가지 종류의 자격이 요구된다.

첫째, 항공당국이 주관·발급·관리하는 것으로 ICAO Annex 1에 규정하고 있는 사업용조종사 자격증명, 운송용조종사 자격증명 및 형식한정 등과 같은 조종사의 기본적인 자격증명(Licence)이 요구된다.

둘째, 운영자인 항공사가 관장하는 것으로 ICAO Annex 6에 규정하고 있는 조종사 운항자격(Qualification)이 요구된다. ICAO Annex 1에 의거 자격증명을 보유한 자는 실제 비행을 안전하게 수행하기 위해 필요한 주기적인 교육훈련, 최근 비행경험, 기량심사와 같은 운항자격이 요구된다. 기본적으로 조종사는 자격증명 및 운항자격을 취득 및 유효한 상태로 유지해야 하며 요건을 충족하지 못하면 비행임무를 수행할 수 없다. 대표적인 운항자격의 종류로는 최근비행경험(Recent experience), 지역·노선·공항 자격(Area, route and aerodrome qualification), 기량심사(Proficiency check)[3] 등이 있다.[4]

---

3) 고정익항공기를 위한 운항기술기준 2.2.4.4 [사업용조종사 비행기량(Flight Proficiency Requirements)] 사업용 조종사 자격증명에 지원한 자는 유자격 교관으로부터 취득하려는 종류 및 등급 한정자격(category and class rating)의 항공기에 해당하는 지상교육과 비행교육을 받고 그 기록을 유지하여야 한다.

4) 이구희, "조종사 운항자격제도 국내외기준 비교연구", 항공진흥 제63호(2015. 10.), 75~76면.

나. ICAO의 조종사 운항자격 중 기량심사

운영자는 다음과 같이 조종사의 기량심사(Proficiency check) 요건을 충족해야 한다.[5)]

(1) 기량심사는 해당 기종의 정상·비정상에 대한 조종기술 및 비상절차수행능력에 대한 심사이며, 계기비행규칙을 행하는 경우 계기비행능력도 기량심사에 포함하여 함께 심사한다.

(2) 기량심사는 항공운송사업용 항공기의 조종사 및 제트기를 운항하는 일반항공의 조종사에 대하여 1년에 2회 실시해야 하는데, 연속 4개월 내에 2회 심사가 이루어지지 않아야 한다.

(3) 기량심사는 운영자인 항공사가 수행하고 보증해야 하는 심사이다.[6)] 심사는 운영자 소속 검열운항승무원 또는 항공당국의 대리인(either a check pilot of the operator or to a representative of the State)이 수행할 수 있으나 일반적으로 모든 운항자격심사는 위촉받은 항공사 소속 검열운항승무원인 위촉심사관이 심사를 실시한다. 항공당국 소속 항공안전감독관(Inspector)이 기량심사를 직접 실시하는 경우, 항공안전감독관은 적합한 자격증명 및 운항자격이 있어야 한다. 결론적으로 항공사 조종사에 대한 기량심사는 해당 자격증명 및 운항자격을 유지하고 있는 항공사 소속 위촉심사관이나 항공당국 소속 항공안전감독관이 수행할 수 있으나, 항공사에게 위촉심사관을 승인한 경우 위촉심사관이 심사한다.

다. 미국의 조종사 운항자격

검열운항승무원(Check pilot or Check airman)이란 적합한 지식·훈련·경험을 갖추고, 다른 조종사의 지식과 기량을 평가하고 인정할 수 있는 능력을 갖춘 자로서 FAA에 의해 승인된 운항승무원을 말하며, 심사를 위한 적합한 자격유지가 필요하다. 검열운항승무원은 6가지가 있으나 일반

---

5) ICAO Annex 6 Part I 9.4.4, Part II 3.9.4.4, Part III 7.4.3., ICAO Annex 6 part 1, 9.4.4. Proficiency check. 9.4.4.1.

6) ICAO Annex 6 part 1, 9.4.4.1.

적으로 기량심사를 담당하는 검열운항승무원(Proficiency check pilot)과 노선심사를 담당하는 검열운항승무원(Line check pilot)로 구분할 수 있다.[7)]

ICAO 시카고협약 및 부속서에서 채택된 표준과 권고되는 방식(SARPs)에서는 운항경험과 노선심사에 대한 요건을 규정하고 있지 않으나, FAA는 운항경험 및 노선심사 요건을 명시하고 있다. 운항경험과 관련해 양성훈련 중인 조종사는 검열운항승무원 감독하에 운항경험 요건을 충족해야 하고, 노선심사와 관련해 기장은 12개월마다 노선심사를 받아야 한다. 노선심사를 실시하는 검열운항승무원은 항공기 형식에 대한 유효한 자격은 물론 노선 및 공항자격이 있어야 한다.[8)]

2. 운항규정의 지위

가. 운항규정의 목적

항공운송사업자는 운항을 시작하기 전까지 국토교통부령으로 정하는 바에 따라 항공기의 운항에 관한 운항규정 및 정비에 관한 정비규정을 마련하여 국토교통부장관의 인가를 받아야 한다(항공안전법 제93조 제1항 본문). 이와 같이 운항규정은 시카고협약 및 부속서에서 채택된 표준과 권고되는 방식(SARPs)에 따라 항공기가 안전하게 항행하기 위한 방법을 정함으로써 생명과 재산을 보호하고, 항공기술 발전에 이바지함을 목적으로 하는 항공안전법의 목적을 달성하기 위한 것이다.

나. 취업규칙

취업규칙은 사용자가 기업경영권에 기하여 사업장에서 근로자의 복무규율이나 근로조건의 기준을 획일적·통일적으로 정립하기 위하여 작성하는 것으로, 이는 근로기준법이 종속적 노동관계의 현실에 입각하여 실질적으로 불평등한 근로자의 입장을 보호·강화하여 그들의 기본적 생활을

---

7) FAA order 8900, 3-1388, 3-1389, 3-1390.

8) FAR Part 121.440(Line check): A pilot in command Line check for domestic and flag operations must be given by a pilot check airman who is currently qualified on both the route and the airplane.

보호·향상시키려는 목적의 일환으로 그 작성을 강제하고 이에 법규범성을 부여한 것이다.[9] 복무규율이란 근로자가 근로를 제공하는 과정에서 지켜야 할 작업질서에 관한 규칙과 이를 위반하였을 경우 가해지는 제재를 포함하는 개념이다. 사용자는 기업을 존립시키고 사업을 원활하게 운영하기 위하여 필요불가결한 기업질서를 확립하고 유지하는 데 필요하고도 합리적인 것으로 인정되는 한 근로자의 기업질서 위반행위에 대하여 근로기준법 등의 관련 법령에 반하지 않는 범위 내에서 이를 규율하는 취업규칙을 제정할 수 있다.[10]

다. 양자의 차이점

운항규정은 항공운송사업자가 항공기를 안전하게 운항하기 위하여 공법상 준수하여야 할 내용(항공안전법 시행규칙 [별표 36]에 규정된 것)을 작성하여 국토교통부장관에게 신고하는 것이고, 취업규칙은 사용자가 사업장에서 근로자의 복무규율이나 근로조건의 기준을 획일적·통일적으로 정립하기 위하여 근로기준법 제93조에 규정된 내용으로 작성하여 고용노동부장관에게 신고하는 것이다. 따라서 운항규정에 운항승무원의 자격을 심사하는 내용이 포함되어 있다면, 이는 항공기의 안전한 운항을 위한 인적 요소에 관한 것이므로, 근로자의 복무규율이나 근로조건에 관한 기준을 정한 취업규칙과는 구별된다. 노동위원회도 비행운영규정은 항공법에 따라 제정하여 국토교통부장관에게 신고한 것으로 그 내용이 운항규정 중 운항일반 및 비행운영, 운항안전, 통신, 보안, 승객관리 등에 관한 내용을 규정하고 있는 것이어서 취업규칙으로 보기 어렵다고 보았다.[11]

3. 운항승무원자격심의위원회의 지위

가. 운항승무원자격심의위원회

운항승무원자격심의위원회는 항공기 운항업무를 수행하는 종사자의 책

---

9) 대법원 1977. 7. 26. 선고 77다355 판결.
10) 대법원 1994. 6. 14. 선고 93다62126 판결, 대법원 1999. 3. 26. 선고 98두4672 판결.
11) 서울지방노동위원회 2014. 4. 22. 2014부해563 결정.

임과 의무[항공안전법 시행규칙 별표 36, 1.가.1)], 지휘권 승계의 지정을 포함한 운항형태별 운항승무원[1.가.11)], 비행 개시, 비행의 지속, 회항 및 비행의 종료에 관한 운항승무원·운항관리사의 기능과 책임을 포함하는 운항통제에 대한 책임과 운항통제에 관한 정책 및 관련 절차[1.가.39)], 시카고협약 부속서 6에서 정한 운항승무원 훈련프로그램 및 요건의 세부 내용[1.라.1)] 등 항공기를 안전하게 운항하기 위하여 반드시 갖추어야 할 운항승무원의 자격유무를 항공사 내부에서 자체적으로 심의하기 위하여 설치한 위원회이다.

나. 징계위원회

징계위원회는 사용자가 근로자의 기업질서 위반행위에 대하여 징계를 하려고 하는 경우 징계대상근로자를 출석시켜 진술할 기회를 주고, 적정한 징계양정을 행사하기 위하여 설치한 위원회이다. 운항승무원자격심의위원회는 운항승무원의 항공안전법상 자격유무를 심사하는 것이고, 징계위원회는 근로자의 징계사유를 심사하는 것이므로, 양자는 전혀 별개의 것이다.

취업규칙에 피징계자에게 징계위원회의 개최일시 및 장소를 일정한 기간의 여유를 두고 통지하도록 규정하고 있는 경우 이는 징계의 객관성과 공정성을 확보하기 위한 것이므로 그 절차를 위반하여 한 징계처분은 효력이 없다.[12] 그러나 이러한 절차상 하자가 있음에도 피징계자가 스스로 징계를 위한 인사위원회에 출석하여 출석통지절차에 대한 이의를 제기함이 없이 충분한 소명을 하였다는 특별한 사정이 있다면 그 절차상 하자는 치유된다.[13]

---

12) 대법원 2016. 11. 24. 선고 2015두54759 판결.
13) 대법원 1995. 10. 13. 선고 95누6434 판결.

4. 해고의 정당성

가. 정당한 해고사유

(1) 해고사유를 일신상 사유, 행동상 사유, 경영상 사유로 3분할 때 일신상 사유에 의한 해고를 통상해고라 한다. '일신상 사유(Personenbedingte Kündigung)'라 함은 계약상 급부의무의 이행에 필요한 정신적·육체적 또는 그 밖의 적격성을 현저하게 저해하는 사정이 근로자에게 발생하여, 그 결과 근로자가 사업장 안에서 자신의 지위에 상응하여 정당하게 요구되는 직무를 충분히 감당할 수 없게 된 경우를 말한다.[14] 이는 사용자의 경영상 이익을 중대하게 침해하여야 한다.[15]

(2) 해고처분은 사회통념상 고용관계를 계속할 수 없을 정도로 근로자에게 책임 있는 사유가 있는 경우에 정당성이 인정되고, 사회통념상 근로자와 고용관계를 계속할 수 없을 정도인지는 사용자의 사업 목적과 성격, 사업장의 여건, 근로자의 지위와 담당직무의 내용, 비위행위의 동기와 경위, 근로자의 행위로 기업의 위계질서가 문란하게 될 위험성 등 기업질서에 미칠 영향, 과거의 근무태도 등 여러 가지 사정을 종합적으로 검토하여 판단하여야 한다.[16]

(3) 근무성적 또는 업무성적 불량이나 저성과 유형으로는 먼저 개별적이고 구체적인 원인에서 비롯된 개별원인형이 있는데, (i) 배송부문에 종사하는 어느 직원이 다른 직원들의 경우 통상 30분이 걸리는 지역별 배송물품의 정리 업무를 완료하는데 4시간이 걸리는 경우,[17] (ii) 오케스트라의 연주자가 일반적으로 기대되는 예술적 능력을 보여주지 못할 경우,[18] (iii) 판매영업사원이 2년 동안 한 건의 계약도 성사시키지 못한 경우,[19] (iv) 기획관리팀장인 근로자가 '전산장비 도입 및 설치계약'의 체결과 관련

14) BAG, 10.10.2002 - 2 AZR 472/01, NZA 2003, 483.
15) BAG, 7.11.2002 - AZR 599/01 -, NJOZ 2003, 1746.
16) 대법원 2017. 3. 15. 선고 2013두26750 판결.
17) BAG BB 1983, 834.
18) BAG AP Nr. 8 zu §1 KSchG 1969.
19) BAG BB 2005, 48.

하여 중대한 과실로 도입대상인 전산장비의 품목별 예정가격 기초금액을 산정할 때 특정 전산장비의 예정단가를 두 배로 잘못 기재하여 사용자에게 상당한 손해를 가한 경우,[20] (v) 직무수행능력부족으로 2회 대기발령 전력과 단순 기계조작능력 부족, 업무처리미숙으로 민원인에게 이의제기를 받고, 동료직원들의 업무배제 건의, 업무습득기간을 부여하였음에도 별다른 개선가능성이 없는 경우, (vi) 과제불이행·야간근무명령무시·단기간 근무평정결과 최하위 등을 이유로 한 해고의 경우, (vii) 최상급자 및 동료근로자의 인사조치 요청이 있고 근무실태조사결과 불량 판정을 받았으며 노조지부장도 해당근로자의 근무성적불량을 인정한 경우 등이 여기에 해당한다.[21]

(4) 종합평가형으로는, (i) 2년 연속 종합평가 하위 10%에 해당하여 사용자로부터 대기명령을 받았으나, 대기발령 3개월 동안 보직을 부여받지 못하여 자동퇴직 처리된 근로자, (ii) 공공기관을 대상으로 경영효율화 10% 이상 향상을 추진목표로 하는 공공기관 선진화추진계획에 따라 정부가 100% 지분을 소유한 공기업으로서 10% 인력감축계획에 따라 근무성적 평정 결과가 낮은 근로자를 해고대상자로 한 경우 등이 있다.[22]

나. 비행임무 전 음주

비행운영규정에 정한 비행임무 전 음주제한시간 내에 음주한 사실이 있어 징계사유가 인정되고, 비행운영규정은 항공법에 따라 제정하여 국토교통부장관에게 신고한 것으로 그 내용이 운항규정 중 운항일반 및 비행운영, 운항안전, 통신, 보안, 승객관리 등에 관한 내용을 규정하고 있는 것이어서 취업규칙으로 보기 어려워 취업규칙임을 전제로 한 근로자의 주장은 받아들일 수 없다. 항공승객의 안전을 책임지는 항공기 운항기장의 업무 특성상 승객안전과 관련된 업무규정은 엄격하게 해석될 필요가 있어 징계 재량의 범위를 벗어난 것으로 보기 어렵고 징계절차 또한 준수하여

20) 대법원 2004. 10. 28. 선고 2003두6665 판결.
21) 박지순, "지속적인 근무성적 및 근무태도 불량자 해고의 정당성 판단에 관한 연구", 조정과 심판 제43호(2010. 12), 16면.
22) 박지순, 16~17면.

징계처분이 부당하지 않다.[23)]

다. 항공기내 흡연

구 항공안전 및 보안에 관한 법률에서 여객의 항공기내 흡연을 금지하고 형사처벌(100만 원 이하 벌금)하도록 규정하고 있는 점, 객실승무원 업무규정은 모든 정기 및 부정기편에서 기내흡연은 금지하며 객실승무원은 승객의 기내금연 준수여부를 항상 점검하도록 규정하고 있는 점, 기내흡연은 공중보건상 문제뿐만 아니라 항공안전에 영향을 줄 수 있는 점 등에 비추어 볼 때 운항 안전 및 서비스에 책임을 지는 지위에 있는 객실승무원이 기내흡연을 한 것을 이유로 해고한 것은 정당하고, 이를 부당노동행위에 해당된다고 볼 수 없다.[24)]

4. 대상사안의 검토

가. 운항규정의 법적 성질

운항규정은 먼저 형식적으로 해고절차를 규정한 것이라고 볼 수 없다. 또한 항공안전법 및 시행규칙 등 관계 법령의 규정 내용과 취지에 비추어 보면, 운항규정은 항공기 운항의 안전을 도모하기 위하여 정기항공운송사업자인 K항공이 정하여 당국의 인가를 받은 것으로서 직접적으로 운항승무원자격심의위원회가 행하는 의결의 공정성을 도모하기 위한 규정은 아니다.

나. 운항승무원자격심의위원회의 의결

취업규칙 제46조 제2항 제4호, 운항승무원자격심의위원회 운영세칙 제5조, 제7조 등 관계 규정을 살펴보아도 운항승무원자격심의위원회가 의결을 할 때 기초로 삼을 수 있는 자료에 대하여 아무런 제한을 가하고 있지 않다. 대법원은 운항승무원자격심의위원회가 수습조종사요원에 대한 부적격 여부를 판단할 때 반드시 검열운항승무원의 자격이 있는 자에 의한 평

23) 서울지방노동위원회 2014. 4. 22. 2014부해563.
24) 서울고등법원 2005. 11. 16. 선고 2005누2461 판결.

가자료만에 의하여야 하는 것은 아니므로, 이 사건에서 심사관들이 운항규정 4-3조 소정의 자격요건을 구비하지 못하였다 하더라도 그와 같은 사유만으로 위 심사관들의 평가 및 이에 기초한 위 위원회의 의결이 부당하다고 단정할 수 없다고 보았다.

다. 비 판

(1) 운항규정에서 검열운항승무원의 자격을 해당 기종 면허 소지자로 규정하고 있으므로, 수습조종사요원의 조종사 입과 자질비행심사를 담당한 심사관들은 팰콘-20 제트비행기에 관한 자격증명 한정을 소지하여야 한다. 이 사건에서 심사관들은 해당 기종 면허를 보유하지 않았기 때문에 원고에 대한 적법한 심사관이 될 수 없으므로, 무자격 심사관들이 수습조종사요원인 원고를 심사한 것은 부적법하다.

(2) 운항승무원자격심의위원회가 의결을 할 때 기초로 삼을 수 있는 자료에 대하여 아무런 제한이 없다 하더라도, 무자격 심사관의 심사자료를 주요자료로 삼아서 심사하는 것은 부적법하다. 이 사건에서 검열운항승무원의 자격이 있는 검열운항승무원에 의한 평가자료를 기초로 하지 아니한 채, 무자격 심사관들의 총평과 총평정을 주요 자료로 삼아 운항승무원자격심의위원회가 수습조종사요원에 대한 부적격 여부를 판단한 것은 부당하다.

(3) 근로자에 대한 직권면직은 원고가 인사와 근무에 관한 규정에 정한 '직무수행능력이 부족하거나 근무성적이 불량한 자 또는 근무태도가 극히 불량한 자'에 해당한다는 이유로 대기발령을 받은 후, 대기발령 상태로 3개월이 경과하면 직권으로 면직처리하도록 규정한 인사규정에 근거하여 이루어진 경우, 이러한 인사규정에 의하여 행하여진 대기발령과 이에 이은 직권면직은 이를 일체로서 관찰할 때 근로자의 의사에 반하여 사용자의 일방적 의사에 따라 근로계약 관계를 종료시키는 것으로서 실질상 해고에 해당하므로, 그 처분에 있어 근로기준법에 의한 제한을 받는다. 따라서 이러한 직권면직은 그 바탕이 된 대기발령이 인사규정에 의하여 정당하게 이루어진 것일 뿐 아니라 대기발령 후 3개월 동안 그 대기발령의 사

유도 소멸되지 않아야 정당한 처분으로서 효력이 인정되고, 대기발령 자체가 그 사유의 부존재로 정당성이 없는 것이라면 이로써 직권면직 역시 정당성을 결여하여 무효라고 보아야 한다.[25)]

(4) 따라서 위와 같은 판례의 입장에 비추어 볼 때, 정당성이 인정되지 아니한 운항승무원자격심의위원회의 '조종요원 부적격' 의결을 근거로, 원고가 취업규칙 제46조 제2항 제4호가 규정한 '근태가 불량하거나 근무성적 또는 교육훈련 성적이 불량하거나 직원으로서의 부적합이 인정될 때'에 해당한다고 보고 이루어진 이 사건 해고는 부당하다고 보아야 한다.[26)]

---

25) 대법원 2007. 9. 21. 선고 2006다25240 판결.

26) 원심(서울고등법원 1994. 12. 23. 선고 93구23673 판결)이 이와 같은 입장을 취하였다.

[30] 항공신체검사증명서를 발급받지 못한 기장의 해임

서울행정법원 2009. 3. 26. 선고 2008구합15466 판결

Ⅰ. 사실관계

(1) 참가인은 서울에 본점을 두고 상시근로자 17,000여 명을 고용하여 항공여객 및 화물운송업을 영위하는 사용자이고, 원고는 1992년 참가인 회사에 조종사(항공기 운항승무원)로 입사하여 기장으로 근무하면서 B조종사노동조합(이하 '조종사노조')의 위원장으로 활동하였다.

(2) 원고는 2005. 2. 28. 항공신체전문검사 전문의사 A에게 항공업무에 종사하기 위하여 항공기승무원 신체검사증명서(이하 '항공신체검사증명서') 발급을 신청하였다. A는 2005. 4. 29. 원고에 대해 신체검사를 실시한 다음 '만성사구체신염이 의심된다'라는 이유로 판정보류를 하고, 항공안전본부장에 의하여 신체검사자문위원으로 위촉된 사단법인 한국항공우주의학협회[이하 '항공의협(航空醫協)']에 자문을 요청하였다.

(3) 원고가 뇌하수체선종질환으로 인하여 항공신체검사전문의로부터 신체검사증명서를 발급받지 못하자, 참가인은 단체협약에서 정한대로 원고에 대해 2005. 4. 21. 비행휴(飛行休, 기간: 2005. 4. 21.~2007. 4. 20.)를 실시하였다.

(4) 항공의협은 2005. 5. 30. 소속 자문위원회의 판정에 따라 "원고는 현재 뇌하수체졸중에 의한 갑작스런 조종불능상태에 이를 가능성이 있으므로 부적합하다"는 내용의 의견을 회신하였고, 이를 이유로 A는 원고에게 항공신체검사증명서를 교부하지 아니하였다. 원고는 2005. 7. 6. 항공의협에 재심의를 요청하였는데, 항공의협 소속 심의위원회는 2005. 7. 19. 위 자문위원회의 판정이 타당하다고 하면서 '부적합' 의결을 하였고, 같은 날 원고에게 심의결과를 통보하였다.

(5) 원고는 2006. 8. 16. '좌측 뇌하수체 종양 제거 수술'을 받은 후 2007. 3. 23. 다시 항공신체검사증명서의 발급을 신청하였는데, A는 원고에 대하여 신체검사를 실시한 다음 2007. 3. 31. "뇌하수체 선종 수술 후 상태로 뇌하수체 기능저하의 소견이 있다"는 등의 사유로 판정보류를 하고 항공신체검사자문위원회에 신체검사 결과에 대한 자문을 의뢰하였다. 항공의협은 2007. 4. 24. '원고가 뇌하수체 선종 수술 후 경과관찰 중으로 뇌하수체 기능저하가 있으며 충분한 관찰기간이 필요하므로 부적합'한 것으로 의결하고 그 판정결과를 A에게 통보하였고, 이에 A는 원고에게 항공신체검사증명서를 교부하지 아니하였다.

(6) 원고는 위 부적합 판정에 대하여 항공안전본부에 재심의를 요청하였으나, 항공안전본부 소속 항공신체검사 심사위원회 역시 2007. 6. 20. '항공의협 의결이 타당하다'고 결의하고 그 결과를 원고에게 통지하였다.

(7) 참가인은 2007. 3. 30. 2007년 3차 운항승무원 자격심의위원회를 개최하여 원고의 장기 비행휴 실시와 관련하여 2007. 4. 21.까지 비행 적합 신체상태가 아니면 원고를 해임하되, 다만 차기 항공의협 항공신체검사 자문위원회에서 비행 적합 판정시 2007. 4. 21.자로 비행에 복귀시키기로 하는 내용의 심의의결을 하였다. 항공의협의 위 2007. 4. 24.자 부적합판정에 따라, 참가인은 원고가 더 이상 항공업무에 종사할 수 없게 되었음을 이유로 비행휴 2년의 기간이 경과한 2007. 4. 21.자로 취업규칙 제4.3.1.조 규정을 적용하여 원고에 대해 해임처분(이하 '이 사건 해고')을 하였다.

(8) 한편 원고는 2007. 11. 4. 서울지방노동위원회의 심문회의에서 배치전환을 참가인에게 요구한 사실이 없으며 직종의 변경을 원하지 않는다고 진술하였다.

Ⅱ. 참조 조문

1. 항공안전법

제35조(자격증명의 종류) 자격증명의 종류는 다음과 같이 구분한다.

1. 운송용조종사 2. 사업용조종사 3. 자가용조종사 (이하 생략)

제40조(항공신체검사증명) ① 다음 각 호의 어느 하나에 해당하는 사람은 자격증명의 종류별로 국토교통부장관의 항공신체검사증명을 받아야 한다.

1. 운항승무원
2. 제35조 제7호의 자격증명을 받고 항공교통관제 업무를 하는 사람

② 제1항에 따른 자격증명의 종류별 항공신체검사증명의 기준, 방법, 유효기간 등에 필요한 사항은 국토교통부령으로 정한다.

③ 국토교통부장관은 제1항에 따른 자격증명의 종류별 항공신체검사증명을 받으려는 사람이 제2항에 따른 자격증명의 종류별 항공신체검사증명의 기준에 적합한 경우에는 항공신체검사증명서를 발급하여야 한다.

④ 국토교통부장관은 제1항에 따른 자격증명의 종류별 항공신체검사증명을 받으려는 사람이 제2항에 따른 자격증명의 종류별 항공신체검사증명의 기준에 일부 미달한 경우에도 국토교통부령으로 정하는 바에 따라 항공신체검사를 받은 사람의 경험 및 능력을 고려하여 필요하다고 인정하는 경우에는 해당 항공업무의 범위를 한정하여 항공신체검사증명서를 발급할 수 있다.

⑤ 제1항에 따른 자격증명의 종류별 항공신체검사증명 결과에 불복하는 사람은 국토교통부령으로 정하는 바에 따라 국토교통부장관에게 이의신청을 할 수 있다.

⑥ 국토교통부장관은 제5항에 따른 이의신청에 대한 결정을 한 경우에는 지체 없이 신청인에게 그 결정 내용을 알려야 한다.

제41조(항공신체검사명령) 국토교통부장관은 특히 필요하다고 인정하는 경우에는 항공신체검사증명의 유효기간이 지나지 아니한 운항승무원 및 항공교통관제사에게 제40조에 따른 항공신체검사를 받을 것을 명할 수 있다.

제43조(자격증명·항공신체검사증명의 취소 등) ① 국토교통부장관은 항공종사자가 다음 각 호의 어느 하나에 해당하는 경우에는 그 자격증명이나 자격증명의 한정(이하 이 조에서 "자격증명등"이라 한다)을 취소하거나 1년 이내의 기간을 정하여 자격증명등의 효력정지를 명할 수 있다. 다만, 제1호 또는 제31호에 해당하는 경우에는 해당 자격증명등을 취소하여야 한다.

7. 제40조 제1항(제46조 제4항 및 제47조 제4항에서 준용하는 경우를 포함한다)을 위반하여 항공신체검사증명을 받지 아니하고 항공업무(제46조에 따른 항공기 조종연습 및 제47조에 따른 항공교통관제연습을 포함한다. 이하 이 항 제8호, 제13호, 제14호 및 제16호에서 같다)에 종사한 경우
8. 제42조를 위반하여 제40조 제2항에 따른 자격증명의 종류별 항공신체검사증명의 기준에 적합하지 아니한 운항승무원 및 항공교통관제사가 항공업무에 종사한 경우

② 국토교통부장관은 항공종사자가 다음 각 호의 어느 하나에 해당하는 경우에는 그 항공신체검사증명을 취소하거나 1년 이내의 기간을 정하여 항공신체검사증명의 효력정지를 명할 수 있다. 다만, 제1호에 해당하는 경우에는 항공신체검사증명을 취소하여야 한다.

4. 제41조에 따른 항공신체검사명령에 따르지 아니한 경우
6. 제76조 제2항을 위반하여 항공신체검사증명서를 소지하지 아니하고 항공업무에 종사한 경우

③ 자격증명등의 시험에 응시하거나 심사를 받는 사람 또는 항공신체검사를 받는 사람이 그 시험이나 심사 또는 검사에서 부정한 행위를 한 경우에는 그 부정한 행위를 한 날부터 각각 2년간 이 법에 따른 자격증명등의 시험에 응시하거나 심사를 받을 수 없으며, 이 법에 따른 항공신체검사를 받을 수 없다.

④ 제1항 및 제2항에 따른 처분의 기준 및 절차와 그 밖에 필요한 사항은 국토교통부령으로 정한다.

제49조(항공전문의사의 지정 등) ① 국토교통부장관은 제40조에 따른 자격증명의 종류별 항공신체검사증명을 효율적이고 전문적으로 하기 위하여 국토교통부령으로 정하는 바에 따라 항공의학에 관한 전문교육을 받은 전문의사(이하 "항공전문의사"라 한다)를 지정하여

제40조에 따른 항공신체검사증명에 관한 업무를 대행하게 할 수 있다.

② 교육이수실적, 경력 등 항공전문의사의 지정기준은 국토교통부령으로 정한다.

③ 항공전문의사는 국토교통부령으로 정하는 바에 따라 국토교통부장관이 정기적으로 실시하는 전문교육을 받아야 한다.

2. 항공안전법 시행규칙

제92조(항공신체검사증명의 기준 및 유효기간 등) ① 법 제40조 제1항에 따른 자격증명의 종류별 항공신체검사증명의 종류와 그 유효기간은 별표 8과 같다.

② 항공신체검사증명의 종류별 항공신체검사기준은 별표 9와 같다.

③ 법 제49조 제1항에 따라 지정된 항공전문의사(이하 "항공전문의사"라 한다)는 법 제40조 제4항에 따라 항공신체검사증명을 받으려는 사람이 자격증명별 항공신체검사기준에 일부 미달한 경우에도 별표 8에 따른 유효기간을 단축하여 항공신체검사증명서를 발급할 수 있다. 다만, 단축되는 유효기간은 별표 8에 따른 유효기간의 2분의 1을 초과할 수 없다.

④ 제88조 제1항에 따라 자격증명시험을 면제받은 사람이 외국정부 또는 외국정부가 지정한 민간의료기관이 발급한 항공신체검사증명을 받은 경우에는 그 항공신체검사증명의 남은 유효기간까지는 법 제40조 제1항에 따른 항공신체검사증명을 받은 것으로 본다.

⑤ 별표 8에 따른 제1종의 항공신체검사증명을 받은 사람은 같은 별표에 따른 제2종 및 제3종의 항공신체검사증명을 함께 받은 것으로 본다.

⑥ 자가용 조종사 자격증명을 받은 사람이 법 제44조에 따른 계기비행증명을 받으려는 경우에는 별표 9에 따른 제1종 신체검사기준을 충족하여야 한다.

⑦ 이 규칙에서 정한 사항 외에 항공신체검사증명의 기준에 관한 세부적인 사항은 국토교통부장관이 정하여 고시한다.

제93조(항공신체검사증명 신청 등) ① 법 제40조 제1항에 따라 항공신

체검사증명을 받으려는 사람은 별지 제44호 서식의 항공신체검사증명 신청서에 자기의 병력(病歷), 최근 복용 약품 및 과거에 부적합 판정을 받은 경우 그 사유와 날짜 등을 적어 항공전문의사에게 제출하여야 한다.

② 제1항에 따라 신청서를 제출받은 항공전문의사는 운항승무원 또는 항공교통관제사에 대한 항공신체검사의 결과가 별표 9의 기준에 적합하다고 인정하는 경우에는 별지 제45호 서식의 항공신체검사증명서를 발급하여야 한다.

③ 항공전문의사는 제2항에 따라 항공신체검사증명서를 발급한 경우 별지 제46호 서식의 항공신체검사증명서 발급대장을 작성·관리하되, 전자적 처리가 불가능한 특별한 사유가 없으면 전자적 처리가 가능한 방법으로 작성·관리하여야 한다.

④ 항공전문의사는 매월 항공신체검사증명서 발급한 결과를 다음 달 5일까지 영 제26조 제7항 제1호에 따라 항공신체검사증명에 관한 업무를 위탁받은 사단법인 한국항공우주의학협회(이하 "한국항공우주의학협회"라 한다)에 통지하여야 한다.

⑤ 항공전문의사는 법 제40조 제4항에 따른 판단을 하는 데에 필요하다고 인정하는 경우에는 한국항공우주의학협회에 자문을 할 수 있다.

제95조(항공신체검사증명에 대한 재심사) ① 한국항공우주의학협회는 제93조 제4항에 따라 항공전문의사로부터 항공신체검사증명서의 발급 결과를 통지받은 경우에는 그 항공전문의사가 실시한 항공신체검사증명의 적합성 여부를 재심사할 수 있다.

② 한국항공우주의학협회는 제1항에 따른 재심사 결과 항공신체검사증명서가 부적합하게 발급되었다고 인정되는 경우에는 지체 없이 이를 국토교통부장관 또는 지방항공청장에게 통지하여야 한다.

제96조(이의신청 등) ① 법 제40조 제5항에 따라 항공신체검사증명의 결과에 대하여 이의가 있는 사람은 그 결과를 통보받은 날부터 30일 이내에 별지 제48호 서식의 항공신체검사증명 이의신청서(전자문서로 된 신청서를 포함한다)를 국토교통부장관에 제출하여야 한다.

② 국토교통부장관은 제1항에 따른 이의신청을 심사하기 위하여 다음 각 호의 사람에게 자문할 수 있다.

1. 이의신청 내용과 관련된 해당 질환 전문의
2. 항공운송 분야 비행경력이 있는 전문가

③ 국토교통부장관은 제1항에 따른 이의신청을 받으면 신청일부터 30일 이내에 이를 심사하고 그 결과를 신청인에게 통지하여야 한다. 다만, 제2항에 따른 자문이 지연되어 이의신청에 대한 심사를 기한까지 마칠 수 없는 경우에는 그 심사기간을 30일 연장할 수 있다.

④ 제3항 단서에 따라 심사기간을 연장하는 경우에는 심사기간이 끝나기 7일 전까지 신청인에게 그 내용을 통지하여야 한다.

⑤ 그 밖에 이의신청에 관한 구체적인 사항은 국토교통부장관이 정하여 고시한다.

제97조(자격증명·항공신체검사증명의 취소 등) ① 법 제43조(법 제44조 제4항, 제46조 제4항 및 제47조 제4항에서 준용하는 경우를 포함한다)에 따른 행정처분기준은 별표 10과 같다.

② 국토교통부장관 또는 지방항공청장은 제1항에 따른 처분을 한 경우에는 별지 제49호 서식의 항공종사자 행정처분대장을 작성·관리하되, 전자적 처리가 불가능한 특별한 사유가 없으면 전자적 처리가 가능한 방법으로 작성·관리하고, 자격증명에 대한 처분 내용은 한국교통안전공단의 이사장에게 통지하고 항공신체검사증명에 대한 처분 내용은 한국교통안전공단 이사장 및 한국항공우주의학협회의 장에게 통지하여야 한다.

3. 단체협약

제13조(조합간부인사) 회사는 조합업무 반전임자와 조합의 임원, 운영위원의 인사에 대해서는 사전에 조합과 협의해야 한다.

제28조(직종변경) ① 회사는 운항승무원이 항공신체검사 결과 승무가 불가능하나 타 직종 근무에는 적합하다고 판정된 경우 직종변경을 허용할 수 있다.

② 타 직종으로 직종을 변경하는 경우 원칙적으로 7년 이내에 신체검사 조건이 회복되어 승무가 가능하다고 판정된 경우에는 회사는 운항 승무직으로 복귀인정을 원칙으로 한다.

제36조(운항승무원자격심의위원회) 회사는 운항승무원자격심의위원회에

조합원 대표 3명을 위원으로 참석시킨다.

제78조(비행휴) ① 회사는 조합원에게 비행안전을 저해하는 의학적 사유가 발생할 경우 비행휴를 명할 수 있다.

② 회사는 비행휴 중인 조합원의 건강상태가 비행임무를 수행하는데 적합하다는 항공보건팀 소속 항공신체검사전문의의 의무인가를 득한 때 승무복귀를 명한다.

③ 비행휴 기간은 연속해서 만 2년을 초과하지 못한다.

④ 비행휴 기간 중 임금은 24개월까지 기본급, 상여, 보안수당 및 비행수당 75시간 분을 지급한다.

4. 취업규칙

4.1 휴직, 복직 및 대기

4.1.1 (휴직사유) 직원이 다음 각 호의 1에 해당할 때에는 회사는 휴직을 명할 수 있다.

2) 업무 외 상병으로 인한 병가기간이 연 통상 90일에 달한 경우

5) 기타 회사가 필요하다고 인정하는 경우

4.3 퇴직

4.3.1 퇴직

1) 직원이 다음 각 호의 1에 해당하는 때에는 사직으로 처리한다.

⑧ 제4.1.1조 제2호 또는 제5호에 의거 휴직 중인 경우, 휴직기간 내에 휴직 사유가 소멸되지 아니한 때

2) 회사는 다음 각 호의 1에 해당하는 직원을 해임 또는 채용을 취소할 수 있다.

⑦ 불구, 폐질 등 신체 또는 정신적 장애로 인하여 업무수행이 불가능하다고 보건관리자 또는 공의(公醫)의 진단이 확정된 때

Ⅲ. 판시사항

(1) 항공신체검사전문의사는 항공기승무원으로부터 항공신체검사증명서의 발급신청을 받는 경우 항공신체검사전문의사로서의 전문적 지식과 한국항공우주의학협회 자문위원회의 의견, 항공기 운항에 있어서 특수성을

고려하여 일응 구 항공법 시행규칙 제95조 제7항 [별표 14]에서 정하는 기준에 의하여 그 적합 여부를 판단하여 그 발급 여부를 결정하는데, 위 [별표 14]에서 정하는 신체검사기준에 해당하는지 여부는 일의적·확정적 개념이 아니고 고도의 의학적 지식과 전문적인 규범판단이 매개되어야 하므로 항공신체검사전문의사에게 그 적합 여부의 판단에 관하여 일정한 범위의 재량을 부여하고 있는 것이다.

(2) 항공기승무원이 최상의 신체기능을 유지한 상태에서 비행하도록 함으로써 항공기 운항의 안전에 만전을 기하기 위해 엄격하게 규정되어 있는 관계법령의 취지 등을 종합하여 보면, 이 사건 해고 당시 원고는 여전히 뇌하수체 기능에 이상이 있는 등 뇌하수체선종이 완치되지 아니하여 상당한 경과관찰기간이 필요한 상황이었기 때문에 그러한 원고의 신체상태로는 항공기 조종업무를 수행하는 것이 불가능하였던 것으로 충분히 추인할 수 있다. 그리고 이러한 판단은 항공신체검사전문의 및 항공의협 소속 자문위원회 등의 의학적 소견 또는 부적합판정을 기초로 한 것이므로, 이 사건 해고 당시 원고에게는 취업규칙 제4.3.1조 제2항 제7호에서 정한 해고 사유(신체 또는 정신적 장애로 인하여 업무수행이 불가능하다고 보건관리자 또는 공의의 진단이 확정된 때)가 존재하였다고 봄이 상당하다.

Ⅳ. 해 설

1. 해고의 정당성

가. 자격 상실을 이유로 한 통상해고

근로자가 업무를 수행하기 위해 필수적인 자격이나 면허를 상실한 경우에는 더 이상 노무를 제공할 수 없기 때문에 이를 이유로 한 해고는 통상해고이고, 그 해고는 정당하다. 그리하여 운전 업무에 종사하는 근로자가 운전면허취소처분을 받았거나, 변호사·의사·약사·공인회계사·변리사·세무사·건축사·교사 등의 자격을 전제로 근무하던 중 그 자격을 상실한 경우, 사용자가 각 분야에서 일정한 기술 자격을 가진 근로자를 채용할

의무에 따라 채용된 근로자가 기술자격을 상실한 경우 근로자를 해고한 것은 정당하다.[1)]

국가공무원법 제70조 제1항 제8호는 "해당 직급에서 업무를 수행하는 데 필요한 자격증의 효력이 없어지거나 면허가 취소되어 담당 직무를 수행할 수 없게 된 때"를 직권면직 사유로 삼았는데, 그 법적 성격은 통상해고로 볼 수 있다.

운전면허정지와 같이 자격이 일정한 기간 동안 정지된 경우에는 면허정지기간, 면허정지를 받게 된 사유, 근무 기간, 업무 내용 등을 종합하여 근로관계를 계속할 수 없을 정도로 중대한 사유인지, 아니면 정직이나 휴직 등 다른 징계나 제도에 의해 해고를 회피할 수 있는지를 판단한다.[2)]

원래 근로자의 일신상 사유는 대체로 근로자가 스스로 극복할 수 없는 사유이지만, 그것이 일정 기간의 훈련(기술 부족), 합리적 기회 부여(자격 상실), 기타 작업 환경의 개선 등으로 극복될 수 있다면 사용자는 근로계약상 배려의무에 따라 근로자를 해고할 수 없다.[3)]

나. 장해를 이유로 한 통상해고

(1) 근로자는 업무상 부상 또는 질병으로 말미암아 노동능력이 상실된 경우에 산업재해보상보험법에 따른 보상을 받은 후 퇴직할 수밖에 없다. 만일 근로자가 퇴직을 거부하면 사용자로서는 근로자가 더 이상 노무제공을 할 수 없게 되었다는 사정으로 말미암아 그 근로자를 해고할 수 있다. 이 해고는 통상해고이다.[4)]

(2) 근로자가 취업규칙에서 정한 '신체 장해로 인하여 직무를 감당할 수 없을 때'에 해당한다고 보아 퇴직처분을 할 때 그 정당성은 근로자가 신체 장해를 입게 된 경위 및 그 사고가 사용자의 귀책사유 또는 업무상

---

1) 근로기준법 주해 Ⅱ, 139~140면.
2) 서울고등법원 1991. 1. 23. 선고 90구10997 판결은 영업용 택시운전사가 적정검사의 미필로 운전면허가 취소되었으나 운전면허 재발급신청으로 곧 재발급을 받게 된 경우 해고의 정당성을 인정하지 않았다.
3) 근로기준법 주해 Ⅱ, 140면.
4) 근로기준법 주해 Ⅱ, 136면.

부상으로 인한 것인지의 여부, 근로자의 치료기간 및 치료 종결 후 노동능력 상실의 정도, 근로자가 사고를 당할 당시 담당하고 있던 업무의 성격과 내용, 근로자가 그 잔존노동능력으로 감당할 수 있는 업무의 존부 및 그 내용, 사용자로서도 신체 장해를 입은 근로자의 순조로운 직장 복귀를 위하여 담당 업무를 조정하는 등의 배려를 하였는지 여부, 사용자의 배려에 의하여 새로운 업무를 담당하게 된 근로자의 적응노력 등 제반 사정을 종합적으로 고려하여 합리적으로 판단하여야 한다.[5)]

(3) 업무상 부상·질병으로 근로자의 노동능력이 감소되어 원래 하던 일을 계속할 수는 없지만 그 회사 내의 다른 일을 할 수 있는 경우에, 사용자로서는 근로자에 대한 배치전환을 할 수 있고 합리성이 있으면 배치전환이 유효한 것으로 볼 수 있지만, 배치전환을 시도하지 않고 바로 해고하는 것은 원칙적으로 허용되지 않는다고 보아야 한다.[6)]

다. 판 례

선원이 선원법 시행규칙 [별표 3] 선원건강진단판정기준표에서 규정하고 있는 건강진단 합격판정기준에 미달하여 선박에 승무할 수 없게 되었다는 사정만으로는 선원근로계약이 자동 종료된다고 볼 수 없지만,[7)] 통상 해고사유는 될 수 있다. 2급항해사 자격을 가지고 있는 원고가 1999. 1. 14. 본태성고혈압의 완치불가 및 좌안망막정맥폐색증으로 좌안 시력이 교정 불능이라는 최종 진단을 받고 좌안망막정맥폐색증에 대한 치료를 종결한 후 피고 회사가 그부터 30일이 경과하기 전인 1999. 1. 25. 원고를 해고한 것은 해고금지기간을 위반한 것으로서 무효이지만, 원고가 좌안시력이 0.1로 고정되어 교정이 불능하여 선원 및 항해사의 직종에 종사할 수 없게 되었다 하더라도 피고 회사로부터 적법절차에 따라 해고될 때까지는 그 신분을 유지하면서 근로계약상 급여청구권 등을 행사할 수 있다.[8)]

---

5) 대법원 1996. 12. 6. 선고 95다45934 판결.
6) 근로기준법 주해 Ⅱ, 137면.
7) 대법원 2001. 6. 12. 선고 2001다13044 판결.
8) 대법원 2001. 6. 12. 선고 2001다13044 판결.

2. 대상사안의 검토

가. 항공신체검사의 정당성

항공신체검사전문의사는 항공기 승무원으로부터 항공신체검사증명서의 발급신청을 받는 경우 항공신체검사전문의사로서의 전문적 지식과 항공의협 자문위원회의 의견, 항공기 운항에 있어서 특수성을 고려하여 일응 구 항공법 시행규칙 제95조 제7항 [별표 14]에서 정하는 기준에 의하여 그 적합 여부를 판단하여 그 발급 여부를 결정하는데, 위 [별표 14]에서 정하는 신체검사기준에 해당하는지 여부는 일의적·확정적 개념이 아니고 고도의 의학적 지식과 전문적인 규범판단이 매개되어야 하는 것이므로 항공신체검사전문의사에게 그 적합 여부의 판단에 관하여 일정한 범위의 재량을 부여하고 있다.

다만 구 항공법 시행규칙 제97조 제4항, 제5항에 의하면 항공신체검사전문의사가 판단하기에 위 [별표 14]의 기준에 부합하지 않는 경우에는 항공의협 소속 자문위원회의 심의를 거쳐 항공신체검사증명서를 발급할 수도 있다. 항공의협 소속 자문위원회는 항공안전본부장의 위촉으로 항공의학분야에서 고도의 전문지식을 보유한 전문가들로 구성되어 있으므로, 그러한 전문가들의 심의를 거쳐 판단을 한 것이라면 그러한 판단이 명백히 잘못되어 재량권을 남용하거나 일탈하였다고 인정할 특수한 사정이 없는 한 그 판단은 정당하다.

나. A와 항공의협의 판단의 정당성

(1) 원고는 뇌하수체 선종 제거수술 시행 전인 2006. 8. 9.의 뇌하수체 기능검사에서 갑상선자극호르몬, 황체화자극호르몬, 난포자극호르몬 결핍의 소견을 보였는데, 뇌하수체 선종제거수술 시행일부터 7개월이 경과한 시점인 2007. 3. 16.의 뇌하수체 기능검사에서 여전히 갑상선자극호르몬과 난포자극호르몬 결핍의 소견을 보였다.

(2) 갑상선자극호르몬 결핍은 시상하부에서 갑상선자극호르몬방출인자

의 분비에 따른 뇌하수체에서 갑상선자극호르몬 분비증가의 반응도가 정상범위에 미치지 못하는 상태로 장기적으로는 갑상선호르몬의 분비량에 영향을 미칠 수 있고, 갑상선호르몬의 비정상적인 분비는 항공기 조종업무 수행 중에 발생할 수 있는 극심한 스트레스 상황에서도 정상적인 조종업무의 수행이 반드시 필요한 항공기조종사에게는 주의 깊은 관찰이 요구되는 질환이다.

(3) 항공신체검사 자문위원회는 이 사건 해고 이후인 2008. 9. 25. 및 같은 해 11. 27.에도 원고가 수술 주치의의 소견서를 제출하지 않는다는 이유로 항공신체검사 부적합으로 의결을 하였다.

(4) 항공기 승무원이 최상의 신체기능을 유지한 상태에서 비행하도록 함으로써 항공기 운항의 안전에 만전을 기하기 위해 엄격하게 규정되어 있는 관계법령의 취지 등을 종합하여 보면, 이 사건 해고 당시 원고는 여전히 뇌하수체 기능에 이상이 있는 등 뇌하수체선종이 완치되지 아니하여 상당한 경과관찰기간이 필요한 상황이었기 때문에 그러한 원고의 신체상태로는 항공기 조종업무를 수행하는 것이 불가능하였던 것으로 보인다.

(5) 이러한 판단은 항공신체검사전문의 및 항공의협 소속 자문위원회 등의 의학적 소견 또는 부적합판정을 기초로 한 것이므로, 이 사건 해고 당시 원고에 대한 정당한 해고 사유['신체 또는 정신적 장애로 인하여 업무수행이 불가능하다고 보건관리자 또는 공의의 진단이 확정된 때'(취업규칙 제4.3.1조 제2항 제7호)]가 존재하였다.

다. 원고가 해고된 후 항공신체검사증명서를 받은 경우

원고가 이 사건 해고 이후 상당한 기간이 경과한 시점에서 영국의 1종 신체검사 또는 다른 항공신체검사증명서 등을 받았다고 하더라도 이 사건 해고는 정당하므로, 이 사건 해고 사유가 소급하여 무효로 되지는 않는다.

라. 해고회피노력의무 이행여부

(1) 원고는 단체협약 제28조에 의하면 운항승무원이 항공신체검사 결과 승무가 불가능하고 타 직종 근무에는 적합하다고 판정된 경우 직종변

경이 허용되는데, 참가인은 이러한 해고회피 노력의무를 다하지 아니하였다고 주장하였다.

(2) 원고가 초심판정 당시 심문회의에서 직종변경을 원하지 않는다고 진술하였으므로, 원고에 대해 직종변경이 이루어지지 아니한 점에 관하여 참가인에게 어떠한 귀책사유가 있다고 할 수 없다. 따라서 원고의 주장은 부당하다.

[31] 항공기사고를 발생시킨 부기장의 파면

서울행정법원 2002. 7. 5. 선고 2002구합530 판결

Ⅰ. 사실관계

(1) 원고는 1997. 1. 6. 참가인 회사 K항공에 입사하여 MD-82 기종 부조종사 교육을 받은 후 1998. 4. 7.경부터 MD-82, 83 기종의 부기장으로 근무하였다.

(2) 원고는 기장 L과 함께 1999. 3. 15 11:04경 김포공항에서 승객 150명과 승무원 6명 합계 156명을 태운 MD-83 기종 ○○편(이하 '이 사건 항공기')을 이륙 조정하여, 같은 날 11:50경 포항공항에 착륙할 때 이 사건 항공기가 포항공항의 활주로를 벗어나 인근 언덕에 충돌하는 사고(이하 '이 사건 사고')를 발생하게 하였다.

(3) 이로 인하여 인명피해 부상 33명(중상 19명, 경상 14명), 항공기 피해 20,946,000,000원, 공항시설 피해 160,000,000원, 참가인의 1년간 국내 신규노선 면허와 증편 불가, 서울~포항간 노선 6개월간 50% 사업정지 등의 행정처분으로 인한 매출액 360억 원 상당의 재산상 손실을 초래하였다.

(4) 참가인 회사 상벌심의소위원회는 1999. 8. 24. 징계심의결과 이 사건 사고 발생에 원고의 과실이 경합되었다고 인정하고, 사고로 인한 인명피해, 재산상 손실, 회사의 명예훼손 등에 비추어 볼 때 이는 취업규칙 4.3.1 퇴직 3) ④에서 규정한 파면사유인 '고의 또는 과실로 회사의 명예훼손 또는 사업에 지장을 초래하거나 재산상 손해를 끼친 경우'에 해당한다며 원고에 대하여 권고사직[취업규칙 5.0.4 징계의 종류 2) 권고사직: 사직을 권고하되, 불응하는 경우 파면으로 조치한다]을 의결하였다.

(5) 이에 대하여 원고는 1999. 11. 8. 이 사건 사고 원인조사에 문제가 있다면서 재심신청을 하였고, 참가인은 원고의 재심신청을 받아들여

2000. 7. 31. 제1차 상벌심의본위원회에서 재심의한 결과 원고의 재심신청이 기각되고 다시 원고에 대하여 권고사직이 의결되었다.

(6) 참가인은 2000. 8. 7. 위 의결에 따라 원고에게 사직을 권고하고, 만약 원고가 1주일 이내에 사직서를 제출하지 아니할 경우 파면하겠다고 통지하였으나, 원고가 이를 받아들이지 아니하자 2001. 1. 29. 원고를 파면하는 징계처분을 하였다.

Ⅱ. 참조조문

1. 근로기준법

제23조(해고 등의 제한) ① 사용자는 근로자에게 정당한 이유 없이 해고, 휴직, 정직, 전직, 감봉, 그 밖의 징벌(懲罰)(이하 "부당해고등"이라 한다)을 하지 못한다.

2. 상벌심의위원회 운영지침

제11조 위원회는 심의대상자에게 구두 또는 서면으로 사실을 진술하거나 소명할 기회를 부여할 수 있다.

Ⅲ. 판시사항

항공기의 안전운항이 조종사의 전적인 책임하에서만 이루어지는 것이 아니라 탑승 승무원들이 각자가 부담하고 있는 자기 책임과 역할을 다할 때 비로소 안전한 운항이 확보되고, 이 사건 항공기가 착륙할 때 기장의 착륙조작이 안전운항에 영향을 줄 정도로 위험한 상황이었음에도 원고는 기장에게 이의 시정을 건의하지 아니한 점, 이 사건 징계사유의 내용, 원고의 과실정도, 이 사건 사고가 가져온 인적·물적 피해와 경영손실의 규모, 참가인 회사의 명예실추, 향후 기업경영에 미치는 영향, 처음에는 원고에게 사직을 권고하였던 점 등을 종합하여 볼 때, 원고와 참가인 사이에서는 더 이상 근로관계를 유지할 수 없을 만한 사정이 발생하였고 그 책임은 원고에게 있으므로, 참가인이 원고의 행위를 이유로 원고를 파면한 것은 정당한 징계 재량권의 범위 내에서 한 것이고, 비례의 원칙에 반하여 재량권을 일탈·남용한 것이라고는 볼 수 없다.

Ⅳ. 해 설

1. 징계절차의 정당성

가. 원고의 주장

상벌심의위원회 운영지침 제11조에서 심의대상자에게 구두 또는 서면으로 사실을 진술하거나 소명할 기회를 부여하도록 규정하고 있는데, 참가인은 1999. 8. 24. 상벌소위원회에서 원고에 대한 권고사직을 의결하면서 사전에 원고에게 상벌심의소위원회의 개최통보도 없었고 의견진술과 소명할 기회도 주지 않았으므로, 이 사건 징계처분에는 절차적 하자가 있다.

나. 징계절차의 정당성

(1) 단체협약, 취업규칙 등에서 조합원의 징계시 사전 통지와 진술권 부여를 의무조항으로 규정하고 있다면 이는 징계의 객관성과 공정성을 확보하기 위한 것으로서 징계의 유효요건이고, 징계 대상자가 구속 중이라고 하여도 서면 또는 대리인을 통하여 징계절차에서 변명을 하고 소명자료를 제출할 이익이 있으므로, 사전 통지를 하지 아니함으로써 이러한 기회가 박탈되었다면 그 징계는 효력이 없다.[1] 단체협약에서 당사자에게 징계사유와 관련한 소명기회를 주도록 규정하고 있는 경우에도 그 대상자에게 그 기회를 제공하면 되는 것이고, 소명 그 자체가 반드시 이루어져야 하는 것은 아니다.[2]

(2) 사용자의 근로자에 대한 징계처분은 근로자의 기업질서 위반행위에 대한 제재로서의 벌이고, 자체의 재심절차에서도 징계처분을 취소할

1) 대법원 1996. 9. 6. 선고 95다16400 판결.

2) 대법원 2007. 12. 27. 선고 2007다51758 판결.

수 있으므로 사용자가 징계절차의 하자, 징계사유의 존부, 징계양정 등에 잘못이 있음을 스스로 인정한 때에는 노동위원회의 구제명령이나 법원의 무효확인판결을 기다릴 것 없이 스스로 징계처분을 취소할 수 있고, 나아가 새로이 적법한 징계처분을 하는 것도 가능하다.[3]

(3) 징계처분에 대한 재심절차는 징계처분에 대한 구제 내지 확정절차로서 원래의 징계절차와 함께 전부가 하나의 징계처분절차를 이루는 것으로서 그 절차의 정당성도 징계과정 전부에 관하여 판단되어야 하므로, 원래의 징계처분이 그 요건을 갖추었다 하더라도 재심절차를 전혀 이행하지 않거나 재심절차에 중대한 하자가 있어 재심의 효력을 인정할 수 없는 경우에는 그 징계처분은 현저히 절차적 정의에 반하는 것으로서 무효이지만,[4] 원래의 징계 과정에 절차 위반의 하자가 있더라도 재심 과정에서 보완되었다면 그 절차 위반의 하자는 치유된다.[5]

다. 대상사안의 검토

원고는 1999. 11. 8. 징계재심을 신청할 때 서면으로 소명자료를 제출한 바 있고, 참가인은 2000. 1. 13.과 7. 26. 원고에게 추가 소명자료의 제출을 안내하였다. 따라서 참가인이 1999. 8. 24. 제1차 징계심의 당시에 원고에게 사실을 진술하거나 소명할 기회를 부여하지 아니한 절차상 흠이 있다 하더라도, 그 이후의 재심과정에서 원고에게 소명기회를 충분히 부여하였으므로 그 절차상 하자는 치유되었다고 봄이 상당하다.

2. 징계사유의 존부

가. 이 사건 사고의 원인[6]

이 사건 항공기의 기장 L에게는 다음과 같은 조종상 과실이 인정된다.

---

3) 대법원 2010. 6. 10. 선고 2009다97611 판결.
4) 대법원 2010. 5. 27. 선고 2010두1743 판결.
5) 대법원 2009. 2. 12. 선고 2008다70336 판결.
6) 건설교통부장관은 이 사건 사고를 이유로 기장 L에게 운송용 조종사 자격증명을 취소하는 처분을 하였고, L은 위 처분의 취소를 구하는 소를 제기하였다. 이하 인정사실은 서울행정법원 99구26081 판결을 기초로 한 것이다.

(1) 접지(接地) 이전에는 (i) 당시 기상상태 악화로 1차 착륙에 실패하였음에도 무리하게 재착륙을 시도하였고, (ii) 기상정보에 의하면 당시 포항공항에는 측풍 성분의 돌풍 32노트가 불고 있어 착륙 제한치인 30노트를 초과하였음에도 불구하고 착륙을 시도하였으며, (iii) 과속으로 인하여 높은 고도 강하율을 기록하게 되어 세 차례에 걸친 지상접근경고음까지 울리고 특히 '풀업(pull up)'의 경고음까지 울린 상태임에도 불구하고 복행(復行, Go Around)[7]을 하지 아니하고 만연히 착륙을 시도하였고, (iv) 착륙속도가 158노트로 제한치인 148노트보다 무려 10노트나 초과한 상태에서 착륙 제한치인 활주로 시작점으로부터 1,500피트나 되는 지점을 초과한 1,869피트 지점에 접지한 과실이 있다.

(2) 접지 이후에는 (v) 당시 착륙속도가 과도하고 접지지점도 허용치를 초과하였고, 강한 측풍이 불어 역추진장치의 사용이 상당 부분 제약받게 되는데다가 포항공항의 활주로가 짧다는 점을 감안하면 위와 같은 상황 아래에서 착륙을 시도하는 것 자체가 이미 비상상황에 해당하므로, 접지할 당시부터 자동브레이크 중간(medium)의 위치에 두어 접지한 이후 감속효과가 제대로 나타나지 않는 이상 즉시 자동브레이크를 최대(maximum)의 위치로 올려 사용하였어야 함에도 불구하고 접지 시점으로부터 약 11초 지난 후 비로소 자동브레이크를 최대위치로 올려 사용하는 등 브레이크를 제 때 적절하게 조작하지 못하였고, (vi) 접지 당시 강한 측풍이 불고 있었고 비로 인하여 노면이 젖어 있는 상태였으므로, 최소한 역추진장치 레버를 최저위치인 '아이들(idle)' 상태까지 잡아당기고, '엔진 리버스(Eng. Reverse)'가 풀리고(unlock) '엔진 리버스 뜨러스트(Eng. Reverse Thrust)'의 불이 켜지며 '인터락 스탑(interlock stop)'이 풀리는 단계에서만이라도 역추진장치를 사용하였어야 했는데, 이러한 최소한의 조치마저 취하지 않은 채 좌측 엔진 역추진장치만 푼 상태에서 잠시 사용하다가 그것마저 잠근 상태로 5초 가량 활주한 후 이 사건 항공기가 활주로를 이탈하기 불과 약 2초 전에 비로소 역추진장치를 '아이들(idle)'의 상태로

7) 착륙 진입 중인 항공기가 관제탑으로부터의 지시, 기상 불량, 진입 고도 불량 등의 이유로 착륙을 단념하고 재차 상승하여 착륙을 다시 하는 조작.

만 사용하는 등 역추진장치의 사용을 현저히 해태한 과실이 있다.

나. 부기장인 원고의 책무와 귀책사유

(1) 참가인의 승무원 책임규정에 의하면, 부기장의 주임무는 안전하고 효율적인 항공기 운항이 되도록 기장 및 임무 중인 항로기장을 보좌하는 것이고, 적극적 자세와 투철한 책임감을 가지고 임무를 수행하여야 하며, 부기장은 항공기가 비정상적이거나 불안전한 상태에 있을 경우 즉시 기장에게 이를 수정하도록 통보해야 하는 등의 포괄적인 책임을 부과함과 아울러 세부적으로는 비행계기의 면밀한 관찰, 접지할 때까지의 속도와 이를 최소화할 책임, 착시현상 등 어떠한 이탈의 조짐이 보이면 즉시 기장에게 고지(call out)하여야 할 의무, 접지 이후 감속 노력 등의 의무를 규정하고 있다.

(2) 이 사건 항공기의 부기장인 원고는 (i) 좌측풍이 심하고 강수현상이 있는 등 기상상태 악화로 1차 착륙 실패 후 착륙 제한치를 초과하는 최종기상정보를 입수하고도 기장에게 회항을 적극 권유하지 아니하였고, (ii) 착륙 전 지상접근경보음이 3회나 울렸음에도 기장에게 복행할 것을 요구하지 아니하였으며, (iii) 접지 당시 이 사건 항공기의 속도를 감속하지 아니하고 활공각만 감소시켜 착륙속도가 정상보다 10노트나 초과하였음에도 접지시 속도와 강하율 감시라는 부기장 본연의 임무를 게을리 하여 이를 기장에게 지적하지 아니하였고, (iv) 당시 상황에 비추어 볼 때 브레이크를 최대 위치로 사용하였어야 했는데 기장에게 중간 위치의 사용을 건의하였으며, (v) 당시 기장의 역추진장치의 작동레버를 조금만 당기는 것을 보고도 만연히 다시 복행하려는 것으로 판단하고 역추진장치의 최대사용을 권고하지 아니한 과실이 있다.

다. 이 사건 사고의 피해

이 사건 사고로 인하여 중상 19명, 경상 14명 등 33명의 인적피해와 이 사건 항공기 피해 20,946,000,000원, 공항시설 피해 160,000,000원, 참가인의 1년간 국내신규노선 면허와 증편 불가, 서울~포항간 노선 6개월간 50% 사업정지 등의 행정처분으로 인한 매출액 손실 360억 원 상당의 재산상 손실을 초래하였다.

라. 대상사안의 검토

이 사건 사고는 기장 L의 조종상 과실과 부기장 원고의 보좌상 과실이 경합하여 발생하였으므로, 원고에게는 취업규칙 4. 3. 1 퇴직 3) ④에서 규정한 징계사유(고의 또는 과실로 회사의 명예훼손 또는 사업에 지장을 초래하거나 재산상 손해를 끼친 경우)가 인정된다.

3. 징계양정의 정당성

가. 원고의 주장

원고는 비행 중 교신, 항공기 고도를 정확히 측정한 후 기장에게 고지하는 등 부기장의 임무를 정상적으로 수행하였고, 기장의 착륙조작이 안전운항의 영향을 줄 정도로 위험한 상황이 아니어서 이의 시정을 건의하지 않았으며, 설령 부기장으로서 임무태만이 인정된다 하더라도 항공기 조작에 대한 최종적인 권한과 책임은 기장에게 있고 부기장은 보조자에 불과한데 이를 문제삼아 원고를 파면한 것은 비례의 원칙에 반하여 재량권을 일탈·남용한 경우에 해당한다.

나. 취업규칙상 징계사유와 종류

(1) 근로기준법 제23조 제1항에서 규정한 '정당한 이유'라 함은 사회통념상 근로계약을 계속시킬 수 없을 정도로 근로자에게 책임 있는 사유가 있는 경우를 말하는 것이므로 취업규칙 등 사규에 해고에 관한 규정이 있는 경우 그것이 근로기준법에 위배되어 무효가 아닌 이상 그에 따른 해고는 정당한 이유가 있다.[8] 또한 취업규칙 등에서 징계사유와 그에 대한 징계종류를 규정하고 있는 이상 그 규정 자체가 신의칙에 위반한다거나 권리남용에 해당하는 등 특별한 사정이 없는 한 그 규칙에 정함에 따르고

---

8) 대법원 1992. 4. 24. 선고 91다17931 판결.

근로자의 비위사실이 취업규칙 소정의 해고사유에 해당한다면 위 취업규칙을 그대로 적용하는 것이 위법·부당하다는 어떤 사정도 없는 한 그 규정에 따른 해고의 징계처분은 일응 정당한 것으로 보아야 한다.[9)]

다. 징계양정의 정당성 판단 기준

(1) 근로자에게 징계사유가 있어 징계처분을 하는 경우에 어떠한 처분을 할 것인지는 원칙적으로 징계권자의 재량에 맡겨져 있으므로, 그 징계처분이 위법하다고 하기 위하여서는 징계처분이 사회통념상 현저하게 타당성을 잃어 징계권자에게 맡겨진 재량권을 남용한 것이라고 인정되는 경우에 한하고, 징계처분이 사회통념상 현저하게 타당성을 잃은 처분이라고 하려면 구체적인 사례에 따라 직무의 특성, 징계사유가 된 비위사실의 내용과 성질 및 징계에 의하여 달성하려는 목적과 그에 수반되는 제반 사정을 참작하여 객관적으로 명백히 부당하다고 인정되는 경우라야 한다.[10)]

(2) 근로자에 대한 해고는 사회통념상 고용관계를 계속할 수 없을 정도로 근로자에게 책임 있는 사유가 있는 경우에 행하여져야 정당하다고 인정되고, 사회통념상 해당 근로자와 고용관계를 계속할 수 없을 정도에 이르렀는지 여부는 해당 사용자의 사업 목적과 성격, 사업장의 여건, 해당 근로자의 지위 및 담당직무의 내용, 비위행위의 동기와 경위, 이로 인하여 기업의 위계질서가 문란하게 될 위험성 등 기업질서에 미칠 영향, 과거의 근무태도 등 여러 가지 사정을 종합적으로 검토하되, 근로자에게 여러 가지 징계혐의 사실이 있는 경우에는 징계사유 하나씩 또는 그중 일부의 사유만을 가지고 판단할 것이 아니고 전체의 사유에 비추어 판단하여야 하며, 징계처분에서 징계사유로 삼지 아니한 비위행위라도 징계종류 선택의 자료로서 피징계자의 평소 소행과 근무성적, 해당 징계처분 사유 전후에 저지른 비위행위 사실 등은 징계양정을 하면서 참작자료로 삼을 수 있다.[11)] 그리고 여러 개의 징계사유 중 일부가 인정되지 않더라도 인정되는

9) 대법원 1991. 10. 11 선고 91다20173 판결.
10) 대법원 2012. 9. 27. 선고 2010다99279 판결.
11) 대법원 2011. 3. 24. 선고 2010다21962 판결.

다른 일부 징계사유만으로도 해당 징계처분의 타당성을 인정하기에 충분한 경우에는 그 징계처분을 유지하여도 위법하지 아니하다.[12)]

라. 대상사안의 검토

(i) 항공기의 안전운항이 조종사의 전적인 책임 하에서만 이루어지는 것이 아니라 탑승 승무원들이 각자가 부담하고 있는 자기 책임과 역할을 다할 때 비로소 안전운항이 확보되고, 이 사건 항공기가 착륙할 때 기장의 착륙조작이 안전운항에 영향을 줄 정도로 위험한 상황이었음에도 원고는 기장에게 이의 시정을 건의하지 아니한 점, (ii) 이 사건 징계사유의 내용, 원고의 과실정도, 이 사건 사고가 가져온 인적·물적 피해와 경영손실의 규모, 참가인 회사의 명예실추, 향후 기업경영에 미치는 영향, 처음에는 원고에게 사직을 권고하였던 점, (iii) 원고가 1997. 8.부터 이 사건 사고 당시까지 정기노선 등 9회에 걸친 모의비행심사 평가에서 비상절차 수행 미숙 2건, 착륙접근 단계에서 36건, 이륙단계 28건, 기타 2건 등 69건의 지적을 받았고, 특히 승무원간의 협조가 많이 부족하다는 지적을 받은 점, (iv) 원고가 1998. 9. 30. 울산공항 착륙시 우천, 측풍, 과속접지, 경고음 무시, 역추진장치 사용시기 실기 등의 과실로 이 사건 사고와 유사한 활주로 이탈 사고를 유발하여 부상 3명, 재산피해 등의 손해를 초래하였고 이로 인하여 일시 비행정지처분 및 형사처벌을 받은 점 등이 인정된다.

이러한 점을 종합적으로 고려하면, 원고와 참가인 사이에서는 더 이상 근로관계를 유지할 수 없을 만한 사정이 발생하였고 그 책임은 원고에게 있으므로, 참가인이 원고의 위와 같은 행위를 이유로 하여 원고를 파면한 것은 정당한 징계 재량권의 범위 내에서 한 것이라고 봄이 상당하다.

---

12) 대법원 2014. 11. 27. 선고 2011다41420 판결.

[32] 비행 중 흡연한 객실승무원의 해고

서울고등법원 2005. 11. 16. 선고 2005누2461 판결[1)]

Ⅰ. 사실관계

가. 당사자의 지위

원고는 1988. 7. 18. 항공운수업을 하는 참가인 K항공에 입사하여 근무하던 중 항공기 기내에서 흡연을 하였다는 사유로 2003. 10. 17. 파면되었다(이하 '이 사건 해고').

나. 비행 중 흡연행위의 금지

(1) 비행기내 금연은 세계적인 추세로 미국 연방의회가 1998. 7.경 지국 내에서 발착하는 전 항공기에 대하여 금연을 의무화하도록 하는 법안을 통과시킴을 계기로, 참가인은 1999. 3. 28.부터 전체 노선에 대하여 기내 금연원칙을 시행하도록 하였다.

(2) 그에 따라 참가인은 직원들에게 기내 승객이 흡연을 하는 경우 제재를 하도록 하고 이에 불응할 경우 공항경찰서에 인계하는 등 적극적인 대처를 하도록 하였다.

(3) 한편 기내 금연이 실시되기 전인 1995년경 승무원인 Y는 비행 중 흡연을 이유로 벌점 2점을 부과 받은 적이 있었다.

다. 원고의 흡연행위

(1) 원고는 2003. 4. 4. KE805편(괌발 인천국제공항행) 비행기 내 갤리(Gally)[2)]에서 담배를 피우고 있던 중 객실안전표준팀 소속 객실안전지도팀

---

1) 대법원 2006. 4. 14.자 2005두16611 판결(심리불속행)로 확정됨.

2) 항공기 앞 입구 쪽에 위치한 기내석 서비스 대기공간.

장인 C에게 적발되었고, C는 2003. 4.말 경 원고의 흡연행위를 포함한 근무태도에 관하여 참가인 회사에게 보고하였다. 참가인은 그와 같은 보고를 받자 사무장인 K에게 특히 원고가 장거리 비행근무를 할 때의 근무태도를 관찰하도록 지시하였다.

(2) 참가인은 2003. 5. 26. 객실안전지도팀장인 수석사무장으로부터 2003. 5. 21. KE681편(인천공항발 호치민행) 비행 중 원고의 입과 갤리에서 담배냄새가 났다는 보고를 받았고, 2003. 5. 30.경 K사무장으로부터 원고가 2003. 5. 7. KE023편(인천국제공항발 샌프란시스코행) 기내에서 흡연하였다는 보고를 받았다. 그런데 2003. 5. 7. 원고와 함께 비행한 여승무원들이 작성한 문건에 의하면, 이륙 후 원고가 갤리에 들어와 커튼을 닫은 후 주위를 살펴달라고 하면서 담배를 태웠다고 기재되어 있다. 원고와 함께 동승하였던 여승무원 역시 원고가 비행 중 흡연을 하였다는 진술서를 작성하여 참가인 회사에 제출하였다.

(3) 참가인이 2003. 5. 31. 원고에게 비행 중 흡연에 관하여 사실여부를 확인하자, 원고는 자신의 흡연사실을 인정하면서도 참가인이 원고의 흡연행위를 문제삼는 것은 객실 남자승무원으로 구성된 승우회(乘友會)의 객실노동조합설립추진위원회를 위한 모금운동을 저지하기 위한 것이라고 주장하면서 반발하였으나 추후 비행 중 흡연에 관한 경위서를 작성·제출하기로 하고도 이를 이행하지 아니하였다.

라. 이 사건 해고의 경위

(1) 참가인은 원고의 비행 중 흡연행위를 징계사유로 하여 2003. 6. 20.자로 객실승무원자격심의위원회(초심 징계위원회)를 개최하기로 하고, 2003. 6. 14. 원고에게 소명서를 제출하라는 내용의 통보를 하였다. 그런 후 참가인은 원고의 소명기회를 부여하기 위하여 객실승무원자격심의위원회를 2003. 6. 24.로 연기하였다.

(2) 2003. 6. 24.자로 개최된 객실승무원자격심의위원회는 원고뿐만 아니라 2003. 5. 11. 비행 중 흡연한 P에 대한 징계를 심사하였는데, 원고는 위원회에 참석하여 자신은 비행 중 흡연한 사실이 없다고 부인하였다.

그러나 위원회는 원고와 P의 비행 중 흡연행위를 인정하고 그 비위행위가 중대하다고 하면서 원고와 P에게 각각 권고사직을 하도록 의결하고 2003. 7. 2. 원고에게 권고사직을 통보하였다.

(3) 원고는 2003. 7. 9. 상벌심의위원회(재심 징계위원회)에 재심을 신청하면서 단체협약 제34조에 따른 조사위원회를 개최하여 줄 것을 요구하였다. 그리하여 참가인은 노사 쌍방 3인으로 구성된 조사위원회를 구성하여 2003. 8. 29. 조사위원회를 개최하였다.

(4) 참가인은 위 조사위원회 개최 당시 조사위원 중 노조측 조사위원에게 원고의 비행 중 흡연행위에 대한 제보문건을 제공하였는데 다만 그 문건 중 여승무원들의 진술서는 그 작성자를 볼 수 없도록 하였다. 그런데 참가인의 노동조합은 2003. 9. 1. 참가인에게 원고에 대한 징계와 관련된 위 제보문건을 모두 복사하여 줄 것을 요청하였으나, 참가인은 관련 문건을 복사하여 제공하게 되면 제보자의 신원이 밝혀질 우려가 있다는 이유로 이를 거부하였다.

(5) 그러자 노조측 조사위원은 2003. 10. 1. 참가인에 대하여 2003. 8. 29. 노사조사위원회가 개최되었으나 구체적인 조사를 위하여 회사에 요청한 자료가 제출되지 아니하여 실질적인 조사가 이루어지지 아니하였다는 취지의 의견서를 제출하였다.

(6) 그 후 참가인은 2003. 10. 6. 상벌심의위원회를 개최하여 원고와 P에 대하여 각각 권고사직을 의결하였고, 원고가 이에 응하지 아니하자 2003. 10. 17. 원고를 해고하였다.

Ⅱ. 참조 조문

1. 항공보안법

> **제23조(승객의 협조의무)** ① 항공기 내에 있는 승객은 항공기와 승객의 안전한 운항과 여행을 위하여 다음 각 호의 어느 하나에 해당하는 행위를 하여서는 아니 된다.
>
> 2. 흡연(흡연구역에서의 흡연은 제외한다)

제50조(벌칙) ⑥ 운항 중인 항공기 내에서 다음 각 호의 어느 하나에 해당하는 사람은 1천만 원 이하의 벌금에 처한다.
1. 제23조 제1항 제2호를 위반하여 흡연을 한 사람

2. 상벌심의위원회 운영규정

제11조 ① 위원회는 심의대상자에게 구두 또는 서면으로 사실을 진술하거나 소명할 기회를 부여할 수 있다.
② 위원회는 필요하다고 인정하는 경우 의안과 관련이 있는 직원 또는 참고인을 출석시켜 사실을 진술케 하거나 의견을 청취할 수 있다.

Ⅲ. 판시사항

원고가 항공기의 객실 남자 승무원으로서 기장을 보좌하여 기내의 안전운항, 쾌적한 비행환경을 조성·유지하고 기내흡연 등 승객의 기내 안전수칙 위반행위 등을 통제하는 직무를 수행하고 있음에도 불구하고, 비행 중 흡연행위를 한 것은 중대한 비위행위임은 분명하다. 원고는 기내흡연으로 적발된 횟수가 3회에 이르는 점, 원고와 함께 징계절차에 회부되었던 객실승무원 P도 단 1차례의 기내흡연으로 권고사직의 징계결정을 받았고 그에 따라 사직하였던 점 등에 비추어 볼 때, 이 사건 해고는 징계양정에 관한 재량권을 일탈·남용한 것으로 볼 수 없다.

Ⅳ. 해 설

1. 기내 흡연 금지 정책

가. 미국의 금연 정책

미국에서는 1971년 United Airlines가 처음으로 항공기 운항 중 금연정책을 실시하였다. 미국 정부는 1988. 4. 23.부터 2시간 이내의 국내선에서 금연정책을 실시하였고, 1990. 2. 25.에는 6시간 이내의 국내선에서 금연정책을 실시하였으며, 2000. 6. 4.에는 국내선 및 국제선에서 전면적인

금연정책을 실시하였다.[3] 그러나 미국에서는 골초 조종사들에 대한 금연은 항공안전과 관련되기 때문에 운항승무원에게는 금연규정을 적용하지 않는다.[4] ICAO는 1992년에 1996. 7. 1.부터 모든 국제선에서 담배를 피우지 않도록 하는 결의문을 채택하면서 급속도로 항공기 내는 금연 장소로 변했다.[5] 그럼에도 현재 항공기의 화장실 내부에는 재떨이가 설치되어 있는데, 이는 미국 연방법 때문이다.[6]

나. Olympic Airways v. Husain[7]

1998. 1. 4. Dr. Hanson은 아내 Rubina Husain과 함께 그리스 아테네에서 미국 New York행 Olympic Airways Flight 417기를 타고 가던 중 간접흡연으로 사망하였다. Hanson은 천식환자로서 담배연기에 알러지가 있는 사람이었다. 당시 그의 좌석은 이코노미석이었는데, 흡연석으로부터 앞으로 3줄 떨어진 곳이었고, 흡연석과 금연석 사이에는 칸막이가 없었다. 항공기 이륙 전부터 여객들이 담배를 피우기 시작하자 Hanson은 괴로움을 호소하였고, Husain이 승무원 Maria Leptourgou에게 좌석 교체를 요청하였고, 당시 위 항공편에는 11개의 빈 좌석이 있었으나 승무원을 이를 거절하였다. 이륙 후 금연 표시등이 꺼지자 많은 여객들이 담배를 피우기 시작하였고, Husain은 승무원에게 좌석교체를 재차 요청하였으나, 승무원은 빈 좌석이 없고 너무 바쁘다는 이유로 이를 거절하였다. Husain

3) Manila Standard, "Smoking banned on all US flights", Associated Press, June 4, 2000. p. A8.

4) Mydans, Seth (March 19, 1990), "Ban on smoking in airliners doesn't apply to the cockpit", New York Times, Retrieved April 1, 2016.

5) A29 – 15: Smoking restrictions on international passenger flights.

6) 14 CFR 25.853 – Compartment interiors
(f) Smoking is not to be allowed in lavatories. If smoking is to be allowed in any other compartment occupied by the crew or passengers, an adequate number of self – contained, removable ashtrays must be provided for all seated occupants.
(g) Regardless of whether smoking is allowed in any other part of the airplane, lavatories must have self – contained, removable ashtrays located conspicuously on or near the entry side of each lavatory door, except that one ashtray may serve more than one lavatory door if the ashtray can be seen readily from the cabin side of each lavatory served.

7) 540 U.S. 644 (2004).

이 세 번째로 좌석 교체를 요구하였으나, 승무원은 "승무원 도움 없이 직접 다른 여객에게 양해를 구하고 좌석을 교체할 수 있다"고 말하였을 뿐이었다. 이륙 후 2시간이 지난 후 Hanson은 천식환자용 흡입기를 꺼내기 위해 좌석에서 일어나 복도로 걸어 나가던 중 심한 호흡곤란으로 사망하였다. 미 연방항소법원은 Air France v. Saks[8] 판결에서 판시된 사고(accident)의 정의를 원용하여, 좌석을 교체해 달라는 여객의 요청을 3번이나 거절한 것은 예측할 수 없는 비정상적인 행위로서, 이는 바르샤바 협약 제17조에 규정된 사고에 해당한다고 판시하였다.

2. 대상사안의 검토

가. 절차적 정당성

(1) 참가인이 원고의 징계사유를 심사하기 위하여 객실승무원자격심의위원회를 개최할 때, 원고에게 소명서를 제출하라는 통보를 함과 아울러 원고에게 충분한 소명기회를 제공하기 위하여 객실승무원자격심의위원회의 개최일까지 연기하였다. 또한 원고는 객실승무원자격심의위원회에 출석하여 자신의 의견을 개진하였다. 따라서 참가인이 원고에게 충분한 소명기회를 제공하지 아니하였다는 원고의 주장은 부당하다.

(2) 상벌심의위원회 운영규정 제11조 제2항은 "위원회는 필요하다고 인정하는 경우 의안과 관련이 있는 직원 또는 참고인을 출석시켜 사실을 진술케 하거나 의견을 청취할 수 있다"고 규정하고 있다. 이는 문언적인 의미로도 임의적 절차를 둔 것으로 해석되고, 원고가 기내에서 비행 중 흡연을 하였다는 목격자의 진술이 모두 일치하는 등 원고의 비위행위를 인정할 만한 자료들이 제출되어 있는 이상, 참가인이 해고를 할 때 그와 같은 절차를 거치지 아니하였다고 하여 절차상 중대한 하자가 있다고는 볼 수 없다.

(3) 단체협약 제34조는 "조합원이 상벌심의위원회의 의결에 대하여 재심을 청구하고 조합에 조사위원회 구성을 요청할 경우 조합은 회사에 대하

---

8) 470 U.S. 392 (1985).

여 노사 쌍방 동수의 조사위원회 구성을 요청하여 조사를 실시하고 그 결과를 상벌심의위원회에 제출하며 상벌심의위원회는 재심 의결시 조사결과를 참고하여 처리한다"고 규정하고 있다. 그런데 위 규정에 의하더라도 조사위원회의 조사결과는 상벌심의위원회가 의결할 때 참고할 수 있는 자료일 뿐 조사결과에 기속되지 아니한다고 해석될 뿐만 아니라, 참가인은 노조측 조사위원에게 원고의 비위행위에 관한 관련 자료를 제공하여 이를 검토할 기회를 주었으므로, 해고에 절차상 중대한 하자가 있다고는 볼 수 없다.

나. 징계사유의 존부

원고는 3회에 걸쳐 비행 근무 중 흡연한 사실이 인정되고, 이는 객실승무원업무규정 제2.36조(금연규정)와 취업규칙 5.0.3(징계사유)에 해당한다.

다. 흡연을 이유로 한 해고가 정당하다고 한 판례

근로자(원고)는 H회사(피고) 취업규칙 제67조 제11항 소정의 "지정된 장소 이외에서 흡연을 하거나 꽁초를 버려서는 아니 된다"는 규정, 안전관리규정 제19조 제4항 소정의 "담배는 반드시 지정된 장소에서만 흡연한다"는 규정 등 사규를 위반하였다는 이유로 징계해고되었다.

대법원은 (i) 피고 회사의 안강공장은 상시 화약류를 취급하는 곳으로서 화기취급에 고도의 주의의무가 요구되고, 특히 원고들이 흡연한 장소는 다른 작업장소와는 달리 폭발의 위험성이 가장 높은 제206제조부 충전 1반 유탄충전 A동 위험공실로부터 불과 1m밖에 떨어지지 않은 곳으로서 만일 잘못되어 인화될 경우에는 상상을 뛰어 넘는 엄청난 인명과 재산손실을 초래할 위험이 있으므로, 위 공장 내에서 위와 같은 사규위반행위가 두 번 다시 일어나지 않도록 미리 예방하기 위해서라도 원고들에 대하여 엄중한 징계를 할 필요성이 있는 점, (ii) 원고들이 평소의 안전교육을 통하여 이러한 위험공실의 잠재된 위험을 충분히 인식하고 위험공실 부근이 흡연금지구역임을 잘 알고 있음에도 위와 같은 사규위반행위에 나아간 것은 취업규칙 소정의 비위의 정도가 극심하거나 고의가 있는 경우에 해당되는 점 등을 고려하면, 비록 원고들이 흡연한 것이 단 1회에 불과하고 이로 인하여 아무런 사고가 발생하지 않았다 하더라도 피고 회사가 원고들의 위와 같은 사규위반행위를 이유로 원고들을 징계해고한 것은 정당하다고 판시하였다.[9)]

라. 징계 양정의 적정 여부

(1) 사용자가 취업규칙 등의 징계에 관한 규정을 구체적으로 적용하여 징계처분 중 가장 무거운 해고처분을 정당하게 하기 위해서는 그 징계사유에 해당하는 근로자의 비위행위가 사회통념상 근로계약을 계속시킬 수 없을 정도로 근로자에게 책임 있는 사유에 해당하여야 하고, 사회통념상 근로계약을 계속시킬 수 없을 정도인지 여부는 당해 사용자의 사업의 목적과 성격, 사업장의 여건, 당해 근로자의 지위 및 담당직무의 내용, 비위행위의 동기와 경위, 이로 인하여 기업의 위계질서가 문란하게 될 위험성 등 기업 질서에 미칠 영향, 과거의 근무태도 등 여러 가지 사정을 종합적으로 검토하여 판단하여야 한다.[10)]

(2) 원고가 비행기의 객실 남자 승무원으로서 기장을 보좌하여 기내의 안전운항, 쾌적한 비행환경을 조성·유지하고 기내흡연 등 승객의 기내 안전수칙 위반행위 등을 통제하는 직무를 수행하고 있음에도 불구하고, 비행 중 흡연행위를 한 것은 중대한 비위행위임이 분명하다.

(3) 원고는 기내흡연으로 적발된 횟수가 3회에 이르는 점, 원고와 함께 징계절차에 회부되었던 객실승무원 P도 단 1차례의 기내흡연으로 권고사직의 징계결정을 받았고 그에 따라 사직하였던 점 등에 비추어 볼 때, 이 사건 해고는 징계양정에 관한 재량권을 일탈·남용한 것으로 볼 수 없다.[11)]

---

9) 대법원 1991. 8. 27. 선고 91다20418 판결.

10) 대법원 2002. 5. 28. 선고 2001두10455 판결.

11) 제1심(서울행정법원 2002. 12. 30. 선고 2004구합25229 판결)은, 참가인은 원고의 비위행위를 처음 적발하였을 때 바로 필요한 조치를 어렵지 않게 취할 수 있었을 것인데도 단지 원고가 흡연을 반복하도록 지켜보고 있었다는 것은 참가인으로서도 원고의 흡연행위의 방지에 그 책임을 다한 것이라고 볼 수 없고, 원고가 입사한 이래 15년 이상 특별한 과오 없이 근무한 점에 비추어 보면, 원고가 몇 차례 기내흡연을 하였다는 것만으로 사회통념상 근로관계를 지속시킬 수 없을 정도로 원고에게 책임이 있다고는 보이지 아니하고, 따라서 해고는 이 점에서 징계양정에 관한 재량권을 일탈·남용하였다고 판시하였다.

[33] 여직원을 성희롱한 객실사무장의 해고

서울남부지방법원 2015. 1. 30. 선고 2013가합18562 판결

Ⅰ. 사실관계

(1) 피고는 항공운송업을 영위하는 회사이다. 원고는 1988. 7. 18. 피고 회사에 입사한 후 객실승무원을 거쳐 객실사무장으로 근무하여 왔다.

(2) 원고는 객실사무장이자 객실승무팀의 팀장으로 근무하면서 계약직 승무원(인턴)들을 포함한 여성 승무원들에게 "여자들은 수영복이 필요 없어, 상체는 기내서비스용 안대를 대고, 하체는 취침승객 알림용 스티커를 붙이면 돼", "속살이 까매서 남자친구가 좋아하겠어", "아까 뷔페식당에 나올 때 젖은 머리로 나와, 방에서 잠을 잘 수 없었다", "저런 사람이 남자 맛을 보면 장난이 아니다", "선데이서울 모델 같다. 나 오늘 한가해요 느낌이다", "옷차림이 나가요 같다"는 등의 발언을 하였다.

(3) 원고는 2011년부터 2012년까지 피고에게 보고하거나 피고로부터 허락을 받은 바 없이 임의로 원고 또는 팀원 가족들의 비행기 좌석을 승급하여 주었다.

(4) 원고는 "물질과 마음은 하나다", "결혼식에 입고 갈 옷이 없다", "전(前) 팀원들은 유럽에 갈 때 통닭도 사왔다. 팀 생활하면서 몇 십만 원 투자하여 진급하게 되면 연봉이 몇 백만 원 더 오르는데, 어느 것이 이득이 될지 생각해 봐라"라고 말하여 부하 직원들에게 금품을 요구하는 취지의 발언을 하거나, 2011. 4. 승진한 부하 직원으로부터 20만 원 상당의 상품권을 수령하였다.

(5) 원고는 기내사무장의 업무인 스페셜 밀(Special Meal) 서비스 업무를 직접 수행하지 않고 부팀장에게 대신 맡기는 등 업무를 전가하거나, 다른 승무원들에게 KALCC 시험 및 업무지식 테스트를 본인 대신 응시하

도록 하였다.

(6) 원고는 2011년 및 2012년경 부팀장 등 부하 직원들에게 원고의 크루넷(피고의 인트라넷) ID 및 비밀번호를 알려주고 위 부하 직원들로 하여금 리포트 작성, 승무원팀장 면담일지 작성, 승무원 업무분담, 휴가 결재 등 원고의 업무를 대신 수행하도록 하였다.

(7) 원고는 부하 직원들에게 자신이 업무평가자의 지위에 있음을 강조하며, 일부 직원들의 업무평가 결과를 다른 직원들에게 공개하였다.

(8) 피고는 2013. 4. 8.경 원고에게 구체적인 사유를 적시하지 않은 채 2013. 4. 9.자 대기발령을 명하였다. 피고는 2013. 4. 29. 원고에게 구체적인 징계사유와 징계효력 발생시기를 적시하지 않은 채 '취업규칙 등 회사규정을 위반한 비위행위가 인정된다'는 이유로 파면처분을 하였다. 원고가 재심을 청구하였으나, 피고는 2013. 7.경 이를 기각하고 원고에게 같은 해 7. 26.자로 파면되었음을 통보하였다.

(9) 피고는 2013. 12. 17. '2013. 7. 26.자 파면처분 통보'를 철회함과 동시에 '무단 좌석 승급, ID와 비밀번호 공개, 업무 전가, 직위를 이용한 선물 강요, 동료들을 대상으로 성희롱적 발언 등을 하였음'을 이유로 원고에 대하여 파면처분을 하였다. 원고가 재심을 청구하였으나, 피고는 이를 기각하였다.

(10) 피고는 2014. 7. 11. 원고에게 '2013. 4. 9.자 대기발령을 취소한다'는 통보를 하였다. 피고는 같은 날 원고에게 원고의 비위행위에 대한 조사를 위하여 취업규칙 제4.3.1.조에 따라 2014. 7. 14.자 대기발령을 명하였다.

(11) 피고는 2014. 7. 11. 원고에게 '2013. 7. 26.자 파면처분 및 2013. 12. 17.자 파면처분을 철회한다'는 통보를 하였다. 피고는 2014. 7. 29. 원고가 위와 같은 비위행위를 저질렀음을 이유로 원고에 대하여 파면처분을 하였다.

Ⅱ. 참조 조문

1. 취업규칙

1.1.1. (성실) 직원은 회사의 제규정을 준수할 것은 물론 직무상 상사의 명령에 순응하여 부하된 직무를 성실히 이행하여야 한다.

1.1.2. (신의) 직원은 상호간에 신의를 지키고 품성을 도야하여 회사의 명예를 훼손하지 말아야 하며 업무에 관한 최대의 협조를 하여야 한다.

1.1.6. (금지사항) 직원은 다음 각 호의 행위를 하여서는 아니 된다.

10) 업무상의 권한을 남용하거나 상사의 업무 지시에 정당한 사유 없이 불복하는 것

12) 회사의 허가 없이 정보보호규정상의 보호대상 정보자산을 외부에 유출하거나 타인에게 열람, 대여하는 등 이를 누설하는 행위

25) 타 직원에게 성희롱을 하는 것

4.1.8. (대기)

1) 회사는 다음 각 호의 경우에 일정기간 동안 직원을 본사 또는 본부 대기토록 할 수 있다.

① 기구의 축소개편으로 해당 보직의 존속이 불필요한 때

② 정상적인 업무수행이 불가능하다고 판단될 때

③ 사규 또는 명령을 위반하였을 때

④ 기타 회사 경영상 또는 인사관리상 필요한 경우

2) 대기발령의 기간은 원칙적으로 3개월 이내로 한다. 단, 불가피한 경우 1회에 한하여 최대 3개월 내에서 연장할 수 있다.

3) 대기발령자의 선정기준 및 처우 등에 대해서는 별도로 정하는 바에 의한다.

5.0.3. (징계의 사유) 직원이 다음 각 호의 1에 해당할 때에는 이를 징계한다.

2) 서약서 또는 회사의 제규정에 위반하거나 직무에 배치되는 행위를 한 자

4) 제1.1.5.조, 제1.1.6.조의 규정을 위반한 자

5.0.4. (징계의 종류) 징계의 종류는 다음과 같다.

1) 파면·해임 : 직원으로서의 신분을 박탈한다.
2) 권고사직 : 사직을 권고하되, 불응하는 경우 파면으로 조치한다.
3) 강등 : 직급, 자격 또는 호봉을 강하한다.
4) 정직 : 3개월 이내로 하되 그 기간 중에는 직원으로서의 신분은 보유하나 직무에 종사하지 못한다.
5) 감봉 : 1개월 이상 6개월 이내로 하되 그 감봉액 1회의 액이 평균임금의 1일분의 반액 이내로 하고 총액은 월 임금 총액의 10분의 1 이내로 한다.
6) 항공업무 정지 : 항공종사자로서의 본연의 업무를 정지시킨다.
7) 국제선 승무정지 : 승무원에 대한 국제선 승무를 정지시킨다.
8) 노선 제한 : 승무원에 대한 특정노선의 승무를 정지시킨다.

2. 객실서비스 매뉴얼

2.3. 승무절차 승객은 기내에서 좌석을 변경할 수 있지만 가능한 한 중간 경유지에서 운송직원에 의하여 좌석 변경을 받도록 안내한다. 특히 승객의 요청에 의하여 기내에서 좌석 변경을 실시할 경우 상위 클래스로의 좌석 변경(Upgrade)은 불가능하다.

3. 정보보호지침

7. 정보시스템에 관련된 정보보호

7.1. 기본적인 보안조치

2) 타인에게 ID나 패스워드가 노출되지 않도록 한다.

7.8. USER ID 관리

2) 사용자는 각자의 USER ID로 인해 발생하는 일에 대한 책임이 있다.

4) 사용자는 자신의 USER ID를 대여하거나 타인의 USER ID를 사용해서는 아니 된다. 단, 불가피하게 타인에게 위임하는 경우 권한 위임 내용 및 기간을 문서상으로 명시하여야 한다.

4. 크루넷(Crewnet) 시스템 이용 약관

> **제10조(사용자의 ID 및 비밀번호에 대한 의무)**
> 1) 제9조의 경우를 제외하고, 사용자의 ID와 비밀번호의 관리책임은 사용자에게 있습니다.
> 2) 사용자는 자신의 ID 및 비밀번호를 제3자가 이용하게 해서는 안 됩니다.

5. 시험 및 검정 관리절차규정

> **제2조(시험 및 검정의 범위)** 이 절차는 인력개발원장이 주관하는 입사시험, 승격시험 및 기타 자격검정을 위한 시험에 적용한다.
> **제28조(부정행위의 범위)** 다음 각 호의 행위를 시험 및 검정의 부정행위로 규정한다.
> 3) 타인의 대리시험을 보는 행위 및 그 혜택을 보려는 행위

Ⅲ. 판시사항

원고는 수년 동안 지속적·반복적으로 여성 승무원들에게 성희롱적 발언을 한 점, 원고가 한 성희롱적 발언들은 일상적으로 수용되는 단순한 농담이나 친근감의 표시 수준을 넘어 상대방에게 굴욕감·수치심 및 혐오감을 느끼게 하기에 충분할 정도에 이른 점, 원고는 업무평가권한을 갖는 팀장의 지위에서 자신의 지휘·감독 아래 있는 계약직 승무원 등 부하 직원들을 대상으로 성희롱적 발언을 하거나 금품요구·업무전가 등의 비위행위를 하였던 점, 원고가 소속된 승무원팀의 업무 특성상 여성 승무원의 비율이 높고, 피고는 이러한 업무 특수성을 참작하여 직장내 성희롱 예방교육을 시행하였으며, 원고도 수차례 성희롱 예방교육을 받았던 점, 피고는 성희롱이 문제된 다른 직원들에게도 권고사직·파면 등 엄격한 징계조치를 취한 점 등을 고려하면, 이 사건 파면처분이 사회통념상 현저하게 타당성을 잃은 것으로서 피고가 징계재량권을 일탈·남용하였다고 볼 수 없다.

Ⅳ. 해 설

1. 성희롱과 징계해고

가. 개 념

성희롱이란 업무, 고용, 그 밖의 관계에서 국가기관·지방자치단체, 각급 학교, 공직유관단체 등 공공단체의 종사자, 직장의 사업주·상급자 또는 근로자가 (i) 지위를 이용하거나 업무 등과 관련하여 성적 언동 또는 성적 요구 등으로 상대방에게 성적 굴욕감이나 혐오감을 느끼게 하는 행위, (ii) 상대방이 성적 언동 또는 요구 등에 따르지 아니한다는 이유로 불이익을 주거나 그에 따르는 것을 조건으로 이익 공여의 의사표시를 하는 행위를 하는 것을 말한다[양성평등기본법 제3조 제2호, 남녀고용평등과 일·가정 양립 지원에 관한 법률 제2조 제2호, 국가인권위원회법 제2조 제3호 (라)목 등 참조].[1] 여기에서 '성적 언동'이란 남녀 간의 육체적 관계나 남성 또는 여성의 신체적 특징과 관련된 육체적·언어적·시각적 행위로서 사회공동체의 건전한 상식과 관행에 비추어 볼 때, 객관적으로 상대방과 같은 처지에 있는 일반적·평균적인 사람으로 하여금 성적 굴욕감이나 혐오감을 느끼게 할 수 있는 행위를 의미한다.[2]

나. 성립요건

(1) 성희롱이 성립하기 위해서는 행위자에게 반드시 성적 동기나 의도가 있어야 하는 것은 아니지만, 당사자의 관계, 행위가 행해진 장소 및 상황, 행위에 대한 상대방의 명시적 또는 추정적인 반응의 내용, 행위의 내용 및 정도, 행위가 일회적 또는 단기간의 것인지 아니면 계속적인 것인

---

1) 성희롱을 금지함으로써 보호하고자 하는 법익은 성적 자기결정권 및 직장에서 평등하고 안전하게 일할 권리이다. 따라서 성희롱을 금지하는 헌법적 근거는 성적 자기결정권, 인격권, 헌법 제10조 행복추구권, 제11조 평등권, 제32조 제1항의 근로권, 제32조 제4항의 여성의 근로에 대한 특별한 보호 규정이다. 정지원, "성희롱의 법적 개념과 성희롱 가해자에 대한 징계해고의 정당성에 관한 판단기준", 젠더법학 제2권 제1호(2010. 3.), 174면.

2) 대법원 2018. 4. 12. 선고 2017두74702 판결.

지 등의 구체적 사정을 참작하여 볼 때, 객관적으로 상대방과 같은 처지에 있는 일반적·평균적인 사람으로 하여금 성적 굴욕감이나 혐오감을 느낄 수 있게 하는 행위가 있고, 그로 인하여 행위의 상대방이 성적 굴욕감이나 혐오감을 느꼈음이 인정되어야 한다.[3)]

(2) 언어적 행위의 경우 판례는, (i) 회사의 대표이사가 입사 후 일주일이 된 신입사원에게 몇 명의 남자와 자보았는지를 묻고 신입사원의 손을 자신의 뺨에 가져다 댄 후 모텔로 들어가자고 한 행위,[4)] (ii) 대학교수가 단체교섭과 관련된 회의에서 대면하게 된, 목 부분에 밴드 처리가 되어 있는 라운드 티셔츠와 그 위에 노동조합이 제작 한 조끼를 입은 노동조합 전임자를 가리키며 "가슴이 앞에 사람 보이니까 닫아요", "아니, 보는 게 아니라, 나 같은 늙은 사람들이 거기 신경 쓰고"라고 말한 행위[5)] 등을 성희롱으로 인정한 바 있다.

다. 증명책임

성희롱을 사유로 한 징계처분의 당부를 다투는 소송에서 징계사유에 대한 증명책임은 그 처분의 적법성을 주장하는 피고(사용자)에게 있다. 다만 민사소송이나 행정소송에서 사실의 증명은 추호의 의혹도 없어야 한다는 자연과학적 증명이 아니고, 특별한 사정이 없는 한 경험칙에 비추어 모든 증거를 종합적으로 검토하여 볼 때 어떤 사실이 있었다는 점을 시인할 수 있는 고도의 개연성을 증명하는 것이면 충분하다. 민사책임과 형사책임은 지도이념과 증명책임, 증명의 정도 등에서 서로 다른 원리가 적용되므로, 징계사유인 성희롱 관련 형사재판에서 성희롱 행위가 있었다는 점을 합리적 의심을 배제할 정도로 확신하기 어렵다는 이유로 공소사실에 관하여 무죄가 선고되었다고 하여 그러한 사정만으로 행정소송에서 징계

3) 대법원 2008. 7. 10. 선고 2007두22498 판결. 초등학교 교사들의 회식 자리에서 교감이 여자교사들에 대하여 교장에게 술을 따라 줄 것을 두 차례 권한 언행이 그 경위나 정황, 발언자의 의도 등에 비추어 객관적으로나 일반적으로 여자교사들로 하여금 성적 굴욕감 또는 혐오감을 느끼게 하는 성적 언동에 해당하지 않는다고 한 사례로는 대법원 2007. 6. 14. 선고 2005두6461 판결.

4) 대법원 2006. 6. 24. 선고 2006두224 판결.

5) 대법원 2009. 4. 9. 선고 2008두16070 판결.

사유의 존재를 부정할 것은 아니다.[6)]

라. 심리상 유의점

법원이 성희롱 관련 소송의 심리를 할 때에는 그 사건이 발생한 맥락에서 성차별 문제를 이해하고 양성평등을 실현할 수 있도록 '성인지 감수성'을 잃지 않아야 한다(양성평등기본법 제5조 제1항 참조). 그리하여 우리 사회의 가해자 중심적인 문화와 인식·구조 등으로 인하여 피해자가 성희롱 사실을 알리고 문제를 삼는 과정에서 오히려 부정적 반응이나 여론, 불이익한 처우 또는 그로 인한 정신적 피해 등에 노출되는 이른바 '2차 피해'를 입을 수 있다는 점을 유념하여야 한다. 피해자는 이러한 2차 피해에 대한 불안감이나 두려움으로 인하여 피해를 당한 후에도 가해자와 종전의 관계를 계속 유지하는 경우도 있고, 피해사실을 즉시 신고하지 못하다가 다른 피해자 등 제3자가 문제를 제기하거나 신고를 권유한 것을 계기로 비로소 신고를 하는 경우도 있으며, 피해사실을 신고한 후에도 수사기관이나 법원에서 그에 관한 진술에 소극적인 태도를 보이는 경우도 적지 않다. 이와 같은 성희롱 피해자가 처하여 있는 특별한 사정을 충분히 고려하지 않은 채 피해자 진술의 증명력을 가볍게 배척하는 것은 정의와 형평의 이념에 입각하여 논리와 경험의 법칙에 따른 증거판단이라고 볼 수 없다.[7)]

마. 징계해고의 정당성을 인정한 사례

(1) 부사무장인 원고가 소속 여승무원들에게 한 언행[8)]은 피고 회사의 '성희롱행위방지 및 처리지침 지침'에서 규정한 가슴, 엉덩이 등 특정 신체 부위를 만지는 행위, 음란한 농담을 하거나 음탕하고 상스러운 이야기

---

6) 대법원 2018. 4. 12. 선고 2017두74702 판결.

7) 대법원 2018. 10. 25. 선고 2018도7709 판결.

8) 노래방에서 회식하던 중 여승무원이 노래를 부를 때마다 그 여승무원들의 뒤에 앉아서 치마를 들추고 들춰진 치마 속을 들여다보는 시늉을 하였으며, 평소에도 "이쁜 애 앞에 앉아 있으니 자리 옮기기 싫다, 술맛 나고 기분 좋다", "여승무원들에게 섹스할 때 느낌 같은 것을 물어보면 마치 자기가 처녀인 듯 행동한다. 너한테도 그런 것을 물어보면 안 되냐", "하○○이는 생각이 없고 건드리기 쉬워 보인다"는 등의 발언을 하였다.

를 하는 행위, 성적인 사실관계를 묻거나 성적인 내용의 정보를 의도적으로 유포하는 행위 및 기타 사회통념상 성적 굴욕감을 유발하는 것으로 인정되는 언어나 행동 등에 해당하여 업무 관계에서 성적 언동 등으로 성적 굴욕감 또는 혐오감을 느끼게 하는 행동으로서 분명한 성적인 동기와 의도를 가진 것으로 보이고, 따라서 '성희롱'에 해당하므로 결국 이러한 행동들은 취업규칙에 위반되어 징계사유에 해당하며, 원고에 대하여 가장 무거운 징계처분인 파면을 하였다고 하더라도 위 파면이 재량권의 범위를 일탈하여 징계권을 남용한 것이라고 보기 어렵다.[9)]

(2) 객관적으로 상대방과 같은 처지에 있는 일반적이고도 평균적인 사람의 입장에서 보아 어떠한 성희롱 행위가 고용환경을 악화시킬 정도로 매우 심하거나 또는 반복적으로 행해지는 경우, 사업주가 사용자책임으로 피해 근로자에 대해 손해배상책임을 지게 될 수도 있을 뿐 아니라 성희롱 행위자가 징계해고되지 않고 같은 직장에서 계속 근무하는 것이 성희롱 피해 근로자들의 고용환경을 감내할 수 없을 정도로 악화시키는 결과를 가져 올 수도 있으므로, 근로관계를 계속할 수 없을 정도로 근로자에게 책임이 있다고 보아 내린 징계해고처분은 객관적으로 명백히 부당하다고 인정되는 경우가 아닌 한 쉽게 징계권을 남용하였다고 보아서는 안 된다. 카드회사의 지점장이 우월한 지위를 이용하여 자신의 지휘·감독을 받는 8명의 여직원을 상대로 일정 기간 동안 14회에 걸쳐 반복적으로 성희롱 행위를 한 사안에서, 그 성희롱 행위가 왜곡된 사회적 인습이나 직장문화 등에 의하여 형성된 평소의 생활태도에서 비롯된 것으로서 특별한 문제의식 없이 이루어진 것이라 하여 이를 가볍게 평가할 수는 없으므로, 그에 대한 징계해고처분은 정당하다.[10)]

---

9) 서울중앙지방법원 2005. 11. 24. 선고 2004가합87522 판결.
10) 대법원 2008. 7. 10. 선고 2007두22498 판결.

2. 성희롱 문제의 노동법상 의의

가. 성희롱 문제의 중요성[11)]

성희롱은 피해자에게 육체적 손상이나 성적 굴욕감 또는 혐오감과 무력감을 느끼게 하며 근로의 의욕과 능률을 저하시키는 정신적·심리적 피해를 준다. 사직하지 않는 한 성희롱 가해자와 성희롱을 묵인하는 사람들과 거의 매일 사업장에서 업무상 부딪혀야 하기에 그 스트레스와 피해는 가중된다. 피해자가 문제를 제기하면 오히려 처신을 제대로 못했거나 과민한 성격을 가진 조직부적응자로 평가받는 경우도 많으며, 가해자로부터 명예훼손 고소나 소송을 당하는 경우도 종종 발생한다. 뿐만 아니라 고용기회와 승진이나 대우에서 불이익을 당하게 하고 적대적 근로환경에서 일하게 하거나 근무의 지속을 어렵게 한다. 이와 같이 성희롱의 문제는 근로자와 사용자 사이의 권위주의적 위계질서에서 발생하는 권력의 문제와 남성과 여성 사이의 불평등한 가부장적 사회문화에서 발생하는 여성문제 또는 젠더(gender)문제가 복합된 특성을 가진다. 뿐만 아니라 근로자의 건강과 안전을 해치는 문제와 원하지 않는 성적 행동을 받지 아니할 성적 자기결정권을 포함한 인격권을 침해하고, 근로능력이 아닌 성적인 언동의 거부라는 비합리적 이유로 고용에서의 불이익을 줌으로써 평등권과 노동권을 침해하는 인권의 문제도 결부되어 있다.

성희롱의 피해는 피해자 개인에게만 미치지 않고 다른 근로자와 사용자 및 사업장에게도 상당한 악영향을 미친다. 즉 성희롱의 피해자가 겪는 문제는 사용자 및 사업장에게 생산성과 인적 자원 활용의 저하라는 손실을 주며, 성희롱이 사업장에서 발생하면 남녀간 또는 노사간에 갈등이 발생하여 근로환경이 적대적으로 됨으로써 전체 종사자들의 원활한 업무협조와 생산성도 저하된다. 특히 사용자가 성희롱을 한 경우에는 지휘명령권자 또는 감독자로서 신뢰와 권위가 깨져 사업의 원활한 운영이 저해된

---

11) 김엘림, “성희롱의 방지에 관한 사용자의 법적 책임”, 노동법학 제34호(2010. 6.), 185~187면.

다. 또한 사업장의 대외적 이미지가 저하되고, 사용자는 성희롱의 조사와 처리에 상당한 시간과 비용·인력을 소모해야 하며 법적 책임도 감수해야 한다.

나. 항공사 승무원노동의 특수성

(i) 가해자가 한 성희롱은 사회통념상 일상적으로 허용되는 단순한 농담 또는 호의적인 언동의 범주를 넘어 여승무원들로 하여금 성적 굴욕감이나 혐오감을 느끼게 함과 동시에 그들에 대한 사회적인 평가를 저하시키고 그 근무환경을 악화시키는 것으로서 가해자의 이러한 행동으로 인하여 피해 여승무원들이 수치심이나 불안감을 느끼고 있는 점, (ii) 회사의 전체 여승무원의 차원에서 가해자에 대한 징계를 요구하고 있는 상황에서 이들과 가해자를 같은 비행기 및 호텔에서 근무하도록 하는 것은 여승무원들의 근무환경을 심히 불안정하게 만들고 그 업무 수행에서도 어려움이 발생하리라고 보이는 점, (iii) 이미 노사합의로 가해자에 대하여 위와 같은 징계사유를 인정하고 파면을 하도록 한 이상 가해자를 계속 회사에 근무하도록 하는 것은 회사의 분위기 및 위계질서를 문란하게 할 위험성이 있다는 점, (iv) 항공사의 경우 객실승무원 중 여승무원들의 비중이 절대적으로 높은데, 남승무원과 여승무원이 동일한 사업장에서 혼재하여 근무하고 있으며 특히 해외 체류시에는 수일간 같은 호텔에 묵으며 근무하게 되는바, 이러한 상황하에서 다른 회사보다 여승무원들이 성희롱에 노출될 가능성이 많아 이러한 징계사유에 대해서는 더욱 엄격히 대처할 필요가 있다는 점에 비추어 보면, 성희롱을 한 남승무원에 대한 파면은 유효하다는 하급심 판례[12]는 주목할 만하다.

---

12) 서울중앙지방법원 2005. 11. 24. 선고 2004가합87522 판결.

3. Ferris v. Delta Airlines, Inc., 277 F.3d 128 (2d Cir.2001)[13)]

가. 사실관계

(1) 원고 Penny Ferris는 1998. 3. 피고 델타항공사(Delta Airlines, Inc)의 승무원으로 근무하던 중 동료 남성 승무원 Michael Young과 함께 뉴욕발 로마행 항공편의 승무원으로 편성되었다. 비행기는 1998. 3. 17. 로마공항에 도착하였고, 승무원들은 항공사가 제공한 버스를 타고 항공사가 예약한 사보이호텔로 이동하였다. 항공사는 3. 18. 뉴욕으로 돌아오는 항공편에 탑승할 때까지 승무원이 머무를 수 있도록 사보이호텔의 한 구역을 예약하고, 숙박비를 지급하였다.

(2) Young과 Ferris는 1998. 3. 17. 오후에 Ferris가 집으로 가져갈 와인을 함께 구매하였다. Young과 Ferris가 호텔로 돌아올 때, Young은 Ferris에게 그녀가 구매하려고 했던 빈티지 와인을 가져왔다고 하면서, Young의 방에서 시음할 것을 제안하였다. Ferris가 Young의 방으로 갔을 때, Young의 방에는 Ferris를 위한 와인 한 잔이 미리 준비되어 있었다. Ferris가 와인 반 잔을 마셨을 때 의식이 희미해졌다. Ferris가 그녀의 방으로 돌아가려고 하였으나 몸이 말을 듣지 않았고, 결국 의식을 잃었다. Ferris가 의식을 잃고 있는 동안, Young은 그녀를 성기·구강·항문 성교 등의 방법으로 강간하였다. Ferris는 수차례 강간당하는 동안에 부분적으로 의식이 돌아왔고, 한 번은 다시 의식을 잃기 전에 Young에게 강간을 중지할 것을 요청하였다.

(3) 그날 밤 다른 승무원과 저녁식사를 하던 Ferris는 충격과 당혹감에 빠져 있었다. 식사 도중 그녀는 메스꺼움을 느끼고 화장실로 가서 구토하였다. 다음 날 Ferris는 뉴욕행 항공편에서 Young과 함께 승무원의 임무를 수행하였다.

(4) Ferris는 1998. 3. 30. 객실사무장에게 그녀가 Young에게 당했던 일을 보고하면서, 다른 곳에 전달하지는 말아줄 것을 요청하였다. Ferris는

---

13) cert. denied, 537 U.S. 824 (2002).

1998. 4. 11. 항공사의 노무담당이사에게 "이탈리아 말을 사용하는 승무원에게 강간당하였다"고 보고하였다. 노무담당이사는 컴퓨터 시스템을 이용하여 용의자를 2명으로 압축하였고, 1998. 4. 17. JFK 국제공항 지점장과 Ferris의 회의를 주선하였다. 지점장은 Ferris에게 강간범의 이름을 공개할 것과 서면보고서를 제출할 것을 요청하였으나, Ferris는 이를 모두 거절하였다. 계속 대화를 진행한 결과 Ferris는 1998. 5. 4. 마침내 강간범의 이름을 항공사에 알려주었다.

(5) 지점장과 부지점장은 1998. 5. 5. Young을 면담하였다. Young은 로마에 도착하자 체육관에 들렀다가 낮잠을 자기 위해 호텔로 복귀했고, 다른 승무원 Kantz와 같이 밤을 보냈다고 진술하였다. 지점장이 잠시 후 Kantz를 면담하였을 때, Kantz도 Young과 같은 내용으로 진술하였다. 1998. 6. 초순경 승무원 Gordon은, Young이 다른 사람과 대화하는 것을 우연히 엿듣게 되었는데, 당시 Young은 약물사용과 여승무원 강간 혐의로 조사받고 있다고 말하였다. Gordon은 1998. 6. 22. 이러한 내용이 기재된 메모를 항공사에 제출하였다.

(6) Ferris는 1998. 6. 25. 지점장에게 로마에서 강간당한 사건에 관하여 처음으로 서면보고서를 제출하였다. 지점장과 부지점장은 1998. 6. 29. Young을 다시 조사하였고, 그 결과 Young에게 정직처분을 내리고, 항공사 직원 ID를 삭제하였다. 그 후 Young은 항공사의 조사에 협조하지 않았고, 항공사로부터 1998. 11. 5. 근로관계를 종료할 것이라는 통보를 받자, 항공사에 사직서를 제출하였다.

(7) 한편 Young은 1993. 12.에는 밀라노에서 여승무원 Kathleen Ballweg을 강간하였고, 1995. 3.에는 달라스에 있는 Young의 집에서 여승무원 Aileen Feingold를 강간하였으며, 1997. 7.에는 로마에서 만남을 거절한 여승무원 Michelle Zachry에게 심한 폭언을 하였다. 위와 같은 Young의 행위는 여승무원들에 의하여 모두 항공사에 보고되었으나, 항공사는 Young에게 어떠한 조치도 취하지 아니하였다.

나. 소의 제기와 재판의 경과

(1) Ferris는 피고 델타항공사를 상대로 연방지방법원[14]에 1964년 민권법(1964 Civil Rights Act) 제7장(Title Ⅶ)을 근거로 하여 성희롱(sexual harassment)으로 인한 구제를 청구하는 소를 제기하였다.

(2) 연방지방법원은, Young이 Ferris의 직무상 상관이 아니고, Ferris는 자발적으로 Young과 어울렸으며, 피고가 승무원에게 다른 승무원이 체류하는 방으로 방문하는 것을 적극적으로 장려한 증거가 없으므로, Young이 해외체류 호텔에서 원고를 강간한 것은 민권법 제7장(Title Ⅶ) 소정의 작업환경(work environment)과 무관하다는 이유로 Ferris의 청구를 기각하였다.[15]

다. 연방항소법원의 판단

(1) 항공사 승무원들이 해외체류 중 항공사가 예약하고 비용을 지불한 호텔에서 숙박하는 것은 일반근로자가 근무를 마치고 집으로 복귀하는 것과는 전혀 다르다. 해외체류기간 중 승무원들은 외국에서 사적인 생활을 즐길 수 있는 기회가 매우 드물다. 대부분은 외국 현지어를 모른다. 또한 외국에는 가족·친구·거주지가 없다. 물론 승무원들이 그와 같이 지낼 의무는 없지만, 승무원들은 일반적으로 항공사가 제공한 호텔 구역에 머물게 된다. 항공사는 공항에서 호텔로, 호텔에서 공항으로 이동할 때 버스를 제공한다. 이와 같은 환경에서 승무원들은 해외에서 지인이 없으므로, 다른 승무원의 방에 모여서 사교활동을 하게 된다. 비록 사용자가 근로자에게 휴식시간을 어떻게 보낼지 지시하는 것은 아니지만, 위와 같은 근로환경은 위와 같은 결과를 강제할 수밖에 없다. 이와 같이 승무원들이 해외체류기간 중 처한 환경의 특수성을 고려하면, Young이 Ferris를 강간한 로마 호텔도 민권법 제7장(Title Ⅶ) 소정의 작업환경(work environment)의 구성요소에 포함된다.

---

14) United States District Court for the Eastern District of New York.
15) 102 F.Supp.2d 132 (E.D.N.Y. 2000).

(2) 연방대법원은 작업환경이 적대적이거나 폭력적인지 여부는 작업환경 전체를 종합적으로 검토하여 결정하여야 한다는 입장을 취하고 있다. 차별행위의 빈도·강도, 신체적 위협, 공격적인 언사, 근로자의 작업수행에 대한 불합리한 간섭 등이 이에 포함된다.[16] 물론 일반적으로 적대적·폭력적 행위의 지속이 적대적 환경을 형성하는데 필요하지만, 단 1회의 행위도 적대적 환경을 형성할 수 있다. 즉 1회의 강간도 적대적 작업환경의 범위에 포함된다.[17]

(3) 사용자의 감독권이 미치지 않은 상황에서 근로자(피해자)에 대한 성희롱행위가 다른 근로자(가해자)에 의하여 이루어진 때에는, 사용자가 근로자의 문제제기에 대하여 합리적인 조치를 취하지 않거나 성희롱사실을 알면서도 어떠한 조치도 취하지 않은 경우에 한하여 책임이 인정된다.[18]

(4) 피고는 이미 다른 여승무원에 대한 Young의 강간행위와 폭언을 잘 알고 있었고, Young이 여승무원을 성희롱할 성향이 있기 때문에 여승무원들이 강간당할 가능성이 높다는 것을 알고 있었다. 그럼에도 피고는 Young의 여승무원을 강간하는 범죄성향으로부터 원고를 보호할 수 있는 조치를 전혀 취하지 아니하였으므로, 피고는 Young의 원고에 대한 강간행위에 관하여 책임이 인정된다.

4. 대상사안의 검토

가. 2014. 7. 14.자 대기발령의 적법여부

(1) 기업이 그 활동을 계속적으로 유지하기 위해서는 노동력을 재배치하거나 그 수급을 조절하는 것이 필요 불가결하므로, 대기발령을 포함한 인사명령은 원칙적으로 인사권자인 사용자의 고유권한에 속한다. 따라서

16) Harris v. Forklift Sys., Inc., 510 U.S. 17 (1993).; Perry v. Ethan Allen, Inc., 115 F.3d 143, 149 (2d Cir. 1997).

17) Tomka v. Seiler Corp., 66 F.3d 1295, 1305 (2d Cir. 1995).; Burlington Indus., Inc. v. Ellerth, 524 U.S. 742 (1998).

18) Richardson v. New York State Dep't of Corr. Serv., 180 F.3d 426, 441 (2d Cir. 1999).; Faragher v. City of Boca Raton, 524 U.S. 775, 799 (1998).

이러한 인사명령에 대하여는 업무상 필요한 범위 안에서 사용자에게 상당한 재량을 인정하여야 하며, 이것이 근로기준법 등에 위반되거나 권리남용에 해당하는 등의 특별한 사정이 없는 한 위법하다고 할 수 없다.[19)]

(2) 피고는 원고가 성희롱 등 비위행위를 하였다고 판단하여 징계절차를 진행하고 있었던 점, 위 징계절차에서 원고의 동료 및 부하 직원들에 대한 조사가 이루어졌으므로 원고를 본래 업무 및 동료 등으로부터 격리시킬 인사관리상 필요가 있었던 점, 위 대기발령은 이 사건 파면처분으로부터 불과 15일 전에 이루어졌고, 이로 인하여 원고가 받은 금전적 불이익은 대기발령 기간 동안 비행수당을 지급받지 못한 것에 그친 점 등을 고려할 때, 이 사건 대기발령은 업무상 필요에 따라 이루어진 것으로서 상당성 및 합리성이 인정된다.

나. 파면처분의 정당성

(1) 피징계자에게 징계사유가 있어서 징계처분을 하는 경우 어떠한 처분을 할 것인가 하는 것은 징계권자의 재량에 맡겨진 것이고, 다만 징계권자가 재량권의 행사로서 한 징계처분이 사회통념상 현저하게 타당성을 잃어 징계권자에게 맡겨진 재량권을 남용한 것이라고 인정되는 경우에 한하여 그 처분은 위법하다고 할 수 있고, 그 징계처분이 사회통념상 현저하게 타당성을 잃어 재량권의 범위를 벗어난 위법한 처분이라고 할 수 있으려면 구체적인 사례에 따라 징계의 원인이 된 비위사실의 내용과 성질, 징계에 의하여 달성하려고 하는 목적, 징계양정의 기준 등 여러 요소를 종합하여 판단할 때에 그 징계 내용이 객관적으로 명백히 부당하다고 인정할 수 있는 경우라야 한다.[20)]

(2) 원고는 수년 동안 지속적·반복적으로 여성 승무원들에게 성희롱적 발언을 한 점, 원고가 한 성희롱적 발언들은 일상적으로 수용되는 단순한 농담이나 친근감의 표시 수준을 넘어 상대방에게 굴욕감·수치심·혐오감을 느끼게 하기에 충분할 정도에 이른 점, 원고는 업무평가권한을 갖는 팀장

---

19) 대법원 2006. 8. 25. 선고 2006두5151 판결.
20) 대법원 2002. 8. 23. 선고 2000다60890 판결.

의 지위에서 자신의 지휘·감독 아래 있는 계약직 승무원 등 부하 직원들을 대상으로 성희롱적 발언을 하거나 금품요구·업무전가 등의 비위행위를 하였던 점, 원고가 소속된 승무원팀의 업무 특성상 여성 승무원의 비율이 높고, 피고는 이러한 업무 특수성을 참작하여 직장내 성희롱 예방교육을 시행하였으며 원고도 수차례 성희롱 예방교육을 받았던 점, 피고는 성희롱이 문제된 다른 직원들에게도 권고사직·파면 등 엄격한 징계조치를 취한 점 등을 고려하면, 이 사건 파면처분이 사회통념상 현저하게 타당성을 잃은 것으로서 피고가 징계재량권을 일탈·남용하였다고 볼 수 없다.

[34] 해외체류 호텔에서 여승무원과 풍기문란행위를 한 팀장의 파면

서울행정법원 2011. 8. 26. 선고 2011구합11365 판결

Ⅰ. 사실관계

(1) K항공(참가인)은 1969. 3. 1. 설립되어 상시근로자 17,000여 명을 고용하여 항공운송업을 경영하는 자이고, 원고는 1996. 10. 28. 참가인 회사에 객실승무원으로 입사하여 2010. 2. 1.부터 객실승원부 국제승원4팀 418팀장으로 근무하던 중 2010. 7. 23. 부하 여승무원과의 풍기문란 행위 등을 이유로 파면된 자이다.

K항공(참가인)의 객실승원부 국제승원4팀 418팀은 팀장인 원고 외에 부팀장 1명(남자), 팀원 12명(여자 11명, 남자 1명)으로 구성되어 있다. 원고는 2010. 3. 17. 필리핀 세부행 비행 후 부하직원인 L의 호텔방에서 L과 약 8시간 함께 있었는데, 그 옆방에 있던 원고의 부하직원 M이 L의 방에서 나는 남녀의 애정 행각 소리를 들었고, 그 후 원고의 부하 직원들 사이에는 원고와 L이 부적절한 관계를 가져 옆방에 투숙한 다른 여승무원에게 성적 수치심을 주었다는 소문이 돌았다.

(2) 원고는 2010. 3. 26. 미국 워싱턴행 비행시 기내에서 부팀장인 H승무원과 팀원인 K승무원으로부터 원고와 L 사이의 부적절한 관계에 대한 소문이 있다며 주의를 하라는 말을 들었음에도, 현지 도착 후 체류한 호텔의 원고의 방에서 L과 약 8시간(00:00~08:30) 함께 있었고, 이러한 사실이 H부팀장과 S팀원에게 목격되었다.

(3) 원고는 2010. 3. 29. 비행근무 종료 후 인천공항 지하2층에서 팀원들이 모두 모인 가운데 "전직하거나 사직이라도 고려할 테니 소문을 내지 말라"고 하였다.

(4) 한편 참가인의 국제승원 4팀장은 2010. 4. 1. 원고의 풍기문란에

관한 익명의 휴대폰 문자메시지를 받은 후 원고와 팀원들을 상대로 원고의 풍기문란 행위에 대한 면담 조사를 실시하였는데, 2010. 4. 5. L로부터 "원고와 같이 있는 동안 선을 넘었고 빠른 시일 내에 사직하겠다"는 등의 내용이 기재된 자필경위서를, 원고로부터 "팀원들의 주의를 받고도 L과 같은 방에 있는 모습이 팀원들에게 목격되어 관리자로서 잘못된 행동으로 물의를 일으켰음을 깊이 뉘우친다"는 등의 내용이 기재된 자필경위서를 각 제출받았다.

(5) 418팀의 팀원들은 원고가 여승무원의 외모나 신체에 관하여 수차례 성희롱에 해당하는 모욕적 발언을 하였다는 경위서를 제출하였는데, 그 내용은 아래와 같고 원고는 단순한 오해에서 비롯된 것이라며 성희롱 의도가 있었음을 부인하였다.

(ⅰ) 원고가 2010. 2. 1. 팀장 부임 이후 소속 팀원인 여승무원들의 신체를 툭툭 치듯이 터치하거나 손을 포개거나 등을 쓰다듬는 등 불필요한 신체접촉을 함

(ⅱ) "난 자격관리는 신경 안 써, 몸매관리는 해, L은 3kg만 빼, K는 1kg, R과 J는 적당해"라는 말을 함(2010. 2. 10. 모스크바 비행시 호텔 라운지에서)

(ⅲ) L에게 "곧 결혼하잖아, 아직 2kg 더 빼야지"라고 말함(2010. 3. 1. 토론토 비행시)

(ⅳ) 원고와 같이 택시를 타고 귀가하던 중 어색하여 자는 척 하는 L에게 "긴장했어?"라는 말을 함(2010. 3. 1. 토론토 비행을 마치고)

(ⅴ) 성희롱으로 해고된 J사무장이 여승무원들 진급시켜준다며 방으로 따로 부르거나 술자리에도 불렀다고 이야기한 후 L에게 '진급시켜줄까'라는 말을 함(2010. 3. 9. 세부 비행시)

(6) 참가인의 객실승무원자격심의위원회(이하 '위원회')는 2010. 4. 7. 원고와 L에게 해외체류시 풍기 문란과 관련하여 같은 달 9. 개최되는 위원회에 참석할 것을 통지하였으나, 당시 원고와 L이 사실관계를 부인하는 상황이었기 때문에 참가인은 2010. 4. 8. 위원회를 연기하고, 2010. 4.

12. 원고를 객실승무본부로 대기발령하였다. 위원회는 2010. 5. 20. 원고가 참석한 가운데 회의를 개최한 후 원고에 대하여 파면을 의결하였고, 2010. 6. 14. 원고에게 의결결과를 통보하였다.

(7) L은 2010. 7. 9. 참가인에게 "직장상사와 선을 넘은 언행으로 승무원의 품위를 손상시키고, 팀원들의 신뢰를 저버리고 팀워크를 와해시킨 것에 대하여 깊이 뉘우치고 있으며 사죄를 금할 길이 없다. 위원회에서 사실을 부인하고 잘못을 인정하지 않은 것은 제가 저지른 일임에도 불구하고 감당하기에는 너무 벅차게 커져버린 상황에 당황하고 겁이 나 성숙하게 판단하지 못하고 어떻게든 피하고만 싶었던 어리석은 판단의 결과였다"는 내용이 기재된 소명서를 제출한 후, 2010. 7. 13. 사직서를 제출하고 퇴사하였다.

(8) 원고가 2010. 6. 16. 재심을 신청하자, 참가인은 2010. 7. 15. 상벌심의본위원회를 개최하여 "원고가 해외 체류시 소속팀 여승무원과의 부적절한 행동을 타 팀원들에게 노출시킴으로써 풍기문란 및 팀원으로 하여금 성적 굴욕감, 혐오감을 불러 일으켰다"는 등의 이유로 파면을 의결한 후, 2010. 7. 23. 원고에게 파면처분을 통보하였다.

Ⅱ. 참조 조문

1. 취업규칙

> **1.1.6 금지 사항**
> 직원은 다음의 행위를 하여서는 아니 된다.
> 8) 폭력, 도박 또는 풍기 문제로 직장의 규율을 문란케 하는 것
> 25) 타직원에게 성희롱을 하는 것
>
> **4.3.1 퇴직**
> 3) 회사는 다음 각 호의 1에 해당하는 직원을 파면할 수 있다.
> ② 상벌심의위원회 심의에서 파면이 의결되었을 때
> ⑭ 기타 제1.1.5조, 제1.1.6조, 제1.6.3조, 제1.6.5조의 규정을 위반한 때

5.0.3 징계의 사유

직원이 다음 각 호의 1에 해당할 때에는 이를 징계한다.

3) 고의 또는 과실로 업무상의 장해 또는 분쟁을 야기시키거나 회사발전을 저해할 원인을 조장하여 회사에 손실을 초래한 자

4) 제1.1.5조, 제1.1.6조, 제1.1.9조, 제1.6.3.조, 제1.6.5조, 제4.1.4조, 제4.3.1조 제2항 및 제3항, 제7.0.2조의 규정을 위반한 자

5.0.4 징계의 조율

1) 파면, 해임 : 직원으로서의 신분을 박탈한다.

2. 객실승무원 자격심의위원회 운영지침

5. 기능 ① 객실승무원 상벌에 관한 사항을 심의 의결한다.

⑦ 심의 결과에 따라 표창 및 징계, 비행시간 제한, 지상근무, 비행정지, 휴직, 직종전환, 해고 등의 의결을 할 수 있다.

11. 재심 ① 위원회에서 의결된 사항에 대하여 당사자가 불복한 경우에는 결과를 통보받은 날로부터 1주일 이내에 서면으로 재심을 청구할 수 있다.

② 이 경우 객실승무본부장은 상벌심의 위원회에 재심을 청구한다.

3. 객실승무원 체류 기준

5. 풍기문란행위금지 객실승무원은 해외에서 내국인, 외국인을 막론하고 이성과의 풍기문란 행위를 하여 회사와 승무원의 image를 손상시켜서는 안 된다. 실제적인 문란행위가 아니더라도 외형적으로 타인에게 그렇게 인식되도록 보여지는 행동도 여기에 포함된다.

4. 성희롱 행위 방지 및 처리 지침

3. 정의 ① 본 지침에서 '성희롱'이라 함은 업무, 고용 기타 관계에서 성적 언동 등으로 성적 굴욕감 또는 혐오감을 느끼게 하거나, 기타 성적인 요구에 대한 불응을 이유로 불이익을 주는 것으로서 다음 각 호의 사항을 포함한 일체의 행위를 말한다.

-음란한 농담을 하거나 음탕하고 상스러운 이야기를 하는 행위(전

화통화 포함)
－외모에 대한 성적인 비유나 평가를 하는 행위
－기타 사회 통념상 성적 굴욕감을 유발하는 것으로 인정되는 언어나 행동 등

Ⅲ. 판시사항

원고와 같은 항공기 승무원의 경우 해외체류시 현지 호텔에서 충분한 휴식을 취하여야만 비행시 승객의 안전을 도모하고 양질의 서비스를 제공할 수 있음에 비추어 해외체류 호텔은 근무의 연속선상에 있는 장소로서 개인의 사생활 영역이라고 볼 수 없고, 원고의 풍기문란 행위가 근무의 연속선상에 있는 시간과 장소에서 이루어졌기 때문에 그 비난가능성이 더 크다고 할 수 있는 점, 참가인은 그동안 승무원들의 풍기문란에 대하여 대부분 엄격한 기준을 적용하여 파면을 하거나 권고사직토록 해왔던 점 등을 종합하면, 참가인의 원고에 대한 파면조치는 객관적으로 명백히 부당하여 사회통념상 현저하게 타당성을 잃은 것으로 볼 수 없다.

Ⅳ. 해 설

1. 사생활 비행과 징계

가. 징계사유 해당성

(1) 사생활의 비행은 주로 사용자나 기업의 명예·신용 실추, 품위유지 의무 위반이라는 이름으로 징계사유가 된다. 사생활의 비행은 노동력의 평가나 근로의 제공과 직접 관련되는 것이 아니기 때문에 원칙적으로 해고사유가 되지 않는다.[1] 사용자와 근로자의 관계는 노동력의 처분을 매개로 하여 맺어지므로 사용자는 근로계약상 취업 시간 안에만 노동력의 처분 권능으로서 지휘명령권을 가질 뿐이다. 기업 바깥이나 취업 시간이 아

1) 김유성, 노동법 Ⅰ, 법문사(2005), 288면.

닌 때에는 근로자는 시민으로서 사생활의 자유를 누린다. 따라서 시민 생활 영역에서 근로자의 행위는 그것이 비록 사회적으로 비난받고 위법시 되더라도 사용자는 근로자에게 책임을 추궁할 수 없다.[2)]

(2) 다만 사용자는 사업활동을 원활하게 수행함에 필요한 범위 내에서 규율과 질서를 유지하기 위해 근로자에 대하여 징계권을 행사할 수 있는바, 근로자의 사생활 비행이 사업 활동에 직접 관련이 있거나 기업의 사회적 평가를 훼손할 염려가 있다면 그러한 경우에 한하여 그 근로자를 징계할 수 있고, 정도가 심하다면 해고까지 이를 수도 있다.[3)] 이 경우 기업의 사회적 평가를 훼손할 염려가 있다고 하기 위해서는 반드시 구체적인 업무 저해의 결과나 거래상 불이익이 발생하여야 하는 것은 아니고 당해 행위의 성질과 정상, 기업의 목적과 경영방침, 사업의 종류와 규모, 그 근로자의 기업내 지위와 담당업무 등 여러 사정을 종합적으로 고려하여, 그 비위행위가 기업의 사회적 평가에 미친 악영향이 상당히 중대하다고 객관적으로 평가될 수 있어야 한다.[4)]

나. 구체적 사례

(1) 부동산 투기

도시개발공사에서 부동산에 관련된 사무를 담당하는 직원이 부동산매매업을 영위하였다고 볼 수 있을 정도로 부동산 투기를 계속한 행위는 징계해고사유가 된다.[5)]

(2) 교사의 품위유지의무 위반

(i) 유부녀인 여교사가 같은 학교에 근무하는 동료교사의 남편에게 연정을 느끼고 애정을 표현하는 편지를 10여 회 보내고, 3회에 걸쳐 그와 단둘이 만나 노래방을 가거나 저녁식사를 하였으며, 자신이 보낸 편지를 동료교사로부터 회수하기 위하여 동료교사의 수업 시간에 함부로 들어가

---

2) 권혁재, "판례를 통하여 본 해고사유", 재판자료 제39집(1987), 289면.
3) 대법원 1994. 12. 13. 선고 93누23275 판결.
4) 대법원 2001. 12. 14. 선고 2000두3689 판결.
5) 대법원 1994. 12. 13. 선고 93누23275 판결.

거나 복도에서 많은 학생들이 보는 가운데 위 동료교사와 몸싸움을 하였고, 결국 이로 인해 위 동료교사의 부부관계가 완전히 파탄에 이르렀다면, 이러한 여교사의 행위는 징계해고사유가 된다.[6]

(ii) 교사가 학교에서 물의를 빚을 정도로 기혼자인 동료교사와 가깝게 지냈고, 둘 사이에 불륜 관계가 있다고 의심할 만한 행위를 하였으며, 이러한 행동으로 위 동료교사의 가정이 파탄에 이르게 되었고, 처와 이 문제로 계속 불화하여 오다가 처를 상대로 이혼소송을 제기하였으나, 법원에서 그 청구가 받아들여지지 아니하였고, 오히려 처가 제기한 반소청구(부정행위를 원인으로 한 이혼 및 위자료, 재산분할청구)가 받아들여져 이혼판결이 선고되었다면 그 교사의 행위는 국가공무원법의 품위유지의무 위반행위가 된다.[7]

(3) 출장근무 중 유원지에서 여직원에게 성행위를 강요한 경우

원고는 영등포수도사업소 공무과 소속 지방수도토목 서기로서 상사의 지시를 받고 1995. 2. 13. 10:00경부터 직장동료인 M과 함께 구로구 시흥동에 있는 아파트 단지에서 주민들을 상대로 절수 홍보활동을 벌였다. 그러다가 원고는 같은 날 15:00경 자신의 승용차에 M을 태우고 근무지를 벗어나 안양시 석수동에 있는 삼막사 부근으로 놀러 가서 산 중턱 도로 옆의 숲 속으로 들어가 서로 이야기하던 중 M에게 성관계를 요구하였고, 그 과정에서 M이 안구좌상 등의 상해를 입게 되었으며, M은 그 즉시 원고를 강간죄 등으로 고소하여 원고는 1995. 9. 20. 서울지방법원에서 강간치상죄로 유죄판결을 선고받았다. 원고는 위 판결에 불복하여 항소한 결과 비록 원고가 몸으로 M의 몸을 누르고 하의를 벗겨 M의 의사에 반하는 정도의 유형력을 행사하여 간음하려 하였음은 인정되지만 피해자의 반항이 현저히 곤란할 정도의 폭행 또는 협박을 하였고 이로 인하여 M이 상해를 입었다고 인정하기에는 증거가 부족하다는 이유로 무죄 판결을 선고받았다.

---

6) 대법원 1998. 2. 10. 선고 97누18523 판결.
7) 대법원 1996. 4. 26. 선고 95누18727 판결.

원고가 근무시간 중에 홍보활동 장소를 벗어나 인근의 유원지로 놀러 간 점은 지방공무원법(이하 '법') 제50조의 직장이탈금지 규정을 위반한 것으로서 법 제69조 제1항 제1호 소정의 징계사유에 해당하고, 동료 여직원의 의사에 반하여 성관계를 요구하다가 그로 인하여 형사소추까지 당하게 된 점은 이와 관련하여 비록 그 항소심에서 피해자의 반항이 현저하게 곤란할 정도의 유형력의 행사가 있었다고 볼 만한 증거가 없다고 하여 무죄판결이 선고되었다고 하더라도, 법 제55조 소정의 품위유지의무에 위반한 것으로서 법 제69조 제1항 제3호 소정의 징계사유인 '공무원의 품위를 손상하는 행위를 한 때'에 해당한다고 보아, 동일한 징계사유를 들어 원고에 대하여 한 피고의 이 사건 해임처분은 적법하다.[8)]

2. 대상사안의 검토

가. 징계사유의 존재 여부

(1) 풍기문란 행위

참가인이 행한 418팀원들에 대한 조사결과와 원고와 부적절한 관계를 맺은 사실을 인정하고 퇴사한 L의 자필경위서 및 소명서의 내용이 구체적이고 상세하게 부합하며 일관성이 있는 점, 원고도 스스로 팀원들의 주의를 받고도 L과 같은 방에 있는 모습이 팀원들에게 목격되어 관리자로서 물의를 일으켰음을 깊이 뉘우친다는 등의 내용이 기재된 자필경위서를 제출하였던 점, 원고의 팀원들이 직장상사인 원고를 허위사실로 특별히 음해할 이유가 없어 보이는 점 등을 종합하면, 원고는 해외비행 후 근무의 연장이라 할 수 있는 현지 호텔 체류 중 부하 여직원과 부적절한 관계를 맺었거나 적어도 그렇게 인식되도록 보여지는 행동을 함으로써 풍기문란 행위를 하였고, 위와 같은 원고의 행위는 참가인의 취업규칙 제1.1.6조 제8항에서 정한 징계사유에 해당한다.

8) 대법원 1998. 2. 27. 선고 97누18172 판결.

(2) 성희롱

참가인이 행한 418팀원들에 대한 조사결과에 의하면 평소 원고의 팀원들에 대한 성희롱적 언행이 지속적으로 있어 왔고, 특히 L에 대하여는 원고와의 관계, 문제의 언행이 이루어진 장소 및 상황, 그 정도에 비추어 상대방인 L이 성적 굴욕감이나 혐오감을 느꼈을 것으로 보이는 점, 성희롱 예방 교육자료를 배포하는 등 직원들 사이의 성희롱을 방지하기 위한 참가인의 노력에 비추어 관리자의 위치에 있던 원고의 앞서 본 바와 같은 행위는 그 비난가능성이 큰 점, 성희롱인지 여부는 행위자의 내심의 의사나 동기보다 상대방의 입장에 더 주안점을 두어 판정되어야 마땅한 점 등을 종합하면, 원고는 부하직원인 여승무원들에게 성적 혐오감을 일으키는 언행으로 성희롱을 하였고, 위와 같은 원고의 행위는 참가인의 취업규칙 제1.1.6조 제 25항에서 정한 징계사유에 해당한다.

나. 징계양정의 적정 여부

(1) 피징계자에게 징계사유가 있어서 징계처분을 하는 경우, 어떠한 처분을 할 것인가 하는 것은 징계권자의 재량에 맡겨진 것이고, 그 징계처분이 사회통념상 현저하게 타당성을 잃어 재량권의 범위를 벗어난 위법한 처분이라고 할 수 있으려면 구체적인 사례에 따라 징계의 원인이 된 비위사실의 내용과 성질, 징계에 의하여 달성하려고 하는 목적, 징계양정의 기준 등 여러 요소를 종합하여 판단할 때에 그 징계 내용이 객관적으로 명백히 부당하다고 인정할 수 있는 경우라야 한다.

(2) 참가인의 전체 근로자 7,000여 명 중 절반 이상인 객실승무원들이 해외체류시 동일 호텔에서 남녀가 함께 숙박하여야 하는 업무의 특성으로 인하여 참가인은 취업규칙, 객실승무원 체류기준 등을 통해 풍기문란 행위 및 성희롱 행위를 엄격히 금지하고 있는 점, 원고는 소속 팀원들보다 더 모범적인 근무태도로서 풍기문란을 예방하고 감독해야 하는 팀장의 지위에 있음에도 오히려 그 지위를 이용하여 부하 여직원과 부적절한 행동을 하고 평상시 소속 직원들에 대한 성희롱적 언행을 함으로써 소속 부하

직원들에게 성적 혐오감과 수치심이 들게 하여 근무환경을 크게 악화시킨 점, L은 원고와 부적절한 관계를 맺은 사실을 모두 시인하고 퇴사하였음에도 원고는 자신의 풍기문란 행위 및 성희롱 사실을 전면 부인하고 사실관계의 조작·은폐를 시도하는 등 개전의 정이 없는 점, 원고와 같은 항공기 승무원의 경우 해외체류시 현지 호텔에서 충분한 휴식을 취하여야만 비행시 승객의 안전을 도모하고 양질의 서비스를 제공할 수 있음에 비추어 해외체류 호텔은 근무의 연속선상에 있는 장소로서 개인의 사생활 영역이라고 볼 수 없고, 원고의 풍기문란 행위가 근무의 연속선상에 있는 시간과 장소에서 이루어졌기 때문에 그 비난가능성이 더 크다고 할 수 있는 점, 참가인은 그동안 승무원들의 풍기문란에 대하여 대부분 엄격한 기준을 적용하여 파면을 하거나 권고사직토록 해왔던 점 등을 종합하면, 참가인의 원고에 대한 파면조치는 객관적으로 명백히 부당하여 사회통념상 현저하게 타당성을 잃은 것으로 볼 수 없다.

[35] 전문지식이 부족한 보안검색감독의 재계약 거부

서울행정법원 2009. 7. 22. 선고 2008구합35057 판결

Ⅰ. 사실관계

(1) 참가인은 상시근로자 860여 명을 고용하여 인천국제공항을 관리·운영하는 사용자이고, 원고는 2001. 3. 17.부터 2007. 12. 31.까지 매년 참가인과 사이에 1년의 기간을 정하여 근로계약을 체결하고, 보안검색 운영과 관련된 법률·규정·절차에 따른 출국 및 환승 승객, 휴대물품, 위탁수하물에 대한 보안검색 업무수행 총괄자로서 기내반입금지 위해물품 적발 시 상황처리, 정밀검색 및 안전확보 등의 현장조치를 하는 '보안검색감독'으로 근무하던 근로자이다.

(2) 참가인은 2007. 3. 1.자로 기내 휴대반입금지품목에 액체류 및 젤류가 포함됨에 따라 승객이 기내에 탑승하기 전에 소유권을 포기한 물품에 대하여 참가인 직원들이 무단으로 반출한다는 혐의내용을 2007. 7. 26. 포착하여, 2007. 7. 30. 특별감사를 하여 관련자들을 적발하고, 2007. 8. 10. 관련자 중 4명을 대기발령하였다. 일부 언론기관에서는 2007. 8. 13. 21:00경 위와 같은 사실을 보도하였다.

(3) 원고는 2007. 8. 14. 06:15경 인천국제공항 여객터미널 1층 중앙통로 상주직원 출입구를 통하여 보세구역 내에 있던 양주 2병을 불상의 방법으로 취득하여 관할 세관장에게 신고하지 않고 국내로 반입하려다가 적발되어 이를 반입하지 못하였다.

(4) 원고는 위 양주의 취득경위에 관하여, 2007. 8. 17. 인천공항세관 조사총괄과에서 조사받을 당시에는, 2007. 4.경 중학교 동창생이자 비행기 기장인 U로부터 인천국제공항 3층 대합실 중앙 음료수 판매대 근처에서 선물로 보드카 1병을 받았고 2007. 5.경 인천국제공항 출국장 3층 동측

보안검색완료지역에서 발렌타인 17년산 양주 1병을 유실물로 습득하였다고 진술하였다.

2007. 8. 27.부터 2007. 9. 4.까지 인천공항세관 조사총괄과에서 3회 조사를 받을 당시에는, 원고가 국내로 반입하려던 양주는 원고가 실리콘을 기내에 반입하려던 승객에게 실리콘을 위탁수하물로 처리하여 주고 나서 선물로 받은 보드카 1병뿐이라고 진술을 번복하면서 원고의 가방 X-ray 사진은 원고의 것이 아니라고 진술하였다.

2007. 10. 5. 인천지방검찰청에서 조사받을 당시에는, 원고가 국내에 반입하려던 양주는 2007.3.경 인천국제공항 4번 출국장 앞에서 승객으로부터 받은 선물인 보드카 1병과 2007. 1.경 인천국제공항 3층 흡연실에서 습득한 발렌타인 12년산 1병이라고 진술을 재번복하면서 위 가방 X-ray 사진이 원고의 것이 맞다는 취지로 진술하는 한편, 위 보드카 1병은 보안검색대가 폐쇄된 22:00경 보세구역 안에 있는 자신의 사물함으로 들고 들어가 이를 보관하고 있었다고 진술하였다. 한편 원고는 2007. 10. 30. 인천지방검찰청으로부터 위와 같은 사실로 기소유예처분을 받았다.

(5) 참가인의 '항공안전 및 보안에 관한 세부운영지침'에는, 실리콘 등 화학물질은 원칙적으로 기내 반입이 금지되고 위탁수하물로도 운송할 수 없으나, 산업안전보건법에서 정한 물질안전보건자료(Material Safety Data Sheet)를 제시하는 경우에는 위탁수하물로 운송할 수 있도록 규정하고 있다.

(6) 참가인의 '선물수수 및 향응에 관한 세부지침'에는 "임직원은 임직원 간, 과거에 직무관련자이었던 자 또는 직무관련 임직원이었던 자, 거래처, 협력업체, 입주업체, 입찰업체, 공항건설참여업체 등 모든 직무관계자로부터 어떠한 형태의 선물 또는 향응을 받거나 요구하여서는 아니 된다. 다만, 직무상 부득이한 경우에 통상적인 관례의 범위(3만 원 한도) 안에서 제공되는 차·커피·과일·과자 등 다과와 간소한 식사(1인당 3만 원 이하 기준)는 예외로 한다"고 규정하고 있다.

(7) 참가인은 원고가 보세구역 내에 있던 양주 2병을 관할 세관장에게 신고를 하지 않고 국내로 반입하려다가 적발되었다는 이유로, 2007. 11.

22. 원고에 대하여 2007. 12. 4.부터 2007. 12. 31.까지 28일의 정직처분(이하 '이 사건 징계')을 하였다.

(8) 참가인은 2007. 11. 29. 인사위원회를 개최하여 원고의 종합평가등급을 D등급으로 확정하고 원고와 재계약을 체결하지 않기로 결의한 다음, 2007. 12. 4. 원고에 대하여 2008년도 재계약을 체결하지 않고 2007. 12. 31.자로 근로계약이 종료된다는 내용의 통지(이하 '이 사건 재계약거부')를 하였다.

Ⅱ. 참조조문

1. 항공보안법

제15조(승객 등의 검색 등) ① 항공기에 탑승하는 사람은 신체, 휴대물품 및 위탁수하물에 대한 보안검색을 받아야 한다.

② 공항운영자는 항공기에 탑승하는 사람, 휴대물품 및 위탁수하물에 대한 보안검색을 하고, 항공운송사업자는 화물에 대한 보안검색을 하여야 한다. 다만, 관할 국가경찰관서의 장은 범죄의 수사 및 공공의 위험예방을 위하여 필요한 경우 보안검색에 대하여 필요한 조치를 요구할 수 있고, 공항운영자나 항공운송사업자는 정당한 사유 없이 그 요구를 거절할 수 없다.

③ 공항운영자 및 항공운송사업자는 제2항에 따른 보안검색을 직접 하거나 「경비업법」 제4조 제1항에 따른 경비업자 중 공항운영자 및 항공운송사업자의 추천을 받아 제6항에 따라 국토교통부장관이 지정한 업체에 위탁할 수 있다.

④ 공항운영자는 제2항에 따른 보안검색에 드는 비용에 충당하기 위하여 「공항시설법」 제32조 및 제50조에 따른 사용료의 일부를 사용할 수 있다.

⑤ 항공운송사업자는 공항 및 항공기의 보안을 위하여 항공기에 탑승하는 승객의 성명, 국적 및 여권번호 등 국토교통부령으로 정하는 운송정보를 공항운영자에게 제공하여야 한다. 이 경우 운송정보 제공 방법 및 절차 등 필요한 사항은 국토교통부령으로 정한다.

> ⑥ 제2항에 따른 보안검색의 방법·절차·면제 등에 관하여 필요한 사항은 대통령령으로 정한다.
> ⑦ 제3항에 따라 보안검색 업무를 위탁받으려는 업체는 국토교통부령으로 정하는 바에 따라 국토교통부장관의 지정을 받아야 한다.
> ⑧ 국토교통부장관은 제6항에 따라 지정을 받은 업체가 다음 각 호의 어느 하나에 해당하는 경우에는 그 지정을 취소할 수 있다. 다만, 제1호 또는 제2호에 해당하면 지정을 취소하여야 한다.
> 1. 거짓이나 그 밖의 부정한 방법으로 지정을 받은 경우
> 2. 「경비업법」에 따른 경비업의 허가가 취소되거나 영업이 정지된 경우
> 3. 국토교통부령에 따른 지정기준에 미달하게 된 경우. 다만, 일시적으로 지정기준에 미달하게 되어 3개월 이내에 지정기준을 다시 갖춘 경우에는 그러하지 아니하다.
> 4. 보안검색 업무의 수행 중 고의 또는 중대한 과실로 인명피해가 발생하거나 보안검색에 실패한 경우

2. 계약직 채용 및 운용규정

> **제11조의2** 1. 계약기간이 만료된 계약직 직원이 정기 또는 수시평정결과 D등급을 받고 인사위원회에서 재계약거부를 의결한 경우 재계약을 하지 않을 수 있다.

Ⅲ. 판시사항

(1) 계약기간을 정하여 임용된 근로자의 경우 그 기간이 만료됨으로써 근로자로서의 신분관계는 당연히 종료된다. 그러나 임용의 근거가 된 법령 등의 규정이나 계약 등에서 임용권자에게 임용기간이 만료된 근로자를 재임용할 의무를 지우거나 재임용 절차 및 요건 등에 관한 근거규정을 두고 있어 근로자에게 정해진 절차에 따라 재임용될 수 있으리라는 정당한 기대권이 인정되는 경우에는 사용자가 그 절차에 위반하여 부당하게 근로자를 재임용에서 제외하는 것은 실질적으로 부당해고에 해당한다.

(2) 참가인의 계약직 채용 및 운용규정에는 계약직 직원에 대하여 근무평정을 한 후 이에 따라 재계약거부를 할 수 있도록 규정하고 있어, 원고를 비롯한 참가인의 계약직 직원에게는 정해진 절차에 따라 재임용될 수 있으리라는 정당한 기대권이 있다.

(3) 이 사건 징계와 관련된 원고의 비위행위와 그 정도, 이로 인한 참가인 공사의 명예훼손 정도, 원고가 이 사건 징계사유와 관련하여 번복하여 온 주장 내용, 원고의 주장사실에서 알 수 있는 원고의 직업적 전문지식의 부족, 보안검색감독의 역할과 지위 및 그 중요성, 원고의 그 동안의 근무평정결과 등을 고려하면, 이 사건 재계약거부가 원고에 대하여 지나치게 가혹한 것으로 현저하게 합리성을 잃었다거나 형평에 어긋나는 처분이라고 할 수 없다.

Ⅳ. 해 설

1. 기간제 근로자의 지위

가. 원 칙

기간제 및 단시간근로자 보호 등에 관한 법률(이하 '기간제법') 제4조는, 제1항에서 "사용자는 2년을 초과하지 아니하는 범위 안에서(기간제 근로계약의 반복갱신 등의 경우에는 그 계속 근로한 총기간이 2년을 초과하지 아니하는 범위 안에서) 기간제근로자를 사용할 수 있다"라고 규정하면서, 제1항 단서에서 2년을 초과하여 기간제근로자를 사용할 수 있는 예외를 규정하고 있고, 제2항에서 "사용자가 제1항 단서의 사유가 없거나 소멸되었음에도 불구하고 2년을 초과하여 기간제근로자로 사용하는 경우에는 그 기간제근로자는 기간의 정함이 없는 근로계약을 체결한 근로자로 본다"라고 규정하고 있다. 기간을 정하여 근로계약을 체결한 근로자의 경우 그 기간이 만료됨으로써 근로자로서의 신분관계는 당연히 종료되고, 근로계약을 갱신하지 못하면 갱신거절의 의사표시가 없어도 그 근로자는 당연 퇴직되는 것이 원칙이다.[1)]

나. 갱신기대권

(1) 근로계약, 취업규칙, 단체협약 등에서 기간만료에도 불구하고 일정한 요건이 충족되면 당해 근로계약이 갱신된다는 취지의 규정을 두고 있거나, 그러한 규정이 없더라도 근로계약의 내용과 근로계약이 이루어지게 된 동기 및 경위, 계약 갱신의 기준 등 갱신에 관한 요건이나 절차의 설정 여부 및 그 실태, 근로자가 수행하는 업무의 내용 등 당해 근로관계를 둘러싼 여러 사정을 종합하여 볼 때 근로계약 당사자 사이에 일정한 요건이 충족되면 근로계약이 갱신된다는 신뢰관계가 형성되어 있어 근로자에게 그에 따라 근로계약이 갱신될 수 있으리라는 정당한 기대권이 인정되는 경우에는 사용자가 이에 위반하여 부당하게 근로계약의 갱신을 거절하는 것은 부당해고와 마찬가지로 아무런 효력이 없고, 이 경우 기간만료 후의 근로관계는 종전의 근로계약이 갱신된 것과 동일하다.[2]

(2) 기간제법의 시행으로 사용자가 2년의 기간 내에서 기간제근로자를 사용할 수 있고, 기간제근로자의 총 사용기간이 2년을 초과할 경우 기간제근로자가 기간의 정함이 없는 근로자로 간주되더라도, 기간제법 제4조의 입법 취지가 기본적으로 기간제 근로계약의 남용을 방지함으로써 근로자의 지위를 보장하려는 데에 있는 점을 고려하면, 기간제법의 시행만으로 시행 전에 이미 형성된 기간제근로자의 갱신에 대한 정당한 기대권이 배제 또는 제한된다고 볼 수는 없다. 나아가 위 규정에 의하여 기간제근로자의 갱신에 대한 정당한 기대권 형성이 제한되는 것도 아니다.[3]

(3) 기간제 근로계약을 체결한 근로자에게 근로계약 갱신에 대한 정당한 기대권을 인정하는 취지는 기간제 근로계약의 남용을 방지함으로써 기간제근로자에 대한 불합리한 차별을 시정하고 기간제근로자의 근로조건 보호를 강화하려는 데에 있다. 그러므로 근로자에게 이미 형성된 갱신에 대한 정당한 기대권이 있음에도 사용자가 이를 배제하고 근로계약의 갱신

---

1) 대법원 2011. 7. 28. 선고 2009두5374 판결.
2) 대법원 2016. 11. 10. 선고 2014두45765 판결.
3) 대법원 2016. 11. 10. 선고 2014두45765 판결.

을 거절한 데에 합리적 이유가 있는지가 문제될 때에는 사용자의 사업 목적과 성격, 사업장 여건, 근로자의 지위 및 담당 직무의 내용, 근로계약 체결 경위, 근로계약의 갱신에 관한 요건이나 절차의 설정 여부와 운용 실태, 근로자에게 책임 있는 사유가 있는지 등 당해 근로관계를 둘러싼 여러 사정을 종합하여 갱신 거부의 사유와 절차가 사회통념에 비추어 볼 때 객관적이고 합리적이며 공정한지를 기준으로 판단하여야 하고, 그러한 사정에 관한 증명책임은 사용자가 부담한다.

특히 사용자가 갱신에 대한 정당한 기대권을 보유한 기간제근로자들에 대하여 사전 동의 절차를 거치거나 가점 부여 등의 구체적인 기준도 마련하지 않은 채 재계약절차가 아닌 신규채용절차를 통하여 선발되어야만 계약갱신을 해주겠다고 주장하면서 대규모로 갱신 거절을 한 경우, 이는 근로자의 갱신에 대한 정당한 기대권을 전면적으로 배제하는 것이므로, 사용자로서 그와 같은 조치를 취하지 않으면 안 될 경영상 또는 운영상의 필요가 있는지, 그에 관한 근거 규정이 있는지, 이를 회피하거나 갱신 거절의 범위를 최소화하기 위한 노력을 하였는지, 그 대상자를 합리적이고 공정한 기준에 따라 선정하기 위한 절차를 밟았는지, 그 과정에서 차별적 대우가 있었는지 등을 종합적으로 살펴보아 그 주장의 당부를 판단하여야 한다.[4)]

(4) 이러한 기간제법의 기간제근로자 보호 취지, 사용자의 부당한 갱신 거절로 인한 효과 등을 고려하면, 사용자의 부당한 갱신거절로 인해 근로자가 실제로 근로를 제공하지 못한 기간도 계약갱신에 대한 정당한 기대권이 존속하는 범위에서는 기간제법 제4조 제2항에서 정한 2년의 사용제한기간에 포함된다고 보아야 한다.[5)]

다. 기간의 정함이 없는 계약으로 인정되는 경우

(1) 기간을 정한 근로계약서를 작성한 경우에도, 예를 들면 단기의 근로계약이 장기간에 걸쳐서 반복하여 갱신됨으로써 그 정한 기간이 단지

---

4) 대법원 2017. 10. 12. 선고 2015두44493 판결.

5) 대법원 2018. 6. 19. 선고 2013다85523 판결.

형식에 불과하게 된 경우 등 계약서의 내용과 근로계약이 이루어지게 된 동기 및 경위, 기간을 정한 목적과 당사자의 진정한 의사, 동종의 근로계약 체결방식에 관한 관행 그리고 근로자보호법규 등을 종합적으로 고려하여 '기간의 정함이 단지 형식에 불과하다는 사정이 인정되는 경우'에는 계약서의 문언에도 불구하고 사실상 기간의 정함이 없는 근로계약을 맺었다고 볼 것이며, 그 경우에 사용자가 정당한 사유 없이 갱신계약의 체결을 거절하는 것은 해고와 마찬가지로 무효이다.[6]

(2) 학교법인이 1년 단위로 5회에 걸쳐 근로계약을 갱신하면서 법인이 운영하는 대학교 소속 직장예비군 연대장으로 근무하던 A와 근로계약 갱신을 거절하면서 계약기간 만료로 그 직을 면한다는 통지를 한 경우, 위 근로계약은 A가 예비군지휘관으로서의 지위를 유지하는 것을 전제로 하는 기간의 정함이 없는 근로계약으로 갱신거절은 사실상 해고에 해당하고 A에게 법인과의 고용관계를 계속할 수 없을 정도의 책임 있는 사유가 있다고 할 수 없어 위 갱신거절은 부당하다.[7]

2. 대상사안의 검토

가. 징계양정의 적법 여부

(1) 원고는 보안검색 운영과 관련된 법률·규정·절차에 따른 출국 및 환승 승객, 휴대물품, 위탁수하물에 대한 보안검색 업무수행 총괄자로서 기내반입금지 위해물품 적발시 상황처리, 정밀검색 및 안전확보 등의 현장조치를 하는 직무상 의무를 지고 있음에도, 관련 법령을 위반하여 아무런 신고를 하지 않고 보세구역 내의 양주 2병을 국내에 반입하려 하였다.

(2) 원고가 위와 같은 비위행위를 한 것은 참가인이 승객포기물품에 대한 특별감사를 하고 이러한 사실이 언론기관을 통하여 알려진 직후 사회적인 이목이 참가인에게 집중된 시기여서 참가인에 대한 명예훼손의 정도가 크다.

---

6) 대법원 2006. 2. 24. 선고 2005두5673 판결.

7) 대법원 2013. 2. 14. 선고 2011두24361 판결.

(3) 원고는 자신이 국내로 반입하려던 양주가 2병인지 1병인지, 위 양주의 습득 경위 등에 대하여 그 진술을 계속 번복하였고, 승객에게 실리콘을 물질안전보건자료의 제출 없이 위탁수하물로 운송할 수 있게 하였다거나 직무관련자인 승객으로부터 양주를 선물로 받았다고 하고, 위와 같은 양주를 관할 세관장에게 신고하지 않고 보안검색대를 통과하지 않은 채 보세구역 안으로 반입하였다고 하는 등 참가인의 규정과 관세법령 등에 반하는 주장을 하여 보안검색감독으로서 자질을 의심케 한다.

(4) C 등 다른 근로자 4명은 2007. 7. 26.경 승객포기물품을 무단반출하고 자진신고하였지만, 원고는 자진신고를 하였다거나 관할 세관장에게 신고를 하지 않은 채 이를 반출하려다가 적발되었고, C 등은 다른 사람의 지시를 받아 이를 수행한 것으로, 자신이 직접 관세법 등을 위반하여 행한 이 사건 비위사실과는 그 태양이 다르다.

(5) 이 사건 징계와 관련된 제반 사정을 종합하면, 이 사건 징계가 그 비위사실에 비하여 원고에게 지나치게 가혹한 것으로 그 징계양정이 위법하다고 볼 수 없다.

나. 이 사건 재계약거부의 적법 여부

(1) 인정사실

참가인의 계약직 직원에 대한 근무평정은 1차로 직원의 상급감독자(60%)가, 2차로 직원의 차상위 감독자(40%)가 점수를 부여하는 연 2회의 절대평가방법의 업무실적평가와 평가대상자 그룹별로 평가위원회에서 실시하는 연 1회의 상대평가방법(95점 이상 10%, 90점~95점 15%, 80점~90점 50%, 70점~80점 15%, 70점 미만 10%)의 능력·태도평가로 구성되는데, 원고가 속한 '라'그룹의 직원에 대하여는 업무실적평가를 30%, 능력·태도평가를 70%(담당부서장 30%, 평가위원회 40%)의 비율로 반영하고 있다. 업무실적평가에 관하여 업무목표와 추진실적을 기재한 자기평가를 기초로 하여 난이도를 가산하여 합계 점수를 산정하고, 능력·태도평가와 관련하여 능력요소(일반·전문지식, 자기계발, 기획력, 창의력, 이해판단력, 논리적 표현력, 분석력), 태도요소(책임감, 도덕성, 인간관계 및 협조성, 도전성)를 기초로 하여 점수를 산정한다.

(2) 원고는 2005년 평정결과 종합점수 68점으로 D등급, 2006년 평정결과 종합점수 79.9점으로 C등급, 2007년 평정결과 종합점수 72.7점으로 D등급을 받았고, 참가인 공사의 인사위원회는 2007. 11. 29. 원고와 사이의 재계약을 거부하기로 의결하였다.

(3) 참가인의 보안검색감독인 J, K는 2007. 3.경 보안검색팀장 S의 지시에 의하여 항공기 탑승객들로부터 압수한 양주·화장품 등을 반출하여 이를 S에게 전달한 비위사실로 정직 2월, 1월의 처분을 받고 2007. 12. 31.자로 계약이 종료되어 재계약을 거부당하였다가, 부당해고 구제절차를 통하여 구제되었는데, J는 2005년 B등급, 2006년 A등급을, K는 2005년 C등급, 2006년 B등급을, J, K 모두 2007년에는 위와 같은 비위사실로 D등급을 근무평정으로 받았다.

(2) 갱신기대권의 발생

참가인의 계약직 채용 및 운용규정에는 계약직 직원에 대하여 근무평정을 한 후 이에 따라 재계약거부를 할 수 있도록 규정하고 있어, 원고를 비롯한 참가인 공사의 계약직 직원에게는 정해진 절차에 따라 재임용될 수 있으리라는 정당한 기대권이 있다.

(3) 재계약 거부의 정당성

원고가 속한 '라'그룹의 근무평정에 대하여 상대평가방법에 의한 능력·태도평가의 비율을 절대평가방법에 의한 업무실적평가의 비율보다 상대적으로 높게 책정한 문제가 있다고 하더라도, 참가인의 근무평정방법은 절대평가방법에 의한 업무실적평가와 상대평가방법에 의한 능력·태도평가를 일정한 비율로 평가하여 이를 종합하되, 각 평가에 관하여는 구체적인 평가요소별로 객관화한 점수를 부여하는 방법으로 산정하는 방법인데, 이러한 방법이 지나치게 불합리하거나 현저하게 공정성을 잃었다고 보기 어렵고, 특히 평가위원회의 평가에 관하여는 근무평정에 관하여 어느 정도 주관적인 평가가 포함될 수밖에 없는 점을 고려하면, 그 평가 자체를 불합리하다고 볼 수는 없다.

이 사건 징계와 관련된 원고의 비위행위와 그 정도, 이로 인한 참가인 공사의 명예훼손 정도, 원고가 이 사건 징계사유와 관련하여 번복하여 온 주장 내용, 원고의 주장사실에서 알 수 있는 원고의 직업적 전문지식의 부족, 보안검색감독의 역할과 지위 및 그 중요성, 원고의 그 동안의 근무 평정결과 등을 고려하면, 이 사건 재계약거부가 원고에 대하여 지나치게 가혹한 것으로 현저하게 합리성을 잃었다거나 형평에 어긋나는 처분이라고 할 수 없다.

다. 결 론

따라서 참가인이 참가인 공사의 계약직 채용 및 운용규정 제11조의2 제1호에 따라 2005년에 이어 2007년에도 D등급의 평가를 받은 원고에 대하여 인사위원회의 재계약거부 결의를 거쳐 재계약을 거부한 것은 정당하다.

제 6 장

산업재해

[36] 객실승무원이 기내에서 상해를 입은 경우 손해배상

서울지방법원 1995. 5. 18. 선고 94가단14412 판결

Ⅰ. 사실관계

(1) 피고는 국내외 항공 운송업, 항공기 사용사업, 항공기내 면세물품 판매업 등 업종을 목적으로 하는 항공사이고, 원고 K는 1986. 6. 23.경 피고 회사에 입사하여 객실 승무부 승무원으로서 근무하던 자이다.

(2) K는 1991. 2. 20. 19:30경 서울발 일본 나리타행 정기노선 항공기에 탑승하여 여객에게 면세품 판매를 하기 위하여 양주상자를 들어 이동판매대에 급하게 옮기는 도중 허리에 무리가 가해져 요추간판탈출증 등의 상해를 입었다.

(3) 한일 정기노선의 취항시간은 약 1시간 40여분 정도이고, 탑승여객은 약 350명 정도인데, 그 중 기내 식·음료 서비스 제공시간이 최소한 40분 이상 걸리며, 이·착륙시 안전벨트 착용시간을 제외하면 실제 면세품 판매에만 사용할 수 있는 시간은 약 30여분에 불과한 실정이다. 그런데 피고 및 관리자들은 K를 비롯한 위 정기노선의 판매담당 승무원들에게 1회 운행당 평균 약 15,000$ 정도의 면세품 판매실적을 올리기 위하여 수시로 그 판매량 증대를 확인·독려하였고, 그 판매 후 환율정산업무까지 기내에서 마치도록 하여 짧은 시간에 위 목표량을 판매하기 위해서는 K 등은 최대한 서둘러 위 면세품 판매업무를 하여야만 하였다.

(4) 객실이사 등은 평소 피고의 산재사고 중 객실승무원의 사고 발생비율이 93.1%(1988년도 337건 발생에 객실승무부원 351건 차지)에 이르는 등 비행기 운행 중 발생하는 사고가 빈발함에도, 신입사원 입사시 이에 대한 안전교육을 1회 정도 실시하는 이외에 주기적·정기적 안전교육을 게을리 하였고, 탑승승무원의 수도 인원과 경비가 부족하다는 이유로 최소

규모로 줄여 1인당 업무량이 폭주하게 하였다.

II. 참조조문

1. 민 법

제390조(채무불이행과 손해배상) 채무자가 채무의 내용에 좇은 이행을 하지 아니한 때에는 채권자는 손해배상을 청구할 수 있다. 그러나 채무자의 고의나 과실없이 이행할 수 없게 된 때에는 그러하지 아니하다.

제393조(손해배상의 범위) ① 채무불이행으로 인한 손해배상은 통상의 손해를 그 한도로 한다.

② 특별한 사정으로 인한 손해는 채무자가 그 사정을 알았거나 알 수 있었을 때에 한하여 배상의 책임이 있다.

제396조(과실상계) 채무불이행에 관하여 채권자에게 과실이 있는 때에는 법원은 손해배상의 책임 및 그 금액을 정함에 이를 참작하여야 한다.

제750조(불법행위의 내용) 고의 또는 과실로 인한 위법행위로 타인에게 손해를 가한 자는 그 손해를 배상할 책임이 있다.

제756조(사용자의 배상책임) ① 타인을 사용하여 어느 사무에 종사하게 한 자는 피용자가 그 사무집행에 관하여 제3자에게 가한 손해를 배상할 책임이 있다. 그러나 사용자가 피용자의 선임 및 그 사무감독에 상당한 주의를 한 때 또는 상당한 주의를 하여도 손해가 있을 경우에는 그러하지 아니하다.

② 사용자에 갈음하여 그 사무를 감독하는 자도 전항의 책임이 있다.

③ 전2항의 경우에 사용자 또는 감독자는 피용자에 대하여 구상권을 행사할 수 있다.

제758조(공작물등의 점유자, 소유자의 책임) ① 공작물의 설치 또는 보존의 하자로 인하여 타인에게 손해를 가한 때에는 공작물점유자가 손해를 배상할 책임이 있다. 그러나 점유자가 손해의 방지에 필요한 주의를 해태하지 아니한 때에는 그 소유자가 손해를 배상할 책임이 있다.

> ② 전항의 규정은 수목의 재식 또는 보존에 하자있는 경우에 준용한다.
> ③ 전2항의 경우에 점유자 또는 소유자는 그 손해의 원인에 대한 책임있는 자에 대하여 구상권을 행사할 수 있다.
>
> **제760조(공동불법행위자의 책임)** ① 수인이 공동의 불법행위로 타인에게 손해를 가한 때에는 연대하여 그 손해를 배상할 책임이 있다.
> ② 공동 아닌 수인의 행위 중 어느 자의 행위가 그 손해를 가한 것인지를 알 수 없는 때에도 전항과 같다.
> ③ 교사자나 방조자는 공동행위자로 본다.
>
> **제763조(준용규정)** 제393조, 제394조, 제396조, 제399조의 규정은 불법행위로 인한 손해배상에 준용한다.

Ⅲ. 판시사항

(1) 항공사 객실승무원이 항공기에 탑승하여 여객에게 면세품 판매를 하기 위하여 양주상자를 들어 이동판매대에 급하게 옮기는 도중에 허리에 무리가 가해져 요추간판탈출증 등의 상해를 입은 것은 회사가 그 손해를 배상할 책임이 있다.

(2) 피해자가 비록 근무여건이 열악하였다 하더라도 스스로 안전사고에 주의를 기울여 무리한 작업을 자제하고 안전한 자세로 작업을 하는 등 자신의 안전을 도모하여야 함에도 이를 게을리 한 과실이 있고, 이러한 과실은 위 사고로 인한 손해발생 및 확대의 한 원인이 되었다.

Ⅳ. 해 설

1. 산업재해를 이유로 한 손해배상 청구

가. 의 의

재해를 당한 근로자가 근로기준법상 재해보상, 산업재해보상보험법상 보험급여에 만족하지 않고, 사고에 관하여 책임 있는 사용자나 제3자를 상대로 불법행위나 채무불이행을 원인으로 한 민사상 손해배상을 청구할 수 있다. 이러한 손해배상은 재해보상의 무과실책임 원칙과는 달리 과실책임 원칙이 적용된다.

불법행위에 기한 손해배상책임의 근거로는 (i) 사용자를 불법행위의 직접적인 행위자로 보고 민법 제750조에 기하여 손해배상을 청구하는 경우, (ii) 민법 제758조에 기하여 공작물의 점유자·소유자로서 사용자를 상대로 공작물 설치·보존의 하자로 인한 불법행위책임을 묻는 경우, (iii) 사용자책임으로서 가해 근로자를 고용한 사용자에 대하여 민법 제756조에 기하여 사용자책임을 묻는 경우 등이 있는데, 실무상 세 번째 유형이 가장 많이 사용되고 있다.

또한 사용자는 근로계약상 의무 또는 신의칙상 의무로서 근로자에 대한 보호의무(안전배려의무)가 있고,[1] 불법행위에 기한 손해배상청구와 계약책임불이행 즉 채무불이행에 기한 손해배상청구는 양립할 수 있으며, 피해자는 그의 선택에 따라 가해자인 채무자에 대하여 계약책임을 묻거나 불법행위책임을 물을 수 있다고 보는 청구권경합설이 판례[2]이므로, 사용자의 안전배려의무 위반을 이유로 채무불이행에 기한 손해배상청구도 가능하다.

나. 관 할

재해로 인한 손해배상을 구하는 소송은 민사소송이므로 민사소송법의 관할규정에 의한다. 관할은 피고의 보통재판적 규정에 따라(민사소송법 제2조), 피고가 자연인인 경우에는 피고의 주소지(보충적으로 거소지, 마지막 주소지, 제3조), 법인인 경우에는 주된 사무소 또는 영업소가 있는 곳(보충

---

1) 사용자는 근로계약에 수반되는 신의칙상의 부수적 의무로서 피용자가 노무를 제공하는 과정에서 생명, 신체, 건강을 해치는 일이 없도록 인적·물적 환경을 정비하는 등 필요한 조치를 강구하여야 할 보호의무를 부담하고, 이러한 보호의무를 위반함으로써 피용자가 손해를 입은 경우 이를 배상할 책임이 있고, 보호의무위반을 이유로 사용자에게 손해배상책임을 인정하기 위해서는 특별한 사정이 없는 한 그 사고가 피용자의 업무와 관련성을 가지고 있을 뿐 아니라 또한 그 사고가 통상 발생할 수 있다고 하는 것이 예측되거나 예측할 수 있는 경우라야 할 것이고, 그 예측가능성은 사고가 발생한 때와 장소, 가해자의 분별능력, 가해자의 성행, 가해자와 피해자의 관계 기타 여러 사정을 고려하여 판단하여야 한다. 대법원 2001. 7. 27. 선고 99다56734 판결.

2) 대법원 1994. 11. 11. 선고 94다22446 판결.

적으로 주된 업무담당자의 주소, 제5조 제1항)이 되고, 특별재판적으로는 불법행위지(제18조)가 있다. 또한 합의관할(제29조), 변론관할(제30조)에 의하여도 관할이 인정된다.[3)]

2. 소극적 손해

가. 일실이익의 산정

(1) 의 의

소극적 손해로서 일실이익은 재해가 없었을 경우를 가정하여 피해자가 장래 얻을 수 있으리라고 예측되는 이익 또는 소득을 말한다.[4)] 피해자의 장래수입 상실 손해액은 피해자의 노동능력이 가지는 재산적 가치를 정당하게 반영하도록 당해 사건에 현출된 구체적 사정을 기초로 객관적이고 합리적인 자료에 의하여 피해자의 수입금액을 확정하여 이를 기초로 산정하여야 한다.[5)]

불법행위로 인한 피해자의 일실이익은 사고 당시 피해자가 상실한 소득을 기준으로 하여 산정할 수도 있고(차액설), 상실된 노동능력의 가치를 기준으로 평가할 수도 있으며(평가설), 이와 같은 일실이익의 산정은 당해 사건에 현출된 구체적 사정을 기초로 하여 합리적이고 객관성 있는 기대수익을 산정할 수 있으면 되고, 반드시 어느 한쪽만이 정당한 산정방법이라고 고집할 필요는 없다.[6)] 실무상으로는 평가설에 의하여 일실이익을 산정하고 있다.

---

3) 선박 또는 항해에 관한 일로 선박소유자, 그 밖의 선박이용자에 대하여 소를 제기하는 경우에는 선적이 있는 곳의 법원에 제기할 수 있고(민사소송법 제13조 船籍이 있는 곳의 특별재판적), 선박채권(船舶債權), 그 밖에 선박을 담보로 한 채권에 관한 소를 제기하는 경우에는 선박이 있는 곳의 법원에 제기할 수 있다(제14조 선박이 있는 곳의 특별재판적). 그러나 항공기의 경우에는 '항공기등록지'나 '항공기가 있는 곳'의 특별재판적에 관한 규정은 존재하지 아니한다.

4) 손해배상소송실무(교통·산재)(제2판), 사법발전재단(2017), 107면.

5) 대법원 1997. 10. 24. 선고 96다33037 판결.

6) 대법원 1994. 4. 12. 선고 93다52372 판결.

(2) 소득액 산정의 기준시

불법행위로 인하여 노동능력을 상실한 급여소득자의 일실이익은 원칙적으로 노동능력상실 당시의 임금수익을 기준으로 산정하지만, 장차 그 임금수익이 증가될 것을 상당한 정도로 확실하게 예측할 수 있는 객관적인 자료가 있을 때에는 장차 증가될 임금수익도 일실이익을 산정할 때 고려되어야 한다.[7] 이와 같이 장차 증가될 임금수익을 기준으로 산정된 일실이익 상당의 손해는 당해 불법행위에 의하여 사회관념상 통상 생기는 것으로 인정되는 통상손해에 해당하므로 당연히 배상범위에 포함시켜야 하고, 피해자의 임금수익이 장차 증가될 것이라는 사정을 가해자가 알았거나 알 수 있었는지의 여부에 따라 그 배상범위가 달라지는 것은 아니다.[8]

(3) 급여소득에 포함되는지 여부

불법행위로 인하여 사망하거나 신체상의 장해를 입은 급여소득자가 장래 얻을 수 있는 수입의 상실액은 상실되거나 감퇴된 노동능력에 관한 것이므로, 사용자에 의하여 근로의 대상으로 계속적·정기적으로 지급되는 금품이라면 그 명칭이나 그 지급 근거가 급여규정에 명시되어 있는지 여부에 상관없이 이에 포함된다.[9] 일실이익 산정 기초 임금에서 제외되는 것으로는 (i) 특수하고 우연한 사정으로 지급되는 급여, (ii) 은혜적·시혜적으로 지급되는 급여, (iii) 실비변상적 급여, (iv) 실제 근무시만 지급되는 급여 등이 있다.[10]

(4) 외국인 근로자

일시적으로 국내에 체류한 후 장래 출국할 것이 예정되어 있는 외국인의 일실이익을 산정할 때에는 예상되는 국내에서의 취업가능기간 내지 체류가능기간 동안의 일실이익은 국내에서의 수입(실제 얻고 있던 수입 또는

7) 대법원 2007. 2. 8. 선고 2004다48829 판결.
8) 대법원 1989. 12. 26. 선고 88다카6761 전원합의체 판결.
9) 대법원 2012. 6. 14. 선고 2010다77293 판결.
10) 대법원 2007. 2. 8. 선고 2004다48829 판결.

통계소득)을 기초로 하고, 그 이후에는 외국인이 출국할 것으로 상정되는 국가(대개는 모국)에서 얻을 수 있는 수입을 기초로 하여 일실이익을 산정하고, 국내에서의 취업가능기간은 입국 목적과 경위, 사고 시점에서의 본인의 의사, 체류자격의 유무 및 내용, 체류기간, 체류기간 연장의 실적 내지 개연성, 취업의 현황 등의 사실적 내지 규범적 제요소를 고려하여 인정함이 상당하며, 이러한 법리는 비록 당해 외국인이 불법체류자라고 하더라도 당해 외국인의 취업활동 자체가 공서양속이나 사회질서에 반하는 것으로서 사법상 당연무효가 되지 않는 이상 마찬가지로 적용된다.[11]

(5) 산정방법

피해자에 대한 사고 당시의 실제수입을 확정할 수 있는 객관적인 자료가 현출되어 있어 그에 기하여 합리적이고 객관성 있는 기대수입을 산정할 수 있다면, 사고 당시의 실제수입을 기초로 일실이익을 산정하여야 하고, 통계소득이 실제수입보다 높다고 하더라도 사고 당시에 실제로 얻고 있던 수입보다 높은 통계소득만큼 수입을 장차 얻을 수 있으리라는 특수사정(실제 수입보다 일반노동 임금이 훨씬 많은 경우에는 일반노동에 종사하리라는 개연성이 농후하다)이 인정되는 경우에 한하여 그러한 통계소득을 기준으로 일실이익을 산정하여야 하며,[12] 사고 당시에 실제로 얻고 있던 수입보다 높은 통계소득만큼 수입을 장차 얻을 수 있으리라는 특수한 사정이 없을 때에는 그러한 통계소득을 기준으로 쉽게 일실이익을 산정할 수는 없다.[13]

다만 신고된 소득액이 피해자의 직업·나이·경력 등에 비추어 현저히 저액이라고 판단되는 경우에는 신고소득액만을 피해자의 사고 당시 수입금액으로 삼을 수는 없으나, 그러한 경우 피해자에게 일용노임 이상의 소득금액을 기초로 한 일실수입을 인정하려면 사고 당시 피해자가 실제로 그러한 소득금액을 얻고 있었다거나 그러한 소득금액을 얻을 수 있었다는

---

11) 대법원 1998. 9. 18. 선고 98다25825 판결.

12) 대법원 2004. 10. 15. 선고 2003다39927 판결, 대법원 2006. 3. 9. 선고 2005다16904 판결.

13) 대법원 2007. 2. 8. 선고 2004다48829 판결.

상당한 개연성이 인정되어야 한다. 따라서 그러한 사정이 인정되지 않는 경우에까지 피해자가 주장하는 소득금액을 기초로 일실수입을 인정하여서는 아니 된다.[14]

한편 불법행위 당시 피해자가 일정한 직업에 종사하고 있었으나 그 직업의 소득을 기준으로 할 수 없는 경우에는 그 피해자가 가지고 있는 특정한 기능이나 자격 또는 학력에 따라 얻을 수 있을 것으로 상당한 개연성이 인정되는 통계소득을 기준으로 하여 산정할 수도 있으나,[15] 이와 같이 통계소득을 기준으로 일실이익을 산정하는 경우는 '그 직업의 소득을 기준으로 할 수 없는 경우'에 한정되고, 피해자에 대한 사고 당시의 실제수입을 확정할 수 있는 객관적인 자료가 현출되어 있어 그에 기하여 합리적이고 객관성 있는 기대수입을 산정할 수 있다면, 사고 당시의 실제수입을 기초로 일실이익을 산정하여야 한다.[16] 통계소득을 적용하는 경우 원칙적으로 손해가 발생한 당시 소득을 기준으로 삼아 산정하여야 하지만, 그 후 사실심 변론종결시까지 사이에 일실이익의 기초가 되는 통계소득이 인상되었을 때에는 그 이후의 일실이익손해는 사실심 변론종결시에 가장 가까운 통계소득을 기준으로 삼아 산정하여야 한다.[17]

(6) 일실퇴직금

일반적으로 정년이 보장되어 있는 급여소득자가 재직 중 불법행위로 인하여 사망함으로써 입은 퇴직금 손해는 사망하지 않았더라면 지급받을 수 있는 정년시까지의 총 근속기간에 대한 퇴직금 전액에서 사망으로 인하여 지급받게 된 그 때까지의 근속기간에 해당하는 퇴직금 등을 공제하는 방법으로 산정하여야 한다.[18] 실무상 가장 보편적으로 취하고 있는 산정방식은 '[(예상 총퇴직금×사고 당시로의 현가율)－기근속 퇴직금]×노동능력상실률'이다.[19]

---

14) 대법원 2016. 6. 28. 선고 2015다23024 판결.

15) 대법원 2001. 12. 11. 선고 2000다15258 판결, 대법원 2004. 2. 13. 선고 2003다60365 판결.

16) 대법원 2007. 2. 8. 선고 2004다48829 판결.

17) 대법원 2002. 9. 24. 선고 2002다30275 판결.

18) 대법원 2005. 3. 25. 선고 2005다4208 판결.

나. 소득세 등 세금의 비공제

생명이나 신체에 대한 불법행위로 인하여 가동능력의 전부 또는 일부를 상실함으로써 일실하는 이익액은 그 피해자가 그로 인하여 상실하게 된 가동능력에 대한 총평가액으로서 그 소득에 대하여 소득세 등 제세금액을 공제하지 아니한 금액이라고 보아야 한다.[20]

다. 생계비의 공제

피해자가 불법행위로 사망한 경우에는 가동기간 동안 일실이익에서 생계비를 공제하여야 한다. 피해자가 상해를 입은 경우에는 생계비공제는 문제되지 않으나, 부상당한 피해자의 여명이 가동기간 내로 단축된 경우에는 그 단축된 여명 이후부터 가동연한까지의 기간은 생계비를 공제하여야 한다.[21] 생계비는 사람이 사회생활을 영위하는 데 필요한 비용을 가리키는 것으로 이는 수입의 다과에 따라 각기 소요액이 다른 것으로 보아야 하며, 구체적인 생계비 소요액은 결국 사실인정의 문제로서 증거에 의하여 인정되어야 하는 것이지, 수입의 다과에 불문하고 그 수입의 1/3 정도가 생계비로 소요된다고 하는 경험칙은 없다.[22] 그러나 실무에서는 대체로 수입의 1/3 정도로 생계비가 소요된다는 것을 다툼 없는 사실로 정리하여 처리하는 것이 일반적이다.[23]

라. 노동능력상실

(1) 노동능력상실률

노동능력상실률을 적용하는 방법에 의하여 일실이익을 산정할 경우 그 노동능력상실률은 단순한 의학적 신체기능장애율이 아니라 피해자의 연령, 교육 정도, 종전 직업의 성질과 직업경력, 기능 숙련 정도, 신체기능장애

---

19) 대법원 2005. 3. 25. 선고 2005다4208 판결.
20) 대법원 1979. 2. 13. 선고 78다1491 전원합의체 판결, 대법원 1989. 1. 17. 선고 88다카122 판결.
21) 대법원 1984. 3. 27. 선고 83다카853 판결.
22) 대법원 1994. 4. 12. 선고 93다30648 판결.
23) 손해배상소송실무(교통·산재)(제2판), 사법발전재단(2017), 167면.

정도 및 유사직종이나 다른 직종으로의 전업 가능성과 그 확률 기타 사회적·경제적 조건을 모두 참작하여 경험칙에 따라 정한 수익상실률로서 합리적이고 객관성이 있어야 하고, 노동능력상실률을 정하기 위한 보조자료의 하나인 의학적 신체기능장애율에 관한 감정인의 감정결과는 사실인정에 관하여 특별한 지식과 경험을 요하는 경우에 법관이 그 특별한 지식·경험을 이용하는 데 불과하며, 궁극적으로는 앞서 열거한 피해자의 조건과 경험칙에 비추어 규범적으로 결정할 수밖에 없다.[24)]

(2) 수입의 감소 여부

타인의 불법행위로 인하여 상해를 입은 피해자에게 신체장애가 생긴 경우에 그 피해자는 그 신체장애 정도에 상응하는 가동능력을 상실했다고 봄이 경험칙에 합치되고, 피해자가 종전과 같은 직종에 종사하면서 종전과 다름없는 수입을 얻고 있다고 하더라도 당해 직장이 피해자의 잔존 가동능력의 정상적 한계에 알맞은 것이었다는 사정까지 나타나지 않는 한, 피해자의 신체훼손에도 불구하고 바로 피해자가 재산상 아무런 손해를 입지 않았다고 단정할 수는 없다.[25)]

(3) 노동능력상실 정도의 평가 기준

실무에서는 맥브라이드(McBride)표를 원칙으로 하면서, 여기에 나오지 않는 항목에 대하여 국가배상법 시행령 별표상 기준을 예외로 적용하여 노동능력상실률을 결정하고 있다.[26)] 대한의학회는 2016. 10.경 장애평가기준(KAMS) 개정판을 공표하였는데, 위 기준이 실무에서 타당성과 합리성을 검증받고, 법원이 규범적 효력을 부여할지에 관하여 향후 추이가 주목된다.

(4) 기왕증이 있는 경우

피해자가 기왕의 장해로 인하여 이미 노동능력의 일부를 잃고 있는 경

24) 대법원 2013. 9. 13. 선고 2013다37722 판결.
25) 대법원 2002. 9. 4. 선고 2001다80778 판결.
26) 손해배상소송실무(교통·산재)(제2판), 사법발전재단(2017), 187면.

우 당해 사고로 인한 노동능력 상실의 정도를 산정하기 위해서는, 기왕에 있던 장해와 당해 사건 사고로 인한 장해를 합하여 현재의 노동능력 상실의 정도를 알아내고 여기에서 기왕의 장해로 인한 노동능력 상실의 정도를 감하는 방법에 의한다.[27)]

(5) 복합장해율

중복장애로 인한 총노동능력상실률을 산정할 때는 각 개별장해율을 적용한 뒤 장해율이 많은 쪽의 수치를 기준으로 하고 이를 공제한 잔존능력률에 나머지 장해율을 곱하여 산정된 장해율을 합산하는 방식에 의하여 피해자의 총노동능력상실률을 결정한다.[28)] 즉 장해율이 30%, 20%라면, 총상실률은 44%[=30%+(100%−30%)×20%]가 된다.

마. 가동기간

(1) 기대여명

기대여명이란 현재의 나이에서 그 사람이 앞으로 몇 년 더 살겠느냐 하는 예측연수를 말한다. 가동기간을 정하기 위해서는 전제로 기대여명을 확정하여야 하고, 장래 필요한 개호비·치료비·보조구 등의 비용을 산정하는데도 기대여명의 확정은 필요하다. 한국인의 평균여명은 통계청이 정기적으로 조사·작성하여 발표하는 '한국인 간이생명표' 등에 의하여 인정한다. 평균여명은 손해발생시에 가장 가까운 때에 작성된 간이생명표에 의하여 확정하여야 한다.[29)]

상해의 후유증이 평균여명에 어떠한 영향을 미쳐 얼마나 단축될 것인가는 후유증의 구체적 내용에 따라 의학적 입장에서 개별적으로 판단하여야 하는바, 신체감정촉탁에 의한 여명감정 결과는 의학적 판단에 속하는 것으로서 특별한 사정이 없는 한 그에 관한 감정인의 판단은 존중되어야 한다.[30)]

---

27) 대법원 2009. 2. 12. 선고 2008다73830 판결.
28) 대법원 1995. 1. 20. 선고 94다38731 판결.
29) 대법원 1984. 11. 27. 선고 84다카1349 판결.
30) 대법원 2002. 11. 26. 선고 2001다72678 판결.

(2) 가동개시연령

가동개시연령은 원칙적으로 성년이 되는 19세부터이다. 그러나 미성년자라도 사고 당시 현실적으로 수입을 얻고 있었고, 그러한 수입을 계속 얻으리라는 사정이 인정되는 경우에는 사고 당시부터 수입상실을 인정한다.[31] 남자의 경우에는 사고 전에 이미 병역면제 처분을 받았다거나 사고 후 변론종결 전에 사고와 인과관계 없는 사유로 병역면제 처분을 받았다는 특별한 사정이 없는 한 병역복무기간이 가동기간에서 제외되어야 한다.[32]

(3) 가동종료연령

정년이 정하여져 있는 경우에는 그 정년을 가동연한으로 인정한다. 일실이익의 기초가 되는 가동연한은 사실심이 우리나라 국민의 평균여명, 경제 수준, 고용 조건 등의 사회적·경제적 여건 외에, 연령별 근로자 인구수, 취업률 또는 근로참가율 및 직종별 근로조건과 정년 제한 등 제반 사정을 조사하여 이로부터 경험법칙상 추정되는 가동연한을 도출하든가, 또는 당해 피해자의 연령·직업·경력·건강상태 등 구체적인 사정을 고려하여 그 가동연한을 인정할 수 있다.[33]

대법원은 2019. 2. 21. 일반육체노동을 하는 사람 또는 육체노동을 주로 생계활동으로 하는 사람의 경험칙상 가동연한에 관하여, 대법원 1989. 12. 26. 선고 88다카16867 전원합의체 판결 이후 만 60세로 보아 왔으나, 경험적 사실들의 변화에 따라 이제는 특별한 사정이 없는 한 만 60세를 넘어 만 65세까지도 가동할 수 있다고 보는 것이 경험칙에 합당하다고 판시하였다.[34]

한편 사고 당시 그 연령이 당해 직종에 관하여 일반적으로 인정되는 가동연한을 넘은 피해자에 대하여는 법원이 피해자 본인의 연령, 경력, 건

31) 대법원 1970. 8. 18. 선고 70다999 판결.
32) 대법원 2000. 4. 11. 선고 98다33161 판결.
33) 대법원 2001. 3. 9. 선고 2000다59920 판결.
34) 대법원 2019. 2. 21. 선고 2018다248909 전원합의체 판결.

강상태, 가동여건 등 주관적 특수사정과 관련 분야의 인식, 그 연령에 대한 보험회사의 가동기간 인정기준 등 주변사정을 참작하여 그의 가동연한을 인정할 수 있다.[35]

바. 현가액의 산정(중간이자의 공제)

(1) 일시금배상과 정기금배상

민법 제751조 제2항은 법원은 위자료를 정기금채무로 지급할 것을 명할 수 있다고 규정하고 있다. 재산상 손해에 대해서도 당사자는 정기금으로 지급할 것을 청구할 수도 있고, 중간이자를 공제하고 현가를 산정하여 일시금으로 지급할 것을 청구할 수도 있으며, 이러한 경우 법원으로서도 그 판단에 따라 정기금 또는 일시금으로 지급을 명할 수 있다.[36] 여명 예측이 불확실한 경우에는 피해자가 확실히 생존하고 있으리라고 인정되는 기간 동안의 일실이익은 중간이자를 공제한 일시금으로, 그 기간 이후 가동연한까지의 일실이익은 생계비를 공제한 금액에서 중간이자를 공제한 일시금으로, 그 기간 이후 가동연한까지의 일실이익 중 생계비 상당의 손해는 피해자의 생존을 조건으로 매월 정기금으로 배상할 것을 명하여야 한다.[37]

(2) 일시금배상과 중간이자의 공제

법원이 장래에 발생할 손해에 대하여 일시금으로 배상을 명할 때에는 중간이자를 공제하여야 한다. 중간이자를 공제하는 방법에는 이자를 단리(單利)로 계산하는 호프만(Hoffman) 방식과 이자를 복리(複利)로 계산하는 라이프니쯔(Leibnitz) 방식이 있다. 대법원은 두 가지 방식을 모두 허용하

---

35) 대법원 2014. 11. 13. 선고 2014다219415 판결; 이 사건 사고 당시 원고가 62세 4개월로서 그 평균여명이 약 13.59년 정도의 고령이었고 이 사건 사고 당시에 비닐하우스 재배를 하고 있었던 점, 원고가 거주하고 있는 지역 사람들의 상당수가 60세 이상 농업에 종사하고 있으며 1993년도 농업기본통계자료에 의하면 15세 이상의 전북지역 전체 농업종사인구 436,951명 중 60세 이상의 농업종사인구가 약 122,762명 정도로써 전체의 약 28.1% 정도에 이르고 있었던 점 등을 고려하면 원고가 적어도 65세가 될 때까지 농업에 종사할 수 있다고 봄이 상당하다(대법원 1997. 4. 22. 선고 97다3637 판결).

36) 대법원 1992. 10. 27. 선고 91다39368 판결.

37) 대법원 2000. 7. 28. 선고 2000다11317 판결.

고 있는데,[38] 실무는 대부분 호프만 방식에 의한다. 호프만식 계산법에 의하여 중간이자를 공제하는 경우에 중간이자 공제기간이 414개월을 초과하여 월단위 수치표상 단리연금현가율이 240을 넘게 되는 경우, 이를 그대로 적용하여 현가를 산정하게 되면 현가로 받게 되는 금액의 이자가 매월 입게 되는 손해액보다 많게 되어 피해자가 과잉배상을 받게 되는 결과가 되므로, 이를 막기 위해서는 그 수치표상 단리연금현가율이 얼마인지를 불문하고 모두 240을 적용하여야 한다.[39]

(3) 지연손해금의 기산점

불법행위로 인한 손해배상채권은 불법행위시에 발생하고 그 이행기가 도래하므로, 장래 발생할 소극적·적극적 손해의 경우에도 불법행위시가 현가산정의 기준시기가 되고, 이때부터 장래의 손해발생시점까지의 중간이자를 공제한 금액에 대하여 다시 불법행위시부터 지연손해금을 부가하여 지급을 명하는 것이 원칙이다. 다만 불법행위시 이후로 사실심의 변론종결일 이전의 어느 시점을 기준으로 하여 그 이후 발생할 일실이익손해를 그 시점으로부터 장래의 각 손해발생시점까지의 중간이자를 공제하는 방법으로 현가를 산정하되 지연손해금은 그 기준시점 이후로부터 구하는 것도 그것이 위와 같은 본래의 방법을 벗어나거나 이에 모순·저촉되는 것이 아닌 한 허용된다. 그러나 불법행위시 이후 사실심 변론종결일 이전의 어느 시점을 기준으로 하여 현가를 산정하면서도 지연손해금은 그 기준시점 이전부터 명하는 것은 위와 같은 방법에 비하여 중간이자를 덜 공제하였거나 지연손해금을 더 많이 인용한 결과가 되어(일종의 과잉배상이 된다) 허용될 수 없다.[40]

(4) 판결 확정 후 기대여명보다 일찍 사망하거나 더 생존하는 경우

불법행위로 인한 인신손해에 대한 손해배상청구소송에서 판결이 확정된 후 피해자가 그 판결에서 손해배상액 산정의 기초로 인정된 기대여명

38) 대법원 1983. 6. 28. 선고 83다191 판결.
39) 대법원 1994. 11. 25. 선고 94다30065 판결.
40) 대법원 1994. 11. 25. 선고 94다30065 판결.

보다 일찍 사망한 경우, 그 판결이 재심의 소 등으로 취소되지 않는 한 그 판결에 기하여 지급받은 손해배상금 중 일부를 법률상 원인 없는 이득이라 하여 반환을 구하는 것은 그 판결의 기판력에 저촉되어 허용될 수 없다.[41)]

다음으로 불법행위로 인한 적극적 손해의 배상을 명한 전(前)소송의 변론종결 후에 새로운 적극적 손해가 발생한 경우에 그 소송의 변론종결 당시 그 손해의 발생을 예견할 수 없었고 또 그 부분 청구를 포기하였다고 볼 수 없는 등 특별한 사정이 있다면 전소송에서 그 부분에 관한 청구가 유보되어 있지 않다고 하더라도 이는 전소송의 소송물과는 별개의 소송물이므로 전소송의 기판력에 저촉되는 것이 아닌바, 식물인간 피해자의 여명이 종전의 예측에 비하여 수년 연장되어 그에 상응한 향후치료, 보조구 및 개호 등이 추가적으로 필요하게 된 것은 전소의 변론종결 당시에는 예견할 수 없었던 새로운 중한 손해로서 전소의 기판력에 저촉되지 않는다.[42)]

3. 적극적 손해

가. 치료비

(1) 기왕치료비

치료는 병세의 호전이나 완치만을 목적으로 하는 것이 아니라 병세의 악화방지나 생명의 연장 등도 치료의 목적이므로, 병세의 악화방지를 위하여도 향후치료의 필요성은 인정되며 이 경우에 치료비는 불법행위와의 사이에 상당인과관계가 있는 범위 내에서만 배상청구가 가능하다. 상당성 여부를 판단할 때는 당해 치료행위의 필요성, 기간과 함께 그 진료행위에 대한 보수액의 상당성이 검토되어야 하며, 그러기 위해서는 부상 정도, 치료내용, 횟수, 의료사회 일반의 보편적 치료비수준 등 제반사정을 고려하여 비상식적인 고액진료비나 저액진료비의 가능성을 배제하여 합리적으로

41) 대법원 2009. 11. 12. 선고 2009다56665 판결.
42) 대법원 2007. 4. 13. 선고 2006다78640 판결.

그 범위를 정해야 한다.[43] 피해자의 후유증이 재해를 유일한 원인으로 하여 생긴 것이 아니고 재해와 피해자의 기왕증이 경합하여 후유증이 나타난 것이라면, 그 재해가 후유증이라는 결과발생에 대하여 기여하였다고 인정되는 정도에 따라 그에 상응한 배상액을 부담시키는 것이 손해의 공평한 부담이라는 입장에서 타당하다.[44]

(2) 향후치료비

신체감정 당시를 기준으로 치료가 종결되지 않고 앞으로도 계속 치료가 필요한 경우에는 추정 향후치료비를 산정한다. 한때 예상되었던 치료비라 할지라도 변론종결 당시에 이미 예상기간이 지났다면 그 지난 부분의 손해는 실제로 발생한 손해에 한하여 배상받을 수 있다.[45] 향후치료비 중 1회 내지 수회 지급하여야 할 비용에 관하여 그 지출시기가 밝혀진 경우에는 그 시기를 기준으로, 지출시기가 밝혀지지 아니한 경우에는 계산의 편의상 사실심 변론종결 무렵을 기준으로 사고일까지의 중간이자를 공제한다.

(3) 보조구

보조구는 휠체어, 욕창방지용 특수매트리스, 치과보철, 의족 등을 말하고, 그 수명과 가격은 통상 감정의사의 감정의견에 의해 결정된다.[46]

(4) 변론종결 후에 발생한 새로운 적극적 손해

불법행위로 인한 적극적 손해의 배상을 명한 전소송의 변론종결 후에 새로운 적극적 손해가 발생한 경우에 그 소송의 변론종결 당시 그 손해의 발생을 예견할 수 없었고 또 그 부분 청구를 포기하였다고 볼 수 없는 등 특별한 사정이 있다면, 전소송에서 그 부분에 관한 청구가 유보되어 있지 않다고 하더라도 이는 전소송의 소송물과는 별개의 소송물이므로 전소송의 기판력에 저촉되는 것이 아니다.[47]

43) 대법원 1988. 4. 27. 선고 87다카74 판결, 대법원 2006. 5. 11. 선고 2003다8503 판결.
44) 대법원 1988. 4. 27. 선고 87다카74 판결.
45) 대법원 2003. 7. 25. 선고 2003다23670 판결.
46) 손해배상소송실무(교통·산재)(제2판), 사법발전재단(2017), 255~256면.

나. 개호비

개호(介護)란 피해자가 중상을 입어 그 치료기간 동안 또는 치료가 종결된 이후에도 불치의 후유장해로 인하여 일정기간 또는 여명까지 다른 사람의 조력을 받아야 하는 경우 그 피해자를 돕는 행위를 말하는데, 이에 필요한 비용을 개호비라고 하여 적극적 손해로 파악한다. 신체의 부자유로 인하여 개호인의 조력을 받을 필요가 있는 경우 개호인비용은 특단의 사정이 없는 한 개호를 필요로 하는 기간의 전일수에 해당하는 도시보통일용 또는 농촌여자일용 노임액을 기준으로 산정한다.[48)]

다. 장례비

실무상 장례비는 지출된 비용 여하를 불문하고 사회적 상당성 있는 범위 내로 제한함으로써 금액이 정액화되고 있는데, 500만 원 정도에서 다툼 없는 사실로 정리하여 처리하고 있다.[49)]

라. 신체감정 등 부대비용

타인의 불법행위로 인하여 상해를 입었을 경우에 손해배상청구를 할 때 진단서의 제출은 필요하므로, 진단서작성을 위하여 지출한 비용은 불법행위로 인한 손해에 포함된다.[50)] 피해자가 법원의 감정명령에 따라 신체감정을 받으면서 그 감정을 위한 제반 검사비용으로 지출하였다는 금액은 예납절차에 의하지 않고 직접 지출하였다 하더라도 감정비용에 포함되어 소송비용에 해당하고, 소송비용으로 지출한 금액은 소송비용확정절차를 거쳐 상환받을 수 있어서 이를 별도로 소구할 이익이 없다.[51)]

---

47) 대법원 2007. 4. 13. 선고 2006다78640 판결.
48) 대법원 1990. 10. 23. 선고 90다카15171 판결.
49) 손해배상소송실무(교통·산재)(제2판), 사법발전재단(2017), 279면.
50) 대법원 1974. 11. 12. 선고 74다483 판결.
51) 대법원 2000. 5. 12. 선고 99다68577 판결.

4. 위자료

가. 의 의

위자료(慰藉料)는 정신상 고통을 금전으로 위자하기 위하여 지급되는 금전을 말한다. 불법행위로 입은 정신적 고통에 대한 위자료 액수에 관하여는 사실심 법원이 제반 사정을 참작하여 그 직권에 속하는 재량에 의하여 이를 확정할 수 있다.[52] 사실상 혼인관계에 있는 배우자도 다른 배우자가 제3자의 불법행위로 인하여 상해를 입은 경우에는 자기가 받은 정신적 고통에 대한 위자료를 청구할 권리가 있다.[53]

나. 산정방법

현재 실무례는 (i) 원고들 전체(家團)에 대한 금액을 기준으로 하여, 예를 들면 1억 원(사망 또는 노동능력 100% 상실시)[54]에서 과실비율 상당금액을 공제한 금액에다 여러 가지 증감요소를 고려하여 적절히 증감한 뒤 신분관계에 따라 배분하거나, (ii) 청구인별로 기준금액을 정하여, 예를 들면 피해자 본인에 대하여 3,000만 원(사망 또는 노동능력 100% 상실시)을 기준으로 하여 과실상계 등 제반 증감요소를 고려한 뒤 신분관계에 따라 다른 원고들의 위자료를 일정한 비율로 정하는 방법이 있다.[55] 노동능력의 일부 상실시에는 사망시 기준금액에서 노동능력상실률을 곱한 금액에다 위와 같은 원칙을 적용한다.

---

52) 대법원 2006. 5. 11. 선고 2003다8503 판결.

53) 대법원 1969. 7. 22. 선고 69다684 판결.

54) 대법원이 2016. 10. 24. 발표한 '불법행위 유형별 적정한 위자료 산정방안'에 의하면, 교통사고(1억 원), 대형 재난사고(2억 원), 영리적 불법행위(3억 원), 명예훼손(일반피해 5천만 원, 중대피해 1억 원)으로 나누어 기준금액을 달리 설정하고, 특별 가중사유가 존재하는 경우 기준금액을 2배 가중하도록 하였다.

55) 손해배상소송, 사법연수원(2014), 218면.

5. 과실상계

가. 의 의

과실상계제도는 채권자가 신의칙상 요구되는 주의를 다하지 아니한 경우 공평의 원칙에 따라 손해의 발생에 관한 채권자의 그와 같은 부주의를 참작하게 하려는 것이므로, 단순한 부주의라도 그로 말미암아 손해가 발생하거나 확대된 원인이 되었다면 피해자에게 과실이 있는 것으로 보아 과실상계를 할 수 있고, 피해자에게 과실이 인정되면 법원은 손해배상의 책임 및 그 금액을 정하면서 이를 참작하여야 하며, 배상의무자가 피해자의 과실에 관하여 주장하지 않는 경우에도 소송자료에 의하여 과실이 인정되는 경우에는 이를 법원이 직권으로 심리·판단하여야 한다.[56]

또한 불법행위제도에서 과실상계란 피해자와 가해자 사이의 공평을 도모하고자 손해배상책임의 발생 및 손해의 확대에 피해자의 부주의가 가담된 경우 그가 입은 손해액에 합리적인 제한을 하여 가해자의 책임을 제한하고 배상액을 감경하는 제도이다. 민법 제763조는 제396조를 준용하여 불법행위에 관하여 피해자에게 과실이 있는 때에는 법원이 손해배상의 책임 및 그 금액을 정할 때 참작하도록 하고 있다. 불법행위에서 피해자의 과실을 따지는 과실상계상 과실은 가해자의 과실과 달리 사회통념이나 신의성실의 원칙에 따라 공동생활에 있어 요구되는 약한 의미의 부주의를 가리키는 것이다.[57]

나. 과실비율의 결정

과실상계는 법원의 소송상 나타난 모든 사정을 참작하여 그 재량에 의하여 결정하고,[58] 피해자의 과실 유무·정도 등은 당사자의 주장과 달리 법원이 직권으로 조사·결정한다.[59] 불법행위로 인한 손해의 발생 또는 확

56) 대법원 2012. 8. 23. 선고 2012다9041 판결.
57) 대법원 1999. 2. 26. 선고 98다52469 판결.
58) 대법원 1974. 2. 26. 선고 73다76 판결.
59) 대법원 1981. 12. 22. 선고 81다331 판결.

대에 관하여 피해자에게도 과실이 있을 때에는 그와 같은 사유는 가해자의 손해배상의 범위를 정할 때 당연히 참작되어야 하고, 양자의 과실비율을 교량할 때 손해의 공평부담이라는 제도의 취지에 비추어 사고발생에 관련된 제반 상황이 충분히 고려되어야 하며, 과실상계사유에 관한 사실인정이나 그 비율을 정하는 것이 사실심의 전권사항이라고 하더라도 그것이 형평의 원칙에 비추어 현저히 불합리하여서는 안 된다.[60]

다. 재해사고에서 과실상계의 특수성

(1) 불가항력의 사유가 기여한 경우

재해사고의 발생에 불가항력의 요소가 작용한 경우 이를 어떻게 고려할 것인가에 관하여는 (i) 과실책임주의의 입장을 관철하여 가해자의 과실비율이 전손해의 발생에 기여한 비율로 손해를 부담하여야 한다는 가해자위법설, (ii) 피해자의 과실분만 피해자부담으로 공제되고 잔여의 손해분은 가해자의 부담으로 된다는 절대설, (iii) 불가항력의 요소가 있는 경우 이를 제외하고 쌍방의 과실비율만 고려하는 상대설의 견해대립이 있다.[61]

판례는 일반불법행위에서 불법행위에 기한 손해배상 사건에서 피해자가 입은 손해가 자연력과 가해자의 과실행위가 경합되어 발생된 경우, 가해자의 배상범위는 손해의 공평한 부담이라는 입장에서 손해발생에 대하여 자연력이 기여하였다고 인정되는 부분을 공제한 나머지 부분으로 제한함이 상당하다고 하여 원칙적으로 가해자위법설의 입장을 취하고 있다.[62] 다만 피해자가 입은 손해가 통상의 손해와는 달리 특수한 자연적 조건 아래 발생한 것이라 하더라도 가해자가 그와 같은 자연적 조건이나 그에 따른 위험의 정도를 미리 예상할 수 있었고 또 과도한 노력이나 비용을 들이지 아니하고도 적절한 조치를 취하여 자연적 조건에 따른 위험의 발생을 사전에 예방할 수 있었다면, 그러한 사고방지 조치를 소홀히 하여 발생한 사고로 인한 손해배상의 범위를 정할 때 자연력의 기여분을 인정하

60) 대법원 1997. 2. 28. 선고 96다54560 판결.
61) 손해배상소송실무(교통·산재), 한국사법행정학회(2005), 523~524면.
62) 대법원 1993. 2. 23. 선고 92다52122 판결.

여 가해자의 배상범위를 제한할 것은 아니라고 한다.[63)]

이에 따라 건설공사현장의 사고로 인한 손해가 통상의 손해와는 달리 강풍 등 특수한 자연조건 아래 발생한 것이라 하더라도, 그 공사현장의 안전관리자가 그와 같은 자연조건이나 그에 따른 위험의 정도를 미리 예상할 수 있었고 또 과도한 노력이나 비용을 들이지 아니하고도 적절한 조치를 취하여 자연조건에 따른 위험의 발생을 사전에 방지할 수 있었다면, 그러한 사고방지조치를 소홀히 하여 발생한 사고로 인한 손해배상의 범위를 정할 때에는 불가항력적인 자연력의 기여분을 인정하여 가해자의 배상범위를 제한할 것은 아니라고 하였다.[64)]

(2) 사용자가 제공한 설비·장비 등의 하자로 인한 경우

사용자는 근로자에게 노무제공에 적합한 작업환경·기구·장비 등을 지급할 의무가 있다. 이와 같은 설비·장비 등이 노무제공에 적합한 성능을 가지고 있지 않아 재해사고가 발생한 경우, 피해자의 과실은 적다고 보아야 한다.[65)] 일반적인 근로자의 입장에서 사용자가 제공한 장비 등의 하자를 발견할 수 없었던 경우에는 과실이 없다고 할 수 있다. 그러나 근로자에게도 사용자가 제공한 장비 등의 적합성 여부를 살필 주의의무가 있고, 하자를 쉽게 발견할 수 있었음에도 불구하고 이를 발견하지 못하였거나 근로자의 부적절한 직무수행으로 인하여 하자가 가중된 경우에는 과실이 있다고 평가하여야 한다.[66)]

---

63) 대법원 2003. 6. 27. 선고 2001다734 판결.
64) 대법원 1995. 2. 28. 선고 94다31334 판결.
65) 회사의 작업반장이 일용잡부로 입사한 피해자에게 프레스기계작업에 관한 기술교육이나 안전교육 등 제반 기초사항을 알려 준 바도 없고, 프레스기의 수리요청을 받고서도 수리를 하여 주지 아니하였으며, 프레스기에 부착되어 있는 전자감응식 안전장치마저 고장난 상태여서 애당초 위 프레스기로 작업하도록 지시하여서는 아니됨에도 불구하고 이를 무시한 채 피해자에게 계속 작업할 것을 지시한 과실로 사고가 발생하였다면, 프레스기로 작업을 할 때 작업상 주의의무를 소홀히 한 정도의 피해자의 과실만을 가지고 그 비율을 35%로 평가한 것은 회사 측 과실내용에 비추어 볼 때 지나치게 무겁게 평가한 것으로서 형평의 원칙에 현저히 반한다. 대법원 1992. 3. 31. 선고 91다37263 판결.
66) 손해배상소송실무(교통·산재), 한국사법행정학회(2005), 525면.

(3) 안전장비를 착용하지 않은 경우

사용자자가 안전장비를 지급하였음에도 불구하고 작업의 편의나 부주의로 안전장비를 착용하지 않았을 때에는 피해자의 과실이 크다고 평가되어야 한다. 그러나 사용자가 안전장비를 지급하지 않았거나,[67] 근로자가 안전장비의 지급을 요구하였다면 사용자가 바로 지급하였을 것이라는 사정이 없는 한, 안전장비를 착용하지 아니한 것을 피해자의 과실로 평가할 수는 없다.[68]

6. 대상사안의 검토

가. 책임의 근거

위 인정사실에 의하면, 피고는 객실부장 등 K의 상사의 사용자로서 그들의 사무집행에 관한 잘못으로 인한 위 사고로 원고 K와 그의 가족들인 나머지 원고들이 입은 손해를 배상할 책임이 있다.

나. 책임의 제한

K에게도 비록 근무여건이 열악하였다 하더라도 스스로 안전사고에 주

---

67) 춘양국유림관리소가 작업인부들로 하여금 높은 나무 위에 올라가 종자채취작업을 하도록 하였다면, 그러한 지시를 하는 사용자로서는 그 작업인부들이 추락할 위험성이 크다는 점을 쉽게 예상할 수 있으므로, 철저한 안전교육을 실시하여야 할 뿐만 아니라, 안전모, 안전화, 안전띠 등 안전장구를 작업인부들에게 지급하여 착용하고 작업하도록 하여 추락을 방지하여야 하고, 나아가 만일의 사고에 대비해 응급처치를 할 수 있는 준비를 하여 두어 사고로 인한 손해 확대를 방지하여야 할 주의의무가 있는바, 담당공무원인 A 등은 위와 같은 주의의무를 거의 이행하지 아니하였으며 반면, 원고 1은 위와 같이 위험한 작업을 할 때 있어 나뭇가지가 튼튼한지 여부를 잘 살피는 등으로 스스로의 안전을 도모하지 아니한 잘못이 있다는 것인바, 원고 1이 안전장구의 지급을 요구하지 아니한 잘못을 덧붙여 감안하여 보아도, 위와 같은 사정 하에서라면 A의 과실이 원고 1의 과실보다 더 크거나 비슷하다고는 볼 수 있을지언정, 원고 1의 과실이 A의 과실보다 현저히 크다고 볼 수는 없다. 대법원 2002. 10. 11. 선고 2002다38064 판결.

68) 원고가 공사장에서 착용하여야 할 안전모가 원고 스스로 마련할 의무 있는 장비가 아니라 건축주인 피고 회사가 준비하여 각 작업인부들에게 공급할 성질의 장비이고, 피고가 그와 같은 장비공급을 한 바 없어 원고가 착용할 수 없었던 것이라면, 원고가 작업장에서 안전모를 쓰지 않은 것을 원고의 과실로 돌릴 수 없으므로, 위와 같은 경우에 원고가 안전모를 쓰지 않고 작업하다 상해를 입었더라도 과실상계를 인정할 수 없다. 대법원 1984. 7. 10. 선고 84다카365 판결.

의를 기울여 무리한 작업을 자제하고 안전한 자세로 작업을 하는 등 자신의 안전을 도모하여야 함에도 이를 게을리 한 과실이 있고, 이러한 과실은 위 사고로 인한 손해발생 및 확대의 한 원인이 되었다. 그러나 이는 피고의 책임을 면하게 할 정도는 아니다. 다만 피고가 배상할 손해액의 산정에 이를 참작하기로 하되, 그 비율은 위 사실관계에 비추어 30% 정도로 봄이 상당하다.

다. 손해배상의 범위

(1) K가 이 사건 사고로 상실한 가동능력에 대한 금전적 총평가액 상당의 일실수입 손해는 기대여명, 소득, 가동능력 상실률, 정년, 가동연한 등을 고려하여 계산하면 33,653,370원이다. 향후치료비는 수핵탈출증 수술치료에 필요한 4,552,000원이다.

(2) 위 합계액에 K의 과실을 고려하면, 피고가 부담하는 금액은 26,743,759원[69]이다. 위 금원에서 K가 장애보상일시금으로 이미 수령한 6,245,260원을 공제하여야 한다.

(3) K의 나이, 가족관계, 계산 및 교육정도, 사고의 경위 및 결과, 피해자측의 과실 정도, 기타 여러 사정을 종합하여, 법원은 K에게는 2,000,000원, 배우자에게는 1,000,000원, K의 자녀들에게는 각 500,000원의 위자료를 인정하였다.

69) (일실수입 33,653,370원 + 향후 치료비 4,552,000원) × 0.7.

[37] 부조종사가 브리핑 중 급성심근경색증이 발병한 경우 업무상 재해의 인정여부

대법원 2001. 7. 2. 선고 2001두3082 판결

Ⅰ. 사실관계

(1) 원고는 1935. 6. 10.생으로, 1960. 7. 10.부터 1973. 7. 30.까지 공군에서 근무하다가 소령으로 전역한 후, 1973. 10. 10.경 K항공에 입사하여 근무하다가 1986. 3. 30. 미국으로 이민을 가기 위하여 퇴직하였다. 그 후 원고는 1988. 12. 29. 다시 K항공에 입사하여 선임부조종사로 근무하여 오던 중 1990. 6. 30. 정년으로 퇴직하였다가, 같은 해 7. 1. 재채용되어 K항공에서 계속 근무하여 왔다(회사의 정년은 55세로 규정되어 있으나, 조종사의 경우에는 60세까지 연장근무가 가능하여 퇴직 후 재채용하는 형식을 취한 것으로 보인다).

(2) 항공기 기장은 운항 중에 필요한 모든 상황을 파악하여 그 항공기의 안전운행은 물론 승객 및 승무원 등의 안전을 위한 절대적인 권한을 가지고 그에 관한 책임을 부담한다. 부기장은 기장을 보좌하여 기장이 임무수행 불가능한 경우에는 기장의 업무를 대행하고, 비행 중에는 특별한 지시가 없는 한 조종석의 우측에 위치하여 부조종사의 임무를 수행하며, 항상 기장의 조작을 주시하고 기장의 조작이 안전운항에 영향을 줄 정도로 위험한 경우에는 이의 시정을 건의하여야 하고, 비행계획 및 기상 점검, 항공기 무게 및 균형상태 확인, 비행관련 정보·항법기록부 등 비행에 필요한 서류를 관리하여 비행종료 후 목적지 운항관리사에게 이를 제출하며, 비행 중 항공교신을 담당하고 운항정보기록표 등을 작성하는 등의 업무를 수행한다.

(3) K항공은 구 항공법 제46조, 시행규칙 제143조에 따라 항공기 운항 승무원의 승무시간기준을 '운항규정'으로 정하여 건설교통부장관의 인가를

받고 있는데, 원고의 발병 당시 운항규정에 의하면, 운항승무원의 승무시간은 1월력(매월 1일부터 말일까지) 동안 90시간을, 1분기(매분기의 시작 1일부터 분기 말월 말일까지) 동안 255시간을, 1역년(매년 1월 1일부터 12월 말일까지) 동안 1,000시간을 초과할 수 없도록 규정되어 있고, 또한 근무시간의 장단에 따라 부여하여야 하는 최소 휴식시간(근무시간 8시간까지는 8시간 이상, 8시간 초과~9시간까지는 9시간 이상 등)이 규정되어 있다. '승무시간'은 운항승무원이 항공기에 탑승하여 임무를 수행하는 시간을 말하고, '편승시간'은 승무원이 다음 승무를 위하여 또는 승무를 마치고 공항과 공항간을 이동하면서 항공기에 편승 운송되는 시간을 말하며, 편승한 승무원은 항공기 운항에 전혀 관계하지 아니하고 항공기의 객석 등에서 휴식을 취하게 되고, 편승시간은 승무시간에 포함되지 않는다(다만 근무시간에는 포함되며, 휴식시간은 편승시간 등을 포함한 전체 근무시간을 감안하여 정해진다).

(4) 원고의 발병 무렵인 1994. 9.부터 발병일까지 승무시간과 편승시간은 다음 표와 같다.

	1994. 9.	1994. 10.	1994. 11.	1994. 12.
승무시간	69.6h	80.3h	82.4h	66.4h
편승시간	38h	16.4h		9h

이는 위 운항규정상 승무시간제한을 초과하지 않는 것이었으며, 원고는 1994년에 매월 2, 3회 정도 장거리 국제선 승무를 하여 왔다. 승무를 마친 운항승무원들은 도착지에서 위 운항규정에 의하여 보장된 휴식을 취하게 되는데, 시차로 인하여 생체리듬이 흐트러져 휴식에도 불구하고 시차에 적응하지 못한 채 다음 비행을 위해 다시 승무하게 되기도 하였다.

(5) 원고는 평소 별다른 질환은 없었고, 심근경색증 발병 이전에는 심혈관계통의 치료를 전혀 받은 바 없었으며, 정기적으로 실시하는 항공기 승무원 신체검사에서도 1991. 6. 10. 이후 심전도검사 결과 정상범위판정

을 받아왔으며, 발병 직전인 1994. 12. 5. 실시된 심전도검사 결과 정상범위판정을 받은 바 있다.

(6) 원고는 1994. 12. 6. 서울을 출발하여 앵커리지를 거쳐 파리에 도착하였다가, 밀라노·델리를 거쳐 같은 달 13. 오전 서울로 돌아왔고, 다시 같은 달 19. 서울을 출발하여 앵커리지·LA에 도착하였다가 같은 달 24. 오전 서울로 돌아오는 장거리 국제선 승무를 하였으며, 1994. 12. 27. 21:45경 뉴욕행 보잉747 화물기에 승무하여 서울을 출발, 7시간 22분간의 비행을 마치고 현지시간 같은 날 11:07경 경유지인 앵커리지 공항에 도착하였다(당시 위 항공기의 운항일정은 정기편의 정상적인 일정이었다).

(7) 원고는 앵커리지 공항에 도착하여 공항에서 4km정도의 거리에 있는 지정된 호텔로 이동하여 휴식을 취한 후, 다음날인 28. 07:00경 기상하여 30분 정도 운동을 하고 아침식사를 한 후 11:00경 뉴욕행 비행을 위하여 공항으로 다시 이동하게 되었는데, 당시 원고는 공항으로 이동하는 버스 안에서 가슴이 답답한 증세를 느꼈고, 그 후 11:30경 앵커리지 공항 내 K항공 운항관리실에서 비행 전 브리핑을 받던 중 가슴 통증을 호소하며 정신을 잃고 쓰러져 인근 프로비던스 병원으로 후송되었다.

(8) 원고는 위 병원에서의 관동맥조영술 등의 검사결과 여러 혈관에 퍼져 있는 죽상동맥경화증으로 갑자기 혈관이 막히면서 급성심근경색증이 발생하였다는 진단을 받고 그 곳에서 응급 혈전용해제 치료를 받은 후 관상동맥우회술을 시행받고 입원치료를 계속하였다.

(9) 원고는 1995. 1. 22.경 귀국한 후 같은 달 24.경부터 병원 심혈관센터에서 심근경색증에 대한 보존적 약물치료 및 정기적인 운동부하검사·혈액검사·심초음파검사 등을 받아 왔으나, 향후에도 위와 같은 치료 및 정기검진이 지속적으로 요구되는 상태이며, 2000. 1. 10. 실시한 약물부하 심근동위원소 소견에서는 이미 발생하였던 심근경색부위를 제외한 나머지 심근부위에는 심근허혈소견이 없는 것으로 나타났다.

(10) 원고는 1995. 6. 10. 퇴직한 후, 1998. 6. 30.경 피고 근로복지공단에 요양신청(상병명 : 진구성 심근경색증, 관상동맥우회술 후 상태)을 하였으나, 피고는 같은 해 8. 13. 이 사건 상병은 기존 질환의 자연적 악화에

불과하고 이를 업무상 재해로 볼 수 없다는 이유로 요양신청을 불승인처분을 하였다.

Ⅱ. 참조조문

1. 산업재해보상보험법(이하 '산재법')

제5조(정의) 이 법에서 사용하는 용어의 뜻은 다음과 같다.

1. "업무상의 재해"란 업무상의 사유에 따른 근로자의 부상·질병·장해 또는 사망을 말한다.

2. 산업재해보상보험법 시행령

제34조(업무상 질병의 인정기준) ① 근로자가 「근로기준법 시행령」 제44조 제1항 및 같은 법 시행령 별표 5의 업무상 질병의 범위에 속하는 질병에 걸린 경우 다음 각 호의 요건 모두에 해당하면 법 제37조 제1항 제2호 가목에 따른 업무상 질병으로 본다.

1. 근로자가 업무수행 과정에서 유해·위험요인을 취급하거나 유해·위험요인에 노출된 경력이 있을 것
2. 유해·위험요인을 취급하거나 유해·위험요인에 노출되는 업무시간, 그 업무에 종사한 기간 및 업무 환경 등에 비추어 볼 때 근로자의 질병을 유발할 수 있다고 인정될 것
3. 근로자가 유해·위험요인에 노출되거나 유해·위험요인을 취급한 것이 원인이 되어 그 질병이 발생하였다고 의학적으로 인정될 것

③ 제1항 및 제2항에 따른 업무상 질병(진폐증은 제외한다)에 대한 구체적인 인정 기준은 별표 3과 같다.

④ 공단은 근로자의 업무상 질병 또는 업무상 질병에 따른 사망의 인정 여부를 판정할 때에는 그 근로자의 성별, 연령, 건강 정도 및 체질 등을 고려하여야 한다.

Ⅲ. 판시사항

(1) 원고의 연령과 근무형태·건강상태 등을 감안한다고 하여도 원고가 발병 당시나 그 직전에 육체적으로나 정신적으로 크게 부담이 되는 과중한 업무를 수행하였다고 보기 어려운 점에 비추어 보면, 근무로 인한 피로나 스트레스가 누적된 상태에서 급성심근경색증이 유발되었다고 보기 어렵다.

(2) 원고의 업무내용·근무형태·건강상태 등에 비추어 보면, 원고에게 기왕의 죽상동맥경화증을 악화시킬 만한 급격한 작업환경의 변화나 만성적인 육체적 과로와 정신적 스트레스가 있었다고 보이지도 아니하여 원고의 발병은 기존 죽상동맥경화증의 자연적 경과로 발생하였을 가능성을 배제할 수 없는 점을 종합하여 보면, 업무상 과로나 스트레스에 의하여 원고의 기존 죽상동맥경화증이 자연적 경과 이상으로 급격히 악화되어 심근경색증의 발병에 이른 것이라고 추단하기도 어렵다.

Ⅳ. 해 설

1. 산업재해보상제도

가. 의 의

민법상 손해배상제도는 과실책임의 원칙(민법 제750조)에 기초하여 운영되기 때문에 업무상 재해에 따른 근로자보호에 불충분할 수 있다. 사용자에게 과실이 없는 경우에는 그 책임을 물을 수 없고, 설령 과실이 있더라도 재해를 당한 근로자는 이를 증명하여야 하지만, 그 증명은 곤란한 경우가 많다. 또 손해배상소송의 지연은 경제적 여유가 없는 근로자의 생활을 위협하게 되고 소송의 계속 자체를 어렵게 하기도 한다.[1] 이러한 손해배상제도의 결함·한계를 극복하기 위하여 특별한 재해보상제도를 마련

1) 김유성, 한국사회보장법론(제5판), 법문사(2002), 292~293면.

할 필요가 있다. 재해보상제도는 근로자가 근로계약 존속 중 부상을 당하거나 질병에 걸리거나 사망한 경우에 근로자나 유족을 보호하기 위하여 그들에게 적정한 보상을 해주는 제도를 말한다. 업무상 재해보상제도의 본질에 관하여는 주지하는 바와 같이 재해로 인하여 생긴 노동력훼손의 손해전보에서 구하는 손해전보설(損害塡補說)과 근로자의 생활위협이라는 면에서 포착하여 보상의 목적을 근로자 또는 유족의 생활보장에서 구하는 생활보장설(生活保障說)로 크게 나누어져 있다. 대법원은 "근로기준법의 재해보상제도는 근로를 제공하는 근로자를 그 지배하에 두고 재해위험이 내재된 기업을 경영하는 사용자로 하여금 그 과실 유무를 묻지 아니하고 재해발생으로 근로자가 입은 손해를 보상케 하려는 데에 그 목적이 있으며",[2] "근로자의 업무상 재해에 대한 손해보상과 아울러 생활보장적 성격도 가지고 있다"[3]고 판시하여 절충설(折衷說)의 입장을 취하고 있다.

나. 업무상 재해의 인정기준

구 산재법은 제3조 제1호에서 "업무상 재해라 함은 업무수행 중 그 업무에 기인하여 발생한 재해를 말한다"고 규정함으로써 업무수행성(業務遂行性)과 업무기인성(業務起因性)의 2가지 요건을 업무상 재해의 인정기준으로 삼았고, 판례도 업무수행성과 업무기인성 2가지 요건을 업무상 재해의 인정기준을 삼고 있는 것이 주류였다.[4] 현행 산재법 제5조 제1호에서 "업무상 재해란 업무상의 사유에 따른 근로자의 부상·질병·장해 또는 사망을 말한다"고 규정하게 되었는데, 일반적으로는 업무상 재해의 인정기준으로 종전에 규정되었던 업무수행성과 업무기인성의 2가지 요건을 반드시 다 갖출 필요는 없고, 각종 업무의 실태와 사업운영의 구체적 내용 및 산재보험의 사회보장적 성격을 고려하여 융통성 있게 해석하여야 한다는 입장을 취하고 있다.[5]

2) 대법원 1981. 10. 13. 선고 81다카351 전원합의체 판결.
3) 대법원 1994. 5. 24. 선고 93다38826 판결.
4) 대법원 1979. 8. 14. 선고 79누148 판결.
5) 노동특수이론 및 업무상재해관련소송, 사법연수원(2014), 214면.

2. 업무와 재해의 인과관계

가. 의 의

업무상 재해라 함은 근로자가 업무수행에 기인하여 입은 재해를 뜻하는 것으로 업무와 재해발생 사이에 상당인과관계가 있어야 하고, 인과관계는 이를 주장하는 측에서 증명하여야 한다.[6] 재해가 업무와 직접 관련이 없는 기존의 질병이더라도 그것이 업무와 관련하여 발생한 사고 등으로 말미암아 더욱 악화되거나 그 증상이 비로소 발현된 경우,[7] 업무상 과로나 스트레스가 질병의 주된 발생원인에 겹쳐서 질병을 유발·악화시킨 경우, 평소에 정상적인 근무가 가능한 기초질병이나 기존질병이 업무의 과중 등이 원인이 되어 자연적인 진행속도 이상으로 급격하게 악화된 경우에도 인과관계는 인정된다.[8] 또한 여러 개의 사업장을 옮겨 다니며 근무한 근로자가 질병에 걸린 경우 당해 질병이 업무상 재해에 해당하는지 여부를 판단할 때에 그 근로자가 복수의 사용자 아래서 경험한 모든 업무를 포함시켜 판단의 자료로 삼아야 한다.[9]

나. 상당인과관계

업무와 재해 사이의 상당인과관계가 있어야 하지만 인과관계는 반드시 의학적·자연과학적으로 명백하게 증명되어야 하는 것은 아니고, 업무와 재해 사이의 상당인과관계의 유무는 보통 평균인이 아니라 당해 근로자의 건강과 신체조건을 기준으로 하여 판단하여야 한다.[10] 근로자의 취업 당

---

6) 대법원 2008. 1. 31. 선고 2006두8204 판결.
7) 대법원 2008. 3. 27. 선고 2007다84420 판결.
8) 대법원 1996. 9. 6. 선고 96누6103 판결, 대법원 2010. 12. 9. 선고 2010두15803 판결.
9) 대법원 2017. 4. 28. 선고 2016두56134 판결.
10) 업무로 인한 과로가 질병의 발생이나 악화에 어느 정도 기여하여야 상당인과관계를 인정할 수 있는가에 관하여, 결정적일 것을 요구하는 최유력원인설, 상대적으로 유력하면 된다는 상대적 유력원인설, 공동원인의 하나이면 족하다는 공동원인설이 있다. 대법원의 입장에 관하여는 (i) 근로자가 사망 직전에 강도 높은 과로를 하였다는 점을 중시한다고 하여 상대적 유력원인설을 취하고 있다는 견해, (ii) 과로가 부수적 원인이라도 업무상 재해를 인정하고 있다고 하여 공동원인설을 취하고 있다는 견해[박해식·송평근·서태환·이선애, "업무상 재해의 인정요건으로서 업무와 재해와의 인과관계", 행정재판실무편

시의 건강상태, 발병 경위, 질병의 내용, 치료의 경과 등 제반 사정을 고려할 때 업무와 질병 사이에 상당인과관계가 있다고 추단되거나 개연성이 증명되면 그 증명이 있다고 보아야 한다.[11)]

근로자가 극심한 업무상 스트레스와 그로 인한 정신적인 고통으로 우울증세가 악화되어 정상적인 인식능력이나 행위선택능력, 정신적 억제력이 현저히 저하되어 합리적인 판단을 기대할 수 없을 정도의 상황에 처하여 자살에 이르게 된 것으로 추단할 수 있는 경우라면 근로자의 업무와 사망 사이에 상당인과관계가 인정될 수 있고, 비록 그 과정에서 근로자의 내성적인 성격 등 개인적인 취약성이 자살을 결의하게 된 데에 영향을 미쳤다거나 자살 직전에 환각·망상·와해된 언행 등의 정신병적 증상에 이르지 않았다고 하여 달리 볼 것은 아니다.[12)]

다. 시설의 결함이나 관리소홀의 경우

사용자가 관리하고 있는 시설의 결함 또는 사용자의 시설관리소홀로 인하여 재해가 발생하거나 또는 그와 같은 시설의 결함이나 관리소홀이 다른 사유와 경합하여 재해가 발생한 때에는 근로자의 자해행위 등으로 인한 경우를 제외하고는 이를 업무상 재해로 보아야 하고,[13)] 재해발생원인에 관한 직접적 증거가 없는 경우라도 간접적 사실관계 등에 의거하여 경험법칙상 가장 합리적인 설명이 가능한 추론에 의하여 업무기인성을 추정할 수 있는 경우에는 업무상 재해라고 보아야 한다.[14)]

라. 과로사

과로사의 경우에는 사고성 재해의 경우와는 달리 업무기인성의 판단이

람 II, 서울행정법원(2002), 612~616면], (iii) 업무상 과로가 질병의 주된 원인과 겹친 경우에는 과로를 사망의 공동원인으로 파악하고, 과로가 기존질병을 급속하게 악화시킨 경우에는 과로를 사망의 상대적 유력원인으로 파악하는 이원적 입장을 취하고 있다는 견해 등이 있다. 박상훈, "판례평석: 과로와 업무상 재해", 노동법연구 제12호(2002. 6.), 90~91면.

11) 대법원 2008. 1. 31. 선고 2006두8204 판결.
12) 대법원 2017. 5. 31. 선고 2016두58840 판결.
13) 대법원 1999. 1. 26. 선고 98두10103 판결.
14) 대법원 1999. 1. 26. 선고 98두10103 판결.

제1차적 기준이 되므로 업무기인성이 인정되면 업무수행성은 추정된다. 그러므로 발병·사망 장소가 사업장 이외의 장소이고 업무수행 중에 발병·사망한 것이 아니더라도 업무상 과로가 원인이 되면 업무상 재해로 인정된다.

마. 비특이성 질환

비특이성 질환의 경우에는 특정 위험인자와 비특이성 질환 사이에 역학적 상관관계가 인정된다 하더라도, 어느 개인이 그 위험인자에 노출되었다는 사실과 그 비특이성 질환에 걸렸다는 사실을 증명하는 것만으로 양자 사이의 인과관계를 인정할 만한 개연성이 증명되었다고 볼 수 없다. 이러한 경우에는 그 위험인자에 노출된 집단과 노출되지 않은 다른 일반 집단을 대조하여 역학조사를 한 결과 그 위험인자에 노출된 집단에서 그 비특이성 질환에 걸린 비율이 그 위험인자에 노출되지 않은 집단에서 그 비특이성 질환에 걸린 비율을 상당히 초과한다는 점을 증명하고, 그 집단에 속한 개인이 위험인자에 노출된 시기와 노출 정도, 발병 시기, 그 위험인자에 노출되기 전의 건강상태, 생활습관, 질병 상태의 변화, 가족력 등을 추가로 증명하는 등으로 그 위험인자에 의하여 그 비특이성 질환이 유발되었을 개연성이 있다는 점을 증명하여야 한다.[15)]

3. 대상사안의 검토

가. 원고의 주장

원고는 비교적 높은 연령에도 불구하고 계속적인 과중한 비행근무로 인하여 운동부족, 수면부족, 시차로 인한 피로, 계속되는 긴장상태로 인한 스트레스 등에 시달려왔고, 장거리 국제선 승무시의 야간비행과 시차로 생체리듬이 훼손되어 충분한 휴식을 취할 수 없는 상태가 계속되어 심장기능에 이상을 유발하게 될 정도로 건강상태가 악화되었다. 특히 발병 직전 장거리 국제선 승무로 인하여 상당한 피로가 누적된 상태에서 다시 야

15) 대법원 2014. 4. 10. 선고 2011다23422 판결.

간비행을 하게 됨에 따라 시차로 제대로 휴식을 취하지 못하여 앵커리지 공항에서 급성심근경색증이 발병하게 된 것이다. 이 사건 상병은 원고가 평소 과중한 업무를 수행하는 과정에서 상당한 피로가 누적된 데다가 계속되는 장거리 비행으로 인하여 극심한 육체적 피로 및 정신적인 스트레스를 받아 기왕의 죽상동맥경화증이 급격히 악화되어 심근경색증이 유발된 것이거나 적어도 자연경과 이상으로 악화된 것이므로 업무와 상당인과관계가 있는 업무상 재해에 해당한다.

나. 인정사실

(1) 심근경색증이란 심장으로 통하는 관상동맥의 협착으로 심장근육이 혈액을 공급받지 못하게 되어 심장의 운동이 저하·정지되고 심장근육에 괴사가 일어나는 질환을 말하고, 급성심근경색증이 발병한 후 6개월 이상 경과하면 진구성 심근경색증이라고 한다.

(2) 심근경색증의 발병원인은 대부분 관상동맥폐색이나 그 이외에 대동맥 동맥류, 결핵, 선천성 기형 등의 다양한 원인이 있으며, 관상동맥경화의 주요 위험인자로는 흡연, 고혈압, 고지혈증, 당뇨, 연령, 비만, 가족력 등을 들 수 있다. 관상동맥경화는 발병 10~30년 전부터 진행되어 오다가 40~60대에 이르러 최초의 증상과 발병을 야기시키며, 기존의 관상동맥경화증이 있는 경우 이를 갑자기 악화시킬 수 있는 요인으로는 과로, 스트레스, 흡연, 고혈압 등이 있으나 그 원인을 모르는 경우도 있다.

다. 대법원의 판단

(1) 원고가 선임부조종사로서 항공기의 안전운행 및 여객 등의 안전을 위한 권한과 책임을 지는 기장을 보좌하여 비행전후에 걸쳐 고도의 집중력이 필요한 복잡하고 다양한 업무를 담당하여 왔고, 장거리 국제선 승무의 경우 시차로 인하여 생체리듬에 역행하는 형태의 근무를 하게 되었다.

(2) 원고는 엄격한 통제를 받는 회사의 운항규정에 의하여 근무시간에 비례하여 상당한 시간의 휴식을 보장받아 왔고, 동일한 형태의 근무를 오랫동안 계속해오는 동안 위와 같은 근무형태에 나름대로 적응하여 왔을

것으로 보인다.

(3) 발병 직전의 장거리 국제선 승무이후 휴식기간을 거쳐 다시 정기편의 정상적인 일정에 해당하는 뉴욕행 화물기에 승무하여 서울을 출발, 경유지인 앵커리지 공항에 도착하였고, 앵커리지에서도 하루 동안 휴식을 한 후 비행전 브리핑을 받다가 심근경색증이 발병하여 인근 병원으로 후송되었다.

(4) 원고의 연령과 근무형태, 건강상태 등을 감안한다고 하여도 원고가 발병 당시나 그 직전에 육체적으로나 정신적으로 크게 부담이 되는 과중한 업무를 수행하였다고 보기 어려운 점에 비추어 보면, 근무로 인한 피로나 스트레스가 누적된 상태에서 급성심근경색증이 유발되었다고 보기 어렵다.

(5) 원고의 업무내용, 근무형태, 건강상태 등에 비추어 보면 원고에게 기왕의 죽상동맥경화증을 악화시킬 만한 급격한 작업환경의 변화나 만성적인 육체적 과로와 정신적 스트레스가 있었다고 보이지도 아니하여 원고의 발병은 기존 죽상동맥경화증의 자연적 경과로 발생하였을 가능성을 배제할 수 없는 점을 종합하여 보면, 업무상 과로나 스트레스에 의하여 원고의 기존 죽상동맥경화증이 자연적 경과 이상으로 급격히 악화되어 심근경색증의 발병에 이른 것이라고 추단하기도 어려우므로, 급성동맥경화증의 발병과 업무 사이에 상당인과관계가 있다고 할 수 없다.

[38] 과로로 인한 객실사무장의 사망

서울행정법원 2017. 8. 31. 선고 2016구합81642 판결[1]

Ⅰ. 사실관계

가. 처분의 경위

(1) J는 1995. 6. 5. A항공에 입사하여 객실승무원의 업무를 담당하던 중, 2016. 1. 6. 10:00경 독일 프랑크푸르트로 향하는 비행 근무를 위해 서울 강서구에 있는 A항공 본사로 출근하였는데, 같은 날 22:15경 주차장에 주차된 자신의 승용차 운전석에서 사망한 상태로 발견되었다.

(2) J의 부모인 원고들은 2016. 6. 14. J의 사망이 업무상 재해에 해당한다고 주장하면서 피고 근로복지공단에게 유족급여 및 장의비의 지급을 청구하였다. 이에 피고는 2016. 8. 30. "J의 발병 전 1주, 4주, 12주간의 업무시간과 업무량을 고려할 때, 단기과로와 만성과로의 기준에 미치지 못하고, 업무와 관련하여 돌발적이고 예측이 곤란할 정도의 긴장·흥분·공포·놀람 등의 사건은 없었던 것으로 보이므로, J의 사망과 업무 사이에 상당인과관계를 인정할 수 없다"라는 이유로 원고들에 대하여 유족급여 및 장의비 부지급 처분(이하 '이 사건 처분')을 하였다.

(3) J의 사인은 뇌출혈(우측 대뇌 실질내출혈, 뇌실내출혈 및 지주막하출혈, 병적출혈)이고, J의 간은 경도의 지방변성 외에 외상이나 질병이 없다.

나. 업무와 근무환경 등

(1) J는 2011. 1. 1. A항공 캐빈서비스팀 사무장으로 승진하여, (i) 국제선 비행기에 탑승할 때에는 일반 객실승무원으로서 '운항 전후 기내 안

---

1) 항소심(서울고등법원 2018. 7. 19. 선고 2017누74186 판결)은 제1심과는 달리 원고들의 청구를 모두 기각하였고, 상고심(대법원 2018. 11. 29.자 2018두53658 판결)으로 원고들의 상고가 모두 기각(심리불속행)되어 항소심 판결이 확정되었다.

전 및 보안점검 실시, 객실내 비상장비 점검, 기내 수하물 탑재 확인, 기타 객실서비스 업무' 등의 업무를, (ii) 국내선 비행기에 탑승할 때에는 선임 객실승무원으로서 위 업무와 함께 일반 객실승무원을 지휘·감독하고, 기내서비스 기내물품판매를 책임지는 업무 등을 담당하였다.

(2) J의 2015년 월 평균 비행근무시간(Show Up 시간 반영)은 109시간 21분이고, 총 비행횟수는 248회, 4시간 이상 비행횟수는 86회(8시간 이상 비행횟수는 48회), 야간비행횟수는 79회이다.

(3) J의 사망 전 3개월간(2015. 10.부터 사망시까지)의 비행횟수, 비행근무시간(Show Up 시간 반영), 야간비행시간(22:00~06:00) 등은 아래 표 기재와 같다. J는 사망 전 3개월간 시차 8시간 이상의 지역을 10회 비행하였다.

	비행횟수	비행근무 시간	야간비행 시간	4시간 이상 비행횟수	야간비행 횟수
2015. 10.	16	123h 35m	42h 35m	8	8
2015. 11.	22	110h 30m	36h 35m	8	9
2015. 12.~ 사망시	22	110h 5m	37h 45m	10	11

(4) J는 2015. 12. 20. 인천에서 시차가 8시간인 영국 런던으로 13시간 30분의 비행근무를 하고, 2015. 12. 22. 런던에서 인천으로 다시 10시간 50분 비행근무를 하였다. J는 2015. 12. 26. 5회 국내선 비행을 하고, 2015. 12. 27. 3회 국내선 비행을 하였으며, 2015. 12. 28. 인천에서 중국 청두로 4시간의 비행근무를 하고, 2015. 12. 31. 중국 청두에서 인천으로 3시간 20분의 야간비행근무를 하였다. J는 2016. 1. 2. 인천에서 말레이시아 코타키나발루로 5시간 30분의 야간비행근무를 하고, 2016. 1. 4. 코타키나발루에서 인천으로 4시간 50분의 야간비행근무를 하였다.

(5) 운항기술기준에 따르면, "항공운송사업자는 객실승무원으로 하여금 1개월에 120시간, 3개월에 350시간, 1년에 1,200시간 이상을 비행하도록

승무계획을 하여서는 안 된다"라고 정하고 있다.

(6) J의 비행시간은 J와 동일 직책 승무원들의 평균비행근무시간과 유사하나, A항공 전체 승무원 평균비행근무시간보다는 많다. 장거리노선의 경우 객실승무원들은 돌아가면서 비행기내 벙커에서 휴식시간을 가진다. J는 평소 동료 근로자들과의 업무 내외적 관계나 인사평가 등에 특별히 문제가 없었다.

(7) A 단체협약 제61조 제2항은 "회사는 건강진단 결과 기존의 근로를 계속함으로써 병세가 악화될 우려가 있는 요(要)관찰자와 직업병 유(有)소견자에 대하여 경미한 작업으로 배치전환, 근로시간 단축, 근무시간 중 치료를 위한 외출의 유급화 등 필요한 조치를 본인과 협의하여 실시한다"고 정하고 있다.

다. 연령 및 건강상태

(1) J는 1973. 1. 30.생으로 사망 당시 42세이고, 2011년부터 2015년까지 건강검진을 받았는데, 건강검진결과표에는 J의 음주상태에 관하여 '위험음주'라고 기재되어 있다.

(2) J은 2010. 12. 9. H내과의원에서 '본태성 고혈압'으로 진료를 받았고, 2012. 10. 26.부터 2015. 1. 16.까지 부정기적으로 D내과의원에서 '기타 상세불명의 원발성 고혈압'으로 진료를 받았다.

Ⅱ. 참조 조문

1. 산업재해보상보험법

제5조(정의) 이 법에서 사용하는 용어의 뜻은 다음과 같다.

1. "업무상의 재해"란 업무상의 사유에 따른 근로자의 부상·질병·장해 또는 사망을 말한다.

제37조(업무상의 재해의 인정 기준) ① 근로자가 다음 각 호의 어느 하나에 해당하는 사유로 부상·질병 또는 장해가 발생하거나 사망하면 업무상의 재해로 본다. 다만, 업무와 재해 사이에 상당인과관계

가 없는 경우에는 그러하지 아니하다.

2. 업무상 질병
   가. 업무수행 과정에서 물리적 인자, 화학물질, 분진, 병원체, 신체에 부담을 주는 업무 등 근로자의 건강에 장해를 일으킬 수 있는 요인을 취급하거나 그에 노출되어 발생한 질병
   나. 업무상 부상이 원인이 되어 발생한 질병
   다. 그 밖에 업무와 관련하여 발생한 질병

③ 업무상의 재해의 구체적인 인정 기준은 대통령령으로 정한다.

제62조(유족급여) ① 유족급여는 근로자가 업무상의 사유로 사망한 경우에 유족에게 지급한다.

제71조(장의비) ① 장의비는 근로자가 업무상의 사유로 사망한 경우에 지급하되, 평균임금의 120일분에 상당하는 금액을 그 장제를 지낸 유족에게 지급한다. 다만, 장제를 지낼 유족이 없거나 그 밖에 부득이한 사유로 유족이 아닌 자가 장제를 지낸 경우에는 평균임금의 120일분에 상당하는 금액의 범위에서 실제 드는 비용을 그 장제를 지낸 자에게 지급한다.

2. 산업재해보상보험법 시행령

제34조(업무상 질병의 인정기준) ① 근로자가 「근로기준법 시행령」 제44조 제1항 및 같은 법 시행령 별표 5의 업무상 질병의 범위에 속하는 질병에 걸린 경우 다음 각 호의 요건 모두에 해당하면 법 제37조 제1항 제2호 가목에 따른 업무상 질병으로 본다.

1. 근로자가 업무수행 과정에서 유해·위험요인을 취급하거나 유해·위험요인에 노출된 경력이 있을 것
2. 유해·위험요인을 취급하거나 유해·위험요인에 노출되는 업무시간, 그 업무에 종사한 기간 및 업무 환경 등에 비추어 볼 때 근로자의 질병을 유발할 수 있다고 인정될 것
3. 근로자가 유해·위험요인에 노출되거나 유해·위험요인을 취급한 것이 원인이 되어 그 질병이 발생하였다고 의학적으로 인정될 것

② 업무상 부상을 입은 근로자에게 발생한 질병이 다음 각 호의 요건

모두에 해당하면 법 제37조 제1항 제2호 나목에 따른 업무상 질병으로 본다.

1. 업무상 부상과 질병 사이의 인과관계가 의학적으로 인정될 것
2. 기초질환 또는 기존 질병이 자연발생적으로 나타난 증상이 아닐 것

③ 제1항 및 제2항에 따른 업무상 질병(진폐증은 제외한다)에 대한 구체적인 인정 기준은 별표 3과 같다.

④ 공단은 근로자의 업무상 질병 또는 업무상 질병에 따른 사망의 인정 여부를 판정할 때에는 그 근로자의 성별, 연령, 건강 정도 및 체질 등을 고려하여야 한다.

[별표 3] 업무상 질병에 대한 구체적인 인정 기준(제34조 제3항 관련)

1. 뇌혈관 질병 또는 심장 질병

가. 다음 어느 하나에 해당하는 원인으로 뇌실질내출혈, 지주막하출혈, 뇌경색, 심근경색증, 해리성 대동맥류가 발병한 경우에는 업무상 질병으로 본다. 다만, 자연발생적으로 악화되어 발병한 경우에는 업무상 질병으로 보지 않는다.

1) 업무와 관련한 돌발적이고 예측 곤란한 정도의 긴장·흥분·공포·놀람 등과 급격한 업무환경의 변화로 뚜렷한 생리적 변화가 생긴 경우

2) 업무의 양·시간·강도·책임 및 업무 환경의 변화 등으로 발병 전 단기간 동안 업무상 부담이 증가하여 뇌혈관 또는 심장혈관의 정상적인 기능에 뚜렷한 영향을 줄 수 있는 육체적·정신적인 과로를 유발한 경우

3) 업무의 양·시간·강도·책임 및 업무 환경의 변화 등에 따른 만성적인 과중한 업무로 뇌혈관 또는 심장혈관의 정상적인 기능에 뚜렷한 영향을 줄 수 있는 육체적·정신적인 부담을 유발한 경우

나. 가목에 규정되지 않은 뇌혈관 질병 또는 심장 질병의 경우에도 그 질병의 유발 또는 악화가 업무와 상당한 인과관계가 있음이 시간적·의학적으로 명백하면 업무상 질병으로 본다.

다. 가목 및 나목에 따른 업무상 질병 인정 여부 결정에 필요한 사항은 고용노동부장관이 정하여 고시한다.

Ⅲ. 판시사항

산업재해보상보험법(이하 '산재법') 제5조 제1호가 정한 '업무상 재해'라 함은 근로자가 업무수행에 기인하여 입은 재해를 뜻하는 것이어서 업무와 재해발생 사이에 인과관계가 있어야 한다. 이 경우 인과관계에 관하여는 이를 주장하는 측에서 증명하여야 하지만, 그 인과관계는 반드시 의학적, 자연과학적으로 명백하게 증명되어야 하는 것은 아니고, 근로자의 취업 당시의 건강상태, 발병경위, 질병의 내용, 치료의 경과 등 제반 사정을 고려할 때 업무와 재해 사이에 상당인과관계가 있다고 추단되는 경우에도 그 증명이 있다고 보아야 한다. 이 경우 업무상 발병한 질병이 사망의 주된 발생원인이 아니라고 하더라도, 업무상 발병한 질병이 업무와 직접적 관계가 없는 기존의 다른 질병과 복합적으로 작용하여 사망하게 되었거나, 업무상 발병한 질병으로 인하여 기존 질병이 자연적인 경과 이상으로 급속히 악화되어 사망한 경우에도 업무와 사망 사이에 인과관계가 있다고 보아야 한다.

Ⅳ. 해 설

1. 업무상 재해

가. 업무상 재해의 개념

구 산재법(1981. 12. 17. 법률 3467호로 개정되기 전의 것)은 제3조 제1호에서 "업무상 재해라 함은 업무수행 중 그 업무에 기인하여 발생한 재해를 말한다"고 규정함으로써 업무수행성과 업무기인성의 2가지 요건을 업무상 재해의 인정기준으로 삼았고, 판례도 업무수행성과 업무기인성 2가지 요건을 업무상 재해의 인정기준을 삼고 있는 것이 주류였다.[2] 현행 산재법 제5조 제1호에서 "업무상 재해란 업무상의 사유에 따른 근로자의

2) 대법원 1979. 8. 14. 선고 79누148 판결, 부산지방법원 2014. 8. 22. 선고 2013가단 49318 판결.

부상·질병·장해 또는 사망을 말한다"고 규정하게 되었는데, 일반적으로는 업무상 재해의 인정기준으로 종전에 규정되었던 업무수행성과 업무기인성의 2가지 요건을 반드시 다 갖출 필요는 없고, 각종 업무의 실태와 사업 운영의 구체적 내용 및 산재보험의 사회보장적 성격을 고려하여 융통성 있게 해석하여야 한다는 입장을 취하고 있다.[3]

나. 증명책임

업무상 재해에 관한 주장·증명책임은 재해보상을 구하는 원고(근로자·유족)가 부담한다. 업무상 재해에는 사용자의 면책사유는 존재하지 아니하므로, 사용자가 근로자에게 재해발생에 고의가 있다고 주장하는 것은 법률상 의미가 없다. 또한 재해보상청구에서는 과실상계가 적용되지 아니하므로, 사용자가 근로자에게 과실이 있다고 주장하는 것도 법률상 의미가 없다.[4]

다. 인과관계

(1) 산재법 제5조 제1호가 정하는 업무상의 사유에 따른 질병으로 인정하려면 업무와 질병 사이에 인과관계가 있어야 하고 증명책임은 원칙적으로 근로자 측에 있다. 여기에서 말하는 인과관계는 반드시 의학적·자연과학적으로 명백히 증명되어야 하는 것은 아니고 법적·규범적 관점에서 상당인과관계가 인정되면 증명이 있다고 보아야 한다. 이때 업무와 질병 사이의 인과관계는 사회 평균인이 아니라 질병이 생긴 근로자의 건강과 신체조건을 기준으로 판단하여야 한다.[5] 평소에 정상적인 근무가 가능한 기초질병이나 기존질병이 직무의 과중 등이 원인이 되어 자연적인 진행속

---

3) 노동특수이론 및 업무상재해관련소송, 사법연수원(2014), 214면.

4) 근로기준법상 재해보상책임에는 법률에 특별한 규정이 없는 한 과실책임의 원칙과 과실상계의 이론이 적용되지 않는 것인바, 근로기준법 제81조에 의하면 휴업보상과 장해보상에 대하여는 근로자에게 중대한 과실이 있음을 이유로 그 보상책임을 면할 수 있는 경우를 규정하고 있으나 요양보상에는 아무런 규정이 없으므로, 기업자는 근로자에게 과실이 있다고 하여도 그 과실비율에 상당한 요양보상금의 지급을 면할 수 없다. 대법원 1983. 4. 12. 선고 82다카1702 판결.

5) 대법원 2017. 8. 29. 선고 2015두3867 판결.

도 이상으로 급격하게 악화된 때에도 인과관계가 증명된 것으로 보아야 한다.[6)]

(2) 업무와 사망의 원인이 된 질병 사이에 인과관계가 있어야 하지만, 질병의 주된 발생원인이 업무수행과 직접적 관계가 없더라도 적어도 업무상의 과로나 스트레스가 질병의 주된 발생원인과 겹쳐서 질병을 유발 또는 악화시켰다면 그 사이에 인과관계가 있다고 보아야 한다. 그리고 그 인과관계는 반드시 의학적·자연과학적으로 명백히 증명하여야 하는 것이 아니라 제반 사정을 고려할 때 업무와 질병 사이에 상당인과관계가 있다고 추단되면 증명된 것으로 보아야 하며, 또한 평소에 정상적인 근무가 가능한 기초질병이나 기존질병이 직무의 과중 등이 원인이 되어 자연적인 진행속도 이상으로 급격하게 악화된 때에도 그 증명이 된 경우에 포함되는 것이고, 이때 업무와 질병 또는 사망과의 인과관계 유무는 보통 평균인이 아니라 당해 근로자의 건강과 신체조건을 기준으로 판단하여야 한다.[7)] 과로의 내용이 통상인이 감내하기 곤란한 정도이고 근로자에게 그로 인하여 사망에 이를 위험이 있는 질병이나 체질적 요인이 있었던 것으로 밝혀진 경우에는 과로 이외에 달리 사망의 유인이 되었다고 볼 특별한 사정이 드러나지 아니하는 한 업무상 과로와 신체적 요인으로 사망한 것으로 추정함이 경험칙과 논리칙에 부합한다.[8)]

(3) 근로자가 자살행위로 인하여 사망한 경우에, 업무로 인하여 질병이 발생하거나 업무상 과로나 스트레스가 그 질병의 주된 발생원인에 겹쳐서 질병이 유발 또는 악화되고, 그러한 질병으로 인하여 정상적인 인식능력이나 행위선택능력, 정신적 억제력이 결여되거나 현저히 저하되어 합리적인 판단을 기대할 수 없을 정도의 상황에서 자살에 이르게 된 것이라고 추단할 수 있는 때에는 업무와 사망 사이에 상당인과관계가 있다고 할 수 있다. 그리고 그와 같은 상당인과관계를 인정하기 위해서는 자살자의 질병 내지 후유증상의 정도, 그 질병의 일반적 증상, 요양기간, 회복가능성

6) 대법원 2017. 4. 28. 선고 2016두56134 판결.
7) 대법원 2010. 1. 28. 선고 2009두5794 판결.
8) 대법원 2009. 3. 26. 선고 2009두164 판결.

유무, 연령, 신체적·심리적 상황, 자살자를 에워싸고 있는 주위상황, 자살에 이르게 된 경위 등을 종합적으로 고려하여야 한다.[9)]

라. 업무상 재해로 인정된 사례

(1) 근로자가 퇴근 후 숙소에서 뇌 지주막하 출혈로 쓰러져 병원에서 치료를 받다가 사망한 경우, 망인이 소속 부서의 대폭적인 인원 감축과 동료 직원의 휴가 등으로 업무량이 증가한 데다가 쓰러지기 직전 4일간 연속 초과근무를 한 점 등에 비추어, 과로나 스트레스로 인한 일시적인 뇌혈류 상승이 뇌동맥류 등의 기존 질환에 겹쳐서 위 상병을 유발하였다고 추단되므로 사망과 업무 사이에 상당인과관계가 있다.[10)]

(2) 댐 보조여수로 설치공사 현장에서 철근 조립공으로 근무하던 근로자가 작업 후 두통을 호소하다가 현장 인근 숙소에서 뇌출혈 및 뇌괴사로 사망한 경우, 사망 전에 다른 현장에서 수행한 업무도 모두 판단의 자료로 삼아, 급격하게 변화된 작업환경하에서 고혈압 등 기존질환을 보유한 근로자에게는 신체에 상당한 부담을 주는 터널 공사 현장의 야간 철근 조립작업과 같은 과중한 업무와 스트레스가 기존질병을 자연적인 진행속도 이상으로 악화시켜 사망에 이르게 한 것으로 추단할 수 있다.[11)]

(3) 생산직 근로자로 일하던 미혼 여성 A가 필름 커팅 작업을 하다가 칼날에 손가락 6개가 절단되는 사고로 상해를 입고 입원치료와 수술치료를 받았는데, 요양치료 중에 '양극성 정동장애' 등 진단을 받고 정신과 치료를 받다가 아파트 옥상에서 뛰어내려 사망한 사안에서, A의 양극성 정동장애 등은 사고로 발생한 상해 치료과정에서 발생한 감내하지 못할 정도의 스트레스로 소인이 악화되어 비로소 발병하였다고 추단할 수 있고, 그로 인하여 정상적인 인식능력이나 행위선택능력, 정신적 억제력이 현저히 저하되어 합리적인 판단을 기대할 수 없을 정도의 상황에 처하여 자살에 이른 것으로 추단할 수 있으므로 A의 업무와 사망 사이에 상당인과관

9) 대법원 2017. 5. 11. 선고 2016두57502 판결.
10) 대법원 2009. 4. 9. 선고 2008두23764 판결.
11) 대법원 2010. 1. 28. 선고 2009두5794 판결.

계를 인정할 여지가 충분하다.[12)]

(4) 원고는 K항공의 조종사로 23년간 일하는 동안 이륙 전 비행기 외부점검을 하는 과정에서 보조엔진의 소음 등에 노출되고, 항공기내의 상승과 순항단계에서 최대 84db의 소음에 노출되며, 원칙적으로 전 비행구간에 착용하는 헤드폰으로 말미암아 청신경이 피로한 상태가 지속되고, 비행 중에는 항공기내의 기압이 해발 약 2,400m와 유사한 정도의 낮은 상태로 유지되며 이착륙시마다 기압의 변화를 겪게 됨으로써, 청신경의 기능이 저하되고 청력이 계속 악화되어 이명과 감음신경성 난청이 발생한 것으로 추단할 수 있고, 달리 원고에게 청신경의 기능저하와 청력저하를 초래하여 이명과 감음신경성 난청을 일으킬 만한 원인을 발견할 수 없으며, 청신경초종 자체는 원고의 업무와 무관한 기존질병일 가능성도 있으나 원고가 기존에 청신경초종의 증상을 가지고 있었다고 하더라도 위와 같이 청신경 기능저하를 가져오는 작업환경으로 말미암아 적어도 청신경초종에 의해 자연적 경과 이상으로 급속한 악화과정을 거쳐 이명과 감음신경성 난청을 가져온 것으로 추단할 수 있다. 또한 원고는 월 70시간 이상(조종을 하지 않는 편승시간을 포함하면 월 100시간 이상)의 장시간 비행과 월 50회 이상의 이착륙, 이른바 무박 2일의 운행, 월 0～3일의 적은 순수휴일 등으로 말미암아 심한 스트레스를 받았다고 볼 수 있고, 누적된 피로와 비행기내의 낮은 습도 등으로 인하여 감기나 독감에 자주 걸리는 환경에 처해 있었다고 할 수 있는데, 심한 스트레스, 감기 또는 독감과 위에서 본 기압의 변화 등이 만성피로증후군의 직접적인 발병원인이 되는지에 관하여 의학적으로 정확하게 밝힐 수는 없으나, 그 밖의 다른 원인에 의하여 원고에게 만성피로증후군이 유발되었다는 별다른 의학적 증거가 없는 이 사건에서는 원고가 23년이란 장기간 동안 전자파에 노출된 데다가 긴장과 심한 스트레스 및 지상과는 다른 저산소·저기압 등의 조건에서 근무하고 있었던 만큼, 이와 같은 근무환경요인이 만성피로증후군의 악화요인으로 작용할 가능성은 충분히 있다고 보아야 한다.[13)]

---

12) 대법원 2017. 5. 11. 선고 2016두57502 판결.
13) 서울고등법원 2001. 11. 30. 선고 2000누15165 판결.

2. 대상사안의 검토

가. 고려사항

J는 객실승무원으로서 운항기술기준의 비행시간의 상한 범위 내에서 비행근무를 하였고, 그 정도는 '뇌혈관 질병 또는 심장질병 및 근골격계 질병의 업무상 질병 인정 여부 결정에 필요한 사항'(고용노동부고시 제2016-25호)에 따른 '만성적으로 과중한 업무'를 판단하는 업무시간의 기준에 미치지 못한다. 그러나 업무의 과중 여부는 단순히 업무에 종사한 시간만을 보고 평가할 것은 아니고, 업무의 강도, 책임, 휴무시간, 근무형태, 정신적 긴장의 정도, 수면시간, 작업환경 등을 함께 고려하여야 한다.

나. J의 업무내용과 근무환경

(1) J는 국제선 비행기에 탑승할 때에는 일반 객실승무원으로서, 국내선 비행기에 탑승할 때에는 선임 객실승무원으로서 비행 안전에 관한 긴장감을 유지한 채 운항 전후 기내 안전 및 보안점검 실시, 객실내 비상장비 점검, 기내 수하물 탑재 확인, 승객에 대한 기본적인 서비스 업무를 수행한 것은 물론, 수많은 승객의 다양한 요구에 친절히 응대하여야 하고, 그 업무는 승무 계획에 따라 매우 불규칙하게 이루어졌다.

(2) J의 주된 업무공간은 비행 중의 비행기 내부이다. 그곳은 지상보다 기압이 낮고, 소음과 진동이 지속되며, 신체활동이 매우 제한적이고 독립된 휴식처인 '벙커'가 협소하여 근무 중 적절히 휴식을 취하기도 어려운 곳이어서 근무환경이 매우 열악하다고 평가할 수 있다. 특히 국제선 장거리 비행을 하는 경우 불과 며칠 사이에 밤낮이나 계절이 바뀌는 등 신체가 적응할 새도 없이 생활환경의 급격한 변화를 겪게 된다. 그와 같은 상황에서 근로자에게 주어지는 1~2일 객지에서의 휴식시간은 근로자의 건강상태에 따라 충분하지 아니할 수 있다.

(3) J는 사망 전 3개월간 월 평균 약 114시간의 비행근무시간을 기록하여 평소보다 비행근무시간이 늘었을 뿐만 아니라 그 중 약 39시간이 야

간비행이어서 비행근무시간 중 야간근무가 상당한 부분을 차지하였고, 4시간 이상의 장거리 비행횟수가 월평균 8회에 이르렀으며, 시차 8시간 이상의 지역으로의 비행이 10회에 이르렀다. 위와 같은 비행시간은 A항공 전체 승무원 평균비행시간보다 많았다. 특히 J는 사망전 25일부터 2일까지 영국 런던, 중국 청두, 말레이시아 코타키나발루 등 국제선 비행과 하루 4~5회 국내선 비행 등에 승무하여 다수 비행, 장거리 비행, 야간 비행 등으로 평소보다 업무 부담이 가중되었다.

(4) J는 사망 직전 해인 2015년도 건강검진에서 앞서 본 것처럼 상대적으로 중한 고혈압의 측정결과를 받았으므로, 단체협약 제61조 제2항에 따라 '기존의 근로를 계속함으로써 병세가 악화될 우려가 있는 요관찰자'로서 근무조건에 배려를 받을 필요가 있었음에도 오히려 사망 직전 위와 같이 평소보다 가중된 업무를 수행하였다.

(5) J는 2011년부터 2015년까지의 건강검진상 감마지티피(γ－GTP) 수치가 정상보다 경미하게 상회하고, 검진 의사로부터 '위험음주에 관한 상담' 등을 권고 받았다는 점에서 J의 음주 습관이 고혈압 등 지병을 악화시켜 사망에 영향을 미쳤을 가능성을 배제할 수 없다.

다. 결 론

J가 사망 직전 고혈압이 악화된 상태에서 평소보다 업무량이 증가하고 야간비행이 집중되는 등 업무 부담이 가중되었던 점, 업무상 과로나 스트레스가 고혈압의 진행을 자연적 경과 이상으로 악화시킬 수 있다는 점 등을 고려하면, J의 음주 습관이 고혈압 등 지병을 악화시켜 사망에 영향을 미쳤을 가능성을 이유로 업무상 과로나 스트레스가 사망에 미친 영향을 부정할 수 없다. 따라서 J의 사망은 업무상 재해로 인정된다.

[39] 산업재해보상청구권의 포기

대법원 1978. 2. 14. 선고 76다2119 전원합의체 판결

Ⅰ. 사실관계

(1) 원고 대한민국 산하 노동청 마산사무소 관할 사업장인 H공업 주식회사 진해공장장으로 근무하던 E가 1969. 8. 22. S항공 주식회사 소유의 비행기에 탑승하였다가 비행기 추락사고로 사망하였다.

(2) E의 유족인 피고들이 S항공을 상대로 손해배상청구의 소를 제기하였다가, 1970. 1. 15. 3,011,788원을 수령하기로 하는 내용의 재판상 화해를 하고 위 금원을 수령하였다.

(3) 피고들은 그 후 노동청 마산사무소에 위 사고로 인한 산업재해보상보험법(이하 '산재법')에 따른 산재보험금을 청구하면서, S로부터 실제로 수령한 금액보다 500,000원이 적은 2,511,788원만 S로부터 수령한 것처럼 신고함으로써, 1970. 4. 29. 노동청 마산사무소부터 E에 대한 산재보험금으로 인정된 6,126,454원에서 화해금으로 수령한 금액으로 신고한 2,511,788원을 공제한 3,614,666원을 수령하였다.

Ⅱ. 참조 조문

1. 산업재해보상보험법

第80條(다른 보상이나 배상과의 관계) ① 수급권자가 이 법에 따라 보험급여를 받았거나 받을 수 있으면 보험가입자는 동일한 사유에 대하여 「근로기준법」에 따른 재해보상 책임이 면제된다.

② 수급권자가 동일한 사유에 대하여 이 법에 따른 보험급여를 받으면 보험가입자는 그 금액의 한도 안에서 「민법」이나 그 밖의 법령에 따른 손해배상의 책임이 면제된다. 이 경우 장해보상연금 또는

유족보상연금을 받고 있는 자는 장해보상일시금 또는 유족보상일시금을 받은 것으로 본다.

③ 수급권자가 동일한 사유로 「민법」이나 그 밖의 법령에 따라 이 법의 보험급여에 상당한 금품을 받으면 공단은 그 받은 금품을 대통령령으로 정하는 방법에 따라 환산한 금액의 한도 안에서 이 법에 따른 보험급여를 지급하지 아니한다. 다만, 제2항 후단에 따라 수급권자가 지급받은 것으로 보게 되는 장해보상일시금 또는 유족보상일시금에 해당하는 연금액에 대하여는 그러하지 아니하다.

④ 요양급여를 받는 근로자가 요양을 시작한 후 3년이 지난 날 이후에 상병보상연금을 지급받고 있으면 「근로기준법」 제23조 제2항 단서를 적용할 때 그 사용자는 그 3년이 지난 날 이후에는 같은 법 제84조에 따른 일시보상을 지급한 것으로 본다.

Ⅲ. 판시사항

산재법에 의한 보상보험금 수급권자가 가해자인 제3자의 자기에 대한 손해배상 채무의 전부 또는 일부를 면제하였다면 이를 면제한 것으로 인정될 수 없는 특별한 사정이 없는 한 그 면제한 한도에서의 산재보험금 청구권을 상실한 것으로 보아야 한다.

Ⅳ. 해 설

1. 산재보험급여와 손해배상의 조정

가. 산재법 제80조의 취지

산재법 제80조 제1, 3항은 보험급여와 민사상 손해배상과의 관계를 규정하고 있다. 위 조항은 비록 산재법에 의한 보험급여가 민사상 손해배상으로서의 성질을 갖는 것은 아니지만, 산재법상 보험급여의 대상이 된 손해와 민사상 손해배상의 대상이 된 손해가 서로 같은 성질을 띠는 것이어서, 보험급여와 손해배상이 상호보완적 관계에 있는 경우에는 중복전보에 의한 부당이득을 방지하기 위하여 그 보험급여 금액의 한도 안에서 보험가입자의 손해배상책임을 면제하는 취지이다.[1)]

'수급권자가 민법이나 그 밖의 법령에 따라 이 법의 보험급여에 해당하는 금품을 받은 경우'[2)] 공제가 인정되므로 어느 한 쪽이 현실로 지급될 것이 필요하다. 그러므로 가해자를 상대로 손해배상청구의 소를 제기하여 승소판결을 받았더라도 현실로 지급을 받지 못한 경우에는 보험급여의 지급의무를 면할 수 없다.[3)]

나. 상호보완의 물적 범위

(1) 동일한 사유

보험급여와 손해배상이 상호보완되기 위해서는 수급권자가 동일한 사유로 보험급여를 받아야 하는바, 여기서 '동일한 사유'란 그 대상이 되는 손해가 동질·동일의 것이어야 한다.[4)] 판례는 민사상 손해배상이 적극적 손해·소극적 손해·위자료로 3분되어 있다고 보고 있으므로,[5)] 손해배상을 이미 받은 경우에는 그에 상응하는 재해보상이 어떤 것인가를 가려내어 면책의 범위를 결정하여야 한다.

(2) 내용

요양급여·장의비 등은 손해배상에서 치료비·장례비[6)] 등 적극적 손해에 해당한다. 휴업급여·장해급여·유족급여[7)] 등은 일실이익 상당의 소극적 손해에 해당한다.[8)] 일시보상급여는 위 양자를 포함한 장래의 손해에 해당한

---

1) 대법원 2009. 5. 21. 선고 2008다13104 전원합의체 판결.
2) 산재법 제31조 제3항은 '수급권자가 보험가입자인 사용자의 보상 또는 배상 책임의 이행으로 금품을 지급받는 경우'만을 규율대상으로 삼고 있다고 봄이 타당하다. 대법원 2015. 1. 15. 선고 2014두11571 판결.
3) 서울고등법원 1985. 7. 18. 선고 85나861 판결.
4) 대법원 2009. 5. 21. 선고 2008다13104 전원합의체 판결.
5) 대법원 2002. 9. 10. 선고 2002다34581 판결.
6) 부산지방법원 2015. 1. 14. 선고 2012가합20164 판결.
7) 근로기준법 또는 산재법 소정의 유족보상 또는 유족급여는 근로자의 사망으로 인하여 장래 얻을 수 있는 수입을 상실하게 된 재산상 손해를 전보하기 위하여 일정액을 소정 유족에게 지급하는 것으로서 이는 위자료의 성질을 가지는 것이 아니다. 대법원 1981. 10. 13. 선고 80다2928 판결.

다. 그러므로 서로 대응관계 있는 항목 사이에서만 서로 공제가 인정되어 보완관계가 생긴다.[9] 또한 손해배상의 위자료는 정신적 손해에 대한 것이고, 보험급여는 재산상의 손해에 대한 것이므로 서로간의 보완관계는 생기지 않고, 다만 보상이 실현된 경우 손해배상의 위자료산정에 참작사유가 될 뿐이다.[10]

원칙적으로 산재법상 보험급여를 공제할 때 적극적 손해액과 소극적 손해액을 합한 전체 손해액에서 공제해서는 안 되고, 피해자가 수령한 휴업급여와 장해급여의 합계액이 소극적 손해액보다 더 많더라도 그 초과부분을 성질이 다른 적극적 손해액을 산정할 때 공제하여서는 안 된다.[11] 적극적 손해에 해당하는 급여라고 하더라도 장례비 중 장의비 손해를 초과하는 부분을 치료비 손해에서 공제할 수 없고, 요양급여 중 개호비 손해를 초과하는 부분을 치료비 손해에서 공제할 수 없다.[12]

근로자가 이미 지급받은 요양급여를 포함하여 기왕 치료비 전액을 구하는 경우에는 전체 치료비 손해액에서 기지급된 요양급여액 전액을 공제하여야 하지만, 근로자가 요양급여액을 제외한 나머지 본인 부담 치료비만 청구하는 경우에는 치료비 손해에서 요양급여액을 공제하여서는 안 되고, 근로자가 수령한 요양급여 중 근로자의 과실비율에 따른 금원을 부당이득이라 하여 손해배상액에서 공제하여서도 안 된다.[13] 향후치료비는 변론종결일 이후 장차 지출할 금원이므로, 향후치료비에서 기지급된 요양급여액을 공제할 수 없다.[14]

(3) 휴업급여와 휴업기간

다 같은 수입상실에 관한 것일지라도 그 대상이 되는 기간이 다른 경

8) 대법원 2007. 2. 8. 선고 2004다48829 판결.
9) 대법원 1991. 7. 23. 선고 90다11776 판결.
10) 대법원 1980. 10. 14. 선고 79다2260 판결.
11) 대법원 2012. 6. 14. 선고 2010다77293 판결.
12) 손해배상소송실무(교통·산재)(제2판), 사법발전재단(2017), 398면.
13) 대법원 1981. 10. 13. 선고 81다카351 전원합의체 판결, 대법원 1994. 12. 27. 선고 94다40543 판결.
14) 대법원 2013. 12. 26. 선고 2012다41892 판결.

우, 예를 들면 휴업급여와 휴업기간 이후의 수입상실 손해 사이에는 상호 보완관계가 없다. 따라서 피해자가 위 휴업급여를 지급받은 기간 이후의 수입상실 손해만 청구하는 경우에는 위 기산일 이전분으로 지급받은 휴업급여 등은 공제하여서는 안 되고, 그것이 지급된 휴업기간 중의 일실이익 상당의 손해액에서만 공제하여야 한다.[15] 그런데 휴업급여가 지급된 기간과 그 이후의 기간을 구별하지 않고 일실이익을 청구하는 경우, 피해자의 과실비율이 30%를 초과하는 경우 휴업기간 중 70%를 휴업급여로 지급받은 근로자는 오히려 손해가 발생하고 공제와 관련하여 문제가 발생하는바, 이런 경우 통상 피해자의 일실이익 손해의 청구를 휴업기간 이후부터 구하는 것으로 정리하는 것이 바람직하다.

(4) 지급예정액의 공제 여부

장해급여의 지급결정이 있었으나 개호가 필요하여 장래(재판실무상 변론종결일 이후)에도 간병급여의 지급이 예정되어 있는 경우 이를 개호비에서 공제할 수 있는지 문제된다. 판례에 의하면, 근로자가 산재법에 따라 그 여명기간까지 간병급여를 지급받을 수 있다 하더라도 이를 현실적으로 지급받지 아니한 이상 이러한 장래의 보험급여액을 개호비 상당의 손해액에서 미리 공제할 수 없다고 한다.[16]

다. 상호보완의 인적 범위

(1) 손해전보설

수급권자와 손해배상청구권자가 서로 다른 경우, 예를 들면 근로자가 사망한 경우 유족급여와 관련하여 산재법의 수급권자와 민법상 상속순위가 서로 다른 까닭에 문제가 발생한다. 상호보완적 관계는 보험급여 수급권과 민사상 손해배상채권의 귀속주체 사이에도 존재할 것이 요구되므로, 근로자가 재해로 인하여 사망함에 따라 근로복지공단이 산재법에 의한 유족급여를 수급권자에게 지급하였다 하더라도, 수급권자가 아닌 망인의 공

15) 대법원 1993. 12. 21. 선고 93다34091 판결.
16) 대법원 2008. 11. 13. 선고 2008다60933 판결.

동상속인들이 상속한 손해배상채권과 그 유족급여의 수급권은 그 귀속주체가 서로 상이하여 위와 같은 상호보완적 관계를 인정할 수 없으므로, 수급권자에 대한 유족급여의 지급으로 그 수급권자가 아닌 다른 공동상속인들에 대한 손해배상책임까지 위 조항에 의하여 당연히 소멸된다고 할 수는 없다.[17)]

(2) 상속 후 공제설

수급권자가 공동상속인 등의 1인인 경우, 사망한 근로자의 손해에 대한 상속분을 계산한 후 보상액을 수급권자의 상속분에서 공제할 것인지(상속 후 공제설), 사망한 근로자의 손해에서 먼저 공제한 후 그 잔액에 대하여 상속을 인정할 것인지(공제 후 상속설)에 관하여 견해의 대립이 있으나, 대법원은 상속 후 공제설의 입장을 취하고 있다.[18)]

라. 포기와 면제

(1) 재해보상, 산재보험금의 포기

재해보상 또는 산재보험금은 근로자 또는 유족의 생활보호를 위하여 정책적으로 인정되는 것이므로 그 수급권의 확보를 위하여 권리의 양도 또는 압류가 금지되어 있고(근로기준법 제86조, 산재법 제88조 제2항), 따라서 수급권의 포기도 무효이다.

(2) 손해배상청구권의 포기 등

근로자가 가지는 손해배상청구권은 순수한 사권이므로 이에 대한 포기·면제·그 밖의 합의 등 처분은 유효하다. 다만 피재근로자가 산재보험금을 수령한 이후에는 제3자에 대한 손해배상청구권을 면제하거나 포기하더라도, 이는 보험급여액의 한도 안에서 피재근로자를 대위할 수 있는 손

17) 대법원 2009. 5. 21. 선고 2008다13104 전원합의체 판결. 대법원은 종래에는 손해전보설의 입장에서, 수급권자와 손해배상청구권의 상속인이 전혀 다른 경우에 지급받은 보상금액을 손해배상액에서 공제하여야 한다는 입장을 취하고 있었으나(대법원 1987. 6. 9. 선고 86다카2581 판결), 위 전원합의체 판결로 입장을 변경하였다.

18) 대법원 2009. 5. 21. 선고 2008다13104 전원합의체 판결.

해배상청구권에 대한 근로복지공단의 대위권이 발생한 후에 이루어진 것으로 공단에 대항할 수 없다.[19] 보험급여의 수급권자가 제3자로부터 자신의 재산상 손해배상과 관련된 일정한 금원을 지급받고 나머지 청구를 포기 또는 면제하기로 하였거나 또는 이를 전혀 지급받지 않은 채 제3자의 재산상 손해배상의무 전부를 면제하여 주었다면, 수급권자가 그 재해로 인하여 제3자부터 배상받을 수 있는 진정한 재산상 손해액(보험급여 항목과 관련된 범위에 국한된다)의 한도 내에서 공단은 보험급여의 지급의무를 면하게 되고, 장해급여인 장해보상일시금과 장해보상연금은 지급방법에 차이가 있을 뿐 그 전체로서의 가치는 동일하므로 장해급여 지급의무 소멸범위를 판단할 때 양자는 동일하게 취급되어야 한다.[20]

(3) 사전 포기 등이 보험급여청구권에 미치는 영향

수급권자가 보험급여를 수령하기 전에 손해배상청구권을 포기 또는 면제하는 등의 처분하는 것이 가능하더라도, 이 경우 수급권자의 보험급여청구권에 어떠한 영향을 미치는지 문제된다.

(가) 사용자행위재해의 경우에는 보상이 이루어지더라도 대위의 문제는 생기지 않고 오로지 사용자와 피재근로자 사이에서 해결되면 족하므로, 포기나 면제 등 배상에 관한 합의는 그대로 보상 또는 산재보험에서 존중된다.[21]

(나) 제3자행위재해의 경우에는 피재근로자가 제3자에 대한 손해배상청구권을 포기 또는 면제 등 합의한 후 보상을 한 사용자 또는 보험급여를 한 공단은 그에 따라 감축된 금액부분에 대하여는 대위의 기초를 잃어 대위청구를 할 수 없게 되므로 이 경우 대위권을 행사할 수 없는 금액만큼 보상 또는 보험급여의 책임이 감소된다고 볼 것인지 문제된다.

판례[22]는 "제3자의 불법행위에 의한 재해로 인하여 산재법상 보험급여

19) 대법원 1990. 2. 23. 선고 89다카22487 판결.
20) 대법원 2007. 6. 15. 선고 2005두7501 판결.
21) 김진석, "산업재해보상보험금 지급청구권과 민법상 손해배상의 관계", 노동법연구 제7호(1998. 5.), 373면.
22) 대법원 1978. 2. 14. 선고 76다2119 전원합의체 판결.

지급의무가 발생한 경우 보험급여의 수급권자가 보험급여와 제3자에 의한 손해배상에 의하여 중복전보를 받는 것과 유책의 제3자가 그 책임을 면탈하는 것을 방지하고 보험재정의 확보를 꾀하려는 데 목적이 있는 산재법의 입법취지와 그 규정내용에 비추어 볼 때, 보험급여의 수급권자가 제3자로부터 자신의 재산상 손해배상과 관련된 일정한 금원을 지급받고 나머지 청구를 포기 또는 면제하기로 하였거나 또는 이를 전혀 지급받지 않은 채 제3자의 재산상 손해배상의무 전부를 면제하여 주었다면, 수급권자가 그 재해로 인하여 제3자로부터 배상받을 수 있는 진정한 재산상 손해액(보험급여 항목과 관련된 범위에 국한된다)의 한도 내에서 근로복지공단은 보험급여의 지급의무를 면하게 된다"고 판시한 이후 긍정설을 취하고 있다.

(다) 공제되는 것은 포기 또는 면제한 배상의 항목과 동일한 사유인 재해보상에 한하며, 반대로 동일사유가 인정되는 한 그 항목의 전체금액이 공제되고 배상청구권자가 임의로 금액만을 한정할 수는 없다.[23]

마. 과실상계

(1) 보험급여의 과실상계 불가

산재보험은 단순한 손해의 전보만이 아니고 수급권자의 생활보장에 그 목적을 두고 있으므로, 일정한 지급사유가 발생하면 일정한 금액이 반드시 지급되어야 하고, 근로자등에게 과실이 있다 하여 보상액에 관하여 과실상계를 할 수 없다.[24]

(2) 상계 후 공제설

재해보상 또는 산재보험급여의 공제와 과실상계가 함께 이루어지는 경우 그 순서에 관하여, 과실상계가 선행한다는 견해(상계 후 공제설)와 보상 또는 보험급여의 공제가 선행되어야 한다는 견해(공제 후 상계설)가 대립하고 있다. 판례는 '상계 후 공제설'의 입장을 취하면서, 보험급여를 받은 피해자가 제3자에 대하여 손해배상청구를 하고 그 손해발생에 피해자의

23) 대법원 1993. 6. 22. 선고 92누16102 판결.
24) 대법원 2010. 8. 19. 선고 2010두5141 판결.

과실이 경합된 때에는 먼저 산정된 손해액에다 과실상계를 한 후 거기에서 보험급여를 공제하여야 한다고 함으로써 재해보험급여의 공제를 손익상계의 문제로 보고 있다.[25)]

(3) 보험급여를 공제하고 손해배상을 청구하는 경우

근로자 스스로 보험급여를 공제하고 손해배상을 청구한 경우에도 과실상계의 대상이 되는 손해액에는 보험급여가 포함되어야 한다.[26)] 먼저 산정된 손해액에다 과실상계를 한 후 거기에서 보험급여를 공제한 경우 그 공제되는 보험급여에 대하여는 다시 과실상계를 할 수 없으며, 보험자가 불법행위로 인한 피해자에게 보험급여를 한 후 피해자의 가해자에 대한 손해배상채권을 대위하는 경우 그 대위의 범위는 손해배상채권의 범위 내에서 보험급여를 한 전액이다.[27)]

2. 대상사안의 검토

(1) 산재법에 의한 보상보험금 수급권자가 제3자의 가해행위로 인하여 재해를 입은 경우에 그 제3자에 대하여 가지는 손해배상청구권은 통상의 불법행위를 원인으로 한 채권으로서 그 재해에 관하여 산재법에 의한 보험에 가입되어 있다고 하여 위 손해배상청구권의 성질에 영향이 있다고는 할 수 없다.

(2) 일반적으로 수급권자는 사적 자치의 원칙에 비추어서 제3자가 수급권자에게 부담하는 손해배상 채무의 전부 또는 일부를 면제할 수 있다. 보험급여를 받을 권리는 양도 또는 압류할 수 없다는 규정(산재법 제88조 제2항)은 보험급여를 받을 권리 그 자체를 수급권자 스스로가 반드시 행사하지 않으면 안 되는 취지라고는 풀이되지 아니한다.

(3) 수급권자가 제3자로부터 동일한 사유로 인하여 손해를 배상받은 때에는 공단은 수급권자가 받은 그 배상액의 한도 안에서 보험급여를 하

---

25) 대법원 1989. 4. 25. 선고 88다카5041 판결, 대법원 2002. 12. 26. 선고 2002다50149 판결.

26) 대법원 2010. 7. 15. 선고 2010다2428 판결.

27) 대법원 2002. 12. 26. 선고 2002다50149 판결.

지 아니한다. 제3자의 행위에 의한 재해로 인하여 수급권자의 보험급여청구권이 발생하였을 경우에 수급권자의 보험급여청구권은 그의 제3자에 대한 손해배상청구권과 상호보완관계에 있으므로, 수급권자가 지급받은 보험급여액은 제3자에 대한 손해배상액에서 공제되어야 한다.

(4) 이러한 법리를 종합하면, 공단이 제3자에 대한 손해배상청구권을 대위하기 전에는 수급권자 스스로가 제3자의 자기에 대한 손해배상 채무의 전부 또는 일부를 면제할 수 있으며, 그 면제한 한도에서 손해배상청구권을 상실한 경우에는 그 면제한 것으로 인정될 수 없는 특별한 사정이 없는 한 그 면제한 한도에서 산재보험금청구권을 상실한 것으로 보아야 한다.[28)]

(5) 따라서 공단은 수급권자의 그 면제한 한도에서 보험급여지급이 면책되는 것으로 해석함이 상당하다.

28) 대상판결은, 수급권자의 경솔한 또는 진의 아닌 화해 등으로 보험급여를 받을 권리를 상실하게 되어 수급권자에 대한 신속·공정한 보상을 하려는 산재보험제도의 취지에 어긋나는 결과가 될 우려가 있으나, 이는 산재법 규정 및 사법자치 원칙 등의 해석상 부득이하므로, 위와 같이 바람직하지 못한 것으로 예상될 수도 있는 점은 산재보험제도에 대한 수급권자의 인식을 주지시키고, 보험급여지급을 신속히 하는 한편 손해배상채무의 면제가 수급권자의 진의에 의한 것인지의 여부, 특히 착오 또는 사기, 강박 등에 의한 것인지를 신중히 가려내는 등으로 가능한 한 그 예상될 수 있는 폐단을 방지하거나 축소케 할 수 있다고 판시하였다.

[40] 업무상 재해로 휴업한 경우 연차휴가수당

대법원 2017. 5. 17. 선고 2014다232296 판결

Ⅰ. 사실관계

(1) 피고는 항공기 제작업 등에 종사하는 국내 회사이고, 피고 소속 근로자인 원고는 2000. 12.경부터 2012. 7.경까지 업무상 재해로 전혀 출근하지 못하였다.

(2) 단체협약이나 취업규칙에서는 "근로자가 1년 전체 기간을 출근하지 않을 경우 연차휴가를 부여하지 않거나 연차휴가수당을 지급하지 아니한다"는 규정을 두고 있다.

(3) 원고는 근로기준법 제60조 제6항 제1호에 따라 업무상 재해로 출근하지 못한 기간이 모두 출근일로 간주됨으로써 연차휴가를 사용할 권리를 취득하였으나 그 연차휴가를 실제로 사용하지 않았으니, 피고는 원고가 구하는 2009년부터 2011년까지의 기간 중 연차휴가일수에 상응하는 연차휴가수당을 지급할 의무가 있다고 주장하였다.

Ⅱ. 참조 조문

1. 근로기준법

제5조(근로조건의 준수) 근로자와 사용자는 각자가 단체협약, 취업규칙과 근로계약을 지키고 성실하게 이행할 의무가 있다.

제15조(이 법을 위반한 근로계약) ① 이 법에서 정하는 기준에 미치지 못하는 근로조건을 정한 근로계약은 그 부분에 한하여 무효로 한다. ② 제1항에 따라 무효로 된 부분은 이 법에서 정한 기준에 따른다.

제60조(연차 유급휴가) ① 사용자는 1년간 80% 이상 출근한 근로자에

> 게 15일의 유급휴가를 주어야 한다.
> ⑥ 제1항 및 제2항을 적용하는 경우 다음 각 호의 어느 하나에 해당하는 기간은 출근한 것으로 본다.
> 1. 근로자가 업무상의 부상 또는 질병으로 휴업한 기간
>
> **제96조(단체협약의 준수)** ① 취업규칙은 법령이나 해당 사업 또는 사업장에 대하여 적용되는 단체협약과 어긋나서는 아니 된다.

2. 노동조합 및 노동관계조정법

> **제33조(기준의 효력)** ① 단체협약에 정한 근로조건 기타 근로자의 대우에 관한 기준에 위반하는 취업규칙 또는 근로계약의 부분은 무효로 한다.
> ② 근로계약에 규정되지 아니한 사항 또는 제1항의 규정에 의하여 무효로 된 부분은 단체협약에 정한 기준에 의한다.

Ⅲ. 판시사항

(1) 근로기준법 제60조 제1항이 규정한 유급 연차휴가는 1년간 80% 이상 출근한 근로자에게 부여된다. 이 경우 근로자가 1년간 80% 이상 출근하였는지는, 1년간의 총 역일(曆日)에서 법령·단체협약·취업규칙 등에 의하여 근로의무가 없는 것으로 정해진 날을 뺀 일수(이하 '소정근로일수') 중 근로자가 현실적으로 근로를 제공한 출근일수의 비율, 즉 출근율을 기준으로 판단하여야 한다. 한편 근로기준법 제60조 제6항 제1호는 위와 같이 출근율을 계산할 때 근로자가 업무상 부상 또는 질병(이하 '업무상 재해')으로 휴업한 기간은 출근한 것으로 간주하도록 규정하고 있다. 이는 근로자가 업무상 재해 때문에 근로를 제공할 수 없었음에도 업무상 재해가 없었을 경우보다 적은 연차휴가를 부여받는 불이익을 방지하려는 데에 취지가 있다. 그러므로 근로자가 업무상 재해로 휴업한 기간은 장단(長短)을 불문하고 소정근로일수와 출근일수에 모두 포함시켜 출근율을 계산하여야 한다. 설령 그 기간이 1년 전체에 걸치거나 소정근로일수 전부를 차지한다고 하더라도, 이와 달리 볼 아무런 근거나 이유가 없다.

(2) 연차휴가를 사용할 권리 또는 연차휴가수당 청구권은 근로자가 전년도에 출근율을 충족하면서 근로를 제공하면 당연히 발생하는 것으로서, 연차휴가를 사용할 해당 연도가 아니라 그 전년도 1년간의 근로에 대한 대가에 해당한다. 따라서 근로자가 업무상 재해 등의 사정으로 말미암아 연차휴가를 사용할 해당 연도에 전혀 출근하지 못한 경우라 하더라도, 이미 부여받은 연차휴가를 사용하지 않은 데 따른 연차휴가수당은 청구할 수 있다. 이러한 연차휴가수당의 청구를 제한하는 내용의 단체협약이나 취업규칙은 근로기준법에서 정하는 기준에 미치지 못하는 근로조건을 정한 것으로서 효력이 없다.

Ⅳ. 해 설

1. 연차휴가

가. 의 의

근로기준법 제60조 제1항은 연차유급휴가에 관하여 "사용자는 1년간 8할 이상 출근한 근로자에게 15일의 유급휴가를 주어야 한다"고 규정하고 있는데, 이는 근로자에게 일정 기간 근로의무를 면제함으로써 정신적·육체적 휴양의 기회를 제공하고 문화적 생활의 향상을 기하려는 데 취지가 있다. 이러한 연차유급휴가는 근로자가 사용자에게 근로를 제공하는 관계에 있다는 사정만으로 당연히 보장받을 수 있는 것이 아니라, 1년간 8할 이상 출근하였을 때 비로소 부여받을 수 있는 것이므로 다른 특별한 정함이 없는 이상 이는 1년간의 근로에 대한 대가이다.

나. 출근율의 계산

근로자가 1년간 8할 이상 출근하였는지는 1년간의 총 역일(曆日)에서 법령, 단체협약, 취업규칙 등에 의하여 근로의무가 없는 날로 정하여진 날을 제외한 나머지 일수, 즉 연간 근로의무가 있는 일수(연간 소정근로일수)를 기준으로 그중 근로자가 현실적으로 근로를 제공한 날이 얼마인지를 비율적으로 따져 판단하여야 한다. 연간 소정근로일수는 본래 사용자와 근로자 사이에 평상적인 근로관계, 즉 근로자가 사용자에게 근로를 제공하여 왔고 또한 계속적인 근로제공이 예정되어 있는 상태를 전제로 한 것이다.[1)]

다. 정당한 쟁의행위를 하는 경우

(1) 근로자가 정당한 쟁의행위를 하여 현실적으로 근로를 제공하지 아니한 경우, 쟁의행위 등은 헌법이나 법률에 의하여 보장된 근로자의 정당한 권리행사이고 그 권리행사에 의하여 쟁의행위 등 기간 동안 근로관계가 정지됨으로써 근로자는 근로의무가 없으며, 쟁의행위 등을 이유로 근로자를 부당하거나 불리하게 처우하는 것이 법률상 금지되어 있으므로(노동조합 및 노동관계조정법 제3조, 제4조, 제81조 제5호), 근로자가 본래 연간 소정근로일수에 포함되었던 쟁의행위 등 기간 동안 근로를 제공하지 아니하였다 하더라도 이를 두고 근로자가 결근한 것으로 볼 수는 없다. 그런데 다른 한편 그 기간 동안 근로자가 현실적으로 근로를 제공한 바가 없고, 근로기준법, 노동조합 및 노동관계조정법 등 관련 법령에서 그 기간 동안 근로자가 '출근한 것으로 본다'는 규정을 두고 있지도 아니하므로, 이를 두고 근로자가 출근한 것으로 의제할 수도 없다.[2)]

(2) 따라서 이러한 경우에는 헌법과 관련 법률에 따라 쟁의행위 등 근로자의 정당한 권리행사를 보장하고, 아울러 근로자에게 정신적·육체적 휴양의 기회를 제공하고 문화적 생활의 향상을 기하려는 연차유급휴가 제도의 취지를 살리는 한편, 연차유급휴가가 1년간의 근로에 대한 대가로서의 성질을 갖고 있고 현실적인 근로의 제공이 없었던 쟁의행위 등 기간에는 원칙적으로 근로에 대한 대가를 부여할 의무가 없는 점 등을 종합적으로 고려할 때, 연간 소정근로일수에서 쟁의행위 등 기간이 차지하는 일수를 제외한 나머지 일수를 기준으로 근로자의 출근율을 산정하여 연차유급

---

1) 대법원 2013. 12. 26. 선고 2011다4629 판결.
2) 2018. 5. 29. 이후 최초로 육아휴직을 신청하는 근로자부터는 '남녀고용평등과 일·가정 양립 지원에 관한 법률' 제19조 제1항에 따른 육아휴직으로 휴업한 기간은 출근한 것으로 본다(근로기준법 제60조 제6항 제3호, 부칙 제2조).

휴가 취득 요건의 충족 여부를 판단하되, 그 요건이 충족된 경우에는 본래 평상적인 근로관계에서 8할의 출근율을 충족할 경우 산출되었을 연차유급휴가일수에 대하여 '연간 소정근로일수에서 쟁의행위 등 기간이 차지하는 일수를 제외한 나머지 일수'를 '연간 소정근로일수'로 나눈 비율을 곱하여 산출된 연차유급휴가일수를 근로자에게 부여함이 합리적이다.[3)]

라. 부당해고의 경우

(1) 사용자가 근로자를 해고하였으나 해고에 정당한 이유가 없어 무효인 경우에 근로자는 부당해고기간 동안에 정상적으로 일을 계속하였더라면 받을 수 있었던 임금을 모두 지급받을 수 있다. 해고 근로자가 해고기간 동안 근무를 하지는 않았다고 하더라도 해고가 무효인 이상 그동안 사용자와의 근로관계는 계속되고 있는 것이고, 근로자가 해고기간 동안 근무를 하지 못한 것은 근로자를 부당하게 해고한 사용자에게 책임 있는 사유로 인한 것이기 때문이다.

(2) 따라서 근로자가 부당해고로 인하여 지급받지 못한 임금이 연차휴가수당인 경우에도 해당 근로자의 연간 소정근로일수와 출근일수를 고려하여 근로기준법 제60조 제1항의 요건을 충족하면 연차유급휴가가 부여되는 것을 전제로 연차휴가수당을 지급하여야 하고, 이를 산정하기 위한 연간 소정근로일수와 출근일수를 계산할 때 사용자의 부당해고로 인하여 근로자가 출근하지 못한 기간을 근로자에 대하여 불리하게 고려할 수는 없으므로 그 기간은 연간 소정근로일수 및 출근일수에 모두 산입되는 것으로 보는 것이 타당하며, 설령 부당해고기간이 연간 총근로일수 전부를 차지하고 있는 경우에도 달리 볼 수는 없다.[4)]

2. 연차휴가수당

(1) 연차휴가수당 청구권은 근로자가 전년도에 출근율을 충족하면서 근로를 제공하면 당연히 발생하는 것으로서, 연차휴가를 사용할 해당 연

3) 대법원 2013. 12. 26. 선고 2011다4629 판결.
4) 대법원 2014. 3. 13. 선고 2011다95519 판결.

도가 아니라 그 전년도 1년간의 근로에 대한 대가에 해당한다.[5] 이와 같이 근로자가 연차유급휴가를 사용하지 못하게 됨에 따라 사용자에게 청구할 수 있는 연차휴가수당은 임금이다.[6]

(2) 유급으로 연차휴가를 사용할 권리는 근로자가 1년간 소정의 근로를 마친 대가로 확정적으로 취득하는 것이므로, 근로자가 일단 연차유급휴가권을 취득한 후에 연차유급휴가를 사용하기 전에 퇴직 등의 사유로 근로관계가 종료된 경우, 근로관계의 존속을 전제로 하는 연차휴가를 사용할 권리는 소멸한다 할지라도 근로관계의 존속을 전제로 하지 않는 연차휴가수당을 청구할 권리는 그대로 잔존하는 것이어서, 근로자는 근로관계 종료시까지 사용하지 못한 연차휴가일수 전부에 상응하는 연차휴가수당을 사용자에게 청구할 수 있다.[7]

3. 근로기준법을 하회하는 단체협약과 취업규칙의 효력

가. 법령과 취업규칙

(1) 취업규칙은 법령과 어긋나서는 아니 된다(근로기준법 제96조 제1항). 비록 법규범적 효력이 부여되었다고는 하나 사인인 사용자가 작성한 취업규칙이 민주적 정당성에 기초하여 제정된 법령에 어긋날 수 없는 점은 당연하다.[8] 취업규칙의 내용이 법령에 어긋난다는 것은 일반적으로 취업규칙의 내용이 강행법규인 법령의 규정에 모순·저촉된다는 것을 의미하고, 특히 근로기준법처럼 근로조건의 최저기준을 정한 법령과의 관계에서는 그 기준에 미달되는 경우가 이에 해당함은 명백하다.[9]

(2) 운영규정에서 정근수당을 정하면서 근로자가 연·월차휴가를 사용하였는지 여부에 상관없이 정해진 지급조건을 갖춘 자 모두에게 정근수당을 지급하도록 하였고, 감봉 이상의 징계 처분을 받은 자나 직위해제 처분을 받은 자에 대하여는 정근수당을 감액 지급하도록 규정하고 있는 점

5) 대법원 2014. 3. 13. 선고 2011다95519 판결.
6) 대법원 2013. 12. 26. 선고 2011다4629 판결.
7) 대법원 2005. 5. 27. 선고 2003다48549 판결.
8) 근로기준법 주해 Ⅲ, 544면.
9) 근로기준법 주해 Ⅲ, 545면.

에 비추어 그 운영규정에서 정한 정근수당은 그 지급 목적이나 성격, 그 지급 요건이 근로기준법상 연·월차휴가근로수당과는 전혀 상이한 것이므로, 근로기준법에 따라 지급하게 되어 있는 연·월차휴가수당은 정근수당으로 갈음한다고 한 운영규정 조항은 무효이다.[10)]

(3) 그러나 정직이나 직위해제 등의 징계를 받은 근로자는 징계기간 중 근로자의 신분을 보유하면서도 근로의무가 면제되므로, 사용자는 취업규칙에서 근로자의 정직 또는 직위해제 기간을 소정 근로일수에 포함시키되 그 기간 중 근로의무가 면제되었다는 점을 참작하여 연차 유급휴가 부여에 필요한 출근일수에는 포함하지 않는 것으로 규정할 수 있고, 이러한 취업규칙의 규정이 연차 유급휴가에 관한 근로기준법 규정에 반하여 근로자에게 불리한 것이라고 보기 어렵다.[11)]

나. 법령과 단체협약

(1) 단체협약에서 정한 근로조건 기타 근로자의 대우에 관한 기준이 강행법규나 선량한 풍속 기타 사회질서에 위반되는 내용이면 이는 상위의 규범에 저촉되므로 무효이다.[12)] 근로기준법에서 정한 기준에 달하지 못하는 근로조건을 정한 근로계약은 그 부분에 한하여 무효로 되는 것으로서, 그와 같이 근로기준법 소정의 기준에 미달하는 근로조건이 단체협약에 의한 것이라 하여 유효로 볼 수 없다.[13)]

(2) 통상임금은 근로조건의 기준을 마련하기 위하여 법이 정한 도구개념이므로, 사용자와 근로자가 통상임금의 의미나 범위 등에 관하여 단체협약 등에 의해 따로 합의할 수 있는 성질의 것이 아니다. 따라서 성질상 근로기준법상 통상임금에 속하는 임금을 통상임금에서 제외하기로 노사간에 합의하였다 하더라도 그 합의는 효력이 없다. 연장·야간·휴일 근로에 대하여 통상임금의 50% 이상을 가산하여 지급하도록 한 근로기준법의 규정은 각 해당 근로에 대한 임금산정의 최저기준을 정한 것이므로, 통상

10) 대법원 1996. 5. 10. 선고 95다2227 판결.
11) 대법원 2008. 10. 9. 선고 2008다41666 판결.
12) 노동조합 및 노동관계조정법 주해 II, 137면.
13) 대법원 1993. 5. 27. 선고 92다24509 판결.

임금의 성질을 가지는 임금을 일부 제외한 채 연장·야간·휴일 근로에 대한 가산임금을 산정하도록 노사간에 합의한 경우 그 노사합의에 따라 계산한 금액이 근로기준법에서 정한 위 기준에 미달할 때에는 그 미달하는 범위 내에서 노사합의는 무효이고, 무효로 된 부분은 근로기준법이 정하는 기준에 따라야 한다.[14]

4. 대상사안의 검토

가. 업무상 재해로 휴업한 경우 출근율

근로기준법 제60조 제6항 제1호는 출근율을 계산할 때 근로자가 업무상 부상 또는 질병(이하 '업무상 재해')으로 휴업한 기간은 출근한 것으로 간주하도록 규정하고 있다. 이는 근로자가 업무상 재해 때문에 근로를 제공할 수 없었음에도 업무상 재해가 없었을 경우보다 적은 연차휴가를 부여받는 불이익을 방지하려는 데에 취지가 있다. 그러므로 근로자가 업무상 재해로 휴업한 기간은 장단(長短)을 불문하고 소정근로일수와 출근일수에 모두 포함시켜 출근율을 계산하여야 한다. 설령 그 기간이 1년 전체에 걸치거나 소정근로일수 전부를 차지한다고 하더라도, 이와 달리 볼 아무런 근거나 이유가 없다.

나. 연차휴가수당

근로자가 업무상 재해 등의 사정으로 말미암아 연차휴가를 사용할 해당 연도에 전혀 출근하지 못한 경우라 하더라도, 이미 부여받은 연차휴가를 사용하지 않은 데 따른 연차휴가수당은 청구할 수 있다.

다. 단체협약 및 취업규칙의 효력

위에서 본 바와 같이 업무상 재해 등의 사정으로 말미암아 연차휴가를 사용할 해당 연도에 전혀 출근하지 못한 경우에 당연히 발생하는 연차휴가수당의 청구를 제한하는 내용의 단체협약이나 취업규칙은 근로기준법에

14) 대법원 2013. 12. 18. 선고 2012다89399 전원합의체 판결.

서 정하는 기준에 미치지 못하는 근로조건을 정한 것으로서 효력이 없다.

라. 결 론

원고가 업무상 재해로 휴업한 기간이 1년 전체일지라도 근로기준법 제60조 제6항 제1호를 적용하여 출근율을 계산한 경우 2008년부터 2010년까지의 기간 동안 매년 출근율을 충족하게 됨은 명백하고, 이에 따라 연차휴가를 사용할 수 있게 된 2009년부터 2011년까지의 기간 중에 원고가 전혀 출근하지 않았다고 하더라도 연차휴가수당을 청구할 수 있다.

제 7 장

노동3권

[41] 유니언 숍 협정이 무효인 경우 노동조합원의 자격
[42] 운항승무원만 조직대상으로 한정하는 노동조합 설립
[43] 노동조합 내부 문제로 인한 징계
[44] 대의원회 의결사항인 규약개정에 대한 총회의 의결
[45] 유인물배포를 이유로 한 징계
[46] 신문기사를 개인 홈페이지 등에 게시한 행위와 정당한 조합활동
[47] 근로자의 승격(昇格)과 부당노동행위
[48] 외국인 조종사의 채용·관리에 관한 주장을 관철하기 위한 쟁의행위의 정당성
[49] 파업기간에 포함된 유급휴일에 대한 임금청구권
[50] 조종사 노동조합의 쟁의행위에 대한 고용노동부장관의 긴급조정결정
[51] 운항승무원의 비행시간준수에 관한 준법투쟁

[41] 유니언 숍 협정이 무효인 경우 노동조합원의 자격

대법원 2004. 11. 12. 선고 2003다264 판결

Ⅰ. 사실관계

(1) 피고 K항공은 1969년경 K항공공사의 민영화에 따라 K항공공사의 영업·근로자·근로조건 등을 포괄적으로 승계하였다. 승계된 근로조건에는 퇴직금지급조건도 포함되어 있었는데, 그 내용은 근로자들이 퇴직할 경우, 입사 후 2년까지는 근속연수에 1개월분의 평균임금을 곱한 금액을, 3년부터 5년까지는 근속연수에 2개월분의 평균임금을, 6년부터 20년까지는 근속연수에 3개월분의 평균임금을 각 곱하여 구한 금액을 퇴직금으로 지급한다는 것(이하 '구퇴직금규정')이었다.

(2) 피고는 K항공공사의 영업을 양수받은 후인 1970. 9.경 노동조합과 사이에 제2차 노사협의회를 열어 퇴직금지급률을 구 퇴직금규정상 누진제에서 단수제(1년 근속기간에 대하여 1개월분의 퇴직금 지급)로 변경하고, 노동조합의 형태를 종전의 이른바 오픈 숍(open shop)에서 유니언 숍(union shop)으로 변경하며, 피고가 직원들의 급여에서 노동조합비를 일괄 공제하여 노동조합에 지급하기로 합의하였다. 한편 위 노사협의회 개최 당시인 1970. 9.경에는 노동조합의 조합원 수가 총 근로자 1,637명 중 과반수에 미치지 못하는 510명에 불과하였다.

(3) 피고는 노사합의에 기초하여 취업규칙(퇴직금규정)을 단수제로 개정하는 한편(이하 '신퇴직금규정'), 1970. 10.분부터 노동조합 가입대상 직원들의 급여에서 노동조합비를 일괄 공제하여 노동조합에 지급하였다. 이에 따라 1970. 10.경에는 노동조합비를 부담하는 근로자 총수가 1,062명(총 근로자 1,637명)으로 증가하였다. 1971. 1.경 피고와 노동조합 간에 체결된 1971년도 단체협약에서 퇴직금의 지급은 근로기준법 및 퇴직금지급규정에

의한다고 규정하였다.

(4) 원고는 1998. 4.경 피고 회사를 퇴직하였고, 피고는 원고에게 신퇴직금규정에 의한 퇴직금액을 지급하였다. 이에 원고는 신퇴직금규정은 근로자 측의 유효한 동의를 얻지 못한 취업규칙의 일방적인 불이익변경으로서 무효이고, 따라서 신퇴직금규정 개정 이전에 입사한 자신에 대해서는 구퇴직금규정에 의해 계산된 퇴직금을 지급하여야 한다고 주장하면서 소를 제기하였다.

Ⅱ. 참조 조문

1. 노동조합 및 노동관계조정법(이하 '노조법')

제5조(노동조합의 조직·가입) 근로자는 자유로이 노동조합을 조직하거나 이에 가입할 수 있다. 다만, 공무원과 교원에 대하여는 따로 법률로 정한다.

제81조(부당노동행위) 사용자는 다음 각 호의 어느 하나에 해당하는 행위(이하 "不當勞動行爲"라 한다)를 할 수 없다.

2. 근로자가 어느 노동조합에 가입하지 아니할 것 또는 탈퇴할 것을 고용조건으로 하거나 특정한 노동조합의 조합원이 될 것을 고용조건으로 하는 행위. 다만, 노동조합이 당해 사업장에 종사하는 근로자의 3분의 2 이상을 대표하고 있을 때에는 근로자가 그 노동조합의 조합원이 될 것을 고용조건으로 하는 단체협약의 체결은 예외로 하며, 이 경우 사용자는 근로자가 그 노동조합에서 제명된 것 또는 그 노동조합을 탈퇴하여 새로 노동조합을 조직하거나 다른 노동조합에 가입한 것을 이유로 근로자에게 신분상 불이익한 행위를 할 수 없다.

Ⅲ. 판시사항

(1) 노동조합 가입행위는 원칙적으로 근로자의 청약과 조합의 승낙이라는 의사의 합치에 의하여 성립하는 계약이므로, 비조합원들이 자발적인

가입의사가 없음에도 불구하고 무효인 유니언 숍 협정에 의하여 급여에서 노동조합비가 일괄 공제됨에 따라 일방적으로 조합원으로 간주된 것에 불과하다면 노동조합에 가입하려는 청약의 의사표시 자체가 결여된 것으로서 그러한 사실만으로 조합원의 자격을 취득하였다고는 볼 수 없다.

(2) 그러나 비조합원들이 유니언 숍 협정이 체결된 것을 계기로 또는 유니언 숍 협정과 무관하게 스스로 노동조합에 가입하려는 의사를 가지고 급여에서 노동조합비를 공제하는 것에 동의하는 방식으로 청약의 의사표시를 하고 노동조합이 조합비를 수령함으로써 이를 승낙하였다는 특별한 사정이 인정된다면, 비록 노동조합 가입의 계기가 된 유니온 숍 협정이 부당노동행위에 해당하여 무효라고 하더라도, 근로자와 노동조합 사이에 노동조합의 가입계약이 성립하고 이로써 조합원의 자격을 적법하게 취득하였다고 보아야 한다.[1)]

Ⅳ. 해 설

1. 유니온 숍 협정

가. 의 의

조직강제(compulsory membership, Organisationzwang)란 조합원 지위를 고용의 조건으로 하도록 함으로써 비조직근로자에 대하여 조합원자격의 취득 및 유지를 강제하는 단체협약상 제도를 의미한다. 이러한 조직강제는 조합원 자격을 근로자의 채용 및 계속 고용의 조건으로 하는 단체협약상의 숍(shop) 조항을 통하여 이루어지는데, 특히 사용자가 단체협약을 통하여 노동조합에 가입하지 않은 자나 노동조합에서 탈퇴 또는 제명에 의해 조합원자격을 상실한 자를 해고하기로 하는 규정을 유니언 숍 협정이라고 한다.

---

1) 강성태, "유니온 숍(union shop) 협정과 노동조합가입", 노동판례비평(2005), 171~189면.

나. 유니온 숍 협정의 효력

(1) 유니언 숍 협정은 해고를 수단으로 근로자들의 노동조합 가입을 강제한다는 점에서 다른 어떤 조직강제 조항보다 노동조합 조직의 확대와 유지에 효과가 있음은 의문의 여지가 없다. 그러나 유니언 숍 협정은 개별 근로자의 노동조합에 가입하지 않거나 노동조합에서 임의로 탈퇴할 수 있는 자유, 소위 소극적 단결권을 박탈할 뿐만 아니라 복수노조가 병존하는 상황에서 경우에 따라서는 단결선택권을 침해할 수도 있기 때문에 그 효력 유무에 대하여 다툼이 있어 왔다.[2)]

(2) 유니언 숍 협정의 효력과 관련해서는 헌법 제33조 제1항에서 정한 단결권에는 단결에 가입할 적극적 단결권뿐만 아니라 단결에 가입하지 않을 소극적 단결권도 포함되어 있다고 보아[3)] 유니언 숍 협정이 헌법에 위반되어 무효라는 견해[4)]와 노조 일반에의 가입이 강제되는 일반적 조직강제를 넘어 특정 노동조합에의 가입을 강제하는 제한적 조직강제는 적극적 단결권의 하나인 단결선택권을 침해하는 것으로서 무효라는 주장[5)]이 있다.

(3) 다수설은 헌법 제33조 제1항의 단결권은 적극적 단결권만을 의미하고 단결하지 않을 소극적 단결권까지 보장하는 것은 아니라거나, 또는 단결하지 아니할 자유는 일반적 행동의 자유 내지 헌법에서 열거되지 아니한 자유에서 근거하여 인정되는 것인데, 이를 적극적 단결권과 동등한 가치를 가지는 것으로 보기 어렵다고 하여 유니언 숍 협정의 유효성을 인

2) 독일의 다수설은 소극적 단결권을 독일 기본법 제9조 제3항에 의한 적극적 단결권 보장에 포함되어 있는 것으로서 적극적 단결권과 동등한 지위에 있는 것으로 보고 있고, 미국에서는 와그너법(Wagner Act)에 의해 유니언 숍 뿐만 아니라 클로즈드 숍 협정의 적법성도 인정하였지만, 1947년의 태프트하틀리법(Taft-Hartley Act)으로 클로즈드 숍 협정의 체결을 금지함과 아울러 유니언 숍 협정도 강화된 요건 아래에서 그 효력을 인정하였는데, 법원은 더 나아가 유니언 숍 협정을 위헌으로 해석하고 이를 에이전시 숍 협정으로 이해하고 있으며, 프랑스에서도 개별 근로자에게 소극적 단결권을 철저히 보장하고 있다. 송강직, 단결권, 삼지원(1992), 2~7면; 유성재, 16~26면 각 참조.

3) Hueck/Nipperdey, Lehrbuch des Arbeitsrechts, 6 Auflage, Zweiter Band (1957), S.119 ff.; Nikisch, Arbeitsrecht, 2 Auflage, Bd II (1959), S.28~33, S 37~40; BVerG, E4. 25; BArbG, AP Nr. 33 zu §1 KSchG.

4) 유성재, "유니언 숍(Union Shop) 협정과 소극적 단결권", 중앙법학 제5집 제1호(2003. 7.), 31~33면.

5) 김치선, 노동법강의(제2전정보정판), 박영사(1990), 152~153면.

정하고 있다.[6]

(4) 대법원은 노조법 제81조 제2호 단서에 대하여 노동조합의 조직 유지와 강화에 기여하는 측면을 고려하여 일정한 요건하에서 체결된 유니언 숍 협정의 효력을 인정하는 것으로서 헌법상 근로자의 단결권을 침해하는 조항으로 볼 수 없다고 보았다.[7] 헌법재판소는 헌법 제33조 제1항에서 규정된 단결권은 단결할 자유만을 가리킬 뿐이고 단결하지 아니할 자유 이른바 소극적 단결권은 이에 포함되지 않는다고 하면서, 노동조합에게 유니언 숍 협정과 같은 조직강제권을 부여한다고 하여 이를 근로자의 단결하지 아니할 자유의 본질적인 내용을 침해하는 것으로 단정할 수 없다는 등의 이유로 노조법 제81조 제2호 단서가 헌법에 위반되지 않는다고 하였다.[8]

다. 이 사건에서 유니온 숍 협정의 효력

노사협의회 개최 당시인 1970. 9.경에는 노동조합의 조합원 수가 총 근로자 1,637명 중 과반수에도 못 미치는 510명에 불과하여 근로자의 3분의 2 이상을 대표하고 있는 것이 아니므로, 당시 시행되던 구 노동조합법 제39조 제2호(현행 노조법 제81조 제2호)의 규정에 따라 위 노사협의회에서 합의한 유니언 숍 협정은 부당노동행위에 해당하여 무효이다.

2. 노동조합의 가입

가. 노동조합 가입계약

(1) 노동조합 가입은 근로자가 기존 노동조합의 구성원이 되는 것을 말한다. 노동조합 가입행위는 원칙적으로 근로자의 청약과 조합의 승낙이라는 의사의 합치에 의하여 성립하는 계약이다.

(2) 노동조합이 조합원의 자격을 갖추고 있는 근로자의 조합 가입을 함부로 거부하는 것은 허용되지 아니하고, 특히 유니언 숍 협정에 의한

---

6) 노동조합 및 노동관계조정법 주해 Ⅱ, 61면.
7) 대법원 2002. 10. 25.자 2000카기183 결정.
8) 헌법재판소 2005. 11. 24. 선고 2002헌바95 결정.

가입강제가 있는 경우에는 단체협약에 명문 규정이 없더라도 노동조합의 요구가 있으면 사용자는 노동조합에서 탈퇴한 근로자를 해고할 수 있기 때문에 조합측에서 근로자의 조합 가입을 거부하게 되면 이는 곧바로 해고로 직결될 수 있으므로 조합은 노조가입 신청인에게 제명에 해당하는 사유가 있다는 등의 특단의 사정이 없는 한 그 가입에 대하여 승인을 거부할 수 없고, 따라서 조합 가입에 조합원의 사전 동의를 받아야 한다거나 탈퇴 조합원이 재가입하려면 대의원대회와 조합원총회에서 각 3분의 2 이상의 찬성을 얻어야만 된다는 조합 가입에 관한 제약은 그 자체가 위법부당하므로, 특별한 사정이 없는 경우에까지 그와 같은 제약을 가하는 것은 기존 조합원으로서의 권리남용 내지 신의칙 위반에 해당된다.[9)]

나. 무효인 유니언 숍 협정과 비자발적 가입

비조합원이 자발적인 가입의사가 없음에도 불구하고 무효인 유니언 숍 협정에 의하여 급여에서 노동조합비가 일괄 공제됨에 따라 일방적으로 조합원으로 간주된 것에 불과하다면, 노동조합에 가입하려는 청약의 의사표시 자체가 결여된 것으로서 그러한 사실만으로 조합원의 자격을 취득하였다고는 볼 수 없다.

다. 무효인 유니언 숍 협정과 자발적 가입

비조합원들이 유니언 숍 협정이 체결된 것을 계기로 또는 유니언 숍 협정과 무관하게 스스로 노동조합에 가입하려는 의사를 가지고 급여에서 노동조합비를 공제하는 것에 동의하는 방식으로 청약의 의사표시를 하고 노동조합이 조합비를 수령함으로써 이를 승낙하였다는 특별한 사정이 인정된다면, 비록 노동조합 가입의 계기가 된 유니언 숍 협정이 부당노동행위에 해당하여 무효라고 하더라도, 근로자와 노동조합 사이에 노동조합의 가입계약이 성립하고 이로써 조합원의 자격을 적법하게 취득하였다고 보아야 한다.

이러한 특수한 사정이 있는 경우까지 유니언 숍 협정이 무효라는 이유

---

9) 대법원 1996. 10. 29. 선고 96다28899 판결.

만으로 그 이후에 이루어진 근로자들의 조합가입의 효력을 일률적으로 부정하게 된다면, 자발적인 가입의사를 가지고 급여에서 노동조합비를 공제하도록 동의한 근로자조차 조합원의 자격을 인정받지 못하게 될 우려가 있고, 이들을 제외하고 나면 노동조합의 조합원 수가 근로자의 과반수에 이르지 못하는 경우, 그 노동조합이 근로자의 과반수를 대표하는 조합으로서 행한 모든 법률적 행위의 사법적 효과를 부정하는 결과를 가져오게 되는바, 이는 근로관계의 실질이나 법적 안정성의 측면에서 볼 때 부당하다.

3. 조합비 일괄공제

가. 개 념

단체협약에 의한 경우로는 대표적으로 노동조합비의 원천징수(check off)가 있다. 조합비 공제제도란 사용자가 조합원인 근로자의 임금에서 조합비를 공제하여 이를 직접 노동조합에게 교부하는 제도를 말하고, 이를 정하는 단체협약의 조항을 조합비 공제조항이라 한다. 조합비 공제제도는 소득세법상 원천징수제도와 유사한 성격을 지니는 것으로서, 민법상 채권양도제도와는 별도로 노동조합의 단결권강화 및 조합비 공제와 관련하여 노동조합과 사용자 사이의 법률관계에서 법적 안정성을 확보하기 위하여 노동법이 창설한 특별한 제도이다.[10)]

나. 법적 성격

조합비 공제조항의 법적 성격과 관련하여, (i) 조합비 공제조항에 의하여 사용자의 조합비 공제 및 지급의무가 발생하는데, 이는 협약체결의 당사자인 노동조합과 사용자 사이에 조합활동보장의 일환으로서 사용자가 일정한 작위의무를 부담하는 것이므로 조합비 공제조항은 단체협약의 채무적 부분에 속한다는 견해,[11)] (ii) 조합비 공제조항은 사용자가 조합비를 징수하여 노동조합에 인도한다는 면에서는 집단적 노동관계에 관한 것이

---

10) 서울서부지방법원 2012. 11. 13. 선고 2012가단30024 판결.
11) 김유성, 노동법 II, 114면; 김형배, "조합비 일괄공제 제도의 법률문제", 경영계 제220호(1996. 2.), 27면.

지만 임금에서 조합비를 공제한다는 점에서는 근로조건에 관한 것이므로 복합적 성격을 가지고 있다는 견해,[12] (iii) 단체협약의 당사자는 사용자와 노동조합이나 그 협약 중 '근로조건 기타 근로자의 대우에 관한 기준'(노조법 제33조 제1항)의 하나인 임금지급방법에 관한 내용은 규범적 부분으로서 그 조합원에게 당연히 효력이 미친다는 견해[13] 등이 제기되고 있다.

다. 개별 조합원의 동의 요부

(1) 일반조합비

사용자는 단체협약에 조합비공제조항이 있으면 근로자의 동의나 수권 여부를 불문하고 노동조합에게 조합비를 지급할 의무를 부담한다.[14] 이와 반대로 사용자가 노동조합에 대하여 위와 같은 조합비 공제조항에 의한 징수위임사무를 처리하기 위해서는 조합원인 근로자가 자신이 사용자로부터 지급받을 수 있는 임금 중에서 조합비 상당액을 공제하여 이를 조합비로 대신 교부하여 주는데 대한 개별 동의가 전제되어야 한다는 견해도 있다.[15] 조합원이 조합비공제에 동의한 후 사용자에게 조합비 공제의 중지를 요청하는 경우 그 효력이 문제되는데, 노동조합을 탈퇴하여 조합비 지급의무가 면제되는 경우를 제외하고는 중지의 효력은 부인되어야 한다.[16]

(2) 특별조합비

특별조합비는 일반조합비와는 달리 특별한 목적을 위하여 조합원총회의 결의나 대의원대회 결의로 징수하는 조합비이다. 특별조합비에는 목적

---

12) 노동조합 및 노동관계조정법 주해 Ⅱ, 182~183면.

13) 서울고등법원 2002. 4. 19.자 2002라163 결정, 서울서부지방법원 2012. 11. 13. 선고 2012가단30024 판결.

14) 서울서부지방법원 2012. 11. 13. 선고 2012가단30024 판결; 서울고등법원 2002. 4. 19.자 2002라163 결정은 "단체협약 제16조는 사용자에게 근로자의 임금 중 노동조합비의 일괄공제 및 노동조합에게의 직접 지급의무를 규정하고 있으므로[단체협약의 당사자는 사용자와 노동조합이나 그 협약 중 '근로조건 기타 근로자의 대우에 관한 기준'(노조법 제33조 제1항)의 하나인 임금지급방법에 관한 내용은 소위 규범적 부분으로서 그 조합원에게 당연히 효력이 미친다], 노동조합 또한 사용자에 대하여 매월 그 일괄 공제한 노동조합비 지급청구권을 가지고 있다"고 판시하였다.

15) 노동조합 및 노동관계조정법 주해 Ⅱ, 183면.

16) 노동조합 및 노동관계조정법 주해 Ⅱ, 183면.

에 따라 다양한 종류가 있는데, 일본 판례에 나타난 특별조합비로는 정치적 활동을 위한 자금,[17] 특정정당 후보자 지원을 위한 자금,[18] 법령위반의 쟁의행위를 위한 투쟁자금,[19] 희생자 구원자금,[20] 다른 노동조합의 투쟁지원금[21] 등이 있다.

일반조합비와는 달리 조합원이 노동조합의 의결기관의 의결에 따라 위와 같은 특별조합비를 납입할 의무를 부담하는지 여부가 문제되는데, 이는 특별조합비 징수의결의 효력유무에 따라 달라진다. 특별조합비 징수의결의 유효성은 먼저 규약에 의해 권한있는 기관의 결정이 선행되어야 하며,[22] 2차적으로는 특별조합비의 납입목적이 노동조합의 목적범위 내의 행위일 때 긍정된다.[23]

노동조합이 쟁의행위에 필요한 자금을 확보하기 위하여 특별조합비 징수의결을 하였고 사후에 쟁의행위가 위법한 것으로 평가되었다 하더라도, 징수의결 당시 쟁의행위의 위법성이 명백하고 현존하는 경우가 아닌 한 조합비 징수의결 자체가 위법한 것은 아니다.[24] 조합원이 조합비를 납입

17) 公共企業體等勞働關係法은 정책규정이어서, 공노법위반의 쟁의행위를 조장하는 임시조합비라고 하더라도 그 때문에 바로 공서양속위반이 되는 것은 아니므로 투쟁자금의 징수는 유효하다고 한 사례로는 福岡地裁 1973. 2. 19. 判決, 勞働判例大系 10권, 勞働旬報社(1992), 141면.

18) 특정 정당·후보자지원을 위한 자금모집과 같이 특정조합원의 사상·신조의 자유 등 기본적 인권을 본질적으로 침해한다고 인정될 때에는, 그 의결은 개별 조합원과의 관계에서 사회적 타당성에 위반하여 무효라고 판단된다. 最高裁 1975. 11. 28. 判決, 判例時報 798호 9면.

19) 법령위반의 쟁의행위가 일부라 하여도, 투쟁전체의 자금으로서 징수하는 임시조합비가 위법하게 되는 것은 아니라고 한 사례로는 廣島高裁 1973. 1. 25. 判決, 勞働判例大系 10권 142면.

20) 투쟁에 수반된 희생자를 구제하는 공제사업에 사용할 목적으로 자금을 임시로 징수하는 경우에는 유효한 특별조합비 납입의무가 인정된다. 最高裁 1975. 11. 28. 判決, 判例時報 798호 9면.

21) 노동조합의 목적인 조합원의 경제적 지위 향상은 당해 노동조합의 활동뿐만 아니라 넓게 다른 노동조합과의 연대활동에 의하여 이를 실현하는 것도 예정되어 있으므로, 특별조합비 징수 결의는 조합원을 구속한다. 最高裁 1975. 11. 28. 判決, 判例時報 798호 9면.

22) 福岡高裁 1957. 7. 18. 判決, 勞働判例大系 10권 137면; 高松地裁 1969. 10. 21. 判決, 勞働判例大系 10권 131면.

23) 長野地裁 1974. 3. 7. 判決, 勞働判例大系 10권 132면.

24) 서울고등법원 1998. 10. 23. 선고 98나23944 판결, 수원지방법원 2003. 9. 24. 선고 2002나18463 판결.

할 의무는 기본적으로 규약에 의하여 정하여지는바, 노동조합이 규약이 정한 바에 따라 유효한 조합비징수 의결을 하는 경우 조합원은 이를 납부할 의무를 부담하고, 별도로 조합원의 동의를 요하지는 아니 한다. 따라서 노동조합이 사용자에 대하여 가지는 특별조합비지급청구권의 요건사실은 (i) 단체협약상 조합비공제조항의 존재,[25] (ii) 노동조합의 특별조합비징수 의결로 족하고, 조합원의 동의는 요건사실에 해당하지 아니한다.[26]

라. 사용자의 노동조합에 대한 채무의 성격

단체협약상 조합비 공제조항에 의하여 사용자는 노동조합이 조합원으로부터 징수하여야 할 조합비를 노동조합을 대신하여 징수하고, 그 징수한 금원을 노동조합에 교부해 주어야 할 사무를 처리하여야 하는 작위의무를 부담한다. 즉 본질적으로는 사용자가 노동조합에게 조합비 상당의 금원을 지급하여야 할 '주는 채무'인 금전채무의 성질을 가지는 것이 아니라, 노동조합의 조합비징수업무를 위임받아 처리하여야 하는 작위의 '하는 채무'의 성질을 가진다.[27]

마. 사용자의 상계·가압류의 가부

사용자가 조합원으로부터 처분권한을 수여받아 조합원인 근로자의 임금에서 조합비 상당액을 공제하여 이를 조합비 징수액으로 확보하고 있다고 하더라도, 이는 사용자가 조합원을 위하여 조합비 지급의무를 이행하기 위한 사무의 처리를 위한 것이지 사용자의 노동조합에 대한 금전지급채무의 이행을 목적으로 하는 것이 아니므로, 자동채권인 손해배상청구권과 종류를 달리하는 것이어서 사용자가 노동조합에 대하여 갖는 손해배상청구권을 자동채권으로 하여 사용자의 노동조합에 대한 위임사무처리 채무와 상계할 수 없다.[28] 마찬가지로 사용자나 그 밖의 제3자는 사용자가

---

25) 단체협약이 해지되었다는 사실은 사용자의 항변사유에 해당한다. 대구고등법원 2002. 4. 19. 선고 2001나5099 판결.
26) 서울서부지방법원 2012. 11. 13. 선고 2012가단30024 판결.
27) 노동조합 및 노동관계조정법 주해 Ⅱ, 183~184면.
28) 노동조합 및 노동관계조정법 주해 Ⅱ, 184면.

노동조합에 대하여 조합비 공제조항에 기하여 지는 채무를 조합비 상당의 금전지급채무라고 하여 그에 대한 가압류를 신청할 수 없다.[29)]

4. 대상사안의 검토

가. 노동조합 가입 계약의 효력

1970. 9. 제2차 노사협의회에서의 합의사항에 따라 피고 회사는 당시까지 노동조합에 가입하지 않았던 552명의 노동조합 가입대상 근로자들에 대하여 1970. 10.분의 월급부터 노동조합비를 일괄 공제하여 노동조합에 지급하였고, 그 이후에도 계속하여 월급에서 노동조합비를 일괄 공제하는 조치가 장기간 지속된 것으로 보이는데도 위 552명의 근로자들이 이에 대하여 이의를 제기하였다거나 스스로 노동조합원이 아니라고 다투었다는 자료를 찾아볼 수 없는 점, 퇴직금지급방식을 단수제로 전환하는 신퇴직금규정이 시행됨에 따라 종전 입사자들의 기득권을 보호하기 위하여 1969. 2. 28. 이전 입사자에 대하여는 일단 1969. 2. 28. 퇴직하는 것으로 정리하고 그 이전의 근무기간에 대한 퇴직금을 누진제로 계산하여 정산하였는데 이에 해당하는 근로자들이 별다른 이의를 제기하지 않은 채 퇴직금을 수령한 것으로 보이는 점, 신퇴직금규정과 위 단체협약이 시행된 이후에 위 단체협약 체결 이전에 입사한 근로자들 다수가 퇴직하여 피고가 이들에 대하여 신퇴직금규정에 따른 단수제에 의하여 계산한 퇴직금을 지급하였을 때에도 B가 1997.에 퇴직금청구의 소를 제기하기 이전에는 퇴직자들이나 노동조합 측에서 이의를 제기하였다는 자료를 찾아볼 수 없는 점, 위 노사협의회에서의 합의사항에는 퇴직금지급률을 낮추는 대신 일일고용원제도를 폐지하여 정규직원으로 전환하도록 하는 등 근로자에게 유리한 내용도 함께 포함되어 있는 점, 노동조합의 가입절차는 별도로 가입신청서를 제출하지 않고 가입을 희망하는 근로자가 자신의 급여에서 조합비를 공제하여 조합에 지급하도록 승낙하는 방식으로 이루어져 온 점 등을 종합하여 보면, 당시 유니언 숍 협정의 체결 이후에 조합원 자격을 취

---

29) 노동조합 및 노동관계조정법 주해 Ⅱ, 184면.

득한 근로자들의 대다수는 유니언 숍 협정이 체결된 것을 계기로 스스로 노동조합에 가입하려는 자발적 의사를 가지고 급여에서 조합비를 공제하는 것에 동의하는 방식으로 노동조합에 가입하였다고 봄이 상당하다.

나. 단체협약에 의한 취업규칙의 변경

피고와 사이에 퇴직금지급률을 누진제에서 단수제로 변경한 신퇴직금규정에 따라 퇴직금을 지급하기로 하는 위 단체협약을 체결한 노동조합은 당시 근로자의 과반수로 조직되어 있었다. 그렇다면 그 노동조합의 동의를 거친 퇴직금규정의 변경은 유효하므로(근로기준법 제94조 제1항), 퇴직금규정의 개정 이전에 입사한 원고 등 4명에 대하여도 신퇴직금규정이 적용된다.

[42] 운항승무원만 조직대상으로 한정하는 노동조합 설립

대법원 2004. 11. 12. 선고 2001두8643 판결

Ⅰ. 사실관계

(1) 기존 노동조합인 A항공노동조합의 규약은 운항승무원을 그 조직대상에서 명시적으로 배제하고 있지 아니하여 형식적으로는 운항승무원도 그 조직대상에 포함되어 있다. 그러나 운항승무원들은 A항공노동조합의 설립과정이나 조합규약의 제정과정에 관여하지 아니하였고, A항공노동조합이 설립된 후에도 운항승무원들 중 일부가 가입신청서를 제출하였으나 당시에 운항승무원들은 청원경찰의 신분을 가지고 있었기 때문에 가입할 수 없었다.

(2) A항공노동조합은 운항승무원들부터 조합비를 징수하지도 아니하였고 운항승무원들 중에서 대의원을 선출하지도 아니하였다. A항공노동조합은 A항공 주식회사와 사이에 1999년과 2000년의 단체협약과 임금협상을 하면서도 운항승무원들의 고유한 근로조건에 관하여는 단체교섭권을 행사하거나 단체협약을 체결하지 아니하였고, 운항승무원들의 근로조건에 대하여도 충분히 관심을 기울이지 못하였다.

(3) 이에 따라 운항승무원들이 청원경찰 신분에서 벗어날 때까지 운항승무원들은 A항공노동조합의 활동에서 완전히 배제되어 있었고, 운항승무원들도 A항공노동조합에 참여하려고 하지 아니하고 별도로 노동조합을 설립하려고 준비하여 왔다. 운항승무원들이 청원경찰 신분에서 벗어나자 곧바로 별도의 근로자단체인 원고 A항공조종사노동조합을 설립하면서 그때부터 운항승무원들의 근로조건에 관하여 비로소 A항공 주식회사와 별도로 협상을 시작하게 되었다.

(4) 원고는 피고 서울특별시 강서구청장에게 노동조합설립신고서를 제

출하였으나, 강서구청장은 기존의 A항공노동조합의 규약에서 운항승무원을 그 조직대상에서 배제하지 아니하고 있으므로 운항승무원들은 A항공노동조합에 가입할 수 있을 뿐이고 운항승무원들만을 조직대상으로 하는 새로운 노동조합을 설립하는 것은 허용되지 아니한다는 이유로 설립신고서를 반려하였다.

Ⅱ. 참조 조문

1. 구 노동조합 및 노동관계조정법(2001. 3. 28. 법률 제6456호로 개정되기 전의 것)

제5조(노동조합의 조직·가입) 근로자는 자유로이 노동조합을 조직하거나 이에 가입할 수 있다. 다만, 공무원과 교원에 대하여는 따로 법률로 정한다.

부칙 제5조(노동조합 설립에 관한 경과조치) ① 하나의 사업 또는 사업장에 노동조합이 조직되어 있는 경우에는 제5조의 규정에 불구하고 2001년 12월 31일까지는 그 노동조합과 조직대상을 같이 하는 새로운 노동조합을 설립할 수 없다.

② 행정관청은 설립하고자 하는 노동조합이 제1항의 규정에 위반한 경우에는 그 설립신고서를 반려하여야 한다.

③ 노동부장관은 2001년 12월 31일까지 제1항의 기한이 경과된 후에 적용될 교섭창구 단일화를 위한 단체교섭의 방법·절차 기타 필요한 사항을 강구하여야 한다.

2. 노동조합 및 노동관계조정법

제29조(교섭 및 체결권한) ① 노동조합의 대표자는 그 노동조합 또는 조합원을 위하여 사용자나 사용자단체와 교섭하고 단체협약을 체결할 권한을 가진다.

② 제29조의2에 따라 결정된 교섭대표노동조합(이하 "교섭대표노동조합"이라 한다)의 대표자는 교섭을 요구한 모든 노동조합 또는 조합원을 위하여 사용자와 교섭하고 단체협약을 체결할 권한을 가진다.

③ 노동조합과 사용자 또는 사용자단체로부터 교섭 또는 단체협약의 체결에 관한 권한을 위임받은 자는 그 노동조합과 사용자 또는 사용자단체를 위하여 위임받은 범위 안에서 그 권한을 행사할 수 있다.

④ 노동조합과 사용자 또는 사용자단체는 제3항에 따라 교섭 또는 단체협약의 체결에 관한 권한을 위임한 때에는 그 사실을 상대방에게 통보하여야 한다.

제29조의2(교섭창구 단일화 절차) ① 하나의 사업 또는 사업장에서 조직형태에 관계없이 근로자가 설립하거나 가입한 노동조합이 2개 이상인 경우 노동조합은 교섭대표노동조합(2개 이상의 노동조합 조합원을 구성원으로 하는 교섭대표기구를 포함한다. 이하 같다)을 정하여 교섭을 요구하여야 한다. 다만, 제2항에 따라 교섭대표노동조합을 자율적으로 결정하는 기한 내에 사용자가 이 조에서 정하는 교섭창구 단일화 절차를 거치지 아니하기로 동의한 경우에는 그러하지 아니하다.

② 교섭대표노동조합 결정 절차(이하 "교섭창구 단일화 절차"라 한다)에 참여한 모든 노동조합은 대통령령으로 정하는 기한 내에 자율적으로 교섭대표노동조합을 정한다.

③ 제2항에 따른 기한내에 교섭대표노동조합을 정하지 못하고 제1항 단서에 따른 사용자의 동의를 얻지 못한 경우에는 교섭창구 단일화 절차에 참여한 노동조합의 전체 조합원 과반수로 조직된 노동조합(2개 이상의 노동조합이 위임 또는 연합 등의 방법으로 교섭창구 단일화 절차에 참여한 노동조합 전체 조합원의 과반수가 되는 경우를 포함한다)이 교섭대표노동조합이 된다.

④ 제2항과 제3항에 따라 교섭대표노동조합을 결정하지 못한 경우에는 교섭창구 단일화 절차에 참여한 모든 노동조합은 공동으로 교섭대표단(이하 이 조에서 "공동교섭대표단"이라 한다)을 구성하여 사용자와 교섭하여야 한다. 이 때 공동교섭대표단에 참여할 수 있는 노동조합은 그 조합원 수가 교섭창구 단일화 절차에 참여한 노동조합의 전체 조합원 100분의 10 이상인 노동조합으로 한다.

⑤ 제4항에 따른 공동교섭대표단의 구성에 합의하지 못할 경우에 노동위원회는 해당 노동조합의 신청에 따라 조합원 비율을 고려하여 이를 결정할 수 있다.

⑥ 제1항부터 제4항까지의 규정에 따른 교섭대표노동조합을 결정함에 있어 교섭요구 사실, 조합원 수 등에 대한 이의가 있는 때에는 노동위원회는 대통령령으로 정하는 바에 따라 노동조합의 신청을 받아 그 이의에 대한 결정을 할 수 있다.
⑦ 제5항 및 제6항에 따른 노동위원회의 결정에 대한 불복절차 및 효력은 제69조와 제70조 제2항을 준용한다.
⑧ 노동조합의 교섭요구·참여 방법, 교섭대표노동조합 결정을 위한 조합원 수 산정 기준 등 교섭창구 단일화 절차와 교섭비용 증가 방지 등에 관하여 필요한 사항은 대통령령으로 정한다.

제29조의3(교섭단위 결정) ① 제29조의2에 따라 교섭대표노동조합을 결정하여야 하는 단위(이하 "교섭단위"라 한다)는 하나의 사업 또는 사업장으로 한다.
② 제1항에도 불구하고 하나의 사업 또는 사업장에서 현격한 근로조건의 차이, 고용형태, 교섭 관행 등을 고려하여 교섭단위를 분리할 필요가 있다고 인정되는 경우에 노동위원회는 노동관계 당사자의 양쪽 또는 어느 한 쪽의 신청을 받아 교섭단위를 분리하는 결정을 할 수 있다.
③ 제2항에 따른 노동위원회의 결정에 대한 불복절차 및 효력은 제69조와 제70조 제2항을 준용한다.
④ 교섭단위 분리 신청 및 노동위원회의 결정 기준·절차 등에 관하여 필요한 사항은 대통령령으로 정한다.

제29조의4(공정대표의무 등) ① 교섭대표노동조합과 사용자는 교섭창구 단일화 절차에 참여한 노동조합 또는 그 조합원 간에 합리적 이유 없이 차별을 하여서는 아니 된다.
② 노동조합은 교섭대표노동조합과 사용자가 제1항을 위반하여 차별한 경우에는 그 행위가 있은 날(단체협약의 내용의 일부 또는 전부가 제1항에 위반되는 경우에는 단체협약 체결일을 말한다)부터 3개월 이내에 대통령령으로 정하는 방법과 절차에 따라 노동위원회에 그 시정을 요청할 수 있다.
③ 노동위원회는 제2항에 따른 신청에 대하여 합리적 이유 없이 차별하였다고 인정한 때에는 그 시정에 필요한 명령을 하여야 한다.
④ 제3항에 따른 노동위원회의 명령 또는 결정에 대한 불복절차 등에

관하여는 제85조 및 제86조를 준용한다.

제29조의5(그 밖의 교섭창구 단일화 관련 사항) 교섭대표노동조합이 있는 경우에 제2조 제5호, 제29조 제3항·제4항, 제30조, 제37조 제2항, 제38조 제3항, 제42조의6 제1항, 제44조 제2항, 제46조 제1항, 제55조 제3항, 제72조 제3항 및 제81조 제3호 중 "노동조합"은 "교섭대표노동조합"으로 본다.

제30조(교섭등의 원칙) ① 노동조합과 사용자 또는 사용자단체는 신의에 따라 성실히 교섭하고 단체협약을 체결하여야 하며 그 권한을 남용하여서는 아니 된다.

② 노동조합과 사용자 또는 사용자단체는 정당한 이유없이 교섭 또는 단체협약의 체결을 거부하거나 해태하여서는 아니 된다.

Ⅲ. 판시사항

구 노조법 부칙 제5조 제1항은 "하나의 사업 또는 사업장에 노동조합이 조직되어 있는 경우에는 제5조의 규정에도 불구하고 2001. 12. 31.[1]까지는 그 노동조합과 조직대상을 같이하는 새로운 노동조합을 설립할 수 없다"고 규정하여 기존 노동조합과 조직대상을 같이하는 새로운 노동조합의 설립을 한시적으로 제한하고 있는바, 이 경우에 새로 설립하려는 노동조합이 기존의 노동조합과 조직대상을 같이하는 새로운 노동조합에 해당하는지 여부를 판단할 때는, 단순히 기존 노동조합 규약의 조직대상에 관한 형식적인 규정내용만을 기준으로 하여서는 아니 되고, 기존 노동조합의 규약과 새로 설립하려는 노동조합의 규약에 정하여진 조직대상에 관한 내용, 조직대상에 의하여 결정되는 조직형태, 실제 노동조합 구성원들의 실체와 그 구성범위 등을 종합적으로 비교하여 새로 설립하려는 노동조합이 기존 노동조합과 동일한 형태의 노동조합인지 여부를 검토하여야 한다.

---

1) 계속되는 부칙 개정으로, 복수노조설립금지조항은 2011. 6. 30.까지 유지되었다[구 노동조합 및 노동관계조정법(법률 제9930호로 2010. 1. 1. 일부 개정되어 같은 날 시행된 것) 부칙 제7조].

Ⅳ. 해 설

1. 복수노조 금지 조항

가. 입법 취지[2)]

사업 또는 사업장 단위의 기업별 단위노동조합이 주축이 된 우리나라 산업현장에서 복수노조의 설립을 즉시 허용할 경우 야기될 수 있는 단체교섭상의 혼란, 노노간의 갈등 등의 문제를 예상하여 교섭창구의 단일화를 위한 방법과 절차 등 필요한 사항이 강구될 때까지 한시적으로 이를 금지하려는 것이다. 구 노조법 부칙 제5조 제1항의 '하나의 사업 또는 사업장에 노동조합이 조직되어 있는 경우'는 기업별 단위노동조합이 설립되어 있는 경우를 가리키는 것이고, 다만 위와 같은 입법취지에 비추어 독립한 근로조건의 결정권이 있는 하나의 사업 또는 사업장 소속 근로자를 조직대상으로 한, 초기업적인 산업별·직종별·지역별 단위노동조합의 지부 또는 분회로서 독자적인 규약 및 집행기관을 가지고 독립한 단체로서 활동을 하면서 당해 조직이나 그 조합원에 고유한 사항에 대하여는 독자적으로 단체교섭 및 단체협약체결 능력을 가지고 있어 기업별 단위노동조합에 준하여 볼 수 있는 경우도 포함된다.

나. 대상사안의 검토

이 사건 처분 당시나 그 전후로 A항공노동조합의 실체와 그 구성범위에 운항승무원들이 포함되어 있지 않았고, 그러한 상태에 있던 운항승무원들은 청원경찰의 신분에서 벗어나 비로소 자유로운 노동조합의 활동을 할 수 있게 되었다. 기존의 A항공노동조합의 규약에서 운항승무원을 그 조직대상에서 배제하지 아니하고 있다는 사유만으로 운항승무원들은 A항공노동조합에 가입할 수 있을 뿐이고 운항승무원들만을 조직대상으로 하는 새로운 노동조합을 설립하는 것이 허용되지 아니한다고 보는 것은 노동조합의 자주성·민주성에도 어긋난다. 실질적으로 A항공노동조합은 원고

---

2) 대법원 2002. 7. 26. 선고 2001두5361 판결.

의 구성원들인 운항승무원들을 제외한 다른 부분의 근로자들을 조직대상으로 하고 있는 반면, 원고는 운항승무원들을 그 조직대상으로 하고 있어 A항공노동조합과 원고 조합은 그 조직대상을 달리하고 있다. 따라서 원고 조합이 법 부칙 제5조 제1항에 정하여진 '조직대상을 같이하는 새로운 노동조합'에 해당한다는 이유로 원고 조합의 노동조합 설립신고서를 반려한 피고의 이 사건 처분은 위법하다.

다. 복수노조의 설립 허용

2011. 7. 1.부터 복수노조의 설립이 허용되었으므로, 대상사안과 같은 쟁점은 더 이상 문제될 여지가 없다. 다만 복수노조 병존시에는 교섭창구 단일화가 문제된다.

2. 복수노조 병존시의 법률관계

가. 사용자의 중립의무

(1) 근로자의 단결권을 보장한 헌법 제33조는 사용자에 대하여 단결승인의무를 부과하고 있는바,[3] 헌법 제33조 및 노조법상의 부당노동행위제도의 취지에 비추어 보면, 노조가 병존하는 경우 각 노조는 각기 독자의 존재의의를 인정받고, 고유의 단결권 및 단체교섭권을 보장받고 있기 때문에 그 당연한 결과로서 사용자가 특정 노조를 우대하여 노조간의 조직경쟁에 개입하는 것은 허용되지 아니하며 사용자는 모든 노동조합에 대하여 중립적인 태도를 유지할 의무(이하 '중립의무')가 있다.[4]

(2) 사용자의 중립의무는 단지 단체교섭의 과정에 한하는 것이 아니라 단체교섭의 결과에서도 유지되어야 하므로, 사용자는 각 노조의 단결권을 평등하게 승인·존중하여야 하고, 모든 노조와 성실히 단체교섭을 행하여야 하며, 각 노조의 성격·경향과 종래의 운동노선 여하에 따라 합리적 이유가 없는 한 조합사무소 대여 등 편의제공, 잔업 등 근로조건, 승진 등

3) 伊藤博義, "殘業規制と不當勞働行爲", 季刊 勞働法 제95호(1975년 봄), 154면.
4) 萬井隆令, "第三章 不利益取扱の態様", 不當勞働行爲の法理, 外尾建一(編), 有斐閣 (1985), 167면.

인사, 상여금 등 경제적으로 차별적 취급을 하는 것은 허용되지 않는다. 사용자가 합리적 이유 없이 병존조합을 차별하면 냉대받는 노조의 조합원들의 동요를 초래하게 되고 이는 결국 노조의 약체화를 가져오므로 노조에 대하여 지배개입의 부당노동행위를 구성하게 된다.

(3) 노동조합의 존립과 발전에 필요한 일상적인 업무가 이루어지는 공간으로서 노동조합 사무실이 가지는 중요성을 고려하면, 사용자가 단체협약 등에 따라 교섭대표노동조합에 상시적으로 사용할 수 있는 노동조합 사무실을 제공한 이상, 특별한 사정이 없는 한 교섭창구 단일화 절차에 참여한 다른 노동조합에도 반드시 일률적이거나 비례적이지는 않더라도 상시적으로 사용할 수 있는 일정한 공간을 노동조합 사무실로 제공하여야 한다고 봄이 타당하다. 이와 달리 교섭대표노동조합에는 노동조합 사무실을 제공하면서 교섭창구 단일화 절차에 참여한 다른 노동조합에는 물리적 한계나 비용 부담 등을 이유로 노동조합 사무실을 전혀 제공하지 않거나 일시적으로 회사 시설을 사용할 수 있는 기회를 부여하였다고 하여 차별에 합리적인 이유가 있다고 볼 수 없다.[5)]

나. 교섭창구 단일화 의무

(1) 사용자의 교섭창구 단일화 요구

노조법은 하나의 사업 또는 사업장에서 조직형태에 관계없이 2개 이상의 노동조합이 존재하는 경우 노동조합은 교섭대표노동조합을 정하여 교섭을 요구하여야 하며(제29조의2 제1항 본문), 다만 사용자가 교섭창구단일화 절차를 거치지 아니하기로 동의한 경우에는 그러하지 아니하도록 하였다(같은 항 단서). 그러나 사용자의 동의가 없는 경우에는 먼저 교섭대표결정절차에 참여한 모든 노동조합은 자율적으로 교섭대표노동조합을 정하고(제2항), 자율적으로 교섭대표노동조합을 결정하지 못한 경우에는 교섭창구단일화 절차에 따르도록 하고 있다. 즉 교섭창구단일화 절차에 참여한 노동조합의 전체 조합원 과반수로 조직된 노동조합이 있는 경우(위임 또는

---

5) 대법원 2018. 8. 30. 선고 2017다218642 판결.

연합 등의 방법으로 과반수 되는 경우를 포함)에는 그 노동조합이 교섭대표노동조합이 되고(제3항), 조합원 과반수로 조직된 노동조합이 없는 경우에는 조합원수가 교섭창구단일화 절차에 참여한 노동조합의 전체 조합원 100분의 10 이상인 노동조합들은 공동으로 교섭대표단(공동교섭대표단)을 구성하여 사용자와 교섭하도록 정하고 있다(제4항).

교섭창구 단일화제도는 특별한 사정이 없는 한 복수 노동조합이 교섭요구노동조합으로 확정되고 그중에서 다시 모든 교섭요구노동조합을 대표할 노동조합이 선정될 필요가 있는 경우를 예정하여 설계된 체계이므로, 하나의 사업 또는 사업장 단위에서 유일하게 존재하는 노동조합은 설령 노조법 및 그 시행령이 정한 절차를 형식적으로 거쳤다고 하더라도 교섭대표노동조합의 지위를 취득할 수 없다.[6)]

교섭대표 자율결정기간은 기간이 경과하면 더는 자율적으로 교섭대표노동조합을 결정하거나 사용자가 개별교섭 동의를 할 수 없는 효력이 발생하므로 기간의 기산일은 당사자 간에 다툼의 여지가 없을 정도로 명확하여야 하는 점 등에 비추어 보면, 시행령 제14조의5에 따른 사용자의 공고에 대하여 노동조합이 노동위원회에 시정을 요청하여 노동위원회가 결정을 한 경우에는 결정이 당사자에게 송달되어 효력이 발생한 날부터 교섭대표 자율결정기간이 진행된다.[7)]

(2) 교섭단위의 분리

교섭단위는 하나의 사업 또는 사업장으로 하고(제29조의3 제1항), 현격한 근로조건의 차이, 고용형태, 교섭관행 등을 고려하여 노사관계 당사자의 양쪽 또는 어느 한쪽의 신청을 받아 노동위원회의 결정으로 교섭단위를 분리하는 결정을 할 수 있다(제2항).

'교섭단위를 분리할 필요가 있다고 인정되는 경우'란 하나의 사업 또는 사업장에서 별도로 분리된 교섭단위에 의하여 단체교섭을 진행하는 것을 정당화할 만한 현격한 근로조건의 차이, 고용형태, 교섭 관행 등의 사정이

---

6) 대법원 2017. 10. 31. 선고 2016두36956 판결.
7) 대법원 2016. 1. 14. 선고 2013다84643 판결.

있고, 이로 인하여 교섭대표노동조합을 통하여 교섭창구를 단일화하는 것이 오히려 근로조건의 통일적 형성을 통해 안정적인 교섭체계를 구축하고자 하는 교섭창구 단일화제도의 취지에도 부합하지 않는 결과를 발생시킬 수 있는 예외적인 경우를 의미한다.[8)]

교섭단위 분리 신청에 대한 노동위원회의 결정에 관하여는 단순히 어느 일방에게 불리한 내용이라는 사유만으로는 불복이 허용되지 않고, 그 절차가 위법하거나, 노조법 제29조의3 제2항이 정한 교섭단위 분리결정의 요건에 관한 법리를 오해하여 교섭단위를 분리할 필요가 있다고 인정되는 경우인데도 그 신청을 기각하는 등 내용이 위법한 경우, 그 밖에 월권에 의한 것인 경우에 한하여 불복할 수 있다.[9)]

(3) 공정대표의무

노조법은 교섭대표노동조합과 사용자에게 교섭창구단일화 절차에 참여한 노동조합 또는 그 조합원 간에 합리적 이유 없이 차별을 하여서는 아니 된다는 공정대표의무를 부과하고 이를 위반할 경우 노동위원회에 시정을 요청할 수 있는 구제절차를 두고 있다(제29조의4).

공정대표의무는 헌법이 보장하는 단체교섭권의 본질적 내용이 침해되지 않도록 하기 위한 제도적 장치로 기능하고, 교섭대표노동조합과 사용자가 체결한 단체협약의 효력이 교섭창구 단일화 절차에 참여한 다른 노동조합에게도 미치는 것을 정당화하는 근거가 된다. 이러한 공정대표의무의 취지와 기능 등에 비추어 보면, 공정대표의무는 단체교섭의 과정이나 그 결과물인 단체협약의 내용뿐만 아니라 단체협약의 이행과정에서도 준수되어야 한다고 봄이 타당하다. 또한 교섭대표노동조합이나 사용자가 교섭창구 단일화 절차에 참여한 다른 노동조합 또는 그 조합원을 차별한 것으로 인정되는 경우, 그와 같은 차별에 합리적인 이유가 있다는 점은 교섭대표노동조합이나 사용자에게 주장·증명책임이 있다.[10)]

---

8) 대법원 2018. 9. 13. 선고 2015두39361 판결.
9) 대법원 2018. 9. 13. 선고 2015두39361 판결.
10) 대법원 2018. 8. 30. 선고 2017다218642 판결.

교섭대표노동조합과 사용자가 2015년 단체협약을 체결하면서 교섭대표노동조합에게만 근로시간면제 한도를 부여하고 노동조합 사무실을 제공하는 취지로 명시하였고, 사용자가 교섭대표노동조합에게만 근로시간면제 한도를 부여하고 노동조합 사무실을 제공하면서 회사에 일부 공간이 있음에도 소수 노동조합에게 근로시간면제 한도와 노동조합 사무실을 전혀 제공하지 않는 것은 합리적인 이유 없는 차별로 공정대표의무 위반에 해당한다.[11]

11) 중앙노동위원회 2017. 3. 8. 중앙2016공정40, 41.

[43] 노동조합 내부 문제로 인한 징계

대법원 2009. 4. 9. 선고 2008두22211 판결

Ⅰ. 사실관계

(1) 피고는 국내외 항공운송업 등을 목적으로 하는 법인이고, 원고 A는 1992. 4. 13., 원고 B는 1995. 4. 27. 각 피고에 승무직으로 입사하여 객실승무원으로 근무해온 사람들이다.

(2) 원고들은 C, D, E와 함께 2000. 5. 31. 당시 청원경찰법에 의해 노동조합활동이 금지되어 있던 객실남자승무원들이 향후 신분 변경에 따라 객실남자승무원들의 단독 노동조합설립이 가능하다고 예상하고, 이를 추진하기 위하여 '객실노동조합 설립추진위원회'[이하 '노추위(勞推委)']를 결성하고 피고의 객실남자승무원들 268명으로부터 1인당 1,000,000원씩을 받아 기금을 조성하였다.

(3) F는 2000. 11. 29. 기존 노조의 부위원장으로 선출되었는데, 2001. 2. 초순경 자신을 따르는 객실승무지부 대의원들의 주도로 기존 노조 위원장에 대한 불신임안을 제출하였으나 다른 지부 대의원들의 참여가 미미하여 대의원대회 상정이 무산되는 등 기존 노조 집행부와 객실승무지부 사이의 갈등이 심해지자, 본부 사무실에 출근하지 아니하는 등 기존 노조의 각종 행사나 단체협상 등에 거의 참석하지 아니하였고, 이에 피고는 2002. 5. 17. 무단결근을 이유로 F를 파면하였다.

(4) 이에 원고들은 기금을 F의 생계비 및 변호사 선임비용으로 사용하기로 하고, 2002. 6.부터 2002. 9.까지 사이에 기금 납부자 중 160명으로부터 '기금을 조건 없이 F가 사용하도록 후원한다'는 내용의 서면동의서를 받거나 일부 구두동의를 받아, F에게 기금 중 2002. 7. 13. 1억 3,000만 원, 2002. 10. 15. 1억 100만 원 등 모두 2억 3,100만 원을 송금하였다.

(5) 객실남자승무원들 중 일부가 2003. 5.경 피고에게 '기금이 사적인 용도로 사용되고 있으니 조사해 달라'는 진정을 제출함에 따라 피고가 자체조사를 실시한 결과, 원고들이 이 사건 기금의 모금·관리 및 무단사용을 주도하였고 이는 취업규칙상 금지되는 '허가 없이 직원 상대로 금품모집'을 하는 경우에 해당함을 이유로, 피고는 2003. 9. 19. 객실승무원자격심의위원회를 개최하여 원고들에게 '파면' 징계를 결의하였으나 이를 시행하지는 아니 하였다.

(6) 피고는 2003. 12. 22. 자체 재심을 열어 원고들에 대하여는 각 권고사직의 징계를 결의하고 통보하였다. 원고들이 위 2003. 12. 22.자 재심결정에 대하여 2004. 1. 9. 피고에게 징계재심을 신청하였고, 피고는 2005. 9. 15. 상벌심의본위원회를 개최하여 원고들에 대하여는 2005. 10. 4.자 파면의 징계처분(이하 '파면처분')을 하였다.

Ⅱ. 참조 조문

1. 근로기준법

제23조(해고 등의 제한) ① 사용자는 근로자에게 정당한 이유 없이 해고, 휴직, 정직, 전직, 감봉, 그 밖의 징벌(懲罰)(이하 "부당해고등"이라 한다)을 하지 못한다.

Ⅲ. 판시사항

(1) 근로자의 어떤 비위행위가 징계사유로 되어 있느냐 여부는 구체적인 자료들을 통하여 징계위원회 등에서 그것을 징계사유로 삼았는가 여부에 의하여 결정되어야 하는 것이지, 반드시 징계의결서나 징계처분서에 기재된 취업규칙이나 징계규정에서 정한 징계근거 사유만으로 징계사유가 한정되는 것은 아니다.

(2) 노동조합 내부의 문제라 하더라도 그로 인하여 회사의 손실 등이 초래되는 경우에는 회사 취업규칙 등에서 규정하는 징계사유에 해당할 수

있다.

Ⅳ. 해 설

1. 징계사유

가. 의 의

근로자의 어떤 비위행위가 징계사유로 되어 있느냐 여부는 구체적인 자료들을 통하여 징계위원회 등에서 그것을 징계사유로 삼았는가 여부에 의하여 결정되어야 하는 것이지 반드시 징계결의서나 징계처분서에 기재된 취업규칙이나 징계규정 소정의 징계근거 사유만으로 징계사유가 한정되는 것은 아니다.[1] 징계처분에서 징계사유로 삼지 아니한 비위행위라고 하더라도 징계종류 선택의 자료로서 피징계자의 평소의 소행과 근무성적, 당해 징계처분 사유 전후에 저지른 비위행위 사실 등은 징계양정에서의 참작자료로 삼을 수 있다.[2] 그리고 여러 개의 징계사유 중 일부가 인정되지 않더라도 인정되는 다른 일부 징계사유만으로도 해당 징계처분의 타당성을 인정하기에 충분한 경우에는 그 징계처분을 유지하여도 위법하지 아니하다.[3]

---

1) 이와 달리 취업규칙 등 징계규정에서, 근로자에게 일정한 징계사유가 있을 때 징계의결 요구권자가 먼저 징계사유를 들어 징계위원회에 징계의결 요구를 하고 징계의결 결과에 따라 징계처분을 하되 징계위원회는 징계대상자에게 진술의 기회를 부여하고 이익되는 사실을 증명할 수 있도록 하며 징계의결을 하는 경우에는 징계의 원인이 된 사실 등을 명시한 징계의결서에 의하도록 규정하고 있을 경우, 징계위원회는 어디까지나 징계의결 요구권자에 의하여 징계의결이 요구된 징계사유를 심리대상으로 하여 그에 대하여만 심리·판단하여야 하고, 징계의결이 요구된 징계사유를 근본적으로 수정하거나 징계의결 이후에 발생한 사정 등 그 밖의 징계사유를 추가하여 징계의결을 할 수는 없다. 또한 징계대상자에게 징계위원회에 출석하여 변명과 소명자료를 제출할 기회를 부여하도록 되어 있음에도 이러한 징계절차를 위반하여 징계해고하였다면 이러한 징계권의 행사는 징계사유가 인정되는지와 관계없이 절차의 정의에 반하여 무효라고 보아야 한다. 대법원 2012. 1. 27. 선고 2010다100919 판결.

2) 대법원 2011. 3. 24. 선고 2010다21962 판결.

3) 대법원 2014. 11. 27. 선고 2011다41420 판결.

나. 노동조합 내부 문제

폭력사태에서 근로자들이 형사사건의 처리에서는 피해자에 불과하였다고 하더라도 그와 같은 폭력사태가 발생하게 된 데에는 노동조합의 위원장 또는 총무부장인 참가인들이 조합원들 사이의 갈등과 긴장을 적극적으로 조장한 것도 중요한 하나의 원인이 되었고, 이는 노동조합 내부의 폭력사태를 간접적으로 야기함으로써 회사의 경영질서를 문란하게 하는 징계사유에 해당한다.[4] 이와 같이 노동조합 내부의 문제라 하더라도 그로 인하여 회사의 손실 등이 초래되는 경우에는 회사 취업규칙 등에서 규정하는 징계사유에 해당할 수 있다. 그러나 노동조합 내부 문제로 회사에 손실을 준다는 판단은 신중하게 할 필요가 있다.

2. 정당한 조합활동

가. 의 의

노동조합의 활동이 정당하다고 하기 위해서는 행위의 성질상 노동조합의 활동으로 볼 수 있거나 노동조합의 묵시적인 수권 또는 승인을 받았다고 볼 수 있는 것으로서 근로조건의 유지 개선과 근로자의 경제적 지위의 향상을 도모하기 위하여 필요하고 근로자들의 단결강화에 도움이 되는 행위이어야 하며, 취업규칙이나 단체협약에 별도의 허용규정이 있거나 관행 또는 사용자의 승낙이 있는 경우 외에는 취업시간 외에 행하여져야 하고, 사업장내 조합활동에서는 사용자의 시설관리권에 바탕을 둔 합리적인 규율이나 제약에 따라야 하며, 폭력과 파괴행위 등의 방법에 의하지 않는 것이어야 한다.[5]

나. 정당한 조합에 대한 불이익취급

(1) 근로자들이 새로운 노동조합을 설립하기 위하여 준비하는 것도 정당한 조합활동에 속한다. 정당한 조합활동을 이유로 사용자가 불이익한

---

4) 대법원 2002. 5. 28. 선고 2001두10455 판결.

5) 대법원 1994. 2. 22. 선고 93도613 판결.

처분을 하면, 부당노동행위에 해당하여 무효가 된다.

(2) 참가인(근로자)들이 주도적인 역할을 하여 노동조합을 설립하여 조합장 또는 간부로서 활동하였고, 해고처분이 있기 전날 회사에 대하여 단체교섭까지 요구하였으나 회사가 이를 거부한 상태였으며, 전직발령 대상자 21명 중 참가인들에 대하여만 해고처분이 내려진 점 등 전직발령이 이루어진 시기와 그 이후의 경과 등을 보태어 보면, 참가인들에 대한 해고처분은 실질적으로는 참가인들이 노동조합을 조직하여 활동한 것에 대하여 불이익을 주기 위한 것으로서 부당노동행위에 해당한다.[6)]

(3) 근로자들이 노동조합을 결성한 후 자신들의 직장의 원청회사에 노동조합 설립에 관한 벽보나 현수막을 부착하고 원청회사 직원들에게 유인물을 배포하여 원청회사가 하청계약의 해지통지를 할 정도에 이른 경우, 근로자들의 이와 같은 유인물배포행위 등이 사회적 상당성을 갖추었다고 볼 수 없어 정당한 노동조합활동이라고 할 수 없다.[7)]

3. 대상사안의 검토

가. 징계사유가 되는지 여부에 대한 법원의 판단

이 사건 후원금에 관한 문제가 노추위 내부의 문제라 하더라도 그 때문에 참가인 직원들 사이에 분쟁이 발생하여 참가인에게 손실이 초래된다면, 참가인의 취업규칙 제5.0.3조 제2항의 징계사유인 '서약서 또는 회사의 제규정에 위반하거나 직무에 배치되는 행위를 한 경우' 및 제3항의 징계사유인 '고의 또는 과실로 업무상의 장해 또는 분쟁을 야기시키거나 회사발전을 저해할 원인을 조장하여 회사에 손실을 초래하는 경우'에 해당할 수 있다.

원고들이 이 사건 후원금을 투명하게 관리하지 못하고 객실노동조합 설립을 위하여 사용되어야 할 이 사건 후원금 대부분을 노추위 활동과 관련 없이 파면된 F의 생계비 등으로 지급함으로써 형사고소 및 민사소송이

6) 대법원 2000. 4. 11. 선고 99두2963 판결.
7) 대법원 2000. 6. 23. 선고 98다54960 판결.

제기될 정도로 객실승무원들 사이에 심각한 분쟁을 야기시킨 것은 참가인 취업규칙 제5.0.3조 제2항 및 제3항 소정의 징계사유에 해당한다.

참가인의 취업규칙 제5.0.3조 제3항의 '분쟁 야기'가 업무처리과정에서의 분쟁 야기만을 의미하는 것으로 해석할 수는 없고, 원고들의 이 사건 후원금 모금 및 관리, 사용과 관련하여 객실승무원들 사이에 깊은 갈등과 반목이 야기되어 업무특성상 인화와 단결이 중요시되는 참가인 소속 객실승무원들 사이의 신뢰가 심각하게 손상되었고, 이로 인하여 위 취업규칙 조항의 '업무상의 장해'가 야기되었다.

나. 비판적인 견해[8)]

(1) 사법절차의 진행에 따라 관련된 사람들에게 불편한 감정이 생기고 갈등과 반목까지 생긴다 하여 사법절차를 진행하였다거나 사법절차의 진행을 유발하였다는 점이 징계사유가 될 수 없다. 이 사건에서 후원금의 사용과 반환을 둘러싸고 다른 근로자로부터 형사고소 및 민사소송이 제기되었고, 그로 인하여 많은 객실승무원들이 수사기관에서 조사를 받거나 그 민·형사 소송 과정에서 증인으로 출석하여 증언을 하였다. 고소(고발)·소송제기·증인진술 모두 건전한 시민으로서의 권리와 의무에 해당된다. 그로 인해 관련된 사람들에게 불편한 감정이 생기고 갈등과 반목까지 생긴다 하여 징계사유의 판단에서 그것을 중요시하여서는 안 된다. 특히 법원은 사법절차의 진행에 따라 일반인이 느끼는 불편한 감정에 냉정하게 담담해야 하며, 사법절차의 진행이 야기하는 현상들에 대해 부정적으로 평가하여서는 안 된다.

(2) 회사의 손실발생 여부 및 그 정도를 구체적으로 판단하여야 한다. 이 사건에서는 과연 업무상의 장해 내지 회사의 손실이 실제로 발생하였는지에 관한 구체적인 판단내용이 없다. 인화와 단결이 중요시되는 업무특성을 내세우면서 막연하게 객실승무원들 사이의 신뢰가 심각하게 손상되었다고 할 뿐이다. 사용자는 근로자들에게 인격을 배려하는 근무환경을

---

8) 김홍영, "노동조합 내부문제를 이유로 한 징계", 노동법률 제225호(2010. 2.), 68면.

조성할 신의칙상 배려의무가 있다. 업무 외의 영역에서 초래된 갈등과 반목을 업무의 영역으로까지 끌어들여 확산시키지 않도록 근로자들에게 주의를 당부하여야 한다. 객실승무원의 업무특성을 고려한다면 갈등과 반목이 있는 근로자들을 같은 팀에 소속하지 않도록 재배치하여야 한다. 회사가 어떠한 조치를 취했는지, 그럼에도 불구하고 어떠한 손실이 얼마나 발생했는지 구체적인 검토가 있어야 했다. 회사가 따돌림의 진정을 받고 조사하는 과정에서 원고 근로자들이 조사를 거부하고 허위 진술을 선동했다면 징계사유가 될 수 있다. 그렇지만 회사가 조사하려는 내용은 노조설립을 위한 후원금 모금내역과 그 사용처였다.

(3) 회사는 회사 밖의 영역에서의 잘잘못을 판단할 권한이 없다. 객실승무원들이 단독노조 설립 대신 기존노조에 가입하게 됨에 따라 당초 후원금 납부의 목적이 상실되었는데도 노추위가 후원금을 달리 사용하고 객실승무원들에게 반환하지 않았다. 회사업무와 상관없이 모금된 후원금의 사용에 대해 회사가 그 사용목적에 맞는지를 판단하여야 한다는 것은 넌센스다. 하물며 노조설립을 추진하기 위한 후원금인데 말이다. 갈등과 반목은 관련된 사람들 사이의 상호작용이다. 회사는 업무 밖의 갈등과 반목을 누가 회사 내부로 끌어들여 업무를 저해시켰는지 그 잘못을 가려야지, 업무 밖의 갈등과 반목이 어느 쪽이 잘못해서 발생했는지를 가려서는 안 된다.

다. 검 토

(1) 노동조합을 설립하기 위하여 노추위를 결성한 원고들이 노조결성을 주도하다가 파면된 F에게 후원금을 지급하였다. 그 과정에서 근로자들 사이에서 갈등이 증폭되고, 다수의 민형사 사건이 제기되었다. 그러나 이와 같이 노조결성 과정에서 근로자 사이의 갈등과 사법절차의 개시만으로 회사에 손해를 끼쳤다고 하는 것은 논리적 비약이다. 후원금에 관한 문제가 노동조합 설립을 위하여 결성된 노추위 내부 문제로서 이에 대한 회사의 관여는 허용되지 아니하고, 후원금의 모금 자체는 노동조합 설립을 위한 정당한 행위이다.

(2) 사인이 자력에 의해서 침해된 권리를 구제 또는 실현하는 일체의 행위를 의미하는 자력구제(Selbsthilfe)는 원시사회에서는 널리 인정되었으나, 국가권력이 확립되고 법적 구제절차가 정비됨에 따라 권리침해에 대한 구제는 공권력에 의하게 되어 권리를 자력에 의해서 실현하는 것이 원칙적으로 금지되었다.[9] 법치주의와 소송제도가 발달한 오늘날에는 국가가 권리의 확인과 실현에 관한 권한을 독점하고 있으므로, 권리구제는 적법한 절차에 의하지 않으면 안 된다.[10] 우리 헌법은 모든 국가적 활동과 국가공동체적 생활은 국민의 대표기관인 국회가 제정한 법률에 근거를 두고 법률에 따라 이루어져야 한다는 법치국가의 원리(Rechtsstaatsprinzip)를 선언하고 있고,[11] 법치국가원리의 구성요소 중 하나가 사법적 권리구제제도의 완비이다. 법치국가는 효율적인 절차와 효과적인 권리보호를 위하여 사법보장(Justizgewährung)의 의무를 지니는데, 사법절차의 보장은 국가법질서의 통일성과 안정성을 유지하고 국민의 권리를 보호하기 위한 필수적 요소이다. 헌법은 권리의 실현·구제를 위하여 청구권적 기본권을 규정하여 흠이 없는 권리보호를 목표로 하는 법치국가의 이상을 실현하기 위한 구체적 근거를 마련하고 있는데, 헌법 제27조 제1항, 제3항에 규정된 재판청구권은 법치국가의 구체적 실현을 위한 주요한 절차적 기본권이다.[12]

---

9) Münchener Kommentar Zivilprozessordnung §§ 803~1060, Bd. 3*, 2. Aufl. C. H. Beck(2001), S.657; Winfried Schuschke/Wolf-Dietrich Walker, Vollstreckung und Vorläufiger Rechtsschutz: Kommentar zum Achten Buch der Zivilprozeßordnung Bd. Ⅱ, Arrest und Einstweilige Verfügung §§ 916~945 ZPO, Carl Heymanns (1995), S.4.

10) 창원지방법원 2015. 5. 13. 선고 2015노236 판결. 다만 자력구제의 금지는 어디까지나 국가가 적시에 피해이익을 구제할 수 있음을 그 전제로 하는데, 국가권력에 의해서도 침해된 법익을 시급히 구제하는 것이 불가능하거나 현저히 곤란한 경우까지도 자력구제를 인정하지 않는다면 법은 불법에 편을 드는 결과가 되어 정의와 공평의 관념에 반하게 된다. 이에 따라 형법 제23조 제1항은 "법정절차에 의하여 청구권을 보전하기 불능한 경우에 그 청구권의 실행불능 또는 현저한 실행곤란을 피하기 위한 행위는 상당한 이유가 있는 때에는 벌하지 아니 한다"고 규정하여 위법성조각사유의 하나로 자구행위를 규정하고 있고, 민법 제209조도 점유자의 자력구제에 관하여 규정하고 있다.

11) 오늘날의 법치주의는 국민의 권리·의무에 관한 사항을 법률로써 정해야 한다는 형식적 법치주의에 그치는 것이 아니라 그 법률의 목적과 내용 또한 기본권 보장의 헌법이념에 부합되어야 한다는 실질적 적법절차를 요구하는 법치주의를 의미한다. 헌법재판소 1995. 7. 21. 선고 92헌바27 결정.

12) BVerfGE 30, 1, 25; BVerfGE 53, 115, 127.

그러므로 원고들이나 근로자들이 노추위의 업무 및 후원금의 사용에 관하여 민·형사상 사법청구권을 행사한 것 자체를 징계사유로 삼는 것은 결과적으로 국민의 기본권을 침해하는 것이다.

(3) 따라서 이 사건에서 참가인이 징계사유로 삼은 노동조합 내부문제는 정당한 징계사유에 해당하지 아니한다고 보아야 한다.

[44] 대의원회 의결사항인 규약개정에 대한 총회의 의결

대법원 2014. 8. 26. 선고 2012두6063 판결

Ⅰ. 사실관계

(1) 원고 K공항공사노동조합의 조합 규약(2010. 4. 28. 개정되기 전의 것, 이하 '이 사건 규약')은 제15조에서 "본 조합은 다음과 같은 기구를 둔다"고 규정하면서 '총회(제1호)', '대의원대회(제2호)' 등을 들고 있고, 제23조에서 "대의원대회의 의결사항은 다음과 같다"고 규정하면서 '규약, 규정의 제정 및 개정에 관한 사항(제1호)', '연합단체의 설립, 가입 또는 탈퇴에 관한 사항(제5호)' 등을 들고 있으며, 제95조에서 "제안된 규약 개정안은 위원장이 7일 이상의 기간 동안 이를 공고하여야 한다"고 규정하고, 제95조에서 "규약 개정안은 공고된 날부터 20일 이내에 대의원대회에서 재적대의원 과반수의 출석과 출석대의원 2/3 이상의 찬성을 얻어야 한다"고 규정하고 있다.

(2) 원고 노동조합 위원장 A는 위 조합 규약 제23조 제5호에 의하여 대의원대회 의결사항으로 규정된 '연합단체의 설립, 가입 또는 탈퇴에 관한 사항'을 조합 총회 의결사항으로 변경하는 등의 규약 개정안 10개 사항을 대의원대회 안건으로 제안하였으나, 2010. 3. 4. 개최된 제99차 대의원대회 결과, 규약 개정안 10개 사항 중 '연합단체의 설립, 가입 또는 탈퇴에 관한 사항'을 총회 의결사항으로 변경하는 안건은 부결되었다.

(3) 원고 노조 대의원대회 대표자 B등 재적 대의원 33명은 2010. 4. 15. '연합단체 탈퇴에 관한 사항'을 회의목적으로 하는 대의원대회 개최요청서를 원고 노조에 제출하였으나, 위원장 A는 위 대의원대회 소집 요구에 응하지 아니하였다.

(4) 원고는 2010. 4. 19. '규약 개정에 관한 사항' 등을 안건으로 하는

긴급총회를 개최하겠다는 취지를 공고한 다음, 2010. 4. 27.부터 같은 달 28.까지 그 총회를 개최하여 이 사건 규약 제23조 제1호, 제5호에 의하여 대의원대회의 의결사항으로 정해진 '규약개정에 관한 사항'과 '연합단체의 설립, 가입 또는 탈퇴에 관한 사항'을 총회의 의결사항으로 변경하는 안건을 재적조합원 중 62.18%의 투표와 투표조합원 중 80.18%의 찬성으로 가결(이하 '이 사건 총회결의')하였다.

(5) 대의원대회 대표자 B등 3명은 2010. 6. 8. 이 사건 총회결의가 규약 제23조 제1호, 제5호, 제96조에 위반된다는 이유로 피고(서울지방고용노동청 서울남부지청장)에게 시정명령을 신청하였다. 피고는 2010. 9. 17. 서울지방노동위원회로부터 총회결의에 대한 시정명령 의결을 받아, 2010. 12. 3. "이 사건 총회결의는 규약 제23조 및 제96조에 위반한 절차상 하자가 있으므로 2011. 1. 5.까지 이를 시정하라"는 시정명령을 하였다(이하 '이 사건 시정명령').

(6) 원고는 (i) 노동조합 및 노동관계조정법(이하 '노조법') 제16조 제1항 제1호, 제6호에서 총회의 의결사항으로 정한 '규약의 변경에 관한 사항', '연합단체의 설립·가입 또는 탈퇴에 관한 사항'을 이 사건 규약이 대의원대회가 의결하도록 정하였다고 하더라도, 조합원 총회는 조합의 최고 의결기구로서 규약의 제정 및 개정은 조합원 총회를 통하여 결정하는 것이 조합민주주의에 부합하므로 위와 같은 사항에 대하여 총회의 의결권을 배제하는 것을 뜻하지 않고, (ii) 이 사건 규약 제17조 제6호에 의하면, '기타 중요한 사항'을 총회의 의결사항으로 정하고 있는바, '규약의 변경에 관한 사항', '연합단체의 설립·가입 또는 탈퇴에 관한 사항'은 이에 해당하는 것으로 보아야 한다는 이유를 들어 이 사건 시정명령은 위법하다고 주장하였다.

Ⅱ. 참조 조문

1. 노동조합 및 노동관계조정법

제16조(총회의 의결사항) ① 다음 각 호의 사항은 총회의 의결을 거쳐야 한다.

1. 규약의 제정과 변경에 관한 사항
2. 임원의 선거와 해임에 관한 사항
3. 단체협약에 관한 사항
4. 예산·결산에 관한 사항
5. 기금의 설치·관리 또는 처분에 관한 사항
6. 연합단체의 설립·가입 또는 탈퇴에 관한 사항
7. 합병·분할 또는 해산에 관한 사항
8. 조직형태의 변경에 관한 사항
9. 기타 중요한 사항

② 총회는 재적조합원 과반수의 출석과 출석조합원 과반수의 찬성으로 의결한다. 다만, 규약의 제정·변경, 임원의 해임, 합병·분할·해산 및 조직형태의 변경에 관한 사항은 재적조합원 과반수의 출석과 출석조합원 3분의 2 이상의 찬성이 있어야 한다.

③ 임원의 선거에 있어서 출석조합원 과반수의 찬성을 얻은 자가 없는 경우에는 제2항 본문의 규정에 불구하고 규약이 정하는 바에 따라 결선투표를 실시하여 다수의 찬성을 얻은 자를 임원으로 선출할 수 있다.

④ 규약의 제정·변경과 임원의 선거·해임에 관한 사항은 조합원의 직접·비밀·무기명투표에 의하여야 한다.

제17조(대의원회) ① 노동조합은 규약으로 총회에 갈음할 대의원회를 둘 수 있다.

② 대의원은 조합원의 직접·비밀·무기명투표에 의하여 선출되어야 한다.

③ 대의원의 임기는 규약으로 정하되 3년을 초과할 수 없다.

④ 대의원회를 둔 때에는 총회에 관한 규정은 대의원회에 이를 준용

> 한다.
>
> **제21조(규약 및 결의처분의 시정)** ① 행정관청은 노동조합의 규약이 노동관계법령에 위반한 경우에는 노동위원회의 의결을 얻어 그 시정을 명할 수 있다.
>
> ② 행정관청은 노동조합의 결의 또는 처분이 노동관계법령 또는 규약에 위반된다고 인정할 경우에는 노동위원회의 의결을 얻어 그 시정을 명할 수 있다. 다만, 규약위반시의 시정명령은 이해관계인의 신청이 있는 경우에 한한다.
>
> ③ 제1항 또는 제2항의 규정에 의하여 시정명령을 받은 노동조합은 30일 이내에 이를 이행하여야 한다. 다만, 정당한 사유가 있는 경우에는 그 기간을 연장할 수 있다.

Ⅲ. 판시사항

노조법 제16조 제1항, 제2항, 제17조 제1항에 따라 노동조합이 규약에서 총회와는 별도로 총회에 갈음할 대의원회를 두고 총회의 의결사항과 대의원회의 의결사항을 명확히 구분하여 정하고 있는 경우, 특별한 사정이 없는 이상 총회가 대의원회의 의결사항으로 정해진 사항을 곧바로 의결하는 것은 규약에 반한다. 다만 규약의 제정은 총회의 의결사항으로서(노조법 제16조 제1항 제1호) 규약의 제·개정권한은 조합원 전원으로 구성되는 총회의 근원적·본질적 권한이라는 점, 대의원회는 규약에 의하여 비로소 설립되는 것으로서(노조법 제17조 제1항) 대의원회의 존재와 권한은 총회의 규약에 관한 결의부터 유래된다는 점 등에 비추어 볼 때, 총회가 규약의 제·개정결의를 통하여 총회에 갈음할 대의원회를 두고 '규약의 개정에 관한 사항'을 대의원회의 의결사항으로 정한 경우라도 이로써 총회의 규약개정권한이 소멸된다고 볼 수 없고, 총회는 여전히 노조법 제16조 제2항 단서에 정해진 재적조합원 과반수의 출석과 출석조합원 3분의 2 이상의 찬성으로 '규약의 개정에 관한 사항'을 의결할 수 있다.

Ⅳ. 해 설

1. 재판의 경과

가. 제1심의 판단[1)]

(1) 대의원대회 의결사항을 총회결의로 대체할 수 있는지 여부

노조법 제16조 제1항 제1호, 제6호는 '규약의 제정과 변경에 관한 사항' 및 '연합단체의 설립·가입 또는 탈퇴에 관한 사항'을 총회의 의결사항으로 두고 있으나, 같은 법 제17조 제1항은 노동조합의 규약으로 총회에 갈음할 대의원회를 둘 수 있도록 규정하고 있다. 이 사건 규약 제23조도 그러한 취지를 반영하여 제1호에서 '규약의 제정 및 개정에 관한 사항'을, 제5호에서 '연합단체의 설립, 가입 또는 탈퇴에 관한 사항'을 대의원대회의 의결사항으로 정하고 있고, 총회의 의결사항을 규정하고 있는 제17조와 대의원대회의 의결사항을 규정하고 있는 제23조를 비교하여 보면, 총회와 대의원대회의 기능이 규약에 의하여 명확히 구분되어 있음을 알 수 있다. 이 같은 경우 총회가 원고 노조의 최고 의결기관이라고 하더라도 권한분장의 취지로 분화되어 있는 다른 기관인 대의원대회의 권한사항을 의결할 수는 없다고 보아야 하는 점, 이를 허용한다면 총회와 대의원대회를 편의에 따라 자의적으로 운용하게 될 위험성이 있는 점(이 사건에서도 원고 노조 대표자가 연합단체 탈퇴 결정권을 갖고 있던 대의원대회의 권한 행사를 막기 위하여 총회 결의를 통한 규약 개정을 시도한 것으로 보인다), 이 사건 규약 제96조에 의하면 규약 개정에 관한 사항은 그 중요성을 고려하여 특별히 가중된 의결정족수를 요구하는 등 엄격한 절차를 필요로 하고 있는 점 등을 종합하여 보면, 이 사건 총회결의는 이 사건 규약 제23조 제1호, 제5호, 제96조에 위반한 절차상 하자가 있다.

(2) 규약 제17조 제6호 소정의 '기타 중요한 사항'으로 볼 수 있는지 여부

위 조항 소정의 '기타 중요한 사항'은 총회 또는 대의원대회 의결사항

---

1) 서울행정법원 2011. 9. 2. 선고 2011구합5469 판결.

으로 열거되지 아니한 사항 중 총회 결의를 거쳐야 할 정도의 중요성을 갖는 사항을 의미하는 것인데, 대의원대회의 의결사항으로 명시된 '규약의 개정에 관한 사항', '연합단체의 가입 또는 탈퇴에 관한 사항'이 여기에 해당한다고 보기는 어렵다.

나. 항소심의 판단[2)]

노동조합의 규약은 자치적 법규범으로서 조합원뿐만 아니라 조합에 대하여도 법적 효력을 가지고, 노조법 제17조 제1항에서 노동조합이 규약으로 총회에 '갈음'할 대의원회를 둘 수 있도록 규정하고 있으며, 그에 따라 원고의 규약이 총회와는 별도로 대의원대회를 두면서 총회의 의결사항과 대의원대회의 의결사항을 명확히 구분하여 규정하고 있는 이상, 원고의 경우 대의원대회가 규약에서 정한 의결사항에 관하여는 총회의 지위와 권한을 편의적으로 대신 행사하고 있는 것이 아니라 총회를 대체하여 모든 지위와 권한을 행사하는 것이므로, 총회가 원고의 최고의결기구라 할지라도 대의원대회의 의결사항을 자신이 직접 의결하는 것은 원고의 규약에 반하여 허용될 수 없다.

다. 대법원의 판단

이 사건 규약이 총회와는 별도로 총회에 갈음할 대의원대회를 두고 '규약개정에 관한 사항'과 '연합단체의 설립, 가입 또는 탈퇴에 관한 사항'을 대의원대회의 의결사항으로 하는 등 총회의 의결사항과 대의원대회의 의결사항을 명확히 구분하여 정하고 있다 하더라도, 이로써 총회가 이 사건 규약을 개정할 수 있는 권한이 소멸되었다고 볼 수 없고 총회는 여전히 노조법 제16조 제2항 단서에 정해진 재적조합원 과반수의 출석과 출석조합원 3분의 2 이상의 찬성으로 이 사건 규약의 개정에 관한 사항을 의결할 수 있다. 따라서 이 사건 총회결의가 이 사건 규약 제23조 제1호, 제5호, 제96조 등을 위반하는 것이라고 할 수 없다.

---

2) 서울고등법원 2012. 2. 9. 선고 2011누31828 판결.

2. 단결자치와 조합민주주의

가. 의 의

노조법은 '제3절 노동조합의 관리'에서 제14조부터 제27조까지 14개 조항을 두어 노동조합의 조직과 운영에 관하여 규정하고 있다. 역사적으로 볼 때 국가나 노동조합도 노동조합에 대한 규율과 관련하여 주로 대외적 측면인 국가 내지 사용자와의 관계에서의 단결권, 단체협약, 쟁의행위 및 부당노동행위에 관하여 관심을 가져 왔고, 상대적으로 노동조합의 내부적 측면인 노동조합의 조직·운영에 대해서는 크게 관심을 기울이지 않았다. 이는 노동조합의 역사적 발전과정과 본질적 성격에 비추어 볼 때, 노동조합의 존립과 활동에 대한 합법성을 획득하고 국가 및 사용자에 대한 자주성을 확보하는 것이 보다 중요하였기 때문이고, 따라서 노동조합의 내부 규율에 대해서도 단결자치(자주성)의 관점이 보다 큰 영향을 미쳐왔다.

노동조합의 궁극적 목적이 조합원인 근로자들의 생활이익 옹호에 있다고 볼 때, 노동조합의 운영에 조합원의 참여가 배제되고 그들의 권리가 침해되는 경우에는 오히려 그 단결목적에 반한다고 할 수 있으므로, 노동조합의 조직·운영에서 민주주의가 요청되는 것은 당연하다. 이에 따라 대부분의 국가는 노동조합의 자주성과 단결자치를 법적으로 승인하는 한편, 노동조합의 민주적 운영과 조합원의 권리보호를 위하여 노동조합의 내부문제를 사법심사의 대상으로 하고 노조법에 의해서 이를 규율하고 있다.

나. 노동조합 내부문제와 조합민주주의

(1) 일반적으로 단결자치(團結自治)란 노동조합이 조직형태나 내부운영 및 대외적 활동과 관련하여 자주적으로 결정하고 행동하며 또 그것에 대해서 외부로부터의 간섭을 받지 않는다는 것을 의미한다. 자본과 대립하고 동시에 국가권력에 의한 탄압과 간섭을 받아왔던 노동조합의 역사성과 본질에서 단결자치는 당연히 요청되는 원칙으로 단결권을 보장하고 있는

헌법 제33조에 의하여 법원칙으로 승인되어 있다. 이러한 단결자치는 일반적으로 노동조합의 내부 운영에서 국가에 대한 자주성과 사용자에 대한 자주성을 의미한다. 즉 국가(입법·행정·사법)가 노동조합의 조직·운영에 대한 개입을 자제하여야 한다는 것이 단결자치의 핵심이 되며, 구체적으로 노동조합의 조직·운영에 관하여 법률이 직접적으로 간섭하지 않을 것을 요구한다. 이는 공공정책을 수행하거나 공익을 목적으로 하는 단체의 조직과 운영에 관하여 법률이 직접적인 규율을 하는 것과 대비되며, 또 민법상 사단법인에 대하여 거래의 안전과 제3자의 보호를 위하여 법률상 일정한 요건을 갖추도록 하고 행정관청의 감독권이 규정되어 있는 것과도 대비된다.

(2) 조합민주주의가 법적으로 요청되는 근거는 일반적으로 노동조합의 역사적 존립 근거, 노동조합의 규범 창조 권능, 헌법상 단결권 보장의 규범 내용, 민주사회의 조직윤리, 단결체의 권력 남용으로부터 구성원의 이익 보호, 노동조합과 구성원 사이의 이익 조정 원리, 조합원에 의한 조합 간부의 통제 필요성 등을 들 수 있다. 노동조합은 노동력의 매매를 위하여 사용자와 교섭하고 투쟁을 전개할 때에 필연적으로 조합원의 직접 참가에 의한 집단행동을 매개로 하므로, 집단행동을 규율하고 보장하는 조직원리로서 민주주의는 노동조합의 조직과 행동원리가 되어야 한다. 따라서 헌법 제33조의 단결권 보장에서 조합민주주의의 헌법적 근거를 구할 수 있고, 나아가 헌법상 기본권의 제3자적 효력에서도 조합민주주의의 헌법적 근거가 도출될 수 있다.

(3) 국가가 노동조합 내부문제에 제정법을 통하여 규율한다 할지라도 그 보호이익은 조합민주주의의 확보라는 목적에 한정되어야 하고 그 개입 정도도 조합민주주의라는 정당성을 달성하기 위하여 필요한 최소한도에 그쳐야 한다. 제정법이 규율할 수 있는 최소한의 전제조건으로 노동조합 내 균등처우의 원칙, 조합 의사의 결정·대표자의 선임에 대한 참가권, 언론·표현의 자유, 노동조합 내 집회 및 결사의 자유와 적정절차의 확보 등을 들 수 있다.

다. 노동조합의 기관

노조법은 노동조합의 민주적 운영을 위하여 총회, 대의원회, 임원, 회계감사원을 두도록 규정할 뿐, 그 밖에 어떤 기관을 둘 것인가는 조합자치에 맡기고 있다. 그러나 대부분의 노동조합은 사단으로서 성질을 가지는 것이므로 단체의 의사를 결정하는 기관으로서 총회 또는 대의원회를 두는 한편, 집행기관으로 위원장(대표), 부위원장 등의 집행위원과 집행위원회, 집행부를 보조하여 일상적인 사무를 처리하는 기관으로 사무부서를 두고 있다.

3. 총회와 대의원회

가. 규약의 제정과 변경

노동조합의 설립과 존속을 위하여 노동조합의 조직 및 운영에 관한 주요사항을 정한 규약의 존재는 필수적이다. 규약의 제정·변경은 재적조합원 과반수의 출석과 출석조합원 3분의 2 이상의 찬성으로 의결하도록 규정하여(노조법 제16조 제2항 단서), 총회의 일반적인 의결정족수 요건보다 그 요건을 엄격하게 정하고 있다.[3] 조합원 총회에 의한 규약의 제정·변경 행위는 일종의 자치적 법규범을 창설하는 행위이므로 조합민주주의를 실현하기 위한 강행법규에 적합한 범위 내에서 유효하게 제정·변경된 것이라면 이는 국가 법질서 내에서 법적 효력을 가지고 모든 조합원을 기속하여 그 규약에 따라 노동조합과 조합원 사이의 권리·의무관계가 결정된다. 대법원은 “노동조합의 선거관리 규정에서 투표의 유·무효에 관한 기준 규정을 공식적으로 해석할 권한을 조합의 선거관리위원회에 부여한 이상, 그러한 유권해석 권한에 터잡아 행하여진 선거관리위원회의 해석은, 그 내용이 단체적 노사관계법에서 규제하는 선거의 기본원칙 및 정의의 관념

---

3) 서울지방법원 2000. 1. 13. 선고 99가합2220 판결은 “노동조합이 운영위원회를 개최하여 운영위원의 의결만으로 실질적으로 조합원의 피선거권에 관한 노동조합의 규약을 개정하는 내용의 결의를 하였다면 위 결의는 특별한 사정이 없는 한 총회의 의결사항을 규정한 강행규정에 위반되어 무효이다”라고 판시하였다.

에 부합할 뿐만 아니라 해석의 대상이 된 당해 규정의 문자적 의미에 명백히 반하지 아니하며, 그 해석에 따른 무효 사유를 객관적으로 명확히 하여 투표 실시 전에 선거인인 조합원들이 주지할 수 있도록 충분히 홍보한 것이라면, 조합원들의 투표의사를 해할 우려가 없으므로 선거관리위원회가 사전에 정한 해석 내용에 따라 투표의 유효 여부를 판정함이 마땅하다"고 판시하여, 노동조합의 내부 운영에서 단결자치와 조합민주주의의 원칙을 확인하였다.[4)]

나. 대의원회

노동조합의 규모 증대, 사업장의 분산, 조합업무의 전문화로 인하여 총회에 모든 조합원이 참가하는 것이 사실상 불가능한 경우가 많다. 또한 단체의 규모가 커질수록 거대한 단체와 개별 구성원과의 관계는 자칫하면 개별 구성원이 단체의 주체라기보다는 단체가 제공하는 서비스를 구성원에게 제공하는 정도로 국한되는 형태가 되기 쉽다. 이와 같은 경우 대의원제도는 단체의 집단적 의사와 조합원의 개인의사를 서로 연계시켜 주는 중간단계로서의 역할을 수행할 수 있다. 이처럼 실질적으로 조합민주주의를 실현하고, 노동조합 운영의 능률성을 제고하기 위하여 노조법 제17조 제1항은 총회를 갈음하여 대의원회를 설치·운영할 수 있도록 규정하였다. 이에 따라 대의원회를 두는 경우에도 규약에서 일정한 사항은 반드시 총회의 의결을 거치도록 정하여 총회와 대의원회를 아울러 두는 것도 가능하다.

다. 총회와 대의원회의 관계

(1) 총회의 소집과 운영이 현실적으로 어려운 경우뿐만 아니라, 현실적으로 별 어려움이 없음에도 불구하고 총회와 대의원회가 병존할 수 있도록 규약에서 규정하고 있는 경우가 많다. 노조법 제17조 제1항의 의미는 대의원회를 둠으로써 사실상 총회 그 자체가 대의원회로 변경된다고 해석되는데, 대의원회와 총회의 관계는 일률적으로 판단할 것이 아니라 대의

---

4) 대법원 1998. 2. 27. 선고 97다43567 판결.

원회를 두게 된 취지와 배경, 해당 노동조합의 운영현황, 의결대상 안건의 내용 등을 종합하여 개별 사안에 따라 종합적으로 판단하여야 한다.

(2) 원칙적으로 조합원이 의사결정 과정에 직접 참여할 수 있는 총회는 조합원의 의사가 간접적으로 전달되는 대의원회보다는 우선적인 지위를 갖는다. 따라서 총회에서 조합원들이 참석하여 의결한 내용은 대의원회에서 번복할 수 없다.

(3) 총회의 운영이 현실적으로 불가능하여 민주성의 요청에 따라 대의원회가 보충적으로 구성된 경우, 그 한도 내에서 대의원회는 총회를 대체하여 모든 지위와 권한을 행사하는 것으로 보아야 하고 대의원회의 결의에 반대하여 별도의 총회 소집 및 권한 행사를 요구하는 것은 인정되지 않는다고 봄이 타당하다. 그러나 규약에서 편의상 총회를 갈음하여 대의원회를 둘 수 있다고만 규정하고 총회와 대의원회의 권한 배분에 관하여 아무런 규정을 두지 않은 경우, 총회의 지위와 권한을 편의적으로 대의원회가 대신 행사하는 것으로 보아 규약의 규정에도 불구하고 총회의 구성 및 의사결정이 가능한 것으로 보아야 한다. 만약 규약에서 총회와 대의원회의 권한 배분에 관하여 정함이 있는 경우에는 규약의 내용에 따른다.

4. 대상사안의 검토

(1) 이 사건 규약에서 총회에 갈음할 대의원대회를 두고 '규약개정에 관한 사항'과 '연합단체의 설립, 가입 또는 탈퇴에 관한 사항'을 대의원대회의 의결사항으로 하는 등 총회의 의결사항과 대의원대회의 의결사항을 명확히 구분하여 정하고 있다. 그런데 총회는 자신의 모든 권한을 대의원회에 포괄적으로 위임한 것이 아니므로, 여전히 노동조합 최고의결기관의 지위를 유지하고 있다. 따라서 위와 같은 권한배분조항만으로는 총회가 이 사건 규약을 개정할 수 있는 권한이 소멸되었다고 볼 수 없다.

(2) 총회는 여전히 노조법 제16조 제2항 단서에 정해진 재적조합원 과반수의 출석과 출석조합원 3분의 2 이상의 찬성으로 이 사건 규약의 개정에 관한 사항을 의결할 수 있다. 따라서 이 사건 총회결의가 이 사건 규약 제23조 제1호, 제5호, 제96조 등을 위반하는 것이라고 할 수 없다.

[45] 유인물배포를 이유로 한 징계

대법원 1996. 9. 24. 선고 95다11504 판결

Ⅰ. 사실관계

(1) 피고는 K항공의 자회사로서 김포, 김해, 제주 등 국제공항과 대부분의 지방공항에서 K항공기 및 국내에 취항하는 외국항공기의 입출항 유도, 수하물의 적재, 적하, 항공기 시동 등 지상조업 업무를 전담하는 국내 항공운송사업체이고, 원고는 1990. 6. 1. 피고 회사에 조업사원으로 채용되었다.

(2) 원고는 1992. 7. 16. 08:00경 피고 회사 내 노사간의 임금협상에 관한 기사가 실린 같은 날 H신문 30부의 각 상단에 'H신문 기자에게 격려전화를 하자'는 내용을 쓴 다음 이를 국제조업 1, 2과, 객실지원과 및 기체지원과에 배포하였다. 피고는 1992. 8. 12. 원고의 이러한 행위를 징계사유로 들어 원고에 대하여 권고사직처분을 하였다.

Ⅱ. 참조조문

1. 노동조합 및 노동관계조정법(이하 '노조법')

제1조(목적) 이 법은 헌법에 의한 근로자의 단결권·단체교섭권 및 단체행동권을 보장하여 근로조건의 유지·개선과 근로자의 경제적·사회적 지위의 향상을 도모하고, 노동관계를 공정하게 조정하여 노동쟁의를 예방·해결함으로써 산업평화의 유지와 국민경제의 발전에 이바지함을 목적으로 한다.

제4조(정당행위) 형법 제20조의 규정은 노동조합이 단체교섭·쟁의행위 기타의 행위로서 제1조의 목적을 달성하기 위하여 한 정당한 행위

에 대하여 적용된다. 다만, 어떠한 경우에도 폭력이나 파괴행위는 정당한 행위로 해석되어서는 아니 된다.

Ⅲ. 판시사항

유인물의 배포가 허가제를 채택하고 있다고 할지라도 노동조합의 정당한 업무를 위한 행위까지 금지할 수는 없으므로 그 배포행위가 정당한지 여부는 허가 여부만을 가지고 판단할 것이 아니고, 그 유인물의 내용·매수(枚數), 배포의 시기·대상·방법, 이로 인한 기업이나 업무에의 영향 등을 기준으로 판단하여야 한다. H신문을 불법유인물이나 불법부착물이라 할 수 없고, 그 위에 'H신문 기자에게 격려전화를 하자'고 기재하였다고 하여 신문의 성질이 불법유인물로 바뀌었다고 볼 수 없으며, 그 배포행위가 쟁의를 모의한 행위에 해당한다고 할 수 없는바, 원고의 이러한 행위가 징계양정기준 제55호 '불법유인물 제작 배포', 제56호 '불법부착물 제작 배포', 또는 제49호 '불법적인 쟁의모의'에 해당하지 아니하므로 이 부분은 징계사유가 될 수 없다.

Ⅳ. 해 설

1. 정당한 조합활동

가. 조합활동의 개념[1)]

(1) 넓은 의미에서 조합활동은 근로자가 단결하고 노동조합 등 근로자 단체가 그 목적을 위해 활동을 벌이며 사용자와 단체교섭을 행하여 단체협약을 체결하고 때로는 쟁의행위를 하는 등 근로자가 노동3권을 행사하여 벌이는 일련의 모든 활동을 말한다. 근로자는 자신의 근로조건 유지·개선과 경제적·사회적 지위 향상을 위해 노동조합 등 근로자 단체를 조직하거나 그 단체에 가입하여 노동조합 기타 단결체 활동을 할 수 있다. 노

1) 노동조합 및 노동관계조정법 주해 Ⅰ, 512~513면.

동조합 등 근로자단체는 자유로이 스스로의 결정으로 단체를 운영하고 단체의 존립과 유지를 위한 활동을 할 수 있다. 이는 헌법이 보장하는 결사의 자유에서 당연히 인정되는 것이고, 헌법 제33조 제1항은 이를 단결권으로 보장하고 있다. 나아가 근로자는 노동조합 등 근로자 단체를 통하여 근로조건을 유지하고 개선하며, 근로자의 경제적·사회적 지위 향상을 위하여 사용자와 단체교섭을 하고 단체협약을 체결할 수 있다. 사용자는 이러한 근로자의 단체교섭 요구에 응하지 않으면 안 된다. 또한 근로자는 자신의 위와 같은 주장을 관철하기 위해 집단적인 쟁의행위나 그 밖의 여러 활동을 할 수 있다. 이는 헌법이 보장하는 노동3권에서 우러나는 것이다.

(2) 넓은 의미의 조합활동 중에서 단체교섭·쟁의행위에 대해서는 노조법에서 여러 규정을 두어 규율하고 있다. 넓은 의미의 조합활동 가운데 이와 같이 노조법에서 규율하는 단체교섭·쟁의행위를 제외한 나머지 부분을 좁은 의미에서 조합활동이라고 할 수 있다.

나. 조합활동과 노동3권

근로자가 사용자와 관계에서 근로제공 외에 벌이는 중요한 활동은 근로자 단결에 터잡은 여러 활동(넓은 의미의 조합활동)이다. 조합활동은 노동3권에 터잡은 것이기도 하지만, 노동3권이 자유권의 성격을 가지고 있는 점에서 보다시피, 근로자가 근로제공과 관련하여 자연스레 같이 노무를 제공하는 근로자들과 함께 결사체를 만들고 자신의 이익과 지위 향상을 위하여 결사체로 자신의 주장을 결집하고 위세를 형성하여 외부에 알리는 것은 집회·결사의 자유에서 인정되는 바이다. 노조법은 여기에서 더 나아가 근로자가 단결체를 형성하고 단결체 활동을 하는 것을 노동3권으로 보장하고 있다. 그리하여 단결체 활동으로 한 행위가 민사상 불법행위에 해당한다거나 형법상 범죄에 해당하더라도 근로자의 단결에 따른 행위라면 민·형사상 면책이 되고, 그 활동을 이유로 불이익한 처분을 할 경우 부당노동행위가 된다.

다. 조합활동의 정당성

(1) 의 의

조합활동이라고 하여 모두 민·형사상 면책이 되는 것은 아니다. 정당한 조합활동만이 민·형사상 면책이 된다. 조합활동의 면책 범위를 한정짓는 개념은 정당성이다. 노조법 제4조는, '노동조합이 단체교섭·쟁의행위 기타의 행위로서 노조법 제1조의 목적을 달성하기 위하여 한 정당한 행위에 대하여' 형법 제20조(정당행위)를 적용한다고 규정하여 '정당성'을 형사상 면책의 한 요건으로 삼고 있다.

(2) 요 건

판례[2)]는 어떤 조합활동이 정당한 것인가에 관하여 다음과 같은 요건을 들고 있다.

첫째, 주체의 측면에서 조합원이 노동조합의 결의나 구체적인 지시에 따라서 한 노동조합의 조직적인 활동 또는 그와 같은 결의나 지시 없이 개인적·자발적으로 한 행위라도 성질상 노동조합의 업무를 위한 활동으로 볼 수 있거나 묵시적으로 노동조합의 수권이나 승인을 받았다고 볼 수 있는 것이어야 한다.

둘째, 목적의 측면에서 근로조건의 유지·개선과 근로자의 경제적·사회적 지위의 향상을 도모하기 위하여 필요하고 근로자의 단결 강화에 도움이 되는 행위이어야 한다.

셋째, 시기의 측면에서 취업규칙이나 단체협약에 별도의 허용규정이 있거나 노동관행·사용자의 승낙이 있는 경우 외에는 근무시간 외에 행해져야 한다.

넷째, 수단·방법의 측면에서, 사업장내 조합활동은 사용자의 시설관리권에 바탕을 둔 합리적인 규율이나 제약에 따라야 하고 폭력과 파괴행위 등의 방법에 의하지 않는 것이어야 한다.

---

2) 대법원 1994. 2. 22. 선고 93도613 판결.

(3) 민·형사상 면책[3)]

'노동조합의 업무를 위한 정당한 행위'란 일반적으로는 노동조합의 정당한 활동을 가리키나, 조합원이 조합의 결의나 구체적인 지시에 따라서 한 노동조합의 조직적인 활동 그 자체가 아닐지라도 그 행위의 성질상 노동조합의 활동으로 볼 수 있거나 노동조합의 묵시적인 수권 또는 승인을 받았다고 볼 수 있을 때에는 그 조합원의 행위를 노동조합의 업무를 위한 행위로 보아야 한다. 그리고 조합활동으로서 배포된 문서에 기재되어 있는 문언에 의하여 타인의 인격·신용·명예 등이 훼손 또는 실추되거나 그렇게 될 염려가 있고, 또 그 문서에 기재되어 있는 사실 관계의 일부가 허위이거나 그 표현에 다소 과장되거나 왜곡된 점이 있다고 하더라도, 그 문서를 배포한 목적이 타인의 권리나 이익을 침해하려는 것이 아니라 노동조합원들의 단결이나 근로조건의 유지 개선과 근로자의 복지증진 기타 경제적·사회적 지위의 향상을 도모하기 위한 것이고, 또 그 문서의 내용이 전체적으로 보아 진실한 것이라면, 그와 같은 문서의 배포행위는 노동조합의 정당한 활동범위에 속하는 것으로 보아야 한다. 따라서 그와 같은 행위를 한 것을 이유로 그 문서를 작성·배포한 근로자를 해고하거나 불이익을 주는 행위는 허용되지 않는다.

라. 유인물 배포

(1) 의 의

유인물 배포는 사용자 승낙이 없는 경우 시설관리권과 충돌이 문제되나, 벽보 부착에 비하여 시설관리권과 충돌하는 정도는 약한 반면 직장질서와 충돌 여부가 더 문제된다. 사용자 승낙이 없는 경우 그 유인물의 내용(인신공격·비방 여부), 배포 방법(공개적으로 배포한 것인지 은밀하게 배포한 것인지 등), 배포 시기(근무시간 중인지 휴게시간 또는 출퇴근시간인지 등) 등 여러 사정에 비추어 조합활동으로 불가피성이 있고, 그 활동으로 인해 업무운영이나 시설관리상 실질적 지장이 초래되지 않는 경우에는 그

3) 대법원 2011. 2. 24. 선고 2008다29123 판결.

유인물 배포는 정당하다. 노동조합의 언론(집회, 총회 등에서 한 연설도 포함)이 노동조합 안에서만 이루어진 경우에는 그 내용에 문제가 있더라도 이를 이유로 사용자는 징계처분 등을 할 수 없고, 이것을 두고 충실의무 위반이라고 볼 수도 없으며, 단지 명예훼손에 따른 형사책임이나 불법행위에 따른 민사책임만이 문제될 뿐이다.

판례는, 유인물 배포에 관하여 회사의 사전 승인이나 허가를 받아야 하더라도 근로조건의 유지·향상이나 복지 증진을 위한 근로자들의 정당한 행위까지 금지할 수는 없으므로 그 행위가 정당한가 아닌가는 회사의 승인이나 허가 여부만을 가지고 판단할 것은 아니고, 그 유인물의 내용·매수, 배포의 시기·대상·방법, 이로 인한 기업이나 업무에 미친 영향 등 여러 가지 사정을 고려하여야 하고, 특히 근무시간이 아닌 휴게시간 중의 유인물 배포는 다른 근로자의 취업에 나쁜 영향을 미치거나 휴게시간의 자유로운 이용을 방해하거나 구체적으로 직장질서를 문란하게 하였는지 여부 등을 고려하여 정당성을 판단하여야 한다고 판시하였다.[4)]

(2) 정당성을 인정한 사례

(i) 휴게시간인 점심시간에 회사의 시설물을 이용하지 않고 다른 조합원들에게 유인물을 단순히 전달하였을 뿐이고, 배포한 유인물의 내용에 다소 과장된 표현이나 개인적인 자기 변명을 한 부분이 있으며 부분적으로 사실과 다른 내용이 포함되었다고 해도, 전체적인 내용이 노동조합 위원장에 입후보하였던 사람으로서 선거와 관련된 문제에 대한 의견을 말하고 위원장 후보 사퇴에 따른 조합원의 오해를 해명하기 위한 것인 경우,[5)] (ii) 유인물 기재 내용으로 인하여 다른 사람의 인격·신용·명예가 훼손·실추되거나 그렇게 될 염려가 없고, 또 그 기재된 사실관계 일부가 허위이거나 그 표현에 다소 과장되거나 왜곡된 점이 있다 해도 그 문서를 배포한 목적이 다른 사람의 권리나 이익을 침해하려는 것이 아니라 근로조건의 유지·개선과 근로자의 복지증진 기타 경제적·사회적 지위의 향상을 도

4) 대법원 2017. 8. 18. 선고 2017다227325 판결.
5) 대법원 1991. 11. 12. 선고 91누4164 판결.

모하기 위한 것으로서 그 내용이 전체적으로 사실에 부합하는 경우[6] 등에는 정당성을 긍정하였다.

(3) 정당성을 부정한 사례

(i) 비록 노동조합의 대의원 선거운동 기간 중이었지만, 취업규칙에 정해진 사용자의 허가를 받지 않고 유인물을 배포하였고, 허위사실을 적시하여 회사를 비방하는 내용을 담아 근로자들로 하여금 사용자에 대해 적대감을 유발시킬 염려가 있었으며, 유인물을 근로자들에게 직접 건네지 않고 사용자의 공장에 은밀히 뿌린 경우,[7] (ii) 근로자가 취업규칙에 정한 사전 통보 절차를 밟지 않고 작성하여 인쇄물을 회람시켰고, 그 내용이 회사 간부의 명예를 훼손하는 것으로 그 중 일부는 근거가 없고, 또 그 인쇄물이 회사와 노동조합·근로자 사이의 근로관계와는 직접 관련이 없는 문제를 가지고 집단적으로 월차휴가를 실시할 것을 선동하는 내용인데다가 그 결과 다수의 근로자가 이에 동조하여 사업장을 무단 이탈함으로써 회사 업무의 정상적 운영에 지장을 준 경우,[8] (iii) 자동차제조회사와 차량운송 도급계약을 맺은 회사 소속 근로자들로 구성된 노동조합을 결성한 후 자동차제조회사의 사전 승인 없이 공장내 식당과 정문 등에 노동조합 설립 벽보를 붙이고, 공장 정문에서 자동차제조회사 직원들에게 노동조합 설립 유인물을 배포하였으며, 이에 자동차제조회사측에서 수급회사에 그 행위 중지를 촉구하는 공문을 보내 수급회사가 조합원에게 행위중지를 요구하였고, 단체교섭이 원만히 진행되지 않는다는 이유로 회사 소유 차량에 '축 창립 ○○ 회사 노동조합'이라 쓰여진 현수막을 붙인 채 위 공장 안을 운행하고, 자동차제조회사가 그 철거를 요구하자 조합원들이 정당한 노동조합활동 방해라며 거절하고, 자동차제조회사의 운송작업지시를 거부하여, 자동차제조회사에서 수급회사에 차량운송 도급계약을 해지할 뜻을 통지할 지경에 이른 경우[9] 등에는 정당성을 부정하였다.

---

6) 대법원 1998. 5. 22. 선고 98다2365 판결.
7) 대법원 1992. 6. 23. 선고 92누4253 판결.
8) 대법원 1992. 3. 13. 선고 91누5020 판결.
9) 대법원 2000. 6. 23. 선고 98다54960 판결.

2. 대상사안의 검토

가. 노동조합활동으로 볼 수 있는지 여부

조합원이 조합의 결의나 구체적인 지시에 따라서 한 노동조합의 조직적인 활동 그 자체가 아닐지라도 그 행위의 성질상 노동조합의 활동으로 볼 수 있거나 노동조합의 묵시적인 수권 또는 승인을 받았다고 볼 수 있을 때에는 그 조합원의 행위를 노동조합의 업무를 위한 행위로 보아야 한다. 대상사안에서 원고는 노사간의 임금협상에 관한 기사가 실린 신문 30부의 각 상단에 'H신문 기자에게 격려전화를 하자'는 내용을 쓴 다음 이를 회사내에 배포한 것이므로, 그 행위의 성질상 노동조합의 활동으로 볼 수 있다.

나. 문서를 배포한 목적

노동조합활동으로 문서를 배포한 목적이 타인의 권리나 이익을 침해하려는 것이 아니라 노동조합원들의 단결, 근로조건의 유지·개선, 근로자의 복지증진 그 밖의 경제적·사회적 지위의 향상을 도모하기 위한 것이고 또 그 문서의 내용이 전체적으로 보아 진실한 것이라면, 그와 같은 문서를 배포하는 행위는 노동조합의 정당한 활동범위에 속하는 것으로 보아야 한다.[10] 이 사건에서 원고가 배포한 신문의 기사만으로는 사용자나 타인의 인격·신용·명예 등이 훼손·실추되거나 그렇게 될 염려가 있고 또 그 문서에 기재되어 있는 사실관계의 일부가 허위이거나 표현에 다소 과장되거나 왜곡된 점이 있다고 보기는 어렵다.

다. 징계사유가 될 수 있는지 여부

(1) 사용자가 징계사유로 삼은 근로자의 행위가 선전방송이나 유인물의 배포인 경우 선전방송이나 유인물의 배포가 사용자의 허가를 받도록 되어 있다고 하더라도 노동조합의 정당한 업무를 위한 선전방송이나 유인

10) 대법원 2018. 2. 13. 선고 2014다33604 판결.

물의 배포 행위까지 금지할 수는 없으므로 행위가 정당한지는 사용자의 허가 여부만을 가지고 판단하여서는 아니 되고, 선전방송이나 유인물의 내용·매수, 배포의 시기·대상·방법, 이로 인한 기업이나 업무에의 영향 등을 기준으로 노동조합의 정당한 업무를 위한 행위로 볼 수 있는지를 살펴본 다음 판단하여야 한다.

(2) 대상사안에서 비록 회사가 유인물의 배포가 허가제를 채택하고 있다고 할지라도 노동조합의 정당한 업무를 위한 행위까지 금지할 수는 없고, 원고가 문서를 배포한 목적이 타인의 권리나 이익을 침해하려는 것이 아니라 노동조합원들의 단결이나 근로조건의 유지 개선과 근로자의 복지 증진 기타 경제적·사회적 지위의 향상을 도모하기 위한 것이고, 또 문서의 내용이 전체적으로 보아 진실한 것이므로, 그와 같은 행위는 노동조합의 정당한 활동범위에 속하는 것으로 보아야 한다.

(3) 대상사안에서 원고가 배포한 H신문이 불법유인물이나 불법부착물이라 할 수 없고, 그 위에 'H신문 기자에게 격려전화를 하자'고 기재하였다고 하여 신문의 성질이 불법유인물로 바뀌었다고 볼 수 없으며, 그 배포행위가 쟁의를 모의한 행위에 해당한다고 할 수 없으므로, 결국 원고의 행위는 징계사유가 될 수 없다.

[46] 신문기사를 개인 홈페이지 등에 게시한 행위와 정당한 조합활동

대법원 2011. 2. 24. 선고 2008다29123 판결

Ⅰ. 사실관계

가. 당사자의 지위

피고 K항공은 항공운수업을 영위하는 회사이고, 원고는 1989. 3. 1. 피고에 입사하여 항공우주사업본부에서 기술기사로 근무하던 중 2005. 9. 14. 피고에 의하여 파면되었다.

나. 피고의 로고 사용

원고는 피고의 노동조합 대의원으로 활동하던 2005. 5. 28. 개인 홈페이지(주소 : www.○○○.or.kr, 이하 '이 사건 홈페이지')를 개설하면서 위 홈페이지 상단에 피고의 로고를 무단 사용하였다.

다. 인사정책관련 문서의 게시

(1) 원고는 2005. 5. 31. 이 사건 홈페이지의 자료실에 피고의 인사정책과 관련된 문서인 'C－PLAY(회사의 신인사정책－1)', 'HR－BANK(회사의 신인사 정책－2)', '<필독> 대리급 승격시 필수과정 이수제 세부운영내용(신인사제도－3)'(이하 '인사정책 관련문서')을 게시하였다.

(2) 위 인사정책 관련문서는 피고가 사외비(社外秘)로 분류하고 있는 교육훈련 기본계획, 종합적인 인력운영 등의 계획 및 분석자료에 해당하는 것으로, 피고가 소속 근로자들에 대한 근무평정을 통하여 매년 피고가 요구하는 수준에 미달하는 인력(C－PLAYER)을 선별하고 이들에 대한 특별관리를 시행하며, 조직개편이나 아웃소싱 등으로 발생하는 잉여인력에 대한 재교육·평가 및 사원이 대리로 승진하기 위하여 거쳐야 하는 시험

등에 관한 내용을 담고 있다.

(3) 위 인사정책 관련문서는 피고의 회사규정상 사외비로 분류되어 있으나 사외비라는 표시 없이 피고의 내부 통신망에 게재되어 있어 피고의 직원들은 모두 열람이 가능하고, 원고도 피고의 내부 통신망에서 위 문서를 가져다가 위 홈페이지에 게시하였다.

라. '때외비입니다'라는 문건의 방치

(1) "□□□"이라는 아이디(ID)를 사용하는 사람이 2005. 6. 22. 이 사건 홈페이지의 자유게시판에 "때외비입니다"라는 제목의 문건(이하 '이 사건 때외비 문건')을 게시하였는데, 위 문건은 "피고가 K항공 조종사 노동조합(이하 '조종사 노조')의 주장을 계속 무시하여 파업을 유도한다", "피고가 수천억 한도 내에서 무제한 자금을 살포하여 조종사 노조 주장의 무리함과 강경노선을 유포, 확대시켜 고립시킨다" 등의 자극적인 표현을 사용하여, 마치 피고가 비정상적 방법으로 조종사 노조의 요구를 부당하게 거절하고 파업을 기획·조장하는 지침을 정하여 이를 배포한 것처럼 작성된 것이었다.

(2) 이 사건 때외비 문건의 게시 무렵인 2005. 6. 21.부터 같은 달 28일까지는 피고와 단체협약 갱신을 둘러싸고 첨예한 대립을 하고 있던 조종사 노조의 쟁의행위 찬반투표가 진행되고 있었는데, 원고는 아래에서 보는 바와 같이 피고로부터 여러 차례에 걸쳐 위 문건의 삭제요구를 받았으나 2006. 7. 18.에서야 위 때외비 문건을 삭제하여 위 때외비 문건이 약 27일간 이 사건 홈페이지에 게시되었다.

마. 인터넷 신문인 '민중의 소리' 기사의 게시

원고는 2005. 7. 6. 인터넷 신문인 "민중의 소리"가 작성하여 보도한 "K항공 사측, '훔쳐서라도' 파업을 막아라(?)"라는 제하의 기사를 복사하여 피고 내부통신망과 이 사건 홈페이지에 제목을 "K항공 리본 절도죄 - 펌"(이하 '이 사건 신문기사'라고 한다)으로 변경하여 게시하였는데, 위 기사의 내용은 조종사 노조가 2005. 7. 4. 준법투쟁을 위하여 각 조종사들의 편지함에 넣어둔 "단협쟁취, 비행안전"이라고 적힌 리본 1,300개를 피고가 훔쳐갔다는 것이다.

바. 피고의 시정지시와 원고의 대응

(1) 피고는 2005. 6. 1.과 같은 달 2일 항공우주사업본부 관리담당 섹션장을 통해 원고에게 구두로 이 사건 인사정책 관련문서를 이 사건 홈페이지에 게시함으로써 피고의 경영상 정보가 외부로 유출되고 있으니 위 인사정책 관련문서와 피고의 로고를 삭제할 것을 지시하였다.

(2) 피고는 2005. 6. 24. 항공우주사업본부 민항기사업공장장 이름으로 원고에게 이 사건 홈페이지에서 회사를 비난하거나 회사의 제도에 어긋나는 익명의 게시물 및 취업규칙에 위반되는 내용의 게시물을 삭제할 것을 지시하였다. 이에 원고는 이 사건 홈페이지에서 피고의 로고를 삭제하였으나, 이 사건 인사정책 관련문서는 자료실에 게시하고 위 자료실에 게시된 게시물에 대하여는 로그인 방식을 통해 피고의 직원임이 확인된 사람만 접근할 수 있도록 열람방식을 변경한 후, 2005. 6. 29. 위와 같은 내용을 피고에게 통보하였다.

(3) 피고는 2005. 7. 6. 이 사건 홈페이지의 자유게시판에 게시된 이 사건 때외비 문건과 자료실에 게시된 이 사건 인사정책 관련문서는 취업규칙 등 사규에 반하는 내용이므로 이를 즉시 삭제할 것을 지시하는 내용이 담긴 민항기사업공장장 명의의 3차 시정지시서를 D부장을 통해 원고에게 전달하려고 하였으나, 원고는 위 각 문서의 게시행위가 취업규칙·인사규정·정보보호규정 등에 위반되는지 여부를 구체적으로 설명해 달라고 요구하며 그 수령을 거부하였다.

(4) 피고는 2005. 7. 12. 민항기 사업 공장장 이름으로 원고에게, 이 사건 때외비 문건과 인사정책 관련문서 등을 삭제하라고 지시하였음에도 불구하고 원고가 이를 삭제하지 아니하고 2005. 7. 6.자 시정지시문의 수령을 거부한 경위에 대하여 경위서를 제출할 것을 지시하였다. 이에 원고는 2005. 7. 18. 이 사건 때외비 문서는 조종사 노조 홈페이지에도 게시되어 있는 것이므로 이를 삭제하라고 지시하는 것은 부당하나, 그럼에도

불구하고 삭제하라는 취지라면 따를 의사가 있고, 이 사건 인사정책 관련문서는 2005. 6. 29. 통보한 바와 같이 일반인의 열람이 제한되는 자료실로 옮겼다는 내용의 경위서를 제출하면서, 이 사건 인사정책 관련문서를 삭제하지 아니하고, 같은 날 이 사건 때외비 문건만 이 사건 홈페이지에서 삭제하였다.

(5) 피고는 2005. 7. 25. 인재개발실장을 통해 원고가 피고 내부통신망에 "민중의 소리"라는 기사를 복사하여 "K항공 리본절도죄－펌"이라는 제목으로 변경하여 게시한 것과 관련하여 경위서를 제출할 것을 지시하였다. 이에 원고는 2005. 7. 29. 원고의 소속부서 상관이 아닌 인재개발실장이 원고에게 경위서를 제출하도록 요구할 권한이 없다면서 경위서에 갈음하는 답변서를 제출하며 이 사건 신문기사를 삭제하지 아니하였다.

사. 원고에 대한 징계 경위

(1) 피고는 2005. 8. 5. 원고에게, 원고가 (i) 정보통신망에 이 사건 때외비 문건과 인사정책 관련문서, 이 사건 신문기사를 게시하여 피고의 명예를 훼손하고 업무를 방해하였고, (ii) 이 사건 홈페이지에 피고의 로고를 무단 사용하고 피고의 문서를 무단 게재하였으며, (iii) 위 사항에 대한 상사의 시정지시를 불이행하여 피고의 취업규칙·인사규정·정보보호규정을 위반하였다는 이유로 2005. 8. 11. 원고에 대한 상벌심의소위원회를 개최하겠으니, 소명서를 제출하거나 출석하여 구두로 소명할 수 있음을 통보하였다.

(2) 피고는 2005. 8. 11. 원고에 대한 상벌심의소위원회를 개최하여 원고를 파면하기로 결정하고, 2005. 8. 12. 원고에게 파면결정을 통보하였다.

(3) 이에 원고가 2005. 8. 17. 재심을 요구하자, 피고는 노동조합측 조사위원 3인과 피고측 조사위원 3인으로 구성된 공동조사위원회로 하여금 2005. 8. 24.부터 같은 달 26일까지 원고의 행위가 징계사유에 해당하는지 여부와 징계양정이 적정한지 여부에 관하여 조사를 하도록 하고 그 의견을 들은 뒤, 2005. 9. 2. 원고에게 상벌심의본위원회(재심)의 개최를 통

보하고, 2005. 9. 9. 상벌심의본위원회(재심)를 거쳐 2005. 9. 14. 앞서 본 사유를 들어 원고를 파면하였다(이하 '이 사건 파면').

Ⅱ. 참조 조문

1. 노동조합 및 노동관계조정법

제81조(부당노동행위) 사용자는 다음 각 호의 어느 하나에 해당하는 행위(이하 "부당노동행위"라 한다)를 할 수 없다.

1. 근로자가 노동조합에 가입 또는 가입하려고 하였거나 노동조합을 조직하려고 하였거나 기타 노동조합의 업무를 위한 정당한 행위를 한 것을 이유로 그 근로자를 해고하거나 그 근로자에게 불이익을 주는 행위

2. 취업규칙

1.1.5. 업무상의 비밀

직원은 회사의 기업비밀 보호관리 규정의 내용을 준수하고 업무상의 일체의 비밀을 재직 중은 물론 퇴직 후일지라도 이를 누설하여서는 안 된다.

1.1.6. 금지사항

직원은 다음의 행위를 하여서는 안 된다.

6) 회사의 명예와 신용을 훼손하는 언동을 하는 것

12) 회사의 허가 없이 기업비밀 보호관리 규정상의 기업비밀을 외부에 유출하거나 타인에게 열람, 대여하는 것

15) 회사의 허가 없이 회사의 명칭, 로고를 사용하는 것

4.3.1. 퇴직

3) 회사는 다음의 각호의 1에 해당하는 직원을 파면할 수 있다.

② 상벌심의위원회 심의에서 파면이 의결되었을 때

5.0.3. 징계의 사유

직원이 다음 각 호의 1에 해당할 때에는 이를 징계한다.

4) 1.1.5.조, 1.1.6.조의 규정을 위반한 자

3. 인사규정

> **8.0.1. 복무규율**
> ③ 직원은 회사의 기업비밀 보호관리 규정의 내용을 준수하고 업무상 일체의 비밀을 재직 중은 물론 퇴직 후에도 이를 누설하여서는 안 된다.
> ⑥ 직원은 다음의 행위를 하여서는 안 된다.
> 6) 회사의 명예와 신용을 훼손하는 언동을 하는 것
> 12) 회사의 허가 없이 기업비밀 보호관리 규정상의 기업비밀을 외부에 유출하거나 타인에게 열람, 대여하는 것
> 15) 회사의 허가 없이 회사의 명칭, 로고를 사용하는 것
>
> **13.0.3. 징계의 사유**
> 직원이 다음 각 호의 1에 해당하는 때에는 징계한다.
> 4) 6.0.6.조 및 8.0.1.조 3, 4, 5, 6항의 규정을 위반하거나 7.0.1.조 2, 3항의 규정에 해당하는 자

Ⅲ. 판시사항

(1) 노동조합 및 노동관계조정법(이하 '노조법') 제81조 제1호의 '노동조합의 업무를 위한 정당한 행위'란 일반적으로는 노동조합의 정당한 활동을 가리키나, 조합원이 조합의 결의나 구체적인 지시에 따라서 한 노동조합의 조직적인 활동 그 자체가 아닐지라도 그 행위의 성질상 노동조합의 활동으로 볼 수 있거나 노동조합의 묵시적인 수권 또는 승인을 받았다고 볼 수 있을 때에는 그 조합원의 행위를 노동조합의 업무를 위한 행위로 보아야 한다.

(2) 노동조합활동으로 배포된 문서에 기재되어 있는 문언에 의하여 타인의 인격·신용·명예 등이 훼손 또는 실추되거나 그렇게 될 염려가 있고, 또 그 문서에 기재되어 있는 사실 관계의 일부가 허위이거나 그 표현에 다소 과장되거나 왜곡된 점이 있다고 하더라도, 그 문서를 배포한 목적이 타인의 권리나 이익을 침해하려는 것이 아니라 노동조합원들의 단결이나

근로조건의 유지·개선과 근로자의 복지증진 기타 경제적·사회적 지위의 향상을 도모하기 위한 것이고, 또 그 문서의 내용이 전체적으로 보아 진실한 것이라면, 그와 같은 문서의 배포행위는 노동조합의 정당한 활동범위에 속하는 것으로 보아야 하고, 따라서 그와 같은 행위를 한 것을 이유로 그 문서를 작성·배포한 근로자를 해고하거나 근로자에게 불이익을 주는 행위는 허용되지 않는다.

Ⅳ. 해 설

1. 부당노동행위제도

가. 의 의[1)]

헌법 제33조 제1항에서는 근로자에게 단결권·단체교섭권 및 단체행동권을 보장하고 있다. 근로자들의 단결권의 행사에 의하여 조직된 노동조합은 그 본질적 성격에서 사용자로부터 독립된 존재이다. 사용자는 노동조합 운동이 시작된 이래 노동조합의 힘이 강화되는 것을 억제하려고 하는 것이 일반적인 현상이다. 사용자의 노동3권에 대한 침해에 대해서는 노동조합이 스스로 방위하여야 하지만, 노동조합에 의한 자주적 방위가 어려운 경우에는 국가기관의 개입에 의하여 사용자의 침해행위를 배제할 것이 요청된다. 뿐만 아니라 노동3권에 의하여 보장된 질서가 객관적으로 준수되어야 할 국가적 차원의 질서라는 점을 고려할 때, 이에 대한 침해가 있는 경우에는 국가기관의 개입에 의한 유지·보호가 필요하다. 이와 같은 취지에서 노조법 제81조에서는 사용자의 부당노동행위를 열거하고, 노조법 제82조 이하에서는 사용자의 부당노동행위가 현실적으로 행하여졌을 때 이에 대한 구제방법을 규정하고 있다. 근로자의 노동3권은 국가나 일반 사인에 의해서도 침해될 수 있지만, 현실적으로 가장 문제가 되는 것은 역시 사용자에 의한 침해이다. 이러한 점을 감안하여 노조법은 근로자 또는 노동조합의 노동3권 실현활동에 대한 사용자의 침해 내지 간섭행

---

1) 노동조합 및 노동관계조정법 주해 Ⅲ, 4~5면.

위를 금지하고 있는데, 이렇게 금지되는 사용자의 행위를 부당노동행위라고 한다. 이 금지의 위반에 대하여 노조법은 제82조 이하에서 노동위원회를 통한 특별한 구제절차와 형사처벌을 규정하고 있다.

나. 효 력

부당노동행위금지규정은 헌법이 규정하는 노동3권을 구체적으로 확보하기 위한 것으로 이에 위반하는 행위에 대하여 처벌규정을 두고 있는 점, 부당노동행위에 대하여 신속한 권리구제를 받을 수 있도록 행정상 구제절차까지 규정하고 있는 점에 비추어 이는 효력규정인 강행법규라고 풀이되므로, 위 규정에 위반된 법률행위는 사법상으로도 그 효력이 없고 근로자에 한 불이익취급행위로서의 법률행위는 부당노동행위로서 무효이다.[2)]

다. 민사적 구제

부당노동행위의 사법상 효력에 따른 민사적 구제는 노조법상 부당노동행위의 행정적 구제와는 별도의 절차로서 독자성을 가진다. 부당노동행위 구제제도는 공법상 권리구제절차로서 사용자와 근로자 사이의 부당노동행위 구제제도와 별도로 민사소송에 의하여 해고 등의 불이익처분이 부당노동행위에 해당함을 이유로 그 사법상 효력을 다툼으로써 권리구제를 구할 수 있다.[3)]

2. 당사자의 주장

가. 원고의 주장요지

(i) 원고가 상표법에 대한 무지로 인해 피고의 로고를 사용하였지만 다른 의도는 전혀 없었고 그 후 잘못을 알고 2005. 6. 10.경 바로 삭제하였고, (ii) 원고가 이 사건 인사정책 관련문서를 게시한 것은 노동조합의 대의원으로서 회사의 인사정책을 조합원들에게 널리 홍보하고자 하는 뜻이

2) 대법원 1995. 2. 23. 선고 94다17758 판결.
3) 대법원 1996. 4. 23. 선고 95다53102 판결.

었지 다른 의도는 전혀 없었으며, (iii) 이 사건 때외비 문건은 조종사 노조의 홈페이지에 게시되어 있던 것으로 누군가가 이 사건 홈페이지에 올린 것이지 원고가 게시하지 않았을 뿐만 아니라, 그 후 피고의 삭제요구를 받아들여 2005. 7. 18.경 삭제하였고, (iv) 이 사건 신문기사는 원고가 그 사실을 확인한 후 조종사 노조 홈페이지에 게시된 것을 그대로 복사하여 올린 것으로 원고의 자유로운 의견개진일 뿐이며, (v) 원고는 피고의 시정지시나 경위서 제출지시에 대하여 성실하게 응하여 경위서나 답변서를 제출하였고 그 내용대로 실행하였으므로, 피고의 로고사용, 이 사건 인사정책 관련문서, 때외비 문건, 신문기사 등의 게재, 그리고 시정지시 불이행 등은 징계사유에 해당하지 아니함에도 피고가 이를 징계사유로 삼아 원고를 파면한 것은 위법하다.

설사 위와 같은 사유가 징계사유에 해당한다고 하더라도 징계사유의 내용이나 정도, 원고가 16년간 성실하게 근무하여 온 점 등을 고려하면, 피고가 취업규칙에 정해진 징계의 종류 중 가장 무거운 파면을 선택한 것은 징계권의 남용이며, 나아가 피고의 원고에 대한 이 사건 파면은 원고가 노동조합의 대의원으로서 왕성하게 활동하자 이를 제어하기 위한 표적징계로서 부당노동행위에 해당한다.4)

나. 피고의 주장요지

원고가 주로 피고에게 불리한 내용만을 담고 있는 이 사건 홈페이지에 피고의 로고를 무단사용하고, 이 사건 인사정책 관련문서를 게시하여 피고의 비밀을 누설하였으며, 이 사건 때외비 문건과 신문기사를 게시하여 피고의 명예를 훼손함과 아울러 조종사 노조와의 단체교섭 업무를 방해하였고, 상사의 정당한 지시를 따르지 아니하고 이를 무시하였는바, 이러한

4) 사용자가 근로자를 해고하면서 표면적으로 내세우는 해고사유와는 달리 실질적으로 근로자의 정당한 조합활동을 이유로 해고한 것으로 인정되는 경우에는 그 해고는 부당노동행위라고 보아야 하고, 정당한 해고사유가 있어 해고한 경우에 있어서는 비록 사용자가 근로자의 조합활동을 못마땅하게 여긴 흔적이 있다거나 사용자에게 반노동조합의 의사가 추정된다고 하여도 당해 해고사유가 단순히 표면상 구실에 불과하다고 할 수 없으므로 부당노동행위에 해당한다고 할 수 없다. 대법원 2017. 11. 14. 선고 2017두52924 판결.

원고의 행위는 징계사유에 해당하고 피고는 재량권의 범위 안에서 원고를 파면한 것이므로, 이 사건 파면은 정당하다.

3. 징계사유의 존부

(1) 피고 로고의 무단사용

원고가 취업규칙 및 인사규정에 위반하여 피고의 허가 없이 피고의 로고를 사용한 것은 징계사유에 해당한다.

(2) 이 사건 인사정책 관련문서의 게시

원고가 2005. 5. 31.부터 같은 해 6. 29.까지 사외비에 해당하는 이 사건 인사정책 관련문서를 일반인의 접근이 허용되는 이 사건 홈페이지의 자유게시판에 게시하였는데, 설사 원고가 위 문서를 게재할 당시에는 위 문서가 사외비라는 사실을 몰랐다고 하더라도 그 후 피고의 삭제지시를 통해 위 문서가 사외비라는 사실을 알게 되었으면 바로 피고의 지시에 응하여 삭제하였어야 함에도, 단순히 열람방식만을 변경한 채 계속하여 게시한 행위는 회사의 허가 없이 기업비밀을 외부에 유출한 행위로서 징계사유에 해당한다.

피고의 시정지시 후 원고가 로그인 방식으로 열람을 제한하였다고 하더라도, 피고의 직원이 15,500여 명에 이르고 피고의 일반노동조합의 조합원도 10,000여 명에 이르러 원고로서는 사실상 열람하고자 하는 사람이 피고의 직원인지 여부를 가리기 어려운 사정임이 인정되는 점에 비추어 볼 때, 이 사건 인사정책 관련문서의 열람방식을 로그인 방식으로 변경하였다고 하여 기업기밀인 이 사건 인사정책 관련문서의 외부유출을 방지하였다고 볼 수도 없다.

(3) 이 사건 때외비 문건의 방치

비록 원고가 이 사건 때외비 문건의 작성과 게시에 관여하지 않았다고 하더라도, 위 문건이 피고의 명예를 훼손하고 피고의 조종사 노조와의 단체협약 업무에 좋지 않은 영향을 줄 수 있는 내용을 담고 있고 그 내용의 진위도 불확실하므로, 이 사건 홈페이지의 관리자이자 피고의 직원인 원고로서는 피고의 명예를 보호하고 조종사 노조와의 단체교섭 업무를 방해하지 않기 위해 위 문건을 바로 삭제하든지 그 사실 여부가 확인될 때까지 그 열람을 제한하였어야 함에도, 일반인들도 열람할 수 있는 이 사건 홈페이지의 자유게시판에 게시된 위 문건을 2005. 6. 22.부터 2005. 7. 18.까지 약 한 달간 방치한 행위는 피고의 명예를 훼손하고 피고의 업무를 방해한 것으로 징계사유에 해당한다.

(4) 시정지시 불이행

비록 원고가 피고의 시정지시에 따라 이 사건 인사정책 관련문서의 열람방식을 로그인 방식으로 변경하여 그 열람을 제한하였고, 피고의 로고와 이 사건 때외비 문건도 삭제하였으나, 위와 같은 시정조치도 즉시 이루어진 것이 아니라 피고의 여러 차례에 걸친 시정지시에 따른 것이었고, 이 사건 인사정책 관련문서의 열람방식을 변경하였다고는 하나 여전히 외부유출 가능성이 있는 점, 이 사건 때외비 문건도 약 1달간이나 게시되도록 방치하였던 점, 원고는 피고로부터 이미 구두나 문서에 의한 시정지시를 수회 받아 이 사건 때외비 문건의 게시가 피고의 명예 및 신용을 훼손하는 행위이고 이 사건 인사정책 관련문서의 게시가 피고의 기업비밀을 유출하는 행위임을 알고 있음에도, 2005. 7. 6.자 시정지시문에 대하여는 새삼스럽게 취업규칙 등의 위반 여부에 관하여 구체적인 설명을 요구하며 위 시정지시문의 수령을 거부하기도 한 점 등에 비추어 보면, 원고가 피고의 시정지시를 제대로 이행하였다고 보기 어려우므로 원고의 위와 같은 시정지시 불이행도 징계사유에 해당한다.

4. 신문기사를 개인 홈페이지에 게시한 행위

가. 원심의 판단[5)]

인터넷 신문인 '민중의 소리'는 "조종사 노조가 2005. 7. 4. 준법투쟁을

5) 서울고등법원 2008. 3. 14. 선고 2007나28378 판결.

위하여 각 조종사들의 편지함에 넣어둔 '단협쟁취, 비행안전'이라고 적힌 리본 1,300개를 피고가 훔쳐갔다"는 내용의 기사를 보도한 바 있는데, 원고가 2005. 7. 6. 위 신문기사를 그대로 복사하여 피고 내부통신망과 원고의 개인 홈페이지에 게시한 행위는 피고의 명예와 신용을 훼손하는 것이고, 또한 피고의 위 행위와 관련한 각 시정지시를 불이행한 행위는 모두 징계사유에 해당한다.

나. 대법원의 판단

(1) 인정사실

(i) 원고가 사내 게시판 및 원고의 개인 홈페이지에 옮겨 게시한 위 신문기사는, 조종사 노조가 2005. 7. 4.부터 쟁의행위에 돌입하면서 조종사들이 사용하는 개인 편지함에 넣어둔 투쟁리본을 피고가 조종사 등의 동의 없이 수거한 사실을 근거로 작성되어 있어 그 내용에 허위성이 있다고 인정되지 아니한다.

(ii) 노동조합으로서는 사용자의 인사노무방침, 특히 대(對)노조정책을 파악하여 이를 노조원들에게 알리고 대응책을 마련하는 것이 중요한 업무 중 하나인데, 원고가 대의원으로 있는 K노동조합(이하 '이 사건 노조')의 사용자이기도 한 피고가 비록 이 사건 노조는 아니지만 동일 사업장 내 조종사들만을 그 조직대상으로 하여 설립된 별도의 K조종사노동조합(이하 '조종사노조')과의 단체교섭 과정에서 행한 행위는 피고의 대노조정책 내지 방침을 간접적으로 보여 주는 것으로 당시 단체교섭 및 쟁의행위가 진행 중이던 조종사노조는 물론이고 동일한 사용자를 가진 이 사건 노조의 입장에서도 이를 파악할 필요를 부정할 수 없다.

(iii) 위 신문기사는 인터넷 신문에 이미 게시되어 있던 것을 원고가 내용과의 관련성을 유지한 변경된 제목하에 출처를 밝히면서 그 내용 그대로 복사하여, 자신의 개인 홈페이지 및 피고의 직원들만 볼 수 있는 사내 게시판에 게시한 것이다.

(iv) 그 당시 단체교섭이 진행 중이고 쟁의행위 중이던 조종사노조의 홈페이지에도 이미 동일한 취지의 기사 등 위 투쟁리본 수거행위와 관련

된 문건이 게시되어 있는 상태였으므로, 원고가 개인 홈페이지나 사내 게시판에 위 신문기사를 옮겨 게시한 행위로 인하여 조종사노조원들이 새삼스레 위 사실을 알게 되었다거나 나아가 조종사노조의 쟁의행위나 단체교섭 과정에서 이 부분을 문제로 삼게 되는 등의 영향을 미쳐 피고의 단체협약 체결 업무의 정상적 운영에 지장이 초래되었다고 보기 어렵다.

(v) 원고의 위 신문기사 게시행위는 투쟁리본 관련 사건의 경위 및 중요성을 이미 파악하고 있던 조종사노조원들에 대한 것이 아니라 이 사건 노조원들에 대하여 피고의 단체교섭 과정에서의 행위를 알리고자 하는데 그 목적이 있는 것으로 보인다.

(2) 판 단

원고가 인터넷 신문에 게재된 위 신문기사를 그대로 복사하여 개인 홈페이지 등에 게시한 행위는 그 신문기사의 내용에 일부 과장되거나 왜곡된 표현의 사용으로 피고의 명예 등이 훼손되거나 그러한 염려가 있다고 하더라도 기본적으로는 원고가 속한 이 사건 노조원들의 단결을 도모하여 근로조건의 향상과 복지 증진 등을 도모하기 위한 것으로서 전체적으로는 그 내용이 진실한 것이라 할 수 있다. 따라서 원고의 위 신문기사 게시행위는 노동조합의 업무를 위한 정당한 활동범위에 속하는 것으로서 위 행위 자체 및 위 게시행위가 잘못되었다면서 그 시정을 명하는 피고의 지시를 불이행한 원고의 행위가 취업규칙 및 인사규정 소정의 징계사유에 해당하는 비위행위라고 할 수 없다.

5. 결 론

원심이 원고의 위 각 행위가 피고의 원고에 대한 2005. 9. 14.자 파면의 징계사유에 해당한다고 한 것은, 노조법 제81조 제1호가 정하는 노동조합의 정당한 활동범위 및 징계사유에 관한 법리를 오해하여 판결 결과에 영향을 미친 잘못이 있다. 따라서 법원은 신문기사 게시행위 및 이에 관한 시정지시 불이행을 제외한 나머지 징계사유만으로 이 사건 파면처분의 정당성을 판단하여야 한다. 또한 사용자의 불이익처분이 표면적으로 내세우는 사유와는 달리 실질적으로 근로자의 정당한 조합활동을 이유로 불이익처분을 한 것으로 인정되는 경우에는 그 불이익처분은 부당노동행위라고 보아야 하므로,[6] 이에 대한 판단이 필요하다.

6) 대법원 2017. 11. 14. 선고 2017두52924 판결.

[47] 근로자의 승격(昇格)과 부당노동행위

서울고등법원 1992. 11. 26. 선고 91구28834 판결

Ⅰ. 사실관계

(1) 원고는 1978. 9. 2 피고 보조참가인 주식회사 K항공에 보조정비사로 입사하여 1990. 1. 5. 회사 운항훈련원에 전근되어 근무하던 중, 1991. 5. 29. 같은 해 4. 1.자로 선임기술사에서 항공기술감독으로 승격(昇格) 발령되었다. 이로 인하여 원고는 회사와 노동조합이 1990. 4. 1.자로 체결한 단체협약 부속서에 의거 노동조합 가입대상에서 제외되어 노동조합원 자격을 잃게 되자, 그 승격이 부당노동행위라고 주장하며, 1991. 6. 5. 인천지방노동위원회에 구제신청을 하였다.

(2) 원고가 1989. 10. 6.~1990. 1. 4. 본사 대기발령을 받고, 그 기간 봉급의 60%만을 받은 사실은 있었으나, 대기발령은 징계의 종류를 규정하고 있는 회사 취업규칙 제53조 소정의 징계처분에는 포함되지 아니하고, 승격발령은 그 1년 이후의 일이기도 하여 승진결격사유를 규정하고 있는 인사규정 시행세칙 제4조 제1항 제2호에는 해당하지 아니한다.

(3) 원고가 1990. 1. 5. 원고의 특기와 거리가 있는 운항훈련원으로 전보된 사실은 있으나, 이러한 사유는 위 승진결격의 어느 사유에도 해당되지 아니한다. 또한 원고가 14일간의 병가를 실시한 사실은 있으나, 위 인사규정 시행세칙 제4조 제2항 제3호에 승격사정기간 중 15일 이상의 병가를 한 사실이 있는 자는 그 경중에 따라 최고 2호봉까지 유급된다는 규정이 있을 뿐, 이와 같은 사유로써 승진 결격사유로 삼고 있지는 아니한다.

(4) 원고는 이 사건 승격 당시 그 성적이 305점이었고, 회사의 기타부문 승격대상자 16명 중 6위에 있었으며, 그 성적은 회사가 정한 정기승격심사기준에 따른 것으로 필기성적(직능자격)·추천서열·근무평정·근무

성적 등에 의하여 결정되었고, 그 기준은 심사대상자들에게 일률적으로 적용되는 것이었다. 원고가 승격할 당시 승격발령 대상자 571명 가운데 182명이 승격하였고, 승격한 자 중 최고점은 426점, 최하점은 209점이었다.

(5) 원고는 승격심사에서 그 성적이 승격대상자 중 중상위권에 속하여 승격결정자 범위내에 들게 되어 회사의 정례적인 인사원칙에 따라 승격한 것이고 원고의 주장처럼 회사가 원고의 근무성적평정을 조작하여 승격하게 된 것으로는 인정되지 아니하였다. 원고가 회사의 승격심사가 완료된 후인 1991. 4. 3. 우편으로 회사에게 승격을 포기하는 내용의 각서를 발송한 사실이 있어 회사는 이 문제를 논의하였으나, 이와 같은 진급포기 각서 제출이 회사의 승격관련 규정상 결격이나 제한사유에 해당하지 아니한다는 결론에 도달하여 예정대로 승격 발령되었다.

(6) 원고는 회사 노동조합에서 대의원(1984. 6. 1.~1985. 5. 30.), 총무부장(1985. 6. 1.~1987. 5. 30.), 대의원(1987. 6. 1.~1989. 5. 30.), 비상근 부위원장(1989. 6. 1.~1990. 5. 30.) 직을 역임하였으며, 1990. 6. 노동조합 위원장 선거에 입후보하여 대의원 68명 중 5표를 득하여 낙선(최고득표자 38표, 차점득표자 20표)한 다음에는 평조합원으로 머물렀고, 이 사건에서 문제된 승격을 할 무렵에는 노동조합에서 특별한 활동을 한 것이 없었다.

Ⅱ. 참조 조문

1. 노동조합 및 노동관계조정법(이하 '노조법')

> **제81조(부당노동행위)** 사용자는 다음 각 호의 어느 하나에 해당하는 행위(이하 "不當勞動行爲"라 한다)를 할 수 없다.
>
> 1. 근로자가 노동조합에 가입 또는 가입하려고 하였거나 노동조합을 조직하려고 하였거나 기타 노동조합의 업무를 위한 정당한 행위를 한 것을 이유로 그 근로자를 해고하거나 그 근로자에게 불이익을 주는 행위

2. 인사규정 시행세칙

제4조 ① 현직급에서 근무기간 중 다음 각 호의 1에 해당하는 자는 1회에 한하여 승격대상에서 제외된다.

1. 직원근무 평정성적이 불량한 자
2. 징계처분(노선변경, 지상근무, 경고 제외)을 받은 날부터 1년이 경과하지 아니한 자
3. 정당한 사유없이 소정의 교육훈련을 인수하지 아니한 자
4. 3개월 이상 휴직한 자

제5조 승격은 다음 기준 및 자료에 의하여 심사한다.

1. 승격시험성적, 2. 직원근무 평정성적, 3. 소속장의 추천서, 4. 교육훈련 성적, 5. 근무연한, 6. 표창 및 징계, 7. 근태, 8. 항공종사자 기능증명, 9. 외국어 능력자격, 10. 기타 별도로 정하는 심사기준

Ⅲ. 판시사항

회사가 근로자를 승격시킬 무렵에는 근로자가 노동조합의 평조합원에 머물렀을 뿐만 아니라 뚜렷한 활동을 한 바 없어 회사가 근로자를 노동조합의 활동과 관련하여 혐오할 만한 사정이 있었다고 볼 수 없고, 근로자가 승격에 의하여 노동조합원 자격을 상실한 것은 회사와 노동조합간의 단체협약에 따른 것이며, 근로자에 대한 승격은 회사의 승격관련 규정에 따라 정례적으로 실시되어 온 바에 따른 것으로 정당한 것으로 인정되고, 승격대상자가 진급포기 각서를 제출하였다고 하여 회사가 반드시 그에 따라야 하는 것은 아니며, 이는 회사의 경영조직을 합리적으로 관리하기 위한 경영목적상 고유한 인사권의 범위 내에 속하는 문제이므로 승격 대상자의 의사를 참작하지 아니하였다 하여 그로써 반드시 부당노동행위 의사가 있는 것이라고 단정할 수 없다.

Ⅳ. 해 설

1. 근로자의 승진과 부당노동행위

근로자의 승진은 원칙적으로 근로자에게 유리한 조치이지만, 때로는 조합활동상 불이익으로 취급되는 경우도 있다.

가. 구제이익

근로자가 승진 이후 해고되자 지방노동위원회에 부당해고 구제신청을 하였으나 신청기간 도과를 이유로 각하되었고 이에 중앙노동위원회에 재심신청을 하였으나 기각되어 위 각하결정이 확정되었다고 하더라도 이로써 그 해고가 정당한지 여부가 아직 확정되지 아니하였고, 해고가 승진에 따른 무단결근 등을 그 해고사유로 삼고 있어서 승진의 부당노동행위 해당 여부가 해고의 사유와도 직접 관련을 갖고 있다면, 승진에 대한 구제의 이익이 있다.[1]

나. 부당노동행위의 성립

(1) 판단기준

사용자가 근로자의 노동조합활동을 혐오하거나 노동조합활동을 방해하려는 의사로 노동조합의 간부이거나 노동조합활동에 적극적으로 관여하는 근로자를 승진시켜 조합원 자격을 잃게 한 경우에는 노동조합활동을 하는 근로자에게 불이익을 주는 행위로서 부당노동행위가 성립될 수 있는바, 이 경우에 근로자의 승진이 사용자의 부당노동행위 의사에 의하여 이루어진 것인지의 여부는 승진의 시기와 조합활동과의 관련성, 업무상 필요성, 능력의 적격성과 인선의 합리성 등의 유무와 당해 근로자의 승진이 조합활동에 미치는 영향 등 제반 사정을 고려하여 판단하여야 한다.[2]

---

1) 대법원 1998. 12. 23. 선고 97누18035 판결.
2) 대법원 1992. 10. 27. 선고 92누9418 판결, 대법원 1998. 12. 23. 선고 97누18035 판결.

(2) 부당노동행위가 인정된 사례

근로계약상 근로의 장소가 국회현장으로 되어 있는 미화원인 근로자를 다른 곳으로 전직명령을 하면서 승진시킨 처분에 관하여, 법원은 근로자의 의사에 반한 인사권의 남용이라는 점, 전직명령이 이루어진 시기와 그 경과 등에 비추어 그 전직명령은 정당한 인사권의 행사라기보다는 불이익취급에 해당한다고 보았다.[3] 전직명령이 승진에 해당되어 경제적으로는 이익이 되더라도 조합활동상 불이익이 있으면 사용자의 의도 및 근로자의 의사와 전직명령의 시기 및 경과 등을 종합적으로 고려하여 불이익처분으로 볼 수 있다는 것이다. 그리고 근로자의 노동조합 활동을 이유로 한 불이익처분으로서 부당노동행위에 해당하는 경우에는 전직명령 거부를 이유로 한 해고도 정당성을 갖지 못한다고 보았다.[4]

또한 법원은 해고가 승진 및 배치전환에 따른 무단결근 등을 그 해고사유로 삼고 있어서 승진 및 배치전환의 부당노동행위 해당여부가 위 해고의 사유와도 직접 관련을 갖고 있다면, 승진 및 배치전환에 한 구제이익이 있다고 전제한 후, "사용자가 근로자의 노동조합 활동을 혐오하거나 노동조합활동을 방해하려는 의사로 노동조합의 간부이거나 노동조합 활동에 적극적으로 관여하는 근로자를 승진시켜 조합원 자격을 잃게 한 경우에는 노동조합 활동을 하는 근로자에게 불이익을 주는 행위로서 부당노동행위가 성립될 수 있다"[5]고 하여, 승진이 때로 불이익처분으로 될 수 있음을 명확히 하였다.

근로자의 입사 후 전직명령시까지의 근무부서 및 근무태도, 생활연고지, 노동조합장으로서의 활동경력, 그 동안에 있었던 회사의 노조 간부들에 대한 부당한 인사조치, 회사의 백화점과 슈퍼마켓 사이의 업무 차이, 백화점 신용판매부의 인원충원 필요성과 그와 상반된 서울영업본부의 업무 및 인원의 축소 등 제반사정에 비추어 볼 때, 부산에서 근무하던 근로

---

3) 대법원 1992. 1. 21. 선고 91누5204 판결.
4) 대법원 1992. 1. 21. 선고 91누5204 판결.
5) 대법원 1998. 12. 23. 선고 97누18035 판결.

자를 승진과 동시에 서울로 전직시킨 처분이 종전의 활발한 노조활동에 대한 혐오감에서 사직을 유도하려고 행한 것이어서 근로기준법 제23조 제1항에 위반하여 무효라고 인정한 사례도 있다.[6)]

(3) 부당노동행위가 부정된 사례

근로자에 대한 승진조치는 회사가 정기승진인사의 일환으로 승진대상자에 대한 합리적 사정을 거쳐 회사의 인사질서와 입사동기생간의 형평을 고려하여 행한 것일 뿐 근로자의 종전 노동조합활동을 혐오하여 이에 대한 예방적 차원의 조치로서 행한 것은 아니라고 보이고, 또 승진인사에 앞서 근로자가 회사의 간부에게 승진거부의 의사를 표명하였다고 하여도 사용자에게 인사질서의 문란을 감수하면서까지 노동조합활동을 계속하고자 하는 평조합원의 희망을 무조건 존중하여야 할 의무가 있는 것도 아니므로, 이를 받아들이지 않고 근로자를 승진시켰다고 하여 그것이 부당노동행위가 될 수 없다.[7)]

다. 부당노동행위의 의사

사용자가 근로자를 해고할 때 근로자의 노동조합 업무를 위한 정당한 행위를 그 실질적인 이유로 삼았으면서도 표면적으로는 다른 해고사유를 들어 해고한 것으로 인정되는 경우에는 노조법 제81조 제1호에 정한 부당노동행위로 보아야 하고, 근로자의 노동조합업무를 위한 정당한 행위를 실질적인 해고사유로 한 것인지의 여부는 사용자측이 내세우는 해고사유와 근로자가 한 노동조합업무를 위한 정당한 행위의 내용, 징계해고를 한 시기, 회사와 노동조합과의 관계, 동종의 사례에서 조합원과 비조합원에 대한 제재의 불균형 여부, 기타 부당노동행위 의사의 존재를 추정할 수 있는 제반 사정을 비교 검토하여 종합적으로 판단하여야 한다.[8)]

사용자가 근로자를 해고할 때 표면적으로 내세우는 해고사유와는 달리 실질적으로 근로자의 정당한 조합활동을 이유로 해고한 것으로 인정되는

---

6) 대법원 1994. 4. 26. 선고 93다10279 판결.
7) 대법원 1992. 10. 27. 선고 92누9418 판결.
8) 대법원 1995. 4. 28. 선고 94누11583 판결.

경우에는 그 해고는 부당노동행위라고 보아야 하고, 정당한 해고사유가 있어 해고한 경우에 있어서는 비록 사용자가 근로자의 조합활동을 못마땅하게 여긴 흔적이 있다거나 사용자에게 반노동조합의 의사가 추정된다고 하여도 당해 해고사유가 단순히 표면상의 구실에 불과하다고 할 수 없으므로 부당노동행위에 해당한다고 할 수 없다.[9)]

라. 증명책임

사용자의 행위가 노조법에서 정한 부당노동행위에 해당하는지는 사용자의 부당노동행위 의사의 존재 여부를 추정할 수 있는 모든 사정을 전체적으로 심리 검토하여 종합적으로 판단하여야 하고, 부당노동행위에 대한 증명책임은 이를 주장하는 근로자 또는 노동조합에 있다.[10)] 그러므로 필요한 심리를 다하였어도 사용자에게 부당노동행위 의사가 존재하였는지 여부가 분명하지 아니하여 그 존재 여부를 확정할 수 없는 경우에는 그로 인한 위험이나 불이익은 그것을 주장한 근로자 또는 노동조합이 부담할 수밖에 없다. 이와 관련하여 사용자가 근로자에게 징계나 해고 등 기타 불이익한 처분을 하였지만 그에 관하여 심리한 결과 그 처분을 할 만한 정당한 사유가 있는 것으로 밝혀졌다면, 사용자의 그와 같은 불이익한 처분이 부당노동행위 의사에 기인하여 이루어진 것이라고 섣불리 단정할 수 없다.[11)]

2. 대상사안의 검토

가. 원고의 주장요지

원고는 1984. 6. 1.~1988. 5. 30. 노동조합의 대의원 및 총무부장을 지냈고, 1989. 6. 1.~1990. 5. 30. 대의원 겸 부위원장으로 있으면서 적극적인 노동조합활동을 전개하여 왔다. 1989. 6. 22.에는 2/4분기 노사위원으로 1/4분기 미달임금의 인상 및 제반근로조건의 개선에 앞장을 섰고, 당시 순환근무에 많은 문제점이 있어 이 문제에 관한 설문지를 제작 배포

---

9) 대법원 2017. 11. 14. 선고 2017두52924 판결.
10) 대법원 2014. 2. 13. 선고 2011다78804 판결.
11) 대법원 2018. 6. 15. 선고 2014두12598 판결.

하다가 회사간부들에게 빼앗긴 적이 있었다. 1990. 6.에는 회사 노동조합 위원장 선거에 입후보하였는데 회사측에서는 원고에게 김포공항 출입증을 발급하여 주지 아니하는 등 원고의 노동조합활동을 평소 방해하여 왔다. 원고는 위 설문지 사건으로 3개월간 본사에 대기발령을 받고, 그동안 봉급을 60%만 지급받은 사실이 있었으며, 1990. 1. 5.에는 원고의 전문특기와 관계없는 인천운항훈련원에 발령받았다. 1990. 10. 11.부터 14일간은 업무외 질병으로 병가를 하는 등 원고는 여러 가지 면에서 승진자격에 미달되었다. 원고는 1991. 3. 29. 회사에 진급포기각서를 제출하였음에도 불구하고 회사는 원고의 평소 노동조합활동을 혐오한 끝에 원고의 조합원 자격을 상실시키고, 다른 조합원들에게 원고가 승진하기 위한 방편으로 노동조합활동을 강하게 한 것이라는 이미지를 심어줄 목적으로 근무평정 성적을 조작하여 승진시킨 것이므로 회사의 승진조치는 부당노동행위에 해당한다.

나. 대법원의 판단

(1) 회사가 원고를 승격시킬 무렵에는 원고가 노동조합의 평조합원에 머물렀을 뿐만 아니라 뚜렷한 활동을 한 바 없어 회사가 원고를 노동조합의 활동과 관련하여 혐오할 만한 사정이 있었다고 볼 수 없다.

(2) 원고가 승격에 의하여 노동조합원 자격을 상실한 것은 회사와 노동조합간의 단체협약에 따른 것이며, 원고에 대한 승격은 회사의 승격관련 규정에 따라 정례적으로 실시되어 온 바에 따른 것으로 정당한 것으로 인정된다.

(3) 승격대상자가 진급포기 각서를 제출하였다고 하여 회사가 반드시 그에 따라야 하는 것은 아니며, 이는 회사의 경영조직을 합리적으로 관리하기 위한 경영목적상 고유한 인사권의 범위내에 속하는 문제라 하겠으므로 승격대상자의 의사를 참작하지 아니하였다 하여 그로써 반드시 부당노동행위 의사가 있는 것이라고 단정할 수는 없다.

(4) 따라서 회사의 원고에 대한 승격조치는 부당노동행위에 해당하지 아니한다.

[48] 외국인 조종사의 채용·관리에 관한 주장을 관철하기 위한 쟁의행위의 정당성

대법원 2008. 9. 11. 선고 2004도746 판결

Ⅰ. 사실관계

(1) K항공 운항조종사노동조합은 사용자인 K항공에 보충협약의 교섭사항 중 하나로 외국인 조종사의 채용·관리에 관하여 외국인 조종사의 채용을 2001. 6. 30.자로 동결하고 외국인 부기장을 채용할 수 없도록 하는 요구안을 제시하였다.

(2) 사용자측이 임금교섭에 대하여는 적극적이었음에도, 조종사노조는 임금협상은 포기하더라도 외국인 조종사의 채용 및 관리, 운항규정심의위원회구성 등에 관한 보충협약 체결에 대하여 이를 철회하지 않을 것임을 분명히 하였다.

(3) 조종사노조는 위와 같은 주장의 관철을 목적으로 2001. 6.경 쟁의행위를 하였고, 검사는 위 쟁의행위가 위법하다는 이유로 근로자들을 업무방해죄로 기소하였다.

Ⅱ. 참조 조문

1. 노동조합 및 노동관계조정법(이하 '노조법')

제1조(목적) 이 법은 헌법에 의한 근로자의 단결권·단체교섭권 및 단체행동권을 보장하여 근로조건의 유지·개선과 근로자의 경제적·사회적 지위의 향상을 도모하고, 노동관계를 공정하게 조정하여 노동쟁의를 예방·해결함으로써 산업평화의 유지와 국민경제의 발전에 이바지함을 목적으로 한다.

제2조(정의) 이 법에서 사용하는 용어의 정의는 다음과 같다.

5. "노동쟁의"라 함은 노동조합과 사용자 또는 사용자단체(이하

"노동관계 당사자"라 한다)간에 임금·근로시간·복지·해고 기타 대우 등 근로조건의 결정에 관한 주장의 불일치로 인하여 발생한 분쟁상태를 말한다. 이 경우 주장의 불일치라 함은 당사자간에 합의를 위한 노력을 계속하여도 더 이상 자주적 교섭에 의한 합의의 여지가 없는 경우를 말한다.

6. "쟁의행위"라 함은 파업·태업·직장폐쇄 기타 노동관계 당사자가 그 주장을 관철할 목적으로 행하는 행위와 이에 대항하는 행위로서 업무의 정상적인 운영을 저해하는 행위를 말한다.

제3조(손해배상 청구의 제한) 사용자는 이 법에 의한 단체교섭 또는 쟁의행위로 인하여 손해를 입은 경우에 노동조합 또는 근로자에 대하여 그 배상을 청구할 수 없다.

제4조(정당행위) 형법 제20조의 규정은 노동조합이 단체교섭·쟁의행위 기타의 행위로서 제1조의 목적을 달성하기 위하여 한 정당한 행위에 대하여 적용된다. 다만, 어떠한 경우에도 폭력이나 파괴행위는 정당한 행위로 해석되어서는 아니 된다.

제37조(쟁의행위의 기본원칙) ① 쟁의행위는 그 목적·방법 및 절차에 있어서 법령 기타 사회질서에 위반되어서는 아니 된다.

② 조합원은 노동조합에 의하여 주도되지 아니한 쟁의행위를 하여서는 아니 된다.

Ⅲ. 판시사항

(1) 근로자의 쟁의행위가 형법상 정당행위가 되기 위해서는 우선 그 주체가 단체교섭의 주체로 될 수 있는 자이어야 하고, 그 목적이 근로조건의 향상을 위한 노사간의 자치적 교섭을 조성하는 데에 있어야 하며, 사용자가 근로자의 근로조건 개선에 관한 구체적인 요구에 대하여 단체교섭을 거부하였을 때 개시하되 특별한 사정이 없는 한 조합원의 찬성결정 등 법령이 규정한 절차를 거쳐야 하고, 그 수단과 방법이 사용자의 재산권과 조화를 이루어야 함은 물론, 폭력의 행사에 해당되지 아니하여야 한다는 여러 조건을 모두 구비하여야 하며, 쟁의행위에서 추구되는 목적이

여러 가지이고 그 중 일부가 정당하지 못한 경우에는 주된 목적 내지 진정한 목적의 당부에 의하여 그 쟁의 목적의 당부를 판단하여야 한다.

(2) 외국인 조종사의 채용·관리에 관한 조종사 노조 측의 제시 요구안은 외국인 조종사의 채용을 2001. 6. 30.자로 동결하고 외국인 부기장을 채용할 수 없도록 하는 등 사용자의 경영권을 본질적으로 침해하는 내용이어서 단체교섭의 대상이 될 수 없는 사항이므로, 그 주장의 관철을 목적으로 한 2001. 6.경의 이 사건 쟁의행위는 그 목적에서 정당하다고 할 수 없어 목적의 정당성을 결여하였다.

(3) 집회나 시위는 다수인이 공동목적으로 회합하고 공공장소를 행진하거나 위력 또는 기세를 보여 불특정 다수인의 의견에 영향을 주거나 제압을 가하는 행위로서 그 회합에 참가한 다수인이나 참가하지 아니한 불특정 다수인에게 의견을 전달하는 과정에서 어느 정도의 소음이 발생하는 것은 부득이하므로 집회나 시위에 참가하지 아니한 일반 국민도 이를 수인할 의무가 있고, 그 집회나 시위의 장소·태양·내용과 소음 발생의 수단·방법 및 그 결과 등에 비추어, 집회나 시위의 목적 달성의 범위를 넘어 사회통념상 용인될 수 없는 정도로 타인에게 심각한 피해를 주는 소음을 발생시킨 경우에는 위법한 위력의 행사로서 정당행위라고는 할 수 없으나, 합리적 범위에서는 확성기 등 소리를 증폭하는 장치를 사용할 수 있고 확성기 등을 사용한 행위 자체를 위법하다고 할 수 없다.

Ⅳ. 해 설

1. 쟁의행위의 정당성

가. 의 의

(1) 근로자의 쟁의행위는 근로조건에 관한 노동관계 당사자간 주장의 불일치로 인하여 생긴 분쟁상태를 유리하게 전개하기 위하여 사용자에 대하여 집단적·조직적으로 노무를 정지하는 투쟁행위이므로, 이러한 쟁의행위 기간 중에 근로자는 사용자에 대한 주된 의무인 근로제공의무로부터

벗어나는 등 근로계약에 따른 근로자와 사용자의 주된 권리·의무가 정지되고 사용자는 근로자의 노무제공에 대하여 노무지휘권을 행사할 수 없게 된다.[1)]

(2) 우리 헌법과 노조법은 쟁의행위를 근로자의 권리로 인정하고 비록 민사상 채무불이행이나 불법행위 또는 형사상 범죄에 해당하는 외관을 갖고 있는 쟁의행위라도 그 정당성이 인정되는 경우에는 민·형사상 책임으로부터 해방시켜주고 있으며 또한 그로 인한 불이익처분을 금지하고 있으므로, 쟁의행위의 정당성 인정여부는 근로자나 노동조합에 중요한 의미가 있다. 이와 관련하여 노조법 제37조 제1항은 "쟁의행위는 그 목적·방법 및 절차에 있어서 법령 기타 사회질서에 위반하여서는 아니 된다"고 규정하고 있다. 주체의 측면은 조문에 직접 명시되어 있지는 않지만 쟁의행위의 개념상 정당성의 요건에 포함된다.

(3) 근로자의 쟁의행위가 정당한 것으로 인정받기 위해서는 다음의 조건을 모두 구비하여야 한다.[2)] 첫째, 그 주체가 단체교섭의 주체로 될 수 있어야 한다. 둘째, 그 목적이 근로조건의 향상을 위한 노사간의 자치적 교섭을 조성하는 데에 있어야 한다. 셋째, 사용자가 근로자의 근로조건 개선에 관한 구체적인 요구에 대하여 단체교섭을 거부하였을 때 개시하되 특별한 사정이 없는 한 조합원의 찬성결정 등 법령이 규정한 절차를 거쳐야 한다. 넷째, 그 수단과 방법이 사용자의 재산권과 조화를 이루어야 함은 물론 폭력의 행사에 해당하지 않아야 한다.

(3) 위와 같이 판례는 쟁의행위의 정당성을 그 주체 및 목적·절차·수단과 방법이라는 네 가지 관점에서 파악해 왔다. 대상사안에서는 목적의 정당성이 문제되었으므로, 이하에서는 이에 관하여 살펴보기로 한다.

나. 목적의 정당성

(1) 의 의

목적이 근로조건의 향상을 위한 노사간의 자치적 교섭을 조성하기 위

1) 대법원 2010. 7. 15. 선고 2008다33399 판결.
2) 대법원 2018. 2. 13. 선고 2014다33604 판결.

한 것이라 함은 그 쟁의에 의하여 달성하려는 요구사항이 단체교섭사항이 될 수 있는 것을 의미한다.[3] 쟁의행위는 그 목적이 근로조건의 향상을 위한 노사간의 자치적 교섭을 조성하는 데에 있어야 하므로, 쟁의행위에 의하여 달성하려는 요구사항이 단체 교섭 대상사항, 즉 의무적 교섭사항에 해당하여야 한다고 함이 판례[4]와 통설이다.[5] 노사의 자치적 교섭을 조성하기 위한 목적에 적합하기 위해서는 노동관계 당사자의 주장이 임금·근로시간·후생·해고 기타 대우 등 근로조건에 관한 주장 모두를 가리키고 반드시 임금 등 근로자의 경제적 지위의 유지·향상에 국한되는 것은 아니다.[6]

(2) 쟁의행위의 목적이 여러 가지인 경우

(가) 쟁의행위에서 추구하는 목적이 여러 가지이고 그 중 일부가 정당하지 못한 경우에는 주된 목적 또는 진정한 목적의 당부에 따라 쟁의목적의 당부를 판단하여야 하고, 부당한 요구사항을 제외하였다면 쟁의행위를 하지 않았을 것이라고 인정되는 경우에는 쟁의행위 자체가 정당성을 갖지 못한다고 보아야 한다.[7]

(나) 노동조합이 조합원인 미화원들의 신분을 고용직 공무원으로 환원되도록 하여 달라고 외부기관에 진정하고 조합원들이 쟁의기간 중 같은 내용이 적힌 리본을 착용한 사안에서, 쟁의행위의 목적의 정당성은 주된 목적 내지 진정한 목적의 당부에 의하여 판단하여야 하는바, 노동조합이 회사에 대하여 임금인상 등 근로조건의 개선을 위한 요구를 계속하고, 또 그에 관하여 노사간에 진지한 교섭을 장기간에 걸쳐 벌여 온 점에 비추어 보면, 노동조합이 다른 한편으로 위와 같은 행위를 한 바 있어도 이는 대외적 활동이거나 쟁의행위의 부차적 목적에 지나지 아니하고 쟁의행위의 직접적이고 주된 목적은 아니므로 쟁의행위의 목적의 정당성은 인정된

---

3) 대법원 1994. 9. 30. 선고 94다4042 판결.
4) 대법원 2012. 5. 24. 선고 2010도9963 판결.
5) 노동조합 및 노동관계조정법 주해 II, 268면.
6) 대법원 1992. 5. 12. 선고 91다34523 판결.
7) 대법원 2018. 2. 13. 선고 2014다33604 판결.

다.[8)]

(다) 근로자들이 쟁의행위를 하면서 연구소장의 퇴진을 요구한 사안에서 그것이 부차적인 것이고 주된 목적은 일부 근로자들에 대한 파면처분이 노동조합의 핵심적 관심사항인 연구자율수호운동을 주동한 것에 대한 보복조치라고 하여 철회를 구하는 것으로서 그 뜻이 조합원의 근로조건의 개선요구에 있다고도 볼 수 있다면 쟁의행위는 그 목적에 있어 정당하다.[9)]

다. 경영사항과 목적의 정당성

(1) 학 설

사용자의 경영상 결정에 속하는 사항에 대하여 노동조합이 요구주장을 할 수 있는가는 단체교섭의 대상사항에 관한 문제이며, 경영이나 생산에 관련된 사항도 근로조건의 유지·개선이나 근로자의 지위와 관련이 있는 경우에는 단체교섭의 대상이 된다고 보아야 하므로, 쟁의행위가 가능하고 쟁의행위의 목적의 정당성이 별도로 문제될 여지는 없다고 함이 다수설이다.[10)]

따라서 합리화반대·외주반대·공장폐쇄반대 등을 요구하는 쟁의행위도 그 결정이 조합원의 해고나 근로조건에 미치는 영향에 관한 쟁의행위로서 정당성을 가질 수 있고, 제조공정이나 제품의 종류 등도 근로자의 안전위생 등의 근로조건에 관한 문제로서는 쟁의행위의 목적이 될 수 있다. 예를 들면 "고용안정 대책 없는 기업합리화 방침 철회"를 구호로 내걸고 쟁의행위를 한 경우에, 기업합리화 방침만을 놓고 보면 경영상 결정에 대한 간섭으로 보일 수 있어도, 전체적으로 기업합리화 방침과 관련한 고용안정 대책의 수립을 요구하는 쟁의행위로 볼 수도 있으므로 쉽게 정당성을 부정하여서는 안 된다. 근로조건과의 관련성 자체에 다툼이 있는 경우에도 그러한 의견의 불일치 자체가 노동쟁의에 해당하므로 쟁의행위의 정당

---

8) 대법원 1992. 1. 21. 선고 91누5204 판결.
9) 대법원 1992. 5. 12. 선고 91다34523 판결.
10) 노동조합 및 노동관계조정법 주해 Ⅱ, 282~283면.

성이 인정되어야 한다.

(2) 판 례

(가) 정리해고나 사업조직의 통폐합 등 기업의 구조조정 실시여부는 경영주체의 고도의 경영상 결단에 속하는 사항으로서 원칙적으로 단체교섭의 대상이 될 수 없어, 그것이 긴박한 경영상 필요나 합리적 이유 없이 불순한 의도로 추진된다는 등의 특별한 사정이 없음에도 노동조합이 실질적으로 그 실시 자체를 반대하기 위하여 쟁의행위로 나아간다면, 비록 그러한 구조조정의 실시가 근로자들의 지위나 근로조건의 변경을 필연적으로 수반한다 하더라도, 그 쟁의행위는 목적의 정당성을 인정할 수 없다. 아울러 쟁의행위가 추구하는 목적이 여러 가지로서 그 중 일부가 정당하지 못한 경우에는 주된 목적 내지 진정한 목적을 기준으로 쟁의행위 목적의 정당성 여부를 판단하여야 하는데, 만일 부당한 요구사항을 뺐더라면 쟁의행위를 하지 않았을 것이라고 인정될 때에는 그 쟁의행위 전체가 정당성을 갖지 못한다고 보아야 한다.[11)]

(나) 이와 달리 하급심 판결[12)] 중에는 "정리해고 등 고용안정에 관한 노사분쟁이 쟁의행위의 대상이 되는지 여부에 관하여 살펴보면, 노조법 제2조 제5호에서는 '해고 등 근로조건의 결정에 관한 주장의 불일치'를 노동쟁의의 정의로 규정하고 있고, 근로기준법이 규정하고 있는 해고에는 경영상의 이유에 의한 해고도 포함되는 점, 경영상의 이유에 의한 해고에 있어 긴박한 경영상의 필요성 유무는 사용자가 우선 판단할 사항이나 경영사항이라도 근로자의 근로조건과 경제적·사회적 지위향상과 밀접한 관련이 있는 사항은 단체협약의 대상사항이 되는바, 경영상의 이유에 의한 해고를 하기 위해서는 근로기준법 소정의 긴박한 경영상 필요성 이외에도 해고회피노력, 합리적이고 공정한 해고기준 및 대상자 선정, 해고회피노력에서 노동조합 또는 근로자대표와 성실한 협의를 하여야 하는바 해고회피방법과 해고대상자 선정 등은 근로조건의 결정에 관한 사항인 점, 사용자

11) 대법원 2014. 11. 13. 선고 2011도393 판결.
12) 춘천지방법원 1999. 10. 7. 선고 98노1147 판결.

가 해고회피노력에 관하여 노동조합과 협의하는 과정에서 노사간의 의견이 불일치하는 경우 노동조합은 그 주장을 관철하기 위하여 쟁의행위를 할 수 있다고 해석되는 점 등을 종합적으로 고려하면, 정리해고에 관한 노사분쟁은 노조법상 쟁의행위의 대상이 된다"고 판시하면서, 문제된 파업이 정리해고의 철폐를 내세우지만 단체교섭과정에서 해고회피절차의 이행 또는 해고대상자 축소 등 노동조합에게 유리한 결과를 얻어내기 위한 쟁의전술에 불과하다고 보아 단체교섭의 대상이 된다고 판단하였다.

(다) 그런데 대법원[13)]은 위 (나)의 판결을 파기환송하면서 "정리해고의 실시는 사용자의 경영상의 조치라고 할 것이므로, 정리해고에 관한 노동조합의 요구내용이 사용자는 정리해고를 하여서는 아니 된다는 취지라면 이는 사용자의 경영권을 근본적으로 제약하는 것이 되어 원칙적으로 단체교섭의 대상이 될 수 없고, 회사에 대하여 정리해고 자체를 전혀 수용할 수 없다는 것을 주된 주장으로 내세우며 벌인 파업임을 알 수 있으므로 위 각 쟁의행위는 그 목적에 관한 정당성을 인정할 수 없고, 이와 같이 노조가 쟁의행위의 주된 목적으로 회사가 수용할 수 없고 단체교섭사항이 될 수 없는 사항만을 고집하여 쟁의행위를 한 경우에 그 사항은 단체교섭과정에서 조정될 수 있는 성질의 것도 아니다"고 하여 위 항소심 판결의 일반론에 대해서는 판단하지 않고, 다만 쟁의행위의 주된 목적만을 달리 판단하였다.

(라) 경영상 해고가 불가피한 사정 아래서 노동조합이 경영상 해고의 기준안을 제시하지 않은 채 경영상 해고 반대만 주장하는 것은 사용자의 경영권을 근본적으로 제약하는 것이 되어 원칙적으로 단체교섭의 대상이 될 수 없고 이를 달성하려는 쟁의행위도 목적의 정당성을 인정할 수 없다는 판례가 있다.[14)] 그러나 이는 노동조합의 과다요구는 단체교섭의 단계에서 조정할 문제이지 노동조합 측으로부터 과다한 요구가 있었다고 하여 곧바로 그 쟁의행위의 목적이 부당한 것이라고 해석할 수는 없다는 판례[15)]와는 양립하기 어렵다.

---

13) 대법원 2001. 11. 27. 선고 99도4779 판결.
14) 대법원 2001. 4. 24. 선고 99도4893 판결.

(3) 일본 판례

일본 법원은 배치전환명령거부를 이유로 징계해고한 사안에서 파업참여자가 임금청구권의 상실이라는 중대한 불이익을 당하기 때문에 배치명령을 거부하는 지명파업도 그것이 단순히 동맹파업적 쟁의수단에 그치는 한 정당성을 잃지 않는다고 판시하였다.[16] 또한 정기항공 운송회사에서 승무원 편성 변경에 반대하여 행한 쟁의행위가 회사의 경영권에 속하는 사항이지만 조합원의 근로조건에 직접 영향을 미친다고 하여 정당성을 인정하였다.[17]

2. 대상사안의 검토

가. 목적의 정당성에 관한 법원의 판단

위 인정사실에 의하면, 임금교섭의 구체적인 진전이 없었던 이상 조종사노조의 단체교섭의 주된 목적은 임금교섭이 아닌 위 보충협약 부분이다. 판례에 의하면, 위 보충협약 부분 중 가장 쟁점이 된 외국인 조종사의 채용·관리에 관한 조종사 노조측의 제시 요구안은 외국인 조종사의 채용을 2001. 6. 30.자로 동결하고 외국인 부기장을 채용할 수 없도록 하는 등 사용자의 경영권을 본질적으로 침해하는 내용이어서 단체교섭의 대상이 될 수 없는 사항이다. 따라서 그 주장의 관철을 목적으로 한 2001. 6.경의 이 사건 쟁의행위는 그 목적이 정당하다고 할 수 없다.

나. 형사책임

(1) 업무방해죄

원심[18]은 대상사안에서 이 사건 쟁의행위는 그 목적에서 정당하다고 할 수 없어 목적의 정당성을 결여하였고, 쟁의행위의 시기·수단·방법에서

---

15) 대법원 1992. 1. 21. 선고 91누5204 판결.

16) 東京地判 1987. 5. 26., 新興サービス配転拒否事件, 労働判例 498호, 13면.

17) 東京地判 1966. 2. 26., 日本航空株式会社事件, 労働関係民事裁判例集 17권 1호, 102면.

18) 서울지방법원 2004. 1. 7. 선고 2001노11506 판결.

도 정당성의 한계를 벗어났으므로, 이 사건 쟁의행위는 정당행위라고 볼 수 없다고 판단하여, 이 사건 업무방해의 범죄사실을 유죄로 인정하였다.

그런데 대법원 2011. 3. 17. 선고 2007도482 전원합의체 판결에서는 종전의 입장을 바꾸어 “파업이 언제나 업무방해죄의 구성요건을 충족한다고 할 것은 아니며, 전후 사정과 경위 등에 비추어 전격적으로 이루어져 사용자의 사업운영에 심대한 혼란 내지 막대한 손해를 초래할 위험이 있는 등의 사정으로 사용자의 사업계속에 관한 자유의사가 제압·혼란될 수 있다고 평가할 수 있는 경우 비로소 그러한 집단적 노무제공의 거부도 위력에 해당하여 업무방해죄를 구성한다”고 판시하였다. 이에 의하면, 쟁의행위로서의 파업은 근로자가 사용자에게 압력을 가하여 그 주장을 관철하고자 집단적으로 노무제공을 중단하는 실력행사여서 업무방해죄에서의 위력으로 볼 만한 요소를 포함하고 있지만, 근로자에게는 원칙적으로 헌법상 보장된 기본권으로서 근로조건 향상을 위한 자주적인 단결권·단체교섭권 및 단체행동권이 있으므로, 이러한 파업이 언제나 업무방해죄의 구성요건을 충족한다고 할 것은 아니며, 전후 사정과 경위 등에 비추어 전격적(電擊的)으로 이루어져 사용자의 사업운영에 심대한 혼란 내지 막대한 손해를 초래할 위험이 있는 등의 사정으로 사용자의 사업계속에 관한 자유의사가 제압·혼란될 수 있다고 평가할 수 있는 경우 비로소 그러한 집단적 노무제공의 거부도 위력에 해당하여 업무방해죄를 구성한다고 보는 것이 타당하다.[19)]

그러므로 단순히 쟁의행위의 정당성이 부정된다는 이유만으로 업무방해죄가 성립하는 것으로 볼 것이 아니라, 이 사건 쟁의행위 전후 사정과 경위 등에 비추어 전격적으로 이루어져 사용자의 사업운영에 심대한 혼란 내지 막대한 손해를 초래할 위험이 있는 등의 사정으로 사용자의 사업계속에 관한 자유의사가 제압·혼란될 수 있다고 평가할 수 있는 경우에 한하여 그러한 집단적 노무제공의 거부도 위력에 해당하여 업무방해죄를 구성한다고 보아야 한다.

---

19) 대법원 2014. 11. 13. 선고 2011도393 판결.

(2) 집회나 시위에서 소음을 발생시킨 행위

원심은, 2000. 5. 23. 및 2000. 5. 27. 집회시 노조원들이 고성능 앰프를 사용하여 노동가요를 제창하고 구호를 외쳐 소음이 발생하였고 회사측 최고경영진을 비난하는 함성을 지르는 행위로 인하여 직원들이 일부는 옥상으로, 일부는 창문쪽으로 가서 집회를 구경하는 등으로 사무실 등의 근무분위기가 저하된 사실을 인정하고서도, 위 인정사실만으로는 피고인들이 K항공이나 그 직원들에 대하여 수인할 수 없을 정도의 소음 내지 혼란스러운 분위기를 조성하였다고 인정하기 부족하다고 판단한 다음, 달리 피고인들이 위력을 행사하여 K항공의 업무를 방해하였다고 인정할 증거가 없다는 이유로 이 부분 각 공소사실을 무죄로 판단하였다.[20]

---

20) 신고한 옥외집회에서 고성능 확성기 등을 사용하여 발생된 소음이 82.9dB 내지 100.1dB에 이르고, 사무실 내에서의 전화통화, 대화 등이 어려웠으며, 밖에서는 부근을 통행하기조차 곤란하였고, 인근 상인들도 소음으로 인한 고통을 호소하는 정도에 이르렀다면 이는 위력으로 인근 상인 및 사무실 종사자들의 업무를 방해한 업무방해죄를 구성한다고 한 사례로는 대법원 2004. 10. 15. 선고 2004도4467 판결.

[49] 파업기간에 포함된 유급휴일에 대한 임금청구권

서울남부지방법원 2010. 12. 17. 선고 2008가합26231 판결

Ⅰ. 사실관계

가. 당사자들의 지위

피고 K항공은 항공운송업 등을 영위하는 회사이고, 원고들은 피고에 입사하여 운항승무원으로 근무하는 사람들로서 K항공조종사노동조합(이하 '이 사건 노조')의 조합원들이다.

나. 피고 소속 운항승무원들의 근로시간, 휴일 및 임금체계

(1) 피고는 상시 1,000명 이상의 근로자를 사용하는 사업장으로서 구 근로기준법(2003. 9. 15. 법률 제6974호로 개정되어 2007. 4. 11. 법률 제8372호로 전부 개정되기 전의 것, 이하 '구 근로기준법') 제49조 및 부칙 제1조 제1호에 따라 2004. 7. 1.부터 '주 40시간 근로제'가 적용되었다. 위와 같은 법정근로시간 개정에 즈음하여 피고와 노조는 2003. 4. 1. 체결된 단체협약(유효기간 : 2003. 4. 1.부터 2005. 3. 31.까지, 이하 '2003년 단체협약') 제56조 제1항에서 '기준근로시간을 주 44시간으로 하되, 근로기준법이 개정되어 피고에 주 40시간 근로제가 적용되면 기준근로시간을 1일 8시간, 주 5일 40시간으로 하기로' 정하였고, 그 후 위와 같이 주 40시간 근로제가 적용되자 2005. 9. 21. 체결된 단체협약(유효기간: 2005. 9. 21.부터 2007. 3. 31.까지, 이하 '2005년 단체협약')에 제52조에서 기준근로시간을 '1일 8시간, 주 5일 40시간'으로 명시하였다. 한편 피고는 2003년경부터 단체협약에 근거하여 소속 운항승무원들에 대하여 구 근로기준법 제50조 제1항에서 정한 탄력적 근로시간제를 적용하여 왔다.

(2) 피고 취업규칙(2005. 9. 1.부터 시행된 것) 제1.4.1조에 따르면, 피고

는 소속 직원들에게 주휴일, 법정공휴일 등의 유급휴일을 부여한다. 2003년 단체협약 제58조는 항공법, 운항기술기준 등 관계 규정에 따른 비행시간 운영 제한에 관하여 규정하면서, 제8항에서 "운항승무원은 모기지 기준으로 상기 1호에 명시된 모기지 휴무일수를 포함하여 1개월에 최소한 8일의 휴무[Day－Off(DO), 이하 '비번']를 기본으로 한다. 단, 근로기준법이 개정되어 회사에도 주 5일 근무제도를 시행하여야 할 경우에는 매월 10일의 휴무를 부여한다. 휴무일은 휴식기간 중 모기지에 도착한 날을 제외하고 익일 0시부터 적용한다"고 규정하였다. 그 후 피고에 주 40시간 근로제가 적용됨에 따라 2005년 단체협약 제54조 제9항에서는 "피고는 소속 운항승무원에게 모기지 휴무일수를 포함하여 1개월에 최소한 10일의 휴무일을 부여하고, 그 휴무일은 모기지에 도착한 다음날 0시부터 적용한다"고 규정하였다.

(3) 운항승무원의 월별 소정근로시간이 정해지는 과정은 다음과 같다. (i) 먼저 운항승무원은 월별로 '청원비번'[Request Day－Off(RDO)]과 연차휴가(ALV), 청원휴가(SLV)를 신청하고, (ii) 피고는 운항승무원의 위 신청내용과 항공기운항 관계 법령 및 단체협약을 함께 고려하여 비행·대기 등 일정을 편성하고 비행일정 뒤에 '비행 후 비번'[Auto－Tagged Day－ff(ATDO)]을 부여하며, (iii) 위와 같이 근무일정이 편성된 날과 청원비번일(RDO), 연차휴가일(ALV), 청원휴가일(SLV), 비행 후 비번일(ATDO)로 정해진 날을 제외한 나머지 날들에 대하여는 '1개월에 최소한 10일의 휴무일을 부여한다'는 원칙에 따라 피고가 '비번'(DO)으로 지정하거나 전산시스템에 의하여 '자동비번'[Auto Day－Off(ADO)]으로 처리된다.

(4) 운항승무원들의 임금은 '기본급여'와 '비행수당'으로 구성되는데, 그 중 '기본급여'는 운항승무원들 각자의 직급과 호봉에 따라 결정되는 '기본급'과 부기장 이상 모든 운항승무원에게 월 40,000원씩 지급되는 '운항보안수당' 및 '야간수당'으로 구성되고, '비행수당'은 비행시간에 따라 지급되는 '일반비행수당'과 한 번의 연속된 비행시간이 8시간을 초과하는 시간에 대하여 비행수당의 단가를 50% 가산하여 지급되는 '연장비행수당'으로 구성되며, 그 밖에 기본급을 기준으로 연 800%를 지급하는 '상여금'이 있다.

(5) 비행수당과 관련하여, 피고와 노조 사이에 체결된 임금협약(2006. 1. 1.부터 시행된 것, 이하 '2006년 임금협약') 제4조 제3항에서는 "Actual Time 비행시간이 30시간 이상인 경우 Actual Time 비행시간 75시간까지는 실제 비행시간에 관계없이 75시간분의 비행수당을 지급한다"고 규정하고 있고, 위 임금협약 제5조에 따르면 비행수당은 일단 '선지급 개념'으로 해당 월에 75시간분을 지급하고 다음 달에 해당 월의 실제 비행시간을 계산하여 '정산금액'을 산출하는 방식으로 계산하여 지급하며, 만약 월 비행시간이 75시간을 초과하는 경우 초과비행시간에 대해서는 80시간까지는 비행수당 단가표상의 시간당 비행수당 단가의 70%를, 80시간을 초과하는 부분은 100%를 각 가산하여 산정하고 있다(이러한 비행수당 지급기준은 2006년 임금협약 시행 이전에도 적용되어 온 것이다).

다. 노동조합의 파업 및 2006. 1.분 임금지급 경위

(1) 이 사건 노조는 2005년 단체협약을 체결한 후인 2005. 10. 17.부터 피고와 사이에 위 단체협약 제44조에 따른 임금협약을 체결하기 위한 2005년 임금교섭을 시작하여 같은 해 11. 17.까지 모두 11차례에 걸쳐 교섭을 진행하였으나 합의에 이르지 못하자 같은 해 12. 8. 00:01부터 파업에 돌입하였으며, 위 파업은 같은 달 11. 노동부장관의 긴급조정권 발동으로 종료될 때까지 4일간(이하 '이 사건 파업기간') 지속되었다.

(2) 노조의 파업이 임박하자 피고는 파업시작 직전인 2005. 12. 7. 피고 취업규칙 제1.4.9조(출근명령)에 근거하여 쟁의행위기간 중 해외출장을 전면금지하고 위 기간 중 휴가실시를 잠정적으로 보류하도록 하는 지시를 내렸다. 그럼에도 원고들은 모두 이 사건 노조의 조합원으로서 위 파업에 참가하였고, 그 중 일부 원고들은 2005. 12.의 실제 비행시간이 30시간 이상이었던 사람들이다.

(3) 그 후 피고는 원고들에 대한 2006. 1.분 급여를 산정하면서, 이 사건 파업기간 동안에 연차휴가(ALV), 청원휴가(SLV), 비행휴(SICK), 자동비번(ADO), 비번(DO), 청원비번(RDO), 비행 후 비번(ATDO) 등 당초 근무 일정이 계획되어 있지 않던 날들도 모두 결근(ABS)으로 처리하여 일률적

으로 4일간의 파업기간에 해당하는 기본급 항목을 공제하고, 비행수당에서도 원고들이 파업에 참가하였다는 이유로 무단결근 내지 승무명령거부 등의 예외사유에 해당한다고 보아 임금협약에서 보장하는 비행시간 75시간분 비행수당이 아닌 2005. 12.의 실제 비행시간을 기준으로 하여 비행수당을 산정하고, 그와 같이 산정된 비행수당과 연장비행수당을 합친 금액과 2005. 12.에 선지급한 75시간분 비행수당액의 차액만큼을 2006. 1.에 지급할 75시간분 비행수당에서 공제한 다음, 2006. 1. 21.경 원고들에게 위와 같이 공제된 기본급여 및 비행수당을 지급하였다.

Ⅱ. 참조 조문

1. 구 근로기준법[1)]

제49조(근로시간) ① 1주간의 근로시간은 휴게시간을 제하고 40시간을 초과할 수 없다.

② 1일의 근로시간은 휴게시간을 제하고 8시간을 초과할 수 없다.

제50조(탄력적 근로시간제) ① 사용자는 취업규칙(취업규칙에 준하는 것을 포함한다)에서 정하는 바에 의하여 2주간 이내의 일정한 단위기간을 평균하여 1주간의 근로시간이 제49조 제1항의 근로시간을 초과하지 아니하는 범위 안에서 특정 주에 제49조 제1항의 근로시간을, 특정일에 제49조 제2항의 근로시간을 초과하여 근로하게 할 수 있다. 다만, 특정주의 근로시간은 48시간을 초과할 수 없다.

④ 사용자는 제1항 및 제2항의 규정에 의하여 당해 근로자를 근로시킬 경우에는 기존의 임금수준이 저하되지 아니하도록 임금보전 방안을 강구하여야 한다.

제54조(휴일) 사용자는 근로자에 대하여 1주일에 평균 1회 이상의 유급휴일을 주어야 한다.

부칙 <제6974호, 2003.9.15>

제1조(시행일) 이 법의 시행일은 다음 각 호와 같다.

1) 2003. 9. 15. 법률 제6974호로 개정되어 2007. 4. 11. 법률 제8372호로 전부개정되기 전의 것.

1. 상시 1,000인 이상의 근로자를 사용하는 사업 또는 사업장 : 2004년 7월 1일

2. 구 근로기준법 시행령[2)]

제25조(주휴일) 법 제54조의 규정에 의한 유급휴일은 1주간의 소정근로일수를 개근한 자에게 주어야 한다.

3. 단체협약

가. 2003년 단체협약(유효기간 : 2003. 4. 1.부터 2005. 3. 31.까지)

제4조(협약우선) 본 협약에 정한 기준은 근로자의 대우에 관한 기준을 위반한 취업규칙, 규정, 규칙, 내규, 지침, 또는 개별 근로계약서보다 우선하며, 본 협약 기준에 미달 또는 저촉되는 사항은 무효로 하고 그 부분은 본 협약 기준에 따른다.

제6조(기득권 및 근로조건 저하금지) 회사는 본 협약에 누락됨을 이유로 또는 관련 법규정의 기준보다 상회하는 이유로 조합이 이미 확보한 기득권 및 근로조건을 조합과 합의 없이 저하시킬 수 없다.

제8조(규정 제정과 개폐) ① 회사는 운항승무원과 관련된 규정, 규칙, 내규, 지침 등을 제정 또는 개폐할 때에는 반드시 사전에 조합과 협의해야 한다. 단, 취업규칙, 근로조건 및 조합활동에 관한 사항을 현재보다 불이익하게 변경하는 경우에는 조합과 합의하여야 한다.

제12조(조합활동의 보장) ④ 회사는 조합원이 다음 각 호에 해당하는 활동에 참여하고자 할 경우 조합의 사전 요청에 따라 인력운영에 지장이 없는 범위 내에서 비행계획을 조절(SKD OFF)한다.

제44조(임금의 구성과 정의) ① 임금의 구성

임금은 노동력의 재생산비로 조합원에게 지급하는 일체의 임금을 말하며, 그 구성은 다음과 같다.

1. 기본급, 2. 제수당, 3. 상여금, 4. 임시로 지급되는 임금

제46조(비행수당) 기본비행보장수당은 월 75시간을 기준으로 하며, 75

---

2) 2003. 12. 11. 대통령령 제18158호로 개정되어 2007. 6. 29. 대통령령 제20142호로 전부개정되기 전의 것.

시간 이상에 대해서는 현행을 유지한다.

제47조(연장비행과 휴일비행) 연장, 야간, 휴일비행에 관한 수당 지급 기준은 현행 기준에 따른다.

제56조(근로시간) ① 근로시간은 주 44시간을 기준으로 하되, 근로기준법이 개정되어 회사에도 주 5일 근무가 적용되면 근로시간은 1일 8시간, 주 5일, 40시간을 적용한다.

③ 조합원의 근로시간은 2주간의 근로시간을 평균하여 주당 평균 44시간을 초과하지 아니하는 범위 내에서 1주 최고 48시간으로 한다. 단, 비행업무 이외의 업무 수행시에는 1일 8시간, 1주 44시간으로 한다.

④ 제1항의 규정에도 불구하고 운항승무 업무의 특수성을 감안하여 항공법상의 비행시간 산정을 위한 근무시간, 각종 수당 산정을 위한 근무시간 및 지급기준에 대해서는 임금협약서 및 노사가 별도로 정하는 바에 의하며 별도로 정하지 아니한 사항은 현행 기준에 의한다.

제58조(비행시간 운영 제한) ⑧ 모기지 휴식일수

1. 최소 휴식일수

모기지를 떠난 일수	모기지 휴식 일수
6일	2일
7일	3일
8~10일	4일
11~13일	5일
14일 이상	6일

2. 운항승무원은 모기지 기준으로 상기 1호에 명시된 모기지 휴무일수를 포함하여 1개월에 최소한 8일의 휴무를 기본으로 한다. 단, 근로기준법이 개정되어 회사에도 주 5일 근무제도를 시행하여야 할 경우에는 매월 10일의 휴무를 부여한다.
3. 휴무일은 휴식기간 중 모기지에 도착한 날을 제외하고 익일 0시부터 적용한다.

나. 2005년 단체협약(유효기간: 2005. 9. 21.부터 2007. 3. 31.까지)

제12조(조합활동의 보장) ⑥ 회사는 조합원이 다음 각 호에 해당하는 활동에 참여하고자 할 경우 조합의 사전 요청에 따라 월 10일의 DO와는 별도로 비행계획을 조절(SKD OFF)한다.

제44조(임금) 임금의 정의와 구성, 상여금, 비행수당 등에 관하여는 임금협약서에 정한 바에 따른다.

제52조(근로시간) ① 근로시간은 주 40시간을 원칙으로 하되, 2주간의 근로시간을 평균하여 주당 평균 40시간을 초과하지 아니하는 범위 내에서 1주 최고 48시간으로 한다. 단, 비행업무 및 SIM 훈련 이외의 업무수행 시에는 1일 8시간, 주 5일, 주 40시간으로 한다.

② 근로시간이라 함은 실제 근무시간과 회사가 주관하는 각종 행사시간을 말한다.

③ 제1항의 규정에도 불구하고 운항승무 업무의 특수성을 감안하여 항공법상의 비행시간 산정을 위한 근무시간, 각종 수당 산정을 위한 근무시간 및 지급기준에 대해서는 임금협약서 및 노사가 별도로 정하는 바에 의하며 별도로 정하지 아니한 사항은 현행 기준에 의한다.

4. 임금협약서(2006. 1. 1.부터 시행된 것)

제1조(목적) 본 협약서는 임금협약 및 단체협약 제5장 제1절 및 제2절의 시행에 관한 필요한 사항에 대하여 규정함을 목적으로 한다.

제2조(임금의 구성) 임금은 조합원에게 지급하는 일체의 임금을 말하며, 그 구성과 용어의 정의는 다음과 같다.

1. “기본급”이라 함은 급여표상 직급별 호봉에 따라 정한 금액을 말한다.
2. “보안수당”은 항공기관사 및 부기장 이상 전 운항승무원에게 각 월 4만 원씩 지급되는 금액을 말한다.
3. “상여금”이라 함은 기본급을 기준으로 연 800%(짝수월 및 추석과 설날에 각 100%) 지급되는 금액을 말한다.
4. “비행수당”이라 함은 비행시간에 대하여 본 협약서 제4조의 비

행수당산정기준에 의해 산정되는 금액을 말하며, "기본비행보장수당"은 월 75시간을 기준으로 한다.

5. "연장비행수당"이라 함은 연속된 8시간 초과비행시간에 대하여 비행수당 단가의 50%를 가산하여 지급되는 금액을 말한다.
6. "야간수당"이라 함은 출발지를 기준으로 하여 22:00부터 익일 06:00까지의 비행시간에 대하여 시간급의 50%를 가산하여 지급되는 금액을 말한다.
7. "SIM 훈련의 야간수당"이라 함은 현지 기준 22:00부터 익일 06:00까지의 PRE BRIEFING 및 DE BRIEFING 시간을 포함한 SIM 훈련 시간에 대하여 시간급의 50%를 가산하여 지급되는 금액을 말한다.
8. "휴일수당"이라 함은 주휴일 및 약정휴일의 비행시간에 대하여 시간급의 50%를 가산하여 지급되는 금액을 말한다.
13. "통상임금"이라 함은 조합원에게 정기적, 일률적으로 소정근로에 대하여 지급하기로 정하여진 임금을 말한다.

제4조(비행수당 산정기준) ① 승무원의 시간당 비행수당 단가는 별도로 정하는 비행수당 단가표에 의한다.

② 비행수당은 비행수당 단가표상의 시간당 비행수당 단가를 곱하여 산정한다.

③ 다음 각 호의 1에 해당되는 사유 없이 ACTUAL TIME 비행시간이 30시간 이상인 경우, ACTUAL TIME 비행시간 75시간까지는 실제 비행시간에 관계없이 75시간분의 비행수당을 지급한다.

1. 항공업무정지 이상의 징계를 받은 경우
2. MISS FLIGHT로 인하여 월 비행시간이 30시간에 미달되는 경우
3. 승무가 불가능한 경우
4. 무단 결근하거나 승무명령을 거부한 경우
5. 회사에게 책임 없는 사유로 인하여 30시간의 승무시간에 미달되는 경우(휴가 실시로 인한 경우는 제외한다)

제5조(비행수당 산정 대상기간 및 방법) ① 비행수당의 산정기간은 현지 출발일 기준 매월 1일부터 말일까지로 한다.

② 비행수당은 해당 월 비행수당의 75시간 분을 선지급하고 익월에 정산한다. 단, 승격, 임면 등의 인사발령일이 당월 15일까지인 경우

에 한하여 해당 월부터 적용하며, 발령일이 그 이후일 경우는 익월부터 적용한다.

제10조(임금 저하 금지) 본 협약서에 누락됨을 이유로 조합원들에게 기 지급되고 있는 임금을 없애거나 저하시킬 수 없다.

제11조(임금지급) ① 회사는 조합원의 임금을 매월 21일에 회사가 지정한 금융기관의 본인 통장구좌에 입금한다. 다만, 지급일이 휴일인 경우에는 그 전일에, 설과 추석 상여금의 경우에는 연휴시작 2일 전에 지급한다.

② 매월 지급하는 급여 및 제수당의 산정 대상 기간은 매월 1일부터 말일까지로 하며 변동 수당은 익월 임금지급일에 지급한다.

부칙 제1조(시행일) 본 협약서는 2006년 1월 1일부터 시행한다.

5. 취업규칙(2005. 9. 1.부터 시행된 것)

1.2 근무시간 및 휴게시간

1.2.1 근무시간 1) 직원의 기본 근무시간은 1일 8시간, 주 40시간으로 하고, 정상근무자의 시업시각은 오전 8시 30분, 종업시각은 하오 5시 30분을 원칙으로 한다.

1.2.2 탄력적 근무시간제

1) 회사는 2주간의 단위기간을 평균한 근무시간이 전조의 근무시간을 초과하지 아니하는 범위 안에서 1주 48시간까지 근무하게 할 수 있다.

2) 회사는 3개월 이내의 단위기간을 평균한 근무시간이 전조의 근무시간을 초과하지 아니하는 범위 안에서 1일 12시간, 1주 52시간까지 근무하게 할 수 있다.

1.4 휴일 및 휴가

1.4.1 휴일 1. 회사는 직원에게 관공서 공휴일에 관한 규정 및 노사협의회에서 정한 바에 따라 다음과 같이 유급휴일을 부여한다.

1) 주휴일

2) ~ 16) (생략)

17) 기타 정부 및 회사에서 지정하는 날

단, 전기 휴일 중 관공서의 공휴일에 관한 규정, 기타 법규에 정한 휴일의 휴일 여부는 동 법규가 정하는 바에 따른다.

2. 전항에서 정한 휴일에 근무한 직원에게는 근로기준법 제55조에 의한 수당을 지급한다.

1.4.9 **출근명령** 회사는 업무상 긴요할 때에는 휴일 또는 휴가중에라도 출근을 명할 수 있다.

3.0 **임금**

3.0.1 **임금** 직원의 임금의 지급기준과 방법, 시기 및 상여금 지급에 관한 사항은 별도 정하는 임금규정(B04－2.0－SELIL)에 의한다.

6. 임금규정(B04-2.0-SELIL)

1.4 **용어의 정의** 이 규정에서 사용되는 용어의 정의는 다음과 같다.
·임금이라 함은 기본급, 제수당 및 상여금을 말한다.

1.5 **지급형태** 직원의 임금은 월급으로 지급함을 원칙으로 하며, 회사의 필요에 의하여 일급으로 지급할 수 있다. 단 연봉제 적용 대상 직원들은 연봉제 시행지침에 의하여 지급한다.

1.6 **지급기준** 직원의 임금은 급여표 및 제수당 지급기준에 의하여 지급하며, 상여금은 연 800% 범위 내에서 지급할 수 있다. 단 추석상여와 같이 특정일을 대상으로 하는 상여의 경우에는 지급일 현재 재직 중인 직원에 한하여 지급한다. 또한 연봉제 적용 대상 직원들은 연봉제 시행지침 및 연봉 통보서에 명시된 지급시기에 따라 월정급여 및 상여를 지급한다.

1.8 **지급 대상기간 및 지급일** 매월 지급하는 기본급 및 제수당의 지급대상 기간은 매월 1일부터 말일까지로 하며, 그 달 21일에 지급한다. 다만, 지급일이 공휴일인 경우에는 그 전일에 지급할 수 있다.

1.18 **시급 및 일급 계산방법** 시급은 월 통상임금을 226시간으로 나눈 금액으로 하고, 일급은 시급에 8시간을 곱한 금액으로 한다. 단 연봉제 적용 대상 직원들의 시급은 월정급여를 226시간으로 나눈 금액으로 한다.

Ⅲ. 판시사항

(1) 파업기간에 포함되어 있던 운항승무원들의 각종 비번일은 사용자인 항공회사가 운항승무원들에게 부여한 휴일로서 1주일에 1일 부여되는 '유급주휴일'에 해당할 수도 있고, 나머지 5~6일의 '무급휴일'에 해당할 수도 있으므로, 파업기간 중에 유급휴일이 포함되어 있다는 이유로 그 유급휴일에 대한 기본급의 공제를 주장하는 항공회사로서는 파업기간에 포함된 위 운항승무원들의 비번일이 '유급주휴일'에 해당한다는 점을 주장·증명할 책임이 있다.

(2) 주휴일을 어느 날에 주어야 하는지는 단체협약이나 취업규칙에서 주휴일 부여방법을 따로 정하지 않은 경우 사용자의 재량에 속하므로, 사용자인 항공회사가 주휴일 부여에 관한 자신의 재량권을 불명확하게 행사한 관계로 복수의 휴일 중 어느 것이 '유급주휴일'인지 특정할 수 없다면 그로 인한 불이익은 항공회사가 부담하는 것이 옳다.

Ⅳ. 해 설

1. 쟁의행위와 근로조건

가. 쟁의행위와 근로관계

근로자의 쟁의행위는, 근로조건에 관한 노동관계 당사자간 주장의 불일치로 인하여 생긴 분쟁상태를 유리하게 전개하기 위하여 사용자에 대하여 집단적·조직적으로 노무를 정지하는 투쟁행위이므로, 이러한 쟁의행위 기간 중 근로자는 사용자에 대한 주된 의무인 근로제공의무로부터 벗어나는 등 근로계약에 따른 근로자와 사용자의 주된 권리·의무가 정지되고 사용자는 근로자의 노무제공에 대하여 노무지휘권을 행사할 수 없게 된다.[3)]

---

3) 대법원 1995. 12. 21. 선고 94다26721 전원합의체 판결.

나. 쟁의행위와 유급휴일

근로기준법상 휴일 및 유급휴일 제도를 규정한 규범적 목적에 비추어 보면, 근로의 제공 없이도 근로자에게 임금을 지급하도록 한 유급휴일의 특별규정이 적용되기 위해서는 평상적인 근로관계, 즉 근로자가 근로를 제공하여 왔고 또한 계속적인 근로제공이 예정되어 있는 상태가 당연히 전제되어 있다. 그러므로 근로자는 휴직기간 중 또는 그와 동일하게 근로제공의무 등의 주된 권리·의무가 정지되어 근로자의 임금청구권이 발생하지 아니하는 파업기간 중에는 그 기간 중에 유급휴일이 포함되어 있다 하더라도 그 유급휴일에 대한 임금의 지급을 구할 수 없다.[4)]

다. 쟁의행위와 유급휴가

법률의 규정이나 단체협약·취업규칙·근로계약 등에 의하여 근로자에게 부여되는 유급휴가는 이를 규정한 규범적 목적에 비추어 보면 유급휴일과 마찬가지로 평상적인 근로관계를 당연히 전제하고 있는 것이다. 따라서 근로자가 유급휴가를 이용하여 파업에 참여하는 것은 평상적인 근로관계를 전제로 하는 유급휴가권의 행사라고 볼 수 없으므로 파업기간 중에 포함된 유급휴가에 대한 임금청구권 역시 발생하지 않는다.[5)]

라. 태 업[6)]

(1) 쟁의행위 시의 임금 지급에 관하여 단체협약이나 취업규칙 등에서 이를 규정하거나 그 지급에 관한 당사자 사이의 약정이나 관행이 있다고 인정되지 아니하는 한, 근로자의 근로제공의무 등의 주된 권리·의무가 정지되어 근로자가 근로를 제공하지 아니한 쟁의행위 기간 동안에는 근로제공의무와 대가관계에 있는 근로자의 주된 권리로서의 임금청구권은 발생하지 아니한다. 근로를 불완전하게 제공하는 형태의 쟁의행위인 태업(怠

---

4) 대법원 2009. 12. 24. 선고 2007다73277 판결.
5) 대법원 2010. 7. 15. 선고 2008다33399 판결.
6) 대법원 2013. 11. 28. 선고 2011다39946 판결.

業)도 근로제공이 일부 정지되는 것이라고 할 수 있으므로, 여기에도 이러한 무노동 무임금 원칙이 적용된다고 봄이 타당하다.

(2) 근로기준법상 휴일제도는 연속된 근로에서의 근로자의 피로회복과 건강회복 및 여가의 활용을 통한 인간으로서의 사회적·문화적 생활의 향유를 위하여 마련된 것이다. 나아가 '유급휴일'이란 휴일제도의 취지를 살려 근로자가 이를 충분히 활용할 수 있도록 하여 주기 위하여 임금의 지급이 보장되어 있는 휴일, 즉 휴식을 취하더라도 통상적인 근로를 한 것처럼 임금이 지급되는 날을 말하는 것이다. 이러한 휴일 및 유급휴일 제도를 근로기준법에 규정한 목적에 비추어 보면, 근로의 제공 없이도 근로자에게 임금을 지급하도록 한 유급휴일의 특별규정이 적용되기 위하여는 평상적인 근로관계, 즉 근로자가 근로를 제공하여 왔고, 또한 계속적인 근로제공이 예정되어 있는 상태가 당연히 전제되어 있다. 이러한 유급휴일에 대한 법리는 휴직 등과 동일하게 근로자의 근로제공의무 등의 주된 권리·의무가 정지되어 근로자의 임금청구권이 발생하지 아니하는 쟁의행위인 파업에도 적용되므로, 근로자는 파업기간 중에 포함된 유급휴일에 대한 임금의 지급 역시 구할 수 없다. 그리고 이와 같은 법리는 파업과 마찬가지로 무노동 무임금 원칙이 적용되는 태업에도 그대로 적용되고, 따라서 근로자는 태업기간에 상응하는 유급휴일에 대한 임금의 지급을 구할 수 없다.

마. 직장폐쇄

(1) 노조법 제46조에서 규정하는 사용자의 직장폐쇄가 사용자와 근로자의 교섭태도와 교섭과정, 근로자의 쟁의행위의 목적과 방법 및 그로 인하여 사용자가 받는 타격의 정도 등 구체적인 사정에 비추어 근로자의 쟁의행위에 대한 방어수단으로서 상당성이 있으면 사용자의 정당한 쟁의행위로 인정될 수 있고, 그 경우 사용자는 직장폐쇄 기간 동안 대상 근로자에 대한 임금지불의무를 면한다. 근로자의 쟁의행위 등 구체적인 사정에 비추어 직장폐쇄의 개시 자체는 정당하더라도 어느 시점 이후에 근로자가 쟁의행위를 중단하고 진정으로 업무에 복귀할 의사를 표시하였음에도 사

용자가 직장폐쇄를 계속 유지함으로써 근로자의 쟁의행위에 대한 방어적인 목적에서 벗어나 공격적 직장폐쇄로 성격이 변질되었다고 볼 수 있는 경우에는 그 이후의 직장폐쇄는 정당성을 상실하게 되므로, 사용자는 그 기간 동안의 임금에 대해서는 지불의무를 면할 수 없다. 그리고 노동조합이 쟁의행위를 하기 위해서는 투표를 거쳐 조합원 과반수의 찬성을 얻어야 하고(노조법 제41조 제1항) 사용자의 직장폐쇄는 노동조합의 쟁의행위에 대한 방어수단으로 인정되는 것이므로, 근로자가 업무에 복귀하겠다는 의사 역시 일부 근로자들이 개별적·부분적으로 밝히는 것만으로는 부족하다. 복귀 의사는 반드시 조합원들의 찬반투표를 거쳐 결정되어야 하는 것은 아니지만 사용자가 경영의 예측가능성과 안정을 이룰 수 있는 정도로 집단적·객관적으로 표시되어야 한다.[7)]

(2) 직장폐쇄는 사용자와 근로자의 교섭태도와 교섭과정, 근로자의 쟁의행위의 목적과 방법 및 그로 인하여 사용자가 받는 타격의 정도 등 구체적인 사정에 비추어 근로자의 쟁의행위에 대한 방어수단으로서 상당성이 있어야만 사용자의 정당한 쟁의행위로 인정될 수 있는데, 노동조합의 쟁의행위에 대한 방어적 목적을 벗어나 적극적으로 노동조합의 조직력을 약화시키기 위한 목적 등을 갖는 선제적·공격적 직장폐쇄에 해당하는 경우에는 정당성이 인정될 수 없고, 직장폐쇄가 정당한 쟁의행위로 평가받지 못하는 경우에는 사용자는 직장폐쇄 기간 동안의 대상 근로자에 대한 임금지불의무를 면할 수 없다.[8)]

2. 대상사안의 검토

가. 기본급청구에서 증명책임의 분배

(1) 임금의 지급을 구하는 소송에서 근로자는 근로계약의 체결사실과 임금액을 증명하여야 하고, 사용자는 그 지급을 면하기 위하여 권리장애 또는 소멸사유를 증명하여야 한다.

---

7) 대법원 2017. 4. 7. 선고 2013다101425 판결.
8) 대법원 2016. 5. 24. 선고 2012다85335 판결.

(2) 원고들이 피고로부터 지급받는 기본급은 전체 임금 중 '기본급여'에 속하는 것으로서 운항승무원들 각자의 직급과 호봉에 따라 결정되는 급여이고, 위 원고들이 피고를 상대로 구하는 것은 '이 사건 파업기간에 포함된 각자의 비번일에 상응하는 2005. 12.분 기본급이 공제되지 아니한 2006. 1.분 기본급'이므로, 위 원고들은 피고와의 근로계약관계 및 각자의 직급·호봉에 따른 기본급 액수를 주장·증명하는 것으로 족하다.

(3) 피고는 위 원고들의 기본급청구에 대하여 '2006. 1.분 기본급에서 2005. 12.분 기본급 중 위 원고들의 파업참여로 인하여 과다 지급한 것으로 된 부분을 공제하였다'고 주장하고 있으므로, 그 주장과 같은 권리소멸사유, 즉 이 사건 파업기간에 포함된 위 원고들의 비번일이 '유급휴일'로서 무노동 무임금의 원칙에 따라 임금지급의무를 면하는 날에 해당한다는 점을 주장·증명하여야 한다.

나. 피고가 원고들에게 부여한 비번일의 법적 성격

(1) 피고와 소속 운항승무원 사이의 근로계약관계는 항공운항업무의 특성 때문에 일반 근로자의 그것과는 다른 특수성을 지닌다. 즉 운항승무원의 근로시간은 기본적으로 피고가 당해 운항승무원에게 배정한 운항일정에 따라 정해지고, 국제운항의 경우에는 비행시간이 길어 한 번에 긴 근로시간이 소요되는데다가 기착지에서의 체류일정까지 고려되어야 한다. 여기에다가 항공안전법, 운항기술기준 등 항공기운항 관계 법령에서는 항공기 조종사의 건강 및 조종능력을 유지시켜 운항안전을 도모할 목적으로 피고와 같은 항공회사로 하여금 소속 조종사에게 최소 휴식시간을 부여할 것을 강제하고 있으므로, 결국 위 원고들을 비롯한 피고 소속 운항승무원들에게는 일반 근로자와 같은 고정된 근로일과 휴일, 시업·종업시각이 존재하지 않는다(피고가 이 사건 노조와의 합의하에 탄력적 근로시간제를 운영하고 있는 것도 위와 같은 항공운항업무의 특성에 기인하는 것이다).

(2) 한편 근로기준법은 "사용자는 근로자에 대하여 1주일에 평균 1회 이상의 유급휴일을 주어야 한다"고 규정하고 있고, 이러한 주휴일 제도는 법에 의한 적용 제외 근로자가 아닌 이상 모든 근로자에게 적용된다. 주

휴일은 반드시 1주일에 1일 이상 주어져야 하고, 월 단위로 통산하여 평균 4일을 주는 것은 허용되지 않는다. 또한 '휴일'이라는 용어의 해석상 주휴일은 24시간을 부여해야 하고, 오전 0시부터 오후 12시까지 역일에 따른 1일 동안 사용자의 일체의 구속에서 해방되는 날이어야 한다.

그런데 피고는 2005년 단체협약 시행 이전부터 취업규칙에 '소속 직원에게 주휴일을 부여한다'는 내용의 규정을 마련하고 있었음에도, 앞서 본 바와 같은 항공운항업무의 특성 때문에 소속 운항승무원에게 고정된 요일에 주휴일을 부여할 수 없었다. 대신 피고는 2003년 단체협약 제58조 제8항 및 2005년 단체협약 제54조 제9항에서 각 정한 바와 같이 소속 운항승무원에게 모기지 휴식일수를 포함하여 1개월에 최소한 8일 또는 10일의 휴무일을 부여하였는데, 이 휴무일이 바로 위 기초 사실에 본 바와 같은 각종 비번일(RDO·ATDO·ADO·DO)이다(2005년 단체협약 제12조 제6항에 규정된 '월 10일의 DO'라는 문구를 보면 이와 같은 점이 명확해진다).

(i) 위 각 단체협약에 따르면 피고가 부여하는 비번일은 모기지에 도착한 다음날 0시부터 적용되어 '휴일'이라는 용어의 해석에 부합하는 점, (ii) 항공기 운항일정상 위 비번일은 통상적으로 1주일에 1회 이상 부여되는 점 등을 보태어 보면, 피고가 소속 운항승무원에게 부여하는 각종 비번일은 근로기준법에서 말하는 '휴일'에 해당한다.

다. 비번일이 유급휴일인지 무급휴일인지 여부

(1) 비번일이 휴일에 해당한다고 하더라도, 구 근로기준법 제54조는 "1주일에 평균 1회 이상의 유급휴일을 주어야 한다"고 규정하고 있을 뿐이고, 구 근로기준법 시행령(2003. 12. 11. 대통령령 제18158호로 개정되어 2007. 6. 29. 대통령령 제20142호로 전부 개정되기 전의 것) 제25조에서는 "유급주휴일은 1주간의 소정근로일수를 개근한 자에게 주어야 한다"는 취지로 규정하여 '유급' 주휴일의 부여요건을 설정하고 있으므로,[9] 사용자로서는 1주일에 1회 이상의 유급주휴일을 부여할 의무를 이행하기만

9) 대법원 2004. 6. 25. 선고 2002두2857 판결.

한다면 근로자에게 1주일에 2회 이상의 휴일을 부여하면서 그 중 1일의 의무적 유급주휴일을 제외한 나머지 휴일을 무급휴일로 정하는 것도 가능하다.

(2) 운항승무원들에게는 그 업무특성상 주 44시간 근로제하에서든 주 40시간 근로제하에서든 일정한 주휴일이 부여되지 아니하였고, 피고는 소속 운항승무원들의 월별 일정 중 청원비번일·연차휴가일로 정해지거나 비행·대기 등 근무일정이 편성되지 않은 나머지 날들을 비번일로 처리하여 1개월당 최소 8일(주 40시간 근로제하에서는 최소 10일)의 휴일을 부여해 왔다.

그런데 주 44시간 근로제하에서 일반 근로자가 사용자에게 근로를 제공하는 1주일의 기간은 보통 '8시간 근로를 제공하는 5일과 4시간 근로를 제공하는 1일 그리고 유급휴일 1일'로 구성되어 있어 일반적으로는 '무급휴일'을 상정하기 어려우므로, 비록 피고가 항공운항업무의 특성으로 인해 소속 운항승무원들에게 일반 근로자보다 더 많은 '1개월에 8일'의 휴일을 부여해 왔다고 하더라도 그러한 휴일 전체를 유급주휴일로 정하였다고 보기는 어렵다. 이러한 추론은 주 44시간 근로제가 적용되던 2002년경부터 시행되어 온 것으로 보이는 피고 임금규정 제1.18조에서 시간급 통상임금을 '월 통상임금을 226시간[10]으로 나눈 금액'으로 규정하고 있는 점에 의해서도 뒷받침된다.

(3) 결국 피고가 주 44시간 근로제하에서 소속 운항승무원들에게 부여한 피고 취업규칙 제1.4.1조 제1항 제1호의 '유급주휴일'은 일반 근로자와 마찬가지로 1주일에 1일에 불과하였다고 봄이 상당하고, 따라서 피고가 주 44시간 근로제하에서 소속 운항승무원들에게 부여한 1개월당 최소 8일의 비번일 중 1주일에 1일은 유급주휴일이고, 나머지 4~5일의 비번일은 무급휴일에 해당한다(물론 8일의 비번일 중 1주일에 1일 부여되는 유급주휴일을 어떻게 특정할 것인가 하는 문제는 여전히 남는다).

---

10) 주당 52시간(=기준근로시간 44시간+1일의 유급주휴일에 대한 근로간주시간 8시간)×365/(12×7), 소수점 이하 반올림.

라. 주 40시간 근로제하에서 무급휴일에 해당하는 비번일이 유급휴일로 변경되었는지 여부

(1) 모든 임금은 근로의 대가로서 '근로자가 사용자의 지휘를 받으며 근로를 제공하는 것에 대한 보수'를 의미하므로 현실의 근로제공을 전제로 하지 않고 단순히 근로자로서의 지위에 기하여 발생한다는 이른바 생활보장적 임금이란 있을 수 없다.[11] 따라서 근로제공의무가 면제되고 현실의 근로제공이 존재하지 않음에도 임금이 지급되는 '유급휴일'은 구 근로기준법 제54조와 같이 관계 법령에서 그에 관한 명시적인 규정을 두고 있거나 단체협약, 취업규칙, 근로계약 등에서 별도로 정한 경우에만 인정된다. 그러므로 일반 근로자의 경우 기준근로시간이 1주 44시간에서 40시간으로 단축되었다고 하여 단축되는 4시간의 근로시간이 정해져 있던 날(통상 토요일)이 당연히 유급휴일로 되는 것은 아니고, 설령 그 날이 소정근로일에서 제외되어 휴일이 되더라도 단체협약, 취업규칙, 근로계약 등에서 별도로 정하지 않는 한 그 날은 무급휴일로 보아야 한다.

(2) (i) 비록 고정된 주휴일이 존재하지 않는 운항승무원에게 위와 같은 법리를 그대로 적용할 수는 없다고 하더라도, 피고 소속 운항승무원의 기준근로시간이 주 44시간에서 주 40시간으로 단축되고 비번일이 1개월에 최소 8일에서 최소 10일로 늘어난다고 해서 기존의 비번일 중 무급휴일에 해당하던 날들이 당연히 유급휴일로 변경된다고 할 수는 없는 점, (ii) 더욱이 2005년 단체협약은 제52조 제1항에서 기준근로시간을 주 40시간으로 정한다고 규정한 것 외에는 비번일의 성격 내지 비번일과 유급주휴일과의 관계에 대하여 규정하지 아니한 점, (iii) 피고는 이 사건 노조와 2005년 단체교섭을 하면서 이 사건 노조에게 '주 40시간 근로제 실시에 따라 단축되는 4시간을 유급휴일에 포함한 것으로 하여 월의 통상임금 산정 기준시간수를 226시간으로 정하자'고 제안하였으나, 이 사건 노조는 주 40시간 근로제 도입에 따라 월의 통상임금 산정 기준시간수를 226시간으로 정하는 것을 명시적으로 반대해 온 점 등에 비추어 보면, 피고 소속

11) 대법원 1995. 12. 21. 선고 94다26721 전원합의체 판결.

운항승무원의 기준근로시간이 주 40시간으로 단축되고 1개월당 부여되는 비번일수가 증가하였다고 해서 '1개월당 최소 8일 또는 10일의 비번일 중 무급휴일에 해당하는 날들'의 일부가 유급휴일로 변경되었다고는 볼 수 없다.

(3) 따라서 주 44시간 근로제하에서 존재하던 피고 소속 운항승무원의 무급휴일은 2005년 단체협약이 시행된 이후에도 여전히 무급휴일로 남아 있으므로, 주 40시간 근로제하에서도 1개월당 최소 10일의 비번일 중 1주일에 1일은 유급주휴일이고, 나머지 5~6일의 비번일은 무급휴일에 해당한다.

마. 이 사건 파업기간에 포함된 위 원고들의 비번일에 관한 피고의 증명책임

(1) 근로자는 휴직기간 중 또는 그와 동일하게 근로제공의무 등의 주된 권리·의무가 정지되어 근로자의 임금청구권이 발생하지 아니하는 파업기간 중에는 그 기간 중에 유급휴일이 포함되어 있다 하더라도 그 유급휴일에 대한 임금의 지급을 구할 수 없다.[12] 그러나 위 법리에 따르더라도 피고는 매월 월급의 형태로 지급되는 기본급에서 이 사건 파업기간에 포함된 유급휴일에 대한 임금을 공제할 수 있을 뿐이고, 기본급에는 '무급' 휴일에 대한 임금이 포함되어 있지 아니하므로 설령 파업기간 중에 무급휴일이 포함되어 있다고 하더라도 그에 대한 임금을 공제할 수는 없다.[13]

(2) 이 사건 파업기간에 포함되어 있던 위 원고들의 각종 비번일(RDO·ATDO·ADO·DO)은 피고가 위 원고들에게 부여한 휴일로서 1주일에 1일 부여되는 유급주휴일에 해당할 수도 있고 나머지 5~6일의 무급휴일에 해당할 수도 있으므로, 이 사건 파업기간 중에 유급휴일이 포함되어 있다는 이유로 그 유급휴일에 대한 기본급의 공제를 주장하는 피고로서는 "이 사건 파업기간에 포함된 위 원고들의 비번일이 유급주휴일에 해당한다"는 점을 주장·증명할 책임이 있다. 더욱이 주휴일은 기본적으로 사용자가 근

---

12) 대법원 2009. 12. 24. 선고 2007다73277 판결.
13) 대법원 2010. 7. 15. 선고 2008다33399 판결.

로자에게 부여하는 성질의 것이고, 주휴일을 어느 날에 주어야 하는지에 대하여는 근로기준법에 규정되어 있지 않기 때문에 반드시 일요일에 주어야 하는 것은 아니며(이 사건의 경우 항공운항업무의 특성상 피고가 고정된 요일에 주휴일을 부여할 수 없다는 점은 위에서 본 바와 같다), 단체협약이나 취업규칙에서 주휴일 부여방법을 따로 정하지 아니한 경우에는 사용자의 재량에 속한다고 보아야 하므로, 사용자인 피고가 주휴일 부여에 관한 자신의 재량권을 불명확하게 행사한 관계로 복수의 휴일 중 어느 것이 '유급주휴일'인지를 특정할 수 없다면 그로 인한 불이익은 피고가 부담하는 것이 옳다.[14]

(3) 이 사건 파업기간에 포함된 위 원고들의 비번일 중에 1주일에 1일 부여되는 유급주휴일이 존재하는지에 관하여 살펴보면, 주휴일 제도의 취지가 근로자의 피로를 회복시킴으로써 노동의 재생산을 꾀하고 생산성을 유지하기 위하여 정신적·육체적 휴식을 취하는 데에 그치지 않고 나아가 근로자로 하여금 근로제공의무를 벗어나 사업장 이외의 장소에서 자유로운 시간을 갖도록 하는 데 있다는 점, 일반 근로자의 경우 주 44시간 근로제하에서는 월요일부터 토요일까지, 주 40시간 근로제하에서는 월요일부터 금요일까지의 소정근로일수에 개근함으로써 일요일에 주휴일을 부여받는 점 등을 참작하여, 그 기준이 되는 1주일은 2005. 12. 5. 월요일부터 2005. 12. 11. 일요일까지의 7일(이하 '2005. 12. 둘째 주')로 한다.

바. 원고들의 각 기본급청구에 관한 판단

(1) 피고는 2006. 1. 21. 원고들에게 2006. 1.분 급여를 각 지급할 때 당초 지급하여야 할 기본급 중 이 사건 파업기간인 4일에 해당하는 금원을 공제한 나머지 기본급만을 지급하였다. 따라서 피고는 특별한 사정이

---

14) Harden v. Gordon, 11 F.Cas. 480 (C.C.C.Me. 1823) 사건에서는 "계약내용 중 불합리한 불평등조항, 교섭의 불균형, 특별한 이익의 제공에 의한 보상조치 없는 일방당사자의 희생 등이 있는 경우, 법원의 당해 조항에 대한 판단은 그 교섭은 부당하고 불합리하므로 가능한 한(pro tanto) 약자에게 유리하게 해석하여야 한다. 이 사건에서 선내의 약품상자에 비치된 의약품을 제외한 나머지 의약품과 진단비용은 모두 선원이 부담하도록 하는 규정은 선원에게 특별한 보상이 주어지지 아니하였으므로 무효이다"라고 판시하였다.

없는 한 원고들에게 위와 같이 미지급한 2006. 1.분 기본급 중 위 원고들이 구하는 바에 따라 이 사건 파업기간 4일 중 각자의 비번일수에 상응하는 금원 및 이에 대한 지연손해금을 지급할 의무가 있다.

(2) 이 사건 파업 이전에 예정되어 있던 위 원고들의 2005. 12. 둘째주 스케줄, 비번일수 및 파업기간 중 비번일수는 '원고들의 2005. 12. 둘째 주 일정표'의 각 해당란 기재와 같다. 그에 따르면, 예를 들면 순번 1번인 원고 1의 경우 파업기간 중에 부여된 2일의 비번일이 2005. 12. 둘째 주에 부여된 비번일의 전부이므로, 그 중 1일은 유급주휴일에 해당한다고 볼 수밖에 없고 나머지 1일의 비번일은 무급휴일에 해당한다. 반면 순번 2번인 원고 2의 경우 2005. 12. 둘째 주에 부여된 비번일이 파업 이전인 12. 7.(수)과 파업기간 중인 12. 8.(목)의 2일인데, 2005년 단체협약이나 피고 취업규칙에서 복수의 비번일 중 유급주휴일을 특정하는 기준을 마련하고 있다거나 피고가 위와 같은 복수의 비번일 중 어느 날을 유급주휴일로 특정하였음을 인정할 만한 증거가 없으므로, 이 사건 파업기간에 포함된 위 12. 8.(목)의 비번일이 유급주휴일에 해당한다고 단정할 수 없다. 따라서 이 사건 파업기간에 포함된 위 원고들의 비번일수에 상응하는 기본급 중에서 위와 같이 유급휴일로 인정되는 비번일수에 상응하는 기본급은 공제되어야 하므로, 피고의 공제 주장은 위 인정 범위 내에서 이유 있다.

사. 무단결근에 해당한다는 주장에 대하여

파업기간 동안 근로자는 사용자에 대한 주된 의무인 근로제공의무로부터 벗어나는 등 근로계약에 따른 근로자와 사용자의 주된 권리·의무가 정지됨으로 인하여 사용자는 근로자의 노무제공에 대하여 노무지휘권을 행사할 수 없게 되므로,[15] 위 원고들이 근무일에 파업에 참가하였다고 하여 이를 무단결근으로 보기는 어렵다.

---

15) 대법원 1995. 12. 21. 선고 94다26721 전원합의체 판결.

아. 승무명령 거부에 해당한다는 주장에 대하여

파업기간에는 근로자의 근로제공의무가 정지되어 승무명령에 따를 의무가 없게 되므로 승무명령 거부 자체를 상정할 수 없고, 파업에 참가하는 것은 근로자의 정당한 쟁의권 행사에 해당하므로 평상시의 개별 근로자의 승무명령 거부에 비해서 임금을 지급하지 않거나 임금을 감액할 당위성이 더욱 크다고 볼 수도 없다.

[50] 조종사 노동조합의 쟁의행위에 대한 고용노동부장관의 긴급조정결정

대법원 2010. 4. 8. 선고 2007도6754 판결

Ⅰ. 사실관계

(1) A항공 노동조합이 쟁의행위를 개시하자, 노동부장관은 2005. 8. 10. A항공이 국내 항공운송에서 차지하는 비율 등을 종합하여, "조종사노조의 쟁의행위가 공익사업에 관한 것이거나 그 규모가 크거나 그 성질이 특별한 것으로서 현저히 국민경제를 해하거나 국민의 일상생활을 위태롭게 할 위험이 현존한다"고 보아 아래와 같이 긴급조정을 결정하였다.

A항공 긴급조정 결정 공표문

정부는 노동조합 및 노동관계조정법 제76조의 규정에 의거하여 25일째 쟁의행위가 계속되고 있는 A항공 조종사 노동조합과 사용자 간의 노동쟁의에 대하여 긴급조정을 결정하고 2005. 8. 10.(수) 18시를 기하여 이를 공표합니다.

따라서 노사 당사자는 같은 법 제77조의 규정에 의거 즉시 모든 쟁의행위를 중지하고 업무에 복귀하여야 하며, 이후 30일이 경과하지 아니하면 쟁의행위를 재개할 수 없습니다. 중앙노동위원회는 지체 없이 조정을 개시하여 주시기 바라며, 노사 당사자는 조정기간 중이라도 성실히 교섭에 임하여 조기 타결될 수 있도록 노력하여 주시기 바랍니다. 정부는 A항공의 노동쟁의가 노사간 자율교섭을 통해 해결되지 못하고 긴급조정을 결정하게 된 것을 매우 유감스럽게 생각합니다.

A항공 노사는 2005. 1. 21. 교섭을 시작한 이후 30여 차례의 교섭에도 합의를 이루지 못하고 7. 6. 하루 시한부 파업을 하였으나, 이후에도 여전히 쟁점에 대한 이견을 좁히지 못한 채 7. 17. 전면 파업에 돌입하여 현재에 이르고 있습니다. 정부는 A항공이 갖는 국민 경제적 위상과 공익사업으로서의 특성을 감안하여 쟁의행위 발생 이전부터 교섭을 적극 지원하였으

며, 마지막 순간까지 인내하며 범정부 차원에서 성의를 다하여 자율 타결을 지도하고 독려해 왔습니다. 그러나 안타깝게도 핵심 쟁점에 대한 노사간의 이견을 좁히지 못하여 조속한 자율 타결을 기대하기 어려운 상황입니다.

그간 쟁의행위가 계속되면서 노사 당사자의 직접 손실은 물론 관련업계의 피해 등 국민 경제적 손실이 누적되고 있으며 국민의 일상생활이 크게 위협받고 있습니다. 최근에는 항공안전에 대한 우려마저 제기되고 있는 실정입니다. A항공은 국내여객 37%, 국제여객 21%, 화물운송 21%를 분담하여 우리나라 항공 운송에 중추적 역할을 수행하며 연간 매출액만도 29,921억 원('04년 기준)에 달합니다. 관계부처의 집계에 따르면 쟁의행위로 인해 8. 9. 현재까지 총 6,936편의 항공편 중 2,208편이 결항(결항률 31.8%)되면서 여객 493천 명, 수출화물 19천 톤의 수송차질로 A항공의 경우 1,649억 원의 직접적인 매출 손실을 입고 있습니다.

또한 항공기 결항에 따른 화물처리량 감소로 IT 제품 등 항공 수출품의 처리 지연과 운송비 부담 증가 등에 따른 수출업계의 피해가 현실화되고(778억 원 추산), 휴가 성수기의 운항 차질로 여행 취소 등에 따른 관광업계의 피해도(806억 원 추산) 발생하고 있습니다. 이에 따라 8. 9. 현재까지 직·간접 피해액만 총 3,233억 원에 달하고, 금주말까지 쟁의행위가 지속될 경우 그 피해는 4,239억 원에 달할 것으로 예상됩니다. 노사분쟁이 장기화되면서 항공산업의 경쟁력 저하와 신인도 하락 등 무형의 피해도 확산되고 있어, 앞으로 피해규모는 우리 경제가 감내할 수 없을 정도로 증대될 것입니다.

한편, 항공기 결항에 따른 여행 일정의 취소, 대체교통 수단 이용을 위한 시간·비용의 부담 등 국민생활의 불편도 누적되고 있습니다. 특히, 쟁의행위에 참가하지 않은 조종사들의 운항시간 증가에 따른 피로누적 등으로 항공안전 사고의 위험이 높아지는 등 국민의 일상생활이 크게 위협 받는 실정입니다. 이에 정부는, 현재의 상황을 종합적으로 고려할 때 더 이상 노사의 자율적인 교섭에만 맡겨둘 수 없으며, 노동조합 및 노동관계조정법 제76조 제1항의 규정에 의한 긴급조정의 결정 요건에 해당한다고 판단, 중앙노동위원회 위원장의 의견을 들어 긴급조정을 결정하게 된 것입니다.

A항공의 노사 당사자는 이번 긴급조정 결정이 노사 어느 일방의 이익이 아니라 전체 국민과 공익의 관점에서 내려진 점을 이해하고, 즉시 업무에 복귀하여 항공기 운항을 정상화하면서 분쟁의 조기 해결에 적극 노력해야 할 것입니다. 이번 긴급조정 결정에도 불구하고 노사 당사자가 쟁의행위를

지속할 경우에는 관계법령에 따라 엄정 대처할 방침임을 분명히 밝힙니다. A항공의 노사 당사자가 용기있는 결단으로 현재의 사태를 슬기롭게 해결하는 성숙된 모습을 국민들에게 보여주길 기대합니다.

2005. 8. 10.

노동부 장관 김 대 환

(2) 피고인들을 포함하여 A노조 조합원들은 긴급조정결정이 공표된 다음날인 2005. 8. 11. 10:00경 충북 보은군 산외면 신정리 소재 ○○타운에서 출발하여 자택에 복귀하는 과정에서 A항공의 불허방침에도 불구하고 같은 날 14:00경 광화문에서 민주노총 공공연맹이 주최하는 '긴급조정결정 규탄대회'에 참가하였다.

(3) A항공은 긴급조정결정 공표 직후에 2005. 8. 11. 08:00까지 거주지(자택)로 복귀한 후 10:00까지 업무복귀 여부를 해당 팀장에게 회신하되 반드시 거주지(자택)에서 대기근무상태를 유지하도록 지시하였다가, 피고인들을 포함한 파업참가 조합원 400여 명이 위 ○○타운을 출발할 무렵 파업참가 조합원의 업무복귀를 위한 개인적인 준비의 편의를 고려하여 업무복귀확인서의 제출시한 및 개별적 복귀의사표시의 시한을 2005. 8. 11. 18:00까지로 연장·변경하였다.

(4) 피고인들은 조종사노조의 임원들로서 A항공이 2005. 8. 12.부터 개별적으로 복귀의사를 표시하는 파업참가 조종사들을 대상으로 운항정상화 프로그램을 실시하는 데에 대하여, 파업참가 조종사들이 이미 일괄적으로 회사에 대하여 업무에 복귀한다는 의사를 밝힌 상태이므로 개별적으로 복귀의사를 표시하는 등의 행위를 하지 말 것을 내용으로 하는 조종사노조의 방침을 주도하였다. 2005. 8. 12. 15:30경 개별적으로 복귀를 신고하는 것으로 그 방침이 변경되어 2005. 8. 13. 오후 무렵까지 파업참가 조합원들이 개별적인 업무복귀의 확인신고를 마쳤고, 피고인들과 조합원들은 그 과정에서 A항공에 대하여 근로조건의 결정과 관련한 아무런 언동도 하지 않았다.

Ⅱ. 참조 조문

1. 노동조합 및 노동관계조정법(이하 '노조법')

제71조(공익사업의 범위등) ① 이 법에서 "공익사업"이라 함은 공중의 일상생활과 밀접한 관련이 있거나 국민경제에 미치는 영향이 큰 사업으로서 다음 각 호의 사업을 말한다.

1. 정기노선 여객운수사업 및 항공운수사업

② 이 법에서 "필수공익사업"이라 함은 제1항의 공익사업으로서 그 업무의 정지 또는 폐지가 공중의 일상생활을 현저히 위태롭게 하거나 국민경제를 현저히 저해하고 그 업무의 대체가 용이하지 아니한 다음 각 호의 사업을 말한다.

1. 철도사업, 도시철도사업 및 항공운수사업

제76조(긴급조정의 결정) ① 고용노동부장관은 쟁의행위가 공익사업에 관한 것이거나 그 규모가 크거나 그 성질이 특별한 것으로서 현저히 국민경제를 해하거나 국민의 일상생활을 위태롭게 할 위험이 현존하는 때에는 긴급조정의 결정을 할 수 있다.

② 고용노동부장관은 긴급조정의 결정을 하고자 할 때에는 미리 중앙노동위원회 위원장의 의견을 들어야 한다.

③ 고용노동부장관은 제1항 및 제2항의 규정에 의하여 긴급조정을 결정한 때에는 지체없이 그 이유를 붙여 이를 공표함과 동시에 중앙노동위원회와 관계 당사자에게 각각 통고하여야 한다.

제77조(긴급조정시의 쟁의행위 중지) 관계 당사자는 제76조 제3항의 규정에 의한 긴급조정의 결정이 공표된 때에는 즉시 쟁의행위를 중지하여야 하며, 공표일부터 30일이 경과하지 아니하면 쟁의행위를 재개할 수 없다.

제78조(중앙노동위원회의 조정) 중앙노동위원회는 제76조 제3항의 규정에 의한 통고를 받은 때에는 지체없이 조정을 개시하여야 한다.

제79조(중앙노동위원회의 중재회부 결정권) ① 중앙노동위원회의 위원장은 제78조의 규정에 의한 조정이 성립될 가망이 없다고 인정한 경우에는 공익위원의 의견을 들어 그 사건을 중재에 회부할 것인가의 여부를 결정하여야 한다.

> ② 제1항의 규정에 의한 결정은 제76조 제3항의 규정에 의한 통고를 받은 날부터 15일 이내에 하여야 한다.
>
> **제80조(중앙노동위원회의 중재)** 중앙노동위원회는 당해 관계 당사자의 일방 또는 쌍방으로부터 중재신청이 있거나 제79조의 규정에 의한 중재회부의 결정을 한 때에는 지체없이 중재를 행하여야 한다.
>
> **제90조(벌칙)** 제44조 제2항, 제69조 제4항, 제77조 또는 제81조의 규정에 위반한 자는 2년 이하의 징역 또는 2천만 원 이하의 벌금에 처한다.

2. 노동조합 및 노동관계조정법 시행령

> **제32조(긴급조정의 공표)** 법 제76조 제3항의 규정에 의한 긴급조정 결정의 공표는 신문·라디오 기타 공중이 신속히 알 수 있는 방법으로 하여야 한다.

Ⅲ. 판시사항

(1) A항공이 국내 항공운송에서 차지하는 비율, 항공운송과 선박 등을 이용한 여타 운송과의 역할 차이, 수송차질로 인한 화물처리량 감소로 국내 기업의 항공 수출품의 처리지연과 운송비 부담증가 정도, 결항으로 인한 관광업계의 피해, 그 여파로 인한 국가 및 국내기업 신인도 하락, 국민들의 일정 취소 및 대체교통수단 이용을 위한 시간과 비용부담 증가의 정도 등을 종합하여, 노동부장관이 조종사노조의 쟁의행위가 공익사업에 관한 것이거나 그 규모가 크거나 그 성질이 특별한 것으로서 현저히 국민경제를 해하거나 국민의 일상생활을 위태롭게 할 위험이 현존한다고 보아 긴급조정을 결정한 것이 재량권을 일탈·남용한 것으로서 위법하다고 볼 수 없다.

(2) 긴급조정결정의 공표로 그러한 쟁의행위가 중지되었는지 여부는 긴급조정결정이 공표된 전후의 상황, 파업참가 조합원들의 업무복귀를 위한 준비와 실제 업무복귀가 이루어진 과정, 업무복귀에 소요되는 시간과 거리 등 뿐만 아니라, 파업참가 조합원들의 업무복귀에 대한 사측의 태도

및 준비사항 등을 종합적으로 고려하여 판단하여야 한다.

Ⅳ. 해 설

1. 긴급조정제도

가. 의 의

노조법은 공중의 일상생활과 접한 관련이 있거나 국민경제에 미치는 영향이 커서 그 사업의 정지 또는 폐지가 공중의 일상생활을 위태롭게 하거나 국민경제를 저해할 염려가 있는 일정한 사업을 공익사업 및 필수공익사업으로 정하여 특별한 취급을 하는 제도를 두면서, 한편으로는 쟁의행위가 현저히 국민경제를 저해하거나 국민의 일상생활을 위태롭게 할 위험이 현존하는 때에는 고용노동부장관의 결정으로 일정기간 쟁의행위를 중지시키고, 긴급한 조정을 통해 쟁의를 해결하고자 하는 긴급조정제도를 두고 있다. 공익사업에 대한 특별취급제도가 쟁의행위로 인한 국민경제의 저해나 공중의 일상생활의 위험에 대처하기 위한 사전적 수단이라면, 긴급조정제도는 쟁의행위로 인하여 현존하는 국민경제의 현저한 저해나 공중 일상생활의 현저한 위험에 대처하기 위한 사후적 수단이라 할 수 있다. 긴급조정제도는 현존하는 위험에 대처하기 위하여 쟁의행위를 일정기간 중지시킴은 물론 직권으로 중재에 회부함으로써 앞으로의 쟁의행위를 금지시킬 수도 있는 강력한 수단을 포함하고 있어, 자칫 대규모의 쟁의행위에 관하여 쟁의권을 심각하게 제한하는 결과를 초래할 우려가 있다. 따라서 긴급조정제도의 해석과 운용은 엄격하게 할 필요가 있다.[1)]

나. 요 건

(1) 실질적 요건

긴급조정의 결정은, (i) 쟁의행위가 공익사업에 관한 것이거나 그 규모가 크거나 또는 그 성질이 특별한 것일 것, (ii) 쟁의행위가 현저히 국민

1) 노동조합 및 노동관계조정법 주해 Ⅱ, 645면.

경제를 해하거나 국민의 일상생활을 위태롭게 할 위험이 현존할 것이라는 두 가지 실질적 요건이 모두 갖추어졌을 때 할 수 있다. 여기서 '공익사업'은 노조법 제71조 제1항의 '공익사업'을 의미한다. 쟁의행위의 '규모가 크거나 또는 그 성질이 특별한 것'은 공익사업에 해당하지 않는 사업에 관한 쟁의행위이더라도 그 규모나 성질상 공익사업에 준할 정도로 공중의 일상생활과 밀접한 관련이 있거나 국민경제에 영향을 미치는 것을 의미한다. 위험이 '현존'한다 함은 쟁의행위로 인한 영향이 현실화하여 국민경제의 현저한 저해나 국민의 일상생활의 현저한 위험이 발생한 것을 의미한다.

(2) 형식적 요건

고용노동부장관은 긴급조정의 결정을 하고자 할 때는 미리 중앙노동위원회 위원장의 의견을 들어야 한다. 이는 긴급조정의 형식적 요건이라 할 수 있다. 이때 고용노동부장관이 중앙노동위원회 위원장의 의견에 구속되는 것은 아니다.

다. 효 과

관계당사자는 긴급조정의 결정이 공표된 때에는 즉시 쟁의행위를 중지하여야 하며, 공표일로부터 30일이 경과하지 아니하면 쟁의행위를 재개할 수 없다. 이에 위반하여 쟁의행위를 한 자는 2년 이하의 징역 또는 2천만원 이하의 벌금에 처한다(노조법 제90조).

라. 관련 문제

(1) 공항의 항공관제시설이 안전보호시설에 해당되는지 여부[2)]

노조법 제42조 제2항의 안전보호시설이란 그 시설의 정상적인 유지·운영이 정지 또는 폐지되는 경우 사람의 생명이나 신체에 위해를 주게 되는 시설을 말한다. 사업장내의 특정시설이 안전보호시설에 해당되는지 여부는 이러한 법의 취지에 따라 당해 사업장의 제반사정을 고려하여 구체적으로

2) 노사 32281－1474, 1990. 2. 1.

판단하여야 할 것인바, 관제통신 및 항공보안시설의 유지, 보수업무에 종사하는 근로자가 노무제공을 거부할 경우 사람의 생명 또는 신체에 위해를 줄 것이 객관적으로 인정된다면 그러한 결과의 방지상 필요한 시설의 정상적인 유지·운영을 위한 노무제공을 정지 또는 폐지할 수 없다.

(2) 관제업무 등을 담당하는 국제공항관리공단이 공익사업에 해당하는지 여부[3)]

정기 항공운송사업에 필수적인 관제업무(신호감시·통신 등), 관련시설의 유지·수선업무 등을 담당하여 국제공항관리공단의 업무가 정지 또는 폐지되는 경우에 항공운송업무가 정지된다면 공익사업에 해당된다.

(3) 탑승자 보안검색 업무를 수행하는 사업의 공익사업 해당 여부[4)]

노조법 제71조 제1항은 "공익사업이라 함은 공중의 일상생활과 밀접한 관련이 있거나 국민경제에 미치는 영향이 큰 사업으로서 다음 각 호의 사업을 말한다"고 규정하여 공익사업의 범위를 정기노선여객운수사업 등 동조항에 열거된 사업으로 한정하고 있다. 그런데 항공기 여객 및 수하물에 대한 보안검색 업무는 한국표준산업분류 등에 비추어 볼 때, 정기노선여객운수사업의 하나로서의 항공운송업에는 포함되지 않는다고 판단되므로 공익사업에는 해당되지 않는다.

(4) 탑승교 접·이현 업무가 필수유지업무에 해당하는지 여부[5)]

(가) 노조법 제42조의2 제1항이 "필수유지업무라 함은 제71조 제2항의 규정에 따른 필수공익사업의 업무 중 그 업무가 정지되거나 폐지되는 경우 공중의 생명·건강 또는 신체의 안전이나 공중의 일상생활을 현저히 위태롭게 하는 업무로서 대통령령이 정하는 업무를 말한다"고 하고 있는바, 그로부터 알 수 있는 입법목적이 안전보호시설 운영방해죄와 유사한 점, 노조법 제42조의2 제2항이 "필수유지업무의 정당한 유지·운영을 정지·폐

---

3) 노사 32281－17827, 1988. 11. 30.
4) 협력 68140－393, 1999. 8. 31.
5) 인천지방법원 2015. 6. 19. 선고 2015고정504 판결.

지 또는 방해하는 행위"를 금지하고 있어 그 문언의 규정형식 역시 노조법 제42조 제2항과 유사한 점, 양 규정이 모두 특정한 업무영역에 있어서 근로자의 단체행동권을 형벌법규로써 제한하고 있는 점까지 감안하면, 대법원 판례[6])를 유추적용하여 '필수유지업무 방해죄의 성립을 위해서는 필수유지업무의 유지·운영을 정지·폐지 또는 방해하는 행위로 인하여 공중의 생명·건강 또는 신체의 안전이나 공중의 일상생활에 현저한 위험이 발생해야 한다'고 해석하거나, '필수유지업무의 유지·운영을 정지·폐지 또는 방해하는 행위가 있다고 평가하기 위해서는 단지 근로자가 필수유지업무에서 이탈하였다는 것만으로는 부족하고, 그로 인하여 공중의 생명·건강 또는 신체의 안전이나 공중의 일상생활에 현저한 위험이 발생해야 한다'고 해석하는 것이 타당하다.

(나) 피고인들에 대한 필수유지업무방해죄의 성립 여부가 문제되는 이 사건에서는 피고인들의 사업장 이탈로 인하여 공중의 생명·건강 또는 신체의 안전이나 공중의 일상생활에 현저한 위험이 발생하였다는 점이 증명되어야 한다. 그런데 피고인들이 사업장을 이탈한 이후에도 팀의 필수근무인원이 유지되었고, 이 사건 당시 항공기와 터미널을 연결하는 탑승교 접·이현과 관련하여 항공기 운영 스케줄에 지연이 발생하였다거나 운영상의 문제점으로 공중의 생명·신체 등에 위험이 초래되었다는 등의 사정은 발견되지 않는다. 따라서 피고인들에 대한 필수유지업무방해죄는 무죄이다.

---

6) 노조법 제42조 제2항은 "사업장의 안전보호시설에 대하여 정상적인 유지·운영을 정지·폐지 또는 방해하는 행위는 쟁의행위로서 이를 행할 수 없다"고 규정하고 있는바, 여기서 '안전보호시설'이라 함은 사람의 생명이나 신체에 대한 위험을 예방하거나 위생상 필요한 시설을 말하고, 이에 해당하는지의 여부는 당해 사업장의 성질, 당해 시설의 기능, 당해 시설의 정상적인 유지·운영이 되지 아니할 경우에 일어날 수 있는 위험 등 제반 사정을 구체적·종합적으로 고려하여 판단하여야 할 것이다(대법원 2005. 9. 30. 선고 2002두7425 판결 참조). 한편, 노조법 제42조 제2항의 입법목적이 '사람의 생명·신체의 안전보호'라는 점과 노조법 제42조 제2항이 범죄의 구성요건이라는 점 등을 종합적으로 고려하면, 형식적으로는 안전보호시설의 유지·운영을 정지·폐지 또는 방해하는 행위가 있었지만 그로 인하여 사람의 생명이나 신체에 대한 위험이 전혀 발생하지 않는 경우에는 노조법 제91조 제1호, 제42조 제2항 위반죄가 성립하지 않는다. 대법원 2006. 5. 25. 선고 2002도5577 판결.

2. 대상사안의 검토

가. 긴급조정결정의 정당성

A항공은 국내여객 37%, 국제여객 21%, 화물운송 21%를 분담하여 우리나라 항공 운송에 중추적 역할을 수행하며 연간 매출액 29,921억 원(2004년 기준)에 달하는 점, 관계부처의 집계에 따르면 쟁의행위로 인해 2005. 8. 9.까지 총 6,936편의 항공편 중 2,208편이 결항(결항율 31.8%)되면서 여객 493천 명, 수출화물 19천 톤의 수송차질로 A항공의 경우 1,649억 원의 직접적인 매출 손실을 입고 있는 점, 항공기 결항에 따른 화물처리량 감소로 IT 제품 등 항공 수출품의 처리 지연과 운송비 부담 증가 등에 따른 수출업계의 피해가 현실화되고(778억 원 추산), 휴가 성수기의 운항 차질로 여행 취소 등에 따른 관광업계의 피해(806억 원 추산)도 발생하고 있는 점, 노사분쟁이 장기화되면서 항공산업의 경쟁력 저하와 신인도 하락 등 무형의 피해도 확산되고 있는 점, 항공기 결항에 따른 여행 일정의 취소, 대체교통 수단 이용을 위한 시간·비용의 부담 등 국민생활의 불편도 누적되고 있는 점, 쟁의행위에 참가하지 않은 조종사들의 운항시간 증가에 따른 피로누적 등으로 항공안전 사고의 위험이 높아지는 점 등 제반사정을 종합하여, 노동부장관이 "조종사노조의 쟁의행위가 공익사업에 관한 것이거나 그 규모가 크거나 그 성질이 특별한 것으로서 현저히 국민경제를 해하거나 국민의 일상생활을 위태롭게 할 위험이 현존한다"고 보아 긴급조정을 결정한 것이 재량권을 일탈·남용한 것으로서 위법하다고 볼 수 없다.

나. 쟁의행위 중지 위반죄의 성립 여부

(1) 긴급조정결정의 공표로 그러한 쟁의행위가 중지되었는지 여부는 긴급조정결정이 공표된 전후의 상황, 파업참가 조합원들의 업무복귀를 위한 준비와 실제 업무복귀가 이루어진 과정, 업무복귀에 소요되는 시간과 거리 등 뿐만 아니라, 파업참가 조합원들의 업무복귀에 대한 사측의 태도 및 준비사항 등을 종합적으로 고려하여 판단하여야 한다.

(2) A항공은 긴급조정결정 공표 직후에 2005. 8. 11. 08:00까지 거주지(자택)로 복귀한 후 10:00까지 업무복귀 여부를 해당 팀장에게 회신하되 반드시 거주지(자택)에서 대기근무상태를 유지하도록 지시하였다가, 피고인들을 포함한 파업참가 조합원 400여 명이 위 ○○타운을 출발할 무렵 파업참가 조합원의 업무복귀를 위한 개인적인 준비의 편의를 고려하여 업무복귀확인서의 제출시한 및 개별적 복귀의사표시의 시한을 2005. 8. 11. 18:00까지로 연장·변경하였다. 이는 A항공이 긴급조정결정 공표 이후 피고인들 및 파업참가 조합원들이 숙영지인 위 ○○타운에서 자택으로 복귀하는 시간, 피고인들 및 파업참가 조합원들의 조종사라는 업무 특성상 장기간의 파업 후 업무복귀를 위해서는 충분한 휴식이 필요하다는 점 등을 고려하여 2005. 8. 11.은 거주지(자택)에 복귀하면 되고, 달리 자택대기근무[일명 스탠바이(Stand-By)] 상태에 있을 것까지 요구하는 취지는 아니었다.

(3) 피고인들은 조종사노조의 임원들로서 A항공이 2005. 8. 12.부터 개별적으로 복귀의사를 표시하는 파업참가 조종사들을 대상으로 운항정상화 프로그램을 실시하는 것에 대하여, 파업참가 조종사들이 이미 일괄적으로 회사에 대하여 업무에 복귀한다는 의사를 밝힌 상태이므로 개별적으로 복귀의사를 표시하는 등의 행위를 하지 말 것을 내용으로 하는 조종사노조의 방침을 주도하였다. 피고인들 및 파업참가 조합원들의 행위는 긴급조정결정의 공표로 이미 쟁의행위의 중단을 선언한 후 A항공의 업무관련 지시에 대한 대응방법을 모색하는 과정에서 업무복귀에 관한 신고를 개별적으로 하지 않도록 한 것일 뿐이고, 2005. 8. 12. 15:30경 개별적으로 복귀를 신고하는 것으로 그 방침이 변경되어 2005. 8. 13. 오후 무렵까지 파업참가 조합원들이 개별적인 업무복귀의 확인신고를 마쳤고 달리 그 과정에서 A항공에 대하여 근로조건의 결정과 관련한 아무런 언동도 없었다.

(4) 따라서 피고인들 및 파업참가 조합원들이 위 규탄대회에 참가하거나 개별적 복귀의 의사표시를 지체하였다고 하여 이를 두고 노조법 제77조에 위반하여 쟁의행위가 중지되지 않은 경우에 해당한다고 볼 수 없다.

[51] 운항승무원의 비행시간준수에 관한 준법투쟁

서울남부지방법원 2018. 6. 21. 선고 2016가합109384 판결

Ⅰ. 사실관계

가. 당사자들의 지위 및 B조종사노동조합의 투쟁명령

(1) 원고는 1998. 2. 2. 피고 항공사에 입사하여 조종사로 근무하다가 운항승무원 자격심의위원회에서 파면 결정을 받아 2016. 3. 11.부로 해고된 사람이다. 원고는 해고 전 피고 회사 기장이었고, B조종사노동조합(이하 '노동조합')에서 교육선전실장 직책을 수행하였다.

(2) 노동조합은 2016. 2. 19. 쟁의행위에 돌입하기로 하는 위원장 투쟁명령 1호를 발령하였고, 그 주요 내용은 다음과 같다.

1. 비행안전을 위해 정시에 출두하고, 안전을 최우선으로 비행을 준비한다.
   ① 출두 시간에 맞추어 문항 브리핑을 정시에 시작한다.
   ② 운항브리핑시: 합동브리핑 시간에 쫓기지 않으며, 안전저해요소 제거를 위해 모든 서류 및 안전에 관계된 사항을 철저히 검토하여 비행을 준비한다.
   ③ 운항브리핑 시간 부족으로 인하여 합동브리핑을 정시에 시작하지 못할 것으로 예상되는 경우에는, 사무장에게 합동브리핑 장소나 시간 변경을 통보한다.
3. 항공법 위반 운항을 거부한다.
   ① 1SET(1C/1F) 운항의 경우 최대 승무시간(BLOCK TIME)은 항공법과 단체협약에 의해 8시간으로 제한되어 있다.
   ② 당일의 FLIGHT PLAN 수령시 PLAN상 TRIP TIME 8+00 초과하는 경우부터 절대 운항하지 않는다.
   ③ 참고사항: TAXI TIME 고려한 BLOCK TIME이 8+00 초과할 것으

로 예상되는 경우에 추가 승무원 증원을 요구하는 것이 원칙이다. 단, TRIP TIME에 TAXI TIME을 얼마로 고려하여 B/T를 산정할 것인가에 대한 추가 지침은 곧 공지할 것이다.

④ 따라서, 일단은 상기 기술한 명백한 경우(TRIP TIME 8+00)부터 운항을 거부한다. 우리는 지침을 확정하여 단계적으로 수위를 높여 갈 것이다.

나. 원고의 2016. 2. 21. 출국 비행

(1) 원고는 2016. 2. 21. 07:55 인천에서 출발하여 필리핀 마닐라에 도착하는 피고 회사 C편(이하 '이 사건 출국 비행편') 기장으로 배정되어 2016. 2. 21. 06:10경 운항 브리핑실에서 부기장 D 등과 함께 운항브리핑을 실시하였다. 운항브리핑은 약 1시간 동안 진행되었고, 원고는 07:15경 인천공항으로 가는 셔틀버스에 탑승하였으며, 07:30경 항공기에 도착하였다.

(2) 원고는 08:10경 항공기 출발 허가를 요청하였고, 08:13경 항공교통관제에서 이를 허가하였다. 이후 활주로가 33번에서 34번으로 변경되어 원고는 08:15경 활주로 변경으로 인해 이륙조건(TODC)을 재요청하였고, 08:22경 항공기가 움직이기 시작하였으며, 08:44경 이륙하였다. 항공기는 예상 도착 시간보다 24분 늦은 필리핀 현지 시각 11:24경 마닐라공항에 도착하였다.

다. 원고의 2016. 2. 21. 입국 비행

(1) 원고는 2016. 2. 21. 22:35경(필리핀 현지 시각) 마닐라에서 출발하여 인천에 도착하는 피고 회사 E편(이하 '이 사건 입국 비행편') 기장으로 배정되었다.

(2) 원고는 21:45 피고 회사 종합통제센터에 전화하여 "지금 인천공항으로 비행할 경우, 단체협약상 연속 24시간 내에서 최대 비행시간인 12시간을 4분 초과하게 된다"는 이유로 비행하기 어렵다는 의사를 전달하였

다. 함께 통화하던 F기장은 "인천공항에서 교통 혼잡 등 문제로 22분 초과되었으므로, 이 부분은 비정상상황에 해당하여 단체협약상 최대 비행시간이 14시간까지 늘어날 수 있다"는 의견을, 종합통제부 G는 "승객들을 10분 일찍 탑승시키는 등 빨리 출발할 수 있도록 조치하고, 관제 기관에 협조를 요청하여 가능한 한 항로상 비행시간도 줄일 수 있도록 하겠다"는 의견을 제시하며 비행할 것을 요청하였다.

(3) 원고는 "현실적으로 비행시간을 줄이기는 불가능하다. 본인은 비행을 할 수 없고, 지금 필리핀에 도착한 승무원들을 퀵 턴(Quick Turn)시키면 규정을 준수할 수 있다"는 의사를 전달하면서, 당시 피고 회사 H편을 운행하여 마닐라공항에 도착한지 얼마 되지 않았던 기장 I와 G가 통화하도록 하였다. G는 I에게 이 사건 입국 비행편을 운행하여 인천으로 퀵 턴하는 것이 가능한지 여부를 물었고, I는 이를 수락하였다.

라. 원고에 대한 징계조치

(1) 피고 회사는 2016. 2. 24. 징계심의를 위해 원고를 대기발령하였고, 2016. 3. 7. 운항승무원 자격심의위원회를 개최하여 원고를 2016. 3. 11.부로 파면하는 결정을 하였다(이하 '이 사건 해고').

(2) 파면 사유로 적시된 내용은 "원고는 C편, E편의 비행임무를 부여받은 기장으로서 타 운항승무원들에게 모범이 되어야 할 지위에 있음에도 불구하고, 고의적인 출발시간 지연으로 승객의 불편을 야기하여 서비스를 생명으로 하는 회사에 무형의 손해를 끼쳤을 뿐 아니라, 비행임무를 거부함으로써 편조·행정상 어려움 등의 지장을 발생케 하고 피고 회사에 손실을 초래하였음"이다.

Ⅱ. 참조 조문

1. 항공안전법

> **제56조(승무원 피로관리)** ① 항공운송사업자, 항공기사용사업자 또는 국외운항항공기 소유자등은 다음 각 호의 어느 하나 이상의 방법으

로 소속 운항승무원 및 객실승무원(이하 "승무원"이라 한다)의 피로를 관리하여야 한다.

1. 국토교통부령으로 정하는 승무원의 승무시간, 비행근무시간, 근무시간 등(이하 "승무시간등"이라 한다)의 제한기준을 따르는 방법
2. 피로위험관리시스템을 마련하여 운용하는 방법

② 항공운송사업자, 항공기사용사업자 또는 국외운항항공기 소유자등이 피로위험관리시스템을 마련하여 운용하려는 경우에는 국토교통부령으로 정하는 바에 따라 국토교통부장관의 승인을 받아 운용하여야 한다. 승인받은 사항 중 국토교통부령으로 정하는 중요사항을 변경하는 경우에도 또한 같다.

③ 항공운송사업자, 항공기사용사업자 또는 국외운항항공기 소유자등은 제1항 제1호에 따라 승무원의 피로를 관리하는 경우에는 승무원의 승무시간등에 대한 기록을 15개월 이상 보관하여야 한다.

제62조(기장의 권한 등) ① 항공기의 운항 안전에 대하여 책임을 지는 사람(이하 "기장"이라 한다)은 그 항공기의 승무원을 지휘·감독한다.

② 기장은 국토교통부령으로 정하는 바에 따라 항공기의 운항에 필요한 준비가 끝난 것을 확인한 후가 아니면 항공기를 출발시켜서는 아니 된다.

③ 기장은 항공기나 여객에 위난(危難)이 발생하였거나 발생할 우려가 있다고 인정될 때에는 항공기에 있는 여객에게 피난방법과 그 밖에 안전에 관하여 필요한 사항을 명할 수 있다.

④ 기장은 운항 중 그 항공기에 위난이 발생하였을 때에는 여객을 구조하고, 지상 또는 수상(水上)에 있는 사람이나 물건에 대한 위난 방지에 필요한 수단을 마련하여야 하며, 여객과 그 밖에 항공기에 있는 사람을 그 항공기에서 나가게 한 후가 아니면 항공기를 떠나서는 아니 된다.

⑤ 기장은 항공기사고, 항공기준사고 또는 항공안전장애가 발생하였을 때에는 국토교통부령으로 정하는 바에 따라 국토교통부장관에게 그 사실을 보고하여야 한다. 다만, 기장이 보고할 수 없는 경우에는 그 항공기의 소유자등이 보고를 하여야 한다.

⑥ 기장은 다른 항공기에서 항공기사고, 항공기준사고 또는 항공안전

장애가 발생한 것을 알았을 때에는 국토교통부령으로 정하는 바에 따라 국토교통부장관에게 그 사실을 보고하여야 한다. 다만, 무선설비를 통하여 그 사실을 안 경우에는 그러하지 아니하다.

⑦ 항공종사자 등 이해관계인이 제59조 제1항에 따라 보고한 경우에는 제5항 본문 및 제6항 본문은 적용하지 아니한다.

제77조(항공기의 안전운항을 위한 운항기술기준) ① 국토교통부장관은 항공기 안전운항을 확보하기 위하여 이 법과 「국제민간항공협약」 및 같은 협약 부속서에서 정한 범위에서 다음 각 호의 사항이 포함된 운항기술기준을 정하여 고시할 수 있다.

1. 자격증명
2. 항공훈련기관
3. 항공기 등록 및 등록부호 표시
4. 항공기 감항성
5. 정비조직인증기준
6. 항공기 계기 및 장비
7. 항공기 운항
8. 항공운송사업의 운항증명 및 관리
9. 그 밖에 안전운항을 위하여 필요한 사항으로서 국토교통부령으로 정하는 사항

② 소유자등 및 항공종사자는 제1항에 따른 운항기술기준을 준수하여야 한다.

2. 항공안전법 시행규칙

제127조(운항승무원의 승무시간 등의 기준 등) ① 법 제56조 제1항 제1호에 따른 운항승무원의 승무시간, 비행근무시간, 근무시간 등(이하 "승무시간등"이라 한다)의 기준은 별표 18과 같다. 다만, 천재지변, 기상악화, 항공기 고장 등 항공기 소유자등이 사전에 예측할 수 없는 상황이 발생한 경우 승무시간 등의 기준은 국토교통부장관이 정하여 고시할 수 있다.

② 항공운송사업자 및 항공기사용사업자는 제1항에 따른 기준의 범위에서 운항승무원이 피로로 인하여 항공기의 안전운항을 저해하지

아니하도록 세부적인 기준을 운항규정에 정하여야 한다.

제128조(객실승무원의 승무시간 기준 등) ① 항공운송사업자는 법 제56조 제1항 제1호에 따라 객실승무원이 비행피로로 인하여 항공기 안전운항에 지장을 초래하지 아니하도록 월간, 3개월간 및 연간 단위의 승무시간 기준을 운항규정에 정하여야 한다. 이 경우 연간 승무시간은 1천 200시간을 초과해서는 아니 된다.

② 제1항에 따른 승무를 위하여 해당 형식의 항공기에 탑승하여 임무를 수행하는 객실승무원의 수에 따른 연속되는 24시간 동안의 비행근무시간 기준과 비행근무 후의 지상에서의 최소 휴식시간 기준은 별표 19와 같다. 다만, 천재지변, 기상악화, 항공기 고장 등 항공기 소유자등이 사전에 예측할 수 없는 상황이 발생한 경우 비행근무시간 등의 기준은 국토교통부장관이 정하여 고시할 수 있다.

3. 고정익항공기를 위한 운항기술기준

1.1.1.1 목적(Objectives)

이 기준은 구 항공법 제74조의2 규정에 의하여 법과 국제민간항공조약 및 동조약 부속서에서 정한 범위 안에서 항공기 소유자 등 및 항공종사자가 준수하여야 할 최소의 안전기준을 정하여 항공기의 안전운항을 확보함을 그 목적으로 한다.

8.1.2 용어의 정의(Definitions)

이 장에서 사용하는 용어의 뜻은 다음 각 호와 같다.

74) '예측불가 운항상황(Unforseen operational circumstance)' 이란 운영자가 통제할 수 없는 기상, 장비 고장 또는 항공교통지연(Air traffic delay)과 같은 예기치 않은 사건을 말한다.

8.4.9.3. 비행근무 및 지상휴식시간(Duty and Rest Periods)

나. 운항승무원, 객실승무원 및 운항관리사는 다음 각 호의 사항을 준수하여야 한다.

1) 별표 8.4.9.3.에서 정한 비행근무에 따른 최소휴식시간을 갖지 못한 자는 항공운송 사업을 위한 비행근무에 종사하여서는 아니 된다.

별표 8.4.9.3 비행근무 및 지상휴식시간(Duty and Rest Periods) [생략]

가. 연속되는 24시간 동안 휴식시간 없이 승무 및 비행근무시간이 다음을 초과하도록 운항승무원의 승무 및 비행근무시간을 계획하여서는 아니 된다.

주 1. 비행임무를 위한 출두시각 및 비행종료시각 기준은 항공운송사업자의 운항규정에 정한다.

주 2. 운항증명소지자가 지정한 장소에 승무원이 출두한 시각부터 예측불가 운항상황(Unforeseen operational circumstance)이 발생할 경우 승무시간(Flight Time) 및 비행근무시간(Flight Duty Periods)을 2시간 연장할 수 있다. 승객의 지연도착, 객실서비스 품목 등의 지연도착 또는 승객의 위탁수하물 및 화물, 우편물 등으로 인한 지연은 포함되지 아니한다.

주 3. 연속되는 24시간 동안 12시간을 초과하여 승무할 경우 항공기에는 휴식시설이 있어야 한다.

4. 단체협약

제54조(비행시간 및 비행근무시간 운영제한) ① Short-Haul (2 Pilots Operations)

기간	총비행시간	착륙횟수	비행근무시간	
			정상운항	비정상운항
연속되는 24시간	8시간	4회	12시간	14시간
연속되는 7일	30시간	–	–	–
연속되는 30일	90시간	–	–	–
연속되는 90일	250시간	–	–	–
연속되는 12개월	1,050시간[1]	–	–	–

③ 비정상운항: 운영상 지연은 인가된 운영자가 통제한 이후에 지연된 것으로써 기상, 항공기 장비고장 그리고 항공교통으로 인한

1) 항공안전법 시행규칙 [별표 18] 2. 운항승무원의 연속되는 365일 동안의 최대 승무시간 기준에서는 1,000시간으로 규정되어 있다.

HOLDING 등을 말한다. 승객의 지연도착, 객실 SERVICE 등의 지연 또는 승객의 위탁수하물, 화물 또는 우편물 등 이와 유사한 지연은 포함되지 않는다. 단, 근무를 위해 지정된 장소에 출두 후 정비 등의 사유로 예정된 비행에 투입 불가능하여 호텔에서 5시간 이상 휴식을 취한 경우 이 휴식 시간을 비행근무시간 산정에서 제외한다.

⑥ 비행시간 기준은 이륙을 위한 목적으로 항공기가 최초로 움직인 시점으로부터 비행을 종료하기 위하여 항공기를 정지하는 시점까지로 한다.

5. 운항규정 FOM[2)]

3.2.1 규정의 준수 및 PIC[3)] 책임

·본인의 임무와 관련된 사내 규정 및 절차 준수

·PIC는 회사를 대표하여 승객을 위한 모든 서비스에 최선의 노력을 경주해야 함

6. 취업규칙

4.5.3. 징계의 사유 직원이 다음 각 호의 경우에 해당할 때에는 이를 징계한다.

2) 고의 또는 과실로 회사의 명예훼손 또는 사업에 지장을 초래하거나 재산상 손해를 끼친 때

5) 고의로 업무를 해태하거나 타 직원의 업무를 방해한 때

16) 서약서 또는 회사 제규정을 위반하거나 직무에 배치되는 행위를 한 때

17) 고의 또는 과실로 업무상의 장해 또는 분쟁을 야기시키거나 회사발전을 저해하는 원인 행위를 조장하여 회사에 손실을 초래한 때

4.5.4. 징계의 종류

1) 파면: 직원으로서의 신분을 박탈한다.

---

2) Flight Operations Manual.

3) Pilot In Command. 기장을 의미한다.

2) 권고사직: 사직을 권고하되, 불응하는 경우 파면으로 조치한다.
3) 강등: 직급, 자격 또는 호봉을 강하한다.
4) 정직: 3개월 이내로 하되 그 기간 중에는 직원으로서의 신분은 보유하나 직무에 종사하지 못한다.
5) 감봉: 1개월 이상 6개월 이내로 하되 그 감봉액 1회의 액은 평균임금의 1일분의 반액 이내로 하고 총액은 월 임금 총액의 10분의 1 이내로 한다.
6) 항공업무 정지: 항공종사자로서의 본연의 업무를 정지시킨다.
7) 지상근무: 승무원에 대하여 승무를 정지시키고 지상근무케 한다.
8) 견책: 서면으로 훈계하고 시말서를 제출케 한다.
9) 경고: 경고장을 발부하고 개선을 촉구한다.

Ⅲ. 판시사항

(1) 피고 회사는 항공법 관련 규정이 아니라 법령의 범위 안에서 적법하게 체결된 단체협약을 준수하여 비행 계획을 세워야 한다. 즉 최대 비행시간은 13시간이 아니라 단체협약에 따라 12시간을 기준으로 하여야 한다. 그런데 인천공항과 필리핀 마닐라 공항을 오가는 피고 회사 비행 노선은 계획된 비행근무시간이 총 11시간 45분으로, 2번의 비행에서 비정상운항에 해당하지 않는 항공교통 지연만으로도 15분을 초과할 가능성이 충분하다.

(2) 원고는 노동조합 교육선전실장 직책을 맡고 있던 사람이고, 비행 이틀 전 노동조합은 위원장 투쟁명령 1호를 발령하고 쟁의행위에 돌입하였다. 원고가 비행근무시간 4분 초과를 이유로 이 사건 입국편 비행을 거부한 것은 노동조합의 쟁의행위 또는 피고 회사 인천－마닐라 노선이 단체협약을 위반할 가능성이 높다는 점에 대한 항의의 일환으로 볼 수 있다. 쟁의행위는 보호되어야 하고, 구체적인 상황에 따라 항공교통 지연이 비정상운항에 해당하는지 여부가 달라질 수 있으므로 원고의 단체협약 해석이 잘못되었다고 단정하기 어렵다.

Ⅳ. 해 설

1. 준법투쟁

가. 의 의

준법투쟁(遵法鬪爭)이란 근로자들이 그 주장을 관철하기 위하여 집단적으로 평소 잘 지켜지지 않는 법령이나 단체협약 또는 취업규칙 등을 엄격히 지키거나 근로자가 가진 권리를 일제히 행사함으로써 사용자의 일상적인 업무 운영을 저해하는 행위를 말한다.[4] 안전·보건에 관한 법규를 철저히 준수하는 '안전투쟁'이나 근로시간이나 휴가 등에 관한 근로자 개인의 권리를 동시에 또는 관련 법령이나 규정에 맞게 행사하는 '권리행사투쟁' 등이 있다. 준법투쟁은 법령이나 단체협약 등에서 쟁의행위를 제한하는 규정이 있는 경우에 그 적용을 회피하기 위하여 고안된 것으로서, 노동조합이 자기의 주장을 관철할 목적으로 사용자의 일상적인 업무운영을 저해하는 행위인 점에서는 쟁의행위와 그 성격이 같지만, 쟁의행위는 외형적으로 근로계약상 노무제공의무의 불이행이나 불완전이행 또는 이에 부수되는 행위로 나타나는데 반하여, 준법투쟁은 근로계약상의 의무를 관계법령에 따라 이행하거나 또는 그 권리를 행사하는 점에서 다르다. 이 점에서 준법투쟁을 쟁의행위의 일종으로 볼 것인지 여부가 문제된다.[5]

나. 준법투쟁의 쟁의행위성

(1) 문제의 소재

준법투쟁이 쟁의행위에 속하는지 여부는 이를 긍정하면, 준법투쟁에 대해서도 노조법상 쟁의행위 제한규정에 따라야 그 정당성이 인정되지만, 준법투쟁을 쟁의행위가 아니라고 보면, 쟁의행위와는 다른 정당성 판단기준이 적용되어 쟁의행위 제한규정을 따르지 않았다는 것만으로는 정당성이 부정되지 않고 민사·형사책임이 면제될 수 있다. 특히 근로자의 단

---

4) 대법원 1991. 11. 8. 선고 91도326 판결.

5) 노동조합 및 노동관계조정법 주해 Ⅰ, 238면.

체행동에 대한 형사사건에서 노동조합 활동이 시민법상 자유나 권리행사에 해당하기 때문에 구태여 노동법에 따른 위법성 조각사유 없이 아무런 형사책임을 지지 않는지 하는 문제와도 결부된다. 노조법상 조정개시의 요건과 관련하여도 문제가 될 수 있다. 다수설과 판례에 따르면, 준법투쟁의 쟁의행위성은 준법투쟁으로 행해지는 구체적인 행위의 태양이 노조법상의 '업무의 정상적인 운영을 저해하는 행위'에 해당하는지 여부에 따라 개별적으로 결정될 수밖에 없다. 이때 '정상적인' 업무운영의 의미에 따라 준법투쟁의 쟁의행위성에 대한 견해가 달라지고, 이와 관련하여 종래 긍정설(사실정상설), 부정설(법률정상설), 절충설의 대립이 있다.

(2) 긍정설

긍정설은 준법투쟁을 쟁의행위라고 보아 쟁의행위와 구별되는 준법투쟁의 개념 자체를 부정한다. 즉 쟁의행위의 수단에서 말하는 '업무의 정상적인 운영'은 반드시 법령·단체협약·취업규칙에 의한 적법한 운영을 의미하는 것이 아니라 사실상 평상의 운영을 의미하는 것이므로 준법투쟁으로서의 행위는 쟁의행위로 취급하여야 한다는 것이다.

판례는 명백한 근거를 제시하지는 않고 있으나 일반적으로 준법투쟁이 근로조건의 결정에 관한 주장을 관철할 목적으로 집단적인 의사연락하에 이루어졌다면 그 집단적인 노무제공거부행위로 인하여 사용자의 '통상적인 사실상의' 업무운영에 저해를 가져오는 것이므로 쟁의행위에 해당한다는 입장에 서 있다. 판례는 택시회사 근로자들이 평소 해온 과속·신호위반·합승·부당요금 징수 등 교통법규 위반을 중단한 경우,[6] 평소 해 온 연장근로를 거부한 경우,[7] 연·월차 휴가를 일제히 사용한 경우,[8] 안전투쟁[9] 등을 모두 쟁의행위에 해당한다고 본다.

이에 대해 헌법재판소는 연장근로의 거부, 정시출근, 집단적 휴가의 경우와 같이 일면 근로자들의 권리행사로서의 성격을 갖는 쟁의행위에 관하

---

6) 대법원 1991. 12. 10. 선고 91누636 판결.
7) 대법원 1994. 2. 22. 선고 92누11176 판결.
8) 대법원 1994. 6. 14. 선고 93다29167 판결.
9) 대법원 1991. 2. 10. 선고 91누636 판결.

여도 정당성이 인정되지 않는다고 하여 바로 형사처벌할 수 있다는 대법원 판례의 태도는 지나치게 형사처벌의 범위를 확대하여 근로자들의 단체행동권의 행사를 사실상 위축시키는 결과를 가져와 헌법이 단체행동권을 보장하는 취지에 부합하지 않고 근로자들로 하여금 형사처벌의 위협하에 노동에 임하게 하는 측면이 있음을 지적하고 있으나,[10)] 이는 준법투쟁의 쟁의행위 해당성의 문제가 아니라 쟁의행위의 정당성과 형사상 위법성 평가의 관계에 관한 문제이다.

(3) 부정설

부정설은 준법투쟁을 시민법상의 자유 또는 권리행사로 보아 노조법상의 쟁의행위가 아니므로 어떠한 이유로도 이를 제한할 수 없다고 본다. 즉 노조법상 쟁의행위의 요건인 '업무의 정상적인 운영의 저해'에서 '정상'은 '일상'이나 '평상'과는 다른 뜻으로 '적법 내지 정당한 업무운영상태'이고, 적법하지 않은 부당한 업무운영을 저해하는 준법투쟁은 시민법상 자유 또는 권리의 행사에 지나지 않는다고 한다.[11)] 부정설은 개인이 자유롭게 할 수 있는 행위가 집단적으로 이루어진다고 해서 그것을 위법이라고 할 수 없고, 어떤 법령이나 단체협약 또는 취업규칙에 근거하여 이루어진 행위나 이를 준수할 것으로 요구하는 행위를 제한할 수는 없다고 한다.

(4) 절충설

절충설은 쟁의행위가 아닌 준법투쟁이 있음을 인정하되, 그 범위를 일정한 한계에서 제한하려고 한다. 즉 업무운영에서 관행적으로 이루어진 사실과 위반하고 있는 법령의 가치를 형량하여 준법투쟁을 제한한다.[12)] 준법투쟁으로 방해받은 사용자의 업무운영이 법률상 정상적인 것, 즉 적법한 것인지 여부에 따라 쟁의행위인지 여부를 판단하여야 한다는 견해도 있다.[13)] 이 견해에 따르면, 안전·보건 관련 규정을 철저히 준수하는 경우

10) 헌법재판소 1998. 7. 16. 선고 97헌바23 결정.
11) 김유성, 노동법 Ⅱ(전정판증보), 법문사(1999), 252면.
12) 김형배, 노동법(제23판), 박영사(2014), 986면.
13) 임종률, 노동법(제12판), 박영사(2014), 203면.

는 일반적으로 쟁의행위가 아니지만, 당해 규정이 객관적으로 요구하는 정도와 내용을 벗어나는 방법으로 법령을 준수함으로써 작업의 능률을 저하시키는 경우에는 쟁의행위라고 보게 된다. 마찬가지로 연장근로나 휴일근로를 거부하는 경우 평소 해 온 연장근로나 휴일근로가 적법한 경우에는 쟁의행위가 되지만, 위법한 경우에는 쟁의행위가 되지 않는다고 본다.

(5) 검토[14)]

준법투쟁은 노조법이 쟁의행위의 개념을 '주장 관철 목적'과 '업무저해성'으로 규정하고 있어 위와 같은 성격을 갖는 근로자의 집단행동은 쟁의행위로 쉽게 포섭되는 상황에서 쟁의행위에 대한 엄격한 규정의 적용을 피하기 위해 일어난 현상으로, '준법투쟁'이라는 용어 자체에 일정한 쟁의행위성이 내포되어 있다. 하지만 준법투쟁의 양상은 상당히 다양한데, 준법투쟁 중 안전·보건에 관한 규정을 엄격하게 준수함으로써 간접적으로 사용자의 업무에 영향을 미치는 이른바 '안전투쟁'은 노무제공을 전제로 하고 있고, 정해진 출퇴근 시간의 준수, 의무 없는 시간외 근로의 거부, 휴가의 사용을 집단적으로 함으로써 사용자의 업무에 영향을 미치는 이른바 '권리행사투쟁'은 노무제공의 거부를 전제로 하고 있다. 안전투쟁은 쟁의행위 중 태업과 유사하고, 권리행사투쟁은 쟁의행위 중 파업과 유사하다. 하지만 쟁의행위는 노무제공의무를 전제로 노무제공을 거부하거나 불완전하게 제공함으로써 사용자의 업무를 저해하는 행위인 데 비하여, 준법투쟁은 근로자에게 노무제공의무가 없는 상황에서 노무제공을 거부하거나 불완전하게 제공함으로써 사용자의 업무에 영향을 미친다는 점에서 양자를 구별할 수 있다. 아래에서는 항목을 달리하여 안전투쟁과 권리행사투쟁에 관하여 살펴보기로 한다.

다. 안전투쟁

(1) 안전투쟁은 법령이나 취업규칙 등에서 정한 안전·보건에 관한 규정을 철저히 준수할 것을 요구하거나 사용자가 이러한 요구에 응하지 않

14) 노동조합 및 노동관계조정법 주해 Ⅰ, 241~243면.

는 경우 근로자 스스로 안전·보건에 관한 규정을 준수함으로써 자신의 생명·신체를 보호하려는 측면이 있고, 이러한 자구노력이 근로자 집단의 의사형성 과정을 거쳐 집단적으로 실행되었다고 해서 위와 같은 안전·보건에 관한 규정 준수행위가 결과적으로 업무방해의 범죄행위가 된다는 것은 수긍하기 어렵다.[15)]

(2) 근로자는 산업안전보건법 제6조에 따라 관련 법령에서 정하는 산업재해예방을 위한 기준을 준수하여야 할 의무를 부담하고 있다. 나아가 사용자가 산업재해예방을 위한 기준을 준수하지 않은 점은 형법상 업무상 과실 치상 또는 치사죄의 성립을 위한 중요한 판단 기준이 되기도 한다. 이렇듯 한편으로는, 사용자가 산업재해예방에 관한 기준을 준수하지 않는 경우 손해배상책임 또는 형사처벌이 되는 상황에서 동일한 산업재해예방에 관한 기준이 적용되는 일정한 범위의 근로자 다수가 그 준수를 요구하거나 스스로 이를 준수하는 행위를 사용자의 '업무를 저해하는 행위'라고 보기는 어렵다. 근로자의 안전투쟁으로 인하여 저해되었거나 저해될 위험이 있는 사용자의 업무는 사용자의 법령위반의 결과로서 위법에 터잡은 것이므로 근로자의 안전투쟁과 사용자 업무의 저해 또는 그 위험성은 상당인과관계를 인정하기 어렵다.

(3) 따라서 안전투쟁은 원칙적으로 쟁의행위에 해당한다고 보기 어렵다. 다만 산업안전보건 관련 법령의 규정이 이미 사문화되었거나 당해 규정을 준수하는 것이 근로자의 생명·신체에 대한 위험을 예방하는 것과 실

---

15) 사용자는 근로관계에 있는 근로자가 근로를 제공하는 과정에서 생명·신체·건강을 해치는 일이 없도록 물적 환경을 정비하고 필요한 조치를 강구할 보호의무 내지는 구 산업안전보건법 제23조 소정의 안전상의 조치의무를 부담하고, 이러한 보호의무를 위반함으로써 피용자가 손해를 입은 경우 이를 배상할 책임이 있다(대법원 2002. 11. 26. 선고 2000다7301 판결 등). 한편 대법원 1979. 3. 13. 선고 76도3657 판결은 근로기준법상 기준근로시간을 연장함에는 당사자 사이의 합의를 요하는데, 이를 인정할 자료가 없는 가운데 시간외 근로를 시켰다면 이는 근로기준법과 단체협약에 위배되는 위법한 업무지시이고, '업무의 정상한 운영'에서 업무란 적법하고 정당한 업무를 지칭하므로 … 이러한 지시에 따르지 않음으로써 설사 사용자 측의 업무집행에 지장이 있었다 하더라도 법적 평가에서 업무의 정상한 운영이 저해되었다고 볼 수 없으며, 시간외 근로가 '관행화' 되었다 하더라도 그것은 근로자들의 자발적·봉사적 노무제공에 불과하고 그것이 합의의 성립을 의미하는 것이 아니어서 근로자는 언제라도 개별적·집단적으로 이를 거부할 수 있다고 하였다.

질적으로 관련이 없는 경우, 또는 작업환경의 변화로 당해 규정을 준수하는 것이 또 다른 생명·신체에 대한 위험을 가져올 우려가 있는 경우 등에는 안전투쟁의 업무저해성을 인정할 여지가 있다.

(4) 철도노동조합과 산하 지방본부 간부인 피고인들이 '구내식당 외주화 반대' 등 한국철도공사의 경영권에 속하는 사항을 주장하면서 업무 관련 규정을 지나치게 철저히 준수하는 등의 방법으로 안전운행투쟁을 전개하여 열차가 지연 운행되도록 함으로써 한국철도공사의 업무를 방해하였다는 내용으로 기소된 사안에서, 대법원은 열차 지연 운행 횟수나 정도 등에 비추어 안전운행투쟁으로 말미암아 한국철도공사의 사업운영에 심대한 혼란 내지 막대한 손해가 초래될 위험이 있었다고 하기 어렵고, 그 결과 한국철도공사의 사업계속에 관한 자유의사가 제압·혼란될 수 있다고 평가할 수 있는 경우에 해당하지 않는다고 볼 여지가 충분한데도, 이와 달리 안전운행투쟁의 주된 목적이 정당하지 않다는 이유만으로 업무방해죄가 성립한다고 단정한 원심판단에 업무방해죄의 위력에 관한 법리오해 및 심리미진의 위법이 있다고 판시하였다.[16)]

라. 권리행사투쟁

(1) 정시 출퇴근이나 시간외 근로의 거부, 연차휴가의 사용 등은 원칙적으로 쟁의행위가 아닌 시민법상의 자유나 권리의 행사에 지나지 않으므로 법상 어떠한 제한도 받지 않고 민사·형사상의 책임도 물을 수 없다.

(2) 시간외 근로의 경우 근로시간의 연장에는 당사자간의 합의 또는 근로자의 동의를 요하고(근로기준법 제53조), 이를 위반하는 경우 형사처벌을 하도록 규정하고 있는데(근로기준법 제110조), 근로시간 연장의 동의가 명시적으로 있지 않은 가운데 시간외 근로를 시키는 것은 근로기준법 위반의 범죄행위이고, 이러한 범죄행위 내지 위법한 지시에 따르지 않고 집단적으로 시간외 근로를 거부하는 것을 '업무의 정상적인 운영'을 저해하는 행위라고 할 수는 없다. 설령 시간외 근로를 한 관행이 있다 하더라도

16) 대법원 2014. 8. 20. 선고 2011도468 판결.

그러한 관행은 근로조건에 명시되어야 하며(근로기준법 제17조), 나아가 근로자가 이를 명시적으로 거부한 이상 그러한 관행에 의해 노무제공의무가 있다고 볼 수도 없다. 휴일근로나 정시 전 출근·정시 후 퇴근에 대해서도 동일한 설명이 가능하다.

(3) 다만 이러한 권리행사도 노사관계 법령의 취지에 따라 행해져야 함은 물론이다. 즉 준법의 범위는 법이 객관적으로 요구하는 취지 이상으로 법을 지키거나 신의성실의 원칙에 반하여 행사할 수 없다. 권리행사의 하나로 행해지는 준법투쟁에는 권리남용의 일반 원칙이 적용된다. 따라서 근로자가 위와 같은 자유나 권리의 행사를 통해 그 주장을 관철할 목적으로 회사 업무의 정상적인 운영을 저해하였다면 쟁의행위에 해당한다.

3. 당사자들의 주장

가. 원 고

(1) 원고는 고의로 운항브리핑 시간을 늘려 이 사건 출국 비행편을 지연시킨 사실이 없다. 운항브리핑 시간이 지연된 귀책사유는 노동조합으로부터 여러 차례 시정 요구를 받았음에도 일방적인 운항브리핑 장소를 변경한 피고 회사에 있다. 이는 징계사유에 해당하지 않는다.

(2) 비행 지연이 30분 이내일 경우 운항승무원들에게는 보고의무조차 없고, 유사 사례에서 견책 이상 징계를 받은 예는 극히 드물다. 징계사유에 해당한다 하더라도 그 양정이 지나치게 무겁다.

(3) 사용자의 업무명령이 부당한 경우 이를 거부한 행위를 들어 해고할 수 없다. 피고 회사의 이 사건 입국 비행편에 관한 비행명령은 단체협약 제54조에 위배되어 부당하다. 원고가 이를 거부하였다고 하더라도 해고사유가 될 수 없다.

(4) 따라서 이 사건 해고는 무효이고, 피고 회사는 원고에게 해고되지 않았더라면 제공하였을 임금을 지급하여야 한다.

나. 피 고

(1) 원고는 운항브리핑 절차를 의도적으로 천천히 진행하였다. 이는 이후 진행되는 비행 준비절차에 차질을 주므로 항공기 안전운항 측면에서 바람직하다고 보기 어렵다.

(2) 공항 교통 사정으로 인한 운항은 단체협약상 제54조 제3항에서 규정한 '비정상운항'에 해당하여 비행근무시간이 최대 14시간까지 늘어날 수 있다. 이 사건 출국 비행편은 공항 교통 사정으로 인해 지연되었고, 이로 인해 원고가 22분 더 근무하게 되었다. 이 사건 입국 비행편에 관한 피고 회사의 비행명령은 적법하다.

(3) 원고는 지휘기장으로서 피고 회사를 대표하여 승객을 위한 모든 서비스에 최선을 다해야 하고, 안전운항에 대한 최종 책임과 권한을 갖는 지위에 있었다. 그럼에도 자의적으로 단체협약을 해석하여 최대 비행근무시간을 단지 '4분' 초과하였다고 주장하며 피고 회사의 정당한 비행임무 지시를 거부하였다. 마닐라에 갓 도착하여 전혀 휴식을 취하지 못한 H편 운항승무원들로 하여금 비행임무에 투입할 것을 제안함으로써 단체협약 취지(안전운항 확보)에도 반하는 행동을 하였다. 이 역시 징계 및 해고사유에 해당한다.

3. 대상사안의 검토

가. 운항브리핑 시간 지연 부분

(1) 원고는 이 사건 출국 비행편 운항브리핑을 약 1시간 동안 진행하였다. 법원은, 피고 회사 2015. 12. 1. 자 Flight Operation Bulletin(비행운영 규정인 FOM을 보충하는 문서로 보인다) 12-03R2는 인천공항 출발 국제선 항공기에 대한 운항브리핑 출두시간을 출발시각 1시간 45분 전으로, 합동브리핑 시간을 출발시간 1시간 20분 전으로 규정하고 있는 점, 위 Bulletin 규정상 운항브리핑 출두시간과 합동브리핑 시간 차이를 단순 계산하면 운항브리핑에 할당된 시간은 25분으로 도출되는 점, 피고 회사

기장 J는 25분이면 운항브리핑 시간으로 충분하고 원고가 운항브리핑을 진행할 때 검토하였던 서류가 평소보다 특별히 많거나 어려운 것은 아니라는 취지로 증언하였던 점, 다른 항공사들 운영규정도 운항브리핑 시간으로 25분 이상을 할당하고 있지는 않은 점, 피고 회사는 합리적인 시간 안에 비행 준비를 마치는 것을 운항자격 정기심사에서 심사 요소 중 하나로 요구하고 있는 점 등을 인정하였다.

(2) 구 항공법 제50조 제1항은 "항공기의 운항 안전에 대하여 책임을 지는 사람은 그 항공기의 승무원을 지휘·감독한다"고, 같은 조 제2항은 "국토교통부령으로 정하는 바에 따라 항공기의 운항에 필요한 준비가 끝난 것을 확인한 후가 아니면 항공기를 출발시켜서는 아니 된다"고 규정하고 있다. 피고 회사 FOM 3.2.1.은 지휘기장이 안전운항에 대한 최종 책임과 권한을 가지고 승무원들을 지휘 및 감독하며 운항브리핑을 주관한다고 규정하고 있다. 즉 이 사건 출국 비행편 기장인 원고는 운항브리핑을 포함한 항공기 운항에 관하여 광범위한 권한과 책임이 있고 그 재량의 범위도 매우 넓다. 운항브리핑을 실시할 때 위 Bulletin에 기재된 시간을 기준으로 단순 계산한 25분이라는 시간에 구속된다고 보기 어렵다.

(3) 피고 회사는 원고가 "고의적인 출발시간 지연으로 승객들에게 불편을 야기하여 피고 회사에 무형의 손해를 가하였다"는 점을 징계사유로 삼고 있다. 그러나 그 브리핑 내용이 항공기 안전 운항과는 무관한 사항이었다거나 기타 브리핑하기에 부적절한 것이었다고 볼 만한 증명이 없다. 원고가 운항브리핑을 약 1시간 동안 실시하였다고 하더라도 '고의적으로' 운항브리핑 시간을 늦추었다고 보기에 부족하다.

(4) 이 사건 출국 비행편을 예정보다 24분 늦게 마닐라공항에 도착하였다. 그런데 원고가 최초로 항공기 출발 허가를 요청하였던 시간이 08:10경이고, 실제 이륙 시간이 08:44경으로 약 34분이나 차이가 나므로 이 사건 출국 비행편 지연이 전적으로 원고의 긴 운항브리핑 때문이라고 보기 어렵다. 24분 비행 지연이 사회통념상 과도하다고 보기 어렵고 이로 인해 피고 회사나 승객들에게 실제 피해가 발생하였다는 점에 관한 증명도 없다.

(5) 따라서 위와 같은 사실 또는 사정을 종합하여 보면, 원고가 운항브리핑을 약 1시간 동안 진행한 것은 징계사유에 해당하지 않아 해고사유라 할 수 없다.

나. 운항 거부 부분

(1) 구 항공법상 최대 비행근무시간은 13시간으로 규정되어 있고[구 항공법 시행규칙 제143조 제1항 (별표 24)], 예측불가 운항사항이 발생할 경우 이를 2시간 연장할 수 있도록 규정하고 있다(구 항공법 제74조의2 및 이에 따라 제정된 국토교통부 고시 고정익 항공기를 위한 운항기술기준 8.4.9.3.). 피고 회사 단체협약은 최대 비행시간을 12시간, 비정상운항의 경우 14시간으로 규정하고 있고, 비정상운행 중 하나로 '항공교통으로 인한 HOLDING'을 들고 있다. 이 사건 출국 비행편 이륙이 예정보다 30분 이상 늦어졌음을 고려할 때, 비록 총 비행근무시간이 12시간 4분이 된다 하더라도 피고 회사의 이 사건 입국편 비행명령이 위법하다고 단정하기는 어렵다.

(2) 비정상운항이라 함은 어디까지나 '예기치 못한 상황'을 의미한다. 통상적인 운항에서 발생하는 '항공교통으로 인한 지체'가 전부 비정상운항에 해당한다고 볼 수 없고, 그 해석은 구체적 상황에 따라 달라질 수 있다. 이 사건 출국편 비행 출발 지연은 활주로 변경으로 인해 발생하였는데, 활주로 변경이 '예기치 못한 상황'에 해당하는지 의문이 있다.

(3) 피고 회사는 항공법 관련 규정이 아니라 위 법령의 범위 안에서 적법하게 체결된 '단체협약'을 준수하여 비행 계획을 세워야 한다. 즉 최대 비행시간은 13시간이 아니라 단체협약에 따라 12시간을 기준으로 하여야 한다. 그런데 인천공항과 필리핀 마닐라 공항을 오가는 피고 회사 비행 노선은 계획된 비행근무시간이 총 11시간 45분으로, 2번의 비행에서 '비정상운항'에 해당하지 않는 항공교통 지연만으로도 15분을 초과할 가능성이 충분하다.

(4) 원고는 노동조합 교육선전실장 직책을 맡고 있던 사람이고, 비행 이틀 전 노동조합은 위원장 투쟁명령 1호를 발령하고 쟁의행위에 돌입하

였다. 원고가 비행근무시간 4분 초과를 이유로 이 사건 입국편 비행을 거부한 것은 노동조합의 쟁의행위 또는 피고 회사 인천－마닐라 노선이 단체협약을 위반할 가능성이 높다는 점에 대한 항의의 일환으로 볼 수 있다. 서울남부지방법원이 2016. 4. 14. 노동조합의 쟁의행위가 정당성을 갖추지 못하였다는 점에 관한 소명이 부족하므로 피고 회사의 피보전권리와 그 보전의 필요성을 인정할 수 없다는 이유로 쟁의행위 금지 등 가처분 신청을 기각하였던 이상(2016카합20061호 결정) 쟁의행위는 보호되어야 하고, 구체적인 상황에 따라 항공교통 지연이 '비정상운항'에 해당하는지 여부가 달라질 수 있으므로 원고의 단체협약 해석이 잘못되었다고 단정하기 어렵다.

(5) 따라서 위와 같은 사실 또는 사정에 비추어 보면, 원고가 이 사건 입국편 비행을 거부한 것을 두고 징계 사유에 해당한다고 보기 어렵다.

다. 이 사건 해고의 정당성

해고처분은 사회통념상 고용관계를 계속할 수 없을 정도로 근로자에게 책임 있는 사유가 있는 경우에 그 정당성이 인정된다. 원고가 받은 파면처분은 피고 회사 취업규칙에서 정하고 있는 9단계 징계의 종류 중 가장 무거운 것이다. 설령 원고의 운항거부가 징계사유에 해당하더라도, 앞서 본 사정을 감안하면 징계양정이 지나치게 무겁다. 따라서 결국 피고 회사가 원고를 해고한 것은 정당하지 않으므로 이 사건 해고는 무효이고, 피고 회사가 이를 다투고 있는 이상 원고로서는 그 확인을 구할 이익이 있다.

라. 부당해고기간 임금청구

(1) 원고가 계속 근로하였을 경우 받을 수 있었던 임금이 2016. 3. 12.부터 2016. 3. 31.까지는 월 14,624,255원, 2016. 4. 1. 이후에는 월 15,085,882원임에 당사자 사이에 다툼이 없다. 이 사건 해고가 무효인 이상, 원고는 피고 회사에 위 임금 지급을 구할 수 있다.[17)]

---

17) 사용자의 부당한 해고처분이 무효이거나 취소된 때에는 그동안 피해고자의 근로자로서 지위는 계속되고, 그간 근로의 제공을 하지 못한 것은 사용자의 귀책사유로 인한 것이

(2) 다만 원고가 2017년 2월부터 10월까지 9개월 간 다른 항공사(E항공)에서 월 7,000,000원 이상의 급여를 받았던 사실을 인정할 수 있다. 이는 피고 회사가 공제 대상으로 삼을 수 있는 지급할 임금의 30%를 초과하므로[월 4,525,764원(=15,085,882원×0.3)], 위 범위에서 모두 공제되어야 한다.[18)]

(3) 따라서 피고 회사는 원고에게 255,334,885원 및 2017. 11. 1.부터 원고를 복직시킬 때까지 월 15,085,882원의 비율로 계산한 미지급 임금을 지급하여야 하여야 한다.

므로 근로자는 민법 제538조 제1항에 의하여 계속 근로하였을 경우 받을 수 있는 임금 전부의 지급을 청구할 수 있다. 여기에서 근로자가 지급을 청구할 수 있는 임금은 근로기준법 제2조에서 정하는 임금을 의미하므로, 사용자가 근로의 대가로 근로자에게 지급하는 일체의 금원으로서 계속적·정기적으로 지급되고 이에 관하여 단체협약, 취업규칙, 급여규정, 근로계약, 노동관행 등에 의하여 사용자에게 지급의무가 지워져 있다면 명칭 여하를 불문하고 모두 이에 포함되며, 반드시 통상임금으로 국한되는 것은 아니다. 대법원 2012. 2. 9. 선고 2011다20034 판결.

18) 사용자의 귀책사유로 인하여 해고된 근로자가 해고기간 중에 다른 직장에 종사하여 얻은 이익(이른바 중간수입)은 민법 제538조 제2항에서 말하는 채무를 면함으로써 얻은 이익에 해당하므로, 사용자는 해고기간 중의 임금을 지급함에 있어 그 이익 금액을 임금액에서 공제할 수 있고, 이러한 법리는 근로자가 쌍무계약인 근로계약에 기한 근로제공의무가 채권자인 사용자의 책임 있는 사유로 인하여 이행될 수 없었다고 하면서 근로관계의 존속을 전제로 한 임금의 청구를 하는 경우뿐만 아니라, 사용자의 부당해고가 불법행위에 해당함을 원인으로 한 손해배상청구를 하는 경우에도 그 손해의 범위를 산정함에 있어서는 손해배상의 일반이론에 따라 손해의 원인이 된 사실과 상당인과관계에 있는 이득을 모두 공제하여야 하므로 그대로 적용된다. 대법원 1996. 4. 23. 선고 94다446 판결.

판례색인

사항색인

ㅁ

ㅂ

ㅅ

ㅇ

저자약력

■ 권창영 權昌榮 (松齋)

›› 학력

서울대 물리학과 졸업(1992), 서울대 법학박사(2008), The University of Texas at Austin, School of Law Visiting Researcher(2006-2007)

›› 경력

[前] 제38회 사법시험 합격(1996), 사법연수원 수료(제28기, 1999), 춘천지법 판사(1999-2002), 의정부지법 판사(2002-2005), 서울서부지법 판사(2005-2007, 2012-2014), 서울행정법원 판사(2007-2009), 서울남부지법 판사(2009-2010), 서울고등법원 판사(2010-2012), 창원지법 부장판사(2014-2016), 의정부지법 부장판사(2016-2017)

[現] 법무법인(유한) 지평 변호사(2017-현재), 한국항공대 항공우주법학과 겸임교수(2017-현재), 대한상사중재원 중재인(2017-현재), 법제처 법령해석심의위원회 위원(2018-현재), 항공소음정책포럼 부회장(2019-현재)

›› 저서

노동재판실무편람(共著, 2005), 민사보전법(2010, 초판; 2012, 제2판), 근로기준법 주해 Ⅲ (共著, 2010), 주석 민사집행법 Ⅶ (제3판, 2012), 법원실무제요 민사집행 Ⅳ -보전처분-(共著, 2014), 노동조합 및 노동관계조정법 주해 Ⅱ · Ⅲ (共著, 2015), 선원법해설(2016, 초판), 온주 산업재해보상보험법(共著, 2017), 선원법해설(2018, 제2판)

›› 논문

"항공기 집행에 관한 법리" 등 100여 편

[항공우주법 강좌 2]

항공법판례해설 Ⅱ – 航空勞動法

2019년 6월 20일 초판 인쇄
2019년 6월 30일 초판 1쇄 발행

저 자 권 창 영

발행인 배 효 선

발행처 도서출판 法 文 社

주 소 10881 경기도 파주시 회동길 37-29
등 록 1957년 12월 12일/제2-76호(윤)
전 화 (031)955-6500~6 FAX (031)955-6525
E-mail (영업) bms@bobmunsa.co.kr
(편집) edit66@bobmunsa.co.kr
홈페이지 http://www.bobmunsa.co.kr
조 판 법 문 사 전 산 실

정가 40,000원 ISBN 978-89-18-09217-1